Ein Spiegelbild spezieller Konstruktionen

Rolf Ostendorf

Ungewöhnliche Dampflokomotiven von 1803 bis heute

Motorbuch Verlag Stuttgart

Einband- und Schutzumschlag: Siegfried Horn

ISBN 3-87943-406-9

2. Auflage 1978

Satz und Druck: Maisch & Queck, 7016 Gerlingen.
Bindung: Großbuchbinderei Franz Spiegel, 79 Ulm.
Printed in Germany.

Inhaltsverzeichnis

Vorwort

Sie sind rar geworden, unsere guten alten Dampflokomotiven, die vielgeschmähten Rußspeier vergangener Tage. Einstmals Krönung einer hochentwickelten Technik des Eisenbahnwesens haben sie über 170 Jahre ihren Platz im Zugförderungsdienst behaupten können. Doch ihre Tage sind gezählt, und es fällt uns schwer, Abschied zu nehmen von einer großen Epoche, die in ihrer Bedeutung richtungweisend für kommende Generationen wurde.
Als James Watt 1769 sein Patent über die erste technisch funktionsfähige Dampfmaschine veröffentlichte, wurde eine Entwicklung eingeleitet, deren wirtschaftlichen und soziologischen Auswirkungen die Grundlagen unserer heutigen modernen Technik bildeten.
Von nüchtern denkenden, der Zeit weit vorausschauenden Männern erdacht und entwickelt, war die Dampflokomotive einst einer der großen Schrittmacher eines im Umbruch befindlichen Zeitalters – ein Werkzeug im Dienst der Menschheit.
Für die Ingenieure und Techniker war die Dampflokomotive der Inbegriff des klassischen Maschinenbaues, in dem sich nahezu alle Gebiete der seinerzeit bekannten Techniken vereinten – ein wahres Eldorado für den erfinderischen Geist. Die in unserem Jahrzehnt fast zur Routine gewordene Perfektion in den modernen Praktiken der Technik lassen heute erst die großartigen Leistungen der letzten hundert Jahre im rechten Licht erscheinen. Was in der Neuzeit oft nur als Weiterentwicklung und rationellere Ausnutzung bekannter Grundsätze und Prinzipien gewertet werden kann, war zur Zeit unserer Väter eine revolutionierende Schöpfung mit weittragenden Folgen für Industrie und Wirtschaft. Welchen Anteil an dieser Entwicklung die Eisenbahn durch die Erfindung der Dampflokomotive hatte, beweist die Tatsache, daß auch im Zeitalter der Düsenflugzeuge und Raketen, der modernen Straßenkreuzer und Luftkissenfahrzeuge die Eisenbahn als konventionelles Verkehrsmittel ihre Position unter den vier großen Verkehrsträgern behaupten konnte.
Die weltweite Verbreitung der Dampflokomotive auf allen Kontinenten sowie die Vielfalt der an sie gestellten Forderungen und Bedingungen führten im Laufe der Zeit zu einer großen Zahl von Bauarten und außergewöhnlichen Konstruktionen, die teilweise selbst dem kundigen Eisenbahnfreund bisher fremd geblieben sind.
Wer kennt alle jene Außenseiter unter den Dampflokomotiven, jene Versuchsmaschinen, die der Erforschung und Weiterentwicklung thermischer und dynamischer Vorgänge dienten, die aber aus ihrem Einzeldasein nie herauskamen und oft ebenso unbeachtet von der Öffentlichkeit verschwanden wie sie gekommen waren. Dieser und vieler anderer Maschinen, die von den klassischen Dampflokomotivbauarten abwichen und eine Sonderstellung einnahmen, soll in dem vorliegenden Buch gedacht werden.
Die Beschreibung der Sonderbauarten soll ferner eine Würdigung der Bemühungen und des persönlichen Einsatzes jener Dampflok-Konstrukteure sein, die es seinerzeit wagten, trotz vieler Rückschläge und mancher Enttäuschungen sowie gegen die Anfechtungen ihrer Ideen, neue Wege zu beschreiten. Sie soll aber auch Zeugnis ablegen von dem Wagemut der Lokomotivindustrie, die oft auf eigene Kosten und auf eigenes Risiko aus Überzeugung von dem Wert mancher Erfindungen neue Konstruktionsprinzipien aufgriff und in die Tat umsetzte.

R. Ostendorf

Aus den Anfängen der Dampflokomotive

Die Erkenntnis, Dampf in einem Zylinder Arbeit verrichten zu lassen und in Bewegungsenergie umzusetzen, ließ einen alten Menschheitstraum der Verwirklichung näher rücken, sich unabhängig von Pferden oder menschlicher Kraft mit Hilfe eines motorgetriebenen Fahrzeuges weiterbewegen zu können. Aber das sollte noch einige Zeit dauern, denn obwohl das Prinzip der Dampfmaschine bereits 1690 von Papin entwickelt und unter anderem von Newcomen weiter verbessert wurde, sollten erst die Erfindung der Steuerung durch Potter im Jahre 1713 und die Einführung der Hochdruckdampfmaschine durch Watt im Jahre 1769 der technischen Nutzung des Dampfes zum Durchbruch verhelfen.

DER DAMPFWAGEN VON CUGNOT

Anno 1770 war es dann soweit. Zeitgenössische Berichterstatter sprachen von einem schnaufenden und dampfenden Ungetüm auf drei Rädern, das da über die grobgepflasterten Straßen von Paris polterte, gesteuert von seinem Erfinder, dem Artillerieoffizier Nicolas Joseph Cugnot.
Es war ein ungefüger, flacher Wagen, vor dessen vorderem Rad ein riesiger topfähnlicher Kessel hing. Vom Scheitel des Kessels führte ein Rohr zu zwei senkrecht stehenden Zylindern, deren Kolbenbewegungen über ein Sperrklinkenrad auf das eigentliche Antriebsrad übertragen wurden (Abb. 1).

Abb. 1 Der Dampfwagen des französischen Artillerieoffiziers Cugnot aus dem Jahre 1770.
(Foto: MUSÉE des TECHNIQUES – C.N.A.M., Paris)

Der sehr knapp bemessene Kessel erwies sich als viel zu leistungsschwach, da bereits nach etwa einem Kilometer Fahrweg nicht mehr genügend Dampf zur Verfügung stand. Als beste Eigenschaft dieses ersten richtigen Dampfautos sollte sich seine robuste Bauart erweisen. Als Cugnot auf der Probefahrt die Gewalt über die Lenkung verlor, fuhr der Dampfwagen gegen eine Mauer, zertrümmerte sie, blieb selbst aber so gut wie unversehrt.
Widrige Umstände nahmen Cugnot schließlich die Möglichkeit und auch den Mut, seinen Dampfwagen zu vervollkommnen, so daß seine Erfindung nur eine Episode in der Entwicklungsgeschichte der dampfbetriebenen Fahrzeuge blieb.
Die Entwicklung hatte aber bereits ihren Lauf genommen. Im Jahre 1785 gelingt es dem Amerikaner Oliver Evans in Philadelphia ein Straßenfahrzeug mit Dampf zu betreiben. Als die Geldmittel erschöpft waren, geriet auch dieser Versuch wieder in Vergessenheit. Der Engländer Symington versuchte, allerdings ohne Erfolg, Kutsche und Lokomobil zu einem selbstfahrenden Gefährt zu vereinen. William Murdock, Ingenieur in der Firma von Boulton und Watt, baute in seiner Freizeit kleine Dampfwagenmodelle, die zwar funktionsfähig waren, aber infolge ihrer geringen Leistungsfähigkeit keinen technischen und wirtschaftlichen Nutzen brachten.

DIE LOKOMOTIVE VON TREVITHICK

Um die Jahrhundertwende tauchte dann ein neuer Name auf – Richard Trevithick. Auch er baute zunächst dampfbetriebene Straßenfahrzeuge, die obwohl brauchbar, letztlich dem schlechten Zustand der damaligen Straßen zum Opfer fielen. Dieser Umstand mag Trevithick bewogen haben, sich von der Vorstellung des dampfbetriebenen Straßenfahrzeuges frei zu machen und einen Dampfwagen zu bauen, der auf Schienen läuft. Trevithick ging sogar noch einen Schritt weiter, er legte den bis dahin senkrecht angeordneten

Abb. 2 Modell der ersten von Trevithick im Jahre 1803 gebauten und im Februar 1804 in Betrieb genommenen Dampflokomotive. (Foto: The Smithsonian Institution, Washington)

Kessel waagerecht und schuf so die Form der ersten Dampflokomotive, wie sie in Abbildung 2 dargestellt ist. Dieses geschah im Jahre 1803, dem Geburtsjahr der Dampflokomotive.

Trevithick hatte seine Lokomotive nur mit einem vor der Kesselstirnseite liegenden Zylinder ausgeführt. Zur Überwindung der beiden Totpunkte in den Endstellungen des Kolbens trieben zwei parallel arbeitende Treibstangen ein immenses Schwungrad an. Ein auf derselben Welle angeordnetes Zahnrad leitete schließlich über ein Zwischenrad die Bewegungsenergie auf die ebenfalls mit Zahnkränzen ausgerüsteten Räder der beiden Treibachsen.

Trevithick gebührt nicht allein das Verdienst, der Erfinder der ersten Lokomotive zu sein, vielmehr stellt seine Maschine auch den Urtyp der später noch beschriebenen und in vielen Variationen ausgeführten Getriebelokomotiven dar.

Die Lokomotive lief im Jahre 1804 versuchsweise auf der Merthyr-Tidvil-Bahn in Südwales, wo sie sich trotz der mangelhaften Gleisanlage durchaus bewährte. Das hohe Gewicht der Maschine hatte jedoch zur Folge, daß die verwendeten gußeisernen Schienen der Beanspruchung auf die Dauer nicht standhielten, so daß die Lokomotive bald wieder aus dem Betrieb genommen werden mußte.

Nicht allein die mangelhafte Qualität der Schienen ließen einen Betrieb mit Lokomotiven zunächst scheitern, vielmehr hatten Männer wie Trevithick auch gegen das Vorurteil zu kämpfen, die Reibung zwischen Rad und Schiene reiche für ein Vorwärtsbewegen von schweren Lasten nicht aus. Obwohl Trevithick den Beweis seiner Theorie mit den Versuchsfahrten seiner Lokomotive erbracht hatte, ließ er sein Patent durch die Bemerkung ergänzen, daß zur Erhöhung des Reibwiderstandes Unebenheiten, Nägel, Bolzen oder Riffel auf den Laufflächen der Räder angebracht werden können.

DIE LOKOMOTIVE VON BLENKINSOP

Daß der Nachweis der Folgerichtigkeit einer Theorie nicht immer maßgebend für die Weiterentwicklung auf einem Gebiet sein muß, beweist die Tatsache, daß Blenkinsop 1812 für die Bahnlinie zwischen Leeds und Middleton eine Lokomotive baute, bei der die Kraftübertragung nach dem Prinzip der Zahnradlokomotive über ein Zahnrad auf eine seitlich neben der Fahrschiene verlegte Zahnstange erfolgte (Abb. 3).

DIE LOKOMOTIVE VON BRUNTON

Uneinsichtigkeit und Unkenntnis verhinderten zunächst eine Weiterentwicklung auf dem von Trevithick bereits vorgezeichneten Weg. Auch Brunton gehörte zu jenen Erfindern, die ihre eigenen Wege in Bezug auf die Fortbewegung eines Schienenfahrzeuges gingen. Er ließ sich im Jahre 1813 eine Lokomotive patentieren, die über ein Hebelsystem Stelzen betätigte, die im Wechselschritt entsprechend der Kolbenbewegung sich gegen die Erde abstützten und so die Lokomotive

**Abb. 3 Modell der Blenkinsop Zahnradlokomotive aus dem Jahre 1812.
(Foto: Crown Copyright. Science Museum, London)**

vorwärtsdrückten. Diese und ähnliche Ideen spukten noch lange Zeit in den Köpfen einiger Lokomotivkonstrukteure.

HEDLEY'S »PUFFING BILLY«

Die relativ guten Betriebsergebnisse mit Blenkinsop's Lokomotive – sie zog immerhin dreißig beladene Kohlenwagen – veranlaßte den Besitzer der Wylam Zechen, Mr. Blackett, eine ähnliche Maschine in Dienst zu stellen. Leider sollte ihr Dasein aber nur von kurzer Dauer sein, denn schon bei der ersten Probefahrt explodierte der Kessel.
Eine zweite nach dem gleichen Prinzip gebaute Lokomotive entsprach nicht den an sie gestellten Forderungen, so daß der Oberingenieur der Wylam Gruben, Hedley, Versuche durchführte, unter Ausnutzung der Reibung zwischen Rad und Schiene auf die Unzulänglichkeiten des Zahnradantriebes verzichten zu können. Als die Probefahrten ihn von der Richtigkeit der schon von Trevithick bewiesenen These überzeugten, baute er 1813 in enger Anlehnung an Trevithick's Grundsätze eine eigene Maschine – die »Puffing Billy«. Bei ihr wirkten die beiden senkrecht stehenden Zylinder über ein Hebelwerk ebenfalls auf ein Zahnradgetriebe, wobei aber zum Unterschied zur Blenkinsop-Maschine, die Räder der Lokomotive direkt angetrieben wurden.

DIE »LOCOMOTION«

Zwischen den Epochen der einzelnen hier genannten Bauarten gab es natürlich noch eine ganze Reihe weiterer Konstruktionen, Versuchsmaschinen und Bauvorhaben unterschiedlichster Art, aber sie alle zu nennen, würde über den Rahmen dieser Betrachtungen hinausgehen. Wir wollen daher einen größeren Zeitraum überspringen.
Eines der großen historischen Ereignisse in der Geschichte des Eisenbahnwesens war die Eröffnung der Stockton-Darlington-Bahnlinie am 27. September 1825. Mit ihr verbindet sich ein Name, der zu einem Begriff in der Eisenbahntechnik werden sollte – Stephenson.
Bereits 1814 entwickelte George Stephenson mit finanzieller Unterstützung von Lord Ravensworth, einem Pächter der Killingworth Kohlengruben, seine Lokomotive »Mylord«, die entsprechend den Erfahrungen mit der Hedley-Maschine für den reinen Adhäsionsbetrieb ausgelegt war. Stephenson führte aber bei seiner Lokomotive noch eine weitere Neuerung ein, die bis zu den modernen Dampflokomotiven hin zu einer ständigen Einrichtung blieb, auf die man nicht mehr verzichten konnte. Unter der Androhung, den Betrieb von Dampflokomotiven zu untersagen, da durch den ausströmenden Abdampf der Zylinder Mensch und Tier gefährdet würden, wurde Stephenson gezwungen, einen Weg zu finden, diesem Übel abzuhelfen. Die Feststellung, daß aus dem Schornstein die Heizgase nicht mit solcher Intensität entwichen, wie der Dampf aus den Zylindern, veranlaßte Stephenson, den Abdampf ebenfalls durch den Schornstein zu lenken. Diese Änderung zeigte eine verblüffende Wirkung. Auf Grund der entstandenen Saugzugwirkung wurde die Verbrennung im Feuerraum außerordentlich beschleunigt und die Dampfentwicklung erheblich gesteigert. Das Blasrohr war erfunden.
Doch zurück zur Eröffnung der Stockton-Darlington-Linie. Stephenson hatte sich inzwischen selbstständig gemacht und eine eigene Lokomotivfabrik gegründet. In diesem Werk entstand auch die »Locomotion«, die erste Lokomotive der oben erwähnten Bahngesellschaft (Abb. 4).
Stephenson ließ es sich nicht nehmen, anläßlich der Eröffnung der Bahn, die »Locomotion« mit einer Anhängelast von 38 Wagen eigenhändig über die Strecke zu führen. Die Fahrt wurde ein voller Erfolg. Die erreichten Geschwindigkeiten lagen zwischen 18 und 25 km/h. Allerdings zeigte sich, daß bei schneller Fahrt der Schornstein zu glühen begann. Die Ursache lag darin, daß die Lokomotive nur ein einfaches durchgehen-

Abb. 4 Stephensons »Locomotion«, erste im Jahre 1825 für die Stockton & Darlington Railway gebaute Lokomotive. (Foto: Crown Copyright. Science Museum, London)

des Flammrohr besaß, das infolge der durch die Saugzugwirkung eintretenden hohen Erhitzung nicht in der Lage war, diese Wärme zum überwiegenden Teil an das Wasser im Kessel abzuleiten.

DIE »ROCKET«

Die erzielten Erfolge veranlaßten Stephenson, unterstützt von seinem Sohn Robert, sich noch intensiver um die Verbesserung seiner Lokomotiven zu bemühen. Sein besonderes Interesse galt dabei den thermischen Vorgängen im Kessel. Hier sollte ihm der Zufall zur Hilfe kommen.

Stephenson hatte bei zwei für eine französische Bahnlinie bestimmten Lokomotiven eine Vergrößerung der Heizfläche dadurch zu erreichen versucht, daß er den Kessel mit zahlreichen Röhren ausrüstete, in denen das Wasser verdampfte. Jedoch sollte sich dieser Versuch bald als eine Fehlkonstruktion erweisen, da die Maschinen weniger leisteten als die Maschinen der bisherigen Kesselbauart. Henry Booth, ein leidenschaftlicher Anhänger der Ideen Stephensons erfuhr gelegentlich von diesem Mißgeschick, worauf er Stephenson vorschlug, das System doch einfach umzukehren, den Kessel als Röhrenkessel beizubehalten, aber durch die Röhren die Heizgase zu leiten und das Wasser wie bisher im eigentlichen Kesselraum zu belassen.

Nach anfänglichem Sträuben führte Stephenson schließlich den Versuch bei seiner neuesten Maschine, der »Rocket«, durch. Der Kessel wurde mit 25 kupfernen Heizrohren von 7,5 cm lichtem Durchmesser ausgerüstet. Als dann die Lokomotive ihre ersten Probefahrten auf der Killingworth-Bahn machte, übertrafen Leistung und Geschwindigkeit der »Rocket« alle Erwartungen.

Anlaß für den Bau der »Rocket« war eine Ausschreibung für den Bau einer Verbindungsbahn zwischen den beiden Industriestädten Liverpool und Manchester. Es ging hierbei um die Frage, ob man die neue Bahnlinie als Pferdebahn oder als Dampf-Eisenbahn bauen sollte. Stephenson setzte sich von vornherein mit aller Energie für die mit Lokomotiven betriebene Eisenbahn ein, wobei er sogar die Ansicht vertrat, daß mit Sicherheit Geschwindigkeiten von 30 km/h und mehr erreicht werden könnten. Diese Behauptung wurde von den meisten Zeitgenossen als völlig unmöglich und nicht durchführbar abgelehnt. Eine angesehene Zeitschrift, die »Quarterly Review«, schrieb unter anderem: »Was kann wohl lächerlicher oder alberner sein, als das Versprechen, eine Lokomotive für die doppelte Geschwindigkeit der Postkutschen zu bauen. Ebenso gut könnte man glauben, daß die Einwohner von Woolwich sich auf einer Rakete abfeuern ließen, als daß sie sich einer solchen Maschine anvertrauen würden.«

Stephenson ließ sich nicht durch Hohn und Gespött in seinen Bemühungen und Ansichten beeinflussen. Man übertrug ihm zwar den Bau der Bahnlinie, aber es kam noch immer nicht zu einer Entscheidung bezüglich der Antriebsart. Schließlich konnte Stephenson einen Wettbewerb, eine Art Lokomotivrennen, durchsetzen. Die Bedingungen besagten, daß die am Wettbewerb beteiligten Lokomotiven höchstens ein Eigengewicht von 6 t haben durften und einen Zug von mindestens 20 t mit einer Geschwindigkeit von wenigstens 16 km/h ziehen mußten. Ferner durfte der Kesseldruck 3,5 bar nicht übersteigen. Eine bei Rainhill gelegene Bahnstrecke sollte von den einzelnen Lokomotiven zwanzigmal durchfahren werden.

Zu diesem Wettbewerb, der am 6. Oktober 1829 stattfand, wurden vier Lokomotiven gemeldet, die »Perseverance«, die »Sans Pareil«, die »Novelty« und die Maschine von Stephenson, die er, angeregt durch die spöttische Bemerkung der Quarterly Review »Rocket« nannte (Abb. 5). Die beiden ersten Loko-

Abb. 5 Schnittmodell der 1829 von Stephenson gebauten »Rocket«.
(Foto: Crown Copyright. Science Museum, London)

motiven schieden noch vor Beginn des Wettrennens aus, da sie nicht den geforderten Bedingungen entsprachen. Die »Novelty« dagegen stellte eine ernst zu nehmende Konkurrentin für die »Rocket« dar. Doch die »Rocket« übertraf ihre Gegnerin infolge ihres neuen Röhrenkessels an Ausdauer und Leistungsfähigkeit. Bei einem Eigengewicht von 4,3 t beförderte sie unter anderem einen 16 t-Zug mit einer Durchschnittsgeschwindigkeit von 21 km/h; mit nur einem einzelnen Personenwagen, in dem 36 Personen saßen, erreichte sie sogar 48 km/h.
Dieser große Erfolg der »Rocket« sollte der Dampflokomotive nun endlich den Weg in die Welt hinaus bahnen. Mit der »Rocket« hatte die Dampflokomotive die Kinderjahre überwunden, jetzt folgten die Reifejahre.

DIE »PLANET«

In den folgenden Jahren schreitet die Weiterentwicklung der Lokomotive mit Riesenschritten voran. Neue Konstruktionsprinzipien werden erdacht, Erkenntnisse aus den Versuchen mit früheren Bauarten ausgewertet, und es werden Lokomotiven gebaut – mehr und immer mehr.
Bereits 1830 stellt Stephenson eine neue Lokomotive der Öffentlichkeit vor, die »Planet«. Hauptmerkmal der Maschine sind die jetzt waagerecht zwischen den nach vorn verlegten Laufrädern angeordneten Zylinder und die dem Langkessel vorgeschaltete Rauchkammer. Ferner wurde erstmals bei einer Lokomotive der Außenrahmen angewandt. Diese Rahmenkonstruktion fand in den folgenden Jahren bei den meisten Lokomotiven, so auch bei der 1835 für die erste deutsche Eisenbahnlinie Nürnberg–Fürth gebauten »Adler«, Verwendung. Er wurde hauptsächlich aus Eschen- bzw. Eichenholz gefertigt und an den Innen- und Außenseiten mit Eisenplatten verstärkt. Die Achslagerblenden wurden von außen auf die Rahmenseitenwangen aufgeschraubt. Nicht zu vergessen sei die Tatsache, daß seit der »Rocket« alle Lokomotiven abgefederte Achsen erhielten. Bezüglich der Anordnung der Zylinder und der neu hinzugekommenen Rauchkammer bekannte Robert Stephenson, daß diese Neuerungen auf Ideen Trevithicks beruhten, die dieser ihm zugänglich gemacht habe.

»JOHN BULL«

Die Qualität der in den Stephenson'schen Werkstätten gebauten Lokomotiven brachte auch das Exportgeschäft bald in Schwung. So sollten englische Lokomotiven dazu beitragen, der Ausweitung der Eisenbahn in Nordamerika wertvolle Schrittmacherdienste zu leisten.
Zweifellos ist eine der berühmtesten und geschichtlich ältesten Lokomotiven in den USA die »John Bull«. Im Jahre 1831 von Robert Stephenson & Co. gebaut, wurde sie am 12. November desselben Jahres offiziell in Bordentown, N. J., bei der Camden & Amboy Rail Road and Transportation Co., heute ein Teil der Pennsylvania Railroad Co., in Dienst gestellt.
Die Lokomotive war im Frühsommer des Jahres 1831 fertiggestellt und anschließend in Liverpool auf das Segelschiff »Allegheny« verladen worden, das am 14. Juli ablegte. Etwa Mitte August lief die »Allegheny« in Philadelphia ein, wo die Lokomotive auf eine Schaluppe umgeladen und bis Bordentown verschifft wurde.
Bemerkenswerterweise war die Lokomotive ohne Tender geliefert worden. Erfinderisch wie nun einmal die Menschen in jener Pionierzeit waren, improvisierten sie. Auf einem zweiachsigen Flachwagen wurde ein leeres Whiskyfaß montiert, durch den Boden ein Loch gebohrt, ein Zinnrohr eingesetzt und dieses zur Lokomotive in die Speisepumpe geleitet. Da es keine Schläuche gab, wurden die flexiblen Teile des Rohres von einem Schuhmacher in Bordentown aus Leder gefertigt.
In den folgenden Jahren wurden eine Reihe bedeutender Änderungen an der Lokomotive durchgeführt. Der wichtigste und bedeutendste Umbau bestand in der Ergänzung des Fahrwerkes durch eine vordere Laufachse, die der Lokomotive wegen ihres ursprünglich kurzen Achsstandes eine bessere Führung in den scharfen Gleisbögen der Strecke geben sollte. Um die Deichsel der Laufachse an den verlängerten Zapfen der ersten Achse verlagern zu können, wurde eine grundlegende Änderung des Triebwerkes durchgeführt. Die außenliegenden Kuppelstangen zwischen den beiden Achsen sowie die Kurbelzapfen wurden entfernt. Hierdurch wurde die Zahl der angetriebenen Achsen von zwei auf eine reduziert, d. h. die ehemals erste Kuppelachse hatte jetzt ebenfalls nur noch die

Abb. 6 Die »John Bull«, eine der berühmtesten und ältesten Lokomotiven Nordamerikas, im umgebauten Zustand etwa um das Jahr 1860.
(Foto: The Smithsonian Institution, Washington)

Funktion einer Laufachse. Ferner ersetzte man die aus Holz gefertigten Speichenradkörper durch solche aus Gußeisen, da die ursprünglichen Radkörper den harten Betriebsbedingungen nicht gewachsen waren.
Von den vielen weiteren Änderungen sei noch erwähnt, daß der Kessel der »John Bull« ein Dampfdruck-Anzeigegerät und einen Dampfdom mit angebautem Sicherheitsventil erhielt. Eine große Laterne über der Rauchkammerstirnseite, eine Glocke und eine Dampfpfeife vervollständigten das Bild der Maschine. Später erhielt die Lokomotive auch ein Führerhaus und einen geschlossenen vierachsigen Tender (Abb. 6). In dieser letzten Ausführung hat sie bis 1865 in Dienst gestanden. Im Jahre 1885 wurde die »John Bull« als älteste betriebsfähige Lokomotive der USA in die Sammlung des National Museums aufgenommen.

DIE »HEUSCHRECKEN«

Blicken wir noch einmal zurück auf das Jahr 1830. Auch in Amerika hatten die Verfechter der Dampflokomotive gegen Vorurteile und Besserwisser zu kämpfen.
Im Sommer 1830 fand auf einem zweigleisigen Teilstück der neuen 13 Meilen langen Strecke Baltimore–Ellicott's Mills das berühmte Rennen zwischen der »Tom Thumb« und einem von einem Pferd gezogenen Eisenbahnwagen statt. Zunächst schien die »Tom Thumb« die sichere Siegerin zu sein, als während der Fahrt der Treibriemen des Saugzuglüfters absprang. Die Folge war, daß der Kessel nicht mehr genug Dampf entwickeln konnte und das Pferd als Sieger die Ziellinie passierte.
Trotz dieses wenig glorreichen Ausganges des Rennens für die Lokomotive bewies die »Tom Thumb« anläßlich späterer Probefahrten ihre Verwendungsfähigkeit und Überlegenheit gegenüber den bisherigen Transportmitteln. Diese Erkenntnis veranlaßte die Baltimore & Ohio Rail Road Co., einen Wettbewerb in der Art des Rainhill-Rennens auszuschreiben mit der Absicht, die erfolgreichste Lokomotive für eine Summe von $ 4000 zu erwerben. Siegerin bei diesem am 4. Januar 1831 durchgeführten Wettbewerb wurde die »York«, eine kleine zweiachsige Lokomotive mit senkrecht stehendem Kessel und seitlich neben dem Kessel vertikal angeordneten Zylindern.
Die »York« bewährte sich im Betrieb so gut, daß die B & O von 1832 bis 1837 noch weitere 18 Lokomotiven dieser Bauart beschaffte. Das eigentümliche Aussehen dieser kleinen Maschinen mit ihren vertikalen Zylindern, den schweren Balanciers oberhalb des Kessels

Abb. 7 Grasshopper »Andrew Jackson«, auch Atlantic genannt, aus dem Jahre 1832. Auf dem Foto mit zwei nachgebildeten doppelstöckigen Imlay-Personenwagen.
(Foto: Baltimore & Ohio Railroad)

Abb. 8 Einzelachsgetriebene Lokomotive »Albion« der South Yorkshire Railway aus dem Jahre 1848. (Zeichung: Sammlung Ostendorf)

und den langen stelzenartigen Treibstangen trug ihnen bald den Spitznamen »Grasshoppers« (Heuschrecken) ein. Der Antrieb erfolgte nicht wie üblich direkt auf eine der beiden Achsen der Lokomotive, sondern erst auf ein Zahnradvorgelege und dann auf die beiden Achsen, die wiederum durch ein Getriebe miteinander verbunden waren. Eine der bekanntesten »Grashoppers«, die »Andrew Jackson« (Abb. 7), wurde im Sommer 1832 bei der B & O in Dienst gestellt. Sie führte am 24. August 1835 den ersten Zug nach Washington.
Im Jahre 1836 baute die Firma Gillingham & Winans eine weitere »Grasshopper« mit Namen »Columbus«, allerdings nicht für die B & O. Sie wurde an die Leipzig-Dresdner Eisenbahn geliefert und stellte die erste in Amerika gebaute Lokomotive dar, die exportiert wurde.

DIE »ALBION«

Bei den bisher erwähnten Lokomotivtypen fanden wir bereits eine Reihe verschiedener Systeme der Kraftübertragung auf die anzutreibenden Achsen, sei es, daß die Lokomotiven nur mit einer Treibachse ausgerüstet waren, auf welche die Zylinder über die Treibstangen direkt wirkten, sei es daß bei zwei getriebenen Achsen diese untereinander durch Kuppelstangen oder ein Getriebe verbunden waren, oder daß der Antrieb der Achsen über eine Blindwelle und ein Zwischengetriebe erfolgte.
Die herkömmliche Art der durch Kuppelstangen miteinander verbundenen Antriebsachsen fand in der nachfolgend erwähnten »Albion« der South Yorkshire Railway eine weitere Abwandlung (Abb. 8). Diese 1848 von Thwaites Brothers, Bradford gebaute Lokomotive besaß einen querliegenden Zylinder mit zwei in entgegengesetzte Richtungen schwingende Kolben, die durch eine sinnvolle Anordnung derart auf eine Kurbelwelle wirkten, daß jeweils zur gleichen Zeit ein Kolben an einer Kurbel zog und der andere seine Kurbel drückte. Die hieraus resultierende Schwingbewegung der Kurbelwelle wurde außen über schräg an die Schwinghebel angelenkte Treibstangen übertragen, die parallel aber wie die Kolben entgegengesetzt zu einander arbeiteten und somit die gleiche Drehrichtung der Räder bewirkten. Allem Anschein nach muß sich diese ungewöhnliche Antriebsart, deren Vorteil eine nahezu völlige Entlastung des Rahmens durch die Kolbenkräfte war, einigermaßen bewährt haben, denn sie soll immerhin rund 15 Jahre bei der South Yorkshire Railway in Betrieb gewesen sein.

DIE »LONG-BOILER«

In den ersten Jahrzehnten der Entwicklung der Dampflokomotive gab es noch keine grundsätzliche Unterscheidung der einzelnen Bauarten und Typen nach dem jeweiligen Verwendungszweck, da sich sowohl die Leistungen als auch die Geschwindigkeiten der Maschinen in relativ kleinen Grenzen bewegten. Mit Zunahme des Eigengewichtes mußte zwangsläufig die Zahl der Achsen erhöht werden. Gleichzeitig erfolgte nun in ziemlich rascher Folge eine gezielte Entwicklung der Lokomotive in Bezug auf ihre vorgesehene Verwendung. Nachdem die anfänglichen Bemühungen

sich in erster Linie auf die Konstruktion von Lokomotiven für den Güterverkehr beschränkten, stellte der bald aufblühende Personenverkehr ganz andere Forderungen an die Triebfahrzeuge.
Die steigenden Zuggewichte und die Überlastung der Maschinen durch den wachsenden Güterverkehr führten bereits Anfang der 40er Jahre zu der Überlegung, die Lokomotiven mit leistungsfähigeren Kesseln auszurüsten. Wieder war es Stephenson, der durch Einführung des »Langkessels« dem Lokomotivbau neue Wege wies.
Die neuen Maschinen, schon bald nur noch »Long-Boiler« genannt, fanden vor allem in den Achsfolgen 1A1 und 1B weite Verbreitung, wobei in zunehmendem Maße eine konsequente Abstufung der Treib- und Kuppelraddurchmesser entsprechend ihrer Verwendung als Personenzug- oder Güterzuglokomotiven zu verzeichnen war. Der ängstlich gewahrte kurze Achsabstand, eine Folge der bis dahin noch relativ unklaren Vorstellungen über die Bogenläufigkeit mehrachsiger Lokomotiven, führte zu einer besonders für schnellfahrende Maschinen unangenehmen Konstruktionsform. Die kurze Stützbasis des gesamten Radstandes zwang die Lokomotivbauer, Stehkessel, Rauchkammer und Zylinder weit vor die Endachsen zu verlegen.
Wie sich im Laufe der nächsten Jahre nach Einführung der »Long-Boiler«-Maschinen zeigen sollte, neigten diese Lokomotiven wegen des großen Überhanges und der kurzen geführten Länge zu sehr unruhigem Lauf. Nach einer Reihe zum Teil schwerer Entgleisungen wurde beispielsweise in Preußen die Verwendung der »Long-Boiler«-Maschinen im Personenzugverkehr untersagt.
Doch wie so oft machte man auch hier aus der Not eine Tugend. Was man nicht theoretisch exakt nachzuweisen vermag, mußte zwangsläufig der Versuch zeigen. Also wurde bei einigen »Long-Boiler«-Lokomotiven der Abstand zwischen Treib- und hinterer Laufachse vergrößert. Das Ergebnis sollte alle Zweifler eines Besseren belehren. Allen bisherigen Vorstellungen und Befürchtungen zum Trotz war nicht nur die Laufruhe zufriedenstellend, die Maschinen befuhren sogar mit dem wesentlich größeren Achsstand anstandslos die vorhandenen Gleiskrümmungen. Mit dieser Erkenntnis war nun endlich der Entwicklung der Langkessel-Lokomotiven mit einer möglichst großen geführten Länge freie Entfaltungsmöglichkeit gewährt.

DIE »CRAMPTON«

Zweifellos haben die Erfahrungen mit den »Long-Boiler«-Maschinen einen wesentlichen Einfluß auf die Entwicklung einer neuen typischen Schnellfahr-Lokomotive gehabt – der »Crampton«.
Die Einführung der »Crampton«-Lokomotive sollte vor allem eine entscheidende Wende in dem Bemühen um eine einheitliche Spurweite in England herbeiführen. In den 40er Jahren des vergangenen Jahrhunderts ging es in erster Linie um den Nachweis, daß auf der Normalspur (1435 mm) gleich schnelle und leistungsfähige Lokomotiven eingesetzt werden können wie auf der Breitspur (2134 mm).
Thomas Russel Crampton, Assistent bei der Great Western Railway und ab 1844 in leitender Position bei der Rennie Lokomotivfabrik, widmete sein ganzes Interesse der Konstruktion von Normalspurlokomotiven, die in der Lage waren, sowohl in der Leistung als auch in der Geschwindigkeit mit den Lokomotiven der wesentlich günstigeren Breitspur Schritt zu halten.
In seinem ersten Patent aus dem Jahre 1842 hat Crampton bereits seine Ideen zu zwei bemerkenswerten Lokomotivkonstruktionen festgelegt. Im ersten Fall ging Crampton von dem Gedanken aus, eine dreiachsige Schnellzuglokomotive mit einem zwischen den Laufachsen liegenden Treibradpaar großen Durchmessers auszurüsten. Entsprechend der seinerzeit bestehenden irrigen Auffassung, eine möglichst tiefe Schwerpunktlage der Maschine erreichen zu müssen, verlegte Crampton den Langkessel unter die Treibachse der Lokomotive. Als einzige Maschine dieser Art wurde im Jahre 1847 die »Cornwall« gebaut.
Im zweiten Fall seiner Patentschrift schlägt Crampton eine zweiachsige Lokomotive vor, bei der die Treibachse hinter der Feuerbüchse liegt. Dieser Vorschlag stellte nun den Ausgangspunkt für eine Lokomotivbauart dar, die in den folgenden Jahren großes Aufsehen in der Fachwelt erregen sollte.
Crampton's neue Konstruktion besaß allerdings einen großen Nachteil, der später auch der Grund für die zum Teil frühzeitige Ausmusterung der an sich beliebten und auch bewährten Lokomotiven war. Wegen der einerseits gewünschten hohen Geschwindigkeit der Lokomotiven und der andererseits scheinbar unumgänglichen niedrigen Kessellage konnte nur eine Treibachse untergebracht werden. Als im Laufe der

Jahre die Anforderungen an die Lokomotiven stiegen und die Anschaffung leistungsfähigerer Maschinen unumgänglich wurde, war das Schicksal der »Crampton«-Lokomotiven bereits besiegelt. Für die neuen schwereren Maschinen reichte eine einzelne Treibachse nicht mehr aus, vielmehr mußte das erforderliche höhere Reibungsgewicht auf zwei und mehr gekuppelte Achsen verteilt werden.
Die beiden ersten Maschinen der neuen Bauart wurden 1846 von Tulk & Ley für die Bahnlinie Namur–Lüttich gebaut. Entgegen dem ursprünglichen Vorschlag, diese Lokomotivtype mit der Achsfolge 1 A auszuführen, erwies es sich als notwendig, die Maschinen mit zwei Laufachsen auszurüsten. Eine der beiden Lokomotiven wurde vor der Ablieferung auf der Grand Junction Railway eingehenden Testfahrten unterzogen. Bei Leerfahrten wurden unter anderem Höchstgeschwindigkeiten von 120 km/h erzielt. Dieses Ergebnis konnte jedem Vergleich mit den Breitspurlokomotiven standhalten.
Seinen endgültigen Erfolg und damit die Entscheidung im Wettstreit der Spurweiten zu Gunsten der Normalspur erntete Crampton mit seiner 1848 für die L & NW Railway gebauten 3 A n2-Lokomotive »Liverpool«, die bei einem Treibraddurchmesser von 2438,3 mm einen für die damalige Zeit fast sagenhaften Geschwindigkeitsrekord von 126 km/h erreichte. Leistung und Fahreigenschaften der Maschine waren so überzeugend, daß man sie bald im schweren Schnellzugdienst auf der Strecke London–Wolverton einsetzte. Im Laufe der folgenden Betriebszeit stellte sich jedoch ein markantes Übel der »Liverpool« heraus. Durch die große Länge der starr geführten Achsen wurde der Oberbau stark beschädigt. Dieser Nachteil wurde bei fast allen später gebauten Lokomotiven durch Reduzierung der starr verlagerten Laufachsen auf zwei Stück wieder ausgeglichen.
Obwohl England das Ursprungsland der »Crampton«-Lokomotive ist, fand sie hier nicht das erwartete Betätigungsfeld, sondern blieb in relativ kleiner Stückzahl für die Entwicklung des Reisezugverkehrs auf der Insel von untergeordneter Bedeutung. Ihre größte Verbreitung erfuhr die »Crampton« auf dem europäischen Festland und hier besonders in Frankreich und in Deutschland (Abb. 9). Mit Hilfe dieser neuen speziell auf hohe Geschwindigkeiten zugeschnittenen Maschinen war es erstmals möglich, einen ausgesprochenen Schnellverkehr einzuführen, der besonders der damals sehr rührigen französischen Nordbahn das Verdienst einbrachte, den Ruf Frankreichs als das Land der schnellsten Eisenbahnzüge begründet zu haben, ein Monopol, das Frankreich bis in unsere Tage unumstritten zugestanden werden muß.
In Deutschland fanden die »Cramptons« ihr Hauptbetätigungsfeld im süd- und mitteldeutschen Raum bei den Bahnen Badens, der Pfalz, Hessens und des Rheinlandes. Obwohl sie eine reine Flachland-Lokomotive war, konnte die »Crampton« eigentümlicherweise im norddeutschen Raum nur vereinzelt bei wenigen Bahnen wie der Preußischen Ostbahn oder der Hannoverschen Staatsbahn Fuß fassen. Den »Crampton«-Maschinen war trotz ihrer guten Eigenschaften kein langes Dasein in Deutschland beschieden. Bereits nach rund einem Jahrzehnt wurden sie von neuen Bautypen abgelöst.
Unter den nordeuropäischen Ländern führte Dänemark die »Crampton«-Bauart im Jahre 1854 ein. Die 15 in Dienst gestellten Maschinen waren von Borsig (10 Stück), R. & W. Hawthorn (4 Stück) und Esslingen (1 Stück) gebaut worden, wobei die von Esslingen gelieferte Maschine einem Auftrag der Hessischen Ludwigsbahn entstammte. Entgegen der kurzen Dienstzeit der deutschen »Cramptons« wurde die letzte dänische Maschine dieser Bauart erst 1881 ausgemustert.
Es steht nachweislich fest, daß die »Crampton«-Lokomotiven zu den formschönsten Konstruktionen ihrer Zeit zählten. Andererseits läßt sich auch nicht verleugnen, daß man infolge übertriebener Forderungen

Abb. 9 2A-Crampton Lokomotive »Phönix«, 1863 von der Badischen Staatsbahn in Dienst gestellt. (Foto: DB-Verkehrsmuseum Nürnberg)

und unter Vernachlässigung jeglichen Formgefühls nur aus reinem Zweckempfinden aus einer technisch gelungenen und eleganten Maschine ein Unikum produzieren kann, wie das nachfolgende Beispiel zeigt.
Die ersten Erfolge der neuen Lokomotivbauart fanden ihren Wiederhall nicht nur in Europa, sondern auch im fernen Nordamerika. Während seines Aufenthaltes in England im Jahre 1845 lernte Robert L. Stevens, Präsident der Camden & Amboy Railway, die ersten Maschinen der neuen »Crampton«-Bauart kennen. Seine Begeisterung für den neuen Typ gipfelte in dem Plan, für seine Bahngesellschaft eine »Crampton« entwikkeln zu lassen, die alle bisherigen Maschinen in den Schatten stellen sollte.
Die von dem Maschinendirektor der Camden & Amboy Railway, Isaac Dripps, ausgearbeiteten Pläne zeigten dann auch ein wahres Monstrum einer Dampflokomotive (Abb. 10). War die schlichte und elegante Linienführung ein besonderes Merkmal der »Crampton«-Lokomotiven, so stellte die amerikanische Version ein kaum zu übertreffendes Beispiel einer im Aufbau und in den Abmessungen unproportioniert und unharmonisch wirkenden Maschine dar. Bei einem Treibraddurchmesser von 2440 mm und der auch bei dieser Lokomotive beibehaltenen extrem niedrigen Lage des Langkessels war man gezwungen, die Decke der Feuerkiste schräg nach unten zu ziehen, so daß die Feuertüre unterhalb und hinter der Treibachse zu liegen kam. Gegenüber dem sehr tief angeordneten Stand für den Heizer war die Plattform für den Lokomotivführer etwa auf Scheitelhöhe des Kessels verlegt worden, wodurch sich nicht nur eine räumliche, sondern auch eine niveaubedingte Trennung des Lokpersonals ergab. Als weitere Folge der immens großen Treibräder mußten die beiden Zylinder fast in Höhe der Kesselmitte verlagert werden. Um das Maß der Disharmonie noch zu vervollständigen, wurde die Maschine der hohen Lage des Führerstandes wegen mit einem extrem großen Schornstein und einem nicht minder hohen Dampfdom ausgerüstet. Das Fahrwerk bestand außer dem schon erwähnten Treibradsatz aus drei Laufachsen gleichen Durchmessers, die in einem Drehgestell vereint waren und deren mittlerer Radsatz keine Spurkränze besaß. Die Maschine hatte keinen durchgehenden Rahmen, so daß die Verlagerung des Drehgestelles direkt unter dem Kessel erfolgen mußte.
Am 17. April 1849 wurde die erste der sieben bei der Firma Richard Norris & Sohn in Philadelphia in Auftrag gegebenen Lokomotiven, die »John Stevens«, an die Camden & Amboy Railway abgeliefert. Wie sich später im Betrieb herausstellte, hatten die Maschinen Schwierigkeiten beim Anfahren, da die einzelne Treibachse zu gering belastet war und dadurch zum Schleudern neigte. Die Ursache lag vor allem in der Notwendigkeit, den größten Teil des Maschinengewichtes auf die drei Laufachsen verteilen zu müssen, so daß das verbleibende Reibungsgewicht für die Treibachse kaum ausreichte, einen Zug aus dem Stand in Bewegung zu setzen. Bei Leerfahrten wurden Geschwindigkeiten bis 110 km/h erreicht. Immerhin blieben diese Ungetüme noch bis 1862 im Dienst.

Abb. 10 Das Crampton-»Monstrum« der Camden & Amboy Railway aus dem Jahre 1849.
(Foto: Sammlung Baldwin Locomotive Works)

DIE BREITSPURLOKOMOTIVEN VON PEARSON

Die Bauart der hochrädrigen »Crampton«-Maschinen fand auf den Breitspurbahnen Englands in den sogenannten Pearson'schen Schnellzug-Tenderlokomotiven eine abgewandelte Version. Als J. Pearson, seinerzeit Maschinendirektor der Bristol & Exeter Railway, die Entwürfe für den neuen Lokomotivtyp ausarbeitete, sollte eine Bauart entstehen, die wieder einmal allen bisherigen Grundsätzen des Lokomotivbaues widersprach (Abb. 11).
Die wenigen heute noch existierenden Unterlagen dieser Maschinen enthalten leider kaum irgendwelche ausführliche Einzelheiten über den konstruktiven Aufbau und ihre Bewährung im Betrieb.

Abb. 11 2′A 2′-Pearson Breitspurtenderlokomotive mit 2,7 m hohen Treibrädern, 1853 von der Bristol & Exeter Railway in Dienst gestellt.
(Foto: Crown Copyright. Science Museum, London)

Das markanteste Merkmal der Lokomotiven war die für jene Zeit ungewöhnlich hohe Kessellage. Sie war damit begründet, daß einmal die Lage der Treibachse zwischen den Drehgestellen keine andere Wahl der Kesselanordnung zuließ, zum anderen eine hohe Kessellage bei den Breitspurlokomotiven weniger problematisch erschien. Das Fahrwerk war symmetrisch in der Achsanordnung 2′A2′ ausgeführt worden. Der verwendete Treibraddurchmesser von 2743,2 mm wurde bis heute nur noch von einer 1838 gebauten Maschine gleichen Typs übertroffen, die versuchsweise Treibräder mit 3048 mm erhielt. Ferner wurde bei dieser Bauart erstmals das Laufrad-Drehgestell eingeführt. Die spurkranzlos ausgeführten Treibräder bedingten, daß die beiden Drehgestelle allein die Führung der Lokomotive übernehmen mußten.
Der innenliegende Rahmen reichte bei einer durchschnittlichen Höhe von nur 203 mm von der vorderen Pufferbohle bis zur Feuerbüchsstirnwand, die Restlänge war rahmenlos ausgebildet. Der Hauptwasserkasten war unter dem Langkessel zwischen dem Treibradsatz und dem vorderen Drehgestell im Rahmen aufgehängt. Eine besondere Konstruktion stellte die Abfederung der Treibachse dar, die infolge der beschränkten Platzverhältnisse auf jeder der beiden Radseiten mit einem Innen- und Außenlager ausgerüstet war. Über einen Ausgleichshebel mit angelenkten und mit Gummifedern versehenen Druckstangen wirkten die Kräfte auf die vier Lagerstellen der Treibachse. Die beiderseits des Kessels vorhandenen Federgestänge mit dem Ausgleichshebel waren in einer mit dem Kessel verbundenen Traverse beweglich verlagert. Als Verbindung zwischen Kessel und Rahmen dienten zwei kräftige dicht hintereinander vor der Treibachse angeordnete Pendelbleche.

Auffallend war ferner die sehr kurze Rauchkammer, deren gedrungenes Aussehen noch dadurch hervorgehoben wurde, daß die beiden Innenzylinder weit über die Rauchkammerstirnseite hinausragten.
Die beiden Drehgestelle waren im Aufbau einheitlich. Die Abfederung der Achsen erfolgte auch hier wieder über Gummifedern. Da die Drehgestelle die Führung der Maschine zu übernehmen hatten, erfolgte die Verlagerung der Drehzapfenpfanne ohne seitliches Spiel. Während das vorlaufende Drehgestell in einem gußeisernen Rahmen unterhalb der Zylinder aufgehängt werden konnte, mußte für das nachlaufende Drehgestell wegen des fehlenden durchgehenden Rahmens eine kräftige kreisförmige Platte unter den kombinierten Kohlen- und Wasserkasten geschraubt werden, die speziell für die Aufnahme des Drehgestell-Lagerzapfens ausgebildet war.
Die Lokomotive wurde nur über die Laufräder abgebremst. Die Bremsklötze waren jeweils paarweise zwischen den Rädern angeordnet, so daß sie auf die innenliegenden Laufflächen wirkten. Die höchste Geschwindigkeit, die von einer dieser Maschinen anläßlich einer Probefahrt erreicht wurde, betrug 130,4 km/h.
Die Geschichte dieser bemerkenswerten Lokomotiven ist leider nie korrekt festgehalten worden. Nach einer durchschnittlichen Dienstzeit von 16 Jahren waren im Jahre 1873 bereits alle acht von Rothwell & Co. gebauten Maschinen ausgemustert und durch neue im Aufbau fast gleichartige Maschinen mit Treibrädern von 2692,4 mm Durchmesser ersetzt worden.
Wir sind bei unseren Betrachtungen über die Entwicklung der Dampflokomotive nun in eine Periode eingetreten, die eine gewisse Stagnation im Lokomotivbau aufweist. Der Schwerpunkt der Weiterentwicklung liegt zu diesem Zeitpunkt vor allem in der Schaffung größerer und leistungsfähigerer Maschinen. Hierbei ist in erster Linie die zunehmende Nutzung des höheren Reibungsgewichtes zu erwähnen, die letztlich zur Einführung der ersten vierfach gekuppelten Lokomotive im Jahre 1869 durch die Hessische Ludwigsbahn führte.
Welche Wege auch immer in den nachfolgenden Jahrzehnten auf dem Gebiet der Kolbendampflokomotive beschritten wurden, die Grundzüge der *Normal-Lokomotive*, wie sie Stephenson bereits festlegte, blieben bis auf den heutigen Tag erhalten.

Meilensteine des Lokomotivbaues

Die zwischen 1870 und 1880 eingetretene scheinbare Ruhe in der Weiterentwicklung der Dampflokomotive bezog sich hauptsächlich auf den Aufbau und die konstruktive Ausführung der reinen Naßdampfmaschinen. In Wirklichkeit hatte sich aber das Interesse der Konstrukteure den thermischen Vorgängen innerhalb der Dampfmaschine zugewandt. Anlaß hierzu gaben die im Jahre 1865 von dem Münchener Professor Bauschinger durchgeführten Indikatorversuche. Man erkannte, daß die Ursache für die großen Wärmeverluste im Zylinder in der Kondensation des Sattdampfes beim Eintritt in die Zylinder zu suchen war. Die durch Abkühlen des Sattdampfes an den kälteren Zylinderwänden verlorengegangene Energie steht in einem proportionalen Verhältnis zu dem vorhandenen Temperatur- und Druckgefälle. Diese Erkenntnisse und das Streben nach besserer Nutzung des Dampfes ließ den Lokomotivbau nicht ruhen, das bereits seit längerer Zeit bekannte Verbundverfahren auf die Dampflokomotive zu übertragen.

DAS VERBUNDSYSTEM

Das Wesen der Verbundwirkung liegt in der thermischen Hintereinanderschaltung von Hoch- und Niederdruckzylinder. Die hierdurch erzielte stufenweise Expansion des Dampfes bedeutet eine Verringerung der Wärme- und Kondensationsverluste einerseits sowie eine erheblich bessere Energieausnutzung des Dampfes andererseits.
Dem Genfer Ingenieur Anatole Mallet gebührt das Verdienst, als erster mit Erfolg die Verbundwirkung von der ortsfesten Dampfmaschine auf die Lokomotive übertragen zu haben. Er teilte das Temperatur- und Druckgefälle in zwei Stufen auf, wodurch die Temperaturschwankungen sowohl im Hoch- als auch im Niederdruckzylinder etwa auf die Hälfte reduziert wurden. Die geringere Abkühlung des Dampfes an den Zylinderwänden bewirkte eine verminderte Wärmeabgabe und damit die Erhaltung eines höheren Energieanteiles des Arbeitsdampfes. Die im Hochdruckteil noch anfallenden Verluste kamen der Niederdruckstufe zugute. Lediglich die den Niederdruckkolben umgehenden Wärmemengen sowie die Zylinderabstrahlungen stellten die tatsächlich noch verbleibenden Verluste dar.
Die französische Firma Schneider baute 1876 nach den Plänen Mallets drei B 1-Verbund-Tenderlokomotiven. Die auf der Bayonne-Biarrites-Bahn durchgeführten Versuche übertrafen alle in sie gesetzten Erwartungen. Die Probemaschinen zeigten einen wesentlichen Rückgang im Dampf- und Kohlenverbrauch gegenüber vergleichbaren Naßdampfmaschinen mit einfacher Dampfdehnung.
Die erfolgreiche Anwendung des Verbundsystems bei den erwähnten französischen Versuchsmaschinen ließ August v. Borries, damals noch Maschinenmeister in Hannover, die große Bedeutung des neuen Verfahrens erkennen. Auf seine Veranlassung baute die Firma Schichau in Elbing zwei kleine 1 A-Tenderlokomotiven mit dem neuen Verbundsystem. Diese nach den Plänen v. Borries gefertigten und im Jahre 1880 abgelieferten Maschinen (Abb. 12) ergaben bei den Probefahrten eine Kohlenersparnis von 16,5 % gegenüber ihren beiden zur gleichen Zeit gebauten Schwestermaschinen mit einfacher Dampfdehnung.
Drei Jahre später lieferte Henschel 10 ähnliche 1 A-Verbundtenderlokomotiven an die Hannoversche Staatsbahn. Gegenüber der Bauart Schichau war das hinter dem Führerhaus angeordnete Gepäckabteil fortgefallen. Bemerkenswert war allerdings die Tatsache, daß diese Maschinen zum ersten Mal die Heusingersteuerung erhielten. Wie erwartet, bewährten sich auch diese Lokomotiven ausgezeichnet. Sie erhielten später das

Abb. 12 Erste deutsche Verbundbauart, 1 A-Tenderlokomotive der späteren Gattung TO, 1880 von Schichau für die Preußische Staatsbahn gebaut.
(Foto: Repro Werkaufnahme Schichau)

Gattungszeichen TO, unter dem sie mit Erfolg rund dreißig Jahre auf Nebenstrecken der Direktion Hannover im Einsatz waren.
Weitere Versuche mit C-gekuppelten Güterzugmaschinen waren so positiv verlaufen, daß bereits im September 1884 die ersten 1Bn2v-Personenzuglokomotiven der Gattung P 3² in Dienst gestellt wurden. Außer der Anwendung der Verbundwirkung zeigten diese Lokomotiven noch einige andere wesentliche Abweichungen von der bis dahin üblichen Bauweise. Zunächst waren die Zylinder hinter die Laufachse etwa unter die Mitte des Langkessels verlegt worden. Dieses hatte zur Folge, daß die Treibachse, ähnlich wie bei der Crampton-Bauart, nach hinten gesetzt werden mußte, wobei die Kuppelachse zwischen Treibachse und Zylinder angeordnet war. Diese Anordnung gewährte einen sehr ruhigen Lauf der Maschinen. Ferner wies die Heusingersteuerung ein besonderes Merkmal auf. Bei der weit nach hinten verlegten Treibachse hätte die Umsteuerwelle durch den Aschkasten oder unter denselben hindurchgeführt werden müssen, stattdessen wurde die Welle auf beiderseits am Kessel befindliche Lagerstützen aufgehängt und halbkreisförmig über den Kesselscheitel gebogen.
Die in den folgenden Jahren mit Erfolg durchgeführten Versuche konnten jedoch nicht über die Schwierigkeiten des Anfahrens hinwegtäuschen, da beim Verbundprinzip der Dampf zunächst im Hochdruckzylinder auf einen bestimmten Wert expandiert und dann dem Niederdruckzylinder zugeführt wird, wo der Dampf schließlich bis auf seinen Enddruck entspannt. Mallet löste das Problem durch die Verwendung eines Wechselschiebers, der im Augenblick des Anfahrens Frischdampf für den Niederdruckzylinder freigab. In Deutschland war es vor allem v. Borries, der eine Anzahl von Anfahrhilfen entwickelte. Die technisch günstigste Lösung schien zunächst sein 1884 eingeführtes selbsttätiges Anfahrventil zu sein, das durch ein Hilfsdampfrohr gedrosselten Frischdampf in den Niederdruckzylinder leitete. Doch schon bald häuften sich die Klagen über das unbefriedigende Anfahren der Lokomotiven, so daß sich v. Borries genötigt sah, das Mallet'sche Wechselschieberprinzip, gegen das er sich lange Zeit gesträubt hatte, aufzugreifen und zu überarbeiten. Erst nach Einführung der neuen Wechselschieberkonstruktion durch v. Borries wurde ein einwandfreies Anfahren der Maschinen gewährleistet.
Die guten Erfolge mit den neuen Verbundlokomotiven veranlaßten v. Borries, zusammen mit der Hanomag eine 2'B-Schnellzuglokomotive zu entwickeln, die alle in sie gesetzten Hoffnungen voll erfüllen sollte. Diese im Jahre 1893 in Dienst gestellte Bauart war wegen ihrer ausgezeichneten Laufeigenschaften und ihrer Wirtschaftlichkeit beim Personal sehr beliebt. Als Gattung S 3 stellte sie viele Jahre hindurch den Inbegriff der preußischen Schnellzuglokomotive dar (Abb. 13), bis sie im Jahre 1905 von der stärkeren Gattung S 5² abgelöst wurde.
Die bereits genannten Anfahrschwierigkeiten bei den Verbundmaschinen haben in England zu einer sehr interessanten Konstruktion Anlaß gegeben. Der damalige Chefingenieur der L & NWR, Francis William Webb, erkannte die Unzulänglichkeiten der herkömmlichen Anfahrhilfen. Um die auftretenden Schwierigkeiten zu umgehen, führte er seine Lokomotiven als Dreizylinder-Verbund-Maschinen mit zwei ungekuppelten Treibachsen aus. Die beiden außenliegenden Hochdruckzylinder wirkten dabei auf die hintere Treibachse, der innenliegende Niederdruckzylinder auf die vordere Treibachse. Das Fehlen der Kuppelstangen führte häufig zum abwechselnden Schleudern beider Achsen. Ebenso konnte es passieren, daß die Treibachsen infolge Fehlens einer besonderen Umsteuerung für den Niederdruckschieber entgegen der gewollten Fahrtrichtung drehten.
Trotz der negativen Ergebnisse mit der ersten 1AA-

Abb. 13 2'B n2v-Schnellzuglokomotive »Magdeburg 237« Gattung S 3 der Preußischen Staatsbahn, versuchsweise mit einer Rauchgasableitvorrichtung versehen. (Foto: Sammlung Born)

Abb. 14 1AA-Dreizylinder-Verbundlokomotive »Jeanie Deans« der L & NWR mit Einzelachsantrieb Bauart Webb. (Foto: British Railways, London Midland Region)

Verbund-Lokomotive Nr. 66 »Experiment«, wurden von 1889 bis 1890 weitere zehn Maschinen in verstärkter Ausführung fertiggestellt. Die bekannteste dieser als »Teutonics« klassifizierten Lokomotiven war die »Jeanie Deans« (Abb. 14). Sie fuhr nahezu ununterbrochen zwischen 1891 und 1899 den »Corridor«-Express von Euston nach Crewe. Das für eine sowenig erfolgreiche Bauart relativ lange Dasein verdankten die »Teutonics« der sehr eigenwilligen und starrköpfigen Denkungsart von Webb. Erst mit seinem Rücktritt im Jahre 1903 und seine Ablösung durch George Whale verschwanden auch die Webb'schen Dreizylinder-Verbund-Einzelachsmaschinen.

Die Dreizylinder-Verbundlokomotiven konnten sich gegenüber den einfacheren und, wie sich später auch zeigte, erfolgreicheren Zweizylinder-Verbundmaschinen kaum durchsetzen. Von den wenigen bei deutschen Eisenbahnverwaltungen eingesetzten n3v-Lokomotiven gehörten die beiden 2'B2' n3v-Schnellfahrlokomotiven, Gattung S 9, der Preußischen Staatsbahn zu den interessantesten dieser Verbundtype. Diese auch als Bauart Wittfeld bekannt gewordenen Maschinen werden in dem noch folgenden Kapitel »Schnellfahrlokomotiven« näher beschrieben.

Als letzte Ausführung der Verbundbauarten sei noch die Vierzylinder-Verbundlokomotive erwähnt. Wachsende Zuggewichte und die damit zusammenhängende Forderung nach größerer Leistung führte zu der Überlegung, das Zweizylinder-Verbundsystem zu Gunsten der Vierzylinder-Verbund-Maschine zu verlassen. Die erste betriebsfähige n4v-Maschine mit Antrieb auf zwei Achsen entstand aus der 1AA n4v-Lokomotive Nr. 701 der Französischen Nordbahn, bei der die Zylinder zunächst entsprechend dem System Webb auf die beiden ungekuppelten Achsen wirkten. Die unbefriedigenden Ergebnisse mit dieser Bauart führten zum Umbau der Maschine, wobei nach den Plänen von de Glehn die beiden Treibradsätze gekuppelt wurden, so daß die beiden Dampfmaschinen getrennt auf eigene Achsen, die Hochdruckmaschine auf die zweite und die Niederdruckmaschine auf die erste Achse, wirken konnten. Schon 1894 stellte die Preußische Staatsbahn eine 2'B n4v-Lokomotive der Bauart de Glehn in Dienst. Obwohl 1903 weitere Lokomotiven mit der Achsanordnung 2'B 1' der Bauart de Glehn folgten und auch noch in den folgenden Jahren bis etwa 1906 bezogen wurden, blieben sie wegen ihrer unzugänglichen Triebwerksbauart und ihrem ungewohnten Äußeren Fremdlinge in Deutschland.

Eine neue Entwicklung bahnte sich an, als v. Borries im Jahre 1900 bei der Hanomag eine 2'B n4v-Schnellzuglokomotive bauen ließ, bei der alle vier Zylinder in einer Ebene unter der Rauchkammer lagen und gemeinsam auf die erste Treibachse wirkten. Die in den Jahren 1900 bis 1903 gebauten 17 Maschinen erhielten das Gattungszeichen S 5[1] (Abb. 15) und bewährten sich im Betrieb ausgezeichnet. Die Folge der guten Betriebsergebnisse war die Konstruktion einer 2'B 1' n4v-Schnellzuglokomotive, der Gattung S 7, die in den nachfolgenden Jahren die beliebteste und leistungsfähigste Lokomotive in Preußen werden sollte.

In Frankreich, dem Ursprungsland der Vierzylinder-Verbundlokomotive, blieb man der Bauart de Glehn treu. Selbst ausländische Lokomotivfabriken wie die weltbekannten Baldwin-Werke in den USA übernahmen die Ausführung von Lokomotivaufträgen für Maschinen mit dem de Glehn Verbundsystem. In Deutschland sollte die Entwicklung der n4v-Maschinen mit der 1907 in Auftrag gegebenen 2'B 1'-Schnellzuglokomotive der Gattung S 9 abgeschlossen werden. Obwohl diese Maschinen zu den leistungsfähigsten ihrer Zeit zählten, war ihre Entwicklung bereits durch die Einführung der Heißdampfmaschine überholt.

DIE HEISSDAMPFLOKOMOTIVE

Die Geschichte der Heißdampfmaschine geht bis in das Jahr 1832 zurück, als in England versuchsweise getrockneter Dampf bei ortsfesten Maschinen verwendet wurde. Man erkannte zwar, daß der Dampfverbrauch beträchtlich niedriger als bei den üblichen Dampfmaschinen war, maß dieser Tatsache aber noch keine so große Bedeutung bei, da einmal grundlegende wissenschaftliche Erkenntnisse der thermi-

schen Vorgänge im Zylinder fehlten, zum anderen technische Schwierigkeiten die Verwendung des Heißdampfes noch nicht zuließen.
Auch Heusinger erprobte später bei einer seiner 1A-Tenderlokomotiven einen Dampftrockner, jedoch mit wenig Erfolg. Er stellte die Versuche bald wieder ein.
Bereits 1850 hatte der Elsässer Hirn die in der Zylinderkondensation liegenden Energieverluste des Dampfes erkannt und Versuche mit überhitztem Dampf durchgeführt. Obwohl die erreichten Temperaturen 260° C nicht überschritten und die vorhandenen Schmiermittel sowie die Stopfbüchsenpackungen den Anforderungen nicht gewachsen waren, stellten die Erkenntnisse der Versuche Hirns eine wichtige Grundlage für die spätere Weiterentwicklung der Heißdampfmaschine dar. Unglücklicherweise sollte durch Einführung des Naßdampf Verbundsystems in den siebziger Jahren das Interesse am überhitzten Dampf zunächst gänzlich schwinden.
Unbeachtet von der Öffentlichkeit hatte aber der Kasseler Zivilingenieur Wilhelm Schmidt in aller Stille eine Lösung gefunden, auf verhältnismäßig einfache Art überhitzten Dampf zu erzeugen. Schmidt sollte in den kommenden Jahren in Robert Garbe einen Freund und tatkräftigen Verfechter seiner Ideen finden. Als preußischer Lokomotivbeschaffungsdezernent bei der ED Berlin setzte sich Garbe mit allem Nachdruck für die Anwendung von Heißdampf im Lokomotivbetrieb ein.
Endlich im Jahre 1897 war man bereit, bei der Lokomotivfabrik Vulkan in Stettin eine 2'B h2-Schnellzuglokomotive der Gattung S 3 und bei Henschel in Kassel eine 2'B h2-Personenzuglokomotive der Gattung $P\,4^1$ aus je einem laufenden Auftrag herauszunehmen und auf Heißdampf umzubauen. An den beiden ursprünglichen Zwillings-Naßdampftypen wurden nur die für den Heißdampfbetrieb unbedingt erforderlichen Umbauten vorgenommen. Beide Lokomotiven erhielten gleiche Zylinderdurchmesser und Langkesselüberhitzer. Beide Maschinen wurden 1898 nach ihrer Fertigstellung unter den Bezeichnungen »Hannover Nr. 74« (S 3 von Vulkan) und »Cassel Nr. 131« ($P\,4^1$ von Henschel) dem Betrieb übergeben. Bereits die ersten Vergleichsfahrten bewiesen die Überlegenheit der Heißdampfmaschinen gegenüber den gleichartigen Naßdampflokomotiven. Natürlich traten aber auch hier die allen Neuerungen anhaftenden Kinderkrankheiten auf. Infolge der hohen Dampftemperaturen verzogen sich die Flachschieber und waren nicht mehr dicht zu halten. Auftretende Spannungen und Undichtigkeiten in den Befestigungen des Flammrohres, das die Überhitzerrohre enthielt, verursachten hohe Unterhaltungskosten und gaben zu häufigen Klagen Anlaß. Schmidt entschloß sich daraufhin zusammen mit seinem Oberingenieur Thomsen zwei neue Entwürfe auszuarbeiten, von denen der eine die Überhitzerelemente in der Rauchkammer vorsah, wo sie wieder über ein besonderes Rohr die heißen Feuergase zugeführt bekamen. Der zweite Entwurf zeigte die Anordnung der Überhitzerrohre in einer Reihe besonderer Heizrohre.
Während sich verschiedene Bahnverwaltungen wie z. B. die Belgischen Staatsbahnen oder die Münchner Lokalbahn-A.G. sofort für den Rauchröhrenüberhitzer entschieden, wählte die Preußische Staatsbahn zunächst die Ausführung als Rauchkammerüberhitzer.
Die folgenden, im Jahre 1899 bei Vulkan und Borsig in Auftrag gegebenen S 3-Lokomotiven erhielten den neuen Rauchkammerüberhitzer sowie Kolbenschieber und Zylinder mit 500 mm Bohrung gegenüber bisher 460 mm. Die bei Borsig gefertigte Lokomotive »Berlin Nr. 74« (Abb. 16) wurde 1900 auf der Weltausstellung in Paris zusammen mit der von Borries'schen Vierzylinder-Verbundlokomotive $S\,5^1$ ausgestellt, wo sie großes Aufsehen erregte, da sie als einzige Maschine grundsätzliche technische Neuheiten aufzuzei-

Abb. 15 2'B n4v-Schnellzuglokomotive der Bauart v. Borries, Gattung $S\,5^1$, 1900 von der Hanomag für die Preußische Staatsbahn gebaut. (Foto: Huber)

Abb. 16 2'B h2-Schnellzuglokomotive »Berlin 74« mit Rauchkammerüberhitzer und Kolbenschiebern, Gattung S 3 der Preußischen Staatsbahn.
(Foto: Repro Werkaufnahme Borsig)

gen hatte. Bei späteren Testfahrten mit der »Berlin Nr. 74« auf der Strecke Berlin–Breslau konnten Kohleneinsparungen von rund 12% festgestellt werden.
Die mit den beiden letzten Versuchsmaschinen gewonnenen Erfahrungen veranlaßten Garbe, endgültig zur Konstruktion und Beschaffung einer Heißdampf-Schnellzuglokomotivtype in größeren Stückzahlen zu schreiten. Von 1902 bis 1909 stellte die Preußische Staatsbahn 104 2'B h2-Schnellzuglokomotiven der Gattung S 4 mit Rauchröhrenüberhitzer in Dienst. Die Leistung dieser Maschinen lag etwa 30 bis 40% höher als die der S 3. Trotzdem machte die S 4 einen unausgeglichenen und unharmonischen Eindruck, der durch den unzweckmäßig engen und hohen Schornstein noch verstärkt wurde. Doch das nicht allein, die S 4 war ein Mißerfolg insofern, als sie den etwa zur gleichen Zeit von v. Borries geschaffenen 2'B 1' n4v-Maschinen der Gattung S 7 unterlegen waren. Garbe ließ sich aber durch diesen Rückschlag nicht entmutigen. Bereits 1906 wurde seine neueste Konstruktion, wieder eine 2'B-Lokomotive, die Gattung S 6 abgeliefert. Die nochmalige Wahl der 2'B-Bauart erscheint zu diesem Zeitpunkt unverständlich, besonders, da dieser Zweikuppler auch noch in einer Stückzahl von 584 Maschinen beschafft wurde, da doch im gleichen Jahr die 2'C h2-Lokomotive der Gattung P 8, ebenfalls eine Konstruktion Garbes, in Dienst gestellt wurde. Sie war der S 6 von Beginn an überlegen. Mit der P 8, der glücklichsten Schöpfung Garbes, war bei der Preußischen Staatsbahn endgültig die Entscheidung zugunsten der Heißdampf-Zwillingsmaschine gefallen. Leider konnte sich Garbe nie entschließen, den Heißdampf auch für das Verbundsystem auszuwerten. Die Gründe mögen in den hohen Dampftemperaturen gelegen haben, die keine wesentlichen Vorteile mehr bei der Verbundwirkung brachten. Anders in Süddeutschland, wo man mit großem Erfolg die Verbundwirkung bei geringerer Überhitzung anwandte. Als markantes Beispiel dieser wirtschaftlichen und technisch ausgereiften Lösung sei die bayrische 2'C1' h4v-Lokomotive der Gattung S 3/6 erwähnt (Abb. 17), deren hervorragende Konstruktion in einer letzten Nachbauserie im Jahre 1930 ihre sichtbare Bestätigung fand.
Aber auch in Preußen konnten noch entsprechende Erfahrungen mit Heißdampf-Vier- und Dreizylinder-Verbundmaschinen gesammelt werden. Und zwar waren diese die Lokomotiven der Gattungen S 10[1] und S 10[2], die bezeichnenderweise nicht unter der Leitung von Garbe entworfen und gebaut worden waren. Die guten Erfahrungen mit den h4v-Maschinen in Süddeutschland und in Sachsen hatten vielmehr die Preußische Staatsbahn veranlaßt, aus der vorhandenen 2'C h4-Lokomotive der Gattung S 10 im Jahre 1911 eine h4v-Ausführung zu schaffen. Ja man ging sogar noch einen Schritt weiter und ließ 1914 eine neue 2'C-Lokomotive mit Drillingstriebwerk bauen (Gattung S 10[2]), also eine Bauart, die bis dahin in Deutschland kaum anzutreffen war. Mit den genannten drei S 10-Typen war die Entwicklung der preußischen Schnellzuglokomotive generell abgeschlossen.
Die Heißdampflokomotive setzte sich nicht nur in Deutschland und in Europa relativ schnell durch. Bereits 1910 existierten rund 5000 Heißdampflokomotiven der Bauart Schmidt bei den verschiedensten Bahnverwaltungen in Europa, Amerika, Afrika und Asien. Wo immer und in welcher Form die Heißdampflokomotive gebaut wurde, Wilhelm Schmidt gebührt das Verdienst, durch seine bahnbrechende Erfindung dem Dampflokomotivbau eine Richtung gewiesen zu haben, die maßgebend geblieben ist bis zu den letzten und modernsten Schöpfungen der Dampflokomotive.

Abb. 17 2'C 1' h4v-Schnellzuglokomotive Gattung S 3/6 der Bayrischen Staatsbahn, formschönste aller deutscher Dampflokomotiven und Höhepunkt des Heißdampf-Verbundsystems.
(Foto: Sammlung Ostendorf)

Sonderausführungen der Normallokomotive

In der Geschichte des Lokomotivbaues schien zunächst mit Einführung der Stephenson'schen Normalausführung und der daraus entstandenen Verbundmaschine, die schließlich in der Heißdampflokomotive ihre Krönung fand, die Entwicklung ihren Höhepunkt erreicht zu haben. Allein der hohe Stand der damaligen Lokomotivtechnik hätte die Grundlage bieten müssen, Standardtypen zu entwickeln, die praktisch allen Betriebserfordernissen gerecht wurden. Nun, dieser Gedanke ist bis heute noch in allen Bereichen der Technik ein Wunschtraum geblieben, so auch im Lokomotivbau. Diese Tatsache kann und wird sich auch nicht ändern, da sonst jegliche Weiterentwicklung ihr Ende finden würde.

In den nachfolgenden Kapiteln werden einige der vielen Sonderbauarten der Normallokomotive beschrieben, die einerseits in der Grundkonzeption der Stephenson'schen Ausführung entsprechen, andererseits aber konstruktive Abweichungen aufweisen, die sie als ausgesprochene Sonderlinge ausweisen.

LOKOMOTIVEN FÜR EINE HOLZEISENBAHN

Neuseeland gehörte vor mehr als hundert Jahren zu jenen Ländern, die sich noch mitten in der Kolonisation und Technisierung befanden. Es fehlte an finanziellen Mitteln ebensosehr, wie an ausgebildeten und erfahrenen Fachleuten, die vor allem die Erschließung des Landes durch die Eisenbahn in die richtigen Bahnen lenkten.

Neuseelands erste Eisenbahnlinie wurde am 1. Dezember 1863 zwischen Invercargill und Ferrymead in der Provinz Canterbury auf der Südinsel eröffnet. Aber bereits vor diesem Ereignis war man entschlossen, noch eine zweite Bahnlinie zu bauen und zwar in der Provinz Southland von Invercargill bis zu den Goldfeldern von Wakatipu. Am 18. Oktober 1864 wurde das erste Teilstück der Oreti Railway, wie sich die Bahngesellschaft nannte, zwischen Invercargill und Makarewa dem Verkehr übergeben. Bei dieser Eisenbahnlinie handelte es sich um ein Kuriosum, da man, um die Baukosten soweit wie möglich zu reduzieren, Schienen aus Holz verlegt hatte. Wir werden derartigen Holzeisenbahnen in einem späteren Kapitel über die Getriebelokomotiven noch einmal bei Waldbahnen begegnen, es ist aber zu bedenken, daß es sich in dem vorliegenden Fall um eine öffentliche, personenbefördernde Eisenbahn handelte.

Mit der ersten Lokomotive, einer kleinen 8 Tonnen schweren 1A-Tenderlokomotive mit Namen »Lady Barkly« (Abb. 18) wurde eine der seltsamsten Lokomotivkonstruktionen in Dienst gestellt. Das winzige Maschinchen, das den Namen der Gattin des damaligen Gouverneurs von Victoria in Australien trug, war 1861 von Hunt & Opie's Victoria Ironworks in Ballarat,

Abb. 18 1A-Tenderlokomotive »Lady Barkly« der Oreti Railway, einer etwa Mitte des vorigen Jahrhunderts in Neuseeland betriebenen Eisenbahn mit Holzschienen. (Foto: New Zealand Railways Publicity Photograph)

Australien gebaut und nach zweijährigem erfolgreichen Betrieb auf einer Versuchsstrecke in Green Hills in der Nähe von Melbourne am 8. August 1863 in Invercargill in Betrieb genommen worden. Sie war von Australien nach Neuseeland überführt worden, um zunächst ihre Verwendbarkeit auf Holzschienen zu demonstrieren.

Bemerkenswert an der Lady Barkly waren die spurkranzlosen Treib- und Laufräder, stattdessen besaß die Maschine an den Stirnseiten je ein Paar schräg unter 45° verlagerte Führungsräder, welche die Lokomotive gegenüber den innenliegenden Schienenkopfkanten abstützten und dadurch ein Entgleisen verhinderten.

Nach einer längeren Betriebszeit stellte man aber größere Beschädigungen an den Gleisen fest, die durch die Lokomotive herbeigeführt worden waren. Der geringe Erfolg, welcher der Lady Barkly während ihrer Dienstzeit beschieden war, führte zum vorzeitigen Verkauf der Lokomotive in den späten sechziger Jahren an ein Sägewerk in Invercargill, wo sie von ihrem neuen Besitzer auf 1067 mm Spurweite (ursprünglich 1435 mm) und Normalräder mit Spurkränzen umgebaut wurde. Nach einem weiteren Umbau im Jahre 1886 erscheint die Lady Barkly schließlich als B-gekuppelte Getriebelokomotive mit einem kleinen einachsigen Tender.

Zwei weitere Lokomotiven der Oreti Railway waren 1 A-Crampton-Maschinen, die 1864 von den Soho Works of Robinson Thomas & Company, Ballarat gebaut worden sind. Sie besaßen außenliegende Stephenson-Steuerung und waren mit einem zweiachsigen Tender ausgerüstet. Das Fahrwerk besaß dieselben Details wie die Lady Barkly, spurkranzlose Treib- und Laufräder sowie zusätzliche schräg verlagerte Stützräder. Es wird angenommen, daß nur eine Crampton Maschine überhaupt zum Einsatz gekommen ist, da auch hier starke Beschädigungen des Oberbaues unausbleiblich waren. Beide Lokomotiven wurden 1869 ebenfalls an Sägewerke verkauft. Eine Maschine wurde umgebaut und als stationärer Dampferzeuger in einem Sägewerk in Makarewa eingesetzt.

Schon bald stellte sich der Betrieb einer derartigen Holzeisenbahn als ein unsinniges Unternehmen heraus. Nicht allein, daß die Lokomotiven dazu beitrugen, den Oberbau rasch und gründlich abzunutzen, die Holzschienen konnten auf die Dauer auch den unterschiedlichen Witterungsverhältnissen nicht standhalten. Die Folge war, daß die Holzschienen faulten, schwammig wurden und schließlich sich verwarfen. Die Gründung der Oreti Railway sollte eigentlich einen bedeutenden Fortschritt für die Provinz Southland darstellen, die ungünstigen Betriebsverhältnisse zwangen jedoch schon im Jahre 1867 zu einer vorzeitigen Einstellung des Verkehrs auf den Strecken mit Holzgleisen.

Abb. 19 B-Tenderlokomotive System Fell mit Mittelschienen-Reibräderantrieb der ehemaligen Mont Cenis Bahn. (Foto: Repro LA VIE DU RAIL)

LOKOMOTIVEN DES SYSTEMS FELL

Die Überwindung starker Steigungen im reinen Reibungsbetrieb ohne eine kraftschlüssige Verbindung über eine Zahnstange war die Grundidee des Systems Fell. Das System war im Prinzip etwa seit 1840 bekannt. Durch Verwendung einer zusätzlichen, in Gleismitte verlegten Doppelkopfschiene wurde über zwei waagerecht liegende Treibräder die nutzbare Reibung künstlich erhöht und die Zugkraft ähnlich wie bei einem Booster während der Fahrt über die Steilstrecke durch den »Mittelschienenantrieb« vergrößert. Der englische Ingenieur John Barraclough Fell war der erste, der das neue Verfahren in die Tat umsetzte, seitdem wurde diese Art der Bergbahnen nach seinem Namen benannt.

Einem Probebetrieb mit seiner Lokomotive nach dem System Fell in England folgte 1865 ein Versuchsbetrieb mit derselben Maschine und einer zweiten Lokomotive gleicher Ausführung auf der Probestrecke am Mont Cenis in Frankreich. Die Überlegungen, die zum Bau dieser Fell-Eisenbahn führten, lagen in den Bestrebungen, die Verbindung der durch das Mont Cenis Massiv unterbrochenen Eisenbahnlinie zwischen St. Michel auf der französischen und Susa auf der italienischen Seite herzustellen. Im Jahre 1868 konnte bereits die gesamte Strecke dem Verkehr übergeben werden. Bei einer Spurweite von 1100 mm betrug die ganze Streckenlänge 77 km mit einer zu überwindenden maximalen Steigung von 83‰ und kleinsten zu durchfahrenden Gleishalbmessern von 40 m.

Bei den auf der Mont Cenis Bahn eingesetzten Lokomotiven handelte es sich überwiegend um Maschinen der Achsfolge B. Wie die Abb. 19 zeigt, finden wir bei diesen Lokomotiven keinen Antrieb in der herkömmlichen Weise mit außenliegenden Zylindern, vielmehr diente eine zweizylindrige, waagerecht zwischen den Rahmenwangen liegende Dampfmaschine zum gemeinsamen Antrieb sowohl des normalen Fahrwerkes als auch der Reibräder. Das in Abb. 20 dargestellte Modell eines Fell-Antriebes zeigt deutlich die Übertragung der Kolbenbewegungen, einmal direkt auf den waagerecht angeordneten Kurbeltrieb der Reibräder, zum anderen auf eine Art Kurbelwelle, von der die Bewegungsübertragung auf das normale Fahrwerk über einen kräftigen Hebel und eine zweiteilige Treibstange mit zwischengeschaltetem Kreuzkopf erfolgte. Die Steuerung der Dampfmaschine wurde an der ersten Achse abgenommen. Den Andruck der Reibräder auf die Mittelschiene erzeugten Federn, deren Vorspannung vom Führerstand aus über eine Spindel und ein Schneckenrad beeinflußt werden konnte. Als durchschnittlicher Anpreßdruck pro Rad wurden 20000 N erzeugt.

Die Mont Cenis Eisenbahn stellte schon nach nur drei Betriebsjahren im Jahre 1871 nach Eröffnung des Fréjus-Tunnels den Verkehr ein. Die kurze Lebensdauer dieser Bahn hatte ihre Ursache nicht in dem Versagen des Systems. Wie wir weiter sehen werden, fand das Fell-System sogar in Übersee erfolgreiche Anwendung im Einsatz auf Steilrampen.

Wieder ist es Neuseeland, dem unser Interesse gilt. Der Bau der Hauptstrecke auf der Nordinsel zwischen Auckland und Wellington gehört wohl zu den interessantesten eisenbahntechnischen Konstruktionen des Fünften Erdteiles, da die schwierige Streckenführung infolge des gebirgigen Charakters der Landschaft zu zwei außergewöhnlichen Lösungen führte. Die eine stellt die berühmte Raurimu Spirale dar, mit der auf 11 km Länge ein Höhenunterschied von 214 m bei einer Durchschnittssteigung von 19,2‰ bewältigt wurde, die zweite war eine Bergbahn des Systems Fell, die auf dem Streckenabschnitt Wellington–Wairarapa über die Rimutaka Rampe mit einer Steigung von 66,6‰ führte. Die 1875 von der Avonside Engine Company gebauten ersten vier Fell-Lokomotiven (Abb. 21) hatten die Achsfolge B1 und besaßen getrennte Dampfmaschinengruppen. Das normale Fahrwerk war mit einer außenliegenden, von der Treibachse abgenommenen Stephenson-Steuerung ausgerüstet. Bei zwei späteren, im Jahre 1886 von Neilson & Company gebauten Maschinen gleicher Bauart kam eine Steuerung des Systems Joy zur Anwendung. Die jeweils paarweise rechts und links neben der doppelköpfigen Reibschiene waagerecht im Fahrwerksrahmen der Lokomotive verlagerten spurkranzlosen Reibräder wurden von zwei unter der Rauchkammer eingebauten Innenzylindern durch Treibstangen angetrieben. Den Andruck der Reibräder gegen die Mittelschiene erzeugten auch hier wieder Federn. Auf diese Weise konnte zusätzliche Reibungskraft auf die Mittelschiene übertragen werden, ohne bei der vorhandenen großen Steigung eine Zahnstange zur Hilfe nehmen zu müssen. Bei

Abb. 20 Modell eines Fell-Triebgestells, gut erkennbar der Reibräderantrieb und die Mittelschiene.
(Foto: Crown Copyright. Science Museum, London)

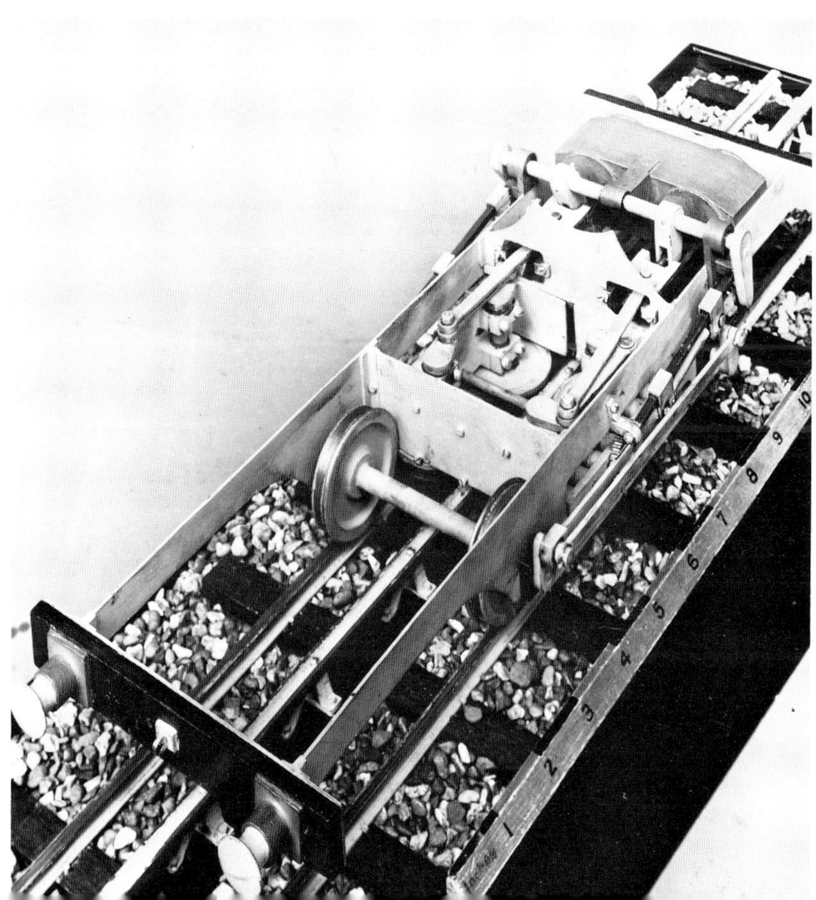

Abb. 21 B1′-Tenderlokomotive System Fell, Klasse H der New Zealand Railways, bis 1955 auf der 8,8 km langen Rimutaka-Rampe im Einsatz gewesen.
(Foto: New Zealand Railways Publicity Photograph)

einem durchschnittlichen Reibungsgewicht von mehr als 32 Tonnen bezogen auf die Kuppelachsen und einer Anpreßkraft auf die Mittelschiene von ungefähr 300 kN konnte ein Zug von maximal 65 Tonnen Gesamtgewicht von einer Lokomotive über die Steilrampe gezogen werden. Die Höchstgeschwindigkeiten betrugen für die Bergfahrt 10 km/h, für die Talfahrt 16 km/h.

Die ersten vier Fell-Lokomotiven trugen ursprünglich die Namen Mont Cenis, Mount Cook, Mount Egmont und Mount Tongariro. Später erhielten alle Fell-Maschinen einschließlich der beiden aus der Lieferung von Neilson & Company die Klassenbezeichnung H.

Es soll noch erwähnt werden, daß als zusätzliche Sicherungseinrichtung in den Zügen ein besonderer Bremswagen mitgeführt wurde, dessen Bremseinrichtung bei Bewegung des Zuges gegen die Fahrtrichtung über gußeiserne Bremsklötze auf die Mittelschiene wirkte.

Die rund 4 km lange Steilstrecke mit der zusätzlichen Mittelschiene begann in Cross Creek und wies auf 2,5 km Länge eine konstante Steigung von 66,6‰ auf. Die mittlere Doppelkopfschiene lag 165 mm über Schienenoberkante des normalen Gleises und war mittels Spezialschienenstühlen auf einer kräftigen Längsschwelle, die sich auf den eigentlichen Schwellen abstützte, aufgeschraubt. Die Abb. 22 zeigt eine Lokomotive der Klasse Ww mit einem kurzen Güterzug auf einem Teilstück der Rimutaka Rampe, wobei deutlich die mittlere Reibschiene zu erkennen ist, deretwegen übrigens der Räumer der Lokomotive einen besonderen Ausschnitt erhielt.

Mit der Verlegung des Streckenverlaufes und Eröffnung des Rimutaka Tunnels zwischen Upper Hutt und Featherston (mit 8,8 km der längste Eisenbahntunnel des Commonwealth) am 3. November 1955 endete schließlich der Betrieb der letzten und am längsten tätig gewesenen Fell-Eisenbahn mit Dampfloktraktion.

DIE VERBUNDLOKOMOTIVEN DER BAUART SONDERMANN

Mit Einführung der Verbundwirkung nach dem einfachen System der stufenweisen Expansion unter Verwendung getrennter Hoch- und Niederdruckzylinder schien eine gangbare Lösung gefunden zu sein, vor allem als geeignete Anfahrvorrichtungen eingesetzt werden konnten. Nachteilig wirkten sich lediglich die unterschiedlichen Zylinderabmessungen und -gewichte aus. Natürlich suchte man in der Folgezeit nach neuen Wegen, unter Beibehaltung des bisherigen Prinzips eine günstigere Konstruktion der Dampfmaschine zu erhalten. In den nachfolgenden beiden Kapiteln werden zwei interessante Versuche näher erläutert.

Abb. 22 Lokomotive Klasse Ww der NZGR mit Güterzug auf der Rimutaka-Rampe, deutlich sichtbar die mittlere Reibschiene für den Fell-Reibradbetrieb.
(Foto: Brouwer)

Die Entwicklung der Güterzuglokomotive ging Ende der neunziger Jahre in Bayern etwas seltsame Wege. Als die dreifach gekuppelten Maschinen den Anforderungen des wachsenden Güterverkehrs und der steigenden Zuggewichte nicht mehr genügten, entschied sich die Bayrische Staatsbahn sofort für die Konstruktion einer 1'D-Lokomotive. Man überging also bewußt die Achsfolge D und zog die Ausführung mit vier gekuppelten Treib- und einer Laufachse wegen der besseren Führung der Maschine besonders auf den krümmungsreichen rechtsrheinischen Strecken Bayerns der starrachsigen Bauart vor.

Als ersten Typ mit der Achsfolge 1'D baute Krauss in München 1894 eine Maschine, die sich von allen bis dahin bekannten 1'D-Bauarten darin unterschied, daß die Zylinder vor der Laufachse angeordnet waren und außerdem die erste Kuppelachse als Treibachse ausgebildet war. Ferner bildete die Laufachse zusammen mit der zweiten (!) Kuppelachse ein Krauss-Helmholtz-Gestell. Es dürfte verständlich sein, daß diese kuriose Bauart keine Nachahmung fand und daher die zwölf bis zum Jahre 1896 gebauten und als Gattung EI klassifizierten Lokomotiven die einzigen Maschinen dieser Art blieben.

Doch nicht genug mit einer abnormalen Bauart, man leistete sich sofort noch eine zweite. Die guten Erfahrungen mit dem Krauss-Helmholtz-Gestell bestätigten die Annahme, daß man seitens der Bayrischen Staatsbahn mit der Wahl der Achsfolge 1'D richtig lag. Im Jahre 1896 wurden deshalb zwei neue 1'D-Lokomotiven beschafft, die wiederum eine Sonderheit in ihrem konstruktiven Aufbau enthielten (Abb. 23).

Entgegen der Erstausführung der vorerwähnten Gattung EI, die noch als Zweizylinder-Naßdampfmaschine mit einfacher Dampfdehnung ausgeführt war, entsprachen die beiden neuen Maschinen dem Vierzylinder-Naßdampf-Verbundsystem der Bauart Sondermann mit zwischen Lauf- und erster Kuppelachse angeordnetem Zylinderblock. Bei diesem eigenartigen Vierzylinder-Verbundtriebwerk waren die Hoch- und Niederdruckzylinder so ineinander geschachtelt, daß der Niederdruckteil kreisförmig den Hochdruckteil umfaßte. Beide Zylinder besaßen einen gemeinsamen großen Flachschieber. Die Steuerbewegungen wurden aus nicht ganz verständlichen Gründen von der letzten Kuppelachse abgenommen, was zur Folge hatte, daß die Schwingenstange über 3 m lang wurde.

Abb. 23 1'D-Güterzuglokomotive der Bauart Sondermann, Gattung EI, im Jahre 1896 von der Bayrischen Staatsbahn versuchsweise in Dienst gestellt.
(Foto: Werkaufnahme Krauss)

Es wurden zunächst vier Lokomotiven dieser Bauart von Krauss abgeliefert. Zwei Maschinen gingen an die Bayrische Staatsbahn, wo sie ebenfalls unter der Gattungsbezeichnung EI eingereiht wurden und die Bahn-Nrn. 2064 und 2065 erhielten. Die anderen beiden Lokomotiven erhielt die Pfälzische Eisenbahn, bei der sie unter der Bezeichnung G 4 III als Nrn. 200 und 201 liefen. Übrigens trugen die pfälzischen Sondermann-Maschinen außerdem noch die Namen »Hagenbach« und »Jockgrim«. Die beiden Lokomotiven unterschieden sich von ihren bayrischen Schwestern durch einen etwas kleineren Kessel und eine geänderte Steuerung. Zur Vermeidung der sehr langen Schwingenstange legte man Schwinge, Schwingenstange und Exzenter nach innen zwischen die Rahmen und übertrug die Exzenterbewegungen über eine Zwischenwelle nach außen auf den Voreilhebel und den Schieberkreuzkopf. Lauf- und erste Kuppelachse waren als Krauss-Helmholtz-Gestell ohne Seitenspiel am Drehzapfen ausgebildet. Spätere Betriebserfahrungen zeigten jedoch die Notwendigkeit eines seitlichen Spiels am Drehzapfen sowie einer Rückstellvorrichtung für das Gestell.

Die Sondermann-Lokomotiven galten als leistungsfähiger und sparsamer als die entsprechenden Zwillingsbauarten, solange keine Verluste an den Kolben und Schiebern auftraten. Jedoch die Schwierigkeiten, die zweistufigen Kolben dicht zu halten, veranlaßten die beiden Bahnverwaltungen, im Jahre 1899 die Lokomotiven in Zwillingsmaschinen mit normalen Zylindern umzubauen. In dieser Ausführung beschaffte die Bayrische Staatsbahn bis 1901 noch weitere 48 Lokomotiven, bei denen unter anderem die Schwingenkurbel von der letzten Achse an die Treibachse verlegt wurde. Die beiden bayrischen Sondermann-Lokomotiven blie-

Abb. 24 1'D n4v-Güterzuglokomotive der Bauart Vauclain, Gattung EI der Bayrischen Staatsbahn, 1899 von Baldwin geliefert. (Foto: Werkaufnahme Baldwin Locomotive Works)

ben nach dem Umbau noch nahezu 20 Jahre im Einsatz. Die pfälzischen G 4 III wurden 1920 an das Saargebiet abgegeben, wo sie als G 7, Nr. 4401 und 4402 sogar noch bis etwa 1930 im Einsatz standen.

DIE VERBUNDLOKOMOTIVEN DER BAUART VAUCLAIN

Zweifellos gehörte die Bayrische Staatsbahn zu jenen Eisenbahnverwaltungen in Europa, die Neuerungen im Lokomotivbau ohne Vorurteile entgegentraten, eine Tatsache, die auch ihren ungewöhnlichen Schritt verständlich machte, im Jahre 1899 zwei 1'D n4v-Güterzuglokomotiven (Abb. 24) und 1901 noch zwei 2'B1' n4v-Schnellzuglokomotiven (Abb. 25) von den Baldwin Works in Philadelphia zu kaufen. Man wollte sich selbst von den viel gepriesenen Vorzügen amerikanischer Lokomotivkonstruktionen überzeugen.
Auffallendes Kennzeichen beider Typen war das sogenannte Vauclain-Triebwerk. Die fortschreitende Verwendung des Vierzylinder-Verbundtriebwerks für leistungsfähige Schnellzug- und Güterzuglokomotiven führte neben der bereits bekannten Form mit zwei Innen- und zwei Außenzylindern sowie getrennten Antriebs- und Steuerungselementen zur Entwicklung weiterer Verbundsysteme, von denen wir unter anderem das System Sondermann im vorherigen Kapitel bereits kennenlernten. Eine andere Bauart, das sogenannte Tandem-Verbundsystem, zeigte eine Hintereinanderschaltung von Hoch- und Niederdruckzylinder bei gemeinsamer Kolben- und Treibstange. Diese Tandemanordnung fand vorwiegend Verbreitung in Ungarn, Rußland und Amerika. Wir werden auf diese Bauart im nächsten Kapitel noch näher eingehen.
Das Verbundtriebwerk System Vauclain war 1889 von dem Chefingenieur der Baldwin Works entwickelt und nach ihm benannt worden. Es wurde hauptsächlich in den USA angewandt und war darüber hinaus nur noch bei einzelnen Exportmaschinen zu finden. In Europa konnte das Vauclain-Prinzip praktisch nicht Fuß fassen. Die beiden amerikanischen Lokomotivtypen der Bayrischen Staatsbahn blieben die einzigen Maschinen mit Vauclain-Triebwerk, die in Deutschland in Dienst gestellt worden waren.
Das Merkmal des Vauclain-Systems bestand darin, daß die Hoch- und Niederdruckzylinder außen übereinander lagen und auf einen gemeinsamen Kreuzkopf wirkten. Wie aus den Abbildungen 24 und 25 hervorgeht, mußte bei Lokomotiven mit kleinem Raddurchmesser, in der Regel also Güterzuglokomotiven, der größere Niederdruckzylinder über dem kleineren Hochdruckzylinder angeordnet werden, um nicht das Fahrzeug-

Abb. 25 Als zweite Vauclain-Bauart stellte die Bayrische Staatsbahn 1901 zwei ebenfalls von Baldwin gebaute 2'B 1'n4v-Schnellzuglokomotiven in Dienst. Das Bild zeigt eine der als S 2/5 eingereihten Maschinen im Hauptbahnhof München. (Foto: Repro Sammlung van Kampen)

Regellichtraumprofil zu überschreiten. Die höhere Lage der Zylinder bei den großrädrigen Schnellzuglokomotiven gestattete dagegen eine umgekehrte Anordnung der Zylinder. Erwähnenswert ist noch, daß jeweils nur ein Schieberkasten sowohl für den Hoch- als auch für den Niederdruckzylinder verwendet wurde.
Die mit beiden Maschinentypen durchgeführten Vergleichs- und Testfahrten zeigten schon bald, daß sie den an sie gestellten Forderungen nicht entsprachen, da einmal die Stahlfeuerbüchsen nach kurzer Zeit durch Feuerbüchsen aus Kupfer ersetzt werden mußten, ferner eine ganze Reihe von Mängel an den verschiedensten Ausrüstungsteilen auftraten. Trotz der unbefriedigenden Ergebnisse haben die als Gattung S 2/5 und EI eingereihten »Amerikaner« dem deutschen Lokomotivbau eine wegweisende Erkenntnis beschert – den Barrenrahmen. Insbesondere war er der besseren Zugänglichkeit der Innentriebwerke wegen für Drei- und Vierzylindermaschinen hervorragend geeignet. Die Vorteile dieser Rahmenbauart waren so groß, daß der Barrenrahmen bei den späteren Einheitslokomotiven ohne Rücksicht auf die Zylinderzahl ausschließlich verwendet wurde. Den Baldwin-Lokomotiven bleibt das unbestrittene Verdienst, durch die Eigenart ihres Aufbaues dem deutschen Lokomotivbau wichtige Hinweise auf spätere Konstruktionen vermittelt zu haben, die nicht zuletzt ihren Niederschlag in so mancher geglückten Dampflokbauart kommender Jahre finden sollte.

VERBUNDLOKOMOTIVEN MIT TANDEMZYLINDERN

Charakteristisch für das Verbundsystem war allgemein der Unterschied der Kolbendurchmesser zwischen Hoch- und Niederdruckzylinder. Bei einer Zweizylinder-Lokomotive mit Innenrahmen machte die Unterbringung des großen Niederdruckzylinders in Bezug auf das Lichtraumprofil noch kaum Schwierigkeiten. Anders sahen dagegen die Verhältnisse bei Verbundlokomotiven mit Außenrahmen aus. Naheliegend war bei derartigen Maschinen die Ausführung mit innenliegenden Zylindern und innenliegendem Triebwerk. Die Nachteile solcher Triebwerksausführungen waren bekannt und führten daher zu der Überlegung, wie man die Schwierigkeiten durch eine geeignete Anordnung der Zylinder außerhalb des Rahmens umgehen könnte. Die Wahl fiel schließlich auf die Hintereinanderschaltung von Hoch- und Niederdruckzylinder in sogenannter Tandemanordnung. Diese Ausführung wurde beispielsweise im Jahre 1890 bei den 2'B-Schnellzuglokomotiven, Gattung Ie (222), der Ungarischen Staatsbahn erstmals in Europa angewandt (Abb. 26).
Der Bedarf an leistungsfähigen Schnellzuglokomotiven in Ungarn wuchs um 1889 infolge eines immer stärker aufkommenden Verkehrsvolumens. Man entschloß sich daher zum Bau einer n4v-Lokomotive für 14 t Achslast und 13 bar Kesseldruck. Mit 2,98 m² erhielten die Maschinen dieser Gattung die größte Rostfläche, die in Europa eine 2'B-Lokomotive bis dahin aufwies.
Die seinerzeit bei den ungarischen Schnellzuglokomotiven übliche Ausführungsform des Rahmens als Außenrahmen wollte man nicht gern verlassen. Allerdings konnte bei 1900 mm Rahmenbreite ein Niederdruckzylinder von etwa 700 mm Durchmesser nicht mehr außen am Rahmen untergebracht werden. Man wählte daher ein Vierzylinder-Triebwerk in der bereits erwähnten Tandemanordnung, bei der auf jeder Seite der Lokomotive Hoch- und Niederdruckzylinder als Einzelzylinder hintereinanderlagen.
Kolbenstange und Hochdruckkolben waren aus einem Stück geschmiedet, der Niederdruckkolben wurde durch eine Keilverbindung auf der Kolbenstange gehalten. Hoch- und Niederdruckschieber saßen ebenfalls auf einer gemeinsamen Stange. Es ergaben sich

Abb. 26 2'B n4v-Schnellzuglokomotive mit Tandemzylindern, Gattung Ie (222) der Ungarischen Staatsbahn. (Foto: Sammlung Griebl/Zell)

Abb. 27 1'D n4v-Güterzuglokomotive der NYC & HR mit in einem Zylinderblock vereinten Tandemzylindern. (Foto: Sammlung Vollrath)

anfangs Schwierigkeiten mit der Wahl der richtigen Zylinderdurchmesser bedingt durch das feste Füllungsverhältnis der hintereinander liegenden Zylinder. Als endgültige Paarung wurden schließlich nach vier verschiedenen Ausführungsarten unterschiedlicher Durchmesserkombinationen im Jahre 1892 mit 320/490 mm Durchmesser entsprechend einem Raumverhältnis 1:2,32 die günstigsten Werte ermittelt. Neu war in diesem Zusammenhang für Ungarn auch die Heusinger-Steuerung, die bei dieser Gattung erstmals Anwendung fand.
Interessanterweise baute man 1891 zwei Lokomotiven ähnlicher Bauart als Zwillingsmaschinen (Gattung If) mit 500 mm Zylinderdurchmesser, um eine etwa gleichwertige Vergleichsbauart zur Verfügung zu haben. Versuchsfahrten ergaben einen um 12 % geringeren Dampfverbrauch der Verbundmaschinen gegenüber den Zweizylinder-Lokomotiven. Die nachteiligen größeren hin- und hergehenden Massen der Verbundmaschinen machten sich bei den damals nicht sehr hohen Drehzahlen der Treibräder kaum bemerkbar.
In den Jahren von 1890 bis 1903 beschaffte die Ungarische Staatsbahn 93 Lokomotiven der Gattung Ie. Trotz dieser hohen Stückzahl blieb die Gattung Ie die einzige Tandembauart in Ungarn.
Als Pendant zur ungarischen Gattung Ie könnte die etwa zur gleichen Zeit im Jahre 1902 auf der Pariser Gürtelbahn (Ceinture) in Dienst gestellte 2'C n4v-Tenderlokomotive mit Tandemtriebwerk genannt werden. Von den Nordbahn Werkstätten La Chapelle in einer Gesamtstückzahl von 15 Maschinen gebaut, unterschieden sich diese Lokomotiven in der Wirkungsweise und im System der Verbundwirkung nicht von ihren ungarischen Schwestern. Jedoch läßt die Verwendung eines Innenrahmens bei den französischen Maschinen keinen zwingenden Grund mehr für die Anwendung des Tandemsystems erkennen. Offensichtlich scheute man seinerzeit die schlechte Zugänglichkeit und etwas komplizierte Art innenliegender Zylinder und Steuerungen.
Die Lokomotiven liefen durchweg im Personenzugdienst und wurden nach ihrer Übernahme durch die Nordbahn im Jahre 1935 bereits ein Jahr später ausgemustert. Eine Ausnahme bildete die Lokomotive Nr. 52, die 1930 in eine 2'C1'-Tenderlokomotive mit Zylindern in Tandemanordnung umgebaut worden ist und erst zu Beginn der 50er Jahre aus dem Verkehr gezogen wurde.
In England machte man ebenfalls Versuche mit dem Tandem-Verbundsystem. Während der Jahre 1885 bis 1886 wurden zu diesem Zweck drei Maschinen mit dem neuen Verfahren ausgerüstet, wobei die Zylinder jedoch innerhalb des Rahmens angeordnet wurden.
Die erste Lokomotive dieser Art stellte die North British Railway Ende 1885 versuchsweise in Dienst. Es war eine umgebaute 2'B-Maschine aus dem Jahre 1871. Diese Lokomotive hatte bereits im Jahre 1879 Geschichte gemacht, als sie beim Einsturz der Tay-Brücke mit dem Zug in die Tiefe stürzte. Sie wurde nach dem Unglück geborgen und zunächst wieder entsprechend ihrem Ursprungszustand aufgearbeitet, bis sie dann später für die Versuche mit dem Tandem-Verbundsystem umgerüstet wurde. Die Lokomotive soll einige Jahre mit den Tandemzylindern im Einsatz gewesen und dann aber doch wieder in die Normalausführung zurückgebildet worden sein.
Die anderen beiden Versuchsausführungen – 1B-Maschinen mit Innentriebwerk – liefen seit 1886 als Breitspurlokomotiven bei der Great Western Railway. Die große Zahl der Ausfälle durch Triebwerksschäden machte eine frühzeitige Ausmusterung der Maschinen erforderlich. Die drei genannten Lokomotiven sind in

England die einzigen Exemplare mit Tandem-Verbundzylindern geblieben.
Von den verschiedenen in Amerika gebauten Lokomotiven dieses Systems sei als letzte noch die 1'D-Güterzuglokomotive der New York & Hudson River Railroad (Abb. 27) genannt, die Alco 1903 fertigstellte. Im Gegensatz zu den beschriebenen europäischen Tandem-Maschinen besaßen alle amerikanischen Ausführungen gemeinsame Zylindergruppen, d. h. Hoch- und Niederdruckzylinder waren in einem Block vereint. Wirkungsweise und Aufbau entsprachen sonst den allgemeinen Grundsätzen des Tandem-Verbundsystems.
Aber auch in Amerika konnte sich diese Verbundbauart nicht durchsetzen. Ihr wirklicher Erfolg blieb hauptsächlich auf die Lokomotiven der Ungarischen Staatsbahn beschränkt.
Die genannten Lokomotivtypen stellen die wohl bekanntesten Maschinen der Tandembauart dar. Ihre spezielle Erwähnung in diesem Kapitel sei daher stellvertretend für die wenigen außerdem noch in Europa und in Amerika gebauten Lokomotiven dieses Typs zu verstehen, die von der Funktion und dem Aufbau des Triebwerks her keine wesentlichen Abweichungen aufwiesen.

VERBUNDLOKOMOTIVE MIT UNTERSCHIEDLICHEN KOLBENHÜBEN

In den Jahren zwischen 1883 und 1888 beschaffte die HSM (Hollandsche IJzeren Spoorweg Maatschappij) eine Serie neuer 1B-Lokomotiven, die im Einsatz vor schweren Personenzügen die seinerzeit notwendige Doppelbespannung ablösen sollten. Wie ihre Vorgängerinnen, die Maschinen Nrn. 116–125 des Typs P^3, besaßen die neuen Lokomotiven wieder die charakteristisch hohe Belpaire-Feuerkiste, außenliegende Zylinder und das ursprünglich holzverkleidete Führerhaus. Die Kuppelräder erreichten mit 2150 mm einen für damalige Verhältnisse sehr beachtlichen Durchmesser, bedingt durch die geforderte Höchstgeschwindigkeit von 90 km/h.
Die guten Betriebsergebnisse mit den neuen Maschinen des Typs P^4 veranlaßten die HSM im Jahre 1888 nochmals vier Lokomotiven dieser Bauart von Borsig zu beziehen, jedoch im Gegensatz zu den bereits gelieferten Lokomotiven der ersten Serie als Verbundmaschinen.
Die unwirtschaftliche Energienutzung der Lokomotiven jener Tage gekennzeichnet durch hohen Brennstoffverbrauch einerseits und geringe Leistungsausbeute andererseits führten bereits 1885 zu Untersuchungen seitens der HSM, Kohleneinsparungen durch Anwendung des Verbundsystems zu erreichen. Von den vorhandenen Maschinen wählte man je zwei Personen- und zwei Güterzuglokomotiven aus, die probeweise auf Verbundwirkung umgebaut wurden. Naturgemäß mußte bei diesen Lokomotiven in Zweizylinder-Verbundausführung darauf geachtet werden, daß der Leistungsanteil des Niederdruckzylinders nicht zu klein war, da die Gesamtleistung lediglich von der Dimensionierung des Niederdruckzylinders abhing. Als Folge der stufenweisen Expansion war der Dampfdruck bei Eintritt in den Niederdruckzylinder natürlich niedriger als beim Eintritt in den Hochdruckzylinder. Im Sinne eines ausgeglichenen Kräfteverhältnisses zwischen beiden Zylindern bedurfte es der Vergrößerung des Kolbendurchmessers des Niederdruckzylinders unter Beibehaltung eines gemeinsamen Kolbenhubes für beide Zylinder, wobei das Zylinder-Raumverhältnis etwa einen Wert von 2,8 bis 3,0 annahm, da dann gleiche Arbeitsverteilung auf beide Zylinder gewährleistet war.
Die in der herkömmlichen Art auf Verbundwirkung umgebauten Maschinen der HSM zeigten schon bald die Vorteile der stufenweisen Expansion gegenüber der einfachen Dampfdehnung. Die Beschaffung der erwähnten vier 1B-Lokomotiven in Verbundausführung seitens der HSM würde daher auch nichts Außergewöhnliches darstellen, wenn nicht eine kuriose Eigenheit dieser Maschinen einmalig im Lokomotivbau gewesen wäre. Entgegen der bisher üblichen Verbundausführung mit unterschiedlichen Zylinderdurchmessern zeigten die vier Borsig-Lokomotiven einheitliche Durchmesser von 456 mm für beide Zylinder, jedoch mit dem Unterschied, daß der Kolbenhub des Niederdruckzylinders auf der linken Maschinenseite mit 800 mm doppelt so lang wie die Hublänge des Hochdruckzylinders war, die 400 mm betrug. In der Abbildung 28 ist die rechte Seite einer der vier Lokomotiven, der *»Simon Stevin«,* mit dem Hochdruckzylinder und der Anfahrvorrichtung an der Rauchkammer dargestellt, die Abbildung 29 zeigt die Nierdruckseite mit dem nach vorn zur Pufferbohle hin verlängerten Zylinderkörper. Die verschiedenen Füllungen für den Hoch-

Abb. 28 1B n2v-Schnellzuglokomotive »Simon Stevin« der Hollandsche IJzeren Spoorweg Maatschappij (HSM) mit unterschiedlichen Kolbenhüben. Das Bild zeigt die rechte Maschinenseite mit dem Hochdruckzylinder.
(Foto: Nederlands Spoorweg Museum, Utrecht)

Abb. 29 Die linke Maschinenseite der »Simon Stevin« mit dem Niederdruckzylinder mit doppelter Kolbenhublänge bei gleichem Kolbendurchmesser.
(Foto: Nederlands Spoorweg Museum, Utrecht)

und Niederdruckzylinder wurden durch unterschiedliche Schieberdeckungen erreicht.
Es ist etwas schwierig, den Grund für diese außergewöhnliche Methode der Zylinderausführung für das Verbundsystem zu verstehen, da der Niederdruckzylinder infolge gleich großer Kolbenfläche wie der Hochdruckzylinder unter dem geringeren Druck des bereits im Hochdruckteil expandierten Dampfes zwar einen entsprechend größeren Kolbenhub erforderte, um dem für die Zugkraft benötigten Zylinderraum zu genügen, andererseits aber im vorliegenden Fall die hin- und hergehenden Massen der Niederdruckseite die doppelte Geschwindigkeit annahmen gegenüber jenen der Hochdruckseite. Die Folge war natürlich eine sehr unstete Arbeitsweise der Maschine, die zu ruckweisen und kantigen Bewegungen der Lokomotive führte. Man war aber zunächst davon überzeugt, dieselben guten Betriebsdaten wie bei der normalen Verbundausführung zu erhalten. Mit dem vorliegenden abnormalen System sollen tatsächlich sogar rund 17% Kohlenersparnisse gegenüber gleichartigen Maschinen mit einfacher Dampfdehnung erzielt worden sein.
Die ursprünglichen Annahmen scheinen sich dann aber doch nicht den Erwartungen entsprechend erfüllt zu haben, denn nach wenigen Jahren ging man von diesem System wieder ab und baute die Maschinen teilweise wieder auf einfache Dampfdehnung um. Man hatte scheinbar auf Grund der gemachten Erfahrungen nicht einmal mehr den Mut, die Lokomotiven wenigstens auf normale Verbundwirkung umzustellen.

LOKOMOTIVEN MIT GLEICHSTROM-ZYLINDERN DER BAUART STUMPF

Ein bekanntes Leiden der Dampflokomotive, die starke Abkühlung der schädlichen Flächen der Zylinder infolge des großen ungenutzten Temperaturgefälles des Dampfes während eines Arbeitsspiels und die damit verbundenen unangenehmen Kondensationserscheinungen in den Zylindern, gaben um die Jahrhundertwende Anlaß zu eingehenden Untersuchungen über die thermischen Vorgänge in der Dampfmaschine. Besonders galt es Wege zu finden, die vorgenannten schädlichen Einflüsse des bisherigen Prinzips der Dampfführung durch geeignete konstruktive Änderungen der Dampfmaschine weitgehend auszuschalten.
Die Entwicklung der sogenannten Gleichstrom-Dampfmaschine durch Prof. Dr.-Ing. Stumpf basierte vom Prinzip her auf den Erfahrungen mit stationären Kolbenmaschinen, bei denen der Dampfeintritt an den beiden Zylinderstirnseiten erfolgte, der expandierte Dampf aber ohne Umkehr seiner Wirkrichtung durch ringförmig angeordnete Ausströmschlitze in der Mitte des Zylinders entweichen konnte. Es ergab sich bei diesem Verfahren der Vorteil gleichbleibender Strömungsrichtung bei relativ geringen Temperaturschwankungen an den Ein- und Ausströmöffnungen.
Die guten Erfahrungen mit Gleichstromdampfmaschinen stationärer Bauart ließen durchaus eine Verwendung des gleichen Prinzips auch bei Dampflokomotiven sinnvoll erscheinen. Im Jahre 1909 konnte die

Preußische Staatsbahn die erste von Vulkan in Stettin gebaute Versuchslokomotive mit Gleichstromzylindern in Betrieb nehmen. Bei dieser Maschine handelte es sich um die D h2-Güterzuglokomotive der Gattung G 8, Betr.-Nr. 4841 Frankfurt, spätere 55 1947 (Abb. 30). Auffallendes Merkmal der Maschine waren die Zylinder mit dem charakteristischen umlaufenden Mittelwulst des Auspuffringkanals und die stirnseitigen ventilgesteuerten Dampfeinströmkanäle. Ungewohnt war ferner der Fortfall des sonst üblichen Schieberkastens über dem Zylinder.

Die ausgezeichneten Betriebsergebnisse mit der 4841 und weiteren in der Zwischenzeit beschafften G 8-Maschinen mit Gleichstromzylindern führten schließlich zur Einführung dieses Systems auch bei den Schnellzuglokomotiven. Zunächst lieferte Linke-Hoffmann im Jahre 1910 zwei Schnellzugmaschinen der Gattung S 6, denen 1911 noch eine weitere Lokomotive derselben Gattung folgte.

Die Versuche mit den S 6-Gleichstrommaschinen zeigten jedoch unerwartet schlechtere Ergebnisse als mit den G 8-Lokomotiven. Mängel an den Einströmventilen, zu geringe Dampfentwicklung und andere Unzulänglichkeiten beeinträchtigten die Leistung der Lokomotiven. Im Laufe der Zeit durchgeführte Änderungen der Zylinderdurchmesser, der Querschnitte von Blasrohr und Schornstein sowie der Ventile zeigten nicht den erwarteten Erfolg. Trotzdem wurde im Jahre 1913 nochmals ein Versuch unternommen, das Prinzip der Gleichstromwirkung mit einer überarbeiteten und verbesserten Zylinderkonstruktion bei Schnellzuglokomotiven anzuwenden. Aus der ersten Serie der neuen 2'C h3-Schnellzuglokomotiven Gattung S 10^2 erhielten drei Maschinen versuchsweise Gleichstromzylinder der Bauart Stumpf. Die gegenüber der Normalausführung größere Baulänge der Zylinder machte es erforderlich, daß die außenliegenden Treibstangen anstatt an der ersten hier an der mittleren Treibachse angriffen. Hierdurch ergab sich ein Zweiachsantrieb wie bei der S 10^1. Der Achsstand des Drehgestells mußte außerdem von 2200 mm auf 2400 mm vergrößert werden. Bemerkenswerte Neuerung an den Gleichstromzylindern war die Verwendung von Kolbenschiebern anstatt der ursprünglichen Steuerventile. Leider konnten mit den letzten drei Schnellzuglokomotiven ebenso wenige gute Erfahrungen gemacht werden wie bei den vorherigen S 6-Maschinen. Alle drei S 10^2 wurden daher später wieder umgebaut und erhielten Zylinder der Regelbauart.

Als letzte Maschine kam schließlich 1921 noch eine von Borsig gebaute G 10-Güterzuglokomotive zum Einsatz, die in Verbindung mit den Gleichstromzylindern eine nochmals geänderte Dampfsteuerung aufwies.

Auch auf der britischen Insel zeigte man sich interessiert an den Untersuchungen Professor Stumpf's bezüglich der Anwendung des Gleichstromverfahrens bei Dampflokomotiven. Die North Eastern Railway ließ 1913 versuchsweise eine ihrer 2'B-Schnellfahrgüterzuglokomotiven mit Gleichstromzylindern ausrüsten. Doch scheint auch hier der erwartete Erfolg ausgeblieben zu sein. Im Jahre 1924 wurde die Stumpf-Lokomotive wieder mit normalen Zylindern versehen. Über die Versuchsergebnisse ist nichts bekannt geworden.

Eine Überlegenheit der Gleichstromlokomotive gegenüber den herkömmlichen Heißdampflokomotiven wäre zu erzielen gewesen, wenn die hierzu notwendigen Voraussetzungen wie kleine Zylinderfüllungen und starke Dampfdehnung bei hohem Druck hätten eingehalten werden können. Die seinerzeit üblichen Dampfdrücke um 12 bar bildeten aber keine günstige Grundlage für eine erfolgreiche Verbreitung des Gleichstromverfahrens in Anwendung bei der Dampflokomotive.

LOKOMOTIVEN MIT VENTILSTEUERUNG

Unter der Steuerung versteht man bei einer Dampflokomotive im allgemeinen die richtige und wirtschaftliche Dampfverteilung in Bezug auf die jeweilige Kolbenstellung. Die in einer ganz bestimmten Abhängig-

Abb. 30 D h2-Güterzuglokomotive »Frankfurt 4841«, Gattung G 8, 1909 von Vulcan für die Preußische Staatsbahn gebaut, Ausführung mit Gleichstromzylindern der Bauart Stumpf. (Foto: Werkaufnahme Vulcan)

Abb. 31 1′E h2-Güterzuglokomotive 52 4915 der DR mit Lentz-Ventilsteuerung vor dem Meßzug. (Foto: Düring)

keit vom Triebwerk zu übertragenden äußeren Steuerbewegungen erfolgen über das sogenannte Steuerstangengestänge, das je nach Ausführung als Schwingen- oder Lenkersteuerung ausgebildet sein kann. Die Art der Dampfverteilung unterscheidet Schieber- und Ventilsteuerung. Zur ersten Gattung gehört die wohl am häufigsten angewendete Heusinger-Steuerung, die im Jahre 1849 von Edmund Heusinger von Waldegg, seinerzeit Ingenieur der Taunusbahn, eingeführt wurde. Unabhängig hiervon hatte der Belgier Egide Walschaert bereits fünf Jahre früher diese Art der Dampfverteilung und -steuerung ebenfalls entwickelt. In den meisten ausländischen Staaten wird daher diese Steuerungsart nach seinem Namen benannt.

Eine weniger große Verbreitung fand dagegen die Ventilsteuerung. Ihr Vorteil gegenüber der Schiebersteuerung lag in einem völligeren Dampfdruck-Schaubild infolge der Unabhängigkeit vom Dampfein- und Dampfauslaß, möglicher kleinster Füllungen, geringer Drosselverluste, kleineren schädlichen Raumes, Fortfall von Leerlaufeinrichtungen, Unempfindlichkeit gegen hohe Überhitzung und geringen Schmierölverbrauchs. Wesentlicher Nachteil der Ventilsteuerung war die Gefahr der Ventilveränderung während des Betriebes, wodurch die Dampfverteilung erheblich in Mitleidenschaft gezogen werden konnte.

Bekannteste und vor allem in Deutschland angewendete Bauart war die Lentz-Ventilsteuerung. In der moderneren Ausführung besaß jeder Zylinder für Ein- und Auslaß je zwei liegend angeordnete Doppelsitzventile. Die Betätigung der Ventile erfolgte durch eine umlaufende Nockenwelle (für jede Füllung ein besonderer Nocken), deren einzelne Nocken durch Axialverschiebung der Nockenwelle in Eingriff gebracht wurden. Die Umsteuerung geschah in derselben Weise. Die Nockenwelle erhielt ihren Antrieb über ein Kegelradgetriebe von der Treibachse her. Die Abbildung 31 zeigt die Anfang der 40er Jahre mit Lentz-Ventilsteuerung ausgerüstete Kriegslokomotive 52 4912 vor dem Meßzug des Versuchsamtes des BZA Minden, das nach dem Krieg noch kurze Zeit die Versuche fortführte.

Eine ältere Ausführung war die Lentz-Schwingensteuerung, wie sie seit 1905 auf Anregung von Hugo Lentz namentlich von der Hanomag ausgeführt worden ist. Bei dieser Konstruktion wurden die vier Ventile (je zwei für Ein- und Auslaß) eines Zylinders durch eine gemeinsame Schwingwelle mit auf dieser starr aufgesetzten Schwingnocken gesteuert. Die Abnahme des äußeren Antriebes vom Triebwerk erfolgte in den meisten Fällen durch eine Heusinger-Steuerung.

Vornehmlich die Oldenburgische Staatsbahn zeigte unter dem Einfluß ihres Maschinentechnischen Direktors Ranafier reges Interesse für die Ventilsteuerung und führte diese in größerem Umfang sowohl bei ihren Güterzug- als auch bei den Reisezuglokomotiven ein. Bekanntestes Beispiel war die etwas unglückliche und wenig erfolgreiche oldenburgische S 10, die in drei Exemplaren 1917 von der Hanomag gebaut worden war. Unter der Beschränkung, 15 t Achslast nicht zu überschreiten, entstand eine 1′C1′ h2-Lokomotive, deren Äußeres ein deutliches Mißverhältnis zwischen den Kessel- und Fahrgestellabmessungen zeigte. Das nicht gerade gefällige Aussehen der Maschinen litt zusätzlich noch durch die in auffallender Weise über den Zylindern wie Orgelpfeifen angeordneten Ventile der Dampfverteilung. Die Lokomotiven blieben nur knapp 9 Jahre im Betrieb. Mit der Übernahme der Oldenburgischen Staatsbahn durch die Deutsche Reichsbahn wurden sie im Jahre 1926 ausgemustert.

Abb. 32 2′B-Schnellzuglokomotive Betr.-Nr. 1777 der Staatsspoorwegen mit hydraulischer Ventilsteuerung der Bauart Meier-Mattern aus dem Jahre 1929.
(Foto: Werkspoor/Sammlung Nederlands Spoorweg Museum, Utrecht)

Auch die Staatsspoorwegen (SS) in den Niederlanden führten Versuche mit der Lentz-Ventilsteuerung und Antrieb mittels Hackworth-Steuerung durch. Eine interessante und seltene Abart der Ventilsteuerung baute die SS im Jahre 1929 bei den beiden 2′B-Schnellzuglokomotiven No. 1752 und 1777 (Abb. 32) versuchsweise ein. Es handelte sich dabei um eine Ventilsteuerung der Bauart Meier-Mattern, bei der die Ventile hydraulisch gesteuert wurden. Der Vorteil lag darin, daß kleinste Füllungen von 2,5 % erreicht werden konnten. Die Meier-Mattern-Ventilsteuerung bewährte sich jedoch nicht in dem erhofften Maße. Bereits nach zwei Jahren wurden die beiden Lokomotiven wieder auf Schiebersteuerung umgebaut.
Weitere mehr oder weniger bekannte und erfolgreiche Sonderbauarten der Ventilsteuerung waren die von Caprotti, Renaud und Rateau-Lentz, deren Bedeutung aber wegen der geringen Anwendung nicht so groß ist, als daß sie hier ausführlich behandelt werden sollten.

LOKOMOTIVEN MIT UNGEWÖHNLICHEM LAUFWERK

Bei der Projektierung und Ausführung eines neuen Lokomotivtyps ist neben der Ermittlung der Hauptabmessungen die Ausbildung des Laufwerks eine der wichtigsten Aufgaben.
Das Laufwerk wird bezüglich der Zahl der Achsen, ihrer Anordnung und ihrer Bemessung beeinflußt von dem erforderlichen Reibungsgewicht, der zugelassenen Achslast, dem Gesamtgewicht des Fahrzeuges, der Lastverteilung, der geforderten Bogenläufigkeit und den konstruktiven Erfordernissen einzelner Baugruppen innerhalb des Triebwerkbereichs.
Betrachten wir zunächst einmal den Normalfall, d. h. in diesem Fall die Berücksichtigung einer der Laufruhe der Lokomotive und der zugelassenen Achslast genügenden Laufwerksausbildung, so finden wir in den Güterzuglokomotiven Klasse 300 der Union Pacific Railroad bzw. später Klasse 7 der Duluth, Missabe & Iron Range Railway eine sehr ungewöhnliche, um nicht zu sagen eigenwillig anmutende Achsanordnung der Folge E1′. Dieses Laufwerk ist erstmals im Jahre 1936 bei der erwähnten Lokomotivserie für die Union Pacific Railroad ausgeführt worden (Abb. 33). Als Kennwort dieser Achsfolge wurde daher die Bezeichnung *»Union«* gewählt.
Die E1′ h2-Bauart entstand aus der Forderung nach einer Lokomotive für Überführungsfahrten auf Hauptstreckenabschnitten, die bei langen, schweren Zügen noch mit einer relativ hohen Geschwindigkeit durchfahren werden mußten. Die erforderliche große Kesselleistung bedingte aber eine großflächige Feuerbüchse entsprechender Tiefe und Breite. Der hieraus resultierende weite Überhang und das damit verbundene hohe Gewicht bedingten im Hinblick auf eine sonst zu

Abb. 33 Union E1′h2-Güterzuglokomotive der Union Pacific Railroad. Die Achsfolge E1′ wurde mit dieser Bauart erstmals 1936 als Union-Gattung eingeführt.
(Foto: Werkaufnahme Baldwin Locomotive Works)

Abb. 34 D n2-Güterzuglokomotive mit unterschiedlichen Radständen, 1901 von der Caledonian Railway in Schottland in Dienst gestellt. (Foto: Real Photographs Co.)

erwartende übermäßige Belastung der letzten Kuppelachse eine zusätzliche Laufachse unterhalb der Feuerbüchse.

Nach ihrer Außerdienststellung bei der UPR wurden neun Lokomotiven im Jahre 1949 von der DM & IRR erworben. Hier ersetzten sie einmal die im Erztransport auf der Proctor-Hill-Strecke eingesetzten alten Verbund-Mallets, zum anderen versahen sie auch den schweren Rangierdienst im Bahnhof Two Habors.

Diese bezüglich ihrer Achsfolge seltene Dampflokbauart ist nur einmal gebaut worden. Sämtliche Maschinen sind bei der DM & IRR in den Jahren 1958/59 ausgemustert worden.

Im nächsten Fall wird ein Beispiel dafür gegeben, daß manchmal auch das Laufwerk den konstruktiven Erfordernissen der im Rahmen unterzubringenden Baugruppen angepaßt werden mußte.

In den Jahren 1901 bis 1903 beschaffte die Caledonian Railway in Schottland acht Dn2-Güterzuglokomotiven mit Innenzylindern. Auffallend war nicht nur der für eine vierfachgekuppelte Maschine extrem lange Gesamtachsstand von 6807,2 mm, auch die in Abb. 34 deutlich erkennbaren unterschiedlichen Einzelradstände waren äußerst ungewöhnlich. Nun, der Grund lag zunächst einmal darin, daß die beiden Innenzylinder zwischen erster und zweiter Kuppelachse horizontal angeordnet wurden, wobei die zweite Kuppelachse gleichzeitig die Treibachse war. Es sollte hierdurch der störende Gewichtsüberhang, eine erhöhte Belastung der vorderen Kuppelachse und die Schräglage der Zylinder vermieden werden. Andererseits erforderte die lange Feuerbüchse mit dem tiefheruntergezogenen Rost nahezu den gleichen Platzbedarf wie die Innenzylinder. Die Folge war, daß die Abstände zwischen der ersten und zweiten sowie zwischen der dritten und vierten Achse unnatürlich groß wurden, während die beiden mittleren Achsen sehr dicht beieinander lagen.

Auch dieser Lokomotivtyp blieb bezüglich seines ungewöhnlichen Laufwerkes eine einmalige Ausführung und ist später auch nicht mehr wieder angewandt worden.

Ein weiterer Sonderfall in der Wahl der Achsanordnung kann durch zusätzliche Hilfstriebwerke entstehen. Diese nur im Bereich geringer Geschwindigkeiten zum Anfahren benötigten abschaltbaren Triebachsen wurden im Dampflokomotivbau allgemein unter dem englischen Ausdruck »Booster« (Verstärker) bekannt. Während der Booster in Amerika besonders bei den schweren Güterzuglokomotiven in großen Stückzahlen Anwendung fand, konnte er sich in Europa bis auf wenige Ausnahmen kaum durchsetzen. Die Anordnung des Boosters hatte sich als zweckmäßig in einem Tenderdrehgestell oder in einem Schleppgestell der Lokomotive erwiesen, hierdurch blieb die Möglichkeit erhalten, denselben Loktyp mit nur geringen Änderungen in der Normalform ohne Hilfstriebachsen zu verwenden.

Die beiden einzigen in Deutschland um die Jahrhundertwende gebauten Lokomotiven mit Hilfstriebachsen waren entgegen den meisten späteren Ausführungen Schnellzuglokomotiven mit im Hauptrahmen verlagerten zu- und abschaltbarem Hilfstriebwerk. Es handelte sich hierbei um die 1895 gebaute bayrische AAI mit der Achsfolge 2′aA1′ und die 1900 in Dienst gestellte pfälzische P 3^{II} mit einem 2′aB1′-Laufwerk.

Eine nicht weniger interessante Achsfolge besaßen die beiden zu Beginn der 30er Jahre umgebauten 2′B1′ h3-Lokomotiven Klasse C 7 der ehemaligen North Eastern Railway. Die Maschinen mit den Nummern 727 (Abb. 35) und 2171 erhielten ein »Booster«-Drehgestell in Art eines Jakobs-Gestells zwischen Lokomotive und Tender. So ergab sich die etwas eigenartige Achsanordnung 2′Bb′2′. Nach dem Umbau wurden die Lokomotiven in Klasse C 9 umgezeichnet. Alle drei genannten Bauarten sind übrigens in dem Kapitel »Lokomotiven

Abb. 35 2′Bb 2′h3-Schnellzuglokomotive Klasse C 9 der North Eastern Railway mit Jakobs-Booster-Drehgestell zwischen Lok und Tender.
(Foto: The Museum of British Transport, London)

mit Hilfstriebwerken« nochmals ausführlich beschrieben.

Der letzte bei diesen Betrachtungen über die Achsanordnung noch zu erwähnende Fall ist die Art der Triebwerks- bzw. Maschinenaufteilung. Bei den herkömmlichen Lokomotivtypen spielte diese Überlegung keine große Bedeutung, da die Grundkonzeption des Fahrgestellaufbaues immer die gleiche war. Etwas anders lagen dagegen die Verhältnisse bei Maschinen mit abnormalen Antriebssystemen. Ein typisches Beispiel hierfür waren die verschiedenen Ausführungsformen der Dampfturbinen-Lokomotiven. Wir finden bei dieser Sondergruppe der Dampflokomotive die ungewöhnlichsten Achsfolgen. Zunächst erschien 1910 die Reid-Ramsay Turbolok mit der Achsfolge (2′Bo)(2′Bo). Ihr folgten 1921 die 1′C+C1′-Armstrong-Whitworth-Maschine, 1924 die (2′Bo)(Bo 2′)-Reid-McLeod Versuchslok und drei Jahre zuvor ebenfalls 1921 eine ganz abwegige Konstruktion, die 2′3+C1′-Ljungström-Bauart. Doch nicht genug damit. Die mit Abstand ungewöhnlichste Fahrwerksausbildung bei einer Dampflokomotive dürfte aber bei der Turbinenlokomotive der Chesapeake & Ohio Railway verwirklicht worden sein, das Achsbild zeigte die Folge (2′Co 1)(1 Co 2′)Bo′. Auch diese Maschinen werden im Kapitel »Dampfturbinen-Lokomotiven« noch einmal ausführlich beschrieben.

Wie schon eingangs erwähnt, richtet sich die Auslegung des Fahrwerks einer Lokomotive in erster Linie nach lauf- und führungstechnischen Gesichtspunkten, andererseits zeigen die erwähnten Beispiele auch die Notwendigkeit, manchmal vom Herkömmlichen abzuweichen und aus konstruktiven Gründen Konzessionen an die Laufwerksausbildung machen zu müssen.

INSPEKTIONSLOKOMOTIVEN

Unter der Vielzahl verschiedenster Fahrzeugtypen der Eisenbahn gibt es auch eine kleine Gruppe, die der Sicherung, Unterhaltung und Beaufsichtigung der Strecken dient.

Neben den früher für die Überwachung bestimmter Streckenabschnitte eingesetzten Streckenwärtern, die regelmäßig den ihnen unterstellten Abschnitt zu begehen hatten, führten die Bahnverwaltungen schon sehr früh spezielle Fahrzeuge zur Kontrolle der Bahnanlagen ein. Diese als Draisinen bezeichneten Wagen bestanden meistens aus einem Rahmengestell mit zwei Achsen, von denen eine entweder von Hand durch einen Schwinghebel mit einer nachgeschalteten Zahnradstufe betätigt wurde, oder ihren Antrieb wie bei einem Fahrrad über eine Kette erhielt. Üblicherweise war auf diesen Fahrzeugen nur für zwei Personen Platz. Die Bezeichnung Draisine wurde übrigens ursprünglich für die von Karl Friedrich von Drais (1785–1851) erfundene erste lenkbare Laufmaschine, der Vorläuferin des Fahrrades, verwendet.

Der leichten und billigen Bauart dieser Draisinen stand jedoch der große Nachteil gegenüber, daß infolge ihrer geringen Geschwindigkeit diese Fahrzeuge nicht auf Hauptstrecken mit dichter Zugfolge über größere Streckenlängen eingesetzt werden konnten, da einmal für das Streckenpersonal die Gefahr zu groß war, von nachfolgenden Zügen überrollt zu werden, zum anderen diese Art Draisinen nicht in den vorhandenen Fahrplan eingeordnet werden konnten.

Die weitere Entwicklung führte daher schon weit vor der Jahrhundertwende zur Einführung dampfgetriebener zweiachsiger offener und gedeckter Inspektionswagen mit kleinen vertikal angeordneten Röhrenkesseln. In der Bemessung waren diese Fahrzeuge so ausgelegt, daß für den Wagenführer und zwei Begleitpersonen Platz vorhanden war. Für europäische Ver-

hältnisse war der Aktionsbereich dieser Wagen völlig ausreichend. In Amerika lagen beispielsweise die Verhältnisse dagegen etwas ungünstiger. Der anders geartete Streckenverlauf, die größeren Entfernungen sowie die klimatischen und landschaftlichen Bedingungen zwangen viele Bahnverwaltungen zur Einführung leistungsfähiger Inspektionswagen, die praktisch den normalen Streckentriebfahrzeugen gleichzusetzen waren.
Besondere Merkmale dieser großen »Inspektionslokomotiven« waren der normale Lokomotivkessel, der große Fahrgastraum mit Platz für sechs bis acht Personen und die gedeckte Bauform. Man betrachtete daher diese Wagen auch oft als Vorstufe zu den etwa zur gleichen Zeit vermehrt zum Einsatz gekommenen Dampftriebwagen. Von den Vorräten wurden das Brennmaterial – meistens Holz – im Kesselraum und das Speisewasser in Tanks, die im Fahrgestellrahmen angeordnet waren, mitgeführt.
Eine nicht alltägliche Inspektionslokomotive (Abb. 36) stellte die Reading Company im Jahre 1895 in Dienst. Es war eine im Prinzip normale 2'B1' n2-Lokomotive, jedoch mit sehr niedriger Kessellage. Über dem auf Kesselmitte liegenden Umlaufblech war ein regelrechter geschlossener Fahrgastraum aufgebaut, in dessen rückwärtigen Teil das Führerhaus, durch eine Zwischenwand vom Passagierabteil getrennt, miteinbezogen war. Der Fahrgastraum konnte von jeder Seite der Maschine über die vor den Zylindern angeordneten Treppen erreicht werden. Gekuppelt war die Maschine mit einem normalen vierachsigen Tender.
Diese Inspektionslokomotive hatte den Vorteil, auch im gewöhnlichen Traktionsbetrieb eingesetzt werden zu können. Andererseits erfreuten sich derartige Maschinen weder beim Personal noch bei den mitfahrenden Inspektionsbeamten wegen der kaum zu verhindernden Schmutzbelästigung großer Beliebtheit.

TRAMBAHNLOKOMOTIV-SONDERBAUARTEN

Der Begriff Trambahn umfaßte ursprünglich einen viel weiter gesteckten Bereich als heute allgemein mit dem Wort »Straßenbahn« ausgedrückt wird. Die Trambahn besorgte nicht allein den Personenverkehr in den Städten und Vororten, sie gehörte vielmehr zur Kategorie der privaten, meist schmalspurigen Überlandbahnen, die etwa im Rang der früheren »Secundärbahnen« standen. Damit erklärt sich auch der Umstand, daß der Verkehr nicht allein die Personenbeförderung, sondern auch im beschränkten Umfang den Güterverkehr einschloß. Die Art dieser Betriebsführung und natürlich auch die Anlage der Streckennetze machten den Einsatz verschiedenster Lokomotiv-Sonderkonstruktionen erforderlich.
Mit Einführung des dampfbetriebenen Trambahnverkehrs etwa um das Jahr 1859 entstand im Laufe der Zeit jene typische Dampflokomotivbauart, die den meisten älteren Lesern als B- und C-gekuppelte Tenderlokomotiven mit dem charakteristischen Straßenbahnwagenaufbau noch bekannt sein dürfte. Diese sowohl mit Lang- als auch mit Vertikalkesseln ausgeführten Maschinen bestimmten viele Jahrzehnte lang, ja noch über die Einführung des elektrischen Straßenbahntriebwagens hinaus, das Bild der damaligen Nahverkehrsbahnen.
Die Trambahn war von je her ein Tummelplatz vieler ausgefallener und origineller Lokomotivtypen. Als im Jahre 1872 zwischen dem Landsitz des Herzogs von Buckingham und dem Bahnhof Quainton Road die 10,5 km lange Wotton Tramway eröffnet wurde, standen zwei B-Dampflokomotiven (Abb. 37) zur Verfügung, die von der Maschinenfabrik Aveling & Porter gebaut worden waren.
Die Maschinen zeigten die typischen Merkmale der Dampflokomobile, wie sie von Aveling & Porter bereits

Abb. 36 2'B 1'n2-Inspektionslokomotive der Reading Company mit Fahrgastraum über dem Kessel, Baujahr 1895. (Foto: Vollrath)

Abb. 37 B n1-Trambahnlokomotive Nr. 807 der Wotton Tramway mit Schwungrad und Kettentrieb.
(Foto: The Museum of British Transport, London)

seit 1862 hergestellt wurden. Der auf dem Kessel montierte einzelne Zylinder trieb eine mit einem 1 m großen Schwungrad ausgerüstete Kurbelwelle an, die über eine Getriebestufe mit der parallel liegenden Antriebswelle verbunden war. Von der Antriebswelle führte ein einseitiger Kettentrieb hinunter zu den beiden Achsen, wobei die Kette ein Dreieck mit der Arbeitswelle und den Achsen bildete. Die in spartanischer Einfachheit ausgeführten Maschinen besaßen nicht einmal ein Wasserstandsglas am Kessel, ganz zu schweigen von einem überdachten Führerhaus. Das Speisewasser wurde in zwei an beiden Enden vor den Achsen unter dem Rahmen liegenden Tanks mitgeführt. Nach Auflösung der Bahngesellschaft im Jahre 1894 kamen beide Lokomotiven zu einer Ziegelei, wo sie im Rangierdienst eingesetzt wurden. Eine der Maschinen konnte 1950 von einer Vereinigung englischer Eisenbahnfreunde erworben werden, die sie nach ihrer Renovierung dem Museum of British Transport zur Aufstellung übergaben.

Ein bekanntes Problem der Trambahnen waren die vielen, oft sehr engen Gleisbögen. Kam zu diesem Umstand noch eine ungünstige Streckenführung mit Steigungen, so bedurfte es schon einer den Verhältnissen besonders angepaßten Maschinenbauart, die imstande war, den gestellten Anforderungen zu genügen. Die Schweizerische Lokomotiv- und Maschinenfabrik in Winterthur baute 1881 eine solche Trambahnlokomotive (Abb. 38) für die Société Metallurgique Ariège. Die vier Achsen waren in zwei Drehgestelle zu je zwei gekuppelten Achsen aufgeteilt. Wegen der bei Kurvenfahrten auftretenden Seitenbewegungen aller Räder mußten die beiden Zylinder senkrecht zu beiden Seiten des Kessels verlagert werden. Die Kolben trieben ein zwischen beiden Drehgestellen angeordnetes Stirnradgetriebe an, dessen Achszahnräder ähnlich den Klien-Lindner-Hohlachsen mit den Treibachsen so gekuppelt waren, daß diese Zahnräder zwar seitlich mit den Achsen auswandern konnten, aber dabei ihre parallele Lage beibehielten. Der Kessel entsprach der Normalbauart. Als Bremseinrichtung

Abb. 38 B′B′-Trambahnlokomotive der Société Metallurgique Ariège mit Blind- und Hohlwellenantrieb, Baujahr 1881.
(Foto: Werkaufnahme SLM)

Abb. 39 C-Trambahnlokomotive der Tramway Barcelona mit in Deichseln gelagerten Endachsen und mit Kettenantrieb, Baujahr 1882.
(Foto: Werkaufnahme SLM)

diente eine Bandbremse wie sie auch bei den Zahnradlokomotiven verwendet wurde und eine Luftkompressionsbremse für Talfahrten auf abschüssigen Streckenabschnitten.
Im Jahre 1882 baute die SLM für einen ähnlichen Bedarsfall eine weitere interessante Trambahnlokomotive, die an die Tramway Barcelona geliefert worden ist. Die dreiachsige Maschine (Abb. 39), die für den Betrieb auf 90‰ Steigungen und 11 m Kurvenradien ausgelegt war, besaß keinen festen Radstand. Während die mittlere Achse Seitenspiel hatte, konnten die beiden äußeren Achsen sich um einen seitlich auswandernden Gelenkpunkt mit Deichsel bewegen und entsprechend der Gleiskrümmung einstellen. Auf einer an einem Fahrzeugende im Rahmen festverlagerten Kurbelwelle saßen zwei Kettenräder, die zunächst die Mittelachse antrieben. Von hier führte je ein Kettentrieb zu den beiden außenliegenden Achsen, die jede mit einem Differentialgetriebe ausgerüstet war, so daß die Räder sich unabhängig voneinander bewegen konnten. Entgegen den Seitenbewegungen des Fahrwerkes behielten die Kettenräder ihre Axiallage bei. Die Dreizylinder-Dampfmaschine stand senkrecht über der Kurbelwelle auf dem mit einem Kastenaufbau verkleideten Maschinenrahmen. Auch bei dieser Lokomotive sorgten eine kräftige auf die Mittelachse wirkende Bandbremse und eine Luftkompressionsbremse für die erforderliche Sicherheit besonders auf Gefällestrekken.
Manche Eisenbahngesellschaften standen früher vor der Aufgabe, zur Bedienung städtischer Anschlußgleisanlagen mit ihren Zügen die öffentlichen Straßen benutzen zu müssen. Da nun diese Bahnverwaltungen für den Betrieb auf Straßengleisen meistens keine geeigneten Triebfahrzeuge in ihrem Bestand führten, mußten entsprechende Lokomotiven, die im übrigen auch den erhöhten Sicherheitsbestimmungen für Trambahnen unterlagen, beschafft werden. Die New York Central Railroad beispielsweise stellte 1899 einige normalspurige Shay-Getriebelokomotiven in Dienst, die im Hinblick auf ihren Einsatz auf der etwa 4 km langen Strecke in der City von New York zwischen der 30. Straße und dem St. John's Park Güterbahnhof mit einer Gesamtverkleidung und ursprünglich bis über die Triebgestelle heruntergezogenen Schürzen versehen waren. Die robuste und gelenkige Bauart der Shay-Maschinen war geradezu ideal bei dem miserablen Zustand, in dem sich damals diese Trambahnstrecke befand. Der erhöhten Wachsamkeit, die der Bahnbetrieb auf öffentlichen Straßen erfordert, wurde bei den Shay-Lokomotiven dadurch Rechnung getragen, daß sie mit je einem Führerstand vorn und hinten ausgerüstet waren. Eine zusätzliche Sicherheitsmaßnahme bestand darin, daß vor der Lokomotive immer ein Reiter mit einer Signalfahne den nahenden Zug ankündigte.
Während neben den normalen Trambahnlokomotiven im Personenverkehr vermehrt auch Dampftriebwagen leichter Konstruktionen wie z. B. jene der Bauart Rowan eingesetzt wurden, bevorzugte man für den Güterverkehr vornehmlich Lokomotiven mit zum Teil gelenkigen Fahrwerken. In Europa fanden um die Jahrhundertwende vereinzelt auch Lokomotiven der Bauart Fairlie bei verschiedenen Trambahngesellschaften Eingang. Eigenartigerweise konnten sich aber Garratt-Lokomotiven fast gar nicht auf diesem Bahnsektor durchsetzen. Einer der ganz seltenen Einsatzfälle war z. B. der Betrieb von zwei C'C'-Garratt-Lokomotiven (Abb. 40) bei der Nationale Maatschappij van Buurtspoorwegen. Diese 1929–30 von der Lokomotivfabrik St. Léonard ge-

Abb. 40 C'C'-Garratt-Trambahnlokomotive der Nationale Maatschappij van Buurtspoorwegen aus dem Jahre 1929. (Foto: Tramwegarchief Keutgens)

Abb. 41 C'C'-Garratt-Trambahnlokomotive der Limburgschen Tramweg Maatschappij, einzige normalspurige Maschine dieser Bauart auf dem europäischen Festland, 1931 von Henschel gebaut. (Foto: Werkaufnahme Rheinstahl Transporttechnik)

bauten Maschinen besaßen Belpaire-Feuerkisten und Überhitzer der Bauart Robinson. Angetrieben wurde jeweils die dritte Kuppelachse eines jeden Triebgestells. Die über das Triebwerk reichenden Schürzen waren in vier bewegliche Klappen unterteilt, die den freien Zugang zu den Steuerteilen ermöglichten. Das über die gesamte Maschinenlänge reichende Führerhaus enthielt je einen Führerstand an beiden Stirnseiten, so daß immer in Fahrtrichtung vom jeweils vorderen Bedienungsstand die Lokomotive gefahren werden konnte.
Die Lokomotiven kamen zunächst auf der Strecke Lanaken–Tongeren vor langen Güterzügen zum Einsatz. Während des II. Weltkrieges wurden sie dann aber auch regelmäßig auf der Linie Hasselt–Beringen angetroffen. Nach 1945 fanden die beiden Maschinen nur noch selten Verwendung im Streckendienst und wurden schließlich im Jahre 1954 ausgemustert.
Eine andere nicht minder interessante und ausgefallene Bauart einer Trambahnlokomotive war die 1931 von Henschel an die normalspurige Limburgsche Tramweg Maatschappij gelieferte C'C'-Vierlings-Heißdampf-Garrattlokomotive (Abb. 41). Als einzige Garratt-Maschine mit Innenzylindern stellte sie eine einmalige Rarität dar. Genau genommen war sie eine Union-Garratt-Bauart, da der Kohlenbunker gemeinsam mit dem Kessel auf dem Brückenrahmen verlagert war. Auch die Ausführung der Triebgestelle war recht kurios. Im Interesse einer möglichst niedrigen Schwerpunktslage waren zu beiden Seiten des Triebwerks lange schmale und sehr niedrig bauende Wasserkästen angeordnet, die wie Schürzen über die Kuppelräder griffen. Die Lokomotive wurde nach ihrer Indienststellung vor schweren Kohlenzügen eingesetzt. Während des II. Weltkrieges soll die Maschine auch aushilfsweise in Deutschland Dienst getan haben. Leider ist sie seitdem verschollen. Diese Lokomotive blieb übrigens die einzige Garratt-Maschine einer normalspurigen Bahn auf dem europäischen Festland.

TRIEBWAGEN-LOKOMOTIVEN

Die Triebwagen-Lokomotive und mit ihr der Dampftriebwagen verdanken ihre Entwicklung vor allem den guten Erfahrungen mit den schon Mitte des vorigen Jahrhunderts eingeführten Inspektionslokomotiven. Auch die nur wenige Jahre später allgemein in Betrieb genommenen Trambahnlokomotiven haben im Laufe ihrer eigenen Entwicklung deutlich den Dampftriebwagenbau beeinflußt. Während seitens des Trambahnbetriebes diese Beeinflussung mit Einführung der personenbefördernden Dampfwagen zunahm, gingen die stärkeren Impulse schon sehr viel früher von der Entwicklung der Inspektionsmaschinen aus, die als erste Bauart die beiden Funktionen des Trieb- und Personenwagens in einem Fahrzeug vereinten.
Diese wieder von England ausgehende Initiative führte dann auch bald zur Konstruktion der ersten Dampfwagen, die etwa im Jahre 1849 auf der englischen Ostbahn in Betrieb genommen wurden. Kennzeichnend war zunächst einmal für den konstruktiven Aufbau die Einbeziehung von Lokomotive und Wagen in einen gemeinsamen Fahrzeugrahmen, wobei aber beide Baugruppen noch nicht jene homogene Einheit darstellten, die erst in einem viel späteren Entwicklungsstadium erreicht wurde. Die Trennung von Lokomotive und Personenwagen ist nie gänzlich zugunsten des

eine Einheit bildenden Dampftriebwagens verlassen worden. Beide Ausführungen haben praktisch bis zum Ende nebeneinander existiert, wenn auch in den 30er Jahren ein stärkerer Trend zum Triebwagen sich abzeichnete.

Die Gattung der Triebwagen-Lokomotiven charakterisierte diese Triebfahrzeugart als sogenannte wagen- und zuggebundene Maschinen, die maßgeblich der Führung ganz bestimmter Wagen oder Zuggarnituren dienten. Neben der oben schon erwähnten Bauart, bei der Lokomotive und Wagen in einem gemeinsamen Rahmen liefen, gab es noch die Kombinationen Lokomotive mit einseitig aufgestütztem Wagen, den vor allem in Irland und in England früher stark vertretenen Lokomotivtriebwagen (combined engine and carriage) und die als Fahrzeugeinheiten zwar unabhängigen als Garnitur aber zueinander gehörenden Lokomotiv- und Wagentypen.

Ein Beispiel der zuletzt genannten Gattung waren u. a. die auf der Berlin-Görlitzer Eisenbahn in den 80er Jahren zwischen Berlin und Grünau verkehrenden sogenannten Omnibuszüge, die in der Regel aus einer Bn2-Trambahnlokomotive und einem zweistöckigen Etagenwagen bestanden. Der etwa 7 t schwere Personenwagen ruhte auf zwei Drehgestellen und konnte rund 100 Fahrgäste aufnehmen. Die fast 5 m lange Lokomotive hatte einen Radstand von 1500 mm und entwickelte bei 12 bar Dampfspannung eine Leistung von 18,4 kW. Diese Züge erfreuten sich zu jener Zeit im Vorortverkehr großer Beliebtheit. Bei einem Fahrpreis von nur 50 Pfg für die einfache Fahrt und 70 Pfg für ein Retourbillet sah man schon gern über die selbst für einen Vorortverkehr recht gemütliche Geschwindigkeit von nur 30 km/h hinweg.

Eine den Inspektionslokomotiven sehr verwandte Bauart waren die Lokomotiv-Triebwagen mit ihrer Baugruppen-Verbundbauweise. Bevorzugtes Land für den Einsatz dieser Maschinen war Irland. In der Abb. 42 ist ein derartiger Lokomotiv-Triebwagen der Achsfolge C2′ dargestellt, wie sie in mehreren Exemplaren z. B. bei der ehemaligen Castleisland & Gortatlea Railway um 1875 in Dienst standen. Die fast ausschließlich von den Inchicore Works gelieferten Fahrzeuge besaßen entweder ein achtsitziges I. Klassecoupé und ein daran anschließendes Gepäckabteil oder einen entsprechend größeren Fahrgastraum mit einer zusätzlichen Sitzbank für III.-Klasse-Passagiere. Im letzten Fall entfiel dann jedoch der Gepäckraum. In der Regel fuhren diese Maschinen zusammen mit einem III.-Klasse-Wagen. Die Lokomotiv-Triebwagen wurden später nach Übernahme durch die Great Southern & Western Railway umgebaut, wobei der Fahrgastraum umlaufende Sitzbänke ähnlich die bei den ehemaligen preußischen IV.-Klasse-Wagen erhielt. Der Grund für diese Änderung war vor allem die starke Verschmutzung der Abteile durch die Nähe der Kesselfeuerung und der damit verbundenen Ruß- und Staubentwicklung durch die Kohlefeuerung. Einer diese C2′-Lokomotiv-Triebwagen die Nr. 90, wurde von der CIE restauriert und als Museumsstück in Mallow Station aufgestellt.

Eine artverwandte Bauart wurde in den frühen 80er Jahren von der Belgischen Staatsbahn für den Einsatz auf den schwächer frequentierten Nebenbahnstrecken beschafft. Diese dreiachsigen Belpaire-Dampftriebwagen (Abb. 43) besaßen lokomotivähnliche Kessel mit seitlicher Rostbeschickung und innenliegende Zylinder. Die vorderen beiden Achsen waren durch Kuppelstangen miteinander verbunden und dienten als Triebachsen, die hintere Achse war eine normale Laufachse mit Außenrahmen. Die Triebwagen hatten einen Gepäckraum und zwei III.-Klasse-Abteile, die aber von den Reisenden meistens gemieden wurden, weil die harte Federung der Laufachse während der Fahrt zu

Abb. 42 C2′n2-Lokomotivtriebwagen der Castleisland & Gotatlea Railway aus dem Jahre 1875.
(Foto: Sammlung Ostendorf)

Abb. 43 B1 n2-Belpaire Dampftriebwagen der Belgischen Staatsbahn aus den frühen 80er Jahren.
(Foto: SNCB)

unangenehmen Stößen führte. Außerdem wurde das Gepäckabteil in den überwiegenden Fällen durch Mitführen zusätzlicher Kohlenvorräte zweckentfremdet, da die vorhandenen Kohlenbehälter viel zu klein waren. Das Speisewasser war in einem unter dem Fahrgastraum im Rahmen eingebauten Tank enthalten. Normalerweise wurden von den Belpaire-Triebwagen Züge mit 5 bis 6 Wagen gezogen. Obwohl schon um 1910 der größte Teil der Wagen ausgemustert war, müssen doch noch einige wenige Exemplare die Zeit bis etwa 1922 überdauert haben.

Die nächste Variation zeigt den auf dem Lokomotivrahmen abgestützten Wagenkasten. Eine bekannte frühe Bauart war der Typ Weißenborn, von dem die Niederschlesisch-Märkische Eisenbahn 1879 zwei Wagen auf der Berliner Ringbahn einsetzte. Diese Fahrzeuge waren sogar die beiden ersten überhaupt in Deutschland gebauten Dampftriebwagen. Noch im gleichen Jahr lieferte die Berliner Maschinenfabrik weitere zwei Dampftriebwagen (Abb. 44) des Typs Weißenborn an die NME. Im Gegensatz zu den beiden ersten Triebwagen war die Lokomotive nun nicht mehr Teil des Wagens, sondern zog als eigenständige Baugruppe den auf ihrem Fahrgestell abgestützten Wagen hinter sich her. Zum Zweck des An- oder Abkuppelns konnte wie bei einem Sattelschlepper eine Stützachse unter dem Wagenrahmen heruntergespindelt werden, die den Wagenkasten in der erforderlichen Position hielt. Neben dem Gepäckraum direkt hinter der Maschine enthielt der Wagen noch ein II.-Klasse-Abteil mit 8 Sitzplätzen und ein III.-Klasse-Abteil mit 40 Sitzplätzen. Nach ihrer Übernahme durch die KED Berlin im Jahre 1883 wurden sie bereits ein Jahr später an die KED Erfurt abgegeben. Es erfolgte noch ein Umbau der beiden Wagen, der vor allem einen größeren Kessel sowie den Einbau einer Dampfheizung und einer Gasbeleuchtung beinhaltete.

Eine andere Art des »Sattel-Triebwagens« war die Kombination einer normalen kleinen B-gekuppelten Lokomotive mit aufgesatteltem Personenwagen. Diese wohl natürlichste Form der kurzgekuppelten Dampftriebwageneinheit fand eine überaus große Verbreitung in nahezu allen Erdteilen. Als Beispiel dieser einfachen Triebwagenbauart ist in Abb. 45 eine Einheit der ehemaligen Lancashire and Yorkshire Railway vorgestellt, wie sie von 1906 bis 1911 in insgesamt 18 Exemplaren für diese Gesellschaft gebaut worden sind und deren letztes erst 1948 aus dem Verkehr gezogen wurde. Die in dieser Konstruktion vereinten Bauelemente entsprachen im großen und ganzen den im Lokomotiv- und Wagenbau üblichen Ausführungen, so daß sich eine weitere eingehende Beschreibung dieser Triebwagen erübrigt.

Es soll jedoch nicht versäumt werden, an dieser Stelle einen der wohl interessantesten und modernsten Dampftriebwagen der »Sattelbauart« zu erwähnen, der 1931 von der Maschinenfabrik Esslingen für die Türkische Staatsbahn (TCDD) gebaut worden war. Es war ein 1A2'-Heißdampftriebwagen für immerhin schon

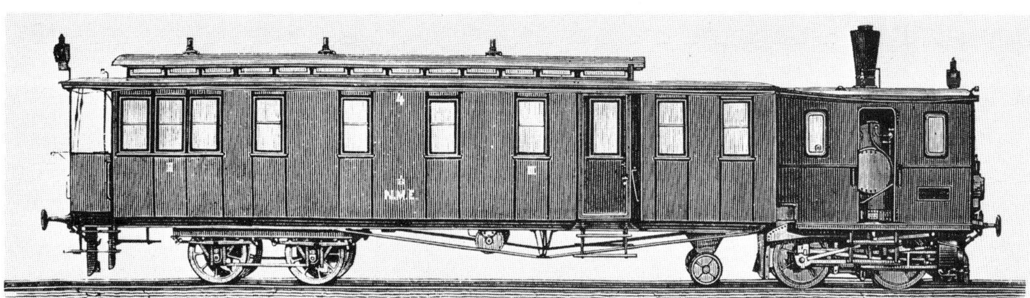

Abb. 44 B2'n2-Dampftriebwagen Bauart Weißenborn der Niederschlesisch-Märkischen Eisenbahn, 1879 von der Berliner Maschinenfabrik gebaut.
(Foto: Sammlung Ostendorf)

Abb. 45 B2′n2-Dampftriebwagen der ehemaligen Lancashire & Yorkshire Railway mit aufgesatteltem Wagenkasten.
(Foto: British Railways, London Midland Region)

75 km/h Fahrgeschwindigkeit in der Ebene für beide Fahrtrichtungen. Die Lokomotive besaß ein vollständig geschlossenes Führerhaus, einen Radstand von 3600 mm und eine außenliegende Zwillingsmaschine, die unmittelbar über Treibstangen auf die zweite Achse wirkte. Der in einem Hochdruckkessel erzeugte Dampf von 25 bar Spannung strömte mit annähernd 400° C in die Zylinder, wobei der Füllungsgrad durch Ventile geregelt wurde. Die Anordnung aller wichtigen Armaturen in unmittelbarer Nähe des Triebwagenführers kam dem Bestreben entgegen, auch über längere Strecken den Triebwagen nur mit einem Mann zu besetzen.

Der Wagenkasten ruhte mit dem rückwärtigen Teil auf einem normalen zweiachsigen Drehgestell und stützte sich vorn mit den beiden seitlichen an der Stirnwand vorstehenden Unterträgern gleitend auf dem Triebgestell ab, mit dem er durch ein über der Treibachse liegendes Kugelgelenk verbunden war. Der Wagen war in zwei über dem Drehgestell angeordnete I. und II. Klasseabteile und ein größeres III. Klasseabteil sowie einen Gepäck- und Postraum unterteilt. Das gesamte Platzangebot betrug 56 Sitzplätze. Außer dem geschlossenen End- und Mitteleinstieg besaß der Wagen einen Abort mit Wasserspülung und Wascheinrichtung, elektrische Beleuchtung und elektrisch betriebene Ventilatoren.

Diese seinerzeit wohl modernste Ausführung eines Dampftriebwagens des kombinierten Einzelbaugruppensystems stellte eine echte Weiterentwicklung dieser Bauart im Hinblick auf die Anwendung neuzeitlicher Konstruktionselemente dar. Die Verwendung hochgespannten Dampfes von 25 bar, die etwa um das Doppelte gesteigerte Leistung gegenüber den bisherigen Dampftriebwagen, der um annähernd 25% geringere Brennstoff- und Wasserverbrauch und die Heraufsetzung der Geschwindigkeit kennzeichnete die Bedeutung, die zu jener Zeit dem Dampftriebwagen allgemein noch eingeräumt wurde.

Die letzte Gruppe der noch unter den Begriff »Triebwagen-Lokomotive« fallenden Fahrzeuge waren Sonderlokomotiven, die auf Grund der Berücksichtigung besonderer Betriebsforderungen für die Führung ganz bestimmter Zugeinheiten im Personenverkehr geschaffen worden sind.

Zwei der bekanntesten Beispiele aus den Jahren 1935/36 waren der Henschel-Wegmann-Zug der damaligen DR, für den speziell die beiden stromlinienverkleideten Schnellfahrtenderlokomotiven der Baureihe 61 beschafft worden sind, und der Doppelstockzug der Lübeck-Büchener Eisenbahn mit seinen ebenfalls stromlinienverkleideten 1′B1′-Tenderlokomotiven, die später nach ihrer Übernahme durch die DR die Bezeichnung Baureihe 60 erhielten.

Da die genannten beiden Typen noch bei den Stromlinienlokomotiven näher erwähnt werden, soll stellvertretend für diese Gruppe der Triebwagen-Lokomotiven der DT 1 (DR 71^5) der BBÖ einer eingehenderen Betrachtung unterzogen werden.

Im Gegensatz zu den beiden Zuggarnituren der DR, die hier vielleicht etwas über den Rahmen der echten Triebwagenzüge hinausgehen, zumal sie vornehmlich dem Fernverkehr dienten, bezog sich die Entwicklung des DT 1 hauptsächlich auf die Intensivierung des dem Dampftriebwagen angestammten Nahverkehrsbereichs. Es ist kein Zufall, daß auch die Einführung des DT 1 in das Jahr 1935 fiel. Die in den 20er Jahren auch bei der BBÖ zu verzeichnende stark rückläufige Tendenz im Personenverkehr auf einer Reihe von Nebenbahnlinien infolge verstärkter Konkurrenz des Autos gab Anlaß zum Betrieb kleinerer Zugeinheiten, wobei man der leichten, billigeren Dampflokomotive den Vorrang vor dem wegen der geforderten Leistung in der Beschaffung und Unterhaltung noch recht teueren Dieseltriebwagen gab.

Entsprechend der Forderung, in beiden Richtungen leichte Züge mit 100 km/h ziehen zu können, entschloß man sich zum Bau einer 1'B1' h2-Tenderlokomotive (Abb. 46), deren große Rahmenlänge den zusätzlichen Anbau eines Gepäckraumes ermöglichte. Zur gefahrlosen Begehung der Räumlichkeiten auf der Maschine war ein Geländer an den Längsseiten vorgesehen worden. Der kleine aber sehr leistungsfähige Kessel erhielt wegen der zu erwartenden häufigen Anfahrvorgänge einen reichlich dimensionierten Überhitzer, dessen dampfberührte Heizfläche im Verhältnis 1:2,8 zur wasserberührten Verdampfungsheizfläche stand. Da zuerst nur Einmannbedienung vorgesehen war, erhielten die Maschinen vom Werk her Ölfeuerung und Totmanneinrichtung. Beide wurden aber später wieder entfernt und die Lokomotiven auf Kohlefeuerung und Abdampfvorwärmer Bauart Heinl umgerüstet. Die in Deichseln gelagerten beiden Laufachsen gaben den Maschinen einen derart ruhigen Lauf, daß bei dem leistungsstarken Kessel und trotz des kleinen Treibraddurchmessers von nur 1450 mm bei Testfahrten Geschwindigkeiten bis zu 136 km/h erreicht wurden.

Die Lokomotiven erhielten entsprechend ihrer vorgesehenen Verwendung als Triebwagenersatz die Baureihenbezeichnung DT 1. Neben ihrer Verwendung für die Führung von Triebwagen-Ersatzzügen namentlich auf der Westbahn wurden sie wegen ihrer ausgezeichneten Betriebseigenschaften auch vor kurzen Schnell- und Personenzügen eingesetzt. Diese wohlgelungene Konstruktion bewog auch die Slowakische Staatsbahn, im Jahre 1939 sechs ähnliche Maschinen bei der Wiener Lokomotivfabrik zu bestellen. Die Auswirkungen der Kriegsjahre bedingten praktisch die Einstellung des Betriebes von Dieseltriebwagen wegen der sehr schwierigen Beschaffung von Dieseltreibstoffen, stattdessen wurde eine Umstellung auf leichte Dampfzüge erforderlich. Bis zum Kriegsende führten die Triebwagen-Lokomotiven hauptsächlich leichte Schnellzüge zwischen Preßburg und Eperjes.

Die für Österreich so bemerkenswerte Konstruktion des DT 1 hatte aber schon vor der Jahrhundertwende eine Vorgängerin in dem bekannten Gepäcklokomotiv-Triebwagen der Bauart Elbl. Auch diese A1-Lokomotiven mit ihrem kleinen Kessel und dem angebauten Gepäckabteil waren eine Notmaßnahme einer um 1880 zu verzeichnenden rückläufigen Bilanz des Personenverkehrs auf den Nebenstrecken.

LOKOMOTIVEN MIT ABNORMALEN TANK- UND TENDERKONSTRUKTIONEN

Die mannigfaltigen Betriebsbedingungen im Rangier- und Streckendienst erforderten manchmal Konzessionen an die gewohnten Normen des Maschinenaufbaus insbesondere hinsichtlich der Unterbringung der Vorräte auf den Lokomotiven. Im vorangegangenen Abschnitt wurde auf die ungewohnte Lage der Wasserkästen bei der Union-Garratt-Tramlokomotive der Limburgschen Tramweg hingewiesen. Außer Fragen konstruktiver Belange stand oft auch das Problem einer guten Streckensicht im Vordergrund. Es gibt eine Vielzahl von Beispielen in der Lokomotivgeschichte, wo speziell bei schweren, mehrfachgekuppelten Tenderlokomotiven die langen seitlichen Wasserkästen entfernt und in den Hauptrahmen verlegt wurden. Wieder andere Lokomotiven, wie sie beispielsweise in Übersee und in den Kolonien oder auch in Europa als Feldbahnlokomotiven eingesetzt waren, trugen die Bezeichnung Halbtender-Lokomotiven, da bei ihnen ein Teil der Vorräte und zwar in der Hauptsache Speisewasser in einem Hilfstender mitgeführt wurde. Hier-

Abb. 46 1'B 1'h2-Tenderlokomotive mit Gepäckabteil, Reihe DT 1 (DR 71^5) der BBÖ.
(Foto: Werkaufnahme Simmering-Graz-Pauker)

durch konnte der Aktionsbereich der Maschinen erheblich erweitert werden.
Eine besondere Wasserkastenkonstruktion wurde Mitte des vorigen Jahrhunderts in England entwickelt. Diese für britische Tenderlokomotiven charakteristisch gewordene Form bestand in einem sattelförmig auf dem Langkessel ruhenden Wasserbehälter, der den Vorteil einer günstigeren Achsbelastung besonders bei Maschinen ohne Laufachsen bot und damit einen unangenehmen Gewichtsüberhang vermied, zum anderen eine bei älteren Maschinen gern gesehene freizügigere Zugänglichkeit der Laufblech- und Innenrahmenpartien ermöglichte. Diese sogenannte »Saddle Tank«-Bauart ist außerhalb der den ehemaligen britischen Dominions angehörenden Ländern nur sehr selten zur Anwendung gelangt, da die Vorteile in erster Linie konstruktive Belange berücksichtigten, weniger die betrieblichen.
Ein typisches Beispiel einer auf betriebliche Erfordernisse abgestimmten Konstruktion war die E n2-Tenderlokomotive »Reuben Wells« (Abb. 47) der Jeffersonville Madison & Indianapolis Railroad aus dem Jahre 1868. Gemäß ihrer vorgesehenen Aufgabe als Rangierlokomotive entsprach man der Forderung nach guter Streckensicht dahingehend, daß die seitlichen Wasserbehälter als rohrähnliche Tanks ausgebildet wurden, die nur eine geringe Bauhöhe beanspruchten. Das Führerhaus setzte man über die Tanks, wobei der Fußboden etwa in Höhe der Kesselmitte lag. Diese extrem hohe Führerstandsposition gewährte bei der vorhandenen niedrigen Kessel- und Kohlenbunkeranordnung trotz der großen Maschinenlänge dem Lokführer eine ausgezeichnete Sicht auf die vor und hinter der Maschine stattfindenden Rangiermanöver.
Doch nicht allein der Rangierdienst, auch der reguläre Streckendienst erforderte in manchen Fällen Sondermaßnahmen hinsichtlich der Vorräteunterbringung. Ein besonderes Problem waren von je her Fernzüge, die über weite Strecken ohne Aufenthalt und Lokwechsel gefahren wurden. Natürlich konnten solche Entfernungen nicht mit dem normalen Wasservorrat im Tender überbrückt werden. Da der Bemessung des Tenders aber vom Regellichtraum und auch von der Konstruktion Grenzen gesetzt waren, entschloß man sich zur Mitführung eines zusätzlichen Wassertenders. In Europa dürfte der bekannteste Anwendungsfall dieses Prinzips die A1-Pacific-Lokomotive »Flying Scotsman« gewesen sein, die für die Strecke London–Edinburgh nicht nur den für den Personalwechsel speziell konstruierten Korridortender erhielt, sondern noch einen weiteren Wasserwagen, obwohl der vordere Tender mit einer Wasserhebevorrichtung für die Wasseraufnahme während der Fahrt ausgerüstet war. In ähnlichem und weit umfangreicherem Maße gehörte der Zweittender in den USA zu einer gewohnten Einrichtung besonders bei den schweren Mallet-Lokomotiven mit ihrem enormen Dampfverbrauch. Diese Wasserwagen, die oft noch eine Aufbereitungseinrichtung enthielten, besaßen an beiden Stirnseiten dieselben Kupplungs- und Anschlußarmaturen, wodurch sich ein Wenden der Wassertender in den Zielbahnhöfen erübrigte.
Zum Schluß sei noch eine sehr interessante Konstruktion erwähnt, die von der DB nach dem II. Weltkrieg durch Umbau von zwei P 8-Schlepptenderlokomotiven versuchsweise entstanden ist. Der Bedarf an Tenderlokomotiven führte zu der Überlegung, in größeren Stückzahlen vorhandene und geeignete Schlepptenderlokomotiven in Tenderlokomotiven mit großen Vorratsräumlichkeiten umzubauen. Man ging dabei von der Voraussetzung aus, das Reibungsgewicht nicht mehr durch die Gewichtsdifferenzen der Vorräte beeinflussen zu lassen, das bedeutete, daß hinsichtlich der Unterbringung der Vorräte besondere Maßnahmen getroffen werden mußten.
Zunächst einmal lag der Gedanke nahe, den Lokomotivrahmen zu verlängern, ein hinteres Drehgestell anzuordnen und die Vorräte auf der Maschine unterzubringen. Abgesehen von der erhöhten Achsbelastung und dem nachteiligen langen Radstand der Lokomotive hätte man sich aber wieder jene Nachteile der Tenderlokomotive eingehandelt, die ja gerade vermie-

Abb. 47 E n2-Rangier-Tenderlokomotive »Reuben Wells« mit zylindrischen Wasserbehältern der Jefferson Madison & Indianapolis Railroad aus dem Jahre 1868.
(Foto: Vollrath)

Abb. 48 2′C 2′h2-Umbau-Personenzugtenderlokomotive Baureihe 78^{10} der DB mit auf dem Schleppdrehgestell untergebrachten Vorräten. (Foto: Schambach)

den werden sollten. Professor Mölbert von der TH Hannover schlug daher vor, den Lokomotivrahmen nicht zu verlängern, sondern die Vorräte direkt auf dem Drehgestell unterzubringen und dieses mit einer Deichsel an den Lokomotivrahmen anzulenken. Um der Forderung zu genügen, in beiden Richtungen mit derselben Maximalgeschwindigkeit fahren zu können, wurde die Deichsel mit einer Rückstellvorrichtung wie bei einem Krauß-Helmholtz-Gestell ausgerüstet, so daß es in beiden Fahrtrichtungen an der Führung der Maschine beteiligt wurde. Richtig betrachtet hat der Umbau der P8-Lokomotiven zu einer Kompromißlösung zwischen ausgesprochener Tenderlokomotive und Schlepptendermaschine geführt.
Nach ihrer Fertigstellung durch die Lokomotivfabrik Krauss-Maffei erhielten die beiden Probemaschinen (Abb. 48) dennoch die Tenderlokomotiv-Baureihenbezeichnung 78^{10}. Außer den beiden genannten Lokomotiven wurden keine weiteren Maschinen mehr nach dem Prinzip Mölbert umgebaut, da ein Teil der benötigten Triebfahrzeuge durch Neubau von Tenderlokomotiven und der Rest durch den erweiterten Einsatz von Dieseltriebfahrzeugen gedeckt werden konnte.

KRIEGSBEDINGTE SONDERKONSTRUKTIONEN

Im Interesse einer möglichst abgerundeten und vollständigen Darstellung der Dampflokomotiv-Chronik muß auch die Zeit während des I. und II. Weltkrieges in die Geschichte miteinbezogen werden, zumal sie besonders in den Jahren des II. Weltkrieges trotz vieler Einschränkungen in der Entwicklung manche wertvolle, aus der Not geborene Neuerungen brachte. Da technische und historische Einzelheiten der meisten europäischen und amerikanischen »Kriegslokomotiven« in der Literatur schon hinreichend beschrieben wurden, soll nachfolgend anhand nur einiger interessanter Konstruktionen ein kurzer zusammenfassender Überblick der wichtigsten Kriegslokomotiven gegeben werden.
Der I. Weltkrieg brachte bezüglich der regelspurigen Dampflokomotive keine ausgesprochenen Neu- oder Sonderkonstruktionen, es sei denn, man rechnet die im Hinblick auf eine im Kriegsfall wünschenswerte Vereinheitlichung des Triebfahrzeugparkes ab 1917 von allen Länderbahnen eingeführte 1′Eh3-Güterzuglokomotive der Gattung G12 dazu. Der gesamte Betrieb von und zur Front sowie in den besetzten Gebieten wurde mit den verschiedensten Länderbahnlokomotiven und mit Beutemaschinen abgewickelt. Lediglich für das Schmalspurnetz der Heeresfeldbahnen entstanden schon vor dem I. Weltkrieg einige spezielle Bauarten, deren bekannteste die noch an anderer Stelle erwähnten Doppellokomotiven der Achsfolge C+C (Abb. 49) waren. Es dürfte vielleicht weniger bekannt sein, daß für diese wie auch für die normalen Feldbahnlokomotiven besondere Zusatz-Wassertender entwickelt worden sind, wodurch das Wasserfassen an den unter Feindbeschuß liegenden Wasserstellen vermieden werden konnte.
Neben der Beförderung aller Arten von Versorgungszügen zwischen der Heimat und der Front waren während beider Kriege viele Normallokomotiven in gepanzerter Ausführung zur Führung von Panzerzügen eingesetzt. Für diesen besonderen Einsatzfall hat es keine speziellen Dampflokomotiv-Sonderkonstruktionen gegeben, wie auch die Panzerzüge selbst in der Mehrheit aus entsprechend umgebauten Regelfahrzeugen bestanden.
Etwas anders sah dagegen die Entwicklung auf dem

Abb. 49 C+C n4-Schmalspur-Doppellokomotive der ehemaligen Preußischen Heeresfeldbahnen. (Foto: Sammlung Griebl/Tauber)

Sektor der schweren Güterzuglokomotive mit Schlepptender aus. Sie, die den überwiegenden Teil aller kriegsbedingten Transportbewegungen auf Schienen zu bewältigen hatte, unterlag nicht allein den erhöhten Anforderungen des Betriebsdienstes, sondern war auch den extremen Witterungseinflüssen anderer Breitengrade unseres Kontinents ausgesetzt.

Der große Triebfahrzeugmangel infolge des durch die besetzten Gebiete enorm angewachsenen Streckennetzes zwang zur Neukonstruktion und Herstellung einer ausgesprochenen Kriegslokomotive, nachdem man sich zunächst mit der Fertigung vorhandener Einheitsbaureihen (z.B. Baureihe 50) in sehr vereinfachter Bauweise beholfen hatte. Im Jahre 1942 wurde die erste Kriegslokomotive als Baureihe 52 fertiggestellt. Die äußerst spartanisch ausgeführte Bauart besaß weder Kolbenspeisepumpe noch Vorwärmer noch Zylindersicherheitsventile. Die Achslager waren nicht nachstellbar, und die Treib- und Kuppelstangen wurden in Schweißausführung hergestellt. Auch kam bei dieser Baureihe wieder der alte Blechrahmen zur Anwendung. Neu waren auch das sogenannte Norweger-Führerhaus in völlig geschlossener Ausführung und der selbsttragende Wannentender. Ein Teil der als Reihe 50 in Auftrag befindlichen Maschinen wurden als 52er mit Barrenrahmen ausgeführt. Mehrere Lokomotiven der ersten Serie bekamen noch den 2'2'T26-Tender mit aufgeschraubten seitlichen Panzerplatten (Abb. 50), da die Versuchstender der untergestellfreien Wannenbauart anfangs noch verschiedene Mängel aufwiesen.

Die Baureihe 52 erhielt eine Reihe Variationen, die sich auf Ausführungen mit Wellrohrkessel, Ventilsteuerung, Kondensationseinrichtung u. a. bezogen.

Etwa gleichzeitig mit der Reihe 52 wurde die etwas schwerere 1'Eh2-Kriegslokomotive der Baureihe 42 mit 18 t Achslast entwickelt. Diese Maschinen brachten eine um rund 20% höhere Leistung als die Reihe 52. Ursprünglich sah das Fertigungsprogramm verschiedene Kessel- und Rahmenausführungen vor. Es blieb aber infolge der geringen zur Verfügung stehenden Zeit und wegen der schwierigen Rohstoffbeschaffung neben den beiden ersten mit Brotan-Kesseln gelieferten Lokomotiven 42 001-002 (ursprünglich 42 0001/0002) nur bei einigen wenigen Versuchen mit Sonderbauarten der Reihe 42. Die Standardausführung besaß unter anderem Stehbolzenkessel und Barrenrahmen. Die bei der Reihe 52 schon angestrebte Vereinfachung der Bauteile wurde bei der Reihe 42 ebenfalls wieder angewandt.

Abb. 50 1'E h2-Kriegslokomotive der Baureihe 52 aus der ersten Serie, hier noch mit dem 2'2'T 26-Einheitstender in gepanzerter Ausführung. (Foto: Werkaufnahme Rheinstahl Transporttechnik)

Abb. 51 C h2-Mehrzwecklokomotive mit Nelson-Kessel, Klasse Q 1 der Southern Railway in weitgehend vereinfachter Ausführung, Baujahr 1942.
(Foto: The Museum of British Transport, London)

Nicht nur in Deutschland, auch in England führten die Auswirkungen des Krieges zu außerordentlichen Maßnahmen in der Lokomotivkonstruktion. Als die bei der Southern Railway im schweren Güterzugdienst eingesetzten Maschinen der Klasse Q den steigenden Anforderungen nicht mehr gewachsen waren, entschloß sich der damalige Chefingenieur der Bahn, Sir O.V. Bulleid, zu einer Neukonstruktion einer universell verwendbaren Lokomotive mit drei gekuppelten Achsen, deren Merkmal einfachste Bauweise zugunsten eines Kessels maximaler Leistung war.

Im Jahre 1942 verließ die erste Maschine dieser als Klasse Q1 gekennzeichneten Baureihe (Abb. 51) die bahneigenen Werkstätten. Sie sah wahrlich eigentümlich aus. Die Grundüberlegungen bei der Projektierung dieses Typs waren, eine Lokomotive mit etwa 50t Dienstgewicht verteilt auf drei Achsen zu schaffen, die auch auf Nebenstrecken mit geringerer zulässiger Achslast eingesetzt werden konnte. Ferner sollte trotz des geringen Gewichtes eine sehr hohe Zughakenleistung erzielt werden. Bulleid entwickelte eine nur auf Zweckmäßigkeit ausgerichtete Lokomotive, der jegliches überflüssiges Beiwerk fehlte. Die Maschine sah wie ein im Rohbau befindlicher Prototyp aus. Es waren aus Gründen der Gewichtseinsparung alle nur eben entbehrlichen Bauteile wie Umlaufbleche, Haltestangen, Leitbleche und vieles andere fortgelassen worden. Selbst das Führerhaus war aus besonders dünnem Blech hergestellt worden. Alle diese Maßnahmen dienten einmal der Unterbringung eines möglichst großen Dampferzeugers des Typs Lord Nelson, der allein schon 21,6 t wog, zum anderen galt es, die Herstellungskosten und damit den Materialaufwand auf ein Minimum zu reduzieren. Die Maschinen der Klasse Q1 waren mit einem dreiachsigen völlig geschweißten Tender gekuppelt. Da die Lokomotiven in beide Richtungen auf der Strecke eingesetzt werden sollten, erhielt der Tender eine Führerstandsblende mit Dachkragen, so daß das Führerhaus nahezu ganz geschlossen war. Zur Erleichterung des Wasserfassens waren die Einfüllstutzen im Führerstandsteil des Tenders so angeordnet, daß der Heizer die Maschine beim Wasserfassen nicht verlassen mußte. Insgesamt stellte die Southern Railway 40 Maschinen dieser starken und robusten Bauart in Dienst.

Die Entwicklung besonderer Lokomotivtypen bezog sich während beider Weltkriege auf nur relativ wenige unterschiedliche Baureihen, egal ob diese Maschinen für den Einsatz im eigenen Land oder in den besetzten Gebieten bestimmt waren. Eine Ausnahme bildeten hier nur die USA, die mit ihrem Eintritt in den I. Weltkrieg den Versuch unternahmen, eine größere Zahl Lokomotivtypen zu vereinheitlichen. Unter Leitung der United States Railroad Administration wurde 1918 ein Ausschuß gebildet, dem Vertreter der Eisenbahngesellschaften und der drei großen Lokomotivfabriken Baldwin, Lima und Alco angehörten. Die gemeinsame Arbeit führte zur Festlegung von 12 verschiedenen Typen mit 8 unterschiedlichen Achsanordnungen. Die Lokomotiven trugen als äußeres Kennzeichen die beiden Buchstaben US auf den Tenderseitenwänden. Die bis 1920 gebauten 1830 Lokomotiven der USRA-Reihen verteilten sich auf mehrere amerikanische Bahnverwaltungen, die während der Kriegsjahre unter staatlicher Verwaltung standen. Leider hat man diese wohl einmalige Chance einer grundlegenden Vereinheitlichung der Triebfahrzeuge in den USA seinerzeit verpaßt. Schon bald nach Kriegsende, als die Bahnen ihre Eigenständigkeit zurückerhielten, ließ man den Gedanken der Einheitsbauarten wieder fallen und führte die Entwicklung nach eigenem Ermessen fort.

Die Auswirkungen des II. Weltkrieges fanden ihren Niederschlag nicht nur in den extrem angewachsenen Transportproblemen der vom Krieg betroffenen Länder Europas, auch die Länder des pazifischen Raumes sahen sich durch den Kriegseintritt Japans vor ähnliche Aufgaben gestellt.

Bei der nachfolgend erwähnten Bauart trifft der Begriff »Sonderausführungen der Normallokomotive« nicht mehr zu, sie soll aber dennoch an dieser Stelle genannt werden, da sie zu den ausgesprochenen kriegsbedingten Sonderkonstruktionen gehört.

Die Einführung einer australischen »Standard«-Garratt-Lokomotive (ASG) war vordringlich geworden, als die Belastung der Eisenbahnen in Queensland durch die japanisch-alliierten Auseinandersetzungen um mehr als 50 % angestiegen war. Da die englische Lokomotivfabrik Beyer Peacock und andere auf den Bau von Garratt-Lokomotiven spezialisierte Firmen durch Kriegsaufträge überlastet waren, entschied man, die erforderlichen Maschinen in Australien zu bauen. Es ist bis heute unverständlich geblieben, warum nicht eine vorhandene Beyer Peacock-Ausführung verwendet bzw. entsprechend umkonstruiert worden ist, stattdessen übernahmen die Western Australian Government Railways die Neuentwicklung einer (2'D 1')(1'D 2')-Garratt-Lokomotive (Abb. 52). Der größte Teil der verschiedenen Baugruppen wurde von auswärtigen Firmen gefertigt und anschließend in den Bahnwerkstätten und bei der Clyde Lokomotivfabrik zusammengebaut. Die ganze Konstruktion steckte aber derart voller Fehler, daß beispielsweise die Victorian Railway die Anbringung der Herstellerschilder verweigerte. Selbst das Lokomotivpersonal verweigerte die Bedienung dieser Maschinen. Umfangreiche Änderungen waren erforderlich, um die Lokomotiven so herzurichten, daß sie den Anforderungen genügen konnten. Ungefähr 36 Maschinen dieser unglücklichen Konstruktionen erreichten aber nach dem Umbau dennoch eine Dienstzeit von rund 10 Jahren.

Aus der großen Zahl der während des II. Weltkrieges für das War Department, den Commonwealth Land Transport Board und das U.S. Army Transportation Corps gebauten Kriegslokomotiven seien abschließend drei Bauarten erwähnt, die nach der Invasion im Jahre 1944 von den Alliierten in großer Stückzahl auf dem europäischen Festland eingesetzt worden sind. Die große Lokomotivknappheit zwang verschiedene Eisenbahnen in den besetzten Ländern, einen Teil dieser Maschinen später in den eigenen Fahrzeugbestand aufzunehmen.

Vom britischen War Department waren drei verschiedene Lokomotivtypen eingesetzt worden – die sogenannten Austerity-Bauarten –, von denen die 1'D- und 1'E-Typen als Schlepptenderlokomotiven für den schweren Güterzugdienst und eine C-Bauart als Satteltank-Rangiertenderlokomotive ausgebildet waren. Die 1'D-Maschinen waren in Anlehnung an eine ähnliche Bauart der LMSR entwickelt worden und erreichten eine Gesamtstückzahl von 935 Exemplaren.

Abb. 52 (2'D 1')(1'D 2')-Standard-Garratt, während des II. Weltkrieges als Einheitsgüterzuglokomotive Australiens entwickelt. (Foto: Sammlung Ostendorf)

Die 1'E-Lokomotive besaß dieselben Bauelemente wie ihre kleinere Schwestermaschine, hatte aber mit 13,7 t eine sehr niedrige Achslast, die sie besonders für den Einsatz auf schwachem Oberbau befähigte. Von diesem Typ wurden nur etwa 150 Maschinen gebaut. Mit 97 000 N Zugkraft und 65 km/h Höchstgeschwindigkeit waren die Leistungsdaten beider Ausführungen gleich. Die Maschinen kamen in Frankreich, Belgien, den Niederlanden und teilweise auch in der damaligen britischen Besatzungszone Deutschlands zum Einsatz. Eine dieser »Austerity«-Lokomotiven, die 1'E-Bauart mit dem Namen *Longmoor* (WD Nr. 73755) blieb der Nachwelt erhalten und befindet sich heute im Eisenbahnmuseum in Utrecht.
Die Amerikaner entwickelten als spezielle Kriegslokomotiven eine 1'D-Schlepptender- und eine C-Tenderlokomotive. Für beide Projekte war das englische Regellichtraumprofil zugrunde gelegt worden, womit der unbeschränkte Einsatz dieser Lokomotiven auf europäischen Bahnen gewährleistet werden sollte. Der weitgehend vereinfachte Aufbau der Maschinen und ihre Robustheit haben dazu beigetragen, daß sie eine große Verbreitung bis in den südosteuropäischen Raum erlangten und dort vereinzelt sogar heute noch bei Privatunternehmen in Dienst stehen.

LILIPUTLOKOMOTIVEN

Das Schlußkapitel der Sonderausführungen herkömmlicher Dampflokomotivkonstruktionen sei den Zwergen dieser Fahrzeuggruppe gewidmet – den Liliputlokomotiven. Natürlich unterscheidet sich die Liliputlokomotive von ihren großen Schwestern im wesentlichen durch die sehr viel kleinere Dimensionierung aller Bauteile, vom Prinzip und von der Wirkungsweise her ist sie jedoch der Normallokomotive durchaus gleichzusetzen.
Abweichend von der Normalspur rechnen alle kleineren Spurweiten bis hinunter auf ungefähr 500 mm durchweg noch zu den Haupt-, Industrie-, Feld- und Grubenbahnen. Die 500 mm-Spurweite ist etwa die Grenze zwischen Ende der industriell und verkehrstechnisch genutzten Eisenbahn und Anfang der Vergnügungs- und Ausstellungsbahnen. Die bei den letztgenannten Bahnen ausgeführten Spurweiten liegen zwischen 533 mm und 260 mm. Noch kleinere Spurweiten werden noch bei Garten- und Miniatureisenbahnen verwendet, doch können derartige Bahnen kaum noch als öffentliche, dem Personen- und Güterverkehr dienende Einrichtungen angesehen werden.
Wie so manche eisenbahntechnische Entwicklung hatte auch die Liliputbahn ihren Ursprung in England. Dort diente sie nicht nur als Attraktion auf irgendwelchen Ausstellungen, sondern besorgte sogar auf einem für diese Bahn beachtlichen Streckennetz den Personen- und Güterverkehr. Neben diesen und einigen in Privatbesitz befindlichen Liliputbahnen wurden in den letzten Jahren weitere neue Bahnlinien eingerichtet und bereits bestehende Anlagen durch Zukauf ausländischen Materials ergänzt.
Beachtenswert sind auch manche speziell für diese kleinen Spurweiten entwickelten Lokomotivkonstruktionen wie beispielsweise die beiden Liliput-Garratt-Lokomotiven der Achsfolge (1'C)(C1') der Surrey Border & Camberley Railway. Diese 1938 von Kitson & Co. für 260 mm Spurweite gelieferten Maschinen wogen leer etwa 2 t, besaßen eine Dampfbremseinrichtung und konnten bis zu 16 Wagen mit rund 110 Fahrgästen ziehen.
Eine andere interessante Ausführung war die 1'D 1'+D-Triebtenderlokomotive für 381 mm Spurweite der Ravenglass and Eskdale Railway. Die Maschine ist im Kapitel »Lokomotiven mit Hilfstriebwerken« eingehend beschrieben.
In Deutschland wurden Liliputbahnen erst durch die von Krauss & Co. und von Krupp konstruierten Kleinlokomotiven bekannt. Anläßlich der Münchner Verkehrsausstellung im Jahre 1925 lieferte Krauss & Co. die ersten drei deutschen Liliputlokomotiven mit der Achsfolge 2'C 1'. Die Maschinen waren im Maßstab 1:3,33 gebaut, stellten aber keine direkte Nachbildung eines großen Vorbildes dar. Entsprechend den bei kleinen Spurweiten sehr engen Gleisbögen bis hinunter auf 20 m Radius wurde besonderer Wert auf eine gute Kurvengängigkeit der Maschinen gelegt. Aus diesem Grund erhielt die Treibachse spurkranzlose Räder. Das zweiachsige Drehgestell besaß Seitenspiel und eine Rückstellvorrichtung. Der im Bereich der Kuppelräder als Barrenrahmen ausgebildete Hauptrahmen ging in Höhe des Führerhauses in einen Blechrahmen über, der die Feuerbüchse U-förmig umfaßte. Neben dem gut dimensionierten Kessel für 13 bar Dampfspannung

Abb. 53 2′C 1′h2-Krupp-Liliputlokomotive, Baujahr 1937, vor ihrer Indienststellung im Garten des Bressingham Steam Museums in England.
(Foto: Taylor)

sei noch die für die Dampfverteilung gewählte Heusinger-Steuerung genannt. Sämtliche im Führerhaus untergebrachten Kesselarmaturen entsprachen der Funktion nach denen der Normallokomotive und waren von dem auf dem Tender sitzenden Lokomotivführer gut zu bedienen. Als Kupplung zwischen Lokomotive und Wagen diente eine Scharfenberg-Kupplung, bei der automatisch die Vakuumbremsleitung mitgekuppelt wurde.
Die Maschinen liefen während der Jahre vor dem II. Weltkrieg mit großem Erfolg auf zahlreichen in- und ausländischen Ausstellungen. Kein Wunder, daß für die 1928 im Wiener Prater erstellte neue Liliputbahn ebenfalls drei Lokomotiven der Bauart Krauss erworben wurden, die sich bis in unsere Tage immer noch bei Jung und Alt größter Beliebtheit erfreuen.
Erfreulicherweise blieben die Krauss'schen Liliputlokomotiven keine Einzelbauart. Im Jahre 1937 lieferte Krupp ebenfalls drei 2′C1′-Lokomotiven eigener Konstruktion (Abb. 53) für die in Düsseldorf auf der Ausstellung »Schaffendes Volk« gezeigte Liliputbahn.
Auch diese im Maßstab 1:4 gebauten Maschinen entsprachen keinem vorhandenen großen Vorbild. Ebenso wie bei der Krauss-Ausführung besaßen sie einen Barrenrahmen, der hinter der letzten Kuppelachse wieder in einen U-förmigen Außenrahmen überging. Alle Kuppelachsräder waren mit Spurkränzen ausgeführt, wobei dennoch das Durchfahren von 35 m Radien möglich war. Der Gesamtaufbau der Maschinen entsprach im Prinzip dem der Krauss-Lokomotiven. Als Bremseinrichtung diente eine Knorr-Druckluftbremse, für die extra eine maßstabgerechte Luftpumpe von Knorr geliefert worden war. Lokomotive und Wagen wurden gemeinsam mit der Druckluftleitung über eine selbsttätige Krupp-Simplex-Kupplung miteinander verbunden.
Von den zuletzt im Besitz der Kölner Tivoli G.m.b.H. gewesenen drei Krupp-Lokomotiven wurden im Jahre 1973 zwei Maschinen zusammen mit dem kompletten Anlagenmaterial an das Bressingham Steam Museum in England verkauft, wo sie wieder betriebsfertig gemacht wurden und seitdem im Park des Museums ständig im Einsatz sind. Die dritte und letzte Liliputlokomotive aus der Kruppschen Fertigung befindet sich noch weiterhin bei der Tivoli G.m.b.H. und wird hoffentlich auch im eigenen Land beheimatet bleiben.

Lokomotiven mit interessanten Kesselbauarten und Feuerungssystemen

KESSELBAUARTEN

Der normale Stephenson'sche Lokomotivkessel erfuhr im Laufe von rund 130 Jahren eine Reihe bedeutender Wandlungen und Verbesserungen, die aber grundsätzlich nichts am System der Bauart veränderten. Die kennzeichnenden Merkmale dieses Dampferzeugers waren der Stehkessel mit der Feuerbüchse sowie der Langkessel mit den Heiz- und Rauchrohren und der Rauchkammer. Als modernste und wirtschaftlichste Ausführung galt zuletzt der vollständig geschweißte Lokomotivkessel, der je nach Größe der Lokomotive Gewichtsersparnisse bis zu 1,5 t ermöglichte.
Weitere bekannte, wenn auch weniger häufig ausgeführte Kesselbauarten waren z. B. der Brotankessel (Kessel mit Wasserrohrfeuerbüchse) und der Wellrohrkessel (Abart des normalen Lokomotivkessels mit einem als Wellrohr ausgebildeten Feuerraum und einem Dampfsammelrohr anstatt eines Dampfdomes). Bei den Hochdrucksystemen begegnete man außerdem noch den Bauarten Schmidt, Winterthur, Doble, Benson, La Mont, Löffler, Velox und anderen. Gegenüber der Regelbauart fehlte den Hochdruckkesseln mit Ausnahme des Schmidt'schen Zweidruckkessels der große Vorzug, ein in sich geschlossenes, gegen äußere Kräfte widerstandsfähiges Gebilde zu sein. Diese speziellen Kesselsysteme werden aber im vorliegenden Kapitel noch im einzelnen behandelt.
Es wurden aber auch Kesselbauarten entwickelt, die nicht allein nur eine Verbesserung des bekannten Stehbolzenkessels bewirkten, vielmehr beeinflußten sie durch ihre Konstruktion und Anordnung auch entscheidend das äußere Bild der betreffenden Lokomotive. Nachfolgend werden einige interessante Beispiele für derartige Kesselbauarten aufgeführt, von denen das System Franco-Crosti sogar eine relativ große Verbreitung fand.

NIEDERDRUCKLOKOMOTIVEN

Im Jahre 1860 erschien auf der französischen Nordbahn eine etwas eigenartig aussehende Lokomotive, bei der über dem Langkessel ein zweiter, kleinerer zylindrischer Kessel lag, der mit dem Langkessel durch verschiedene Rohrstutzen in Verbindung stand. Die Heizgase, die den normalen Lokkessel durchströmten, wurden in der bisherigen Rauchkammer umgelenkt und in den oberen, kleineren Kessel geleitet, wo sie durch eine Rohrschlange und schließlich durch den daran anschließenden schräg liegenden Kamin ausgestoßen wurden.
Der geistige Vater dieser etwas verwirrend anmutenden Kesselkonstruktion war der damalige Chefingenieur der französischen Nordbahn Jules Petiet. Seine Bestrebungen galten seinerzeit der Lösung des Problems, die im Naßdampf enthaltene hohe Feuchtigkeit und die dadurch bedingten hohen Kondensationsverluste in den Zylindern zu beseitigen bzw. zu mildern, da bereits die durch die Wechselwirkung des Dampfes in den Zylindern auftretenden Kondensationserscheinungen erheblich waren (s. Kapitel über die Gleichstrommaschinen). Bei der geschilderten Konstruktion wurde der Dampf bevor er am obenliegenden Kessel abgenommen wurde, nochmals getrocknet, indem er an den von den Heizgasen durchströmten Rohrbündeln vorbeistrich.
Die mit der 1860 in Betrieb genommenen Probelokomotive durchgeführten Versuche schienen einen gewissen Erfolg gebracht zu haben, denn bereits im Jahre 1862 wagte Petiet nach einem weiteren Probebetrieb mit zwei entsprechend umgebauten Crampton-Lokomotiven die Anwendung seiner Kesselbauart bei drei Neubauaufträgen über insgesamt 48 Maschinen verschiedener Typen. Herausragende Bauart dieser Neubautypen waren die acht Tenderlokomotiven mit den Betriebsnummern 437 bis 444. Diese Maschinen stellten in jeder Hinsicht konstruktive Kuriositäten dar. Boten bereits Art und Anordnung des Petiet-Kessels einen ungewohnten Anblick, so wurde dieser Eindruck

**Abb. 54 A3A n4-Tenderlokomotive Bauart Petiet der französischen Nordbahn, Baujahr 1862.
(Foto: LA VIE DU RAIL)**

noch unterstützt durch die Einmaligkeit der Achsfolge A3A (Abb. 54). Die Ausführung der Lokomotiven mit zwei getrennten Triebwerken läßt darauf schließen, daß wir hier einer Vorläuferin des später vor allem in den USA bekannt gewordenen »nonarticulated«-Maschinen begegnen. Die Zahl der drei Laufräder dürfte auf eine notwendige Verteilung des Lokomotivgewichtes auf fünf Achsen zurückzuführen sein. Allerdings ist es erstaunlich, daß ausgerechnet die beiden Treibachsen als führende Achsen gewählt wurden. Durch diese Achsanordnung und durch den erheblichen Überhang der Zylinder konnte ein unruhiger Lauf der Maschine bei schneller Fahrt kaum vermieden werden. Erschwerend kam hinzu, daß der Gesamtschwerpunkt der Lokomotiven noch sehr hoch lag, obwohl dieser bereits durch Anordnung eines zusätzlichen Wassertankes zwischen den Rahmenwangen gesenkt werden konnte. Höhepunkt der Entwicklung dieser Lokomotivgattung waren zweifellos die zwanzig CC-Vierzylinder-Güterzugtenderlokomotiven der Betriebsnummern 601 bis 620. Die außenliegenden Zylinder trieben jeweils die mittlere Achse der beiden voneinander unabhängigen Triebwerke an. Mit 3,30 m^2 Rostfläche, 197,5 m^2 Gesamtverdampfungsfläche und 60,5 t Gewicht wurden für die damalige Zeit außergewöhnliche Werte erreicht. Zwei gleichartige Lokomotiven stellte auch die Zaragossa-Alsasua Bahn in Dienst. Nach ihrer Übernahme durch die spanische Nordbahn erhielten sie die Betriebsnummern 801 und 802.

Es ist nicht bekannt, welcher Grad der Dampftrocknung und welcher wirtschaftliche Erfolg mit den Petiet-Kesseln erreicht worden ist, überliefert ist aber die Tatsache, daß der Petiet-Kessel kaum eine Verbreitung über die französische Nordbahn hinaus fand und mit Ausscheiden Petiets aus dem aktiven Dienst wieder verschwand. Außer den beiden spanischen Lokomotiven verwendete lediglich die *Nord Belge* von 1862 bis 1875 noch eine A3A-Tenderlokomotive mit Petiet-Kessel für den Streckendienst zwischen Mons und Hautmont.

In den Jahren von 1888 bis 1897 beschaffte die Belgische Staatsbahn 109 Stück 1B1-Schlepptenderlokomotiven der Reihe 12 für den schweren Schnellzugdienst. Die Maschinen erhielten innenliegende Zylinder und eine breite Belpaire-Feuerbüchse, die maximale Geschwindigkeit betrug 110 km/h. Sie gehörten nicht gerade zu den architektonisch schönsten Konstruktionen, eine Eigenart, die leider einer Reihe belgischer Lokomotiven anhaftete. Eine gewisse Bedeutung hat die Reihe 12 allerdings auch für die deutschen Eisenbahnen erlangt, da die Preußische Staatsbahn eine Anzahl nahezu gleicher Maschinen von der Firma Cockerill bezog und als S 2-Gattung in Dienst stellte. Parallel zu dem laufenden Neubauprogramm der Reihe 12 entwarf und baute die Société Saint-Léonard im Jahre 1888 als Abart der Reihe 12 ein neues Modell einer Schnellzuglokomotive mit außergewöhnlichen Merkmalen.

Die beiden unter den Betriebsnummern 195 und 200 gelieferten Probelokomotiven hatten mit der Reihe 12 lediglich noch die Achsfolge 1B1 mit den außergewöhnlich großen Kuppelrädern von 2100 mm Durchmesser gemeinsam. Zur Erzielung einer möglichst großen Heizfläche wählte man wegen der Beschränkung durch das Lichtraumprofil und die Länge der Maschine eine Kesselkonstruktion des Systems Flaman, bei der beidseits des mittleren Regelkessels mit 1300 mm Innendurchmesser je ein kleinerer Kessel mit nur 700 mm Innendurchmesser angeordnet war. Alle drei Kessel endeten in der gemeinsamen Rauchkammer, die bei der Lokomotive Nr. 195 (Abb. 55) einen Schornstein mit quadratischem Querschnitt erhielt, wie er bei den belgischen Maschinen mit Torffeuerung üblich war. Übrigens war der Dienst auf den torfgefeuerten Maschinen nicht ganz ungefährlich, wie verschiedene Unfälle aus jenen Tagen bewiesen, da infolge Reißens eines Siederohres die feine Glut beim Öffnen der breiten Feuertüren auf den Führerstand geblasen und vom Lokpersonal eingeatmet wurde. Nachteilig wirkte sich auch bei den meisten belgischen Lokomotiven der nicht sehr gut durchkonstruierte Ven-

tilregler aus, der kaum ein langsames und gleichmäßiges Anfahren ermöglichte.
Die Lokomotive Nr. 200 unterschied sich von ihrer Schwestermaschine nur durch eine andere Schornsteinausführung, und zwar erhielt sie statt des viereckigen einen riesigen, trichterförmigen Schornstein. Besonders zu erwähnen ist die Feuerkiste, die mit 3,10 m die gesamte Breite der Lokomotive beanspruchte und eine Rostfläche von 5,04 m^2 besaß.
Im Vergleich mit der Reihe 12 zeigten sich beide Lokomotiven der Schwestergattung deutlich überlegen. Die Testfahrten wurden hauptsächlich auf der Strecke Namur–Jemelle durchgeführt, die eine längere Steigung von 16‰ aufwies. Die Versuche verliefen zur vollsten Zufriedenheit, wobei vor allem die Überlegenheit der beiden Versuchsmaschinen in der besseren Ausnutzung der Kesselleistung zu erwähnen ist. Nichtsdestoweniger forderten eine Reihe von Unzulänglichkeiten auch heftige Kritik heraus. Sie galt insbesondere dem ungewohnten Aufbau der Maschinen, der verwickelten Bauweise des Kessels, der absoluten Unmöglichkeit, die Maschinen auf einem Umlauf zu begehen, der Schwierigkeit, die große Rostfläche ausreichend zu beschicken und letztlich der schlechten Streckensicht, ursächlich bedingt durch die seitlichen Kessel.
Die Lokomotiven konnten sich trotz ihrer anfänglich guten Betriebsergebnisse nur einer kurzen Dienstzeit erfreuen. Sie wurden 1902 bereits verschrottet.
Die Kesselbauart Flaman fand hauptsächlich bei Lokomotiven der französischen Ostbahn Verwendung. Flaman, seinerzeit leitender Ingenieur der EST (Ostbahn), rüstete um 1890 einige 2'B-Schnellzuglokomotiven mit seinem Kesselsystem aus, wobei der Gedanke im Vordergrund stand, die Verdampfungsheizfläche wesentlich zu vergrößern. Wie schon bei den belgischen Flaman-Maschinen waren der Unterbringung einer größeren Zahl von Heizrohren Beschränkungen durch den größtmöglichen Kesseldurchmesser in Abhängigkeit von der Treib- und Kuppelradhöhe auferlegt. Flaman entschloß sich daher, über dem normalen Langkessel einen zweiten etwas kleineren Kessel anzuordnen. Diese gegenüber den belgischen Lokomotiven einfacheren, in der Wirkungsweise aber gleichartigen 2'B-Maschinen dienten besonders als Vorspann für die Schnellzüge auf der Strecke Paris–St. Gotthard.
Der herkömmliche Lokomotivkessel mit seinen vielen

Abb. 55 1B1 n2-Schnellzuglokomotive Nr. 195 der Reihe 12 mit Drillingskessel Bauart Flaman und Torffeuerung, 1888 für die SNCB gebaut.
(Foto: SNCB)

Ankern und Stehbolzen sowie den damit verbundenen Schadensquellen veranlaßte die Konstrukteure immer wieder, neue und noch wirkungsvollere Kesselbauarten zu entwickeln, die als Ersatz für den normalen Feuerbüchskessel Stephenson'scher Bauart dienen sollten. Ein bekannter im Schiffsbau verwendeter Röhrenkessel war die Bauart Du Temple. Die Lokomotivfabrik Schneider-Creusot veranlaßte im Jahre 1906 die französische Nordbahn (NORD), versuchsweise eine Lokomotive mit diesem Kessel auszurüsten. Man wählte eine 2'B1'-Schnellzuglokomotive der Serie 2.641, die aber aus Gewichtsgründen nur mit der für diese Kesselbauart typischen Wasserrohrfeuerbüchse ausgerüstet werden konnte. Da der Gewichtsüberhang im Feuerbüchsbereich erheblich größer geworden war, ersetzte man die Schleppachse durch ein Drehgestell. Durch die umfangreichen Umbauarbeiten verzögerte sich die Fertigstellung der Maschine (Abb. 56) bis zum September 1907. Trotz guter Dampferzeugung traten bald erhebliche Störungen durch Undichtigkeiten und Risse an der Feuerbüchsrohrwand auf. Im Jahre 1908 erhielt die Lokomotive einen neuen Kessel derselben Bauart, dieses Mal jedoch mit Verbrennungskammer. Die unter der neuen Betriebsnummer 2.741 wieder in Dienst gestellte Maschine wurde schließlich

Abb. 56 2'B 2'n4v-Schnellzuglokomotive der französischen Nordbahn mit Wasserrohrfeuerbüchse Bauart Du Temple.
(Foto: LA VIE DU RAIL)

Abb. 57 2′C 2′h4v-Schnellzuglokomotive mit Halbwasserrohrkessel, Versuchsausführung der Nordbahn. (Foto: SNCF)

im Jahre 1913 nach wenig erfolgreich verlaufenen Versuchen mit dem Du Temple-System nochmals umgebaut. Sie erhielt nun endgültig eine Belpaire-Feuerbüchse, Rauchröhrenüberhitzer und Kolbenschieber anstelle der bisherigen Flachschieber. Das rückwärtige Drehgestell wurde durch eine weitere Kuppelachse ersetzt, so daß das Achsbild die Folge 2′C zeigte. Als Nr. 3.999 erlebte sie noch die Übernahme durch die SNCF, wo sie die letzte Bezeichnung 230 B (NORD) erhielt.

Etwa zur gleichen Zeit als die 2′B 2′-Lokomotive gebaut wurde und die ersten Testfahrten erfolgten, entstanden die Konstruktionsunterlagen zu einer 2′C 2′-Heißdampf-Schnellzuglokomotive, die 400 t schwere Schnellzüge mit 95 km/h auf 5‰ Steigung und mit 120 km/h in der Ebene befördern konnte.

Der damalige Chefingenieur der NORD – Du Bousquet – entschied, zunächst zwei Maschinen zu bauen, eine mit gewöhnlichem Belpaire-Kessel, die andere mit einem Halbwasserrohrkessel und seitlichen Bodentrommeln anstatt des Bodenringes (Abb. 57). Beide Maschinen besaßen Schmidt-Rauchröhrenüberhitzer. Verschiedene Mängel wie ungenügende Blasrohrausbildung, schlechte Verbrennungsluftzufuhr, Heißlaufen der Drehgestellager und andere kleinere Fehler hätten sicherlich behoben werden können, wäre nicht durch den Tod Du Bousquets das Interesse an dieser Bauart erloschen. Leider ist durch diese Umstände nie bekannt geworden, ob und wie sich diese Kesselbauart bei der als 3.1102 nummerierten Maschine bewährt hat.

Auch die Preußische Staatsbahn befaßte sich Mitte der 80er Jahre mit der Erprobung ankerloser Kessel in der Art der sogenannten Wellrohrfeuerbüchsen. Angeregt wurde sie durch die Firma Schulz und Knaudt in Essen, die im Jahre 1878 die Fertigung von Wellrohrkesseln der Bauart Fox aufgenommen hatte. Die ersten Versuche wurden mit umgebauten älteren C-Tenderlokomotiven unternommen. Besonderes

Abb. 58 2′B n2-Schnellzuglokomotive Gattung S 2 der Preußischen Staatsbahn, 1892 von Hohenzollern versuchsweise mit Wellrohrkessel ausgerüstet. (Foto: Sammlung Pierson)

Abb. 59 1'E h2-Güterzuglokomotive Baureihe 52 der DR mit Krauss-Wellrohrkessel.
(Foto: Sammlung Griebl)

Kennzeichen dieser Maschinen war die zylindrische Form der Feuerbüchse und des Hinterkessels, allerdings mußten die Stirnwände des Hinterkessels hier noch durch Längsanker versteift werden.
Die scheinbar guten Erfahrungen mit den bisherigen Versuchsmaschinen veranlaßten die Preußische Staatsbahn, im Jahre 1890 weitere Kessel zu bestellen, bei denen aber nach Vorschlägen des Direktors von Hohenzollern G. Lentz die beiden vor und hinter dem Speisedom liegenden Kesselschüsse konisch ausgeführt wurden, wodurch die Längsanker entfielen. Neben einigen C- und 1B-Lokomotiven wurde 1892 eine 2'B-Lokomotive (Abb. 58) von Hohenzollern mit Wellrohrkessel ausgerüstet. Leider mußte diese Maschine schon zwei Jahre später wegen eines Kesselschadens aus dem Verkehr genommen werden. Auch bei den übrigen Versuchsmaschinen zeigten sich Deformierungen des Wellrohres, so daß nach und nach alle Wellrohrkessel durch normale Regelkessel ersetzt werden mußten, soweit die Lokomotiven nicht ausgemustert wurden. Der Wellrohrkessel wurde mit Vergrößerung der Dampferzeuger uninteressant, da in ihm eine Rostfläche von mehr als 2 m^2 nicht unterzubringen war.
Auch im Ausland konnte diese Kesselbauart nicht Fuß fassen. In England war es unter anderem die Lancashire & Yorkshire Railway, die einige ihrer D-Güterzuglokomotiven mit Wellrohrkessel ausrüstete. Allerdings blieb man im Gegensatz zur Entwicklung in Preußen bei der zylindrischen Feuerbüchse. Die im Laufe der Zeit nicht ausgebliebenen Schäden am Wellrohrkessel führten hier ebenfalls zu einer frühzeitigen Aufgabe dieses Systems.

Im Rahmen eines größeren Versuchsprogramms mit der Baureihe 52 gab die Deutsche Reichsbahn während des II. Weltkrieges fünf Lokomotiven mit Wellrohrkessel in Auftrag, von denen aber nur die Maschinen 52 3620–3623 zur Ausführung gelangten (Abb. 59). Abweichend von den früheren Ausführungen besaßen diese Maschinen keinen Dampfdom, sondern ein langes auf dem Kesselscheitel liegendes Dampfsammelrohr, von dem der Dampf in den Sammelkasten geleitet wurde. Die Wellrohrkessel erwiesen sich als sehr gute Dampferzeuger. Nach dem Krieg machte man jedoch wieder dieselben unangenehmen Feststellungen wie bei den ehemaligen Versuchsmaschinen der Preußischen Staatsbahn. Die Wellrohre aller vier Lokomotiven zeigten eine so starke Abplattung, daß die Maschinen aus dem Betrieb gezogen werden mußten und bald darauf verschrottet wurden.
Auf der »Baltische Gewerbe- und Kunstausstellung« 1914 in Malmö erregte eine G 8^1-Lokomotive (Abb. 60) der Preußischen Staatsbahn mit einem neuartigen Wasserrohrkessel des Systems Stroomann einiges Aufsehen. Vorausgegangen waren Versuche mit einem

Abb. 60 D h2-Güterzuglokomotive »4871 Magdeburg« mit Stroomann-Kessel, 1914 als G 8^1 von der Preußischen Staatsbahn in Dienst gestellt.
(Foto: Pierson)

Abb. 61 1′B 1′n2-Tenderlokomotive mit Stroomann-Kessel, 1912 von O & K an die Ruhr-Lippe-Kleinbahngesellschaft geliefert. Die Maschine wurde erst 1952 ausgemustert.
(Foto: Repro Sammlung van Kampen)

kleinen Probekessel und je einer mit Stroomann-Kessel ausgerüsteten D-Güterzuglokomotive der Gattung G 7 und G 8. Bei der G 7-Maschine handelte es sich um die Nr. 1302 Hannover. Grundsätzlich könnte dieses neue System als eine Weiterentwicklung der Bauart Knaudt-Lentz betrachtet werden. Auch hier kam wieder eine Wellrohrfeuerbüchse mit großer Oberfläche zur Anwendung. Neu war hingegen die Ausbildung des Langkessels, in dem die Heizgase nicht wie üblich die Siederohre passierten, sondern direkt an den Wasserrohren vorbeigeleitet wurden. Anfängliche Schwierigkeiten mit der G 8-Maschine führten zu der bei der G 8[1] ausgeführten Konstruktion mit Wellrohrkessel und zwei Wasserkammern. Die Wasserrohre waren zwischen den beiden Kammern schräg angeordnet, so daß das Aufsteigen der Dampfblasen zugunsten eines zügigen Dampfumlaufes beschleunigt werden konnte. Der Stroomann-Kessel konnte ebensowenig befriedigen wie die zuvor genannten Bauarten. Undichte Wasserrohre konnten nur schwer lokalisiert und gedichtet werden. Die recht umständliche Reinigung der Rohre war sehr aufwendig und beim Wartungspersonal wegen der Staubentwicklung äußerst unbeliebt. Andererseits war aber eine spürbare Minderung der Dampferzeuger festzustellen, sobald die regelmäßige Reinigung unterblieb.

Abb. 62 D n2-Güterzuglokomotive mit Brotan-Kessel Reihe 174 der kkStB.
(Foto: Werkaufnahme Simmering-Graz-Pauker)

Trotz der nicht sehr überzeugenden Versuche mit den Stroomann-Lokomotiven der Preußischen Staatsbahn fand dieses Kesselsystem dennoch bei einigen Privatbahnen Eingang. Im Jahre 1912 lieferte Orenstein & Koppel zwei 1′B 1′-Stroomann-Tenderlokomotiven (Abb. 61) Nr. 22 und Nr. 23 für 1000 mm Spurweite an die Ruhr-Lippe-Kleinbahnengesellschaft. Ähnliche Maschinen, jedoch mit der Achsfolge 1B erhielt etwa zur gleichen Zeit die Ruppiner Eisenbahn. Während die Stroomann-Lokomotiven der RE bereits 1924 Regelkessel erhielten, blieben die RLK-Maschinen bis zu ihrer Ausmusterung im Jahre 1952 unverändert. Sie dürften damit die dienstältesten Stroomann-Lokomotiven gewesen sein.

Ein weitaus größerer Erfolg war dagegen dem Brotan-Kessel beschieden. Brotan ersetzte die Feuerbüchswände durch dicht nebeneinander angeordnete Rohre, deren unteres Ende in einem hohlen Bodenring und das obere in einen über ihnen liegenden Dampfsammler mündete. Bodenring und Dampfsammler hatten direkte Verbindung mit dem Langkessel. Die vielversprechenden Versuchsergebnisse mit einer im Jahre 1900 mit Brotan-Kessel ausgerüsteten C-Lokomotive der kkStB ermutigten die Österreichischen Staatsbahnen, im Jahre 1902 weitere zwei Lokomotiven der Achsfolge 2′B mit ähnlichen Kesseln zu versehen. Bei allen diesen älteren Maschinen lag der Dampfsammler noch als durchgehendes Rohr mit senkrechten Anschlußstutzen auf dem Scheitel des Langkessels (Abb. 62). Später wählte Brotan eine andere Ausführungsform, bei der das einzelne oder auch zwei nebeneinanderliegende Dampfsammelrohre an die Rückwand des im Durchmesser vergrößerten Langkessels angeschlossen wurden.

Bald führten auch einige ausländische Bahnen, unter ihnen an erster Stelle die Ungarische Staatsbahn, in größerem Umfang den Brotan-Kessel ein. Ein besonders interessantes Beispiel der ungarischen Brotan-Lokomotiven war die 2′Bn 4v-Schnellzuglokomotive der Gattung Ie (222) mit hintereinander liegenden Tandemzylindern. Die größten Einheiten mit Brotan-Kessel stellten die von 1914 bis 1921 für die Ungarische Staatsbahn gebauten (1′C)Ch4v-Malletlokomotiven der Gattung 601 dar.

Eines der sehr seltenen Exemplare einer Brotan-Indu-

Abb. 63 B n2-Brotan-Industrielokomotive der British Mannesmann Tube Company aus dem Jahre 1907, erste in England gebaute Maschine mit Brotan-Dampferzeuger.
(Foto: Manchester Museum of Science & Technology)

strielokomotive war die im Jahre 1907 von Beyer Peacock für die British Mannesmann Tube Co., Ltd. gelieferte Bn2-Tenderlokomotive (Abb. 63). Sie war außerdem die erste in England gebaute Maschine mit dieser Kesselbauart.

Die größte Verbreitung fand der Brotan-Kessel zweifellos in Österreich und in Ungarn, wo er vor allem während des I. Weltkrieges bei vielen Maschinentypen verwendet wurde. Er kam noch einmal versuchsweise im II. Weltkrieg bei der Kriegslokomotive 42 0001 der DR zum Einsatz. Der beachsichtigte Bau von 500 Stück 42ern mit Brotan-Kessel scheiterte aber schließlich an der Beschaffung der erforderlichen Rohre.

Eine dem Brotan-Kessel sehr verwandte Konstruktion war der Emerson-Kessel, den die Baltimore & Ohio Railroad etwa im Jahre 1928 einführte, und der auch fast ausschließlich bei Maschinen der B & O zu finden war. Weitere bekannt gewordene amerikanische Wasserrohr-Kesselbauarten, denen der Brotan-Kessel Pate gestanden haben dürfte, waren die von McClellon (1916), Muhlfeld (1924) und Baldwin (1926). Einen weiteren ähnlichen Typ, den Gresley-Yarrow-Kessel führte im Jahre 1930 die London & North Eastern Railway ein. Alle zuletzt genannten Kesselbauarten hatten aber keinen entscheidenden Einfluß auf die weitere Entwicklung des anker- und stehbolzenlosen Kessels, sie blieben deshalb hinsichtlich ihrer Verbreitung auch meistens auf den Eigenbedarf der die jeweilige Bauart fördernden Bahngesellschaft beschränkt.

Kehren wir noch einmal zurück zum üblichen Lokomotivkessel, der, allen Bemühungen zum Trotz ihn durch andere Systeme zu ersetzen, seine Vorrangstellung bis zum heutigen Tag behaupten konnte. Der einfache Aufbau und die problemlose Handhabung führten daher zu vielen Überlegungen, den Betrieb mit Regelkesseln wirtschaftlicher zu gestalten, ohne das Prinzip dieser Bauart ändern zu müssen.

Schon vor dem II. Weltkrieg entwickelte Franco in Italien einen dem üblichen Lokomotivkessel nachgeschalteten besonderen Vorwärmkessel, der im Prinzip ein normaler kleiner Heizrohrkessel war. Das Verfahren von Franco beruhte auf der Nutzung eines Teils der Abdampfrestwärme, indem die Rauchgase nach Verlassen des Langkessels nochmals umgelenkt und durch den Vorwärmkessel geleitet wurden, ehe sie ins Freie gelangten. Bei dem im Laufe der Jahre durch Dr.-Ing. Crosti weiter verbesserten Franco-Crosti-System konnten infolge der hohen Speisewasservorwärmtemperaturen bis auf 180° C etwa 18 bis 20 % des Brennstoffes eingespart werden.

Die Italienische Staatsbahn (FS) führte in den Jahren 1939 und 1940 zahlreiche Versuche mit auf Franco-Crosti-Vorwärmern umgerüsteten Lokomotiven der Gruppen 740 und 685 durch. Die einzelnen Ausführungsformen zeigten hierbei verschiedene Abweichungen hinsichtlich der Vorwärmerkonstruktion. Während ursprünglich ein einzelner großer Vorwärmer unter dem Hauptkessel angeordnet war, ging man später zu einer Teilung des Vorwärmers über und verlegte je einen kleineren Kessel beidseitig neben den Langkessel. Einige Maschinen der Versuchsbauarten erhielten sogar eine Verkleidung, die bei den 1'D-Maschinen der Gruppe 743 (früher 740) aus einer Teilverkleidung der Kesselpartie bestand (Abb. 64), während die fünf 1'C 1'-Schnellzuglokomotiven der Gruppe 685 eine vollständige Stromlinienverkleidung erhielten, die aber nach dem Krieg auf eine Teilverkleidung reduziert wurde, hierbei erfolgte auch gleichzeitig eine Umzeichnung in die Gruppe 683.

Die Entwicklung der Franco-Lokomotiven begann mit zwei äußerst ungewöhnlichen Konstruktionen aus den Jahren 1931 und 1935. Die erste Maschine wurde von den Ateliers Métallurgique de Turbize für die SNCB als dreiteilige Gelenklokomotive (Abb. 65) gebaut. Dieser 31 m lange Gigant auf Schienen bestand aus einem siebenachsigen Maschinenfahrzeug mit Eigenantrieb, auf dem zwei entgegengesetzte Lokomotivkessel mit versetzten Feuerkisten angeordnet waren. Auf den beiden Einheiten an den Stirnseiten ruhte je ein Franco-Vorwärmkessel mit den Dimensionen eines Regelkessels. Die Wirkungsweise entsprach dem schon weiter

Abb. 64 Verkleidete 1'D-Franco-Lokomotive 740.405 der FS mit seitlich angeordneten Vorwärmkesseln. (Foto: FS)

oben erwähnten Prinzip. Die Heizgase wurden von den beiden Hauptkesseln nach vorn und hinten zu den Vorwärmkesseln geleitet und anschließend durch die Schornsteine ausgestoßen. Einige Schwierigkeiten bereiteten aber die beweglichen Leitungsübergänge zwischen den drei Maschineneinheiten, die schließlich später im Betrieb auch Anlaß vieler Störungen waren. Immerhin war die Leistung dieses Lokriesen recht beachtlich, schleppte er doch Züge mit 1207 t Gesamtgewicht auf der Strecke Schaerbeck–Libramont über 16‰ Steigungen mit einer Durchschnittsgeschwindigkeit von 24 km/h. Die vom Hersteller angegebene Dampfmehrleistung gegenüber einer entsprechenden Normallokomotive soll ungefähr 60% betragen haben. Die zweite Franco-Lokomotive aus dem Jahre 1935 war eine nicht minder kuriose Konstruktion. Im Gegensatz zur belgischen Maschine behielt Franco dieses Mal das Grundkonzept der Normallokomotive bei, drehte lediglich den Langkessel, so daß das Führerhaus vorn lag und setzte den Vorwärmer auf den vierachsigen Tender (Abb. 66). Die Maschine entstand durch Umbau der FS Lokomotive 670.030 und erhielt die neue Betriebsnummer 672.001. Sie war die erste vollständig verkleidete Lokomotive der FS. Ihre durch eine staatliche Prüfungskommission bestätigten hervorragenden Versuchsergebnisse mit einem um 15% gegenüber der Gruppe 671 verbesserten Kesselwirkungsgrad hatte den bereits schon weiter vorn erwähnten Umbau zahlreicher Lokomotiven auf das Franco-Crosti-System zur Folge.

Die DB hat im Jahre 1951 an zwei umgebauten 1'Eh2-Güterzuglokomotiven der Reihe 52 die ersten Versuche mit Franco-Crosti-Speisewasservorwärmer gemacht (Abb. 67). Aus baulichen Gründen wurde der Vorwärmer sofort in zwei Trommeln aufgeteilt und seitlich unterhalb des Langkessels verlagert. Der Abdampf wurde wie bei allen Franco-Crosti-Lokomotiven durch zwei seitliche Schornsteine abgeblasen. Der Rauchkammerschornstein wurde nur zum Anheizen

Abb. 65 Dreiteilige Gelenklokomotive Bauart Franco der SNCB aus dem Jahre 1931. (Foto: SNCB)

Abb. 66 Durch Umbau der Lok 670.030 entstandene 2′C-Franco-Schnellzuglokomotive 672.001 mit auf dem Tender untergebrachtem Vorwärmkessel. Erste vollständig verkleidete Dampflokomotive der FS.
(Foto: FS)

gebraucht, während des Betriebes blieb er geschlossen. Die als 42^{90} eingereihten Maschinen schieden zwar schon 1959/60 aus dem Betrieb aus, ihre guten Betriebsergebnisse führten aber zum Umrüsten von 31 Lokomotiven der Baureihe 50 mit verbesserten Rauchgasvorwärmern während der Jahre 1958 und 1959. Zwei dieser Maschinen erhielten außerdem noch Ölfeuerung. Bis zum Jahre 1967 waren alle Lokomotiven dieser als 50^{40} (später 054) gekennzeichneten Baureihe ausgemustert.

Als letzte der 12 Einheitsbauarten stellten die British Railways (BR) in den Jahren 1954/55 insgesamt 251 Maschinen der 1′E-Güterzuglokomotive Klasse 9 in Dienst. Zehn Maschinen (Nrn. 92020–92029) erhielten versuchsweise Franco-Crosti-Vorwärmer. Entgegen den bei anderen europäischen Maschinen ausgeführten Franco-Crosti-Vorwärmern wählten die BR wieder den unter dem Langkessel angeordneten Einzelvorwärmkessel großen Durchmessers mit nur einem auf der rechten Maschinenseite liegenden Schornstein. Diese wie andere leistungserhöhende und brennstoffsparende Einrichtungen kamen auch für die Lokomotiven der BR um Jahre zu spät. Inzwischen gehören sie schon der Vergangenheit an und sind nur noch ein Stück Geschichte.

MITTELDRUCKLOKOMOTIVEN

Bei dem normalen Rauchrohrkessel ist das Wärmegefälle und damit die Größe der nutzbaren Energie durch den auf 20 bar begrenzten Kesseldruck und eine Überhitzung bis etwa 450° C bei 1,1 bar absoluten Gegendruck festgelegt. Da die Erweiterung des Wärmegefälles nach unten durch Unterdruck-Kondensation erhebliche konstruktive und betriebliche Schwierigkeiten mit sich brachte, schien eine Erhöhung des Betriebsdruckes zur Erzielung des gleichen Effekts von ebenso wärmewirtschaftlichem Gewinn, da die spezifische Erhöhung des Wärmeaufwandes zur Erzeugung von 1 kg Dampf mit steigendem Druck spürbar abnimmt.

Abb. 67 1′E h2-Güterzuglokomotive mit Franco-Crosti-Vorwärmer, Versuchsbauart 42^{90} der DB aus dem Jahre 1951.
(Foto: DB-Bildarchiv)

Abb. 68 1′D h2v-Mitteldrucklokomotive Nr. 1400 mit Muhlfeld-Kessel Klasse E-7, 1924 von Alco für die Delaware & Hudson Railroad gebaut.
(Foto: New York State Library)

Man entwickelte in den frühen 20er Jahren eine Reihe von Mitteldrucklokomotiven sowohl mit normalem Regelkessel als auch mit Dampferzeuger-Sonderbauarten, wobei der angewendete Druckbereich zwischen 25 und 35 bar schwankte.
In den USA führte die Delaware and Hudson Railroad während der Jahre von 1924 bis 1932 vier interessante Mitteldrucklokomotiven mit Muhlfeld-Kessel ein. Dieser Wasserrohrkessel ähnelte vom Prinzip her dem Brotan-Kessel. Die Feuerbüchse wurde durch dicht nebeneinander angeordnete Wasserrohrbündel gebildet, die oben und unten in je zwei Trommeln endeten, die ihrerseits mit dem Langkessel in Verbindung standen. Die erste im Jahre 1924 von Alco fertiggestellte 1′D-Mitteldrucklokomotive (Abb. 68) hatte 24,6 bar Kesseldruck und eine Zweizylinder-Verbundmaschine. Gekuppelt war die Lokomotive mit einem vierachsigen Tender, dessen hinteres Drehgestell mit einem Booster der Bauart Bethlehem Steel Works ausgerüstet war. Wie ihre Nachfolgerinnen erhielt sie außer der Bahnnummer 1400 den Namen eines verdienten Lokomotivführers der D & HR und zwar »Horatio Allen«.
Die günstigen Versuchsergebnisse der 1400 veranlaßten die D & HR 1927 eine weitere ähnliche Lokomotive, aber für 28,1 bar Betriebsdruck, in Dienst zu stellen. Die als »John B. Jervis« benannte Maschine erhielt die Nummer 1401. Abweichend von der Nr. 1400 waren eine größere Rostfläche und längere Heizrohre, wobei die gesamte Verdampferheizfläche jedoch gleich blieb. Ferner konnte das Dienstgewicht um 5,4 t gesenkt werden. Der Tender erhielt wegen seiner großen Kapazität dreiachsige Drehgestelle und einen auf zwei Achsen des hinteren Drehgestells wirkenden Bethlehem-Booster.
Die 1402 mit Namen »James Archibald« folgte im Jahre 1930. Bei ihr war erstmals der Kesseldruck auf 35,2 bar heraufgesetzt worden. Die Auswirkungen auf den Gesamtwirkungsgrad – gemessen am Brennstoffverbrauch – zeigten eine deutliche Zunahme der Wärmewirtschaftlichkeit. So wurden die Gesamtwirkungsgrade für die 1400 mit 8,73 %, für die 1401 mit 9,35 % und für die 1402 mit 10,40 % errechnet. Sämtliche Versuche wurden mit schweren Kohlenzügen von rund 3000 t Gewicht gemacht.
Die ungewöhnlichste aller D & HR-Mitteldrucklokomotiven war die 1403 »L. F. Loree« (Abb. 69), die im übrigen die einzige 1932 in den USA in Auftrag gegebene Maschine war. Bei dieser Bauart wurde erstmals eine dreistufige Dampfdehnung vorgesehen, um das

Abb. 69 2′D h4v-Mitteldrucklokomotive Nr. 1403 Klasse E-7 der Delaware & Hudson Railroad mit dreistufiger Dampfdehnung, 1933 von Alco gebaut.
(Foto: New York State Library)

Abb. 70 2'C 11'h4v-Mitteldruck-Schnellzuglokomotive Nr. 10 000 mit Yarrow-Wasserrohrkessel im Jahre 1929 von der LNER in Dienst gestellt.
(British Railways, Eastern Region)

Druckgefälle weitgehend ausnutzen zu können. Zu diesem Zweck erhielt die 1403 außer den beiden vornliegenden Niederdruckzylindern eine zusätzliche Dampfmaschinengruppe mit je einem Hoch- und Mitteldruckzylinder unter dem Führerhaus. Alle vier Zylinder trieben gemeinsam die zweite Kuppelachse an. Die Dampfsteuerung erfolgte über liegend angeordnete Dabeg-Steuerventile. Der Hochdruckzylinder führte den entspannten Dampf in einen im Zylindergußstück liegenden Aufnehmer und von dort in den Mitteldruckzylinder ab. Der Anfahrwechselschieber arbeitete automatisch, so daß beim Anfahren der Auspuff des Mitteldruckzylinders vom Niederdruckaufnehmer getrennt wurde und Hochdruckdampf mit vermindertem Druck in den Aufnehmer eintreten konnte. Mit Steigen des Mitteldruckauspuffs in der Verbindungsleitung zum Niederdruckaufnehmer wurde die Frischdampfzufuhr selbsttätig gesperrt und die ursprüngliche Dampfschaltung wiederhergestellt. Beim Anfahren wurde außerdem dem Mitteldruckaufnehmer über ein federbelastetes Ventil Dampf aus dem Frischdampfkanal des Hochdruckzylinders zugeführt. Die Steigerung der Anfahrzugkraft erfolgte hauptsächlich durch den höheren Füllungsdruck in den Niederdruckzylindern. Bei einfacher Dehnung gelangte der Abdampf des Mitteldruckzylinders durch ein Gegendruckventil, das in der Aufnehmerleitung zu den Niederdruckzylindern einen Druck von etwa 6 bar aufrecht erhielt. Erst bei niedrigem Gegendruck setzte die dreifache Expansion ein.

Auch bei den vier Versuchslokomotiven der D & HR lagen die Hauptschwächen der Konstruktion in der Kesselbauart. Eine ganze Reihe aufgetretener Schäden an den Verbindungsstellen zwischen Obertrommeln und Rohrwand, sowie die Schwierigkeiten der Seitenwandabdichtung ließen die bei diesen Lokomotiven verwendete Kesselform nicht als brauchbaren Ersatz für die Stehbolzenfeuerbüchse erscheinen. Es wurden daher auch keine weiteren Mitteldrucklokomotiven dieses Typs mehr von der D & HR in Dienst gestellt.

Die Experimentierfreude mit Wasserrohrkesseln verschiedenster Bauarten griff in jenen Jahren auch auf England über. Die LNER baute im Jahre 1929 unter Leitung ihres damaligen Chefingenieurs Gresley eine 2'C11'h4v-Mitteldrucklokomotive, Betriebsnummer 10000, mit Yarrow-Wasserrohrkessel (Abb. 70). Der Kessel besaß eine Dampf- und je zwei Wassertrommeln auf jeder Seite der Feuerbüchse, die in schon bekannter Weise durch Rohrbündel miteinander verbunden waren. Die Niederdruckzylinder konnten beim Anfahren unabhängig von den Hochdruckzylindern über ein Regelventil mit Frischdampf beaufschlagt werden. Eigentümlich war auch die Ausbildung der beiden Schleppachsen, die wegen des Unterwindkanals unter dem Rost nicht in einem Drehgestell vereint werden konnten. Die vordere Achse erhielt daher Cartazz-Achslager mit Seitenspiel, während die hintere Achse ein Bisselgestell bildete, mit dem Drehpunkt etwa in Höhe der Feuerbüchsvorderwand. Als Tender diente ein herkömmlicher vierachsiger Korridortender, wie er bei den Pacific-Lokomotiven der LNER verwendet wurde.

Die Lokomotive lief in den Jahren 1930 + 31 einige Zeit im normalen Schnellzugdienst, ohne jedoch den Beweis besonderer Wirtschaftlichkeit erbringen zu können. Auch hier lag das Hauptübel wieder in der Kesselbauart, die den Anforderungen des Bahnbetriebes mit seinen stark schwankenden Leistungsverhältnissen nicht gewachsen war und dieses mit häufigen Ausfällen quittierte. Die Maschine wurde 1937 in eine Drillingslokomotive mit normalem Kessel umgebaut und stand unter der neuen Betriebsnummer 60700 noch bis 1960 im Einsatz.

Die vielen Fehlschläge mit Hochleistungs-Wasserrohrkesseln in Druckbereichen von 24 bis 35 bar gaben der Deutschen Reichsbahn Veranlassung, die Verwendungsmöglichkeiten und Vorteile des Stephenson-Röhrenkessels bei einer Dampfspannung von 25 bar zu untersuchen. Es wurde ein Versuchsprogramm ausgearbeitet, das acht Mitteldrucklokomotiven verschiedener Baureihen vorsah. Im Jahre 1932 fertigte Krupp zwei 2'C1'h4v-Lokomotiven Reihe 04 und Henschel lieferte zwei 1'Eh4v-Lokomotiven Reihe 44. Es folgten 1932/33 zwei 1'Ch2v(h2)-Maschinen Reihe 24 von Borsig und zwei im RAW Braunschweig 1933 umgebaute 2'Ch3v-Maschinen Reihe 17^2 (S 10^2).

Die beiden Schnellzuglokomotiven Reihe 04 (Abb. 71) wurden auf der Leistungsgrundlage der Baureihe 03 entwickelt und in zwei Ausführungen mit verschiedenen Kessel gebaut:

04 001 mit einem Kessel aus Kupfer-Mangan-Stahl und 5,8 m Rohrlänge,

04 002 mit einem Kessel aus Chrom-Molybdän-Stahl und 6,8 m Rohrlänge.

Obwohl beide 04-Lokomotiven in den übrigen Maschinenabmessungen völlig gleich waren, zeigten sie im Dampfverbrauch erhebliche Unterschiede. Während die 04 001 in der Leistung kaum einer 03 gleichkam, erreichte die 04 002 fast die Leistung einer 01-Lokomotive. Bei der 04 001 wurde anteilmäßig mehr Leistung in den Niederdruckzylindern erzeugt als bei der 04 002, das bedeutete, daß sowohl die Dampfverluste im Naßdampfbereich als auch die Wärmeabgabe an die Zylinderwände bei der 04 001 größer waren. Die Ursachen für diese Leistungsdifferenzen konnten nie endgültig geklärt werden.

Die Feuerbüchsen beider Lokomotiven enthielten eine Wasserkammer Bauart Nicholson, die aber schon nach wenigen Versuchsfahrten wieder ausgebaut werden mußte, da zahlreiche Undichtigkeiten und erhebliche Deformierungen infolge örtlicher Überhitzung aufgetreten waren.

Das Triebwerk war so ausgebildet, daß die beiden zwischen den Rahmen liegenden Hochdruckzylinder auf die erste Kuppelachse und die außenliegenden Niederdruckzylinder auf die zweite Kuppelachse wirkten.

Die vor FD-Zügen auf der Strecke Berlin–Hamburg eingesetzten Maschinen der Reihe 04 standen aber unter keinem guten Stern, da die im Betrieb mit Mühe erwirtschafteten Einsparungen bald wieder durch die auftretenden Reparaturkosten aufgezehrt wurden. Die Mängel hatten zur Folge, daß der Kesseldruck auf 20 bar verringert werden mußte, was natürlich eine spürbare Leistungsminderung bedeutete.

Beide Lokomotiven waren ab 1933 im BW Altona beheimatet. Im Jahre 1935 wurden sie in 02 101 und 02 102 umgezeichnet und kamen schließlich im Jahre 1937 zum BW Hof. Am 3.4.1939 ereilte die 02 101 das Schicksal in Gestalt einer Kesselexplosion. Als Folge dieses Unglücksfalls wurde wenig später auch die 02 102 endgültig aus dem Verkehr gezogen.

Die gleichzeitig mit der Reihe 04 gebauten 1'E-Mitteldrucklokomotiven 44 011 und 44 012 glichen mit Ausnahme der Kessel, der Zylinder und des Triebwerks den normalen Maschinen der Reihe 44. Die Kessel beider Maschinen unterschieden sich lediglich durch die bei der Feuerbüchse verwendeten Werkstoffe. So erhielt die 44 011 eine Feuerbüchse aus 3prozentigem

Abb. 71 2'C 1'h4v-Mitteldruck-Schnellzuglokomotive 04 001 von Krupp im Jahre 1932 für die DR gebaut. (Foto: Werkaufnahme Krupp)

Abb. 72 1′C h2-Mitteldruck-Personenzuglokomotive 24 070 mit Gleichstromzylindern der Bauart Wagner, 1933 von der DR in Betrieb genommen. (Foto: Werkaufnahme Borsig)

Nickelstahl, die 44 012 eine aus St 44. Jede Feuerbüchse besaß bei der Ablieferung im Gegensatz zur Reihe 04 zwei Wasserkammern. Die Dampfzylinder hatten statt der normalen Reichsbahn-Druckausgleicher Klappen-Druckausgleicher der Bauart Meister, die vom Führerstand über ein Gestänge betätigt werden konnten. Sie haben sich aber hier nicht bewährt, da die Steuerzylinder zu klein waren.

Die Lokomotiven standen 1933 mehrere Monate beim Lokomotiv-Versuchsamt (LVA) Grunewald im Einsatz, mußten aber wegen Schäden an den Kesseln, Feuerbüchsen und Wasserkammern zur Reparatur an Henschel zurückgegeben werden. Man entschloß sich aus denselben Gründen wie bei den 04-Maschinen, die Wasserkammern auszubauen, zumal wegen des sehr günstigen Verhältnisses Überhitzerfläche zu Kesselheizfläche von 1:1,8 auch ohne die Wasserkammern noch Heißdampftemperaturen von 380° C bis 450° C im Hochdruckschieberkasten bei 30 bis 57 kg/m²h Heizflächenbelastung erzielt wurden. Die hohe Überhitzung wirkte sich auf den Dampf- und Brennstoffverbrauch äußerst günstig aus. In der Zughakenleistung lag beispielsweise die 44 011 um 30 % höher als die Normalbauart der Reihe 44. Der Kohlenverbrauch war je kWeh auf 0,84 und je kWih auf 0,70 kg zurückgegangen. Das waren die niedrigsten je bei einer Lokomotive der DR gemessenen Werte.

Die Firma Borsig lieferte in den Monaten August und Dezember 1932 zwei 1′C-Personenzuglokomotiven der Reihe 24, von denen die 24 069 als Zweizylinder-Verbund-Mitteldrucklokomotive und die 24 070 als Zwillings-Mitteldrucklokomotive mit Gleichstromzylindern der Bauart Wagner (Abb. 72) ausgeführt waren.

Bemerkenswert war bei der Gleichstromlokomotive die außerordentlich kleine Füllung, die bei 60 km/h an der Kesselgrenze nur 15 %, bei halber Last nur 5 bis 8 % betrug. Andererseits lag der Dampfverbrauch höher als bei der Regelbauart. Als Ursache wurde ein schlechterer mechanischer Wirkungsgrad infolge ungünstiger Kompressionsverhältnisse im Zylinder und unvollständiger Expansion angenommen.

Das Gleichstromverfahren basierte auf dem Bestreben, hohen Kesseldruck in einfacher Dampfdehnung wirtschaftlich zu verarbeiten. Die besonderen Kennzeichen der Wagnerschen Bauart bestanden darin, daß einmal ein gewöhnlicher kurzer Kolben vorgesehen und erstmals bei Gleichstrom veränderliche Kompression angewendet wurde, wodurch dieses Verfahren den Erfordernissen einer mit schwankenden Drehzahlen arbeitenden Lokomotive angepaßt wurde. Der Dampf strömte durch zwei an den Zylinderenden liegende Kanäle ein und durch zwei Schlitzkanäle aus, die etwa 25 bis 30 % des Kolbenhubes vom Hubende entfernt lagen. Die Einströmkanäle und die Zylinderdeckel wurden hier ebenso wenig wie beim reinen Gleichstromverfahren von kaltem Abdampf umspült.

Bei beiden Lokomotiven waren der Kessel und die Feuerbüchse wieder aus Molybdänstahl hergestellt. Die Seitenwände der Feuerbüchse verliefen nahezu senkrecht, so daß sich der seitliche Wasserraum etwas nach oben erweiterte und damit ein gutes Abströmen der Dampfblasen ermöglichte.

Trotz der zunächst wenig befriedigenden Verbrauchszahlen kam die sonst durchaus betriebsfähige 24 070 zum BW Treysa, um weitere Erfahrungen mit ihr unter normalen Betriebsbedingungen zu sammeln.

Bei der 24 069 stellten sich anfangs Schwierigkeiten beim Anfahren ein, die aber allein durch geschickte Bedienung des Druckausgleichers und der Steuerung völlig überwunden werden konnten. Ernster waren

dagegen die Undichtigkeiten der Feuerbüchsnähte und der Stehbolzen, die zum Abbruch der vorgesehenen Versuchsfahrten führten. Die von Borsig durchgeführten Reparaturschweißungen haben sich gut bewährt und später zu keinen Störungen mehr geführt. Auch die 24 069 kam wie ihre Gleichstromschwester zum BW Treysa, wo sie vorab in den regulären Betriebsdienst übernommen wurde.
Als letzte Maschinen dieses Versuchsprogramms rüstete das Reichsbahn-Ausbesserungswerk (RAW) Braunschweig die beiden 2'C h3v-Schnellzuglokomotiven 17 236 und 17 239 (pr S 10^2) mit neuen von Schwartzkopff gelieferten Kesseln aus Molybdänstahl für 25 bar Betriebsdruck aus. Die Baureihe 17^2 war für dieses Vorhaben besonders geeignet, da sie hohe Kesselausbesserungskosten aufwies und an vielen Maschinen die Mittelzylinder des Drillingstriebwerks wegen starken Verschleißes ersetzt werden mußten.
Das Triebwerk wurde unverändert beibehalten, lediglich die etwas zu schwachen Gleitbahn- und Schwingenträger erhielten aufgeschweißte Verstärkungsrippen, um sie für die vorgesehene Höchstgeschwindigkeit von 120 km/h widerstandsfähiger zu machen. Die umgebauten Maschinen wurden verschiedenen Versuchsfahrten im LVA Grunewald unterzogen, mußten aber schon bald wegen eines Risses im Hochdruckzylinder (17 236) bzw. wegen undichter Heiz- und Rauchrohre (17 239) zur Reparatur der Firma Schwartzkopff zugeführt werden. Anläßlich der Ausbesserungsarbeiten wurden bei beiden Maschinen der schädliche Raum vergrößert sowie Zylinder und Verbinder mit einer Wärmeisolation versehen.
Die im LVA Grunewald ermittelten Testergebnisse zeigten, daß die 17 236 und 17 239 als Mitteldrucklokomotiven nahezu das Gleiche leisteten wie eine Maschine der Baureihe 03. Nachdem die erforderlichen Reparaturarbeiten abgeschlossen waren, wurden beide Lokomotiven beim BW Braunschweig im normalen Betrieb eingesetzt.
So hoffnungsvoll zunächst die Entwicklung einzelner Mitteldrucklokomotiven der DR trotz anfänglicher Schwierigkeiten aussah, so zeigten doch die Erfahrungen, daß selbst die verwendeten Kesselsonderstähle den Ansprüchen des Betriebes auf die Dauer nicht gewachsen waren und ziemlich rasch Alterungs- und Ermüdungserscheinungen auftraten. Die Maschinen wurden deshalb nach relativ kurzer Betriebsdauer nur noch mit ermäßigten Kesseldrücken gefahren, um die empfindlichen Kessel zu schonen und größere Standzeiten zu erzielen.
In dem Kapitel »Dampfmotor-Lokomotiven« wird noch von der im Jahre 1934 von Sentinel gebauten 12-Zylinder-Tenderlokomotive für Kolumbien ausführlich berichtet, sie sei aber der Kesselbauart wegen hier schon kurz erwähnt. Der Dampferzeuger war ein sogenannter Woolnough-Wasserrohrkessel, dessen freier Dreieckquerschnitt als getrennte Feuer- und Rauchkammer genutzt wurde. Mit 38,7 bar Dampfspannung lag diese Kesselbauart etwa an der Grenze zwischen Mittel- und Hochdruckbereich. Über die Bewährung dieser Kesselbauart im Betrieb liegen keine konkreten Angaben vor.

HOCHDRUCKLOKOMOTIVEN

Als Anfang des Jahres 1925 die Schmidtsche Heißdampfgesellschaft gemeinsam mit der Lokomotivfabrik Henschel & Sohn der Deutschen Reichsbahn den Vorschlag für den Bau einer Dreizylinder-Verbund-Hochdrucklokomotive unterbreitete, lag zwar das Verfahren fest, aber es bestand noch Unklarheit über den für den Umbau in Frage kommenden Maschinentyp. Das gegenüber einem Kessel der Regelbauart erforderliche Mehrgewicht beim Hochdruckverfahren schloß die Verwendung einer Einheitsbaureihe aus, da diese die zulässige Achslast von 20 t völlig ausnutzten. Die Entscheidung fiel schließlich zu Gunsten einer Maschine der Baureihe 17^2 (pr S 10^2). Durch Erhöhung des Reibungsgewichtes von 50,9 t auf $3 \times 20 = 60$ t war die nötige Gewichtsreserve für den Hochdruckkessel gegeben. Die Dimensionierung der übrigen vorhandenen Bauteile gestattete ferner eine gleichzeitige Leistungssteigerung von ca. 1250 kW auf 1471 kW und die Beibehaltung des gesamten Trieb- und Laufwerks einschließlich der außenliegenden Zylinder. Der Innenzylinder wurde durch einen Hochdruckzylinder mit den Abmessungen 290 mm Durchmesser und 630 mm Hub ersetzt.
Während nur weniger Monate konnten so die erforderlichen Umbauten durchgeführt werden. Bereits im Spätsommer des Jahres 1925 waren die Arbeiten soweit beendet, daß die Maschine als erste Hochdrucklokomotive der Welt (Abb. 73) noch auf der Münchener Verkehrsausstellung gezeigt werden konnte.

Doch diesem Ereignis waren viele Jahre intensiver Entwicklungsarbeiten und Versuche vorausgegangen, die ihren Ursprung in den Ideen Wilhelm Schmidts, des wohl genialsten Dampftechnikers seiner Zeit, hatten.
Die Anwendung hohen Dampfdruckes im Lokomotivbetrieb stieß zunächst auf Schwierigkeiten, da die Beibehaltung der Auspuffmaschine fortlaufende Rohwasserspeisung unter Abscheidung von Kesselstein bedeutete, was gerade im Hochdruckdampfbetrieb vermieden werden sollte. Die Schmidtsche Heißdampf-Gesellschaft entwickelte daher ein Verfahren mittelbarer Beheizung eines Kessels ausreichender Speicherfähigkeit, bei dem das Temperaturgefälle zwischen der unmittelbar und der mittelbar beheizten Verdampfungsanlage bei unterschiedlichen Drücken zur Übertragung von Wärme an den mittelbar beheizten Kessel genutzt wurde.
Bei diesem als Zweidruckverfahren bekannt gewordenen System lief die Dampferzeugung in zwei Stufen ab. Der als normaler Feuerrohrkessel ausgebildete Niederdruckkessel wurde durch die aus der Feuerbüchse bzw. aus der Verbrennungskammer abziehenden Gase direkt beheizt. Die Heizrohre enthielten in der oberen Kesselhälfte den Niederdrucküberhitzer und in der unteren den Hochdrucküberhitzer. Das Speisewasser wurde in einem Abdampfvorwärmer auf 90° C erhitzt und durch eine Pumpe dem Niederdruckkessel zugeführt. Hier verdampfte ein Teil des Wassers bei einer Dampfspannung von 14 bar und gelangte vermischt mit dem Abdampf des Hochdruckzylinders über den Niederdruckregler und den Überhitzer in die Niederdruckzylinder. Der Auspuffdampf entwich in üblicher Weise durch das Blasrohr und den Schornstein ins Freie. Der andere Teil des Wassers wurde in den über der Feuerbüchse liegenden Hochdruckbehälter gefördert, wobei der Niederdruckkessel gleichzeitig auch als Vorwärmer für den Hochdruckkessel diente.
Der Hochdruckkessel bestand aus dem schon erwähnten Hochdruckbehälter, der der Aufnahme des Speisewassers und der Erzeugung hochgespannten Dampfes von 60 bar diente und aus einem Wasserrohrsystem zum mittelbaren Beheizen des Hochdruckkessels. Die Wasserrohre schlossen einen Kreislauf, in dem der als Wärmeträger dienende Naßdampf umlief, sie bildeten zugleich die Wände der Feuerbüchse. Das Heizwasser nahm beim Aufsteigen in den Wasserrohren Wärme auf. In Dampfform durchströmte es die Verdampfer und gab dabei den Wärmeüberschuß an das Hochdruckkesselwasser ab, um anschließend als Kondensat durch besondere Fallrohre den Wasserkammern wieder zuzufließen. Der Dampf wurde durch zwei siebartig gelochte Rohre dem Hochdruckbehälter entnommen und dem auf dem Niederdruckkessel zwischen den beiden Domen sitzenden Hochdruckregler zugeführt. Von hier durchströmte der Dampf den Überhitzer, wobei Temperaturen von mehr als 400° C erreicht wurden, und leistete im Hochdruckzylinder Arbeit. Der Abdampf gelangte anschließend in den Feuerrohrkessel, wo er sich wieder mit dem Niederdruckdampf vereinte.
Die ersten Stand- und Werksfahrversuche zeigten noch manche Mängel, die vom Hersteller noch beseitigt werden mußten, ehe die Hochdrucklokomotive unter der Betriebsnummer H 17 206 zum LVA Grunewald kam. Die von der DR durchgeführten Versuchsfahrten ergaben eine Dampfersparnis je kW von etwa 25,5 % gegenüber der normalen S 10^2-Maschine. Der Kohlenverbrauch verringerte sich um rund 35 %, die Leistung nahm um ca. 37 % zu. Nach anfänglich recht ermutigenden Ergebnissen sollten sich aber leider bereits früher angemeldete Zweifel am Erfolg dieses Verfahrens während der folgenden Jahre bewahrheiten. Mechanische Schäden am Kessel- und am Wasserrohrsystem, Materialermüdung und nicht zuletzt der große Anteil des Niederdruckdampfes an der Gesamtarbeit ergaben einen zu geringen wirtschaftlichen Vor-

Abb. 73 2'C h3v-Hochdrucklokomotive H 17 206 der DR, 1925 als erste Hochdrucklokomotive der Welt von Henschel gebaut.
(Foto: Werkaufnahme Rheinstahl Transporttechnik)

sprung der teueren und vielteiligeren Hochdrucklokomotive gegenüber den bereits eingeführten Einheitslokomotiven etwa gleichen Leistungsbereichs. Die H 17 206 wurde im Jahre 1936 ausgemustert.

Auch das Ausland verfolgte mit Interesse die außergewöhnlichen Versuche mit der Dreizylinder-Verbund-Hochdruckschnellzuglokomotive der DR. Die Paris-Lyon-Méditerranée (PLM) entschloß sich im Jahre 1928 als erste ausländische Bahnverwaltung zur Einführung einer 2'D 1'-Hochdruck-Vierzylinder-Versuchslokomotive, die in Anlehnung an 41 Stück 2'D 1'h4v-Schnellzuglokomotiven eines Folgeauftrages ausgeführt wurde.

Der Hauptgrund für die Beschaffung dieser Hochdrucklokomotive (Abb. 74) lag in der Absicht der PLM, die Leistung ihrer 2'D 1'-Maschinen steigern zu können, ohne die vorhandene Rostfläche von 5 m^2 vergrößern zu müssen und gleichzeitig wesentliche Brennstoffeinsparungen erzielen zu können. Im Hinblick auf eine vom Hersteller gewährleistete 20prozentige Kohlenersparnis wurde die Rostfläche sogar noch von 5 auf 3,9 m^2 reduziert. Das Prinzip des Wasser- und Dampfkreislaufes entsprach dem der vorbeschriebenen H 17 206. Auffallend war bei dieser großen Lokomotive die ungewöhnlich niedrige Lage des Niederdruckkessels mit 2670 mm über S. O.. Der hintere Kesselschuß war oben kegelförmig eingezogen, um Platz für den ebenfalls eingezogenen darüberliegenden Hochdruckkessel zu schaffen. Die Dampfmaschinengruppe besaß zwei Hochdruckzylinder mit 240 mm Durchmesser, 650 mm Hub und zwei Niederdruckzylinder mit 560 mm Durchmesser sowie 700 mm Hub.

Henschel lieferte die Hochdrucklokomotive im Juni 1930 ab. Als 241.B.1 nahm sie die PLM nach nur kurzer Vorbereitung und Einweisung des Personals in Betrieb. Bis zum Juni 1931 führte sie rund ein Jahr lang im Wechsel mit Regellokomotiven Schnellzüge zwischen Laroche und Dijon. Erst nach mehr als 30 000 Laufkilometern begann man mit gezielten Versuchsfahrten in Verbindung mit dem Meßwagen. Die damaligen Aufzeichnungen durch das Depot Laroche zeigten gegenüber den ursprünglich garantierten 20 % nur 18 % Ersparnisse, die jedoch auf ungleiche Belastungen und Wege zurückgeführt wurden.

Etwa gleichzeitig mit der PLM entschied auch die London Midland & Scottish Railway (LMS) den Bau einer 2'C-Hochdruck-Dreizylinder-Verbundlokomotive, die im Aufbau und in den Abmessungen mit der »Royal Scot«-Klasse weitgehend übereinstimmte. Neben dem Kessel bestand der einzige Unterschied in dem bei der Hochdrucklokomotive angewandten Verbundsystem, während die Maschinen der »Royal Scot«-Klasse einfache Dampfdehnung besaßen.

Die Ausführung dieser Versuchslokomotive erfolgte durch die Firmen North British Locomotive Company, Ltd. für den mechanischen Teil und die Superheater Company, Ltd. für den Dampferzeuger. Die Maschine erhielt den Namen »Fury« und wurde nach ihrer Fertigstellung im Winter 1929 unter der Betriebsnummer 6399 an die LMS abgeliefert. Interessant war bei der 6399 eine auffällige Angleichung der Konstruktion an die deutsche H 17 206. Da die Anwendung des Schmidtschen Prinzips auch bei dieser Lokomotive keine Änderung erfuhr, soll auf die Nennung weiterer Einzelheiten verzichtet werden.

Sowohl der PLM- als auch der LMS-Lokomotive sollte kein dauerhafter Erfolg beschieden sein. Die leidigen Schwächen, die dem System seinerzeit anlasteten, führten leider auch hier zum frühzeitigen Abbruch der Maschinen.

Mit Einführung der schweren 1'E 2'-Güterzuglokomotiven der Klasse T-1-a im Jahre 1929 wurden von der Canadian Pacific Railway neue Maßstäbe in der Zugförderung auf den Hauptstrecken in den Rocky Moun-

Abb. 74 2'D 1'h4v-Hochdruck-Schnellzuglokomotive 241.B.1 System Schmidt, 1930 von Henschel an die PLM geliefert. (Foto: SNCF)

Abb. 75 1′E 2′h3v-Hochdruck-Güterzuglokomotive Nr. 8000 Klasse T-4-a der Canadian Pacific Railroad, im Jahre 1931 in Dienst gestellt.
(Foto: CP)

tains gesetzt. Auf diesen sehr schwierigen Gebirgsstrecken gab es seit je Schwierigkeiten in der Zugbespannung vor allem durch den Umstand, daß die CPR sich nicht entschließen konnte, ähnlich wie in den USA, entsprechend leistungsfähige Mallet-Lokomotiven zu beschaffen. Der Maschinenpark bestand vielmehr fast ausschließlich aus Lokomotiven mit starrem Hauptrahmen.

Doch bei der CPR glaubte man noch einen Schritt weitergehen zu sollen und man entschied daher im Jahre 1930, eine der T-1-a in der Achsanordnung, im Gewicht und in anderen Merkmalen sehr ähnliche Versuchsmaschine mit einem Hochdruckkessel System Schmidt zu bauen. Die Konstruktionsunterlagen dieser nach ihrer Fertigstellung schwersten Dampflokomotive des British Empires wurden von der CPR unter Leitung ihres Chefingenieurs H. B. Bowen in Zusammenarbeit mit den Firmen Elesco Feedwater Heater Organization und American Locomotive Company (Alco) erstellt. Abgesehen von den größeren Dimensionen der Dampferzeuger wurde auch hier das Schmidt-System wieder in der bereits beschriebenen Form fast unverändert übernommen. Die Dampfspannungen betrugen für den Hochdruckteil rund 60 bar und für den Niederdruckteil etwa 18 bar. Die Gesamtkosten für den Bau der Lokomotive beliefen sich auf $ 300 000,00.

Am 29. Mai 1931 wurde die Hochdrucklokomotive als Klasse T-4-a (Abb. 75) unter der Betriebsnummer 8000 in Dienst gestellt. Zunächst lief sie versuchsweise auf der Strecke Montreal–Smiths Falls, ehe sie in den Rocky Mountains zum Einsatz kam. Am 22. September 1931 wurde sie endlich nach Revelstoke B. C. verschifft, von wo aus sie ihr vorgesehenes Einsatzgebiet zu Lande auf dem Schienenweg erreichen konnte. Nach insgesamt 4600 Meilen traten bereits die ersten Schäden am Kessel auf, die wegen der erforderlichen Instandsetzungsarbeiten einen längeren Aufenthalt der Maschine im BW von Revelstoke erforderlich machten. Die Ausfälle häuften sich von nun an. Die längste Außerdienststellung betrug 13 Monate und zwar von Anfang Juli 1933 bis Ende August 1934. Die während der wenigen Lastfahrten ermittelten Werte für den Brennstoffverbrauch ergaben eine Einsparung von rund 15 %.

Die durch die ständigen Reparaturen enorm angestiegenen Unterhaltungskosten veranlaßten die CPR schließlich, die Hochdrucklokomotive im Jahre 1936 aus dem Verkehr zu nehmen und solange abzustellen, bis neue finanzielle Mittel für weitere Versuche vorhanden waren. Während der folgenden vier Jahre vollzog sich aber ein langsames Sterben dieser wohl gewaltigsten aller Schmidt-Hochdrucklokomotiven. Sie diente mehr oder weniger nur noch als Ersatzteilspender für die Standardmaschinen der Klasse T-1. Der Ausbruch des II. Weltkrieges besiegelte dann endgültig ihr Schicksal. Im Dezember 1940 wurde die T-4-a verschrottet.

Die 20er Jahre standen ganz im Zeichen der Hochdrucklokomotiven. Man kommt nicht umhin, gerade der DR auf diesem Gebiet fortschrittliches und modernes Denken zuzuerkennen, zumal in Zeiten wirtschaftlicher Unsicherheit. So zeigte die DR unter anderem großes Interesse an dem von Prof. Dr. Stephan Löffler entwickelten neuartigen Hochdruckverfahren, dessen Anwendung im Lokomotivbetrieb in einer 1925 veröffentlichten und vieldiskutierten Schrift niedergelegt war. Die Berliner Maschinenbau Actien-Gesellschaft, vormals L. Schwartzkopff, erwarb die Ausführungslizenz und erhielt 1926 auf ihren Antrag hin von der DR den Auftrag für den Entwurf und den Bau einer 2′C 1′h3v-Hochdrucklokomotive mit 1839 kW Leistung und 120 bar Kesseldruck.

In enger Zusammenarbeit mit Prof. Löffler und dem Konstruktionsdezernat des Reichsbahn-Zentralamtes wurden die Entwürfe angefertigt. Hierbei konnten vor allem auch die bereits mit der H 17 206 gesammelten Erfahrungen berücksichtigt werden. Grundlage für die Entwicklung dieser Maschine war das Leistungsprogramm der 2′C 1′-Einheitslokomotiven der Baureihen 01 und 02.

Bei dem Löffler-Hochdrucksystem – einem Dampfumwälzverfahren mit mittelbarer Dampferzeugung – erfolgte die Verdampfung in einer kohlegefeuerten Verdampfertrommel mit 840 mm Durchmesser und 31 mm Wanddicke, in deren Wasserinhalt hochüberhitzter Dampf gleicher Spannung (120 bar) fein verteilt eingeführt wurde. Eine Umlaufpumpe saugte den Naßdampf aus dem Dampfraum der Verdampfertrommel ab und drückte ihn durch einen direkt befeuerten Überhitzer in den Wasserraum eben dieser Trommel zurück. Ein Teil des hochüberhitzten Dampfes gelangte jedoch bereits nach Durchströmen des Überhitzers in die beiden Hochdruckzylinder. Die Feuerbüchswände bestanden aus Rohrelementen des Hochdrucküberhitzers, dessen restlicher Teil sich nach vorn an die Feuerbüchse anschloß. In diesem Rohrsystem war ein geschlossener Reinwasserkreislauf enthalten. Der in den Hochdruckzylindern auf 18 bar entspannte Dampf wurde in einem Wärmeaustauscher niedergeschlagen und das so gewonnene Kondensat durch den Hochdruck-Vorwärmer wieder der Verdampfertrommel zugeführt.

Der Niederdruckdampf von 15 bar erhielt seine Überhitzung in einem dem Hochdruckdampfüberhitzer vorgebauten weiteren Überhitzer und entspannte im mittleren der drei Zylinder auf Atmosphärendruck. Der durch das Blasrohr ausgestoßene Abdampf diente hierbei gleichzeitig infolge seiner Saugwirkung der Feueranfachung.

Im Gegensatz zum System Schmidt konnte hier auf den Niederdruckkessel verzichtet werden, da die Leistungsreserve in den Umlaufpumpen lag. Bei der Kürze des Kesselzuges traten die Heizgase noch mit ziemlich hoher Temperatur aus dem Hochdruckkessel aus. Man ordnete daher zwischen Rauchkammer und Niederdruckdampfüberhitzer einen Vorwärmer für die Verbrennungsluft an.

Der von den Rauchgasen nicht beheizte Wärmeaustauscher lag vor der Rauchkammer. Davor waren noch der Ölabscheider für den aus den Hochdruckzylindern austretenden Dampf und ein Niederdruckwasservorwärmer eingebaut, von dem das Niederdruckspeisewasser auf die Winkelroststäbe im Schlammabscheiderdom gelangte.

Die vom normalen Lokomotivkessel gänzlich abweichende Form dieses kombinierten Hoch-Niederdruck-Dampferzeugers führte zu der vorgeschilderten neuen und ungewohnten Kesselkonstruktion, die auch das Gesamtbild dieser wuchtigen Maschine maßgeblich beeinflußte.

Die Fertigung der Lokomotive war 1928 soweit abge-

Abb. 76 2′C 1′h3-Hochdruck-Schnellzuglokomotive System Löffler, 1928 von der Berliner Maschinenbau Actien-Gesellschaft gebaut.
(Foto: Werkaufnahme BMA)

schlossen, daß im darauffolgenden Jahr bereits mit den ersten Versuchen hätte begonnen werden können. Die H 02 1001 (Abb. 76), wie die offizielle Bezeichnung lautete, kam aber noch nicht einmal in den versuchsweisen Streckeneinsatz. Zuviel Neuland war mit der Anwendung des theoretisch zwar einwandfreien, in der Praxis jedoch zu anfälligen und komplizierten Löffler-Systems beschritten worden. Die H 02 1001 konnte nie eine einwandfreie Betriebssicherheit erreichen, weswegen sie auch nicht von der DR übernommen wurde. Nach einigen Jahren stillen Hinvegitierens bei der Herstellerfirma fiel sie schließlich den Schneidbrennern zum Opfer.

Bei der Vielzahl der Versuche mit Hochdruck-Dampferzeugern in den verschiedenen Ländern überwog der Anteil der normalen Streckenlokomotiven, da man wegen ihrer großen Stückzahl gerade bei ihnen eine Leistungssteigerung und Einsparungen im Brennstoffverbrauch erwartete.

Eine der wenigen Ausnahmen war deshalb die 1935 von der Lübeck-Büchener Eisenbahn zusammen mit drei benzin-elektrischen Kleinlokomotiven von Henschel beschaffte Hochdruck-Dampfmotorlokomotive (Abb. 77). Um in dem zur Verfügung stehenden Raum

Abb. 77 B-Hochdruck-Kleinlokomotive für den leichten Verschiebedienst, im Jahre 1934 von Henschel an die Lübeck-Büchener Eisenbahn geliefert.
(Foto: Werkaufnahme Rheinstahl Transporttechnik)

einen leistungsfähigen Dampferzeuger unterbringen zu können, wählte man den bei Dampftriebwagen schon erprobten Einrohr-Schnellverdampfer der Bauart Doble, der nur ein geringes Eigengewicht besaß, im Aufbau einfach war und nur eine kurze Anfahrzeit von etwa 15 bis 20 Minuten benötigte. Die wesentlichen Vorteile dieser Anlage lagen in der raschen Anpassung der Dampferzeugung an den wechselnden Bedarf des Betriebes, im guten Beschleunigungsvermögen und in der einfachen Umsteuerung des Dampfmotors.

Der mit Teeröl gefeuerte Dampferzeuger enthielt ein einziges Rohr, das den Unterteil des Kessels durch seine spiralförmige Anordnung ganz ausfüllte und im Oberteil nur in einer Windung entlang der Innenwand verlegt war. Die Heizgase wurden von oben in den Kessel eingeführt, bestrichen das gesamte Rohrsystem und traten am Kesselboden durch einen Abgasstutzen aus. Das vom Unterkessel in den Oberkessel geführte Wasser verdampfte auf diesem Weg und gelangte nach Passieren des zwischen den beiden Kesselteilen liegenden Überhitzers in den im Rahmen fest verlagerten Dampfmotor. Dieser trieb über eine Blindwelle und ein Kettenvorgelege die beiden Achsen der Lokomotive an. Der Dampf durchlief in diesem Kreislauf nacheinander den Dampfmotor, die Gebläseturbine für den Ölbrenner, die Kühlerturbine, den Vorwärmer und den Kühler. Das Kondensat wurde in einem Sammelbehälter aufgefangen und als Speisewasser dem Prozeß neu zugeführt. Zwecks evtl. Verwendung der Maschine als Bespannung kurzer Personenzüge war an beiden Stirnseiten noch ein Dampfheizungsanschluß vorhanden.

Mit der Übernahme der LBE durch die DR im Jahre 1938 gelangte auch die Hochdruck-Dampfmotor-Kleinlokomotive in den DR-Triebfahrzeugbestand, wo sie unter der Bezeichnung Kd 4994 geführt wurde.

Nach dem II. Weltkrieg lebte der Gedanke der Hochdrucklokomotive noch einmal kurz auf, als die Deutsche Reichsbahn (DDR) in Verbindung mit Versuchen für Kohlenstaubfeuerung des Systems *Lowa* eine Maschine der Einheitsbaureihe 45 in eine Hochdrucklokomotive mit Zwangsumlaufkessel Bauart La Mont umbaute. Der Kessel mit einer Hochdrucktrommel, einem Vorwärmer, dem Überhitzer und den beiden Umwälzpumpen arbeitete bei 42 bar Betriebsdruck nach dem Dampfumwälzverfahren mit mittelbarer Dampferzeugung. Anstelle der üblichen Feuerbüchse war eine aus einem Rohrsystem gebildete Verbrennungskammer vorgesehen. Das für den Arbeitsprozeß benötigte Speisewasser wurde aus dem im Kondenstender niedergeschlagenen Abdampf der Zylinder zurückgewonnen und durch den Vorwärmer der Hochdrucktrommel zugeführt. Den Heißwasserumlauf

Abb. 78 1′E 1′h3-Hochdruck-Güterzuglokomotive H 45 024 der DR (DDR) mit La Mont-Kessel, Kondenstender und Kohlenstaubfeuerung System LOWA, Umbau aus der Ursprungsbaureihe 45. (Foto: Sammlung Weisbrod)

zwischen Hochdrucktrommel und Verdampfer besorgten zwei turbinengetriebene Umwälzpumpen. Von der Hochdrucktrommel kommend durchströmte der Dampf den nachgeschalteten Überhitzer, von wo er in den innenliegenden Hochdruckzylinder gelangte und anschließend den beiden außenliegenden Niederdruckzylindern zugeführt wurde. Der expandierte Dampf kehrte dann zum Tender zurück, wo er niedergeschlagen und dem Kreislauf erneut zugeführt wurde. Infolge fehlenden Saugzuges durch die sonst vorhandene Blasrohrwirkung mußte ein spezielles von einer Turbine angetriebenes Gebläse vorgesehen werden. Die Maschinenleistung betrug 2133 kW bei einer Höchstgeschwindigkeit von 100 km/h.
Nach ihrer Fertigstellung wurde die als H 45 024 bezeichnete Lokomotive (Abb. 78) während des Jahres 1952 Standversuchen unterzogen und später zu weiteren Tests dem BW Seddin zugeführt. Die bei Einzelversuchen mit den verschiedenen Baugruppen aufgetretenen Mängel führten noch zu einer Reihe Änderungen, ehe die Maschine erstmals im Sommer 1953 auf die Strecke gehen konnte. Doch schon nach wenigen Kilometern mußte die Probefahrt wegen Verbrauchs des gesamten Kondensatvorrats abgebrochen werden. Auch ein späterer Versuch schlug fehl, da die Überhitzerrohrbündel rotglühend wurden und zu Deformationen der Rohre führten. Ursache war eine zu kleine Bemessung der Verdampfungsheizfläche gegenüber der Überhitzerheizfläche. Ein noch beabsichtigter Umbau des Kessels wurde nicht mehr durchgeführt. Nach einigen Jahren stillen Hinrostens auf einem Abstellgleis des BW Seddin verschwand die H 45 024 sang- und klanglos von der Bildfläche.
Eine der bekanntesten Ausführungsformen der Hochdrucklokomotive war die Bauart Winterthur, die gemeinsam mit der Henschel H 17 206 zu den Pionierkonstruktionen des Hochdruckbetriebes zu rechnen ist, obgleich sie in dieser Art keine direkte Weiterentwicklung erfuhr.
Beim Entwurf der Lokomotive (Abb. 79) sind ganz neue Wege in der Ausbildung von Kessel und Dampfmaschine beschritten worden. Der allgemeine Aufbau entsprach weitgehend den Entwürfen von J. Buchli. Für die Kesselausführung wurde ein maximaler Betriebsdruck von 60 bar zu Grunde gelegt. Ferner verzichtete man auf einen Kondensationsbetrieb wegen der vielen erforderlichen Hilfseinrichtungen und wählte stattdessen den einfachen Auspuffbetrieb.
Die Kesselanlage bestand aus zwei Vorwärmern und dem Verdampfer, der sich aus dem Oberkessel, den beiden Grundrohren, drei Wasserkammern und einer Anzahl Rohrelemente zusammensetzte. Von der Anordnung der einzelnen Elemente erhoffte man sich eine nur sehr geringe Kesselsteinablagerung, zumal das Speisewasser vor Eintritt in den Oberkessel nahezu auf Verdampfungstemperatur vorgewärmt wurde.

Abb. 79 1′C 1′h3-Hochdruck-Tenderlokomotive Bauart Winterthur, Versuchsausführung der SLM aus dem Jahre 1926. (Foto: Werkaufnahme SLM)

In den offenen Wasser-Dampf-Kreislauf trat das Speisewasser vom Tank durch einen vom Abdampf erhitzten Vorwärmer ein, durchströmte diesen und wurde anschließend dem rauchgasbeheizten zweiten Vorwärmer zugeführt, in dem das Wasser bereits Verdampfungstemperatur annahm. Im Hochdruckteil wurde der Dampf gesammelt und über den Überhitzer den drei Dampfmotoren zugeleitet. Während ein geringer Teil des Abdampfes zur Beheizung des ersten Vorwärmers diente, entwich der Restdampf durch das Blasrohr und den Schornstein ins Freie.

Die Dreizylinder-Gleichstromdampfmaschine arbeitete doppelwirkend mit einfacher Dampfdehnung. Das Drehmoment wurde mittels eines Zahnradvorgeleges auf eine Blindwelle und von hier über Kuppelstangen auf die drei Kuppelachsen übertragen. Die maximale Drehzahl der Dampfmotore betrug 700 U/min, was bei einer Vorgelegeuntersetzung von 1:2,5 einer Fahrgeschwindigkeit von 80 km/h entsprach.

Im Januar 1928 unternahmen die Schweizerischen Bundesbahnen (SBB) Vergleichsfahrten mit der Hochdrucklokomotive und einer 1'Ch2-Schlepptenderlokomotive der Reihe B 3/4, wobei jeweils die Zugeinheit, das Personal und die Teststrecke dieselben waren. Die vom Meßwagen aufgezeichneten Daten ergaben unter anderem auf die Zughakenleistung bezogen Brennstoffersparnisse zwischen 35 und 40% sowie einen um 47 bis 55% geringeren Wasserverbrauch. Bei den Probefahrten vor planmäßigen Schnell- und Personenzügen bis 350 t und vor Güterzügen bis 480 t auf 12‰ Steigung zeigte sich die Hochdrucklokomotive besonders hinsichtlich des Anfahrvermögens der Regellokomotive überlegen. Trotz aller dieser günstigen Ergebnisse zeigten sich auch bei dieser Bauart die den Hochdruckmaschinen eigenen Schwierigkeiten in der Kesselunterhaltung. Hinzu kam ferner die weitgehende Elektrifizierung der SBB-Strecken, die eine Weiterentwicklung des Hochdrucksystems Winterthur für die SBB nicht mehr interessant erscheinen ließ. Wie die nachfolgende Beschreibung der SNCF-Lokomotive 232.P.1 zeigt, fand das Verfahren nur noch einmal bei einer ausländischen Versuchsmaschine in etwas abgewandelter Form Anwendung.

Bei dieser von der französischen Nordbahn im Jahre 1942 in Auftrag gegebenen 2'Co 2'-Hochdruck-Dampfmotorlokomotive (Abb. 80) konnte auf das zuvor erwähnte, bereits erprobte Kesselsystem der SLM zurückgegriffen werden und die Erfahrungen mit der 1'C 1'-Winterthur-Maschine berücksichtigt werden. Natürlich konnte der Kessel nicht in der bei der ersten Lokomotive gewählten Ausführung übernommen werden. Aber auch hier bildete wieder ein Oberkessel das Rückgrat des Dampferzeugers. Anstelle der früheren zwei Untertrommeln waren vier vorgesehen und zwar zwei schrägliegende Feuerbüchstrommeln und zwei waagerechte Verbrennungskammertrommeln. Die Trommeln bildeten gemeinsam mit den drei Wasserkammerwänden das Gerüst des Hochdruckverdampfers.

Die gabelförmig in die Trommeln eingewalzten Verdampferelemente bestanden aus einem nahezu waagerechten und zwei senkrechten Wasserrohren. Ein kurzer auf das horizontale Rohr aufgeschweißter Stutzen leitete den erzeugten Dampf und das mitgerissene Wasser in die Obertrommel ab. Die eng aneinander gestellten Verdampferelemente bildeten in ihrer Gesamtheit die Feuerbüchsseitenwände. Der nach vorn an die Feuerbüchse anschließende Raum war nicht groß genug, um wie früher gleichzeitig Überhitzer und Rauchgas-Speisewasservorwärmer aufzunehmen. Man unterteilte daher den Raum in die hintenliegende Verbrennungskammer und in die nach vorn verlegte Überhitzerkammer.

Abb. 80 2'Co 2'-Hochdruck-Dampfmotorlokomotive der französischen Nordbahn aus dem Jahre 1943. (Foto: SNCF)

Der Dampf wurde der Obertrommel durch ein geschlitztes Rohr entnommen und einem Kolbenventilregler zugeführt. Auf dem Reglergehäuse, das getrennte Ausströmöffnungen für die linke und rechte Lokomotivseite besaß, waren zwei Hochdrucksicherheitsventile Bauart Ackermann vorgesehen. Bevor der Dampf endgültig in den Einzelachs-Dampfmotoren expandierte, passierte er noch den Überhitzer, der in einer Zone hoher Rauchgastemperaturen angeordnet war. Er benötigte daher nur eine kleine Heizfläche und beeinflußte nicht den Kesselwirkungsgrad in so ungünstiger Weise, wie es beim Rauchröhrenüberhitzer der Fall war. Der übrige Aufbau der Lokomotive wird noch im Kapitel »Dampfmotor-Lokomotiven« näher erläutert. Es wird dort darauf hingewiesen, daß die Kriegsereignisse zunächst umfangreiche Versuche unmöglich machten und erst die ab 1947 von der SNCF wieder aufgenommenen Testfahrten vielversprechende Ergebnisse brachten. Es sei hier vorweggenommen, daß es weniger technische Unzulänglichkeiten waren, die das Projekt schließlich scheitern ließen, vielmehr hatte bereits der Fortschritt in der Triebfahrzeugumstellung das Hochdrucksystem überholt.
Als letztes der im Lokomotivbau erprobten Hochdruckverfahren soll noch der Velox-Kessel von BBC genannt werden. Wie der La Mont-Kessel gehörte er zur Gruppe mit Zwangumlauf des Wassers mittels Umwälzpumpen. Als Schnellverdampfer wich er in Durchbildung und Arbeitsweise erheblich vom normalen Röhrenkessel ab. Seine Vorteile lagen in einer wesentlichen Steigerung des Wärmeübergangs durch hohe Heizgasgeschwindigkeiten (200–300 m/s) und der sich daraus ergebenden kleineren Abmessungen des Kessels mit geringerem Gewicht. Der Kessel wurde mit Überdruckfeuerung betrieben, bei der die heiße Verbrennungsluft auf 2,5 bis 3 bar absoluten Druck verdichtet und mit dem flüssigen Brennstoff der Brennkammer zugeführt wurde. Als Antrieb für den Verdichter diente eine Abgasturbine.
Die Rauchgase strömten durch die den Verbrennungsraum bildenden senkrecht angeordneten Verdampferelemente und gelangten anschließend unter Wärmeabgabe im Überhitzer in die Abgasturbine. Von der Turbine kommend wurden die Gase noch einmal durch einen Vorwärmer geleitet, ehe sie in die Atmosphäre entwichen. Die Wasserumlaufpumpe wälzte zwischen 10 und 15 kg Wasser je kg zu erzeugenden Dampfes um. Die Trennung von Wasser und Dampf erfolgte in einem besonderen Dampfausscheider. Infolge des kleinen Wasserinhaltes war eine hohe Betriebsbereitschaft gegeben, die es ermöglichte, den Kessel bereits nach 5 bis 6 Minuten unter Vollast fahren zu können.
Einer der ganz seltenen Anwendungsfälle des Velox-Kessels im Lokomotivbetrieb war die im Jahre 1938 durch Umbau einer älteren 2'B-Maschine entstandene Versuchslokomotive 230.E.93 der SNCF (Abb. 81). Der geringe Platzbedarf der Verdampferanlage ermöglichte nicht nur eine gute seitliche Begehbarkeit der Maschinengruppe, sondern gestattete auch, das Führerhaus nach vorn zu verlegen. Die Lokomotive erhielt aus diesem Grund eine vollständige Verkleidung, in die auch der dreiachsige Tender miteinbezogen war. Die Meßergebnisse der Testfahrten ergaben einen erwarteten Kesselwirkungsgrad von 90 % und Brennstoffeinsparungen von etwa 37 % bei mittlerer Beanspruchung und 120 km/h Geschwindigkeit. Die Maschine wurde zeitweise im Schnellzugdienst auf der Strecke Paris–Dijon eingesetzt. Der komplizierte Aufbau der Anlage mit den zahlreichen Hilfseinrichtungen sowie die erforderliche Speisewasseraufbereitungsanlage führten aber zu vielen Mängeln und Beanstandungen, die auch dieser interessanten Versuchsmaschine nur ein kurzes Dasein bescherten.
Rückblickend auf die gesamte Entwicklung des Loko-

Abb. 81 2'C h2-Hochdruck-Versuchslokomotive mit Velox-Kessel aus dem Jahre 1938, Betr.-Nr. 230.E.93 der SNCF. (Foto: SNCF)

motivkessels mit seinen verschiedenen Ausführungsformen zeigt sich auch hier wieder die Erkenntnis, daß der Eisenbahnbetrieb anderen Gesetzmäßigkeiten unterliegt, als dieses in den meisten übrigen Gebieten der Wirtschaft und Industrie üblich ist. Bei einem fahrbaren Energieerzeuger lassen sich nun einmal zusätzliche äußere dynamische Beanspruchungen nicht vermeiden, die eine wohl durchdachte und bei stationären Anlagen mit Erfolg erprobte Konstruktion im rauhen Lokomotivbetrieb scheitern lassen. Natürlich ergaben sich mit dem Erkennen der konstruktiven Grenzen in der Kesselentwicklung vornehmlich im Bereich höherer Drücke manche wertvolle Anregungen, die der Vervollkommnung des bewährten Röhrenkessels Stephenson'scher Bauart zugute kamen und ihn schließlich zu einer technischen und wirtschaftlichen Reife führten, der die Dampflokomotive ihre Beliebtheit und ihr langes Dasein selbst noch in Zeiten fortschreitenden Einsatzes anderer Antriebsverfahren verdankt.

FEUERUNGSSYSTEME

Die verschiedenen im Dampflokomotivbetrieb angewandten Feuerungssysteme lassen sich in die beiden Gruppen feste und flüssige Brennstoffe unterteilen. Gasförmige Heizstoffe fanden wegen der erforderlichen erhöhten Sicherheit und eines zu gewährleistenden Explosionsschutzes bei der Dampflokomotive keinen Eingang.

FESTE BRENNSTOFFE

Der zum Heizen von Dampflokomotiven verbreitetste Brennstoff war die Kohle und zwar in den drei bekanntesten Zustandsformen Steinkohle, Koks und Anthrazitkohle.

Entsprechend der am häufigsten verwendeten Feuerungsart mit Steinkohle hat sich im Laufe der Jahrzehnte eine besonders wirkungsvolle Ausbildung der Feuerbüchse entwickelt, deren unterer Abschluß der Rost war, der sich aus einer größeren Zahl von Roststäben zusammensetzte, die in mehreren Feldern zusammengefaßt waren. Um die anfallende Schlacke leicht entfernen zu können, war ein Roststabfeld als Kipprost ausgebildet, der über eine Spindel vom Führerhaus nach unten gekippt werden konnte. Die Schlakke fiel in den unter dem Rost befindlichen Aschkasten, der außerdem noch die für die Zuführung der Verbrennungsluft erforderlichen Luftklappen besaß, die vom Heizerstand betätigt werden konnten. Einzelne Maschinen erhielten probeweise von Hand zu betätigende Schüttelrostfelder, durch die eine Auflockerung und bessere Verbrennung der Kohle erreicht werden sollte.

Moderne Lokomotiven mit einem stündlichen Kohlenverbrauch von mehr als 2 bis 2,5 t wurden mit selbsttätigen Rostbeschickungen ausgerüstet. Diese vor allem in den USA entwickelten und als »Stoker« bekannt gewordenen Einrichtungen förderten je nach Drehzahl der Dampfmaschine 450 bis 11 500 kg Kohle pro Stunde, das bedeutete eine mögliche stündliche Rostbeanspruchung bis zu etwa 1200 kg Kohle je m² Rostfläche. Es wurden Stoker für Leistungen bis zu 20 t Kohle pro Stunde ausgeführt. Allerdings erfolgte der Einsatz derartiger Rostbeschickeinrichtungen immer auf Kosten des Kesselwirkungsgrades.

Eine weniger große Verbreitung fand die Verwendung von Koks als Heizstoff. Koksfeuerungen wurden vornehmlich für Schnellverdampfer im Triebwagenbau angewandt. Die Größe der Rostfläche entsprach dabei etwa der für grobstückige Steinkohle, das bedeutete ein Verhältnis der feuerberührten Verdampfungsheizfläche zur Rostfläche von ca. 80 bis 100. Versuche mit automatischer Rostbeschickung in Verbindung mit einem Wanderrost sollten eine Modernisierung und Belebung des Dampftriebwagenbaus bewirken. Die weitere Entwicklung zeigte allerdings die Tendenz zum dampflokbespannten Personenzug.

Mit der Ausweitung des Eisenbahnnetzes in Nordamerika und den damit verbundenen höheren Leistungsanforderungen an die Lokomotiven war zwangsläufig eine Umstellung der vor der Jahrhundertwende verbreiteten Holzfeuerung auf Kohlefeuerung erforderlich, da der sehr niedrige Heizwert des Holzes keine ausreichende Gewähr für eine genügende Dampfentwicklung bei hoher Kesselanstrengung bot.

Die reichen Anthrazitkohlenvorkommen in Pennsylvania stellten die Grundlage für diese Brennstoffumstellung dar. Doch brachte die Verwendung dieser Kohlenart auch Probleme mit sich. Anthrazit erfordert für die Verbrennung einen nur sehr schwachen Zug, da sonst die Gefahr besteht, daß die Kohlenstücke mitge-

Abb. 82 2′C n2-Lokomotive Nr. 233 der Baltimore & Ohio Railroad Bauart Winans-Camel.
(Foto: Vollrath)

rissen und durch den Schornstein ausgestoßen werden. Andererseits erfolgt die Verbrennung mit nur relativ schwacher Flamme bei geringer Restverbrennung der Heizgase, wodurch zur Erreichung einer hohen Strahlungswärme eine große Rostfläche nötig ist.

Der Fabrikant Ross Winans entwickelte 1847 einen Kessel, der die Besonderheiten der Anthrazitfeuerung in der Feuerbüchskonstruktion berücksichtigte. Die benötigte große Rostfläche mußte wegen der Breitenbeschränkungen in die Länge gezogen werden, wodurch ein größerer Überhang hinter der letzten Achse entstand. In der nach hinten schräg abfallenden Stehkesseldecke waren Fülltrichter für eine möglichst gleichmäßige Rostbeschickung angeordnet. Da der ursprünglich für das Führerhaus vorgesehene Platz durch die lange Feuerbüchse in Anspruch genommen wurde, verlegte man den Stand für den Lokomotivführer auf den Langkessel.

Ihres eigenartigen Aussehens wegen erhielten diese Maschinen bald den Spitznamen »Camels«, der später ähnlich wie bei den nachfolgend noch behandelten »Camelbacks« charakteristisch für diese Bauart wurde und auch in die spezielle Fachterminologie des Eisenbahnwesens einging. Die Abb. 82 zeigt eine 2′C-Winans-Camel mit der Betriebsnummer 233 der Baltimore & Ohio Railroad aus dem Jahre 1890 mit dem für diese Bauart typischen, nach hinten abfallenden Stehkessel und dem provisorisch überdachten Heizerstand auf dem Tender.

Etwa zur gleichen Zeit entwickelte Milholland, Chefingenieur der Philadelphia & Reading Railroad eine Abart der Winan'schen Kesselbauart, indem er die Feuerbüchse mit einer bis in den Langkessel hineinragenden Verbrennungskammer versah. Die 1863 nach Plänen von Milholland für den Schiebedienst auf einer Steilrampe der P & RR gebaute Camel »Pennsylvania« (Abb. 83) war die erste sechsfach gekuppelte Lokomotive der Welt. Bemerkenswert war neben dem bis zum hinteren Feuerbüchsende durchgezogenen Maschinenrahmen die Tatsache, daß keine Brennstoffvorräte auf der Maschine mitgeführt, sondern diese an den jeweiligen Endpunkten der Strecke ergänzt wurden.

Im Jahre 1877 ließ sich John E. Wootten, damaliger General Manager der P & RR, einen Kessel patentieren, bei dem die für Anthrazitfeuerung vorgesehene Feuerbüchse über die Räder hinweg seitlich bis zur Lichtraumbegrenzung verbreitert war. Der Rost lag aus diesem Grund noch über dem Kesselboden. Die Stehkesseldecke fiel auch bei dieser Konstruktion wieder zur hinteren Stirnwand ab. Zwischen der Feuerbüchse und der in den Langkessel hineingezogenen Verbren-

Abb. 83 F n2-Camel-Tenderlokomotive »Pennsylvania« der Pennsylvania Railroad. Erste sechsfach gekuppelte Lokomotive der Welt, Baujahr 1863.
(Foto: Vollrath)

Abb. 84 2′C h2-Camelback Nr. 700 der Philadelphia & Reading Railroad mit Belpaire-Wooten Feuerbüchse, im Jahre 1906 von Baldwin geliefert. (Foto: Werkaufnahme Baldwin Locomotive Works)

nungskammer verhinderte ein aus Schamotte gefertigter Feuerschirm den unmittelbaren Einfluß der Strahlungswärme auf die Rohrwand. Im Rost angeordnete runde Öffnungen dienten der Zufuhr von Zweitluft. Beschickt wurde der Rost durch zwei nebeneinander liegende Feuertüren an der Stehkesselrückwand. Wegen der breiten Ausladung der Feuerbüchse mußte auch bei diesen Lokomotiven das Führerhaus auf das Umlaufblech zu beiden Seiten des Langkessels verlegt werden. Zur Unterscheidung gegenüber den Bauarten von Winans und Milholland nannte man die Maschinen mit Wootten-Feuerbüchse »Camelbacks« oder »Mother Hubbard«, wobei der Ursprung des letzten Namens nicht mehr eindeutig zu klären ist.

Von den drei Ausführungsformen mit Anthrazitfeuerung fanden die Camelbacks die größte Verbreitung. Nahezu in sämtlichen Achsfolgen wurden sie gebaut. Eine äußerst leistungsfähige Bauart war die 1906 von Baldwin an die P & RR gelieferte 2′C-Camelback Nr. 700 (Abb. 84) mit innenliegender Steuerung, die eine abgewandelte Belpaire-Wootten-Feuerbüchse besaß, deren Rostfläche in vier Schüttelrostsegmente unterteilt war. Die Lokomotive war in der Lage, mit einem 240 t-Zug auf der 94 km langen Strecke zwischen Camden und Atlantic City eine Höchstgeschwindigkeit von 145 km/h zu erreichen.

Die Riesen unter den Camelbacks waren drei D′D-Verbund-Malletlokomotiven 2600-2602 der Erie Railroad (Abb. 85), die Alco im Jahre 1907 als einzige Gelenkbauart dieses Lokomotivtyps baute. Die Maschinen waren hauptsächlich im Schiebedienst auf Steilrampen eingesetzt.

Die Camelbacks waren eine sehr langlebige Bauart. Noch 1953 standen 47 Maschinen bei verschiedenen Bahngesellschaften im Einsatz. Eine der letzten dürfte eine ehemals der Reading Railroad, später der Strasbourg Railroad gehörende B-gekuppelte Camelback gewesen sein, die seit ihrer Auslieferung im Jahre 1903 noch bis 1962 unter Dampf stand.

Neben den verschiedenen Steinkohlensorten spielte die Feuerung von Braunkohle bei entsprechend großem Vorkommen in manchen Ländern eine nicht minder wichtige Rolle. Entgegen der Steinkohlenfeuerung besaßen braunkohlegefeuerte Lokomotiven größere Roste mit sehr engen Rostspalten (ca. 6 bis 8 mm). Die recht individuelle Behandlung der Braunkohle im Lokomotivbetrieb richtete sich dabei hauptsächlich nach der Eigenart und dem Heizwert des jeweils verwendeten Brennstoffes. Ähnliche Verhältnisse lagen auch bei der Holzfeuerung vor. Allerdings war hier nicht unbedingt eine Rostflächenvergrößerung erforderlich, sofern das zur Verfügung stehende Feuerbüchsvolumen für eine Mehrfachschichtung des Holzes ausreichte. Die Roste besaßen ebenfalls sehr kleine Stababstände mit etwa 6 mm Spaltöffnungen. Äußerlich unterschieden sich holzgefeuerte Lokomotiven kaum von ihren kohlegefeuerten Schwestern. Die Abb. 86 zeigt als Beispiel eine finnische Lokomotive der Reihe Hv 4. Während der Jahre 1862 bis 1890 wurden alle Dampflokomotiven der Valtionrautatiet (VR) mit Holz gefeuert, erst ab 1890 begann man in Finnland mit importierter Kohle bei den Dampflokomotiven die Kohlefeuerung einzuführen. Für die frühere Holzfeuerung wurde zuerst nur Nadelholz, ab 1897 dann nur noch Birkenholz verwendet.

Abb. 85 D′D-Gelenklokomotive Bauart Mallet-Camel der Erie Railroad, im Jahre 1907 von Alco gebaut. (Foto: Sammlung Ostendorf)

Abb. 86 2′C h2-Personenzuglokomotive mit Holzfeuerung Gattung Hv4 der Finnischen Staatsbahn.
(Foto: VR)

Außerhalb der herkömmlichen und im Lokomotivbetrieb üblichen Brennmaterialien wurden für überseeische Plantagenbahnen verschiedentlich Lokomotiven mit Feuerungseinrichtungen für Plantagenabfälle gebaut. Die Brennstoffe waren recht unterschiedlich und bewegten sich zwischen Zuckerrohr, Kaffeepflanzenresten und Ölpalmkernschalen. Wegen ihrer geringen Verbreitung soll hier nicht näher auf Einzelheiten der Feuerkisten- und Rostausbildung eingegangen werden. Eine andere Feuerungsart mit Torf als Brennstoff fand besonders in unserem Nachbarland Belgien größere Verbreitung. Belpaire, seinerzeit Chefingenieur der belgischen Staatsbahn (SNCB), führte sie erstmals 1864 bei einer Reihe von Lokomotivtypen gleichzeitig ein. Es waren recht drollig aussehende Maschinen, denn neben einer außergewöhnlich breiten und niedrigen Feuerbüchse mit Doppeltüren hatten die Torflokomotiven (Abb. 87) meistens einen riesigen Schornstein mit quadratischem Querschnitt, der einem Fabrikschornstein sehr ähnelte. Als während des I. Weltkrieges deutsche Lokführer im besetzten Belgien auf diesen Maschinen Dienst taten, wurden Spitznamen wie »Krematorium« und »Feldbäckerei« schnell populäre Kennzeichen für diese ungewöhnliche Bauart. Die bis zur Jahrhundertwende beschafften Torflokomotiven standen noch bis zum Anfang des II. Weltkrieges im Einsatz.

STAUBFÖRMIGE BRENNSTOFFE

Den Übergang von den festen zu den flüssigen Brennstoffen bildet die Brennstaubfeuerung, die eine wirtschaftliche Verwertung fester und minderwertiger Brennstoffe ermöglicht, die im Lokomotivbetrieb für Rostfeuerung wenig oder gar nicht geeignet sind. Neben diesem Vorteil erlaubte die Brennstaubfeuerung eine höhere Heizflächenbelastung bei einem höheren Kesselwirkungsgrad gegenüber der mit Stückkohle gefeuerten Lokomotive.

Das Wesen dieses Verfahrens besteht in der Verbrennung feingemahlenen Kohlenstaubs in der Schwebe ohne Rost. Hierbei wird das Brennmaterial als Staub-Luft-Gemisch durch ein Gebläse in den Feuerraum eingeblasen.

Die eigentliche Entwicklung der Kohlenstaubfeuerung in Verbindung mit ihrer praktischen Anwendung nahm ihren Anfang kurz nach der Jahrhundertwende in Amerika. Zunächst handelte es sich um ortsfeste Anlagen, wie sie auch bald in Europa Eingang fanden. Aber schon 1904 begannen ebenfalls in Amerika die ersten Versuche mit Kohlenstaubfeuerungen bei Lokomotiven. Nach anfänglichen Fehlschlägen gelang es, mit der von der Locomotive Pulverized Fuel Corporation entwickelten und als Lopulco-Bauart bekannt gewordenen Brennerkonstruktion befriedigende Ergebnisse zu erzielen. Daneben wurde noch eine weitere Bauart, das System Fuller, bekannt, dessen besonderen Konstruktions-

Abb. 87 1B1 n2-Torflokomotive Reihe 12 der Belgischen Staatsbahn mit dem für diese Feuerungsart typischen eckigen Schornstein.
(Foto: SNCB)

merkmale in der Ausführung der auf dem Tender untergebrachten Maschinenanlage für die Brennstoff- und Luftzufuhr lagen.

Etwa parallel zur Entwicklung in den USA waren es in Europa die Schwedischen Eisenbahnen (SJ), die um 1912 eine Lösung für die Feuerung von Torfstaub fanden. Unter Druck wurde der Torfstaub vom Tender dem Brenner auf der Lokomotive zugeführt, wobei das Staub-Luft-Mischungsverhältnis bereits im Tenderbunker durch eine Dosiereinrichtung geregelt wurde. Die Schwedischen Staatsbahnen ließen während der Jahre von 1914 bis 1932 insgesamt 27 Lokomotiven auf Torfstaubfeuerung (Abb. 88) sowie später auch einige auf Kohlenstaubfeuerung umrüsten.

Auf Grund der Erfahrungen, die mit den bereits ausgeführten Staubfeuerungssystemen gemacht worden sind, begann man Anfang der 20er Jahre auch in Deutschland mit der Entwicklung von Kohlenstaubfeuerungen für Lokomotiven. Die Arbeiten wurden im Jahre 1924 von der AEG und der Studiengesellschaft für Kohlenstaubfeuerung auf Lokomotiven, kurz Stug genannt, aufgenommen.

Die Hauptunterscheidungsmerkmale zwischen den beiden später noch öfter angeführten Feuerungssystemen lagen maßgeblich in der Brennerbauart, die bei der AEG-Feuerung aus zwei einzelnen seitlich in der Feuerbüchse angeordneten Schlitzbrennern bestand und bei der Stug-Feuerung als trichterförmiger, zentral unter der Feuerbüchsrückwand liegender Brausenbrenner ausgebildet war.

Es wurde für die erste Versuchsausführung eine G 8^2-Maschine gewählt, da Maschinen dieser Gattung gerade im Hennigsdorfer Werk der AEG im Bau waren. Der Kessel erhielt für die zunächst vorgesehenen Standversuche eine Düse in Form eines flachen Kastens, dessen Austrittsquerschnitt durch vier Stege unterteilt war. Aschkasten und Feuerbüchse wurden mit feuerfesten Steinen ausgemauert, wobei der Feuerschirm seinen üblichen Platz beibehielt. So konnte die Flamme bis zur Vorderwand des Aschkastens streichen, unter dem Feuerschirm zurücktreten und endlich über diesem zur Rohrwand und durch die Rauchkammer als Abgas aus dem Schornstein entweichen. Die ersten Versuche zeigten, daß bei dem kurzen Brennweg und der kurzen Brennzeit die Mischung des Staub-Luft-Gemisches nicht vollkommen genug war. Auch war die Haltbarkeit des Mauerwerks und des Feuerschirms

Abb. 88 Schwedische C1-Tenderlokomotive Reihe Kf mit Torfstaubfeuerung.
(Foto: SJ)

sehr gefährdet, weswegen die weiteren Versuche zunächst ohne Feuerschirm und unter Aufteilung des Einzelbrenners in zwei parallel angeordnete lange Düsen mit vielen senkrechten Schlitzen durchgeführt wurden. Es folgten noch eine Reihe erforderlicher konstruktiver Änderungen, die unter anderem die Anordnung eines um 400 mm längeren Feuerschirms beinhalteten. Hierdurch wurde eine große Heizgasgeschwindigkeit beim Durchtritt zwischen Feuerschirmende und Feuerbüchsrückwand erreicht, so daß die flüssige Schlacke beim Umlenken der Flamme gegen die Feuerbüchsdecke geschleudert wurde, abkühlte und hängenblieb bzw. im erstarrten Zustand mitgerissen wurde.

Die mit der zuletzt geänderten Ausführung erzielten Ergebnisse waren so zufriedenstellend, daß die DR am 11. Oktober 1926 der AEG den Auftrag auf zwei Versuchslokomotiven der Gattung G 8^2 erteilte. Der Braunkohlenstaub wurde in einem zylindrischen Bunkerraum auf dem entsprechend vorbereiteten 3 T 20-Tender untergebracht. In diesem Bunker waren auch die beiden 3,5 m langen Kohlenstaub-Förderschnecken für die Düsen angeordnet. Das für die Förder- und Primärluft erforderliche Gebläse einschließlich der Antriebsturbine saß dicht unter der Scheitellinie des Bunkers an dessen Vorderwand. Als Antrieb für die beiden Förderschnecken diente eine kleine Dampfmaschine mit einem doppelwirkenden Zylinder. Das Kohlenstaub-Luft-Gemisch für die wassergekühlten Hauptdüsen wurde durch zwei Rohre von 160 mm Durchmesser zur Lokomotive geführt. Neben den Hauptdüsen war noch ein kleiner Hilfsbrenner als Zündbrenner bei Stillstand und Leerlauf der Lokomotive vorhanden.

Die Merkmale dieser beiden ersten Kohlenstaublokomotiven mit AEG-Feuerung (56 2906 und 56 2907) be-

Abb. 89 1′D h2-AEG-Kohlenstaublokomotive 56 2906 Gattung $G\,8^2$ der DR, Baujahr 1927.
(Foto: Werkaufnahme AEG)

standen darin, daß das eingeblasene Gemisch nur einen Teil der Verbrennungsluft als Primärluft enthielt, während die Rest- oder Sekundärluft wie bei jeder Kolbenlokomotive durch die Blasrohrwirkung angesaugt wurde. Der durch die Düsen in zahlreiche Streifen zerlegte und um 90° umgelenkte Kohlenstaub-Luftstrom erfuhr in der Feuerraummitte eine heftige Wirbelung. Die aufsteigenden Kohlenstaubflammen trafen unter dem Feuerschirm auf die stark vorgewärmte Sekundärluft. Am Ende des langen Feuerschirms traten die Heizgase zwischen diesem und der Feuerbüchsrückwand mit hoher Geschwindigkeit nach oben, wobei die Schlackenteilchen gegen die Feuerbüchsdecke geschleudert wurden und sich absetzten. Eine der beiden AEG-Versuchsmaschinen, die 56 2906, zeigt die Abb. 89.
Parallel zu den Versuchen mit den $G\,8^2$-Maschinen gingen die Entwicklungsarbeiten an der Verbesserung und günstigeren Ausbildung der Brenner und des Verbrennungsraumes weiter. Im Jahre 1927 vergab die DR auf Grund der günstigen Ergebnisse mit den AEG-Lokomotiven einen Auftrag auf zwei G 12-Kohlenstaublokomotiven mit Stug-Feuerung an die Firma Henschel. Die Lokomotiven erhielten die Betriebsnummern 58 1353 (Abb. 90) und 58 1677. Beide Maschinen kamen im Jahre 1929 zur Auslieferung. Bei dieser Ausführung wurde die gesamte Verbrennungsluft mit dem Kohlenstaub durch die Brenner in den Feuerraum eingeblasen. Zwei weitere G 12-Maschinen (58 1722 und 58 1794) kamen 1930 zum Einsatz, bei denen unter anderem die Einbeziehung der Sekundärluft zwecks Entlastung des Turbogebläses berücksichtigt wurde.
Es sind von der AEG und der Studiengesellschaft insgesamt zehn Kohlenstaublokomotiven für die DR gebaut worden, die aber trotz ihres Erfolges nur Versuchsausführungen geblieben sind. Auch im Ausland wurden Versuche mit der AEG- und Stug-Bauart durchgeführt, so unter anderem bei der Southern Railway in England, bei den Ungarischen Staatsbahnen (MÁV) und bei den Victorian Railways in Australien.
Die MÁV, schon immer allen technischen Neuerungen auf dem Eisenbahnsektor gegenüber sehr aufgeschlossen, beschafften im Jahre 1928 von der AEG zwei Einrichtungen für Kohlenstaubfeuerung und rüsteten damit zwei 1′C 1′h2-Personenzuglokomotiven der Reihe 324 aus. Auch die Southern Railway (SR) unternahm 1930 mit einer auf AEG-Kohlenstaubfeuerung umgebauten 1′Ch2-Lokomotive der Klasse U Testfahrten, die aber leider wenig erfolgreich verliefen und bereits im Jahre 1931 zum Abbruch der Versuche führten. Nach dem II. Weltkrieg bauten die Victorian Railways (VR) in Australien zwei Lokomotiven, die X 32 und die R 707, auf Stug-Kohlenstaubfeuerung um, deren Ausrüstung die Firma Henschel im Jahre 1948 lieferte. Die Ergebnisse dürften recht zufriedenstellend gewesen sein, da

Abb. 90 1′E h3-Stug-Kohlenstaublokomotive 58 1353 Gattung G 12 der DR aus dem Jahre 1929.
(Foto: Repro Sammlung Weisbrod)

Abb. 91 2′C 2′h3-Stromlinienschnellfahrlokomotive 05 003 der DR mit AEG-Steinkohlenstaubfeuerung, 1937 von Borsig geliefert. (Foto: Werkaufnahme Borsig)

der Umbau weiterer Lokomotiven auf Kohlenstaubfeuerung beabsichtigt war, aber leider nicht mehr durchgeführt worden ist.

Ungewöhnlichste Konstruktion aller ausgeführten Kohlenstaublokomotiven war die 1937 von den Borsig-Lokomotivwerken fertiggestellte 2′C 2′h3-Stromlinienschnellfahrlokomotive 05 003 mit vornliegendem Führerstand (Abb. 91). Anstatt auch bei dieser Maschine die bereits von früher ausgeführten Lokomotiven mit Stirnführerstand und getrenntem Heizerstand vorliegenden Erfahrungen zu nutzen, drehte man noch den Kessel, so daß der Tender an der Rauchkammerseite der Maschine angekuppelt werden mußte. Die in dieser Anordnung erforderliche automatische Brennstoffzufuhr konnte nur mit Öl oder Kohlenstaub durchgeführt werden. Auf Grund der damaligen schlechten Rohstofflage entschied man sich für eine Steinkohlenstaubfeuerung des Systems AEG. Allerdings zeigten die späteren Versuchsfahrten, daß vor allem die langen Förderleitungen mit ihren Richtungs- und Querschnittsänderungen sowie die für diese Förderwege unzureichende Leistung des Gebläses und der Schnecken Ursachen ungenügender Feuerleistung waren. Als trotz mehrfacher Änderungen keine Besserung zu verzeichnen war, entschied man 1944, die 05 003 auf normale Rostfeuerung umzubauen, wobei auch der Kessel wieder in seine richtige Lage gedreht wurde.

Nach dem II. Weltkrieg erfuhr die Kohlenstaublokomotive noch einmal eine Wiederbelebung bei der Deutschen Reichsbahn (DDR). Die damals im Bereich der heutigen DDR verbliebenen Lokomotiven besaßen durchweg die für die Verbrennung von Steinkohle übliche Rostfeuerung, die aber wegen der zu großen Rostspalten für die Feuerung der vorhandenen Braunkohlenbriketts ungeeignet war und einen sehr schlechten Wirkungsgrad zur Folge hatte. Bei dem geringen Heizwert der Braunkohlenbriketts ergab sich daher von selbst die Forderung nach der Kohlenstaubfeuerung.

Da der bei den Bauarten AEG und Stug verwendete feine und trockene Kohlenstaub nicht zur Verfügung stand, konnte keines der beiden Systeme verwendet werden. Die Entwicklung der neuen Kohlenstaubfeuerung des Systems Wendler im Jahre 1948 war daher ganz auf den in der DDR zur Verfügung stehenden groben und feuchten Braunkohlenstaub abgestimmt. Die noch vorhandene Stug-Kohlenstaublokomotive 58 1353 wurde für diesen Zweck entsprechend umgerüstet. Die gesamte mechanische Fördereinrichtung wurde entfernt und durch eine pneumatische Austragung ersetzt, bei der Druckluft von 0,2 bis 0,3 bar Überdruck auf den Kohlenstaub wirkte, wodurch dieser über Drehschieber dem Brenner zugeführt wurde. Die erforderliche Verbrennungsluft saugte die Lokomotive wie bisher über den Blasrohrzug oder durch einen Hilfsbläser an. Wie

Abb. 92 1′E h3-Kohlenstaublokomotive 58 1353, nach dem II. Weltkrieg von der DR (DDR) auf System Wendler umgebaut. (Foto: Ebermann)

die Abb. 92 der 58 1353 zeigt, erhielten die Maschinen vierachsige Tender mit Kammeraustragung, wodurch die Unterbringung entsprechend größerer Vorratsmengen möglich war. In der Abb. 93 ist der Aufbau eines Kohlenstaubtenders anhand eines aufgeschnittenen Originaltenders sehr gut zu sehen.

Abb. 93 Ansicht eines aufgeschnittenen Kohlenstaubtenders Bauart Wendler mit Kammeraustragung. (Foto: Weisbrod)

Die Versuchszahlen bewiesen, daß man in Zukunft auf eine mechanische Austragung verzichten konnte. Unter den rund 100 gebauten Kohlenstaublokomotiven waren zwei bemerkenswerte Ausführungen, die hier noch besonders genannt werden sollen. Bei der einen Maschine handelte es sich um eine in der DDR verbliebene französische 2'D 1'h4v-Schnellzuglokomotive (SNCF Reihe 241.A.21), die auf Kohlenstaubfeuerung umgebaut wurde und die Betriebsnummer 08 1001 erhielt. Sie war die stärkste Kohlenstaublokomotive der DR (DDR). Die zweite Maschine war die mit Kohlenstaubfeuerung der Bauart LOWA (drucklose Austragung zum Brenner) und La-Mont-Hochdruckkessel ausgerüstete H 45 024, der wir bereits im Kapitel »Hochdrucklokomotiven« begegneten und die leider so kläglich scheiterte.
Daß die Kohlenstaublokomotive nach dem II. Weltkrieg noch eine betrieblich so befriedigende und ausgereifte Lösung fand, verdankte sie einzig und allein den besonderen Schwierigkeiten, denen sich die DR hinsichtlich der vorhandenen Brennstoffe in der DDR gegenübergestellt sah. Eine moderne Weiterentwicklung erfuhr die Kohlenstaubfeuerung in der 1962 gebauten Gasturbinenlokomotive Nr. 80 der Union Pacific Railroad (UP), die die erste Kohlenstaub-Gasturbinenlokomotive der Welt war.

FLÜSSIGE BRENNSTOFFE

Feuerungen mit flüssigen Brennstoffen werden wirtschaftlich dort angewendet, wo Petroleumsrückstände oder Teeröle als Abfallprodukte heimischer Ölvorkommen vorhanden sind, oder diese billiger als feste Brennstoffe eingeführt werden können. Die Ölfeuerung bei Lokomotiven ist eine bekannte und schon sehr früh eingeführte Feuerungsart, die in ihrer einfachen konstruktiven Ausführung schnell Verbreitung in der ganzen Welt fand. Es soll daher stellvertretend für alle ölgefeuerten Lokomotiven die Entwicklung dieser Feuerungsart bei der DB dargestellt werden.
Zunächst einmal sei auf die Mischfeuerung hingewiesen, die bei vorhandener Kohlenfeuerung eine Ölzusatzfeuerung beinhaltet. Diese Feuerungsart verleiht der Lokomotive eine größere Anpassungsfähigkeit an die wechselnden Anforderungen des Betriebes und ermöglicht eine wirtschaftlichere Nutzung des Kessels. Während die Kohlenfeuerung auf die durchschnittliche Lokomotivleistung abgestimmt ist, übernimmt die Ölzusatzfeuerung die Leistungsspitzen bei erhöhter Kesselanstrengung, sie dient aber nicht einer Steigerung der Kesselhöchstleistung.
Im Jahre 1955 begann die DB mit den ersten Erprobungen einer von Krupp gelieferten Ölzusatzfeuerung für eine Maschine der Baureihe 44. Für den Versuch wählte man die 44 475. Die erforderlichen konstruktiven Änderungen waren relativ gering. Der Kohlenkasten des Tenders wurde zur Aufnahme des Öltanks um etwa ein Drittel gekürzt. Die beiden Ölbrenner erhielten ihren Platz rechts und links neben der Feuertür. Über eine Metallschlauchverbindung wurde das durch einen Heizschlangen-Vorwärmer erhitzte Öl vom Tank über einen weiteren Ölvorwärmer auf der Lokomotive den Brennern zugeführt. Damit beim Arbeiten der Ölzusatzfeuerung etwaige Verpuffungen nicht durch die Ölleitung in den Öltank gelangen konnten, war in jeder Ölbrennerleitung ein selbsttätiges Schnellschlußventil eingebaut. Die für die Verbrennung des Öls benötigte Frischluft gelangte durch einen Luftkanal mit Regulierungsklappe zu den Brennern.

Abb. 94 1′D 1′h2-Güterzuglokomotive Baureihe 41 (042) der DB mit Ölhauptfeuerung.
(Foto: van Kampen)

Die Erfahrungen mit dieser Versuchsausführung wurden unter anderem bei einer der beiden Maschinen der Baureihe 10 verwertet. Die Lokomotive 10 001 erhielt ab Lieferwerk normale Rostfeuerung und Ölzusatzfeuerung im Gegensatz zur 10 002, die von Anfang an mit reiner Ölfeuerung ausgerüstet war. Die Ölzusatzfeuerung blieb aber bei der DB nur eine vorübergehende Zwischenstation auf dem Weg zur Ölhauptfeuerung. Die beiden Versuchsmaschinen der Reihen 44 und 10 wurden später ganz auf Ölfeuerung umgestellt.

Die DB hat seit 1956 insgesamt 109 Lokomotiven der Baureihen 01^{10}, 10, 41 (Abb. 94), 44 und 50^{40} von Kohlen- auf Ölfeuerung umgebaut. Konstruktive Schwierigkeiten bereitete die Forderung, die Kessel ohne wesentliche Änderungen übernehmen zu können. Die Ursachen hierfür lagen hauptsächlich in der Brennerbauart und -anordnung. Wie vorausgegangene Betriebsversuche bewiesen, konnte der erforderliche große Regelbereich des Brenners am zweckmäßigsten durch die Verwendung eines Doppelbrenners erreicht werden, wie er später bei allen Maschinen zu finden war.

Die nötigen baulichen Änderungen bezogen sich auf die Unterbringung eines Ölbehälters von 12 bis 13 m^3 Inhalt im bisherigen Kohlenraum der Tender. Hinzu kamen Öl- und Heizleitungen, Ventile, Meßgeräte und vieles mehr. Auf den Lokomotiven wurde als unterer Abschluß der Feuerbüchse ein Feuerkasten sowie der Brenner mit Ventilen, Leitungen, Ölvorwärmer und eine Feuertür mit Schauluken und seitlichen Luftkanälen eingebaut. Der Feuerkasten war bis in die Feuerbüchse hinein mit Schamottesteinen ausgemauert, um einen ausreichenden Schutz der unteren Feuerbüchsbleche gegen die unmittelbare Flammeneinwirkung zu erreichen. Zur besseren Flammenführung war auch hier noch eine Feuerbrücke vorhanden, die aber gegenüber den kohlegefeuerten Lokomotiven eine größere Länge hatte. Der Doppelbrenner saß in der Kessellängsachse unterhalb der vorderen Feuerbüchswand und war so geneigt, daß der Flammenstrahl die Ausmauerung der Feuerbüchsrückwand traf.

Das von der DB verwendete und besonders aufbereitete schwere Mineralheizöl wurde in der schon bei der Ölzusatzfeuerung beschriebenen Weise dem Brenner zugeführt, am Brenneraustritt von einem Heißdampfstrahl erfaßt und fein zerstäubt in den Brennraum gesprüht. Die für die Verbrennung benötigte Luft gelangte über die um den Brenner gelegten Öffnungen und durch die Öffnungen im Feuerkastenboden in die Feuerbüchse. Die Luftzufuhr wurde vom Führerstand aus über Handgestänge und Klappen reguliert.

Die Verbreitung der Ölfeuerung hatte besonders im letzten Jahrzehnt des Dampflokomotivbetriebes stark zugenommen. Die Gründe lagen einmal in der seinerzeit relativ günstigen Beschaffung von Heizöl, zum anderen in den Vorteilen der Betriebserleichterung für das Lokpersonal. Neben Umbauarbeiten der geschilderten Art für vorhandene kohlegefeuerte Lokomotiven fertigten die Lokomotivfabriken viele tausend Neubaumaschinen für Bahnen in aller Welt, die sofort mit reinen Ölfeuerungen ausgerüstet waren.

Mehrachsige Steifrahmenlokomotiven

Die Steifrahmenlokomotive ist ihrer Art entsprechend entweder ein Einrahmen- oder ein Gliederfahrzeug, d. h. sämtliche Treib- und Kuppelradsätze sind in einem gemeinsamen Hauptrahmen verlagert, wobei evtl. vorhandene Laufachsen als Lenkachsen oder Drehgestellbauart ausgeführt sein können. Da die Ausbildung des Laufwerks maßgeblich vom Reibungsgewicht und der Achslast abhängig ist, ergeben sich besondere Probleme hinsichtlich eines einwandfreien Bogenlaufs bei mehrachsigen Lokomotiven, deren angetriebenen Achsen ausnahmslos in einem durchgehenden Hauptrahmen verlagert sind. In der Frühzeit des Lokomotivbaus umging man beispielsweise bei den C- und D-gekuppelten Maschinen dieses Problem, indem eine mittlere Achse mit spurkranzlosen Rädern ausgeführt wurde, oder einzelne Kuppelräder geschwächte Spurkränze erhielten. Diese Maßnahmen waren zunächst sehr wirkungsvoll und genügten durchaus den betrieblichen Erfordernissen. Als aber mit steigenden Zuggewichten auch die Maschinenleistung und damit das Reibungsgewicht erhöht werden mußte, galt es, fünf gekuppelte Achsen in einem Rahmen unterzubringen, wobei die Bogenläufigkeit natürlich nicht beeinträchtigt werden durfte. Mit spurkranzlosen Rädern bzw. geschwächten Spurkränzen allein war bei der E-gekuppelten Maschine das Problem nicht mehr zu lösen, da der gegenüber dem Halbmesser des Gleisbogens unvermeidlich große Achsstand zur sogenannten Spießgangstellung führte, bei der die letzte Kuppelachse an der Innenschiene infolge unzureichenden Spurspiels anläuft. Es galt also eine Lösung zu finden, bei der einmal eine Teilung des Hauptrahmens vermieden wurde, zum anderen aber der feste Achsstand möglichst kurz gehalten werden konnte. In den nachfolgenden Kapiteln werden verschiedene zum Teil kuriose Konstruktionen beschrieben, die schließlich im Jahre 1900 von der durch den Österreicher Gölsdorf eingeführten Kuppelachse mit Seitenverschiebung abgelöst wurden. Ferner sollen einige Beispiele moderner Steifrahmenlokomotiven mit fünf und mehr Kuppelachsen erwähnt werden, deren Konstruktion maßgeblich erst durch die Gölsdorfsche Erfindung möglich wurde.

DIE BAUART KLOSE

Die schwierigen Streckenverhältnisse der Württembergischen Staatsbahn, insbesondere auf der Geislinger Steige, sowie die wachsenden Zuggewichte wurden für die Bahnverwaltung zu einem brennenden Problem, da die C-gekuppelten Lokomotiven der Klasse Fc diesen Anforderungen nicht mehr gewachsen waren. Die geringe Zugkraft der Lokomotiven führte entweder zur Teilung der Güterzüge oder zur Doppelbespannung unter Beibehaltung der gesamten Zuglänge. Sowohl das eine wie das andere war unwirtschaftlich. Die einzig vernünftige Lösung lag daher in der Beschaffung einer Lokomotive, die imstande war, die Leistung von zwei C-gekuppelten Maschinen zu entwickeln. Das hierzu notwendige Reibungsgewicht von ca. 70 t mußte aber der geringen zulässigen Achslast wegen auf fünf Achsen verteilt werden. Die größte Schwierigkeit bereitete aber das Problem der Kurvenläufigkeit einer fünffach gekuppelten Einrahmenlokomotive. Es ist dem Können und dem Ideenreichtum des württembergischen Oberbaurats Klose zu verdanken, der durch eine für seine Zeit außergewöhnliche Konstruktion den Bau E-gekuppelter Lokomotiven ermöglichte.

Die Grundidee des Klose'schen Triebwerks beinhaltete die Radialeinstellung der Endachsen im Gleisbogen, wobei die unvermeidlichen Längenänderungen der Kuppelstangen auf beiden Seiten der Lokomotive infolge unterschiedlicher Bogenlängen der außen- und innenliegenden Schienen durch zwei Hebelparallelogramme aufgenommen wurden. Bei der projektierten E-gekuppelten Lokomotive sah das so aus, daß die drei mittleren, dicht beieinander liegenden Kuppelräder starr miteinander gekuppelt waren, die beiden Endachsen dagegen mit den Schwingen des Kuppelstangenparallelogramms verbunden wurden. Durch die Veränderung der Radabstände auf Grund radialer Einstellung im Gleisbogen änderte sich auch die Schwingenlage wegen der außermittigen Lage des Anlenkpunktes der äußeren Kuppelstangen. Die selbsttätige Radialeinstellung der Räder sowie ihre zwangsweise Rückstellung beeinflußte ein sinnvolles Steuergestänge,

Abb. 95 E-gekuppelte Güterzuglokomotive Bauart Klose, erstmals 1892 von der Württembergischen Staatsbahn eingeführt. (Foto: Esslingen)

das die Lenkbewegungen vom großen Kuppeleisen des Tenders abnahm.

Entsprechend den Vorschlägen Kloses wurden von der Maschinenfabrik Esslingen fünf Lokomotiven (Abb. 95) gebaut und im Jahre 1892 ausgeliefert. Die anschließenden Versuchsfahrten bestätigten die in die neue Maschinenbauart gesetzten Erwartungen. Nicht allein, daß die gestellten Forderungen erfüllt wurden, die Lokomotiven zeichneten sich außerdem noch durch einen ungewöhnlich ruhigen Lauf aus.

Mit der Inbetriebnahme der fünf als Klasse G eingereihten Güterzuglokomotiven war für einige Jahre der Bedarf an schweren, leistungsfähigen Maschinen für den stetig angewachsenen Güterverkehr in Württemberg gedeckt. Das Klose-Triebwerk fand aber noch weitere Anwendung bei den C-Güterzuglokomotiven der Klasse F 1c und F 1, die in den Jahren 1893 bis 1896 entstanden, sowie bei den schmalspurigen Tenderlokomotiven der Klasse Ts 4 aus dem Jahre 1891.

Auch die ehemaligen Bosnisch-Herzegowinischen Landesbahnen zeigten reges Interesse an dieser neuen Lokomotivbauart, zumal sie bereits für den Betrieb auf der Bosna-Bahn 3-achsige Wagen mit einstellbaren Achsen besaßen. In Zusammenarbeit mit Krauss & Co. in München wurde eine C 1'-Stütztenderlokomotive entwickelt, deren erstes Exemplar 1885 fertiggestellt wurde. Auffallend war der für eine Schmalspurlokomotive lange Kessel mit 4100 mm Siederohrlänge. Die guten Erfahrungen mit dieser Probelok veranlaßten die Bahn nicht nur zum Nachbau weiterer Maschinen dieses Typs, sie beschaffte sogar mehrere verschiedene Baureihen mit Klose-Triebwerk in den Achsfolgen C 2', 1'B 1' und E 1'.

Eine interessante Variante der Klose-Bauart stellen die drei 1888/89 von der Schweizerischen Lokomotivfabrik in Winterthur gebauten B 1'/a n4v-Zahnradlokomotiven der Appenzeller Straßenbahn dar. Die Maschinen (Abb. 96) waren als Adhäsions- und Zahnradlokomotiven ausgeführt und besaßen einen Außenrahmen. Der Kessel erhielt einen überhöhten Feuerbüchsmantel mit darauf angeordnetem Dampfdom, der jedoch seiner weit zurückhängenden Lage wegen ins Führerhaus miteinbezogen werden mußte. Der einachsige Tender war als Stütztender ausgebildet und sorgte über eine um einen Drehpunkt schwenkbar verlagerte Quertraverse für die Lenkachsrückstellung. Der kleinste von der Lokomotive befahrbare Radius betrug 30 m.

DIE BAUART KLIEN-LINDNER

Von jeher bereitete der Eisenbahnbau in Gegenden mit gebirgigem Landschaftscharakter Schwierigkeiten im Hinblick auf die Streckenführung. Sachsen war nach Württemberg das zweite Land, das besonders krümmungsreiche Strecken aufzuweisen hatte und deshalb auch bezüglich der Lokomotivbeschaffung weitgehend den erhöhten Anforderungen des Betriebes auf derartigen Strecken Rechnung tragen mußte. Das Problem lag auch hier in einer guten Kurvenläufigkeit der Lokomotiven, wobei eine einwandfreie und in der Unterhaltung nicht zu aufwendige Krümmungseinstellung von mehr als drei gekuppelten Achsen gefordert wurde.

Als mit Beginn des Ersten Weltkrieges die Beschaffung einer leistungsfähigen Lokomotivbauart für den Vorspanndienst im Erzgebirge immer dringender wurde, entschloß sich die Sächsische Staatsbahn unter Leitung ihres Chefkonstrukteurs Meier, ein Triebfahrzeug sehr großer Zugkraft mit gleichzeitig guten Laufeigenschaften in engen Gleisbögen für den schweren Bergdienst zu schaffen. Obwohl bereits das Gölsdorfsche Verfahren der Achsverschiebung bei mehrachsigen Lokomotiven längst bekannt und auch schon mit Erfolg

Abb. 96 Klose-Zahnradlokomotive 1888 von der SLM für die Appenzeller Straßenbahn gebaut. (Foto: Werkaufnahme SLM)

Abb. 97 CC h4v-Tenderlokomotive mit Klien-Lindner Endachsen, von Hartmann 1916 als Gattung XV HTV an die Sächsische Staatsbahn geliefert. (Foto: Werkaufnahme Hartmann)

praktiziert worden war, bezweifelten die Anhänger der Gelenkbauweise, unter ihnen Oberbaurat Lindner, eine wirkungsvolle Anwendung des Prinzips von Gölsdorf bei Triebwerken mit mehr als fünf Achsen. Andererseits war man sich auch der Nachteile einer Gelenkbauart bezüglich Dichthaltung der beweglichen Dampfleitungen bewußt. Da die projektierte Lokomotive mit 92 t Dienstgewicht einer Gewichtsverteilung auf sechs angetriebenen Achsen bedurfte, kam man auf die Idee, sich die guten Erfahrungen mit dem bei den 1′D-Güterzuglokomotiven der Gattung IXV und IXHV angewandten Klien-Lindner-Radsatz zu Nutze zu machen.

Der Klien-Lindner-Radsatz bildet im Gegensatz zum üblichen Radsatz ein einheitliches Gebilde aus einer Hohlwelle und den beiden Radkörpern, das ringförmig die für sich im Lokomotivrahmen verlagerte Achswelle umschließt. Die Hohlwelle lagert auf einer kugeligen Verdickung in der Mitte der Achswelle, wodurch eine Radialeinstellung der Räder innerhalb eines bestimmten Winkels ermöglicht wird. Die Übertragung der Drehbewegungen von der Kernachse auf die mit der Hohlwelle verbundenen Räder erfolgt durch einen im Kugelgelenk eingelassenen Mitnehmerbolzen.

Die von der Sächsischen Staatsbahn bei der Firma Hartmann in Auftrag gegebenen zwei Exemplare der neuen Lokomotivbauart wurden unter den Fabriknummern 3843/44 gefertigt und im Jahre 1916 als Gattung XV HTV mit den Betriebsnummern 1351/52 abgeliefert (Abb. 97). Die beiden CC h4v-Maschinen waren mit Klien-Lindner Endachsen ausgerüstet und durch ein innerhalb der Rahmenbleche liegendes Gestänge derart miteinander verbunden, daß die führende und nachlaufende Endachse sich jeweils im gleichen Winkel zum Rahmen einstellen konnten. Die Rückstellung erfolgte durch Rückstellfedern. Als weitere Neuerung besaßen die Lokomotiven einen gemeinsamen zwischen beiden Triebwerken liegenden Zylinderblock, in dem auf jeder Seite ein Hoch- und ein Niederdruckzylinder in einem Gußstück vereinigt waren. Entgegen der Ausführung bei der bayrischen Pt L 2/2 mit gegenläufigem Triebwerk arbeiteten bei der XV HTV alle Zylinder unabhängig voneinander. Die Dampfzuleitung vom Überhitzer zu den Zylindern lag auf der linken Seite längs des Kessels, Verbinder und Ausströmleitung dagegen zwischen den Rahmenblechen.

Die ohne Spiel im Rahmen verlagerten Treibachsen führten zu dem außergewöhnlich langen festen Achsstand von 7500 mm. Die beiden innenliegenden Kupelachsen hatten ein seitliches Spiel von 26 mm.

Ursprünglich für den Einsatz auf den Strecken Chemnitz–Annaberg und Schwarzenberg–Zwickau gedacht, scheinen aber beide Maschinen schon bald in den Verschubdienst versetzt worden zu sein. So interessant und ungewöhnlich diese Bauart war, konnte sie sich jedoch nicht gegenüber dem einfacheren System von Gölsdorf behaupten. Die hohen Unterhaltungskosten der beiden Triebwerke, die komplizierte Bauart der Klien-Lindner Radsätze und die Nachteile der langen Dampfleitungen gaben Anlaß, keine weiteren Lokomotiven der Gattung XV HTV mehr zu bauen. Sie wurden zwar noch von der Deutschen Reichsbahn übernommen und als 79 001/002 in den Lokomotivbestand eingereiht, vielen aber schon kurze Zeit später der Ausmusterung zum Opfer.

DIE BAUART LUTTERMÖLLER

Als letzte und nicht minder interessante Lösung sei noch die einstellbare Achse der Bauart Luttermöller erwähnt, die während des Ersten Weltkrieges bei Orenstein & Koppel von dem damaligen Direktor Luttermöller entwickelt und nach ihm benannt worden ist.

Bei diesem Antrieb wurde das Problem der mehrfach gekuppelten Lokomotive für sehr kleine Gleisradien auf eine sinngemäß ähnliche Art gelöst wie bei den zuvor beschriebenen Klien-Lindner Endachsen, nämlich durch Radialeinstellung der Endachsen. Der Antrieb dieser Endachsen zeigte allerdings eine vorteilhaftere Konstruktion als bei den Klien-Lindner Hohlachsen. Die Endachse wurde von der benachbarten letzten Kuppelachse über eine Zahnradstufe mit Zwischenrad angetrieben, wobei das gesamte Vorgelege in einem staubdichten Getriebegehäuse untergebracht war und in Öl lief. Die Schwenkbarkeit der Endachse war dadurch gewährleistet, daß das Getriebegehäuse auf einer kugelförmigen Verdickung in der Mitte der Kuppelachse aufgehängt war und dadurch als eine Art Deichsel wirkte. Die Zahnradendachsen konnten von ihrer Wirkung her einer Bisselachse gleichgestellt werden. Ein ruhiger Lauf des Triebwerkes wurde durch eine Rückstellvorrichtung erreicht. Der große Vorteil gegenüber der Klien-Lindner Hohlachse lag vor allem in der Anwendung der Luttermöller Bauart bei Maschinen mit Innenrahmen sowie in dem geringen Gewicht der Baugruppe.

Im Ersten Weltkrieg hatte man eine Reihe von Feldbahnlokomotiven mit Luttermöller Endachsen ausgeführt. Der Erfolg und die guten Erfahrungen mit diesen Maschinen gaben Anlaß zur Ausrüstung mehrachsiger Schmalspurlokomotiven mit zahnradgetriebenen Achsen, wie beispielsweise die E h2-Tenderlokomotiven der Gattungen T 39 und T 40 der Preußischen Staatsbahn, die auf den oberschlesischen und thüringischen Strekken eingesetzt waren und äußerst zufriedenstellend liefen.

Als Ende der zwanziger Jahre der Bedarf an stärkeren Verschublokomotiven für den Rangierdienst im Hamburger Hafen und im Güterbahnhof Hamburg-Süd immer dringender wurde, besann man sich seitens der DR wieder auf die Bauart Luttermöller, zumal viele Gleisbögen in den genannten Einsatzgebieten nur einen Radius von 100 m aufwiesen und diese von der zu erwartenden fünfachsigen Maschine anstandslos durchfahren werden mußten. Im Jahre 1927 wurden die ersten von 16 E h2-Tenderlokomotiven als Baureihe 87 in Dienst gestellt. Die seinerzeit angestrebte Vereinheitlichung spiegelte sich auch in diesen Maschinen wieder, so entsprach z. B. der Kessel jenem der Baureihe 86. Viele andere Bauelemente wurden den bereits vorhandenen Baureihen 24, 64, 80 und 81 entnommen.

Als zweite normalspurige Luttermöller Bauart stellte die DR versuchsweise im Jahre 1934 noch zwei 1′E 1′h2-Tenderlokomotiven der Baureihe 84 (Abb. 98) für den Einsatz auf den Erzgebirgsstrecken mit ihren langen Steigungen und starken Krümmungen in Dienst. Die Forderung, 85 m Gleisradien sicher zu durchfahren, wurde von den Maschinen aufgrund der Luttermöller Endachsen reibungslos erfüllt. Allerdings erwiesen sich zwei Dreizylinder-Vergleichsmaschinen derselben Bauart jedoch mit Schwartzkopff-Eckhardt Lenkgestellen bezüglich der Laufeigenschaften ebenbürtig. Letztere Bauart zeigte aber außerdem eine Überlegenheit in der Unterhaltung und bezüglich der Wirtschaftlichkeit, so daß die beiden Luttermöller Maschinen nicht mehr weiter nachgebaut wurden, sondern der wirtschaftlicheren Schwartzkopff Ausführung der Vorrang gegeben wurde.

Eine gute Konstruktion scheitert meistens nur dort, wo sie nicht voll ausgenutzt und daher durch ebenbürtige aber im Aufwand und in der Unterhaltung weniger aufwendige Bauelemente ersetzt werden kann wie im Fall der beiden 84er. Andererseits fand der Luttermöller Antrieb noch in den letzten Jahren des Dampflokomotivbaues Anwendung. Ein Beispiel hierfür ist eine 165 kW E-Naßdampf-Tenderlokomotive mit zahnradgetriebenen Endachsen für 750/1000 mm Spurweite, die im Jahre 1952 von der Lokomotivfabrik Arn. Jung gebaut und nach Brasilien geliefert worden ist.

DIE BAUART GÖLSDORF

Bereits vor der Jahrhundertwende wußte man den Nutzen der mit fünf und mehr Kuppelachsen ausgerüsteten Lokomotiven zu schätzen, wenn auch die Verfahren für die Laufwerksausbildung recht unterschiedlich waren. Der Bedarf derart leistungsfähiger Maschi-

Abb. 98 1′E 1′h2-Tenderlokomotive Baureihe 84 der DR mit Luttermöller-Endachsen, im Jahre 1934 von O & K gebaut. (Foto: Repro Sammlung Weisbrod)

nen führte zu den beschriebenen Steifrahmenbauarten von Klose, Klien-Lindner und Luttermöller bzw. zu den Gelenkbauarten von Hagans, Köchy, Mallet u.a. In Amerika fand die E-gekuppelte Lokomotive normaler Konstruktion schon recht früh Verwendung. So führte die Lehigh Valley Railroad im Jahre 1870 versuchsweise aber zunächst mit wenig Erfolg die Achsfolge 1'E ein. Erfolgreicher waren dagegen die 1893 von der New York, Lake Erie & Western Railroad in Dienst gestellten 1'E-Verbundmaschinen. Eigenartigerweise folgte die reine E-gekuppelte Lokomotive erst gegen 1905, ihre Bedeutung beschränkte sich in Amerika aber nur auf die Rangierlokomotiven, im Streckendienst war die Achsfolge E praktisch nicht zu finden. Ein typisches Beispiel ist die 1928 in drei Exemplaren von der Duluth, Missabe & Northern Railway in Dienst gestellte E h2-Verschublokomotive der Klasse S 6. Diese in Abb. 99 dargestellte Bauart war die schwerste E-gekuppelte Rangierlokomotive, die je gebaut worden war. Bevorzugt für den Verschub schwerer Erzzüge eingesetzt, entwickelten diese Kraftprotze bei 16 t Achslast eine Zugkraft von 351 kN, die durch Hinzuschalten des Tenderboosters um 66 kN auf eine Gesamtzugkraft von 417 kN gesteigert werden konnte, ein für Rangierlokomotiven ungewöhnlich hoher Wert.

Nach diesem kurzen Abstecher in die Blütezeit der fünffach gekuppelten Dampfriesen wieder zurück zu den Anfängen einer neuen Technik, die erst den Bau späterer Dampflokomotiven mit gigantischen Dimensionen ermöglichte. In Europa glaubte man zunächst nur in komplizierten, vielteiligen Konstruktionen eine geeignete Lösung der mehrfach gekuppelten Lokomotive finden zu können, etwa nach dem Motto: »Warum einfach, wenn es auch umständlich geht!« Endlich im Jahre 1900 wurde von dem österreichischen Ingenieur und damaligen Leiter des Konstruktionsbüros der kkStB Karl Gölsdorf jene geniale Erfindung gemacht, die in Zukunft den Bau von E-, F- und sogar G-gekuppelten Steifrahmenlokomotiven in konstruktiv einfachster Form erst ermöglichte.

Anlaß für die neuartige Laufwerksanordnung der E-gekuppelten Lokomotive war die Forderung nach einer neuen, stärkeren Güterzuglokomotive für die Beförderung von 190 t schweren Braunkohlenzügen auf der nordböhmischen Strecke von Klostergrab nach Moldau über eine Steigung von 37 ‰ mit einer Geschwindigkeit von 15 km/h. Gölsdorf machte sich die von Helmholtz durchgeführten wissenschaftlichen Untersuchungen zunutze und setzte sie in die Tat um. Er schuf für den vorgenannten Fall eine fünffach gekuppelte Versuchslokomotive (spätere Reihe 180), bei der erstmals die Kurvenläufigkeit durch seitliche Verschiebung der ersten, dritten und fünften Kuppelachse um ±26 mm erreicht wurde. Die zweite und vierte Achse erhielten kein Seitenspiel, so daß letztere als Treibachse verwendet werden konnte. Diese Anordnung brachte den Nachteil einer sehr langen Kolbenstange zugunsten einer nicht zu schweren Treibstange mit sich, was zur Folge hatte, daß die Gleitbahnen für die Kreuzköpfe neben der zweiten Kuppelachse liegen mußten.

Diese sogenannte »Gölsdorfsche Triebwerksausführung« wurde sehr schnell auch von den anderen Bahnverwaltungen übernommen und in derselben Form nachgebaut. Ein Beispiel hierfür ist die Ursprungsausführung der preußischen T 16.

Die als Naßdampf-Verbundmaschine ausgeführte Probelokomotive (Abb. 100) war im Frühjahr des Jahres 1900 in Betrieb genommen worden und bewährte sich derart gut, daß nicht nur die Staatsbahn, sondern auch die Südbahn eine größere Stückzahl der Reihe 180 in Auftrag gab. Die Tschechoslowakischen Staatsbahnen beschafften später ebenfalls eine beträchtliche Anzahl Maschinen der Reihe 180 für den schweren Güterzugdienst. Aus der Reihe 180 entstand im Jahre 1909 die Heißdampfausführung Reihe 80, die mit Schmidt-Überhitzer ausgerüstet war. Der überwiegende Teil dieser Maschinen waren Zwillingslokomotiven mit Lentz-Ventilsteuerung.

Abb. 99 E h2-Rangierlokomotive Klasse S 6 der DM & IR, die Maschinen erhielten später zusätzliche Tender-Booster. (Foto: King)

Abb. 100 E n2v-Güterzuglokomotive der kkStB Betr.-Nr. 180.01, im Jahre 1900 als erste Maschine der Welt mit seitenverschiebbaren Kuppelachsen der Bauart Gölsdorf ausgeführt.
(Foto: Werkaufnahme Simmering-Graz-Pauker)

In Deutschland erfuhr das Gölsdorf-Triebwerk bei den fünffach gekuppelten Lokomotiven schon bald eine grundlegende Änderung. Wegen der weniger krümmungsreichen Strecken konnte auf die Seitenverschiebbarkeit der dritten Achse verzichtet werden, so daß diese wieder als Treibachse verwendet werden konnte. Spätere Bauarten besaßen noch eine Rückstellvorrichtung der seitenverschiebbaren Achsen, wodurch die Führung der Maschine günstiger und die Beanspruchung des Fahrzeugrahmens gemildert wurde. Die einfache und anspruchslose Bauart der Gölsdorf-Achse bildete seit Einführung der Reihe 180 die Grundlage für nahezu alle weiteren vielachsigen Steifrahmenlokomotiven der Zukunft.

SECHS- UND SIEBENACHSER

Die Betrachtungen zu Beginn des vorherigen Kapitels zeigten bereits die Notwendigkeit der vielfach gekuppelten Lokomotive, die der Forderung nach größeren und leistungsfähigeren Maschinen bei Berücksichtigung der jeweils geringsten zulässigen Achslast entsprach und damit die bis dahin notwendigen aber unwirtschaftlichen Doppelbespannungen der schweren Güterzüge überflüssig machte.
Während man in Europa den Bau fünfachsiger Normalbauarten bis zur Einführung der Gölsdorf-Achse auf recht umständliche Weise durchführte, wurde das Problem der Kurvenläufigkeit mehrachsiger Steifrahmenlokomotiven in Amerika mit der Unbekümmertheit des typischen Pioniergeistes angefaßt, etwa nach dem Grundsatz: Probieren geht übers Studieren. Es ist daher nicht verwunderlich, wenn eine der ersten sechsachsigen Lokomotiven der Einrahmenbauart – die »Pennsylvania« – bereits 1863 von der Philadelphia and Reading Railway Company gebaut wurde. Es handelte sich um eine Tenderlokomotive der sogenannten Camel-Bauart (Abb. 83) mit spurkranzlosen Rädern an der vierten Kuppelachse. Diese Maschine diente ausschließlich als Schiebelokomotive auf einer Steilrampe (s. Kapitel: Feuerungssysteme).
Die eigentliche wegweisende Entwicklung der F-gekuppelten Lokomotiven ging wieder von dem genialen österreichischen Ingenieur Karl Gölsdorf aus. Die in einem Gebirgsland wie Österreich anders gearteten Streckenführungen gegenüber den Flachlandbahnen erforderten ebenso andere Bedingungen an die Traktionsmittel. Es mag daher nicht verwunderlich erscheinen, daß beispielsweise die Schnellzüge auf den Gebirgsstrecken mit fünffach gekuppelten Lokomotiven bespannt waren, also Maschinen, die normalerweise zur Kategorie der Güterzuglokomotiven gerechnet werden mußten. Die Geschwindigkeit spielte auf den sehr krümmungs- und steigungsreichen Strecken eine weniger wichtige Rolle als vielmehr eine hohe Zugkraft verbunden mit einem guten Beschleunigungsvermögen und befriedigender Kurvenläufigkeit des Fahrwerkes.
Als der ständig steigende Verkehr auf der Tauernbahn im Jahre 1910 bereits die Beförderung von 330-t- bis 350-t-Schnellzügen forderte, war die Leistungsgrenze selbst so starker Maschinen wie der 1'E n4v-Lokomotive der Reihe 280 und der 1'E h4v-Lokomotive der Reihe 380 erreicht, so daß eine reibungslose Abwicklung des Betriebes nur noch mit Vorspann möglich war.
Da die vorgeschriebene Achslast von 14 t nicht überschritten werden durfte, blieb Gölsdorf keine andere Wahl, als das der Leistung entsprechend große Maschinengewicht auf sechs gekuppelte Achsen und eine

Abb. 101 1′F h4v-Gebirgsschnellzuglokomotive Reihe 100 der kkStB, 1911 von der Wiener Lokomotivfabrik gebaut. (Foto: Sammlung Zell)

Laufachse zu verteilen. Er schuf mit seiner 1′F h4v-Lokomotive eine für Europa völlig neue Lokomotivbauart. Die im Jahre 1911 von der Wiener Lokomotivfabrik A.G., Floridsdorf fertiggestellte Maschine mit der Reihenbezeichnung 100 (Abb. 101) stellte für die damalige Zeit wahrlich einen Giganten auf Schienen dar. Der konische Kessel entsprach im Aufbau etwa jenem der kkStB Reihe 380, besaß aber bei einem größten lichten Durchmesser von 1855 mm eine Heizfläche von 224,1 m^2, eine Rostfläche von 5 m^2 und eine für diese Kesselabmessungen jedoch zu gering bemessene Überhitzerheizfläche von nur 59,7 m^2.

Entgegen den bisher üblichen Ausführungen bei den 1′E-Lokomotiven der k.k. Österreichischen Staatsbahn lagen bei der Reihe 100 die äußeren Niederdruckzylinder waagerecht, während die beiden inneren Hochdruckzylinder unter einer Neigung von 1:7,2 angeordnet waren, so daß die dritte Kuppelachse als Treibachse verwendet werden konnte. Das Fahrwerk war im Hinblick auf einen zwangsfreien Lauf im Gleisbogen in einer besonders interessanten Konstruktion ausgeführt. Die vorlaufende Adamsachse besaß 50 mm, die zweite und fünfte Kuppelachse 26 mm, die sechste Kuppelachse 40 mm Spiel nach jeder Seite. Die erste, dritte und vierte Kuppelachse waren fest verlagert, wobei die als Treibachse ausgebildete dritte Kuppelachse keine Spurkränze besaß. Da die große Seitenverschiebbarkeit der letzten Kuppelachse mit 40 mm nicht mehr von den Kuppelzapfen aufgenommen werden konnte, erhielt die Kuppelstange zwischen 5. und 6. Kuppelachse Kardangelenke, die eine Einstellung der Stangen in alle Richtungen ermöglichte. Aus montagetechnischen Gründen mußte die Kuppelstange jedoch längsgeteilt und beide Hälften miteinander verschraubt werden, eine Lösung, die sich durchaus bewährt hat.

Gekuppelt war die Reihe 100 mit einem Tender der Reihe 156, der einen Ölbehälter für die Ölfeuerung der Maschine enthielt. Es war seinerzeit üblich, auf den tunnelreichen Gebirgsstrecken mit Öl zu heizen, um eine möglichst geringe Rauchentwicklung zu erzielen. Bei den absolvierten Probefahrten erfüllte die Lokomotive zur vollsten Zufriedenheit die in sie gesetzten Erwartungen. Obwohl die zulässige Höchstgeschwindigkeit mit 60 km/h festgesetzt war, wurden bei Fahrversuchen 85 km/h ohne Mühe erreicht. Die Forderung, einen 300-t-Zug auf 28 ‰ Steigung mit 40 km/h zu befördern, wurde ohne Anstrengung von der Reihe 100 erfüllt, wobei ihre Leistung noch nicht einmal voll ausgenutzt wurde. Leider blieb die Probemaschine ein Einzelexemplar. Die Gründe lagen einmal im Ausbruch des Ersten Weltkrieges, zum anderen erforderte die bald durchgeführte Verstärkung des Oberbaues und die damit verbundene Heraufsetzung der zulässigen Achslast keine sechsfach gekuppelten Lokomotiven mehr, die Forderungen an die Maschinenleistung konnten jetzt auch mit E-gekuppelten Lokomotiven erfüllt werden. Bereits im Jahre 1928 wurde die Reihe 100 ausgemustert und verschrottet, nachdem ein größerer Schaden an den innenliegenden Hochdruckzylindern aufgetreten war und eine kostspielige Reparatur erforderlich gemacht hätte.

Die schon seit längerer Zeit für den schweren Güterzugbetrieb auf der Geislinger Steige überfällige stärkere Lokomotivbauart konnte nach Einführung kräftigerer Zugvorrichtungen für 210 kN im Jahre 1913 endlich von der Württembergischen Staatsbahn im Jahre 1916 verwirklicht werden. Die guten lauftechnischen Eigenschaften der österreichischen Reihe 100 gaben den Ausschlag für die Wahl der Achsfolge 1′F der neuen h4v-Lokomotive der Gattung K der Württembergischen Staatsbahn. Kriegsbedingte Schwierigkeiten in der Materialbeschaffung verzögerten die Fertigstellung der ersten Maschinen bis zum Jahre 1918.

Im Vergleich mit ihrer österreichischen Vorgängerin unterschied sich die Gattung K von der Reihe 100 in einigen ganz wesentlichen Elementen. Was das Fahrwerk betrifft, so wählte man die vierte Kuppelachse als Treibachse für die außenliegenden Niederdruckzylinder, während die innenliegenden Hochdruckzylinder die dritte Kuppelachse antrieben. Die Laufachse war als Bisselachse ausgebildet, wodurch ein beidseitiger Achsausschlag von 95 mm möglich wurde. Die erste Kuppelachse erhielt ±20 mm, die sechste Kuppelachse ±45 mm seitliches Spiel, zweite und fünfte Kuppelachse waren fest verlagert, ebenso die dritte und vierte Achse, letztere besaßen aber 15 mm schwächere Spurkränze. Die letzte Kuppelachse erhielt eine Rückstellvorrichtung, die jedoch erst bei 20 mm Seitenausschlag zur Wirkung kam.

Mit 3000 mm über S. O. erreichte die Kessellage das Maß der preußischen G 12. Die Heizrohrlänge betrug 5500 mm, der Durchmesser des Langkessels 1850 mm. Der Rost war mit 4,2 m² Fläche der größte, der bis 1920 bei einer deutschen Güterzuglokomotive ausgeführt worden war.

Die bis zum Jahre 1924 von der Lokomotivfabrik Esslingen gebauten 44 Maschinen der Gattung K bzw. später Reihe 59° der DR sollten ein voller Erfolg werden. Sie stellten damals die leistungsfähigsten Güterzuglokomotiven in Deutschland dar. Nach Übernahme der BBÖ durch die DR wurden eine größere Anzahl der württembergischen 1'F-Lokomotiven auf der Semmeringstrecke eingesetzt, wo sie sich ebenfalls ausgezeichnet bewährten. Weitere sechs Maschinen dieser Bauart fanden während der Kriegsjahre ein neues Betätigungsfeld in Jugoslawien. Als nach dem Zweiten Weltkrieg der Lokomotivbestand durch Reparaturen beschädigter Maschinen und durch Neuanschaffungen wieder aufgefüllt war, fand sich in Deutschland kein rechtes Einsatzgebiet mehr für die 59er, zumal mit den jüngeren Baureihen 50, 52 und 44 leistungsfähige 1'E-Maschinen zur Verfügung standen. Kein Wunder also, daß bereits 1953 die letzte der württembergischen 1'F-Lokomotiven von der DB ausgemustert wurde. Drei Jahre später im Jahre 1956 zog die ÖBB ebenfalls die noch verbliebenen Maschinen dieser Gattung aus dem Verkehr und ließ sie verschrotten. Die 1'F-Lokomotiven der Württembergischen Staatsbahn stellten nicht nur die einzige sechsfach gekuppelte Lokomotive Deutschlands dar, mit ihnen wurde auch die Eigenentwicklung der Schlepptenderlokomotiven in Württemberg beendet.

Die von Gölsdorf eingeleitete Entwicklung der schweren Gebirgs- und Güterzuglokomotive mit mehr als fünf Kuppelachsen fand nicht allein in Deutschland Nachahmung. Die in vielen europäischen Ländern relativ spät einsetzende Verstärkung der Oberbaus zwang die Bahnverwaltungen, größere und leistungsfähigere Lokomotiven mit einer über den üblichen Wert hinausgehenden Zahl an Kuppelrädern zu beschaffen, um das erforderliche Reibungsgewicht bei der geringen zulässigen Achslast unterbringen zu können. Ein weiterer Gesichtspunkt, der speziell dem Bau der modernen Steifrahmenmaschinen zugrunde lag, war die Vermeidung der komplizierten und betriebstechnisch ungünstigeren Gelenkbauarten. Derartige Überlegungen dürften auch der Anlaß für die Beschaffung von F n2v-Güterzuglokomotiven seitens der Bulgarischen Staatsbahn gewesen sein.

Die geografische Beschaffenheit des Landes machte den Ausbau der den Balkan überschreitenden, Nord- und Südbulgarien verbindenden und über sehr große Höhen führenden Bahnlinien äußerst schwierig. Bedingt durch die besonderen Streckenverhältnisse wurden entsprechend leistungsfähige Lokomotiven notwendig, die auch die Ursache zur Schaffung bemerkenswerter neuer Lokomotivkonstruktionen bildeten. Obwohl die ersten Lokomotiven österreichischen Fabrikats waren, wurde schon gegen Ende der 80er Jahre die Hanomag Hauptlieferant der Bulgarischen Staatsbahn. Bei allen für Bulgarien gelieferten Lokomotiven handelte es sich durchweg um schwere und schwerste Einheiten. Als Beispiele seien nur die Schlepptendermaschinen der Achsfolgen 1'D (1911), E (1912) und 1'E (1913) genannt, denen im Kriegsjahr 1917 noch eine Anzahl von E-Tenderlokomotiven folgten.

Den würdigen Abschluß in dieser Entwicklungsreihe schwerer Gebirgslokomotiven bildeten die zehn Stück F n2v-Tenderlokomotiven (Abb. 102), welche die Bulgarische Staatsbahn 1921 entsprechend den Entwürfen der Hanomag in Auftrag gab. Es mag zunächst unverständlich erscheinen, warum in jenen Jahren eine moderne Lokomotive dieser Größenordnung nicht mit

Abb. 102 F n2v-Güterzugtenderlokomotive Reihe $T^{6}_{6}c$ der Bulgarischen Staatsbahn, 1922 von der Hanomag gebaut.
(Foto: Werkaufnahme Hanomag)

einem Überhitzer ausgerüstet worden ist. Die Ursache lag in der Einfachheit der Naßdampf-Verbundbauart. Mit der Heißdampflokomotive lagen einmal in Bulgarien noch nicht genügend Erfahrungen vor, zum anderen entsprach die Ausrüstung der Werkstätten noch nicht den Anforderungen zur Wartung von Heißdampfmaschinen. Ein ganz wesentlicher Grund war jedoch auch die bei allen bulgarischen Lokomotiven verwendete Pernik-Kohle mit ihrem geringen Heizwert, die schlechtes und unwirtschaftliches Arbeiten des Überhitzers sowie schnelles Verschmutzen desselben infolge starker Flugaschenbildung zur Folge hatte. Abgesehen von den im Jahre 1913 erstmals beschafften 1'E-Heißdampf-Verbundlokomotiven lieferte die Hanomag sämtliche Lokomotiven als Naßdampfmaschinen in Verbundausführung.

Die neuen sechsachsigen Tenderlokomotiven sollten im Schiebedienst und zur Beförderung 300 t schwerer Züge auf den bis zu 10 km langen Steilrampen mit 28 ‰ Steigung eingesetzt werden. Mit 900 mm Durchmesser auf der Niederdruckseite besaßen sie seinerzeit die größten Zylinderabmessungen aller europäischen Dampflokomotiven. Unter Berücksichtigung des kleinsten zu durchfahrenden Gleishalbmessers von 120 m erhielten die erste und die sechste Achse 28 mm, die dritte Achse 15 mm Seitenspiel. Der Treibradsatz besaß keine Spurkränze. Um bei der getroffenen Achsanordnung, bei der die vierte Achse als Treibachse ausgebildet war, übermäßig lange und schwere Treibstangen zu vermeiden, wurden die Kolbenstangen nochmals in besonderen Brillen zwischen Kreuzkopfführung und Zylinder gelagert. Die Zylinder erhielten Kolbenschieber mit 350 mm Durchmesser, wobei der Schieber des Niederdruckzylinders für doppelte Ein- und Ausströmung vorgesehen war. Die Steuerung erlaubte, dem Niederdruckzylinder größere Füllung als dem Hochdruckzylinder zu geben, was dadurch erreicht wurde, daß der Aufwerfhebel der Niederdrucksteuerung und damit die Steinauslage in der zugehörigen Schwinge größer gehalten war als bei der Hochdrucksteuerung. Die Anfahrvorrichtung entsprach der Bauart Gölsdorf.

Die guten Betriebsergebnisse der F-Maschinen veranlaßten dieselbe Bahnverwaltung, zehn Jahre später 1'F 2'h2-Tendelokomotiven für den Betrieb auf den

Abb. 103 1'F h6v-Güterzuglokomotive 160.A.1 der SNCF, im Jahre 1940 durch Umbau einer 1'E h4v-PO-Lokomotive Reihe 6000 entstanden.
(Foto: SNCF)

Bergstrecken einzusetzen, denen im Jahre 1943 eine weitere Lieferung dieser Bauart als Dreizylindermaschinen folgte.
Erwähnt werden sollen an dieser Stelle auch die beiden schweren österreichischen Zahnradlokomotiven F n2 (4) der Reihe 269 (DR BR 97^3) und 1'F 1'h2(4) der Reihe 369 (DR BR 97^4). Beide Bauarten sind in dem Kapitel »Die Zahnradlokomotiven« näher beschrieben. Als Beispiel modernster Ausführung sei noch die F 1'-Zahnradlokomotive der Ferrocarril Nacional Belgrano genannt, die ebenfalls im Reigen der Zahnradlokomotiven ausführlicher erläutert ist.
Eine der jüngsten Konstruktionen der sechsfach gekuppelten Steifrahmenbauart in Europa war die Reihe 160 A der SNCF (Abb. 103). Nach dem erfolgreichen Umbau der 2'C 1'-Schnellzugmaschinen Reihe 3500 und Reihe 4500 der ehemaligen Paris-Orleans Bahn in den 30er Jahren glaubte man in ähnlicher Weise mit den 1'E h4v-Lokomotiven der Reihe 6000 verfahren zu können, da sie nahezu dieselben Mängel aufwiesen wie die Pacifics, z. B. Unzulänglichkeiten in den vorhandenen Strömungsquerschnitten der Dampfmaschine, mangelhafte Überhitzung, eine zu schwache Kropfachse, zu knapp bemessene Rahmenversteifungen u. a. Mängel. Die Reihe 6000 war hauptsächlich im schweren Güterzugdienst auf der Strecke Limoges–Montauben eingesetzt, wobei durchschnittlich 900 t schwere Züge über eine Steilrampe von 10 ‰ Steigung mit 20 km/h befördert wurden. Im Hinblick auf einen befriedigenden Betrieb schien es wünschenswert, eine Maschine zur Verfügung zu haben, die in der Lage wäre, entsprechend dem Grenzwiderstand der Bespannung auf 10 ‰ Steigung, Lasten von 1200 t mit einer Geschwindigkeit von rund 30 km/h zu schleppen. Diese Forderung bedingte aber eine Vergrößerung der Zugkraft um ca. 85 %.
Der vorgesehene Umbau der 1'E h4v-Maschinen sollte sich zunächst unter Beibehaltung der Achsanordnung auf eine Verstärkung der Kropfachse und des Rahmens sowie zusätzlichen Einbau einer Kylchap-Saugzuganlage beschränken. Um einmal entsprechende Werte zur vergleichbaren Reihe 3700 der PO zu erhalten, zum anderen die gewünschten Betriebsbedingungen erfüllen zu können, schlug Chapelon einen grundlegenden und systematischen Umbau einer Maschine der Reihe 6000 vor. Diese als Einzelexemplar ausgeführte Versuchslokomotive erhielt außer dem üblichen Schmidt-Überhitzer noch einen Zwischenüberhitzer der Bauart Houlet zwischen den Hoch- und Niederdruckzylindern. Außergewöhnlich war die Aufteilung und Anordnung der Zylinder in zwei im Rahmen zwischen 2. und 3. Kuppelachse liegende Hochdruckzylinder und vier zu einem Block zusammengefaßte und zwischen Bisselgestell und 1. Kuppelachse liegende Niederdruckzylinder. Die Wahl von vier Niederdruckzylindern erfolgte vom Gesichtspunkt einer guten Dampfdehnung, wobei der von den Hochdruckzylindern kommende Dampf vor Eintritt in die Niederdruckgruppe nochmals überhitzt wurde. Die Steuerung der Hoch- und Niederdruckzylinder erfolgte unabhängig voneinander. Alle außenliegenden Zylinder erhielten Heusinger-Steuerung. Die Steuerbewegungen der innenliegenden wurden auf dieselbe Art abgenommen, wie es analog bei den Dreizylinder-Maschinen Gattung G 12 der Preußischen Staatsbahn geschah.
Der 5,70 m lange Kessel bestand aus drei Zylinderschüssen und war durch einen Rohrboden in zwei Hälften unterteilt, deren vordere der Wasservorwärmung diente. Der Dampfdruck betrug 18 bar, die Rostfläche 4,40 m^2, die Verdampfungsheizfläche 250,54 m^2, die Überhitzerheizfläche 72,10 m^2 und die des Zwischenüberhitzers 110,61 m^2. Die trapezförmige Feuerkiste wurde im Vergleich zur Reihe 6000 auf 3,76 m verlängert und mit einer Nicholson-Wasserkammer ausgerüstet.
Das für die geforderte Leistung nötige Reibungsgewicht wurde einerseits durch das vorhandene große Eigengewicht der Maschine von 137,6 t erreicht, andererseits erforderten die gewaltigen Dimensionen der Lokomotive ein Fahrwerk mit sechs gekuppelten Achsen und 1400 mm Raddurchmesser sowie eine führende Bisselachse. Die 1. Kuppelachse besaß ein Seitenspiel von ± 20 mm, die 2., 3. und 4. Kuppelachse waren fest verlagert, hatten jedoch geschwächte Spurkränze. Die 5. Achse konnte 10 mm und die 6. Achse 30 mm nach beiden Seiten auswandern. Als Treibachsen dienten die 2. Kuppelachse für die beiden innenliegenden Niederdruckzylinder, die 3. Kuppelachse für die außenliegenden Niederdruckzylinder und die 4. Kuppelachse für die im Rahmen zwischen 2. und 3. Achse liegenden Hochdruckzylinder. Gekuppelt war die 160 A mit dem großen vierachsigen 38 m^3-Tender der Nordbahn. Die Höchstgeschwindigkeit der Lokomotive betrug 90 km/h.
Nach Fertigstellung der Maschine im Juni 1940 konnte

Abb. 104 2′F 1′h3-Güterzuglokomotive Serie 9000, im Jahre 1926 von Alco für die Union Pacific Railroad gebaut. (Foto: UP)

bei zahlreichen Versuchsfahrten eine nahezu gleichbleibende Zugkraft von 200 bis 220 kN bei Geschwindigkeiten zwischen 20 und 30 km/h gemessen werden, das entsprach einer Leistung von 1324 bis 1692 kW. Bei 45 und 60 km/h wurden noch 165 bzw. 120 kN Zugkraft aufgebracht entsprechend einer Zughakenleistung von 2023 bis 1964 kW. Obwohl die Betriebsergebnisse der 160 A durchaus zufriedenstellend ausfielen, blieb sie wie ihre ältere österreichische Schwester, die Reihe 100, eine Versuchsausführung ohne Chance auf größere Verbreitung.

Wir wollen die europäischen Sechskuppler nun verlassen und uns noch einmal der bereits eingangs kurz erwähnten Entwicklung in den USA zuwenden. Es ist hinreichend bekannt, daß bezüglich der Lokomotivkonstruktionen schon recht früh in Amerika andere Maßstäbe angelegt wurden als in Europa. Die Tendenz ging bereits um die Jahrhundertwende in Richtung der schweren mehrachsigen Lokomotive. Diese Bestrebungen fanden dann auch bald ihre Verwirklichung in den Gelenklokomotiven der Bauart Mallet, die in Nordamerika ihre größte Verbreitung finden sollte.

Aber auch in den USA erkannte man durchaus die konstruktiven und fahrtechnischen Nachteile der Gelenkbauart. Es waren aber weniger die Lokomotivfabriken als vielmehr die Bahngesellschaften, die in eigener Regie neue Wege der leistungsfähigen Großlokomotive beschritten, die letztlich ihren Niederschlag in zwei Bauarten fanden, der sechsfach gekuppelten Steifrahmenlokomotive und der sogenannten »Nonarticulated«. Der letztgenannten Bauart werden wir noch in einem nachfolgenden, gesonderten Kapitel begegnen. Die Entwicklung der modernen amerikanischen F-Lokomotiven ging hauptsächlich auf die Initiative der Union Pacific Railroad zurück, deren 2′F 1′h3-Güterzuglokomotiven (Abb. 104) sich durchaus bezüglich der Dimensionen mit den vorhandenen Mallet-Riesen messen konnten.

Diese erstmals im Jahre 1926 in Dienst gestellten 2′F 1′-Maschinen der Serie 9000 waren für eine maximale Zugkraft von 440 kN ausgelegt unter Berücksichtigung einer einzuhaltenden Achslast von 27 t.

Die Zylinder wirkten auf zwei Treibachsen und zwar der innenliegende Zylinder auf die zweite, die beiden äußeren Zylinder auf die dritte Kuppelachse. Die Wahl der dritten Kuppelachse als Treibachse für die außenliegenden Zylinder erforderte bei der großen Leistung der Maschine auch hier lange und schwere Treibstangen in Verbindung mit langen Kolbenstangen. Als Steuersystem für die Zylinder wählte man die bei Drilling-Lokomotiven in den USA häufig verwendete Gresley-Steuerung. Es handelte sich bei dieser Ausführung um eine sinnvolle Kombination zweier Schwingen, über welche die Bewegung des mittleren Schiebers von denjenigen der beiden äußeren Schieber abgeleitet wurde. Diese Steuerungsart hatte allerdings den großen Nachteil, daß Ungenauigkeiten der äußeren Steuerungen sich nachteilig auf die Bewegung des inneren Schiebers auswirkten und zu Störungen führten. In Erkenntnis dieser Problematik hat man in Europa überwiegend die Einzelsteuerung bei Drilling-Maschinen verwendet.

Die Serie 9000 war ursprünglich vom Hersteller, der American Locomotive Company, als schwere Güterzuglokomotive für hohe Zugkräfte aber geringe Geschwindigkeiten ausgelegt worden. Die vorgesehene Höchstgeschwindigkeit von 56 km/h ergab bei der großen geführten Länge der Maschinen einen außerordentlich ruhigen Lauf. Man setzte folglich schon bald die Geschwindigkeit auf 97 km/h herauf und erzielte dabei äußerst gute Ergebnisse.

Ihr vorgesehenes Einsatzgebiet führte über eine Strecke mit stark wechselnden Neigungsverhältnissen, wobei längere Steigungen von 15 ‰–20 ‰ überwunden werden mußten. Ihrer Größe und des langen Radstandes wegen entstanden eine Reihe Probleme, die bereits damit anfingen, daß es den großen Lokomotiven bei der Achsfolge 2′F1′ auch noch möglich sein mußte, die engen Gleisbögen vor den Drehscheiben sicher zu durchfahren, um überhaupt in den Rundschuppen zu gelangen. Ferner mußte eine befriedigende Lösung der Fahrgestellführung zwischen dem zweiachsigen Laufgestell und den einstellbaren Kuppelrädern gefunden werden. Eine andere Schwierigkeit lag in der Ausführung und Unterbringung der riesigen Feuerbüchse, die in ihrer endgültigen Form noch bis über die letzte Kuppelachse ragte.

Obwohl in dieser Größenordnung keine vergleichbaren Sechskuppler vorhanden waren, kann man von einem erfolgreich verlaufenden Versuch sprechen, den ALCO zusammen mit der Union Pacific Railroad seinerzeit unternommen hat. In jenen Tagen stellten die 2′F1′-Lokomotiven eine außergewöhnliche und hervorragend gelungene Konstruktion dar. Aber schon 1936 mußten diese Maschinen wegen erhöhter Forderungen an die Geschwindigkeit in untergeordnete Dienste zurückweichen, während zunächst Mallet-Lokomotiven, später moderne Dieseleinheiten den Dienst der 2′F1′-Maschinen übernahmen.

Die Gesamtstückzahl der zwischen 1926 und 1930 von der Union Pacific Railroad in Dienst gestellten sechsfach gekuppelten Lokomotiven der Serie 9000 belief sich auf ungefähr 90 Maschinen.

Die USA nehmen für sich in Anspruch, der übrigen Welt bezüglich der Dimensionen und Leistungen ihrer Maschinen immer eine Nasenlänge voraus zu sein, bei der Entwicklung der Steifrahmen-Monsterlokomotiven schließt sich der Kreis jedoch wieder in Europa und zwar in Rußland.

Als nach Einführung der selbsttätigen Mittelkupplung größere Zugkräfte zugelassen werden konnten, entschloß sich die Regierung der UdSSR Anfang der 30er Jahre zum Bau einer schweren Güterzuglokomotive mit der einmaligen Achsfolge 2′G2′. Diese größte eingliedrige Zwilling-Heißdampflokomotive der Welt, die »Alexander Andrejew« (Abb. 105), kann als Abschluß der von Gölsdorf eingeleiteten Entwicklung mehrachsiger Steifrahmenlokomotiven mit seitenverschiebbaren Kuppelachsen angesehen werden.

Die geforderte Zugkraft von 400 kN hätte bei einem Reibungsgewicht von etwa 138 600 kg normalerweise nur sechs gekuppelter Achsen bedurft. Der leichte Oberbau und die Konstruktion der Eisenbahnbrücken ließen aber eine für F-gekuppelte Maschinen notwendige Achslast von 23 t nicht zu. Gelenklokomotiven schieden ihres verwickelten und komplizierten Aufbaues wegen aus. Es kam also nur eine Lokomotive mit durchgehendem Hauptrahmen in Frage.

Die von den Lugansk-Lokomotivwerken entworfene und schließlich auch fertiggestellte Maschine stellte in jeder Hinsicht eine außergewöhnliche Konstruktion dar. Das Betriebsgewicht der Lokomotive betrug 206 000 kg, von denen 138 900 kg als Reibungsgewicht genutzt wurden. Bei einem Kesseldruck von 17 bar wurde eine Zugkraft von 397 kN entwickelt. Mit 3650 mm Höhe der Kesselmitte über S. O. wurde ebenfalls wieder ein ungewöhnlicher Wert erreicht. Der 17,87 m lange Kessel wog annähernd 59,4 t. Die Feuerkiste war 4798 mm lang und 2500 mm breit und enthielt eine Rostfläche von rund 12 m². Die große Rostfläche wurde des geringen Heizwertes der verwendeten minderwertigen Kohle wegen benötigt. Der Kessel wurde weitgehend in Schweißkonstruktion ausgeführt.

Abb. 105 2′G2′h2-Güterzuglokomotive »Alexander Andrejew«, Klasse AR, größte eingliedrige Dampflokomotive der Welt, im Jahre 1935 von den Sowjetischen Eisenbahnen in Dienst gestellt. (Foto: Verkehrshaus der Schweiz, Luzern)

Erstmalig wurde bei dieser Lokomotive seitens der Lugansk-Lokomotivwerke der Hauptrahmen in Stahlguß ausgeführt, ein Verfahren, daß man in Anlehnung an die guten Erfahrungen in den USA praktizierte.
Ein besonders schwieriges Problem war natürlich die Ausbildung des Fahr- und Triebwerkes im Hinblick auf das anstandslose Durchfahren von Kurven bei maximal 70 km/h Geschwindigkeit sowie die Vermeidung unzulässig großer Seitenkräfte und Abnutzung der Schienen bei dem großen Achsstand der Kuppelräder von 9050 mm. Die beiden Zylinder hatten 740 mm Durchmesser bei einer Hublänge von 810 mm und arbeiteten auf die vierte Kuppelachse. Bei 1600 mm Raddurchmesser ergab sich folgende Ausführung der einzelnen Kuppelachsen: Die dritte, vierte und fünfte Achse waren fest verlagert, besaßen aber spurkranzlose Radbandagen von 174 mm Breite. Die erste und zweite Achse erhielten ein Seitenspiel von ±27 mm. Die sechste Achse war wieder fest verlagert, wogegen die siebente ein Seitenspiel von ±35 mm aufwies. Das vordere Laufgestell konnte 144 mm, das hintere 35 mm nach beiden Seiten ausschlagen.
Weitere Schwierigkeiten ergaben sich bei der Ausbildung der Pleuel- und Kuppelstangen. Der große Abstand zwischen Zylinder und Treibradsatz erforderte nicht nur 4 m lange Pleuelstangen, auch die Kolbenstangenlänge erreichte mit ebenfalls 4 m diesen extrem hohen Wert. Um nun nicht zu große Kolbenstangendurchmesser und damit zu hohe Gewichte wegen der großen Knicklänge zu erhalten, wurde zwischen Zylinder und Hauptkreuzkopf noch ein zweiter Hilfskreuzkopf eingeschaltet. Die auf der fünften Achse verlagerte Gegenkurbel der Heusinger-Steuerung hatte einen so großen Abstand zur Kulisse, daß die Exzenterstange geteilt und in der Mitte ein Schwingarm eingesetzt werden mußte. Die Kuppelstangen zwischen erster und zweiter sowie sechster und siebter Achse besaßen Universalgelenke, die der Seitenbewegung der Achsen folgen konnten. Ebenso waren die zugehörigen Kuppelstangenzapfen in Kugelform ausgebildet. Beachtet man die gewaltigen Gewichte der bewegten Teile, so ist es erstaunlich, daß ein ausreichender Massenausgleich erzielt wurde, immerhin wog beispielsweise eine Pleuelstange 724 kg, ein Kolben mit Kolbenstange und Kreuzköpfen 1116 kg.
Zur Mitführung der Vorräte war die Lokomotive mit einem sechsachsigen Tender gekuppelt. Der Tenderkasten ruhte auf zwei dreiachsigen Buckeye-Drehgestellen mit 3278 mm Achsabstand. Das Fassungsvermögen betrug 52,3 m^3 Wasser und 24,2 t Kohlen, das Dienstgewicht 123 975 kg. Die gesamte Länge von Lokomotive und Tender zusammen maß 33 724 mm.
Ohne Zweifel stellt die 2′G 2′h2-Güterzuglokomotive, Klasse AR, der UdSSR einen Sonderfall im Dampflokomotivbau dar, bedingt durch unzureichende und ungünstige Voraussetzungen des vorhandenen Oberbaues. Die Konstruktion beweist andererseits die Tatsache, daß die Möglichkeiten der Steifrahmenlokomotive mit Gölsdorf-Achsen in den F-gekuppelten Bauarten noch nicht ihre Grenzen gefunden hatte.

DIE NONARTICULATED-BAUARTEN

Als die seitenverschiebbare Achse von Gölsdorf noch nicht erfunden war, die übrigen Zwischenlösungen von Klose, Klien-Lindner, Luttermöller u. a. aber nicht so recht Anklang fanden, was sich vor allem auf das Ausland bezog, neigten sehr viele Bahnverwaltungen zum vermehrten Einsatz von Gelenklokomotiven der Bauart Mallet. Welche ungeheuere Verbreitung dieser Typ beispielsweise in Nord- und Südamerika fand, beweisen die außerordentlich großen Stückzahlen, die bei den einzelnen Bahnverwaltungen in Dienst standen. Die große Beliebtheit dieser Maschinen täuschte aber nicht über grundsätzliche Mängel dieser Lokomotivbauart hinweg, die vor allem wegen des vorderen gelenkigen Triebgestells in dem Abdichtungsproblem der beweglichen Dampfleitungen und dem Fahrverhalten des geteilten Triebwerks lagen.
Findige Köpfe glaubten daher, durch eine ähnliche Konzeption wie sie die Bauart Mallet darstellte, allerdings unter Vermeidung des gelenkigen Triebwerks und der flexiblen Dampfleitungen, eine Art »Steifrahmen-Mallet« entwickeln zu müssen, welche einmal leistungsmäßig der Mallet-Bauart entsprach, ihre Nachteile jedoch ausschloß. Diese später im Gegensatz zu den Gelenklokomotiven als »nonarticulated«, also »nicht gelenkig«, bezeichnete Konstruktionsform blieb in den verschiedenen Ausführungsbeispielen auf maximal fünf gekuppelte, in zwei Triebgestellen untergebrachte Achsen beschränkt.
Ebenso wie die Mallet-Bauart entstand die Nonarticulated in Europa. Französische Ingenieure entwickelten

Abb. 106 1′BC 1′h4v-Güterzuglokomotive 151.A.1 der PLM aus dem Jahre 1930, erste und einzige europäische »Nonarticulated«-Bauart.
(Foto: SNCF)

erstmals im Jahre 1930 eine 1′BC 1′h4v-Güterzuglokomotive für die PLM, bei der beide Triebwerkseinheiten in einem gemeinsam durchgehenden Hauptrahmen untergebracht waren (Abb. 106). Die beiden Hochdruckzylinder lagen zwischen den Triebwerkseinheiten etwa in Lokmitte und trieben die drei gekuppelten Achsen des hinteren Triebwerks an. Die vorn in Höhe der Rauchkammer angeordneten Niederdruckzylinder wirkten auf die beiden vorderen Kuppelachsen. Die Tatsache, daß Maschinen mit zwei getrennten Triebwerken häufig zum Schleudern neigen, hat man bei der französischen Nonarticulated auszuschalten verstanden, indem beide Maschinenteile über die zweite und dritte Kuppelachse durch zwei innenliegende Kuppelstangen verbunden wurden, die an den um 90° versetzten Kropfachsen angriffen.
Soweit bekannt ist, blieb dieser als Reihe 151 A gekennzeichnete Lokomotivtyp der einzige mit dieser Triebwerkskonzeption in Verbundausführung. Obgleich allgemein das Verbundprinzip etwas verwickelter ist und besonders sorgfältige Durchbildung der Steuerung und Strömungswege des Dampfes erfordert, konnte bei diesen Maschinen infolge günstiger Zylinderabmessungen bei ebenfalls günstigen Füllungsverhältnissen eine gute Leistungsverteilung auf die Hoch- und Niederdruckzylinder erzielt werden. Die Lokomotiven erlaubten andererseits bei einem Kuppelraddurchmesser von 1500 mm eine für Güterzuglokomotiven relativ hohe Geschwindigkeit, andererseits dürfte die Schleuderneigung des vorderen Triebwerks infolge der getroffenen Maßnahmen weit geringer gewesen sein als bei der Mallet-Bauart.
In den USA, wo die Nonarticulated die weiteste Verbreitung fand, wurde sie zuerst versuchsweise von der Baltimore & Ohio Railroad eingeführt. Zu jener Zeit war der Leiter des Maschinendezernates bei der B & O Colonel George H. Emerson, nach dem der von ihm entwickelte Kessel mit Wasserrohrfeuerbüchse benannt ist, dessen Besonderheit darin bestand, daß die Feuerbüchse keine Stehbolzen besaß. Diese Konstruktion konnte sich aber nie so recht durchsetzen, immerhin wurden insgesamt 13 Lokomotiven mit dem Emerson-Kessel ausgerüstet, unter ihnen als letzte die B & O-Lokomotive No. 5600 der Klasse N-1 (Abb. 107), welche die erste Nonarticulated-Bauart in den USA darstellte.
Die No. 5600 war zunächst eine reine Versuchsmaschine, sie wurde 1937 in den Mt. Clare Shops, Baltimore fertiggestellt. Für das Fahrwerk wurde die Achsfolge

Abb. 107 2′BB 2′h4-Versuchslokomotive mit Emerson-Kessel Nr. 5600 Klasse N-1 der Baltimore & Ohio Railroad, erste im Jahre 1937 in den USA eingeführte »Nonarticulated«.
(Foto: Sammlung Ostendorf)

2′BB 2′ mit 1930,4 mm hohen Treibrädern gewählt, da die Maschine für den Schnellzugdienst vorgesehen war. Es ist übrigens bezeichnend für die amerikanischen Nonarticulateds, daß sämtliche Lokomotiven dieser Bauart Schnellfahrmaschinen großer Leistung darstellten, egal, ob sie für den Schnellzug- oder den Güterzugdienst projektiert und gebaut wurden.

Jedes Triebwerk erhielt zwei Zylinder gleicher Abmessungen für einfache Dampfdehnung, die jeweils auf die zweite Kuppelachse wirkten. Die Zylinder waren entgegengesetzt angeordnet, d. h. die vordere Zylindergruppe saß an der gewohnten Stelle in Höhe der Rauchkammer, die hintere wurde in den Bereich des Stehkessels verlegt. Kurioserweise wurden bei der Steuerung der hinteren Zylinder die Schwingen zwischen 2. und 3. Kuppelachse aufgehängt, so daß die Schwingenstangen entgegengesetzt zur Treibstange nach rückwärts wiesen. Die zwangsweise notwendigen langen Schieberschubstangen wurden geteilt und in zwei verschiedene Ebenen gelegt. Die Tragik dieser Lokomotive wie auch der nachfolgenden Nonarticulateds lag im Zeitpunkt der Entwicklung, der bereits in die Ära der beginnenden Verdieselung fiel. Die »5600« wurde im Jahre 1950, als keine rechte Verwendung mehr für sie vorlag, aus dem Verkehr gezogen und verschrottet.

Die Entwicklung der Nonarticulated-Bauart beschränkte sich in den USA ausschließlich auf Maschinen mit vier Zylindern und einfacher Dampfdehnung. Die Verbundbauart, wie sie bei der französischen Reihe 151 A

Abb. 108 3′BB 3′h4-Schnellfahrlokomotive Bauart Nonarticulated Betr.-Nr. 6100 der Gattung S-1, im Jahre 1938 in den bahneigenen Werkstätten der PRR gebaut.
(Foto: Vollrath)

angewandt worden war, blieb ein Einzelfall und fand bei späteren Typen keine Anwendung mehr. Ebenso wurde die entgegengesetzte Lage der beiden Zylinderpaare zwecks Vermeidung einer unnötig großen Basis der Kuppelachsen außer bei der erwähnten B & O-Lokomotive No. 5600 nur noch einmal bei der Reihe Q-1 der Pennsylvania Railroad ausgeführt, alle übrigen Bauarten erhielten die Zylinder jeweils vor dem zugehörigen Triebwerk angeordnet.

Die Bedeutung der Lokomotiven mit getrennten Triebwerken in einem durchgehenden, gemeinsamen Rahmen lag vor allem in der Gewichtsreduzierung der beweglichen Teile gegenüber vergleichbaren Zweizylindermaschinen gleicher Leistung bei gleichzeitiger Erhöhung der zulässigen Geschwindigkeit, ein Ziel, das gemessen an der Wirtschaftlichkeit und Unterhaltung der einzelnen Typen mit teils recht zweifelhaftem Erfolg erreicht wurde.

Mit Ausnahme der ersten von der Baltimore and Ohio Railroad gebauten Versuchsmaschine wurden sämtliche weiteren Nonarticulateds ausnahmslos von der Pennsylvania Railroad entwickelt und gebaut. Als erstes Experiment mit dieser neuen Bauart gilt die 3′BB 3′h4-Schnellfahrlokomotive der Gattung S-1 (Abb. 108). Sie wurde 1938 von der Bahngesellschaft nach den Ent-

würfen eines besonderen Konstruktionsteams ausgeführt, das sich aus Vertretern der Pennsylvania Railroad und der drei größten Lokomotivunternehmen zusammensetzte.
Die Forderungen an die neue Maschine besagten u. a., daß ein 1200-t-Zug in der Ebene mit 160 km/h gefahren werden mußte, wobei die indizierte Leistung 4781 kW erreichen sollte. Derartige Werte bedingten natürlich außerordentliche Maßnahmen in Bezug auf die Ausführung der Lokomotive. Die Maschine wurde in den Pennsylvania Juniata Shops gebaut und nach ihrer Fertigstellung auf der New Yorker Weltausstellung im Jahre 1939 der Öffentlichkeit vorgestellt. Während der Ausstellung war sie auf Spezialrollen gestellt, die es erlaubten, wie auf dem Prüfstand Fahrversuche durchzuführen. Die Stromlinienverkleidung oberhalb des Fahrwerks gab der Lokomotive ein ungewöhnlich schnittiges und elegantes Aussehen. Die Lokomotive wurde als Gattung S-1 unter der Betriebsnummer 6100 in den Bestand der Pennsylvania Railroad eingereiht.
Spätere Versuchsfahrten vor Schnellzügen zeigten, daß die erreichten Leistungen die ursprünglichen Forderungen weit übertrafen. Für eine derartige Maschine fand sich seinerzeit aber kein geeigneter Einsatz, der es erlaubte, die volle Leistung der Lokomotive wirtschaftlich zu nutzen. Es blieb daher auch nur bei diesem einen Exemplar dieser Bauart. Außerdem erlaubten es die allgemeinen Umstände der Jahre 1939/40 leider nicht, ausgedehnte Versuche mit der Lokomotive bezüglich ihrer Wirtschaftlichkeit und tatsächlichen Dauerleistung durchzuführen. Trotzdem gaben die Testergebnisse der wenigen durchgeführten Versuchsfahrten wertvolle Aufschlüsse bezüglich der Beurteilung von Schnellfahrlokomotiven mit zwei getrennten Triebwerkseinheiten in einem ungeteilten Rahmen.
Die Anfahrzugkraft der 6100 betrug bei einem Reibungsgewicht von etwa 128 t 326 kN. Wie sich später herausstellte, bedingte das Doppeltriebwerk mit jeweils nur zwei gekuppelten Achsen und 2134 mm Raddurchmesser eine sehr gefühlvolle Steuerung der Dampfzufuhr beim Anfahren unter Last, da auch hier wieder das große Übel der Nonarticulated unangenehm in Erscheinung trat, die Neigung zum Schleudern.
Die Erkenntnis, daß eine Lokomotive in der Größenordnung der S-1 keine Chance hatte, ihrer Leistung entsprechend im fahrplanmäßigen schweren Schnellzugdienst eingesetzt werden zu können, veranlaßte zu der Überlegung, eine in der Konzeption ähnliche Maschine geringerer Leistung und kleinerer Abmessungen zu schaffen, die den Erfordernissen des Betriebes besser entsprach. Trotz der mangelhaften Erfahrungen mit Doppeltriebwerken hielt man eigenartigerweise an der Nonarticulated-Bauart fest. Wegen des gegenüber der S-1 um 50 t geringeren Gesamtgewichtes wählte man für den neuen Maschinentyp die Achsanordnung 2′BB 2′ mit 2032 mm Treibraddurchmesser. Bei unverändertem Kesseldruck von ca. 21 bar wies der Kessel mit einer Verdampfungsheizfläche von 391 m^2, einer Überhitzerheizfläche von zunächst 132,8 m^2, später 156 m^2, und einer Rostfläche von 8,55 m^2 erheblich kleinere Dimensionen auf. Ebenfalls waren die Zylinderabmessungen durch Reduzierung des Kolbendurchmessers auf 476 mm unter Beibehaltung des Hubes von 660 mm verringert worden.
Die beiden ersten Lokomotiven dieser als Gattung T-1 bezeichneten Lokomotiven wurden 1942 von Baldwin fertiggestellt. Auf Grund der guten Erfahrungen mit der Ventilsteuerung bei den K-4s-Maschinen fand diese Steuerungsart auch bei den neuen Nonarticulateds Anwendung. Selbstverständlich besaßen die T-1 wieder den mit Erfolg im amerikanischen Lokomotivbau eingeführten Stahlgußrahmen mit angegossenen Zylindern. Entsprechend ihrer Ausbildung als Schnellzuglokomotiven erhielten die T-1 eine Stromlinienverkleidung mit an den Triebwerken hochgezogenen Schürzen. Gekuppelt waren die Maschinen mit einem achtachsigen Tender mit Stokereinrichtung, dessen Fassungsvermögen 38,6 t Kohle und 72,7 m^3 Wasser betrug. Eine der beiden Lokomotiven erhielt versuchsweise einen Booster, der die Anfahrzugkraft der Maschine um 61 300 N auf 325 700 N steigerte. Laut Lastenheft wurde gefordert, einen Zug von 800 t Gewicht in der Ebene mit einer Geschwindigkeit von 161 km/h zu befördern, eine Forderung, die ohne Schwierigkeiten von der T-1 erfüllt wurde.
Trotz einiger Mängel bezüglich ungünstiger Gewichtsverteilung und des daraus resultierenden geringeren nutzbaren Reibungsgewichts sowie der bekannten Unzulänglichkeiten des Doppeltriebwerks schienen die erzielten Ergebnisse mit den T-1-Probemaschinen derart gut, daß man in den Jahren 1945 und 1946 weitere 50 Lokomotiven der Gattung T-1 beschaffte. Allerdings sollte sich diese Entscheidung schon bald als eine Fehleinschätzung der T-1 erweisen. Sich häufende

Klagen über die Ventilsteuerung, steigende Unterhaltungskosten und Unkenntnis der Lokpersonale in der erforderlichen feinfühligen Bedienung der Maschinen ließen schon bald den Mißerfolg erkennen, der darin begründet lag, daß man nicht die nötige Sorgfalt in der Auswertung der Versuchsergebnisse der beiden Prototypen hatte walten lassen. Die Folge war, daß die T-1-Maschinen nach und nach im schweren Schnellzugdienst von entsprechenden Diesellokomotiven abgelöst und zum Teil vor leichten Personen- und Güterzügen eingesetzt wurden. Die meisten Lokomotiven wurden Anfang der 50er Jahre aus dem Verkehr gezogen und verschrottet. Im Jahre 1955 war bereits keine T-1 mehr im Einsatz.

In ihrem etwas unverständlichen Hang zu den Steifrahmenlokomotiven mit Doppeltriebwerk strebte die Pennsylvania Railroad schon 1941 wieder ein neues derartiges Projekt an. In diesem Fall handelte es sich um die Entwicklung einer Schnellfahrgüterzuglokomotive, die sowohl bezüglich der Zugkraft als auch hinsichtlich der Geschwindigkeit alles bisher Dagewesene in den Schatten stellen sollte. Die fünf Treibachsen wurden in ein vorderes dreiachsiges und ein hinteres zweiachsiges Triebwerk aufgeteilt, mit einem zweiachsigen Laufdrehgestell vor bzw. hinter den beiden Triebwerkseinheiten. In das hintere Drehgestell war als Anfahrhilfe noch ein Booster eingebaut. Die wegen der ungleichen Achsaufteilung mit unterschiedlichen Kolbendurchmessern und Hublängen ausgerüsteten Zylinder wurden zum Zweck einer erwünschten Kürzung der Gesamtlänge der Lokomotive entgegengesetzt zueinander angeordnet, eine Ausführung, die sich schon bei der Versuchslokomotive der Baltimore & Ohio Railroad wegen der ebenfalls erforderlichen entgegengesetzten Steuerauslegung für beide Fahrtrichtungen als unvorteilhaft und schwierig erwiesen hat. Ungewöhnlich für eine Güterzuglokomotive waren ferner nicht nur die extrem großen Treibräder mit 1956 mm Durchmesser, die größten, die jemals eine Güterzuglokomotive besaß, sondern auch die Stromlinienverkleidung, die allerdings später wieder entfernt wurde. Der Langkessel erreichte in seinen Dimensionen nahezu die gleichen Werte wie jener der vorherigen Gattung S-1. Die Kesselleistung lag jedoch wesentlich niedriger, da die Unterbringung des hinteren Zylinderpaares eine Verkürzung der Feuerbüchse und damit eine Verkleinerung der Rostfläche erforderte. Ebenfalls mußte der Einbau einer Verbrennungskammer entfallen. Bei einem Reibungsgewicht von 161 t wurde eine Zugkraft von 371 000 N erreicht, die beim Anfahren durch Hinzuschalten des Boosters auf 422 000 N gesteigert werden konnte. Gekuppelt war die Lokomotive mit einem achtachsigen Tender für eine Vorratskapazität von 72,5 m^3 Wasser und 37,5 t Kohle.

Die Lokomotive wurde 1942 fertiggestellt und erhielt die Gattungsbezeichnung Q-1, Bahn-Betr.-Nr. 6130. Die nun folgenden Testfahrten zeigten aber bald, welchen Mißgriff man mit einer solchen Lokkonstruktion getan hatte. Geringe Belastbarkeit des Kessels infolge ungenügender Dampferzeugung einerseits, zu große Treibraddurchmesser andererseits verbunden mit steuerungstechnischen Schwierigkeiten bei beiden Triebwerken ließen eine Verwendung der Maschine weder im Güterzug- noch im Schnellzugdienst zu. Trotz des offensichtlichen Mißerfolges, den man seitens der PRR auch eingestand, blieb die Q-1 etwa 7 Jahre im Einsatz vor leichten Güterzügen bis sie schließlich sang- und klanglos von der Bildfläche und damit aus dem Lokbestand der PRR verschwand.

Die Rückschläge, die man sich mit dem Bau der Q-1 unter den genannten unsinnigen Voraussetzungen eingehandelt hatte, veranlaßten die PRR, noch einmal eine Lokomotive der Bauart Nonarticulated zu konstruieren, einmal um das reichlich angekratzte Image der PRR-Ingenieure wieder aufzufrischen, zum anderen, weil man immer noch von den Vorteilen dieser Bauart gegenüber den normalen Zweizylinder-Lokomotiven und den Mallet-Maschinen überzeugt war. Und es sollte wirklich eine gute Konstruktion werden, da diesmal mit Überlegung und äußerster Sorgfalt die Probleme behandelt wurden.

Das Fahrwerk erhielt außer den beiden zweiachsigen Laufdrehgestellen vor und hinter den beiden Triebwerkseinheiten wieder fünf gekuppelte Achsen, unterteilt in eine vordere zweiachsige und eine hintere dreiachsige Gruppe. Der Treibraddurchmesser mit 1753 mm zeigte auch wieder normale für Güterzuglokomotiven vernünftige Abmessungen. Die Zylinderpaare wurden in der konventionellen Art in Fahrtrichtung vor den Triebwerksgruppen angeordnet, und zwar im Bereich des Laufdrehgestells vor der 1. Kuppelachse sowie zwischen 2. und 3. Kuppelachse.

Viele Baugruppen wurden nahezu unverändert von

Abb. 109 2′BC 2′h4-Schnellfahrgüterzuglokomotive Gattung Q-2 der PRR, erstmals 1944 zum Einsatz gekommen, stellte sie die leistungsfähigste aller Nonarticulated-Maschinen dar. (Foto: Sammlung Ostendorf)

der während des Zweiten Weltkrieges in einer Stückzahl von 125 Maschinen gebauten 1′E 2′h2-Güterzuglokomotive Gattung J-1 übernommen, so z. B. der Kessel mit einer Verdampfungsheizfläche von 624,8 m^2 bei gleichen Rost- und Verbrennungskammerabmessungen. Die durchgeführten Änderungen bezogen sich u. a. auf einen erhöhten Kesseldruck von rund 21 bar, die Belpaire-Feuerbüchse sowie die verlängerte Rauchkammer.
Obwohl die Lokomotiven keine Stromlinienverkleidung erhielten, war ihr Äußeres infolge der glatten Linienführung des Kessels recht ansprechend. Es war tatsächlich eine außergewöhnliche Maschine die Q-2, wie sie bei der PRR benannt wurde (Abb. 109). Das Reibungsgewicht betrug 178,3 t bei einem Gesamtgewicht von 280,8 t. Die Zugkraft wurde mit 457 200 N angegeben, sie konnte durch Hinzuschalten des Boosters im Schleppdrehgestell noch um 68 000 N erhöht werden. Eine bedeutende Neuerung bei der Gattung Q-2 war die Einführung einer automatisch arbeitenden Vorrichtung, die endlich die unangenehmste Eigenschaft der Nonarticulateds, die Schleuderneigung, beseitigte.
Die erste im Jahre 1945 fertiggestellte Lokomotive der Gattung Q-2 zeigte bei Testfahrten, daß endlich der erwartete Erfolg mit der Nonarticulated-Bauart erreicht war. Rund 5884 kW Dauerleistung bei 91 km/h und 40 % Zylinderfüllung stellten wahrhaft einen unglaublichen und seitdem nicht mehr erreichten Wert dar. Die Q-2 konnte ohne Zweifel als die mächtigste fünffach gekuppelte Güterzuglokomotive der Welt bezeichnet werden. Der ersten Probemaschine folgten noch weitere 25 Lokomotiven, die alle im schweren Güterzugdienst eingesetzt wurden. Leider war aber auch bei der PRR die Verdieselung schon so weit fortgeschritten, daß bereits 1949 alle 26 Lokomotiven der Gattung Q-2 abgestellt waren. Es entbehrt nicht einer gewissen Tragik, daß gerade diese ausgereifteste und glücklichste Lösung der Nonarticulated-Bauart um einige Jahre zu spät kam, ein Versäumnis, das leider den zunehmenden Einsatz von Diesellokomotiven bei der Pennsylvania Railroad begünstigte.

Gelenklokomotiven

Die Gelenklokomotive existiert dem Begriff nach schon nahezu 140 Jahre, die eigentliche gezielte Entwicklung begann aber erst zwischen 1850 und 1860. Während des langen Zeitraumes seit Einführung der neuen Lokomotivbauart wurden etwa 100 verschiedene Systeme erfunden, die zum großen Teil sogar gebaut und erprobt wurden, wenn auch den meisten kein bleibender Erfolg beschieden war.
Die begrenzte Zahl der in einem Hauptrahmen unterzubringenden gekuppelten Achsen stellte die Lokomotivbauer ursprünglich vor das große Problem, bei den geforderten höheren Leistungen der Maschinen das erforderliche Reibungsgewicht so zu verteilen, daß die benötigte größere Kuppelachszahl die Bogenläufigkeit der Lokomotive nicht beeinträchtigte. Es muß hierbei berücksichtigt werden, daß beispielsweise bis 1900 noch nicht einmal die seitenverschiebbare Achse eingeführt war. Es blieb also keine andere Wahl, als eine Teilung des Fahrwerkes in zwei getrennte Triebwerkseinheiten, womit automatisch die Gelenkbauart geboren war.
Sosehr die Gelenklokomotive den Forderungen günstiger Fahrzeugführung und Unterbringung größerer Kuppelachszahlen entgegen kam, so schwierig war aber die Ausführung der erforderlichen beweglichen Dampfleitungen unter dem Gesichtspunkt bester Dichtheit in den Gelenkpunkten. Um diesen Schwierigkeiten aus dem Weg zu gehen, konzentrierten sich eine Reihe bedeutender Lokomotivkonstrukteure auf Lösungen unter Beibehaltung der normalen Steifrahmenmaschine. Die Ergebnisse waren Lenkachsenbauarten nach Klose, Klien-Lindner, Luttermöller u. a., aber auch diese Systeme waren nur für eine beschränkte Zahl von maximal fünf Kuppelachsen anwendbar.
Schwierige Streckenverhältnisse in Verbindung mit langen Steigungen, kleinen Gleisradien, Schmalspur, außergewöhnlichen klimatischen Bedingungen und mittelmäßigen Oberbau wurden Prüfsteine für die Gelenklokomotive, und im Laufe der Jahre zeigte sich dann auch, daß von all den vielen Ideen und Vorschlägen nur wenige zum Erfolg führten. Aber ob Fehlschlag oder Erfolg, sie alle dienten letztlich dem Ziel, befriedigende Lösungen für die Konstruktion brauchbarer Gelenklokomotiven zu finden.

DOPPELLOKOMOTIVEN

Die älteste und gleichzeitig einfachste Form der Gelenklokomotive ist zweifellos die Doppellokomotive. Ihre Entstehung verdankt sie in erster Linie dem Umstand, daß im vorigen Jahrhundert die Entwicklung immer leistungsfähigerer und stärkerer Lokomotiven nicht Schritt halten konnte mit dem schnellen Anwachsen der Zuggewichte speziell im Güterverkehr. Die Folge war, daß die Züge in zunehmendem Maße mit Doppelbespannung gefahren werden mußten. Diese Art des Aneinanderkuppelns zweier einzelner Lokomotiven zu einer einzigen Antriebseinheit stellt bereits die Grundform der eigentlichen Doppellokomotive dar.
Die erstmals Mitte des vorigen Jahrhunderts ausgeführten echten Doppellokomotiven stellen in ihrer Konzeption nichts anderes als eine Kombination zweier völlig unabhängig funktionsfähiger Triebeinheiten dar, die lediglich mit den Führerhausrückseiten aneinander gekuppelt sind. Gegenüber den später entwickelten Gelenkbauarten hatten die Doppellokomotiven einen nicht zu unterschätzenden Vorteil, sie besaßen trotz getrennter Triebwerke keine beweglichen Dampfleitungen, da die Dampferzeuger jeweils Bestandteil des einzelnen Triebwerks waren.
Ihrer besonderen Eignung für Schmalspurbahnen war es zuzuschreiben, daß die Doppellokomotiven gern für Feldbahnen eingesetzt wurden. So fanden sie unter anderem während des I. Weltkrieges auch Verwendung bei der damaligen Heeresfeldbahn. Selbst Japan kaufte eine Anzahl C+C Doppellokomotiven in Deutschland für die eigene Feldeisenbahn der Armee. Die einfache Handhabung sowie der robuste und unkomplizierte Aufbau der Doppellokomotive schien für die vorgesehene Verwendung vorteilhafter als die

verwickelteren Konstruktionen der inzwischen bekannten Gelenklokomotiven. Ferner hatten die Doppellokomotiven noch den großen Vorteil, daß der Ausfall einer Triebeinheit nicht die gesamte Maschine stillsetzte.

Aber auch friedlichen Aufgaben war die Doppellokomotive sehr von Nutzen. So erwarben beispielsweise im Jahre 1882 die Bosnisch-Herzegowinischen Landesbahnen drei Triebeinheiten dieser Bauart von Krauss in München für ihr 760 mm-Schmalspurnetz. Diese B+B n4-Lokomotiven der Reihe IIa2 besaßen domlose Kessel, auf denen lediglich ein Reglergehäuse mit außenliegenden Einströmrohren für die Zylinder angeordnet war. Die Reglerwellen führten ins Führerhaus zu den Reglerhebeln, die ihrerseits durch eine unter den Führerhausdächern liegende Zwischenwelle miteinander verbunden waren, so daß die Betätigung eines Reglerhebels gleichzeitig auch den anderen Reglerhebel bewegte. Die Umsteuerung der Dampfmaschinen geschah durch Hebel, die ebenfalls so miteinander gekuppelt waren, daß die Füllstellung »vorwärts« der vorderen Lokomotive der Füllstellung »rückwärts« der hinteren Lokomotive bei gleichem Füllungsgrad entsprach. Die Wurfhebelbremsen beider Maschinenteile wirkten getrennt voneinander einseitig auf die jeweilige Treibachse und mußten einzeln bedient werden. Die gute betriebliche Bewährung der ersten drei Doppellokomotiven führten zu einer Nachbestellung von weiteren fünf Einheiten. Eigenartigerweise erhielten die einzelnen Maschinen jeder Doppeleinheit ihre eigene Bahnnummer, die eine die ungerade, die andere die gerade Nummer.

Die etwas ausführlichere Beschreibung der Bosnisch-Herzegowinischen Doppellokomotiven steht stellvertretend für nahezu alle übrigen Maschinen dieses Typs, da bis auf geringe Abweichungen konstruktiver Art die eigentliche Technik bei allen Doppellokomotiven die gleiche war, zumal die Grundbauform auf der Ausführung der Normallokomotive basierte und somit keine außergewöhnlichen Neuerungen entstanden.

Die Verwendung der Doppellokomotive blieb nicht allein auf die Schmalspurbahnen beschränkt, auch auf den normalspurigen Strecken wußte man bald die im Aufbau und in der Handhabung einfachen Maschinen zu schätzen. In Deutschland war es die Sächsische Staatsbahn, die im Jahre 1881 eine C+C n4v-Doppellokomotive (Abb. 110) mit der Gattungsbezeichnung IIK in Dienst stellte. Die beiden Maschinen erhielten die Betriebsnummern 61 A und 61 B. Die ursprünglich noch vorgesehene DRB-Bezeichnung 99 7551 erhielt die Doppellokomotive jedoch nicht mehr, da sie bereits vor der Umzeichnung, also vor 1925, ausgemustert wurde.

Eine interessante Spielart der Doppellokomotive entwickelte die Belgische Staatsbahn im Jahre 1900 unter Verwendung von zwei Güterzuglokomotiven der Reihe 25. Für den Einsatz auf einer langen Steigung bei Lüttich wurden die beiden C-gekuppelten Maschinen Nr. 2211 und 2388 für den Einsatz als Doppellokomotive umgerüstet. Da es sich aber bei den beiden Lokomotiven der Reihe 25 um Schlepptenderlokomotiven handelte, konnte man mit Rücksicht auf die zulässige Achslast die Vorräte nicht auf den Maschinen unterbringen. Man entschloß sich daher für die unkomplizierteste Lösung, indem der Tender einer der beiden Lokomotiven so hergerichtet wurde, daß die beiden mit den Führerhausseiten an den Tender gekuppelten Lokomotiven von dem zwischen ihnen laufenden Tender beschickt werden konnten. Die so entstandene Doppellokomotive brachte es auf die beachtliche Gesamtlänge ü. P. von 25 m, damit dürfte es sich wohl ohne Zweifel um die längste Maschine dieser Bauart handeln. Man darf annehmen, daß dieses Einzelexemplar eine Übergangslösung darstellte und später durch eine leistungsfähigere Normalbauart abgelöst worden ist. Allein der Umstand, daß die Doppellokomotive mit zwei Heizern gefahren werden mußte, zeigt die Unwirtschaftlichkeit solcher Konstruktionen. Das eigenartige Aussehen der Fahrzeugeinheit mit dem überdachten Tender brachte ihr bald

Abb. 110 C+C n4-Doppellokomotive Gattung IIK der Sächsischen Staatsbahn, gebaut im Jahre 1881. (Foto: Sammlung Ostendorf)

den etwas makabren Spitznamen *»Corbillard«* (Leichenwagen) ein.
Auch in Amerika fand die Doppellok-Bauart bei einzelnen Bahngesellschaften Eingang. Hauptsächlich im Schiebedienst und auf Strecken mit ungünstiger Linienführung eingesetzt, erreichten sie amerikanischen Verhältnissen entsprechend recht beachtliche Dimensionen. Die Abbildung 111 zeigt eine 1900 für die McCloud River Railroad von den Baldwin Locomotive Works gebaute C+C n8v-Doppellokomotive. Die Besonderheiten dieser Triebfahrzeugeinheit sind die halbseitigen Satteltanks und die übereinander liegenden Hoch- und Niederdruckzylinder des Vauclain-Verbundsystems. Da die Lokomotiven mit Holz gefeuert wurden, erhielten sie auf der linken Maschinenseite zur Aufnahme der Holzscheite ein offenes Lattengestell, das vom Führerhaus durch eine Tür in der Führerhausstirnwand begehbar war. Die Holzfeuerung und die Art Kobelschornsteine deuten auf den Einsatz dieser Doppellokomotive in einer waldreichen Gegend hin.
Die Doppellokomotive verlor an Bedeutung, als durch die Entwicklung der ihr sehr verwandten Bauart Fairlie mit Doppelkessel und zwei Dampfdrehgestellen sowie weiterer fahrtechnisch günstigerer Gelenklokomotivbauarten konstruktiv bessere Systeme zur Verfügung standen. Unbestrittenes Hauptübel der Doppellokomotive war die Fahrzeugstellung und -führung im Gleisbogen. Beide Maschinenteile hatten die Neigung, sich immer wieder auf eine gerade Linie einzustellen, anstatt der Schienenkrümmung zu folgen. Hervorgerufen wurde diese Tendenz durch das anhängende Zuggewicht, das den rückwärtigen Triebteil der Doppellokomotive in diese ungünstige Position zog. Die Folge war ein sehr hoher Bogenwiderstand in Verbindung mit erhöhtem Schienen- und Radreifenverschleiß, der maßgebend auch noch durch die ungleichmäßige Dampfentwicklung in den getrennten Kesseln und der hiermit verbundenen unterschiedlichen Leistung beider Maschinenteile unterstützt wurde.

DIE GELENKLOKOMOTIVEN DES SEMMERING-WETTBEWERBS

Zweifellos war der Semmering-Wettbewerb im Jahre 1851 Anlaß und Ursprung zugleich für die Einführung der typischen Gelenklokomotive im Sinne beweglicher Triebwerke mit einer darüber liegenden durchgehenden Maschinenbrücke.
Das im Jahre 1850 veröffentlichte Preisausschreiben verlangte in seinen Bedingungen die Beförderung eines 140 t schweren Zuges mit einer Geschwindigkeit von 11,4 km/h. Sämtliche Räder der Lokomotive mußten angetrieben sein. Ferner durfte ein größter Raddruck von 7 t und ein höchster Kesseldruck von 8,2 bar nicht überschritten werden.
Vier Bewerber hatten sich mit ihren Maschinen gemeldet und zwar Maffei in München mit der *»Bavaria«*, J. Cockerill in Seraing (Belgien) mit der *»Seraing«*, W. Günther in Wiener Neustadt mit der *»Wiener Neustadt«* und die Maschinenfabrik der Gloggnitzerbahn mit der *»Vindobona«*.
Während die *»Vindobona«* eine D-gekuppelte Maschine der Normalbauart und die *»Bavaria«* eine Art Vorläufer der Engerth-Lokomotive mit kettengetriebenen Tenderachsen darstellten, zeigten die *»Seraing«* und die *»Wiener Neustadt«* in ihren Konstruktionselementen unverkennbare Ansätze der späteren Bauarten Fairlie und Meyer.
Die belgische *»Seraing«* besaß erstmals einen Doppelkessel mit gemeinsamer Feuerkiste zwischen beiden Langkesseln. Die vier Zylinder lagen zwischen den Rahmen an den äußeren Enden der beiden Triebdrehgestelle. Die Vorräte wurden auf einem besonderen Tender mitgeführt.
Ebenso wie die *»Seraing«* besaß auch die *»Wiener Neustadt«* zwei Dampftriebgestelle allerdings mit

Abb. 111 C+C n8v-Doppellokomotive, im Jahre 1900 von Baldwin für die Mc Cloud River Railroad gebaut.
(Foto: Werkaufnahme Baldwin Locomotive Works)

Abb. 112 Modell einer 1899 von der North British Locomotive Company gelieferten C'C'n4-Double Fairlie Lokomotive. (Foto: Crown Copyright. Science Museum, London)

außenliegenden einander zugekehrten Zylindern, eine Anordnung, die typisch für die späteren Meyer-Bauarten wurde. Beiderseits des Kessels waren die Wassertanks angeordnet, ein kleiner Verschlag am hinteren Ende der Maschine diente der Unterbringung von Brennholz. Die *»Wiener Neustadt«* war übrigens die erste in Österreich gebaute Tenderlokomotive.

Während der vom 20. August bis 16. September 1851 stattgefundenen Probefahrten erfüllten alle vier Lokomotiven die geforderten Bedingungen, lediglich die zugelassene Achslast wurde von allen Maschinen überschritten. Das beste Ergebnis erzielte die *»Bavaria«* mit dem geringsten Brennstoffverbrauch bei der größten Leistung aller Maschinen von 315 kW. Ihr folgten in der Reihenfolge der erzielten Maschinenleistung die *»Seraing«*, die *»Wiener Neustadt«* und die *»Vindobona«*. Gemessen an den tatsächlichen Forderungen und auftretenden Betriebsbedingungen auf einer Gebirgsbahn wie der Semmeringbahn befriedigte im Endeffekt doch keine der vier Probelokomotiven. Waren es bei der *»Bavaria«* die laufenden Reparaturen des Kettentriebes und bei der *»Vindobona«* Unzulänglichkeiten des Fahrwerks, die letztlich zu einem grundlegenden Umbau als Stütztenderlokomotive Anlaß gaben, so scheiterten die *»Seraing«* und die *»Wiener Neustadt«* in erster Linie an der mangelhaften Dichtheit ihrer Dampfleitungen. Berücksichtigt man die damaligen Fertigungsmöglichkeiten, so sind beide Lokomotivtypen ihrer Zeit weit voraus gewesen. Die eigentliche Bedeutung dieser Maschinen lag – wie man später erst erkannte – darin, daß sie wegweisend für die späteren erfolgreichen Gelenkbauarten wurden. Besonders gilt dieses auch bezüglich der Drehgestellaufhängungen, die bei den Semmering-Maschinen noch sehr mangelhaft waren.

DIE BAUART DOUBLE FAIRLIE

Die folgerichtige Weiterentwicklung der ursprünglichen Doppellokomotive mußte zwangsläufig zu einer Vereinigung der beiden Einzelmaschinen zu einer einzigen Maschineneinheit führen. Der schottische Eisenbahningenieur und General-Manager der Londonderry & Coleraine Railway Robert Francis Fairlie verfolgte sehr aufmerksam diese Entwicklung, wobei sein besonderes Interesse der Konstruktionsweise der *»Seraing«*-Lokomotive des Semmering-Wettbewerbs galt, die erstmals einen Doppelkessel und gleichzeitig zwei Dampftriebgestelle besaß. Fairlie überarbeitete die Konstruktion und erhielt im Jahre 1864 ein Patent auf die von ihm neu entwickelte Lokomotivbauart. Die Patentzeichnung zeigte unter anderem den Doppelkessel mit einem gemeinsamen über der Feuerkiste stehenden Schornstein. Die Verbrennungsgase wurden an den stirnseitigen Rauchkammern gesammelt und durch ein besonderes Verbindungsrohr zum Schornstein zurückgeführt. Allerdings wurde nie eine Fairlie-Lokomotive in dieser Form mit mittigliegendem Schornstein ausgeführt. Obwohl der Doppelkessel ein Hauptmerkmal des Patents war, schien er aber seinem Erfinder zunächst nicht von so großer Bedeutung zu sein, denn Fairlie beschäftigte sich gleichzeitig mit der Ausführung von Tenderlokomotiven mit Einzelkessel, einem Triebdrehgestell und einem Normaldrehgestell, sowie solchen mit Einzelkessel und zwei Triebdrehgestellen. Der große Durchbruch der ursprünglichen Konzeption der Fairlie-Lokomotive mit Doppelkessel und zwei Triebdrehgestellen (Double Fairlie) gelang erst in den frühen 70er Jahren nach den erfolgreichen Versuchsfahrten auf dem Schmalspurnetz der Festiniog Railway mit der *»Little Wonder«*. Das Fairlie-Prinzip fand plötzlich weltweite Beachtung. Die Folge war eine zunehmende Nachfrage nach Lokomotiven dieser neuen Bauart beson-

ders für den Einsatz auf überseeischen Eisenbahnlinien.
Die beiden Fairlie-Bauarten mit Doppel- und Einzelkessel (Double und Single Fairlie) wurden über einen Zeitraum von nahezu 50 Jahren in großer Stückzahl für die verschiedensten Bahngesellschaften in der ganzen Welt gebaut. Bevorzugt fanden die Doppelkesselmaschinen, oder Double Fairlies wie sie genannt wurden, Anwendung. Obwohl die Unterhaltung von zwei Dampferzeugern aufwendiger als beim Einzelkessel ist, wurde dieser Nachteil durch den günstigeren Wirkungsgrad der gesamten Verdampfungsheizfläche gegenüber dem gleichen Heizflächenwert des Einzelkessels ausgeglichen.
Die Abbildung 112 zeigt den typischen Aufbau einer Double Fairlie-Lokomotive mit Doppelkessel, gemeinsamer Feuerkiste, zwei Dampfdrehgestellen und den beiderseits der Langkessel untergebrachten Vorräten. Das dargestellte Modell ist eine im Jahre 1899 von der North British Locomotive Company für die Mexican Railway gebaute schwere sechsfach gekuppelte Maschine. Es sei an dieser Stelle erwähnt, daß das beste Beispiel für den massierten Einsatz von Fairlie-Lokomotiven zweifellos die Mexican Railway bot. Bei dieser Bahngesellschaft standen die Fairlies nahezu 50 Jahre in Dienst, ein Beweis, daß sie sich unter den gegebenen schwierigen Streckenverhältnissen mit Steigungen bis zu maximal 1:25 und Gleisbögen bis herunter auf 100 m Radius ausgezeichnet bewährt haben. Die vielfältige Einsatzfähigkeit und einfache Handhabung dieses Maschinentyps machte die Fairlie-Bauart zu einer gern verwendeten Lokomotive auch bei anderen ausländischen Eisenbahnen.
Viele Lokomotiven der Bauart Fairlie wurden von der bekannten englischen Lokomotivfabrik Vulcan Foundry Ltd. gebaut. Die ersten beiden Fairlie-Maschinen lieferte die Firma im Jahre 1872 an die Dunedin & Port Chalmers Railway in Neuseeland. Die Lokomotiven – *»Rose«* und *»Josephine«* – (s. Abb. 113) besaßen zwei B-gekuppelte Triebgestelle. Im Jahre 1876 wurden beide Maschinen von den New Zealand Government Railways übernommen und in den vorhandenen Fahrzeugbestand eingegliedert. Während die *»Rose«* schon im Laufe der 80er Jahre aus dem Verkehr gezogen wurde, erfuhr die *»Josephine«* ein sehr viel wechselhafteres Schicksal. Im Jahre 1900 wurde sie zunächst an das Arbeitsministerium verkauft und bis 1907 auf verschiedenen staatlichen Großbaustellen für den Materialtransport eingesetzt. Anschließend wurde sie kalt gestellt und in einem Schuppen in der Nähe von Mangaweka eingemottet. Im Jahre 1917 sollte sie dann endgültig verschrottet werden, aber zum Glück unterblieb ein sofortiger Abbruch der Maschine, im Gegenteil, sie wurde überholt und wieder instandgesetzt, so daß sie sich 1925 im alten Glanz auf der Dunedin & South Seas Exhibition zeigen konnte. Nach diesem Ereignis erhielt sie einen ständigen Platz als Museumslokomotive vor der Otago Early Settlers Hall in Dunedin.
Eine andere englische Lokomotivfabrik, R. & W. Hawthorn & Co., erhielt 1873 einen Auftrag über vier B'B'n4-Fairlie-Lokomotiven für die Nassjo-Oscarshamn-Bahn in Schweden. Die Maschinen erhielten die Namen *»Malilla«*, *»Berga«*, *»Morlunda«* und *»Marianneland«*. Über die Konstruktion gibt es nichts Außergewöhnliches zu berichten. Die Zylinder besaßen einen Durchmesser von 254 mm bei 457,2 mm Kolbenhub, der Raddurchmesser betrug 1066,8 mm, der Achsstand im Triebgestell 1524 mm, der Gesamtachsstand 5969 mm. Die Gesamtlänge der Maschinen ü. P. maß 8991,6 mm. Über das Schicksal der vier schwedischen Fairlies ist nicht viel bekannt. Zwei Lokomotiven sollen 1899 verkauft, die beiden anderen im Jahre 1910 verschrottet worden sein.
Interessanterweise gehörten die letzten beiden Fairlie-Lokomotiven, die R. & W. Hawthorn & Co. baute, zu

Abb. 113 B'B'n4-Double Fairlie Lokomotive, 1872 von Vulcan Foundry an die Dunedin & Port Chalmers Railway geliefert. (Foto: Werkaufnahme The English Electric Company)

Abb. 114 B'B'n4v-Schmalspur-Double Fairlie Lokomotive Gattung IM der Sächsischen Staatsbahn, 1902 von Hartmann gebaut. (Foto: Weisbrod)

einer Lieferung für die Sächsische Staatsbahn. Im Jahre 1885 kaufte die Sächsische Staatsbahn diese beiden Maschinen für den Einsatz auf den 750 mm-Schmalspurstrecken Hainsberg–Kipsdorf und Alterburg–Heidenau. Der schwierige Streckenverlauf mit Steigungen 1:33 und Gleisbögen von nur 50 m Radius erforderte bei der gewünschten Leistung eine Gelenklokomotive. Die als Gattung IIK, Bahn-Nrn. 18 und 19 eingereihten Fairlies hatten ein Leergewicht von 22 t und eine Gesamtlänge von 8483,6 mm. Trotz der hohen Unterhaltungskosten war man mit ihnen zufrieden, allerdings war mit dem Aufkommen der einfacheren Gelenkbauart Meyer ihr Schicksal besiegelt.
Die einzigen in Deutschland gebauten Fairlie-Lokomotiven stellte die Sächsische Maschinenfabrik, vorm. Hartmann, in Chemnitz her. Im Jahre 1902 lieferte sie ebenfalls für die Sächsische Staatsbahn für deren 1000 mm-Schmalspurnetz drei Fairlie-Maschinen, deren Einmaligkeit darin bestand, daß sie die einzigen Fairlie-Lokomotiven mit Verbundtriebwerk waren. Abgesehen von der äußeren Verkleidung in der Art der Straßenbahnlokomotiven besaßen sie an jedem Kopfende Regler und Bremse, wodurch es je nach Fahrtrichtung dem Lokführer möglich war, seinen Bedienungsplatz am jeweiligen Maschinenende einzunehmen. Später wurden diese Einrichtungen wieder entfernt und alle Bedienungsinstrumente zentral vom Führerhaus aus betätigt. Entgegen den zuvor erwähnten sächsischen Fairlie-Lokomotiven waren zwei dieser Maschinen noch bis vor wenigen Jahren als Reihe 99 (Abb. 114) im regulären Einsatz bei der Deutschen Reichsbahn zu finden.
Kehren wir wieder zurück zu den Fairlie-Bauarten von Vulcan Foundry Ltd., die inzwischen in nahezu alle Erdteile geliefert wurden. Im Jahre 1873 verließen wieder drei Fairlies das Werk in Newton-le-Willows, sie waren für die Pimental & Chicklaya Railway in Peru bestimmt. Die Lokomotiven mit den Namen *»Pimental«*, *»Chicklaya«* und *»Batta«* unterscheiden sich bezüglich ihres sehr einfachen Aufbaus kaum von den ein Jahr zuvor gelieferten Fairlies für Neuseeland.
Der nächste Neubau, eine kapspurige (1067 mm) Fairlie mit Doppelkessel für die Norwegische Staatsbahn wurde im Jahre 1874 fertiggestellt. Aus irgendwelchen, heute nicht mehr festzustellenden Gründen, lehnte die Norwegische Staatsbahn die Übernahme der Maschine ab. Die Lokomotive wurde zunächst im Werksgelände abgestellt und eingemottet. Im Jahre 1876 fand sich dann eine Gelegenheit, sie nach Australien zu verschiffen, wo sie erst einmal versuchsweise auf der Southern & Western Railway in Queensland eingesetzt wurde, bevor man sich für den Kauf der Maschine endgültig entschloß. Während der 26 Dienstjahre bei der S & WR war sie hauptsächlich für den Transport von Kohlenzügen eingesetzt, ehe sie 1902 an eine Privatfirma verkauft und später zerlegt wurde. Beide Maschinenhälften fanden nach einem grundlegenden Umbau Verwendung als stationäre Dampfwinden, eine in einem Sägewerk, die andere in einem Bergwerk.
Im Verhältnis zur großen Zahl der gebauten Fairlie-Lokomotiven mit Doppelkessel findet man bei dieser Bauart relativ selten Ausführungen mit zusätzlichen Laufachsen. Der Hauptgrund hierfür dürfte weniger in Problemen der Achslast als vielmehr in den meist kleinen Geschwindigkeiten liegen, da die Mehrheit der Fairlies als Güterzuglokomotiven eingesetzt wurde. Die englische Firma Avonside, Engine Co. Ltd. in Bristol baute beispielsweise im Jahre 1879 zwei Exemplare mit der für Fairlies recht ungewöhnlichen

Abb. 115 (1′B)(B 1′)n4-Double Fairlie Lokomotive Klasse E der Western Australian Government Railway, Baujahr 1879.
(Foto: WAGR)

Achsfolge (1′B)(B 1′) für den Export nach Australien. Die Lokomotiven waren für die erste in Westaustralien eröffnete Eisenbahnlinie den Western Australian Government Railways zwischen Geraldton und Northampton bestimmt. Sie liefen hier unter der ursprünglichen Bezeichnung Klasse »E« (Abb. 115). Im Jahre 1888 wurden beide Maschinen aber nach Fremantle verschifft, wo sie unter den Bahn-Nrn. 7 und 20 bis 1893 in Betrieb standen. Die Lokomotive Nr. 7 wurde später verkauft, die Nr. 20 ausgemustert. Die eine Hälfte der Nr. 20 diente in den Bahnwerkstätten von Fremantle als Antriebsmaschine für einen Teil des vorhandenen Werkzeugmaschinenparks, die andere Hälfte wurde zu einer 1′B 1′-Tenderlokomotive umgebaut und im Juni 1899 verkauft.

Eine andere Bauart mit Laufachsen verdankt ihre Achsanordnung einem später durchgeführten Umbau. Die englische Lokomotivfabrik Yorkshire Engine Co. Ltd. gab im Jahre 1874 unter den Werksnummern 219–228 eine Serie von 10 schweren C′C′-gekuppelten Double Fairlies in die Fertigung, von denen fünf Maschinen für eine Spurweite von 1524 mm ausgerüstet wurden. Diese fünf Fairlies fanden ihren Käufer in der ehemaligen russischen Poti & Tiflis-Bahn, der späteren Transkaukasischen Eisenbahn, die für ihre Steilrampe über den Suram-Paß mit 45,5 ‰ Neigung eine große Zahl Fairlie-Lokomotiven im Einsatz hatten. Überlieferten Berichten zufolge sollen aber nur vier der fünf Yorkshire-Maschinen auf der Transkaukasischen Eisenbahn in Dienst gestellt worden sein. Man nimmt an, daß eine Lokomotive während der Verschiffung verloren gegangen ist.

Die übrigen fünf Fairlies erhielten Triebwerke für 1435 mm Spurweite und wurden nach ihrer Fertigstellung in Ermangelung eines Käufers zunächst auf Vorrat gehalten. Endlich im Jahre 1881 fand sich in den Nitrate Railways in Chile ein Interessent, der sich schließlich bereit erklärte, nach Umbau des Fahrwerks die Lokomotiven zu übernehmen. Der gewünschte Umbau bezog sich auf die Ergänzung beider Triebgestelle durch je eine vorlaufende Bisselachse (Abb. 116). Die Gründe für diesen Umbau lassen sich leider nicht mehr feststellen. Alle fünf Maschinen wurden von den Nitrate Railways übernommen und unter den Bahn-Nrn. 33–37 in Dienst gestellt.

Die Double Fairlie-Bauart verlor ab 1900 nach Einführung der seitenverschiebbaren Kuppelachse an Bedeutung, zumal sie bezüglich Wirtschaftlichkeit und Unterhaltung der Normalbauart weit unterlegen war.

DIE BAUART SINGLE FAIRLIE

Wie bereits zu erfahren war, stellte Fairlie nahezu gleichzeitig mit der Entwicklung der Double-Bauart Untersuchungen über die Verwendung eines Einzel-

Abb. 116 (1′C)(C 1′)n4-Double Fairlie Lokomotive, 1881 von der Nitrate Railway in Chile aus dem Vorrat der Yorkshire Engine Company übernommen.
(Foto: Sheffield City Libraries)

kessels im Zusammenhang mit nur einer Triebwerksgruppe und einem nachlaufenden Schleppdrehgestell an, ohne aber diese Konstruktionsform sofort auszuführen.

Die erste sogenannte »Single Fairlie« wurde im Jahre 1869 als B'2'-Tenderlokomotive mit innenliegenden Zylindern von den Inchicore Works für die Great Southern & Western Railway in Irland gebaut. Ihr folgte wegen der guten Betriebsergebnisse im Jahre 1870 eine zweite Lokomotive gleicher Bauart. Beide Lokomotiven standen mehr als 20 Jahre im Dienst und wurden erst 1892 ausgemustert.

Natürlich stellt die Single Fairlie gegenüber ihrer größeren Schwesterbauart eine leistungsschwächere Type dar, die aber fahrtechnisch die gleichen Vorzüge aufzuweisen hatte wie die Double Fairlie. Besondere Vorteile boten der einfachere Aufbau der Maschinen verbunden mit der um die Hälfte reduzierten beweglichen Dampfleitungen und Triebwerksteile, wodurch auch die Zahl der Störungs- und Fehlerquellen vermindert wurde.

Es ist bezeichnend für die Anpassungsfähigkeit dieser Bauart an schwierige Streckenverhältnisse, daß die Single Fairlie auch schon recht früh Eingang auf den Bahnlinien kleinerer Spurweiten fand.

Als die North Wales Narrow Gauge Railway im Jahre 1877 den Güterverkehr aufnahm, wurden als erste Maschinen zwei Single Fairlies in Dienst gestellt, die im Jahre 1875 von der englischen Lokomotivfabrik Vulcan Foundry Ltd. gebaut worden waren. Diese beiden für 600 mm Spurweite ausgelegten Maschinen waren übrigens die ersten Tenderlokomotiven mit der Achsfolge C'2' in England. Die Lokomotiven, die unter den Namen *»Snowdon Ranger«* (Abb. 117) und *»Moel Tryfan«* liefen, waren im Aufbau der ein Jahr später für die Festiniog Railway gebauten B'2'-Single Fairlie *»Taliesin«* sehr ähnlich, wurden aber im Laufe der Jahre mehreren Umbauten unterzogen, wobei u. a. auch eine

Abb. 117 C2'n2-Single Fairlie Tenderlokomotive »SNOWDON RANGER« der North Wales Narrow Gauge Railway, Baujahr 1875. (Foto: Werkaufnahme The English Electric Company)

Westinghouse Druckluftbremsanlage installiert wurde. Um 1917 befanden sich die Maschinen in einem ziemlich heruntergekommenen Zustand. Da eine Ausbesserung beider Lokomotiven nicht mehr wirtschaftlich erschien, entschied man, die jeweils besterhaltenen Teile jeder Lokomotive zu einem Triebfahrzeug zu vereinen. Dieser »Mischling« blieb bis zum Jahre 1936 im Einsatz. Eine zu diesem Zeitpunkt fällig gewordene Kesselreparatur wurde aber nicht mehr durchgeführt, vielmehr wurde die Lokomotive abgestellt und anschließend verschrottet.

Auch die New Zealand Government Railways sahen in der einfachen Single Fairlie eine für ihre Verhältnisse vorteilhafte Bauart, da die Strecken einerseits durchweg einen leichten Oberbau, andererseits aber auch starke Krümmungen und Steigungen aufwiesen. Die Überlegungen der NZR waren daher durchaus gerechtfertigt, einen Lokomotivtyp in der Art der Single Fairlie für die verschiedensten Betriebserfordernisse anzuschaffen.

Im Jahre 1878 wurden bei der englischen Lokomotivfabrik Avonside Engine Company in Bristol 15 Single Fairlies C'2'n2-Tenderlokomotiven in Auftrag gegeben, denen 1879 nochmals weitere drei Maschinen folgten. Die Lokomotiven wurden nach ihrer Auslieferung als Klasse »R« in den Bestand der NZR eingereiht und auf die Distrikte Auckland, Wanganui, Wellington und Dunedin aufgeteilt. Wie der kleine Treibraddurchmesser von 914,4 mm erkennen läßt, war ursprünglich nur an die Beförderung von Güterzügen und gemischten Zugeinheiten mit Geschwindigkeiten zwischen 30 und 40 km/h gedacht. Von Fall zu Fall aber beförderten die Lokomotiven der Klasse »R« auch Express-Züge und zwar mit überraschend guten Resultaten. Ihre effektive Leistungsfähigkeit wurde anläßlich einer Testfahrt am 11. Juli 1879 zwischen Wellington und Summit mit acht Güterwagen, einem Personenwagen und einem Bremswagen geprüft. Dabei wurden auf dem Streckenabschnitt Petone–Upper Hutt Geschwindigkeiten zwischen 72 und 77 km/h gefahren, als Höchstgeschwindigkeit wurden auf rund 3 km Länge 85 km/h erreicht, eine für diese Bauart wohl einmalige Leistung vor allem bei dem erwähnten kleinen Treibraddurchmesser und 1067 mm Spurweite.

Die Single Fairlies der Klasse »R« wurden in zwei etwas voneinander abweichenden Formen gebaut. Eine Serie besaß kurze seitliche Wasserkästen und

Abb. 118 C2′n2-Single Fairlie Tenderlokomotive Klasse R der New Zealand Railways, 1878 von Avonside, Engine Co. gebaut. (Foto: New Zealand Railways Publicity Photograph)

eine Art Kobelrauchfang (Abb. 118), die andere Serie wurde mit langen bis an die Rauchkammer reichenden Wasserkästen und normalem schlanken Schornstein ausgerüstet. Diesen Lokomotiven folgten 1880/1881 noch einmal sieben nahezu gleiche Single Fairlies, jedoch mit etwas größeren Zylinderabmessungen. Sie erhielten die Bezeichnung Klasse »S«. Beide Bauarten waren äußerst erfolgreiche und wirtschaftliche Lokomotiven, Einige Maschinen der Klasse »R« standen noch bis 1930 bei der NZR im Einsatz. Die letzten beiden Single Fairlies waren sogar bis 1945 auf einer neuseeländischen Privatbahn in Betrieb. Sie dürften damit auch die letzten überhaupt noch auf der Welt im Einsatz gewesenen Single Fairlies sein.

DIE BAUART MASON FAIRLIE

Obwohl England als Mutterland der Fairlie-Bauart die überwiegende Produktion dieser Lokomotiven in nahezu alle Erdteile exportierte, schien man in den USA den wirtschaftlicheren Weg zu bevorzugen, nämlich das Fairlie-Prinzip zu übernehmen und die Lokomotiven im eigenen Land herzustellen, anstatt sie für teueres Geld zu importieren. Die Firma Mason Machine Works, Taunton, Massachusetts übernahm die Fertigung von Fairlie-Lokomotiven und baute als erstes Exemplar im Jahre 1871 eine C′C′-Double Fairlie mit Namen *»Janus«*. Die *»Janus«* (Abb. 119) war aber ein rechter Mißerfolg. Ursprünglich für die Central Pacific Railroad bestimmt, wurde die Maschine erst probeweise auf der Boston & Albany Railroad eingesetzt und später an die Lehigh Valley Railroad verkauft, wo sie im Schiebedienst Verwendung fand. Ernüchtert durch diesen Rückschlag verlegte man sich nun ganz auf die Entwicklung einer eigenen Single Fairlie-Bauart amerikanischer Prägung, gekennzeichnet durch den Barrenrahmen und andere typische Konstruktionsmerkmale des amerikanischen Lokomotivbaus. Diese Besonderheiten prägten im Laufe der Zeit eine neue Single Fairlie, die sogenannte »Mason Fairlie«.
Die erste Mason Fairlie, eine B′2′n2-Tenderlokomotive für die American Fork Railroad verließ 1871 das Werk. Die Maschine (Abb. 120) erhielt den Namen *»Onward« (Vorwärts)*, womit – wenn auch vielleicht rein zufällig – eine Beziehung zu den Bemühungen der Mason Machine Works entstand, den Bau der Single Fairlies weiterhin zu intensivieren.
In den nächsten Jahren nahm das Geschäft stetig zu und mit ihm auch die Größe der Lokomotiven. Das B-gekuppelte Triebwerk wurde bald von der Achsfolge C und sogar D abgelöst. Mit steigenden Lokomotivgewichten und der Vergrößerung des Tendervolumens folgte auch die Anordnung einer zusätzlichen Laufachse und dreiachsiger Tenderdrehgestelle. Interessant ist die Tatsache, daß die Mason Machine Works das erste amerikanische Lokomotivbauunternehmen waren, das im Jahre 1874 die Walschaert- bzw.

Abb. 119 C′C′n4-Double Fairlie Lokomotive »Janus«, erste 1871 in den USA von den Mason Machine Works gebaute Maschine dieser Bauart. (Foto: The Smithsonian Institution, Washington)

**Abb. 120 B2′n2-Tenderlokomotive »ONWARD«, Baujahr 1871, erste Mason Single Fairlie Bauart.
(Foto: The Smithsonian Institution, Washington)**

Heusinger-Steuerung bei ihren Neubaulokomotiven einführte. Die Maschinen der früheren Lieferungen besaßen durchweg noch Stephenson-Steuerung. Die *»William Mason«* (Abb. 121), eine C′3′-Single Fairlie, war 1874 für die New Bedford Railroad in Massachusetts gebaut worden und stellt, bezogen auf die Lokomotiventwicklung in den USA, eine historisch bedeutsame Lokomotive dar, da sie die erste in Amerika gebaute Maschine mit Walschaert-Steuerung war.

Die bereits erwähnte, aber erst einige Jahre später bei den Mason Fairlies angewandte, vordere Laufachse hat eine etwas kuriose Entwicklungsgeschichte. William Mason beabsichtigte ursprünglich mit seiner Konstruktion, daß die Lokomotiven im Streckendienst rückwärts, d. h. mit dem Kohlenbunker voraus fuhren. Dieser Idee war natürlich mit dem in diesem Fall führenden Drehgestell bezüglich der Lauf- und Führungseigenschaften der Lokomotiven genüge getan. Leider nahmen die Bahnverwaltungen aber nicht immer Rücksicht auf dieses Verlangen bzw. hatten auch nicht immer die Möglichkeit, die Maschinen zu drehen. Man ließ sie daher, ihrem Wesen als Tenderlokomotiven entsprechend, sowohl vor- als auch rückwärts mit den gleichen Geschwindigkeiten laufen. Die hieraus resultierenden unterschiedlichen Laufeigenschaften besonders bei den B-gekuppelten Typen führten dann schließlich zu der Einsicht, durch Hinzufügen einer Laufachse diesem Übel abzuhelfen. Etwa ab 1878 findet man daher bei vielen Mason Fairlies verschiedenster Abmessungen und Größen die vordere Laufachse.

Die der Achszahl nach größten Mason Fairlies stellten zweifellos die vier im Jahre 1880 für 914 mm Spurweite gebauten (1′D) 3′n2-Lokomotiven dar, die für die Denver, South Park & Pacific Railroad bestimmt waren. Nicht minder eindrucksvoll, wenn auch nur C-gekuppelt, waren die (1′C) 3′-Mason Fairlies der normalspurigen Mexican Central Railway. Auf ihrer Strecke Denver–El Paso–Mexico City, die nicht nur scharfe Krümmungen und erhebliche Steigungen aufwies, sondern sich auch noch in einem miserablen Zustand befand, war der Einsatz von Gelenklokomotiven unumgänglich. Wegen des schwachen Oberbaus entschloß man sich daher zum Kauf von Single Fairlies der Mason-Bauart. Im Jahre 1889 wurden zwei Lokomotiven, die Nummern 124 und 125 (Abb. 122), in Dienst gestellt und vor Personenzügen eingesetzt. Leider erfüllten sie aber nicht die Erwartungen, die man bezüglich ihrer Verwendung auf dieser schwierigen Hauptstrecke in sie gesetzt hatte. Auch der Einsatz der drei im folgenden Kapitel noch beschriebenen Johnstone Double Fairlies erwies sich als Fehlschlag. Erst mit Indienststellung schwerer Mallet-Lokomotiven hatte man endlich die geeignete Lokomotivbauart gefunden, die den gestellten Anforderungen gerecht wurde. Im Jahre 1890 stellten die Mason Machine Works den Bau von Lokomotiven ein. Andere Firmen wie die Taunton Locomotive Manufacturing, die Manchester Locomotive Works, die American Locomotive Company u. a. bauten noch etwa bis 1925 Mason Fairlies weiter, bis die wachsenden Forderungen an Leistung

**Abb. 121 C3′n2-Mason Single Fairlie Tenderlokomotive aus dem Jahre 1874, erste amerikanische Lokomotive mit Walschaert-(Heusinger-) Steuerung.
(Foto: The Smithsonian Institution, Washington)**

Abb. 122 (1′C)3′n2-Mason Single Fairlie Tenderlokomotive, Baujahr 1889, der Mexican Central Railways. (Foto: Werkaufnahme Baldwin Locomotive Works)

und Maschinengröße den Mason Fairlies ein Ende setzten und andere Gelenkbauarten – vor allem die Mallet-Maschinen – sich durchsetzten.

DIE BAUART MODIFIED FAIRLIE

Der Begriff Modified Fairlie charakterisiert Konstruktionsformen des Typs Fairlie mit der Einschränkung gewisser Abweichungen von der Grundbauart. Ein typisches Beispiel der Modified Fairlied, die dem Äußeren nach eine waschechte Double Fairlie zu sein scheint, zeigt die in Abb. 123 dargestellte C′C′-Lokomotive. Im Jahre 1901 lieferte die Firma Vulcan Foundry Ltd. nach einer 25jährigen Pause erstmals wieder Fairlie-Lokomotiven, die für das Streckennetz mit 1000 mm Spurweite der Burma State Railways bestimmt waren. Insgesamt wurden sieben Lokomotiven gebaut, fünf im Jahre 1901 und weitere zwei im Jahre 1906. Die Besonderheit dieser Lokomotiven gegenüber den üblichen Double Fairlies lag in dem Umstand, daß anstatt des Doppelkessels zwei getrennte Kessel normaler Bauart vorgesehen waren. Einer der Vorteile dieser Ausführung lag beispielsweise darin, daß der Wasserstandsunterschied auf Steigungen gegenüber dem Doppelkessel geringer war. Andererseits ließ es sich nicht vermeiden, daß die beiden Feuerkisten und der freie Raum zwischen ihnen eine wesentlich größere Gesamtlänge der Maschine beanspruchten als bei der Double Fairlie sonst erforderlich war. Der gesamte Achsstand betrug 10 858,5 mm, der Einzelachsstand jedes Triebgestells 2311,4 mm, die Kuppelräder besaßen einen Durchmesser von 990,6 mm. Wegen des begrenzten Volumens der seitlichen Wassertanks von nur 2,273 m^3 zugunsten eines größeren Kohlenbunkerinhalts wurden diese Lokomotiven später mit zusätzlichen Tendern ausgerüstet.

Drei andere nicht minder interessante Modified Fairlies standen viele Jahre hindurch bei den South African Railways in Dienst. Im Jahre 1925 lieferte die North British Locomotive Company in Glasgow probeweise eine (1′C1′)(1′C1′)-Gelenklokomotive, die eine Zwischenlösung zwischen Fairlie- und Garratt-Lokomotive darstellte. Die Gemeinsamkeit mit der Bauart Garratt lag in der Anordnung der Vorratsbehälter vor dem Langkessel und hinter dem Führerhaus. Ebenso ließ sich aber auch eine enge Verwandtschaft mit der Fairlie-Lokomotive nicht verleugnen, deren Kennzeichen der auf den Triebgestellen verlagerte durchgehende Hauptrahmen ist, auf dem Kessel, Führerhaus, Wasser- und Kohlenbehälter fest montiert sind. Diese Konstruktion ermöglichte eine komplette Fertigmontage des Hauptrahmens einschließlich aller Aufbauten ohne zusätzliche bewegliche Leitungen zwischen den Wassertanks. Ein weiterer Vorteil lag in der etwas kürzeren Gesamtbaulänge der Maschine gegenüber vergleichbaren Garratt-Bauarten. Allerdings wurde dieser Vorteil durch den größeren Ausschlag des über-

Abb. 123 C′C′n4 Modified Fairlie mit zwei getrennten Kesseln, 1901 von Vulcan Foundry an die Burma State Railways geliefert. (Foto: Werkaufnahme The English Electric Company)

hängenden Hauptrahmens bei Kurvenfahrten infolge der großen ungeteilten Länge geschmälert.

Das im Jahre 1925 gelieferte erste Exemplar dieser neuartigen Bauart wurde als Klasse »FC« (Abb. 124) mit der Loknummer 670 bei der SAR in Dienst gestellt. Die Maschine besaß Kuppelräder mit 1085,85 mm Durchmesser, einen Gesamtachsstand von 17 272 mm und einen Drehpunktabstand von 10 871,2 mm. Die größte Länge der Lokomotive – über die Mittelpufferkupplung gemessen – betrug 19 431 mm. An Vorräten konnten 13,64 m³ Wasser und 5 t Kohle mitgeführt werden. Das Dienstgewicht lag bei 101,3 t, das Leergewicht bei 76,81 t.

Im Jahre 1926 lieferte die North British Locomotive Company nochmals vier weitere Lokomotiven der gleichen Bauart, aber in verstärkter Ausführung. Diese als Klasse »FD« gekennzeichneten Maschinen mit den Bahnnummern 671–674 unterschieden sich von ihrer Vorgängerin im wesentlichen durch größere Abmessungen und durch eine höhere Zughakenleistung. Im Vergleich zur Klasse »FC« erhielten diese Lokomotiven 1155,7 mm Kuppelraddurchmesser und einen Gesamtachsstand von 17 856,2 mm bei einer größten Länge über die Kupplungen von 20 015,2 mm. Das Volumen der Wassertanks war um 3,63 m³ auf insgesamt 17,27 m³ vergrößert worden. Die Zugkräfte verhielten sich bei 0,75 p für den Typ »FC« zu 129 137 N und für den Typ »FD« zu 145 330 N.

Eine weitere schwere Modified Fairlie-Bauart fertigte schließlich noch Henschel in den Jahren 1927–1928 in

Abb. 124 (1′C 1′)(1′C 1′)h4-Modified Fairlie Klasse FC im Jahre 1925 von den South African Railways in Dienst gestellt. (Foto: Manchester Museum of Science & Technology)

einer Stückzahl von 11 Exemplaren für die SAR. Es handelte sich hierbei um (1′D 1′)(1′D 1′)-Lokomotiven mit einer Zugkraft von 207 018 N (0,75 p) bei einem Dienstgewicht von 152,46 t und einer Gesamtlänge über die Kupplungen von 23 641 mm. Die Maschinen kamen als Klasse »HF« unter den Bahnnummern 1380–1390 zum Einsatz (Abb. 125). Obwohl die SAR-Modified Fairlies sich ausgezeichnet bewährt haben, blieben sie die einzigen dieser ausgefallenen Bauart. Weitere Einsätze dieses Loktyps auf anderen Bahnlinien sind nicht bekannt.

Eine andere Konzeption der Modified Fairlie stellt die sogenannte *»Johnstone's Compound Fairlie«* dar, die vom Prinzip her einer Double Fairlie entsprach. Der dringende Bedarf an Gelenklokomotiven für den Einsatz auf ihren steigungsreichen Gebirgsstrecken veranlaßten die Mexican Central Railways im Jahre 1892 drei Lokomotiven der Achsfolge (1′C)(C 1′) nach Entwürfen ihres Chefingenieurs W. Johnstone bei den Rhode Island Locomotive Works in Auftrag zu geben. Obgleich als Double Fairlie projektiert, zeigten die Maschinen zwei außergewöhnliche Merkmale, die sie als abgewandelte Fairlies kennzeichneten (Abb. 126). Die eine Besonderheit lag im Triebwerksaufbau, der

Abb. 125 (1′D 1′)(1′D 1′)h4-Modified Fairlie Klasse HF der South African Railways, 1927/28 von Henschel gebaut. (Foto: SAR)

zwar die übliche Aufteilung in zwei Triebgestelle zeigte, bei dem aber die Zylinder entgegen den bisherigen Gepflogenheiten auf dem Hauptrahmen verlagert waren. Das Problem dieser Anordnung war die gegenüber den Zylindern unabhängige Einstellbarkeit der Triebgestelle in den Kurven, wodurch unterschiedliche Abstände zwischen den Zylindern und den Triebachsen entstanden, die durch eine besondere Vorrichtung ausgeglichen werden mußten. Ähnlich wie bei den Hagans-Bauarten löste Johnstone diese Schwierigkeit ebenfalls durch eine sinnvolle Anordnung von senkrecht verlagerten Hebeln, die durch die Art ihrer Aufhängung und der Verbindungen untereinander den erforderlichen Längenausgleich zwischen Zylinder und Kuppelachsen ermöglichten.
Die zweite Besonderheit bestand in der für eine Verbundlokomotive äußerst ungewöhnlichen Ausführung der Zylinder. Der Niederdruckzylinder war ringförmig als konzentrischer Mantel um den Hochdruckzylinder angeordnet, dabei betrug der Durchmesser des Hochdruckzylinders 330,2 mm und der des Niederdruckzylinders 711,2 mm. Der Kolbenhub wurde mit 609,6 mm, der Betriebsdruck des Kessels mit 12,7 bar angegeben. Das Dienstgewicht der Lokomotiven belief sich auf ca. 114 t. Die ungewöhnliche Zylinderkonstruktion zeigte einen Bruch mit den konventionellen Ausführungsformen der Dampfmaschinenausbildung nach den Gesichtspunkten günstigsten thermischen Verhaltens des Expansionsprozesses. Die Folge war, daß die drei Lokomotiven nach wenigen Jahren unbefriedigenden Einsatzes von der Mexican Central Railway aus dem Betrieb gezogen und umgebaut wurden. Anläßlich dieser Rekonstruktion wurden sämtliche Sonderausführungen des Triebwerks beseitigt und durch normale Bauelemente ersetzt.

Abb. 126 (1′C)(C 1′)n8-Johnstone's Compound Fairlie (Modified Fairlie), 1892 von den Mexican Railways in Dienst gestellt. Im Bild die versandbereite Lokomotive mit abgenommenen Treib- und Kuppelstangen.
(Foto: Sammlung Ostendorf)

DIE BAUART PÉCHOT-BOURDON

Diese Lokomotivbauart entspricht im wesentlichen den Double Fairlie-Lokomotiven, obgleich die Péchot-Bourdon ausschließlich als Feldbahnmaschine für 600 mm Spurweite gebaut wurde. Ihre Bezeichnung erhielt sie nach ihren Erfindern Péchot – einem französischen Capitaine der Artillerie – und Bourdon, der seines Zeichens Zivilingenieur war. Das im Jahre 1887 erteilte Patent auf diese Bauart zeigte vier besondere Konstruktionsmerkmale, die sie von ihren großen Schwestern des Typs Double Fairlie unterschieden.
Auffallend war zunächst der hohe, zentral über den Feuerkisten im Führerhaus liegende Dampfdom, wodurch sicher gestellt war, daß der Dampf immer in einer nahezu konstanten Höhe oberhalb des normalen Wasserstands im Kessel entnommen wurde, gleich ob die Lokomotive sich auf einer Steigung oder in der Horizontalen bewegte. Die kurze Baulänge der Maschine mit den in der Mitte angeordneten Feuerbüchsen und die geringe Höhe von 1400 mm von S. O. bis zum Kesselrücken sicherten noch bei 10 % Neigung einen ausreichenden Wasserstand über den Feuerbüchsdecken.
Besondere Maßnahmen wurden auch bezüglich des leichteren Anpassens des Fahrwerks an unebenen Gleisverlauf getroffen. Die in je einem Triebdrehgestell untergebrachten beiden Kuppelachsen wurden untereinander und gegenüber dem Drehgestellrahmen über Blattfedern, Ausgleichhebel und Hängeeisen abgefedert. Ferner erhielt die Drehpfanne der Drehgestelle eine starke zwischen Lager und Drehzapfen eingelegte Gummiplatte. Diese Maßnahmen ermöglichten noch einen einwandfreien Lauf der Lokomotive in

Gleisen mit 120 mm Höhenunterschied. Der Achsstand im Drehgestell betrug 900 mm, der Drehzapfenabstand 2900 mm. Die Lokomotive war in jeder Hinsicht auf Beweglichkeit ausgelegt, worin unter anderem auch die Durchfahrbarkeit von Gleisbögen bis herunter auf 20 m Radius enthalten war.

Im Interesse einer ausgeglichenen Lastverteilung auf die einzelnen Achsen bestand zwischen der rahmenartigen Versteifung der Feuerkisten und den innenliegenden Enden der Triebdrehgestelle eine Federabstützung, die in erster Linie der Gewichtskompensation der überhängenden Zylinder diente.

Eine besonders interessante Lösung zeigt die Verlegung des Dampfeinströmrohres sowie der Brems- und Steuerzüge, die durch die Drehzapfen geführt wurden. Beide Dampfmaschinengruppen wurden unabhängig voneinander über getrennte Regler bedient. Die Steuerung entsprach der Bauart Heusinger.

Die Lokomotiven des Typs Péchot-Bourdon wurden sämtlich nur als B'B'-Maschinen mit mittig angeordnetem Führerhaus gebaut. Entsprechend der beabsichtigten Verwendung als sogenannte »Kriegslokomotive« auf der schmalspurigen Militärbahn der Festung Tôul mußte der Führerstand mit dichten Vorhängen gegen Feuerschein bei Nachtfahrten abgeschlossen werden, wahrlich eine Tortur für das Lokpersonal bei dem geringen zur Verfügung stehenden Raum im Führerhaus. Die mitgeführten Vorräte betrugen 1,70 m^3 Wasser und 600 kg Kohle. Betriebsfertig wogen die Lokomotiven 12 t, als maximale Geschwindigkeit wurden 12 km/h angegeben, wobei in der Ebene mit 342 t Zuglast noch 9 km/h erreicht wurden.

Wie bereits angedeutet, fanden die Péchot-Bourdon-Maschinen später ausschließlich Verwendung auf strategischen Bahnen des französischen Heeres (Chemin de fer Militaire stratégique) im schweren Munitionstransport. Weitere Einsatzpunkte wurden ferner die Festungen und Frontstädte des Ersten Weltkriegs Belfort, Epinal und Verdun. Die Gesamtstückzahl der für diese Zwecke vor 1914 von der französischen Militärverwaltung beschafften Lokomotiven betrug, soweit bekannt ist, 52 Exemplare, die von verschiedenen französischen Firmen geliefert worden sind.

Mit Ausbruch des Ersten Weltkrieges sandte die französische Regierung umgehend eine Kommission in die Vereinigten Staaten, die mit den dortigen großen Lokomotivfabriken Verhandlungen zwecks kurzfristiger Lieferung größerer Stückzahlen von Lokomotiven verschiedener Bauarten und für unterschiedliche Spurweiten führen sollte, da die eigene Industrie bereits durch Rüstungsaufträge überlastet war. Unter anderem wurde Baldwin mit dem Bau von 280 Péchot-Bourdon-Lokomotiven beauftragt, die für den Zubringerdienst zwischen den Vollbahnen und den Frontlinien an der Westfront dringend benötigt wurden. Übrigens wurden diese Lokomotiven in einer außerordentlich kurzen Zeit gebaut und geliefert. Der schriftliche Auftrag ging am 1. Februar 1915 bei Baldwin ein, bereits am 24. April 1915 verließen die ersten hundert Maschinen das Werk und wurden nach Europa verschifft – wahrlich ein Liefertermin, von dem man in unserem Zeitalter der elektronischen Datenverarbeitung nicht einmal mehr zu träumen wagt. Die verbliebenen 180 Lokomotiven dieses Auftrags wurden zum Teil noch 1915, die restlichen im Jahre 1916 ausgeliefert.

Über das Schicksal dieser Lokomotiven ist nicht viel bekannt. Allein 19 Maschinen sollen noch fabrikneu anstatt an die Westfront nach Algerien verschifft worden sein. Während des Zweiten Weltkrieges fand noch einmal eine Transaktion zweier Péchot-Bourdon-Lokomotiven nach Jugoslawien statt, wo sie im Braunkohle-Tagebau in der Nähe von Belgrad eingesetzt wurden. Eine dieser Maschinen blieb übrigens für das Belgrader Eisenbahnmuseum erhalten.

Im Jahre 1921 bauten die Baldwin Locomotive Works noch einmal eine einzelne Péchot-Bourdon-Lokomotive für die Japanischen Militäreisenbahnen (Abb. 127), deren Spurweite ebenfalls 600 mm betrug. Obwohl offensichtlich die Absicht bestand, diesen Typ zu kopieren, ist nie etwas über den Nachbau von Péchot-Bourdon-Lokomotiven in Japan bekannt geworden.

Abb. 127 B'B'n4-Péchot-Bourdon-Lokomotive, 1921 von Baldwin für die Japanischen Militäreisenbahnen geliefert. (Foto: Werkaufnahme Baldwin Locomotive Works)

DIE BAUARTEN MEYER, DU BOUSQUET, MEYER-KITSON UND LIVESEY-MEYER

Die Bauart Meyer in ihrer Grundform einschließlich der später noch folgenden Abarten stellt im Reigen der zu jener Zeit bereits bekannten Gelenklokomotiven mehr oder weniger eine Art Metamorphose der Double bzw. Single Fairlie-Lokomotive dar. Als Konstruktion bereits Mitte des 19. Jahrhunderts konzipiert und schließlich in noch recht bescheidener Form erstmals anläßlich des Semmering-Wettbewerbs als B'B'-Tenderlokomotive *»Wiener Neustadt«* ausgeführt, zeigte diese Bauform die der Double Fairlie sehr ähnliche Anordnung von zwei Dampftriebgestellen und den bei der Bauart Single Fairlie verwendeten Einzelkessel mit Führerhaus und Vorratsbehälter auf einem durchgehenden Brückenrahmen. Ein weiteres typisches Kennzeichen der frühen Meyer-Bauarten waren die in Maschinenmitte zueinander angeordneten Zylinder, wodurch kurze Dampfleitungen zwischen Dampfdom und Zylinder erreicht wurden. Ähnlich wie bei den übrigen Gelenkbauarten – mit Ausnahme der Mallet-Lokomotiven – wurde die Bauart Meyer ausschließlich als Tenderlokomotive gebaut.

Soweit die relativ einfache Charakterisierung dieser Gelenkbauart, deren Konstruktion in etwas abgewandelter Form auch bei der ihr sehr verwandten Bauart Modified Fairlie Anwendung fand. Die Meyer-Lokomotive unterschied sich von der Spielart Modified Fairlie lediglich dadurch, daß die Vorräte hauptsächlich beiderseits des Kessels, keinesfalls aber vor dem Kessel angeordnet waren.

Im März des Jahres 1861 wurde dem aus Mühlhausen im Elsaß stammenden Jaques Meyer das Patent auf seine nach ihm benannte Gelenklokomotive erteilt. Lange Zeit hindurch galt die Bauart Meyer als Hauptkonkurrent der Fairlie-Lokomotiven, was nicht zuletzt anhand der großen Verbreitung der Meyer-Maschinen nachzuweisen ist. Ihre Bedeutung nahm erst mit dem Einsatz der Mallet-Lokomotiven und den später um die Jahrhundertwende eingeführten mehrachsigen Maschinen mit einem einzelnen Hauptrahmen und seitenverschiebbaren Kuppelachsen ab.

Eine sehr frühe Konstruktion der Meyer-Bauart in ihrer Ursprungsform ist beispielsweise die in Abb. 128 gezeigte C'C'-Lokomotive No. 300 der Chemin de fer du Grand Central Belge aus dem Jahre 1873. Beachtenswert erscheinen die außergewöhnlich großen Abmessungen von Schornstein, Dampfdom und Belpaire-Feuerkiste. Die seitlichen Vorratsbehälter waren zum Zweck eines wünschenswert großen Volumens entlang des gesamten Kessel bis über die Rauchkammertür hinaus gezogen worden. Leider war dieser 72 t schweren Maschine nur eine kurze Lebensdauer beschieden. Bereits im Jahre 1878 wurde die Lokomotive vollständig demontiert. Die beiden Triebgestelle erhielten neue Aufbauten und wurden als kleine Tenderlokomotiven im Rangierdienst eingesetzt. Die als Nr. 1 und 2 gekennzeichneten Maschinen hatten ein Dienstgewicht von etwas mehr als 40 t und sollen sich ausgezeichnet bewährt haben. Die Maschine Nr. 2 soll sogar bis 1921 im Einsatz gewesen sein.

Ein nicht minder tragisches Schicksal erlebten die beiden versuchsweise 1890/1891 von Hartmann in Chemnitz für die Sächsische Staatsbahn gelieferten Meyer-Lokomotiven der Gattung MITV. Anlaß zu ihrem Bau war der dringende Bedarf nach einer vierachsigen Maschine mit guter Bogenläufigkeit für die krümmungsreichen Strecken des Erzgebirges, auf denen die dort eingesetzten C-Schlepptenderlokomotiven der Gattung VV wegen ihrer zu geringen Leistung ersetzt werden mußten. Es zeigte sich aber schon bald nach Ablieferung der Maschinen, daß sie mit knapp 50 kN Zugkraft kaum eine Leistungssteigerung gegenüber den früheren C-Schlepptenderlokomotiven erreichten. Der wegen der beiden Triebdrehgestelle günstigere Kurvenwiderstand wog diesen Nachteil auch nicht auf. Die tatsächliche Betriebszeit war demnach auch entsprechend kurz. Noch vor der Übernahme durch die Deutsche Reichsbahn erfolgte ihre Ausmusterung.

Im Jahre 1910 folgte noch einmal eine überarbeitete, größere Meyer-Bauart für denselben Zweck. Dieser

Abb. 128 C'C'n4-Tenderlokomotive Bauart Meyer der Chemins de fer du Grand Central Belge aus dem Jahre 1873. (Foto: SNCB)

Abb. 129 B'B'n4v-Tenderlokomotive Bauart Meyer Gattung ITV (später DR-Baureihe 98^0) der ehemaligen Sächsischen Staatsbahn, Baujahr 1910. (Foto: Weisbrod)

Entschluß der Sächsischen Staatsbahn erscheint unverständlich, da trotz der kleinen Kurvenradien bis hinunter auf 85 m und selbst mit Rücksicht auf den schwachen Oberbau eine vierfach gekuppelte Maschine mit Gölsdorf-Achsen einfacher und unproblematischer gewesen wäre.
Die neue ebenfalls von Hartmann gebaute Tenderlokomotive war eine B'B'n4v-Maschine mit Hochdruckzylinder im vorderen und Niederdruckzylinder im hinteren Drehgestell. Die gegenüber den beiden Lokomotiven der Gattung MITV umgekehrte Zylinderanordnung ist auf die sich hierdurch ergebenden kürzeren Dampfleitungen zurückzuführen. Wir finden auch bei diesen Lokomotiven wieder die Ursprungsform der Meyer-Bauart mit in Lokomotivmitte liegenden gegeneinander gerichteten Zylinderblöcken.
Die als Gattung ITV (später DR Baureihe 98°) eingereihten Lokomotiven (Abb. 129) wurden in einer Stückzahl von 18 Exemplaren gebaut, denen 1913 und 1914 noch weitere acht Maschinen folgten. Die der Nachlieferung angehörenden Lokomotiven unterschieden sich von denen der früheren Serie dadurch, daß bei ihnen die seitlichen Wasserkästen im Bereich der Rauchkammer schräg nach vorn heruntergezogen waren. Mit einer erhöhten Zugkraft von 85 kN waren die Lokomotiven jetzt in der Lage, Züge von 195 t auf einer Steigung von 25 ‰ noch mit 20 km/h zu befördern. Hauptsächlich für den Einsatz auf der Windbergbahn (Dresden–Possendorf) vorgesehen, versahen die Meyer-Maschinen auch auf anderen Nebenbahnstrekken Dienst vor den verschiedensten Zuggarnituren.
Obwohl die Nachteile dieser Gelenkbauart und die Problematik des Laufverhaltens besonders derart kurzer Achsstände wie sie das B-gekuppelte Triebgestell besitzt nicht von der Hand zu weisen waren, überrascht es, daß man in Sachsen mit solcher Zähigkeit an der Meyer-Bauart festhielt, was nicht zuletzt die bis in jüngster Zeit noch vorhandenen und in Betrieb befindlichen Schmalspurlokomotiven dieser Bauart beweisen.
Das Alter der Maschinen und nicht zuletzt die Umstellung auf andere Traktionsmittel ließ im Laufe der Jahre auch die Zahl der Lokomotiven dieser Bauart zusammenschrumpfen. Im Jahre 1966 wurde schließlich mit der 98 002 die letzte Veteranin der normalspurigen Meyer-Lokomotiven von der Deutschen Reichsbahn ausgemustert.
Es soll an dieser Stelle einmal darauf hingewiesen sein, daß die Bauart Meyer ebenso wie die meisten anderen Gelenkkonstruktionen eine starke Neigung zum Schleudern zeigte, ein Umstand, der den Nachteil einer nur teilweisen Ausnutzung der Reibungszugkraft mit sich führte. Ebenso waren die bereits angedeuteten schlechten Laufeigenschaften besonders in den höheren Geschwindigkeitsbereichen eine Folge der hin- und hergehenden Massen bezogen auf die

Abb. 130 B'B'n4v-Meyer Lokomotive, 1896 von Jung an die Georgsmarienhütte in Osnabrück geliefert. (Foto: Werkaufnahme Jung)

Abb. 131 C'C'n4-Tenderlokomotive »High Ranger« Bauart Improved Meyer, 1914 von Andrew Barclay, Sons & Co. gebaut. (Foto: Werkaufnahme Barclay, Sons & Co.)

kurzen Achsstände der Triebgestelle. Die sogenannten Schlingerbewegungen der Triebwerke konnten auch durch Einführung einer Kupplung zwischen beiden Triebdrehgestellen kaum gemildert werden.
Etwas besser sahen die Ergebnisse bei den schmalspurigen Meyer-Lokomotiven aus. Hier war das Verhältnis Länge und Schwerpunktslage der Maschine gegenüber dem Gesamtachsstand günstiger. Viel trug zur Laufruhe auch die wesentlich geringere Geschwindigkeit bei. Die Wendigkeit dieser kleinen Maschinen und ihre trotz des vielteiligen Aufbaus noch relativ wirtschaftliche Unterhaltung brachte ihnen nicht nur bei den Staatsbahnen, sondern auch in der Industrie eine gewisse Beliebtheit ein. In der Abbildung 130 ist eine der beiden 1896/97 von Jung für die Georgsmarienhütte in Osnabrück gelieferten B'B'n4v-Lokomotiven für 600 mm Spurweite dargestellt. Sehr gut zu erkennen ist die Ausführung der Triebgestelle mit Außenrahmen und die Anordnung der Hochdruckzylinder auf dem hinteren, die der Niederdruckzylinder auf dem vorderen Drehgestell.
Ein gewisser Nachteil durch die in Maschinenmitte liegenden Zylindergruppen machte sich bei der Ausbildung des Aschkastens störend bemerkbar. Wie aus den Abbildungen der bisher beschriebenen Meyer-Bauarten deutlich zu ersehen ist, war eine freizügige Entwicklung des Aschkastens durch die Lage des rückwärtigen Triebgestells nicht möglich. Die englische Lokomotivfabrik Andrew Barcley, Sons & Co., Ltd. erkannte bei Zeiten diesen Nachteil und konstruierte die sogenannte »Improved Meyer« (verbesserte Meyer). Diese neue Ausführungsform zeigte eine Lokomotive mit zwei Triebgestellen und ausschließlich nach rückwärts gerichteter Zylinderlage, d. h. das hintere Drehgestell ist um 180° gedreht worden, so daß die Zylinder nicht mehr zur Maschinenmitte, sondern zum rückwärtigen Ende der Lokomotive wiesen. Der durch diese Maßnahme frei gewordene Raum unter dem Stehkessel konnte jetzt für eine großzügige Ausbildung des Aschkastens genutzt werden. In der Abbildung 131 ist als Beispiel der »Improved Meyer« eine C'C'n4-Lokomotive mit Außenrahmendrehgestellen für 610 mm Spurweite dargestellt. Der zweite etwas schmalere Schornstein an der Rückseite der Lokomotive diente dem Abdampf der hintenliegenden Zylinder. Eine Rückführung des expandierten Dampfes zur Rauchkammer wäre umständlich und aufwendig gewesen, da für den benötigten Saugzug in der Feuerung der durch das Blasrohr ins Freie tretende Abdampf der vorderen Zylinder ausreichte.
Eine recht interessante und der »Improved Meyer« sehr ähnliche Maschine bauten die Baldwin Locomotive Works im Jahre 1892 für die Sinnemahoning Valley Railroad (Abb. 132). Es handelte sich hierbei um eine C'C'-gekuppelte Gelenklokomotive, deren Einmaligkeit in den acht Zylindern der Verbundbauart Vauclain bestand. Abweichend von den bisherigen Meyer-Bauarten waren bei dieser Maschine die Zug- und Stoßvorrichtungen nicht an den Drehgestellen, sondern am Hauptrahmen verlagert. Der Abdampf der rückwärtigen Zylinder wurde bei der vorliegenden Ausführung durch ein Dampfsammelrohr auf der rech-

Abb. 132 C'C'n8v-Tenderlokomotive Bauart Improved Meyer, 1892 von Baldwin für die Sinnemahoning Valley Railroad gebaut. (Foto: Werkaufnahme Baldwin Locomotive Works)

Abb. 133 (C 1′)(1′C)n4v-Tenderlokomotive Bauart Du Bousquet der französischen Nordbahn, gebaut in den Jahren 1905–1911. (Foto: LA VIE DU RAIL)

ten Maschinenseite nach vorn ins Blasrohr geführt und durch den Schornstein ausgestoßen.

Eine weniger bekannte Variante der Meyer-Bauart ist die »Du Bousquet«, eine (C 1′)(1′C)n4v-Tenderlokomotive (Abb. 133), die speziell für den Transport schwerer Kohlenzüge auf der französischen Nordbahn in den Jahren 1905–1911 beschafft worden ist. Der Schöpfer dieser Lokomotivgattung, der damalige Maschinendirektor der Nordbahn, Gaston du Bousquet, entwarf diese Bauart als eine Art abgewandelte und verstärkte Meyer-Konstruktion, ohne jedoch grundsätzliche Änderungen am Prinzip der Bauart Meyer vorzunehmen. Beide Triebdrehgestelle zeigten auch hier die bereits charakteristische Anordnung der Zylinder in Maschinenmitte. Etwas ungewöhnlich erscheint allerdings die Lage der beiden Laufachsen der Drehgestelle zwischen den Zylindergruppen, da dem Prinzip der besseren Führung des Laufwerkes wegen die Laufachsen nicht allein zur Gewichtsaufnahme, sondern maßgeblich auch zur Laufruhe des Fahrzeuges beitragen und daher an die Maschinenenden gehören sollten.

Ohne Zweifel stellte die »Du Bousquet« die größte aller Konstruktionen der Meyer-Bauarten dar. Der mächtige Kessel besaß die bei der Nordbahn schon übliche Belpaire-Feuerbüchse, jedoch mit entsprechend verlängertem Rost. Die Rostfläche betrug 3,00 m^2, die Heizfläche 175,45 m^2. Der Kesseldruck wurde mit 16 bar angegeben. Die Hochdruckzylinder lagen im hinteren, die Niederdruckzylinder im vorderen Maschinengestell. Bei einer Gesamtlänge der Lokomotive von 16,18 m erreichte das Dienstgewicht 106,7 t.

Diese etwas kurios aussehenden Lokomotiven waren zweifellos recht erfolgreich, kein Wunder also, daß die letzten Exemplare erst 1951 aus dem Verkehr gezogen und ausgemustert wurden. Außer den beschriebenen Maschinen der Nordbahn wurden Lokomotiven des Typs »Du Bousquet« auch nach Spanien und China geliefert. Über ihren Verbleib ist jedoch nichts Näheres bekannt.

Eine dem »Improved Meyer«-Typ von Barcley Sons & Co. sehr ähnliche Gelenklokomotive war die Bauart Kitson-Meyer. Besondere Sorgfalt galt auch hier einer ausreichenden und befriedigenden Ausbildung des Aschkastens zwischen den beiden Triebdrehgestellen. Im Jahre 1894 fertigte Kitson & Co. die erste Lokomotive der neuen Bauart, eine C′C′-gekuppelte Tendermaschine. Eine Eigenart der frühen Kitson-Meyer-Lokomotiven war die einseitige Anordnung der Zylinder an den hinteren Enden der Triebgestelle und der zweite Schornstein hinter dem Führerhaus, durch den der Abdampf der Zylinder des zweiten Drehgestells ausgestoßen wurde. Vor dem Eintritt in den Schornstein passierte der Abdampf den rückwärtigen Wassertank und sorgte so für eine gewisse Vorwärmung des Speisewassers. In den folgenden Jahren baute Kitson & Co. eine größere Zahl ähnlicher Maschinen vornehmlich mit der Achsfolge C′C′ für den Einsatz an der Pazifik-Küste Südamerikas.

Eine sehr erfolgreiche Kitson-Meyer-Bauart waren die 1927 für die Ferrocarril de Girardot (Colombian National Railways) gebauten (1′C)(C 1′)-Lokomotiven (Abb. 134). Sie sind ein gutes Beispiel für die gute Zusammenarbeit zwischen Lieferfirma und den Ingenieuren der Bahngesellschaft, die einerseits die Erfahrungen modernen Lokomotivbaus und andererseits die Betriebserfahrungen der Praxis zu einer wohlgelungenen Konstruktion vereinigten. Bemerkenswert ist die Verlegung der Zylinder an die jeweils äußeren Enden eines jeden Triebgestells, ähnlich wie es bei den Fairlie- und Garratt-Bauarten der Fall ist. Der Abdampf aller Zylinder wurde hier durch ein gemeinsames Blasrohr geleitet. Die Triebgestelle waren mit Rücksicht auf die kleine Spurweite von nur 914 mm mit Außenrahmen ausgerüstet. Das Gewicht der Lokomotiven lag bei 96 t, die Zugkraft betrug rund 180 kN (0,75 p). Zu den Betriebsbedingungen gehörte unter anderem der Einsatz auf der Strecke Girardot–Facativa mit Steigungen von 1:25 in Verbindung mit schar-

Abb. 134 (1′C)(C 1′)h4-Tenderlokomotive Bauart Kitson-Meyer, 1927 an die Ferrocarriles de Girardot (später Ferrocarriles Nacionales) in Kolumbien geliefert.
(Foto: Sammlung Ostendorf)

fen Gleiskrümmungen, deren Mindestradius bei 79 m lag. Die zweite Kuppelachse jedes Drehgestells wurde wegen der kleinen Bogenhalbmesser spurkranzlos ausgeführt.
Die seinerzeit schwersten Lokomotiven der Bauart Kitson-Meyer wurden im Jahre 1908 für die spanische Südbahn gebaut. Diese für 1676 mm Spurweite ausgelegten Maschinen hatten die Achsfolge (1′D)D′ und wogen 102 t. Es ist anzunehmen, daß diese Monstren (Abb. 135) die einzigen Exemplare dieser Bauart waren, die jemals für Breitspur gebaut worden sind. Die Wahl fiel auf den Typ Kitson-Meyer, da man einerseits einen leichten Oberbau mit krümmungsreichem Streckenverlauf berücksichtigen mußte, andererseits für den Transport schwerer Erzzüge eine kräftige Lokomotive benötigte. Die durchschnittliche Achslast der Maschinen lag nur bei 11,5 t. Obwohl die Lokomotiven mit 1219,0 mm den größten Kuppelraddurchmesser aller Kitson-Meyer-Typen besaßen, blieb später im Streckendienst die Geschwindigkeit überwiegend auf bescheidene 45 km/h beschränkt.
Eine »Modified Kitson-Meyer«-Bauart stellten die (1′C)(C 2′)-Lokomotiven der ehemaligen Leopoldina Railway in Brasilien dar. Diese kleinen Tenderlokomotiven für 1000 mm Spurweite zeigten zwar die übliche Triebgestellanordnung, unterschieden sich jedoch von den herkömmlichen Maschinen dieses Typs durch die Art der Vorräteunterbringung. Durch Verlängerung des Hauptrahmens wurde hinter dem Führerhaus soviel Platz geschaffen, daß Brennstoff und Wasser in einem Pseudo-Tender mitgeführt werden konnten. Dieser Pseudo-Tender ruhte auf dem rückwärtigen Triebgestell, das zusätzlich mit einem zweiachsigen Drehgestell ausgerüstet war. Der erste Eindruck vermittelt daher zunächst die Vorstellung einer Schlepptenderlokomotive. Da aber Kessel, Führerhaus und Tender gemeinsam auf dem Hauptrahmen ruhen, ist auch die grundsätzliche Konzeption der Meyer-Kitson-Gelenklokomotive gewahrt. Auch diese Maschinen fanden hauptsächlich Verwendung auf steigungsreichen Strecken der Leopoldina Railway.
Die Entwicklung der Kitson-Meyer-Bauart fand schließlich im Jahre 1935 nach nur wenig mehr als 40 Jahren mit dem Bau der bis dahin größten Lokomotive ihren Abschluß. Die englische Lokomotivfabrik Robert Stephenson & Hawthorn konstruierte diese schwere (1′D)(D 1′)-Tenderlokomotive (Abb. 136) für die Ferrocarriles Nacionales in Kolumbien. Zweifellos war diese letzte Vertreterin der Bauart Kitson-Meyer nicht nur die modernste der bisher gebauten Maschinen, ihr ging auch der Ruf voraus, die beste aller Kitson-Meyer-Konstruktionen zu sein, eine Behauptung, die später durch die außerordentlich guten Betriebsergebnisse bestätigt worden sein soll.
Im Laufe der vorangegangenen Jahre baute die Firma Kitson & Co. eine große Zahl nahezu gleicher Maschinentypen, hauptsächlich mit der Achsanordnung C′C′. Der überwiegende Teil dieser Lokomotiven fand Verwendung im schweren Streckendienst an der Pazifik-Küste Südamerikas, wo die extremen Betriebsbedingungen besonders hohe Anforderungen an die Maschinen stellten. Die Antofagasta and Bolivia Railway in Chile besaß ebenfalls mehrere sechsfach gekuppelte Kitson-Meyer-Maschinen, die aber den steigenden Anforderungen nicht mehr gewachsen waren. Sie bestellte daher sechs neue leistungsfähigere Gelenklokomotiven bei Beyer, Peacock and Co., die nach Plänen von Sir Harry Livesey gebaut und in den Jahren 1911–13 geliefert wurden. Diese als Livesey-Meyer bekannt gewordenen Maschinen (Abb. 137) zeigten eine

Abb. 135 (1′D)D′n4-Tenderlokomotive Bauart Kitson-Meyer der Ferrocarriles Lorca a Baza y Aguilas (Spanien), Baujahr 1908.
(Foto: RENFE)

Abb. 136 (1′D)(D 1′)h4-Kitson-Meyer Tenderlokomotive, im Jahre 1935 als letzte und schwerste Maschine dieses Typs von R. Stephenson & Hawthorn für die Ferrocarriles Nacionales in Kolumbien gebaut.
(Foto: The City of Liverpool Museums)

Reihe bemerkenswerter Eigenarten. Das Fahrwerk war wie üblich in zwei Triebwerksgruppen unterteilt und zeigte die Achsfolge (1′C)(1′ C). Obwohl sie dem Aussehen nach Tenderlokomotiven zu sein schienen, fehlten ihnen beispielsweise die seitlichen Wassertanks. Diese Maßnahme war im Hinblick auf eine bessere Zugänglichkeit der Triebwerksteile getroffen worden. Andererseits machte dieser Umstand das Mitführen eines zusätzlichen Wasserwagens erforderlich, der an der Kesselseite der Lokomotive angekuppelt war. Dieser Wasserwagen enthielt den gesamten Wasservorrat für die Maschine. An Brennstoff wurden etwa 6 t Kohlen auf der Lokomotive und weitere 4 t Kohlen auf dem Wasserwagen mitgeführt – ein recht beachtlicher Vorrat für eine Schmalspurlokomotive mit 760 mm Spurweite. Wegen der großen Höhen, die auf der sehr gebirgigen Strecke erreicht wurden, war das Führerhaus zum Schutz des Personals völlig geschlossen ausgeführt worden.
Eine weitere Besonderheit dieser Lokomotiven lag in der vorgesehenen Hauptfahrtrichtung mit dem Führerhaus voraus, daher auch der an der Kesselseite und nicht hinter dem Führerhaus angekuppelte Zusatztender. Der Abdampf des vorderen Triebgestells gelangte durch einen eigenen Schornstein im Bereich des Kohlenbunkers ins Freie. Die sechs Livesey-Meyer-Gelenklokomotiven der Antofagasta and Bolivia Railway blieben die einzigen Maschinen ihrer Art, die je ausgeführt wurden.
Eine letzte Variation der Meyer-Gelenklokomotiven ist die kombinierte Reibungs- und Zahnradlokomotive der Bauart Kitson-Meyer. Im Jahre 1911 lieferte Kitson & Co. an die Transandine Railway in Chile eine schwere Kitson-Meyer-Zahnradlokomotive für 1000 mm Spurweite. Ihr Einsatz sollte auf einer Bahnlinie erfolgen, die über die Kordilleren führte und deren Steilstreckenabschnitte mit Zahnstangen ausgerüstet waren. Die einzelnen Steigungen betrugen bis zu 25 ‰ auf den Adhäsionsteilstücken, 80 ‰ auf dem chilenischen Teil der Zahnradstrecke und 65 ‰ auf der argentinischen Seite. Die zu durchfahrenden Gleisbögen wiesen zum Teil Mindestradien von nur 120 m auf.
Bei der Konstruktion dieser Lokomotive (Abb. 138) ging man bezüglich der Triebwerksaufteilung etwas sonderbare Wege. Das vordere D-gekuppelte Triebdrehgestell diente einmal als reiner Adhäsionsantrieb der Lokomotive, enthielt aber außerdem noch einen kleinen Hilfszahnradantrieb für ein einzelnes zwischen 1. und 2. Kuppelachse verlagertes Zahnrad. Das hintere Drehgestell besaß zwei Laufachsen und den Hauptzahnradantrieb mit zwei zwischen den Laufachsen angeordneten Zahnrädern. Beide Triebdrehgestelle waren mit Außenrahmen ausgerüstet.
Der bereits erwähnte Hilfszahnradantrieb im vorderen Triebgestell basierte auf einer besonderen Forderung der Bahn. Man befürchtete, daß auf der 80 ‰ Steilstrecke bei vereisten Schienen unter Umständen so

Abb. 137 (1′C)(1′C)h4-Halbtenderlokomotive Bauart Livesey-Meyer, 1911–13 von Beyer, Peacock & Co. an die Ferrocarril Antofagasta & Bolivia (Chile) geliefert.
(Foto: Manchester Museum of Science & Technology)

ungünstige Reibungsverhältnisse für das Adhäsionstriebwerk auftreten könnten, daß die Kuppelachsen zum Schleudern neigen würden und damit die Gesamtzughakenleistung der Maschine wesentlich herabgesetzt wird. Die Hilfsmaschineneinheit wurde von zwei außenliegenden Zylindern betrieben, die in Höhe der Rauchkammer über der Dampfmaschinengruppe des Reibungstriebwerks angeordnet waren. Natürlich war der Kessel nicht in der Lage, Dampf für alle sechs Zylinder zusammen zu liefern, es wurden daher entweder nur die vier Zylinder der beiden Zahnradtriebwerke bei Fahrten auf der Zahnradstrecke beaufschlagt, oder es wurde auf den Reibungsstreckenabschnitten nur mit dem Adhäsionstriebwerk gefahren, dann erhielten nur diese Zylinder Dampf vom Kessel.
Es zeigte sich aber bereits während der ersten Betriebswochen, daß die ursprünglichen Befürchtungen der Bahngesellschaft unbegründet waren. Das vierachsige Reibungstriebwerk war durchaus in der Lage, auf den Streckenabschnitten geringerer Neigung die erwarteten Forderungen zu erfüllen. Ebenso war der Doppelrad-Zahnradantrieb im hinteren Triebgestell ausreichend bemessen, um das geforderte Zuggewicht über die großen Steigungen zu schleppen. Bei den Maschinen gleicher Bauart aus dem Jahre 1912 entfiel daher der Hilfszahnradantrieb im vorderen Triebgestell, wodurch sich der Aufbau der Lokomotiven wesentlich vereinfachte.
Die Gelenklokomotiven der Bauart Meyer und der genannten abgewandelten Typen waren ihrem Wesen nach hauptsächlich Tenderlokomotiven mit dem dieser Konstruktion anhaftenden besonderen Nachteil des geringen Brennstoff- und Speisewasservorrats auf den Maschinen. Die wachsenden Leistungssteigerungen und die erforderliche Erweiterung der Aktionsradien zeigten bald die Grenzen der Einsatzfähigkeit der Bauart Meyer. Es ließ sich daher nicht vermeiden, daß Mitte der 30er Jahre mit den stetig zunehmenden Anforderungen an die Traktionsmittel der Gelenkbauart ein Wandel zugunsten der beiden großen Baugruppen Garratt und Mallet eintrat.

DIE BAUART GARRATT

Als eine der jüngsten Entwicklungen aller bekannten Gelenklokomotivbauarten verdankt die Garratt-Lokomotive ihre Entstehung einem etwas ungewöhnlichen Umstand. Ihr Erfinder, der Engländer Herbert William Garratt, war um die Jahrhundertwende bei der Regierung des australischen Bundesstaates New South Wales angestellt und befaßte sich in seiner Eigenschaft als Inspektionsingenieur und Abnahmebeamter unter anderem auch mit Drehgestell- und Gelenkfahrzeugen für schwere Artillerie. Während dieser Tätigkeit erwachte in ihm der Gedanke, daß Lokomotiven nach ähnlichen Gesichtspunkten gebaut werden könnten. Je mehr er sich mit diesem Problem beschäftigte, umso klarer zeichneten sich die grundlegenden Merkmale dieser neuen Gelenkbauart in seinen Entwürfen ab. Im Jahre 1907 fand schließlich seine Arbeit mit der Erteilung des Patents auf die sogenannte »Garratt-Lokomotive« ihren ersten Höhepunkt.
Welche Bedeutung hatte nun die Bauart Garratt gegenüber den bereits bekannten Systemen? Sie vereinigte in ihrer Konstruktion die Vorteile der Doppelgelenktriebwerke mit der Möglichkeit, größere Dampferzeuger auf dem Fahrzeug unterzubringen, wodurch sie nicht nur mit der Normalbauart in jeder Hinsicht konkurrieren, sondern diese sogar noch übertreffen konnte, wo hohe Zugkräfte gefordert wurden. Die Garratt-Lokomotive war trotz ihrer Vielgliederigkeit für höchste Geschwindigkeiten geeignet und zwar uneingeschränkt für beide Richtungen.
Die Garratt-Lokomotive unterschied sich von den bisherigen Gelenkbauarten durch die Art der Aufteilung und Anordnung der einzelnen Baugruppen. Im wesentlichen bestand sie aus zwei Dampfdrehgestellen, auf denen die Vorräte untergebracht waren, und dem Hauptrahmen mit Kessel und Führerhaus, der sich mit

Abb. 138 Kitson-Meyer Zahnrad- und Adhäsionslokomotive, im Jahre 1911 von Kitson & Co. für die Transandine Railway gebaut. (Foto: Manchester Museum of Science & Technology)

seinen Enden auf den beiden Triebgestellen abstützte. Entsprechende Gelenkverbindungen zwischen diesen drei Fahrzeugelementen sorgten nicht nur für eine ausreichende Beweglichkeit der Lokomotive beim Befahren von Gleisbögen, sondern ließen auch eine gewisse Ausgleichsmöglichkeit bei evtl. Gleisunebenheiten zu.
Nachdem Garratt sich seine Rechte durch ein Patent hatte sichern lassen, schien sich zunächst keine Lokomotivfabrik so recht für die neue Gelenkbauart zu interessieren. Doch hier kam ihm der Zufall zur Hilfe. Garratt hielt sich gerade zu einem Zeitpunkt in der Lokomotivfabrik Beyer, Peacock & Co. in Manchester auf, als eine Anfrage auf eine Gelenklokomotive für die Tasmanian Government Railways aus Australien eintraf. Diese Gesellschaft besaß bereits eine halbgelenkige Lokomotive der Bauart Hagans, die Hartmann in Chemnitz im Jahre 1900 an die TGR geliefert hatte. Die Vielfalt der Hebel und Gelenke dieser Bauart führten zu chronischen Störungen am Übertragungssystem des Triebwerks und damit zu hohen Unterhaltungskosten.
Garratt verstand es, diese Gelegenheit zu nutzen und den Ingenieuren von Beyer, Peacock & Co. seine Ideen von einer neuen dreiteiligen Gelenklokomotive zu unterbreiten. Da es sich um eine kleine Bahngesellschaft mit geringem Verkehrsvolumen handelte, bot man schließlich die neue, noch nicht erprobte, Bauart an, einerseits um Garratt versöhnlich zu stimmen, andererseits weil man mit Sicherheit annahm, daß es nicht zum Auftrag kommen werde. Doch das, womit man nicht gerechnet hatte, traf ein. Die TGR beauftragten Beyer, Peacock & Co. mit dem Bau von gleich zwei Lokomotiven der Bauart Garratt. Nun hieß es, in den saueren Apfel zu beißen, und in den Konstruktionsbüros von Beyer, Peacock ging man mit recht gemischten Gefühlen an die Herstellung der Entwürfe und Konstruktionszeichnungen.
Die beiden Maschinen (Abb. 139) erhielten zwei B-gekuppelte Dampfdrehgestelle. Die Zylinder lagen – in Anlehnung an die Bauart Meyer – an den zur Maschinenmitte hin gerichteten Enden der Drehgestelle. Entsprechend der Ausführung als Verbundmaschinen wurden die Niederdruckzylinder im vorderen, die Hochdruckzylinder im hinteren Triebgestell untergebracht. Das vordere Triebgestell erhielt einen großen Wassertank mit einem Fassungsvermögen von etwa 2,3 m³,

Abb. 139 B'B'n4v-Lokomotive der Bauart Garratt, erstmals im Jahre 1909 von Beyer, Peacock & Co. für die Tasmanian Government Railways gebaut.
(Foto: Manchester Museum of Science & Technology)

das rückwärtige einen kleineren Wassertank von ca. 1,5 m³ sowie den Brennstoffbunker.
Man baute also die beiden Garratt-Lokomotiven, verschiffte sie nach ihrer Fertigstellung, und jeder bemühte sich, diese Maschinen möglichst bald in Vergessenheit geraten zu lassen. Niemand, auch nicht die technische Fachpresse, schien von der neuen Gelenkbauart Notiz zu nehmen. Erst drei Jahre später, anläßlich des Baus einer zweiten Garratt-Lokomotive im Jahre 1911 für die Darjeeling Himalaya Railway – dieses Mal aber mit an den äußeren Stirnseiten der Triebgestelle liegenden Zylindern – erschienen ausführliche Veröffentlichungen in englischen Fachzeitschriften. Beyer, Peacock & Co. erwarben nun sämtliche Rechte auf die Garratt-Bauart, die dann auch schließlich bis zum Ende des Dampflokomotivbaus im Besitz der Firma blieben. Zu den bedeutendsten ausländischen Lizenznehmern gehörte im Laufe der Zeit die Firma Henschel, die schon sehr früh auf diesem Gebiet der Gelenklokomotiven mit Erfolg tätig wurde. Besondere Verträge regelten später die Nutzung von Erkenntnissen und Neuentwicklungen zwischen beiden Firmen, wodurch ein Höchstmaß technischer Vollkommenheit gerade beim Bau der Garratt-Lokomotiven erreicht wurde.
Seit der Lieferung der ersten beiden Garratt-Typen nahm das Geschäft mit der neuen Gelenkbauart einen

raschen Aufschwung. Garratt-Lokomotiven wurden nicht nur an zahlreiche Bahnen in Europa und in Übersee geliefert, sie wurden auch nahezu in allen Spurweiten gebaut, sogar als Liliputlokomotiven.
Die Verbreitung der Garratt-Lokomotive vornehmlich in den überseeischen Ländern war weitgehend bedingt durch die hier vorhandenen kleinen Spurweiten der Bahnen und die damit verbundenen Beschränkungen in der Weiterentwicklung und den Einsatz der Normalbauarten. Es trat hier erstmals der Fall auf, daß neben einer wünschenswert guten Laufeigenschaft der Lokomotiven auch die Dimensionen im Hinblick auf die Leistung eine wichtige Rolle spielten. Die Bauart Garratt bot die Möglichkeit, gerade den Kessel und die Feuerbüchse sehr freizügig auszubilden, da keinerlei Beschränkungen durch Triebwerksteile berücksichtigt werden mußten. Ebenso boten die beiden Triebgestelle eine gute Verteilung der Gesamtgewichte, bezogen auf die bei Schmalspur oft relativ geringe zulässige Achslast. Schwierigkeiten machte anfangs noch die Dampfzuführung vom Kessel zu den Zylindern und die Rückführung des Abdampfes in die Rauchkammer, da die einzelnen Baugruppen zueinander beweglich verlagert waren. Man fand bald die Lösung in der Verwendung von Kugelgelenken, deren theoretischer Mittelpunkt mit dem jeweiligen Drehzapfendrehpunkt übereinstimmte. Die technisch ausgereiften und befriedigenden Lösungen der ursprünglichen Probleme schlugen sich letztlich in einer bemerkenswerten Entwicklung nieder, die bis zu den letzten mehr als 200 t schweren Giganten dieser Bauart führte.
Die South African Railways mit dem bei weitem größten Streckennetz des afrikanischen Kontinents gehörten zu den frühesten Interessenten der Bauart Garratt. Den ersten Auftrag auf eine Garratt-Lokomotive vergaben sie 1914, allerdings konnte die Auslieferung infolge des Ersten Weltkriegs erst im Jahre 1920 erfolgen. In den 34 Jahren seit Lieferung der ersten Garratt-Lokomotive stellten die SAR 21 verschiedene Typen dieser Bauart in Dienst, deren letzten die 1952–1958 gebauten Klassen GMA und GMAM sowie die 1954 gelieferten Maschinen der Klasse GO waren.
Die Lokomotiven der Klassen GMA und GMAM stimmten in den Hauptabmessungen und in der Achsfolge (2′D 1′)(1′D 2′) völlig überein. Auch im Aussehen der Maschinen war nahezu keine Abweichung festzustellen. Der Unterschied lag einmal im Volumen der untergebrachten Vorräte und zum anderen in kleineren konstruktiven Abweichungen. Die leichtere der beiden Bauarten mit den geringeren Vorräten war als GMA klassifiziert worden. Für die Hauptstrecken, die eine höhere Achslast zuließen, wurden die Garratts der Klasse GMAM mit den größeren Vorräten eingeführt. Um aber die verschiedenen Strecken entsprechend ihrem Verkehrsaufkommen besser bedienen zu können, wurden einige Maschinen der Klasse GMAM in GMA umgebaut. Desgleichen erfuhren später einige GMA-Lokomotiven eine Umwandlung in GMAM. Die auf der East London-Strecke eingesetzten GMAM besaßen als Zusatzeinrichtung dampfbetätigte Schornsteinklappen zur Verminderung der Dampfentwicklung bei Tunnelfahrten. Die etwas über 190 t schweren Maschinen erzeugten eine Zugkraft von 275 kN (0,75 p), das entspricht genau der Zugkraft der 1′E 1′h3-Güterzuglokomotive Reihe 45 der DB, die ein Dienstgewicht von rund 208 t aufbrachte. Die beiden Gattungen GMA und GMAM wurden in einer Gesamtstückzahl von 120 Maschinen gebaut, die sich bezüglich der Hersteller aufteilten in 55 Stück von Henschel, 33 Stück von Beyer, Peacock und 32 Stück von den North British Locomotive Works. Damit stellen diese beiden Klassen der SAR die zahlenmäßig größte Gattung aller je gebauten Garratt-Lokomotiven dar.
Die 1954 in einer Stückzahl von 25 Lokomotiven von Henschel gelieferten (2′D 1′)(1′D 2′) Garratts der Klasse GO (Abb. 140) stimmten in nahezu allen wichtigen technischen Merkmalen mit den Maschinen der Klas-

Abb. 140 (2′D 1′)(1′D 2′)h4-Garratt Lokomotive Klasse GO der SAR, im Jahre 1954 von Henschel geliefert.
(Foto: Werkaufnahme Rheinstahl Transporttechnik)

Abb. 141 (1′C 1′)(1′C 1′)h4-Garratt Schmalspurlokomotive (610 mm Spurweite) Klasse GG 12 der South African Railways, Baujahr 1927.
(Foto: SAR)

sen GMA und GMAM überein. Die Klasse GO ist gegenüber den GMA- und GMAM-Lokomotiven eine leichtere Bauart unter Beibehaltung derselben Maschinenlänge von rund 28,6 m. Die Gewichtsverminderung wurde einmal durch das geringere Volumen an Kohle und Wasser erreicht, zum anderen erhielten die Lokomotiven dieser Klasse auch etwas kleinere Kessel und ebenso kleinere Zylinder. Die Gewichtsdifferenz betrug im Vergleich zu den beiden schwereren Bauarten 9,6 t. Die GOs waren zuletzt in North East Transvaal eingesetzt und in Lydenburg stationiert.
Auch auf den 610 mm Schmalspurstrecken der SAR spielten Garratt-Lokomotiven trotz der geringeren Frequentierung dieses Streckennetzes eine bedeutende Rolle. Ein Jahr früher als auf dem breiteren Kapspurnetz wurde bereits im Jahre 1919 die erste Garratt-Bauart, die Klasse NGG 11, in Dienst gestellt. Von den fünf bis 1968 beschafften Typen gilt die Klasse NGG 12 (Abb. 141) als interessanteste. Die SAR beschaffte zwei Lokomotiven dieser Klasse im Jahre 1927 für ihre Nebenstrecken Upington–Kakamas und Fort Beaufort–Seymour, die beide einen sehr leichten Oberbau besaßen. Mit Rücksicht auf die geringe zulässige Achslast entwickelte die bekannte belgische Lokomotivfabrik Franco-Belge zwei »Super-Leichtgewichte« unter den Garratt-Lokomotiven. Diese (1′C 1′)-(1′C 1′)-Maschinchen brachten bei einem Dienstgewicht von 36 t nur eine Achslast von rund 3,75 t auf die Schienen. Je eine Lokomotive der Klasse NGG 12 wurde auf den beiden genannten Strecken eingesetzt, wo sie sich bestens bewährten. Als in den Jahren 1940 und 1949 beide Nebenbahnlinien auf Kapspur verbreitert wurden, verloren die NGG 12-Maschinen das ihnen angestammte Einsatzgebiet. Da keine weitere Verwendung für sie bei der SAR gegegen war, wurden sie an die Rustenburg Platinum Mines verkauft, die sie schließlich im Jahre 1959 verschrotteten.
Nicht nur die SAR besaßen eine stattliche Anzahl von Garratt-Lokomotiven, auch bei den meisten Bahnverwaltungen der übrigen afrikanischen Staaten war die Bauart Garratt gegenüber anderen Gelenklokomotivkonstruktionen dominierend. Die außerordentlich große Verbreitung dieses Lokomotivtyps auf dem afrikanischen Kontinent war maßgebend für die Einführung modernster Konstruktionen, die nicht zuletzt auch durch ihr Aussehen und ihre Formgebung dem Dampfbetrieb in diesen Ländern besondere Akzente setzten. Ein treffendes Beispiel für diese Entwicklung sind die in den Jahren von 1936 bis 1940 gebauten Schnellzug-Garratt-Lokomotiven Klasse 231–132 BT der Chemins

Abb. 142 (2′C 1′)(1′C 2′)h4-Garratt Schnellzuglokomotive, 1936 von der Société Franco-Belge an die Chemins de fer Algériens geliefert.
(Foto: Werkaufnahme Société Franco-Belge)

Abb. 143 (2'D 1')(1'D 2')h4-Garratt Lokomotive Reihe 500 der Caminhos de Ferro Luanda, Baujahr 1953, letzter von Krupp gebauter Garratt-Typ.
(Foto: Werkaufnahme Krupp)

de fer Algeriens (Abb. 142). Eine Besonderheit dieser Maschinen war die zylindrische Ausführung der beiden Vorratsbehälter auf dem vorderen und hinteren Triebgestell, wobei die Durchmesser der Behälter mit dem des Kessels übereinstimmten und alle drei Zylinderkörper auf einer gemeinsamen Mittellinie lagen. Ebenso besaßen die Lokomotiven dieser Klasse als erste Garratt-Bauart von Anfang an Windleitbleche. Der Kessel erhielt eine Belpaire-Feuerbüchse und war außerdem mit einem Überhitzer System Schmidt ausgerüstet. Die Kesseldimensionierung beinhaltete eine Rostfläche von 5,3 m^2, eine Gesamtheizfläche von 273,0 m^2 und eine Überhitzerheizfläche von 86,8 m^2. Der Kesseldruck betrug 20 bar. Die beiden Dampfmaschinengruppen waren für einfache Dampfdehnung und Cossart-Steuerung mit senkrechten Kolbenschiebern ausgeführt und wie üblich zu je zwei Zylinder mit 490 mm Durchmesser und 660 mm Kolbenhub an den Enden der beiden Triebgestelle angeordnet. Das in der Achsfolge (2'C 1')(1'C 2') ausgebildete Fahrwerk besaß Kuppelräder von 1,80 m Durchmesser. Das Drehgestell und die Bisselachse erhielten Laufräder mit 1000 mm und 1200 mm Durchmesser. Die Gesamtlänge der Lokomotive betrug über die Puffer 29,46 m, das Dienstgewicht 216 t und das Reibungsgewicht 111 t. Eine dieser Garratt-Lokomotiven, die 231–132 BT 11, war versuchsweise auf der Strecke Paris Nord–Calais einem Leistungstest unterworfen worden, bei dem u. a. während einer Lastfahrt eine maximale Geschwindigkeit von 132 km/h erreicht wurde.

Die Lokomotiven wurden auf der gesamten Länge der Ost-West-Hauptverbindung zwischen der tunesischen und der marokkanischen Grenze eingesetzt. Auf dieser über 1300 km langen Strecke wurden Geschwindigkeiten zwischen 100 und 120 km/h bei Zuggewichten von 470 t erreicht. Es ist bedauerlich, daß diesen zweifellos elegantesten und formschönsten Maschinen aller je gebauten Garratts nur eine sehr kurze Lebenszeit beschieden war. Bereits im Jahre 1951 waren alle Lokomotiven dieser Klasse nach genereller Verdieselung der Hauptstrecken aus dem Verkehr gezogen worden.

Bleiben wir noch etwas auf dem afrikanischen Kontinent und bei den modernen Garratt-Lokomotiven in diesem Erdteil. Die Firma Fried. Krupp erhielt im Jahre 1953 einen Auftrag auf sechs (2'D 1')(1'D 2')-Garratt-Lokomotiven (Abb. 143) für die Caminhos de Ferros Luanda (CFL) in der portugiesischen Kolonie Angola. Es handelte sich eigentlich um eine Folgebauart der im Jahre 1949 von Beyer, Peacock gebauten sechs Garratt-Lokomotiven gleicher Achsfolge. Obwohl nahezu dieselben Abmessungen der früheren Beyer, Peacock-Ausführung übernommen wurden, zeigten die Krupp-Lokomotiven besonders in der Ausbildung der Vorratsbehälter eine zwar eigenwillige, aber ebenso gefällige Formgebung. Kessel und Rahmen entsprachen den normalen Konstruktionsprinzipien. Dasselbe galt auch für die mit Heusinger-Steuerung versehenen Triebwerke. Wie bereits ihre englischen Schwestermaschinen waren die Krupp'schen Garratts mit Ölfeuerung ausgerüstet. Der Verfasser hat die Konstruktion und den Bau dieser Lokomotiven während seiner Tätigkeit in der Dampflok-Konstruktion bei Krupp noch miterlebt und war auch selbst konstruktiv an der Entwicklung der Maschinen beteiligt. Die Besonderheit des Auftrags lag in dem Umstand, daß diese sechs Garratt-Lokomotiven die ersten und gleichzeitig auch die letzten dieser Bauart nach dem Zweiten Weltkrieg waren, die von der Firma Krupp gebaut worden sind. Nach ihrer Ablieferung im Jahre 1954 erhielten die Lokomotiven die Bahnnummern 551–556. Ursprünglich für 1000 mm Spurweite ausgerüstet, wurden die

Abb. 144 (2′D 1′)(1′D 2′)h4-Garratt Lokomotive Klasse 59 der East African Railways, Baujahr 1955. (Foto: Manchester Museum of Science & Technology)

Maschinen nach der Verbreiterung der Spurweite des CFA-Netzes auf 1067 mm mit neuen Radsätzen versehen. Die Lokomotiven stehen zwar noch bei der Nachfolgegesellschaft, der CFA – Caminhos de Ferros Angola – in Dienst, dürften aber bei der weiter fortschreitenden Verdieselung ebenfalls bald kassiert werden.

Eine der bemerkenswertesten Garratt-Lokomotiven Afrikas ist zweifellos die Klasse 59 (Abb. 144) der East African Railways (EAR). Nach dem Zusammenschluß der Kenya-Uganda Railways (KUR) und der Tanganyika Railways (TR) zu den East African Railways im Jahre 1948 stand ein bunt gemischter Lokomotivpark zur Verfügung, der zunächst einmal den anfallenden Verkehrsaufgaben genügte. Es kamen aber schon 1949 sechs Garratt-Lokomotiven der Klasse 56 hinzu, denen im selben Jahr noch 18 Garratts der Klasse 58 folgten. Als letzte Garratt-Bauart beschafften die EAR im Jahre 1955 die großartigen (2′D 1′)(1′D 2′)-Maschinen der Klasse 59, die nicht nur die größten, sondern auch die leistungsfähigsten Lokomotiven waren, die jemals für 1000 mm Spurweite gebaut worden sind. Doch nicht genug damit, sie blieben bis heute die größten aller für afrikanische Eisenbahnen gebauten Dampflokomotiven und darüber hinaus auch die größte Dampflokbauart, die heute noch im regelmäßigen Dienst anzutreffen ist.

Insgesamt wurden 34 Maschinen der Klasse 59 von Beyer, Peacock gebaut. Mit einem Dienstgewicht von 255 t brachten die Lokomotiven eine Achslast von 21,3 t auf die Schienen. Abgesehen von den ungewöhnlichen Dimensionen und Gewichten besaßen die 59er keine technischen Besonderheiten.

Die Verbreitung der Garratt-Lokomotive beschränkte sich nicht allein auf die kleinen Spurweiten von der Normalspur abwärts, sie fand auch Eingang auf den Breitspurnetzen wie beispielsweise in Brasilien. Die São Paulo Railway (Estrada de Ferro Santos a Jundiai), deren Hauptstrecken in 1600 mm Spurweite verlegt waren, sah sich nach der Jahrhundertwende genötigt, infolge der stetig wachsenden Zuggewichte eine neue Lokomotivbauart zu beschaffen, die bei einer zulässigen Achslast von nur 14 t einen 1000-t-Zug befördern konnte. Erschwerend zeigte sich der Umstand, daß der sehr leichte Oberbau und die schwachen Brücken eine Verteilung des Lokomotivgewichtes auf vier Kuppelachsen erforderte. Da das konzentrierte Gewicht einer Lokomotive herkömmlicher Bauart nicht ohne eventuelle Schäden am Oberbau aufgenommen werden konnte, entschloß man sich zu einer (1′B)(B 1′)-Garratt-Lokomotive, bei der das gesamte Lokomotivgewicht auf einen Achsstand von 14,6 m verteilt war. Beyer, Peacock rüstete die drei in Auftrag gegebenen Lokomotiven mit Überhitzer, Belpaire-Feuerbüchse und Heusinger-Steuerung aus. Seit ihrer Indienststellung im Jahre 1915 blieben diese anspruchslosen und bewährten Garratts als Klasse Q noch bis zum Jahre 1950 im Lokomotivbestand der Bahn. Erst durch den verstärkten Einsatz von Diesellokomotiven wurden die inzwischen veralteten Maschinen überzählig und daher aus dem Verkehr genommen.

Eine weitere interessante und gleichzeitig geschichtlich bedeutungsvolle Garratt-Bauart waren die sechs Lokomotiven der Klasse RI (Abb. 145), die im Jahre 1927 von Beyer, Peacock an die São Paulo Railway geliefert worden sind. Diese (1′C 1′)(1′C 1′)-Maschinen waren ausschließlich für den Einsatz im Schnellzugdienst beschafft worden, da auch in diesem Fall einmal der leichte Oberbau eine Normalbauart nur be-

Abb. 145 (1′C 1′)(1′C 1′)h4-Breitspur-Garratt Schnellzuglokomotive Klasse RI der ehemaligen Saõ Paulo Railway, Baujahr 1927. (Foto: Sammlung Ostendorf)

schränkt zuließ, zum anderen die sehr kurvenreiche Linienführung der Hauptstrecken eine Gelenklokomotive als zweckmäßig erscheinen ließ. Mit einem Kuppelraddurchmesser von 1676,4 mm entstand eine der imposantesten Garratt-Lokomotiven, deren technische Besonderheit dadurch gekennzeichnet war, daß sie die erste wirkliche Schnellzug-Garratt-Bauart der Welt darstellte. Die Saõ Paulo Railway setzte die RI-Maschinen vor allem vor schweren Reisezügen mit etwa 500 t Gesamtgewicht ein, die beispielsweise in Nonstopfahrt auf einem etwa 65 km langen krümmungsreichen Streckenabschnitt mit Steigungen zwischen 20 ‰ und 25 ‰ in genau einer Stunde befördert wurden, wobei Höchstgeschwindigkeiten von 97 km/h keine Seltenheit waren.

Nach vier Jahren Betriebserfahrung hatte sich aber herausgestellt, daß die auf den Maschinen zur Verfügung stehende Wasserkapazität sehr knapp bemessen war. Der Wunsch nach Vergrößerung des Tankvolumens führte schließlich im Jahre 1931 zum Umbau der Lokomotiven auf die Achsfolge (2′C 1′)(1′C 2′). Allerdings stand die etwa 4 m^3 gewonnene Wasserreserve in keinem Verhältnis zu den Kosten der aufwendigen Umbauarbeiten. Wie immer auch diese Aktion gewertet werden mag, auch in der neuen Konzeption bewährten sich die Lokomotiven ausgezeichnet. Wie ihre Schwesterbauart, die Klasse Q, wurden auch die Lokomotiven der Klasse RI erst im Jahre 1950 nach weitgehender Elektrifizierung der Hauptstrecken kassiert.

Neben den erwähnten Breitspurstrecken der Saõ Paulo Railway wurden in Brasilien auch eine stattliche Anzahl meterspurige Bahnlinien unterhalten. Eine dieser Gesellschaften, die Great Western of Brazil Railway, sei hier erwähnt, da sich bei ihr der zwar nicht gerade einmalige, aber kuriose Fall ereignete, daß eine Bestellung von einer anderen Firma ausgeführt wurde als von derjenigen, die den Auftrag erhielt. Kurz vor Ausbruch des Zweiten Weltkrieges beauftragte die GWBR Beyer, Peacock mit der Lieferung von vier (2′D 1′)-(1′D 2′)-Garratt-Lokomotiven. Unglücklicherweise war aber durch den Ausbruch des Krieges im Augenblick an eine Ausführung dieser Bestellung nicht zu denken. Als nach 1945 sich die Zustände in der Wirtschaft wieder zu normalisieren begannen, ergab sich infolge des großen Nachholbedarfs an Lokomotiven ein derart umfangreicher Auftragseingang, daß die Lieferfähigkeit der englischen Lokomotivindustrie überfordert wurde. Beyer, Peacock legte daher der deutschen Firma Henschel in Kassel nahe, nicht nur das frühere Lizenzabkommen zwischen beiden Unternehmen wieder zu erneuern, sondern auch wie im Fall der ehemaligen Great Western of Brazil Railway, die inzwischen in Rede Ferroviaria do Noroeste umbenannt worden war, komplette Aufträge zu übernehmen und auszuführen. Die Lokomotiven, deren Zahl durch einen Ergänzungsauftrag um zwei weitere Maschinen auf sechs erhöht worden war, wurden im Jahre 1952 fertiggestellt und unter den Bahnnummern 610–615 ausgeliefert.

Eine wegen ihrer außerordentlich schwierigen Streckenführung bekannte Bahn war die Ferrocarril de Saltiera (Nitrate Railway) in Chile, eine ausgesprochene Güterbahn, auf der in erster Linie der Salpetertransport abgewickelt wurde. Die normalspurige Strecke führte von der Küste in die Anden, wobei auf nur 32 km Streckenlänge ein Höhenunterschied von etwa 900 m überwunden wurde. Diese Streckenführung beinhaltete Steigungen bis zu 46,8 ‰ und 173 Kurven, deren kleinster Radius 85 m betrug. Bereits seit den frühesten Anfängen hatten die FCS verschiedene Gelenkbauarten erprobt, so unter anderem auch die Bauart Double Fairlie. Allein die geringen Zuggewichte von nur 180 t, die den damaligen Maschinen zugemutet werden konnten, veranlaßten die FCS, im Jahre 1926 versuchsweise drei von Beyer, Peacock gelieferte (1'D 1')(1'D 1')-Garratt-Lokomotiven in Dienst zu stellen. Die Maschinen entwickelten eine Zugkraft von 313 660 N (0,75 p), wodurch gewährleistet war, daß Züge mit einem Gewicht bis zu 400 t über die Steilstrecken befördert werden konnten. Ausgesprochene technische Besonderheiten waren bei den Lokomotiven nicht angewendet worden. Sie besaßen Heusinger-Steuerung, Kessel normaler Bauart, jedoch für Ölfeuerung eingerichtet und einen Worthington-Simpson-Speisewasservorwärmer, der an der linken Kesselseite montiert war. Nach dem erfolgreichen Einsatz der ersten drei Garratt-Lokomotiven folgten 1928 nochmals weitere drei Maschinen des gleichen Typs. Alle sechs Garratts standen ununterbrochen bis 1959 im schweren Bergdienst. Mit der Einführung moderner Diesellokomotiven waren schließlich auch ihre Stunden gezählt und sie verschwanden aus dem Lokbestand der FCS bzw. der Ferrocarril de Inquique a Pueblo Hundido wie sich die Bahngesellschaft inzwischen nannte.

Wir wollen nun einen großen Sprung zurück machen in das Ursprungsland der Garratt-Lokomotive – nach Australien. Der erfolgreiche Einsatz der im Jahre 1909 beschafften beiden ersten Garratt-Lokomotiven für die Tasmanian Government Railways sollte nicht ohne wesentlichen Einfluß auf die weitere Entwicklung der Traktionsmittel auf dem australischen Kontinent bleiben. Der damalige Chefingenieur der TGR erkannte schon sehr früh die Vorzüge der neuen Gelenkbauart und schlug daher vor, auch auf den Hauptstrecken der TGR Garratt-Lokomotiven sowohl für den Güter- als auch für den Personenzugverkehr einzusetzen. Im Jahre 1912 lieferte Beyer, Peacock je zwei Garratt-Maschinen in der Achsfolge (1'C 1')(1'C 1') als Klasse L und in der Achsfolge (2'B 1')(1'B 2') als Klasse M. Während die Klasse L eine normale Garratt-Bauart ohne konstruktive Spezialeinrichtungen darstellte, waren die beiden Maschinen der Klasse M recht interessante Triebfahrzeuge (Abb. 146). Sie wurden als ausgesprochene Schnellzuglokomotiven konzipiert, wofür auch der für Kapspur große Durchmesser der Kuppelräder von 1524 mm sprach. Bemerkenswert war bei diesen Lokomotiven die Ausrüstung beider Triebgestelle mit je vier Zylindern mit einfacher Dampfdehnung. Die jeweils außenliegenden Zylinder trieben die zweite Kuppelachse, die innenliegenden die erste Kuppelachse an. Diese Anordnung ist sehr gut in der Abbildung 146 anhand der versetzt zueinander liegenden Gegengewichte der Kuppelräder zu erkennen. Als 8-Zylinder-Garratts blieben die Lokomotiven der Klasse M die einzigen ihrer Art, womit sie einen gewissen Seltenheitswert erlangten. Die nach ihrer Indienststellung geforderte fahrplanmäßige Geschwindigkeit von 80 km/h konnte von beiden Maschinen ohne Schwierigkeiten eingehalten werden. Auf Testfahrten wurden maximal über 88 km/h erreicht, eine Rekordgeschwindigkeit in jener Zeit für Lokomotiven mit 1067 mm Spurweite.

Mit dem Einzug der Garratt-Bauart bei den australischen Eisenbahnen lag der Gedanke nahe, ähnlich wie bei den amerikanischen Fairlie-Lokomotiven, Garratt-Lokomotiven in Lizenz im eigenen Land zu bauen. Die Western Australian Government Railways waren die erste Eisenbahngesellschaft auf dem australischen Festland, die im Jahre 1911 für ihre Strecken mit 1067 mm Spurweite sechs Garratt-Lokomotiven in Dienst stellten. Ein Jahr später beschafften die WAGR weitere sieben (1'C)(C 1')-Maschinen derselben Bauart von Beyer, Peacock, jedoch mit Überhitzer. Die letzten dieser als Klasse Ms bezeichneten Lokomotiven wurden erst 1955 außer Dienst gestellt. Außer den genannten beiden Bauarten importierten die WAGR keine weiteren Garratt-Lokomotiven mehr. Als Ende der 20er Jahre der Bedarf an weiteren Gelenklokomotiven zunahm, entschloß man sich, zehn Garratt-Lokomotiven in einer der Klasse Ms sehr ähnlichen

Abb. 146 (2'B 1')(1'B 2')h8-Garratt Schnellzuglokomotive Klasse M der Tasmanian Government Railways, 1912 von Beyer, Peacock & Co. gebaut. Sie war die einzige Achtzylindermaschine dieser Bauart, die je ausgeführt worden ist.
(Foto: Manchester Museum of Science & Technology)

Abb. 147 (1′C)(C 1′)h4-Schmalspur-Garratt (760 mm Spurweite) Klasse G der Victorian Government Railways, Baujahr 1926. (Foto: VR)

Bauart in den bahneigenen Midland Junction Works zu fertigen. Die wesentlichsten Unterschiede zu den Ms-Maschinen bestanden in größeren Wasser- und Kohlenbehältern. Die Lokomotiven erhielten die Bezeichnung »Msa«. Die Leistung der Maschinen war so bemessen, daß 590 t Anhängelast ohne Mühe über eine Steigung von 12,5 ‰ befördert werden konnten. Sämtliche Lokomotiven der Klasse Msa sind heute bereits aus dem Bestand der WAGR gestrichen.
Die Garratt-Bauart gehört zu jenen Lokomotivtypen, die eine Vielzahl von Sonderlingen und einmaligen Konstruktionen hervorgebracht hat. Zu ihnen gehören unter anderem auch die beiden 1926 von Beyer, Peacock für die 760 mm Schmalspurbahn der Victorian Government Railways gelieferten (1′C)(C 1′)-Garratt-Lokomotiven der Klasse G (Abb. 147). Sie dürften mit Abstand die größten und auch stärksten Garratt-Lokomotiven für 760 mm Spurweite gewesen sein, die jemals gebaut worden sind. Beide Triebgestelle besaßen Außenrahmen. Der Kessel war mit einer Belpaire-Feuerkiste und Überhitzer ausgerüstet. Das Dienstgewicht betrug rund 70 t, die Achslast 9,6 t. Die Zugkraft wurde mit 107 460 N bemessen. Die ausgezeichnete Dimensionierung dieser Maschinen erlaubte es, leistungsmäßig zwei normale 1′C 1′-Tenderlokomotiven durch eine dieser Garratts zu ersetzen. Heute existiert das Schmalspurnetz der VGR nicht mehr, aber eine der beiden Lokomotiven der Klasse G konnte durch die Privatinitiative einer australischen Vereinigung von Eisenbahnfreunden gerettet und für Museumszwecke wieder hergerichtet werden.
Eine weniger aufregende, dafür aber eine der letzten und somit modernsten Garratt-Bauarten waren die 1951 für die Queensland Government Railways in einer Gesamtstückzahl von 40 Maschinen gelieferten (2′D 1′)(1′D 2′)-Lokomotiven für Kapspur. Sie sind im Grunde genommen die Nachfolgebauart der während des Fernostkrieges im Jahre 1943 erstmals als Kriegslokomotive bei den QGR eingeführten Australian Standard Garratts (ASG), die im Kapitel »Kriegsbedingte Sonderkonstruktionen« eingehender beschrieben sind. Die neuen Maschinen unterschieden sich von den ASG-Lokomotiven durch etwas größere Kuppelraddurchmesser und durch die gefälligere Linienführung entsprechend den modernen Konstruktionsprinzipien der sogenannten Nachkriegsära. Die in ihrem roten Anstrich sehr gefällig wirkenden Garratts dienten ursprünglich der Beförderung von Schnellzügen auf der recht schwierigen und steigungsreichen Strecke zwischen Brisbane und Toowoomba. Später wurden sie durch die fortschreitende Verdieselung der Hauptstrecken mehr und mehr in untergeordnete Dienste, vor allem zum Transport von Kohlenzügen im Gebiet von Rockhampton herangezogen. Inzwischen dürften auch die letzten Maschinen dieses Typs aus dem Streckendienst verschwunden sein.
Als letzte und vielleicht bemerkenswerteste Garratt-Bauart in Australien seien noch die Lokomotiven – Klasse AD 60 – der New South Wales Government Railways erwähnt. Auch sie waren eine Besonderheit unter den Garratt-Lokomotiven. Ende der 20er Jahre beschafften die NSWGR 25 moderne 2′D 1′h3-Güterzuglokomotiven der Serie D 57, die eine Reihe veralteter 1′D-Lokomotiven verschiedener Gattungen ersetzen sollten. Speziell vor den schweren Kohlen- und Erzzügen sowie auf Steilstrecken mit 24 ‰ Neigung wurden die neuen Maschinen eingesetzt. Weitere 13 sehr ähnliche Maschinen wurden 1950 noch in den bahneigenen Werkstätten gebaut und als D 58 in Dienst gestellt. So erfolgreich und leistungsfähig die neuen Maschinen auch waren, ihr Aktionsradius blieb aber bei der sehr hohen Achslast von ca. 23 t nahezu nur auf die ausgebauten und verstärkten Hauptstrecken beschränkt.

Abb. 148 (2′D 2′)(2′D 2′)h4-Garratt Lokomotive Klasse AD 60 der New South Wales Government Railways, Baujahr 1952. (NSWGR)

Schon bald sah man die dringende Notwendigkeit ein, eine nicht minder starke Bauart für die Nebenstrecken anzuschaffen, auf denen wegen des leichten Oberbaus die zulässige Achslast auf maximal 16 t beschränkt war. Die ersten überschlägigen Untersuchungen zeigten, daß eine Lokomotive der Normalbauart mit durchgehendem Hauptrahmen ausschied, da die erforderliche Mindestzahl der Kuppelachsen sechs Stück betragen hätte. Ein derart langer Radstand in einem Rahmen hätte aber Schwierigkeiten bei der Befahrung der sehr kurvenreichen Strecken bereitet. Es blieb also als einzige Möglichkeit nur eine Gelenkbauart. Schon während des Baus der D 58-Maschinen fanden mit Beyer, Peacock Verhandlungen über die Konstruktion von 60 Garratt-Lokomotiven statt. Die endgültige Ausführung zeigte schließlich einen Lokriesen mit der Achsfolge (2′D 2′)(2′D 2′), der größten Achszahl, die bei Garratt-Lokomotiven jemals angewendet wurde (Abb. 148). Das Betriebsgewicht einer Lokomotive betrug 260 t, das entsprach einem maximalen Reibungsgewicht von 130 t bzw. einer Achslast von 16 t. Die Zughakenkraft wurde mit maximal 270 kN beziffert. An Vorräten konnten etwa 14 t Kohlen und 42,5 m³ Wasser mitgeführt werden. Die Gesamtlänge der Lokomotive maß rund 33 m.

Leider erlebte man mit der Ablieferung der ersten als AD 60 bezeichneten Lokomotiven einigen Kummer bezüglich ihrer Unterhaltung und Bedienung. Später stellten sich diese Beanstandungen aber als Folgen der ungewohnten Konstruktion der Garratt-Bauart heraus, die ja bei den NSWGR bis zu diesem Zeitpunkt für den maschinentechnischen Dienst der Bahn nahezu fremd war. Obwohl man glücklicherweise dieser Schwierigkeiten bald Herr wurde, führten die genannten Umstände und ein zunehmendes Interesse der Bahn an der Dieseltraktion zu einer Reduzierung des Auftragsumfangs von 60 auf 50 Lokomotiven. Im Endeffekt kamen tatsächlich nur 42 Exemplare zum Einsatz.

Diese für 1435 mm Spurweite gebauten Garratt-Lokomotiven waren in der Lage, einen 1500-t-Zug ohne Vorspann über 10 ‰-Steigungen zu schleppen. Die 1020 t schweren Erzzüge wurden auf der 25 ‰ ansteigenden Strecke zwischen Molong und Orange in Doppeltraktion mit zwei AD 60ern gezogen. Sämtliche 42 Garratt-Lokomotiven besaßen Stoker-Einrichtung für die Rostbeschickung. Es mag ferner interessant sein, daß alle Maschinen so ausgeführt waren, daß bei einer Verwendung auf Strecken mit schwerem Oberbau die Achslast der Kuppelräder auf 18 t heraufgesetzt und durch Aufbohren der Zylinder von 488,95 mm auf 514,35 mm die Zugkraft erheblich vergrößert werden konnte. Eine einzige Lokomotive wurde seinerzeit versuchsweise geändert. Nach dem Umbau wurden bei Testfahrten 1200-t-Züge ohne Vorspann über eine 13,4 ‰-Steigung anstandslos transportiert. Mit dem Ende des Dampfbetriebes bei den NSWGR dürften auch alle Garratt-Lokomotiven der Klasse AD 60 aus dem Betrieb verschwunden sein. Es bleibt lediglich noch nachzutragen, daß die AD 60-Maschinen die größten und leistungsfähigsten Dampflokomotiven waren, die je für eine australische Eisenbahn konstruiert worden sind.

Betrachtet man rückblickend die allgemeine Entwicklung der Gelenklokomotive und ihre Verbreitung, so fällt auf, daß sie in Europa nie recht Fuß fassen konnte. Umso erstaunlicher ist die Tatsache, daß gerade die Bauart Garratt unter den wenigen zum Einsatz gekommenen Gelenktypen in zwei europäischen Ländern doch noch beachtliche Stückzahlen aufwies. In England waren es vornehmlich die beiden großen Eisenbahngesellschaften LNER und LMS, die in den frühen 20er Jahren Garratt-Lokomotiven einführten.

Die London and North Eastern Railway stellte im Jahre

Abb. 149 (1′C)(C 1′)h4-Garratt Lokomotive, im Jahre 1927 von Beyer, Peacock & Co. an die London, Midland & Scottish Railway geliefert.
(Foto: Sammlung Ostendorf)

1925 ein Einzelexemplar einer (1′D)(D 1′)-Garratt-Lokomotive – Klasse U-1 – auf der Güterzugstrecke Barnsley–Penistone in Dienst. Nach der Elektrifizierung dieser Linie wurde die Garratt im Jahre 1949 an die Midland Railway verliehen, wo sie teilweise sogar im Reisezugdienst eingesetzt war. Im Jahre 1951 erhielt die Lokomotive noch eine Stoker-Einrichtung. Die Maschine konnte aber in den folgenden Jahren nicht mehr wirtschaftlich betrieben werden, da sie als Einzelexemplar ihrer Gattung nur schwierig in ein fahrplanmäßiges Programm einzugliedern war. Die Folge war, daß sie 1955 außer Dienst gestellt und kurz darauf verschrottet wurde. Sie war übrigens Englands größte und stärkste Dampflokomotive.

Die London Midland and Scottish Railway entschied 1927, für den Transport der schweren Kohlenzüge auf der Strecke Toton–Criclewood (1′C)(C 1′)-Garratts (Abb. 149) einzustellen, um die bis dahin erforderlichen Doppelbespannungen einzusparen. Die ersten drei Maschinen lieferte Beyer, Peacock im Jahre 1927. Weitere 30 Lokomotiven folgten noch im Jahre 1930. Die Maschinen der zweiten Lieferung besaßen höhere Aufbauten und größere Tank- und Bunkervolumen. Später wurden mit Ausnahme von zwei Maschinen alle übrigen mit Drehbunker und mechanischer Rostbeschickung ausgerüstet. Die gesamte Garratt-Baureihe der LMS wurde nach und nach in den Jahren von 1955 bis 1958 ausgemustert.

In der Reihe der europäischen Länder folgte als nächstes Spanien. Neben einer beschränkten Zahl privater Eisenbahnen stellten vor allem die ehemalige Central de Aragón und später die RENFE eine größere Stückzahl Garratt-Lokomotiven in Betrieb. Auf der Hauptstrecke Valencia–Tarragona–Zaragoza mit ihren langen 22 ‰-Steigungen waren die Zuglasten derart rapide angestiegen, daß man sich zu Beginn der 30er Jahre für die Beschaffung von zwei verschiedenen Garratt-Typen entschied. Als erste Bauart stellte die Companhia Euskalduna Bilbao in Lizenz von Beyer, Peacock sechs Schnellzuglokomotiven der Reihe 462 im Jahre 1931 fertig. Es waren sogenannte Doppel-Pazifik-Maschinen der Achsfolge (2′C 1′)(1′C 2′) mit 1750 mm Kuppelraddurchmesser (Abb. 150). Zu jener Zeit gehörten diese auch äußerlich sehr ansprechenden Lokomotiven zu den mächtigsten Reisezuglokomotiven Europas. Trotz der geringen zulässigen Achslast von 15 t wurden die gestellten Forderungen, einen 300-t-Zug mit 100 km/h in der Ebene und mit 40 km/h auf 22 ‰ Steigung zu befördern, ohne Mühe von den Lokomotiven erfüllt. Als die Maschinen 1967 nach 36 Jahren erfolgreichen Einsatzes im Schnellzugdienst in den Güterzugdienst versetzt wurden, endete die wohl

Abb. 150 (2′C 1′)(1′C 2′)h4-Garratt Schnellzuglokomotive Reihe 462 der RENFE, Baujahr 1931.
(Foto: RENFE)

Abb. 151 (2'D 1')(1'D 2')h4-Garratt Lokomotive Gattung »Я« der Sowjetischen Eisenbahnen (SZD), 1932 von Beyer, Peacock & Co. geliefert.
(Foto: Manchester Museum of Science & Technology)

längste ununterbrochene Dienstzeit, die je eine Garratt-Bauart im Reisezugverkehr absolviert hat.
Eine nicht weniger erfolgreiche Bauart waren die von Babcock & Wilcox ebenfalls im Jahre 1931 gebauten sechs (1'D 1')(1'D 1')-Garratt-Lokomotiven der Reihe 282 für den Güterverkehr auf verschiedenen Strecken der Aragonischen Zentralbahn. Sie waren im Grunde genommen eine etwas kleinere Ausführung der Schnellzug-Garratt, standen aber in Leistung und Wirtschaftlichkeit ihren größeren Schwestern nicht nach. Ein Beweis für den Erfolg dieser Garratt-Bauart war eine Nachbestellung auf 10 Lokomotiven nahezu gleichen Typs im Jahre 1960, also fast 30 Jahre nach Indienststellung der ersten sechs Maschinen. Im Gegensatz zur ersten Lieferung besaßen die neuen Maschinen Ölfeuerung, die später auch bei allen anderen Garratts der RENFE eingebaut wurde. Diese zehn in den Jahren 1960/61 in Dienst gestellten Garratt-Lokomotiven waren übrigens die letzten Neubau-Dampflokomotiven der RENFE.
Als letzte Bauart soll eine außergewöhnliche und bezüglich ihrer Dimensionen bis heute unübertroffene Garratt-Lokomotive dieses Kapitel beschließen.
Die Firma Beyer, Peacock stellte im Jahre 1932 eine Probemaschine der Bauart Garratt fertig, mit der in den UdSSR Untersuchungen und eingehende Testfahrten auf verschiedenen Strecken im Südural unter extremen klimatischen Bedingungen durchgeführt werden sollten. Die Maschine (Abb. 151) war einfach und unkompliziert im Aufbau. Beide Triebgestelle hatten die Achsfolge 2'D 1' und besaßen Barrenrahmen. Die dritte Kuppelachse war gleichzeitig Treibachse. Der Kuppelraddurchmesser betrug 1500,2 mm, der Gesamtachsstand 30 075,2 mm. Mit 266,7 t Dienstgewicht brachte die Lokomotive 158,5 t Reibungsgewicht und maximal 20 t Achslast auf die Schienen.
Der immense Kessel war für einen Betriebsdruck von 15,5 bar ausgelegt und besaß eine normale Feuerbüchse mit runder Feuerbüchsdecke. Für die Rostbeschickung war eine mechanische Einrichtung in Form eines Stokers vorgesehen worden. Um im Hinblick auf die zu erwartenden extrem niedrigen Temperaturen im Winter von etwa –30° C ein Einfrieren der dampfführenden Leitungen bei stehender Maschine zu vermeiden, war der Entwässerung der Dampfrohre besondere Sorgfalt gewidmet worden. Ebenso sorgte man für eine besonders gute Überhitzung, indem 60 Überhitzerrohren mit einer Gesamtüberhitzerfläche von 90,113 m^2 installiert wurden.
Die ungeheuere Größe der Lokomotive verdeutlicht auch die Höhe von S. O. bis zum Schornsteinkranz mit 5232,4 mm. Unterstützt wird dieser Eindruck noch durch die ungewöhnlich hohen Kesselaufbauten. Nach ihrer Ablieferung erhielt die Garratt-Lokomotive die Gattungsbezeichnung Я-01. In Anbetracht der Forderung, 2500-t-Züge ohne Vorspann zu transportieren, konnte die Garratt-Lokomotive als durchaus ernst zu nehmende Konkurrentin der russischen 2'G 2'-Güterzuglokomotive gewertet werden. Die Versuchsfahrten wurden auf dem sehr gebirgigen Teilstück der Strecke Tscheljabinsk–Swerdlowsk an den Ausläufern des Uralgebirges durchgeführt, einem Gebiet, in dem Außentemperaturen bis zu –41° C keine Seltenheit sind. Die russische Garratt-Lokomotive dürfte das einzige Exemplar dieser Gelenkbauart gewesen sein, das je in einer Zone mit solch niedrigen Temperaturen gearbeitet hat.
Obwohl frühere Versuche mit Gelenklokomotiven der Bauarten Fairlie und Mallet nicht so erfolgreich verlaufen waren, erhoffte man sich doch bei der Garratt-Lokomotive weniger Schwierigkeiten. Leider muß aber die Maschine im Laufe ihrer Erprobung wohl doch

nicht die in sie gesetzten Erwartungen erfüllt haben, denn bereits im Jahre 1937 wurde sie ausgemustert. Die getestete Garratt sollte die einzige Maschine ihrer Art bleiben, die je in Rußland zum Einsatz gekommen ist. Um den anstehenden betrieblichen Forderungen gerecht zu werden, entschloß man sich erst einmal notgedrungen zu einer unwirtschaftlichen Maßnahme, nähmlich einer rigorosen Reduzierung der Zuggewichte. Erst viel später, fast zum Ende der Dampflokära in Rußland, konnte durch erneute Versuche mit schweren Mallet-Lokomotiven eine Besserung im Güterverkehr des genannten Gebiets erzielt werden.

Als vor mehr als 60 Jahren die beiden ersten Garratt-Lokomotiven ihren Dienst bei den Tasmanian Government Railways antraten, ahnte niemand – am wenigsten Garratt selbst –, welch bedeutende Rolle diese Lokomotiv-Bauart einmal unter den Traktionsmitteln einnehmen würde. Ihre Entwicklung während dieses Zeitraums führte besonders im Hinblick auf die schmalspurigen Garratt-Lokomotiven zu Konstruktionen, die sich auf Grund ihrer nahezu unglaublichen Leistungen nicht nur mit den großen Maschinen der Regelbauart messen konnten, sondern diese in manchen Fällen sogar noch übertrafen. Kein Wunder also, daß ihre Verbreitung keine Grenzen kannte und sie daher in allen Erdteilen zu finden war – sei es unter der brütenden Sonne Afrikas, in den tropischen Wäldern Südamerikas, auf den Hochplateaus Asiens, in den wasserlosen Sandwüsten Australiens oder auf den Steilrampen Europas.

DIE BAUARTEN UNION GARRATT UND MODIFIED GARRATT

Die South African Railways gehörten schon von je her zu den Bahngesellschaften, die den Gelenklokomotiven sehr aufgeschlossen gegenüberstanden. Diese Tatsache begünstigte aber auch die Neigung zur Erprobung der unterschiedlichsten Gelenksysteme, angefangen bei den Bauarten Kitson-Meyer, Modified Kitson-Meyer, Fairlie und Modified Fairlie über verschiedene Mallet-Typen bis zur Garratt-Lokomotive. Mit der Einführung und erfolgreichen Erprobung dieser letzten Bauart schien nun endgültig ein Abschluß in der Entwicklung der Gelenklokomotive bei den SAR gefunden zu sein. Allerdings war das ein Trugschluß.

Nach den in den Jahren 1925/26 von der North British Locomotive Company beschafften Modified Fairlies der Gattungen FC und FD sollte das Jahr 1927 noch einmal einen, wenn auch recht umstrittenen, Höhepunkt in der Einführung weiterer abnormaler Bauarten bringen. Zunächst erhielt die Firma Henschel einen Auftrag auf 11 Stück (1'D 1')(1'D 1')-Lokomotiven der Bauart Modified Fairlie. Die Maschinen sind in dem gleichnamigen Kapitel bereits erwähnt worden. Im gleichen Jahr wurde Maffei in München mit der Lieferung von zwei Serien sogenannter Union Garratt-Lokomotiven beauftragt.

Die Bauart Union Garratt ist im Prinzip nichts anderes als eine Kombination von Baugruppen der beiden Typen Garratt und Modified Fairlie. Die Union Garratt läßt sich am einfachsten so charakterisieren: Die vordere Hälfte der Lokomotive entspricht der Bauart Garratt, die hintere der Bauart Modified Fairlie. Der über das nachlaufende Dampfdrehgestell hinausragende Hauptrahmen trägt den Kessel, das Führerhaus und den Kohlenbunker sowie einen zusätzlichen Wassertank unterhalb des Langkessels. Das vordere Dampfdrehgestell führt wie bei einer normalen Garratt-Lokomotive lediglich den Wasserbehälter mit. Der Union Garratt wird nachgesagt, daß sie zwar eine recht interessante Bereicherung der Gelenklokomotivgruppe darstellt, ansonsten aber keine wesentlichen Vorteile gegenüber der Garratt oder Modified Fairlie aufweist, und daher ihre Entwicklung unnötig gewesen sei. Als einzig annehmbare Begründung für die Entwicklung dieser Variante mag das Problem der mechanischen Rostbeschickung gelten. Es ist natürlich einfacher, derartige Einrichtungen zwischen zwei zueinander feststehenden Baugruppen zu installieren, als zwischen unabhängig voneinander sich bewegender Feuerbüchse und Kohlenbunker.

Der seinerzeitige Chefingenieur der SAR Col. Collins galt als ein Verfechter der Gelenklokomotive. Seine Vorliebe zu dieser Sondergruppe der Dampflokomotive trug ihm die etwas spöttische Unterstellung ein, er sei bereit, jede Art Dampflokomotive zu beschaffen, vorausgesetzt, daß es eine Gelenklokomotive sei. Nun, vielleicht mag tatsächlich der Enthusiasmus des Col. Collins ausschlaggebend gewesen sein, daß Maffei den Zuschlag für die Lieferung der genannten beiden Union Garratt-Serien erhielt.

Im Einzelnen handelte es sich um zwei Stück (2'C 1')-

(1′C 2′)-Lokomotiven der Klasse GH für den Personenzugdienst und um zehn Stück (1′D 1′)(1′D 1′)-Lokomotiven der Klasse U (Abb. 152) für den Güterverkehr. Beide Gattungen waren für eine Achslast von 19 t ausgelegt. Eigenartigerweise wurde kaum eine Vereinheitlichung von Bauelementen zwischen den beiden Serien durchgeführt. Obwohl zum Beispiel beide Maschinentypen die gleiche Rostfläche aufwiesen, besaß die Klasse GH den typisch gedrungenen Kessel der Bauart Garratt, während der Kessel der Klasse U länger und von geringerem Durchmesser war. Alle Lokomotiven beider Klassen hatten mit Barrenrahmen ausgerüstete Dampfdrehgestelle und als Sondereinrichtung Duplex-Stoker für die Rostbeschickung. Anläßlich eines später durchgeführten Umbaus der Maschinen der Klasse U wurden die mechanischen Rostbeschickeinrichtungen als unnötige Elemente ausgebaut. Zum Zweck einer günstigeren Belastung des hinteren Drehgestellzapfens war hinter dem Führerhaus lediglich der Kohlenbunker angeordnet, ein Zusatzwasserbehälter hing unter dem Hauptrahmen vor dem Aschkasten.

Die ersten Lokomotiven der Klasse U wurden nach 25 Jahren Dienstzeit im Jahre 1952 ausgemustert, die restlichen folgten in den darauffolgenden Jahren. Die letzte Maschine schied im Jahre 1957 aus dem Bestand der SAR aus. Ebenfalls im Jahre 1957 wurden auch die beiden GH-Maschinen aus dem Betrieb gezogen. Trotz dieser doch recht langen Betriebszeit überlebten die in den Jahren 1927/28 ebenfalls gebauten normalen Garratt-Maschinen ihre Schwestern der Bauart Union Garratt noch um viele weitere Jahre.

Ein Pendant zur Union Garratt ist die ihr sehr ähnliche Modified Garratt, bei der das Grundprinzip der normalen Garratt-Bauart weitgehend beibehalten ist.

Im Gegensatz zur Union Garratt, die das rückwärtige Dampfdrehgestell mit dem über den gesamten Triebsatz hinausragenden Hauptrahmen belastet, sind die beiden Triebwerkseinheiten der Modified Garratt mit denen der herkömmlichen Garratt bis auf einen kleinen Unterschied identisch. Dieser Unterschied besteht darin, daß bei der Modified Garratt sowohl der vordere wie der hintere Vorratsbehälter als Wassertanks ausgebildet sind, während die Kohlen wie bei einer Tenderlokomotive in einem direkt hinter der Führerhausrückwand angeordneten Bunker mitgeführt werden. Diese Konstruktionsweise hat einzig und allein den schon bei der Union Garratt erwähnten Grund, den Einbau mechanischer Rostbeschickeinrichtungen zu erleichtern.

Die Modified Garratt in der vorbeschriebenen Form ist nur einmal in einer Stückzahl von drei Maschinen für die New Zealand Government Railways gebaut worden.

Schon im Jahre 1914 stellte man bei der NZGR Überlegungen an, zehn Garratt-Lokomotiven für den Einsatz im schweren Personenzugdienst auf der Hauptdurchgangsstrecke der Nordinsel zu beschaffen. Zehn Jahre später nahm eine Kommission der NZGR die seinerzeitigen Untersuchungen wieder auf. Endlich im Jahre 1928 entschloß man sich, einen Auftrag auf drei (2′C 1′)(1′C 2′)-Garratt-Lokomotiven bei Beyer, Peacock in Auftrag zu geben, unter der besonderen Berücksichtigung der Wünsche und Forderungen des damaligen Chefingenieurs der Bahn G. S. Lynde, die letztlich zur Bauart Modified Garratt führten. Außer den oben genannten markanten konstruktiven Besonderheiten dieser Bauart besaßen die drei neuseeländischen Lokomotiven die bei Garratt-Maschinen sehr seltene Ausführung der Triebwerke mit jeweils drei Zylindern für einfache Dampfdehnung. Nach ihrer Übernahme durch die NZGR erhielten sie die Gattungsbezeichnung »G« (Abb. 153).

Im Betrieb zeigten sich die drei Modified Garratts leider nicht so erfolgreich, wie man es sich ursprünglich gewünscht hatte. Abgesehen von Störungen im mechanischen Teil waren die Maschinen bezüglich ihrer Leistung viel zu hoch ausgelegt, als daß sie im Betrieb

Abb. 152 (1′D 1′)(1′D 1′)h4-Union-Garratt Lokomotive Klasse U der South African Railways, 1927 in Dienst gestellt. (Foto: SAR)

Abb. 153 (2′C 1′)(1′C 2′)h6-Modified Garratt, im Jahre 1928 von Beyer, Peacock & Co. an die New Zealand Railways geliefert. (Foto: New Zealand Railways Publicity Photograph)

wegen der schwachen Zugvorrichtungen der Wagen je hätte ausgenutzt werden können. Eine weitere unangenehme Erscheinung war die Neigung der Kuppelräder zum Schleudern infolge eines für die Leistung zu geringen Reibungsgewichtes von nur etwa 89 t. Die Folge war, daß die Lokomotiven kaum einmal den ihnen zugeordneten Dienst verrichteten und schließlich in den frühen 30er Jahren aus dem Betrieb genommen wurden. In den Jahren 1937/38 erhielten die Dampfdrehgestelle der bis dahin abgestellten drei Maschinen nach einem grundlegenden Umbau eigene Kessel und Führerhäuser, so daß praktisch aus jeweils einer der Modified Garratts zwei neue und völlig unabhängige Lokomotiven entstanden. Die in den bahneigenen Werkstätten von Hillside gebauten sechs 2′C 1′h3-Schlepptenderlokomotiven behielten wie ihre Vorgängerinnen die Bezeichnung Klasse »G« bei, da die Gattung durch den Umbau nicht mehr belegt war. Die Maschinen haben nie die Beliebtheit anderer, normaler Regelbauarten der NZGR erreicht. Nach anfänglicher Verwendung im Schnellzugdienst wurden sie später für den Transport von 750 t schweren Güterzügen eingesetzt, die sie aber nur unter vielen Mühen und Anstrengungen bewältigten. In den Jahren 1955/56 wurden alle sechs Lokomotiven ausgemustert. Damit endete ziemlich sang- und klanglos auch das Dasein der zweiten Garnitur der Modified Garratts.

Die neuseeländischen Modified Garratts waren und blieben – wie bei der SAR die Union Garratts – die einzigen je gebauten Exemplare dieser Splittergattung.

Eine weitere, wenig bekannte Modifizierung der Bauart Garratt schuf die Firma Henschel im Jahre 1935 mit der Henschel-Gelenklokomotive, die sich von einer normalen Garratt-Lokomotive durch konstante Belastung des vorderen Triebgestells unterschied. Die Wasservorräte, die bei den Garratt-Maschinen auf dem vorderen Triebgestell untergebracht waren, wurden in einem besonderen Wasserwagen mitgeführt, der je nach Fahrtrichtung sowohl an der vorderen als auch an der rückwärtigen Stirnseite der Lokomotive angekuppelt werden konnte. Durch diese Maßnahme konnte der Kessel günstiger dimensioniert und größere Wasservorräte mitgeführt werden.

Die Firma Henschel baute im Jahre 1938 nach diesem Prinzip eine aus einer früheren Lieferung stammende (2′C 1′)(1′C 2′)-Gelenklokomotive für die Viacão Ferrea do Rio Grande do Sul, die 1000 mm Spurweite aufwies, um. Die Maschine maß 21,08 m über die Kupplungen und entwickelte bei 103 t Dienstgewicht eine Zugkraft von 132 kN.

Die Modified Garratts in ihren sehr unterschiedlichen Ausführungsformen müssen als Versuchsmaschinen weiterer Entwicklungsstufen der Gelenklokomotive betrachtet werden, die der Verbesserung der Reibungs- und Zugkraftverhältnisse durch entsprechende konstruktive Maßnahmen dienten. Sie stellen daher auch nur einen verschwindend kleinen Teil an der Gesamtstückzahl aller je gebauten Garratt-Lokomotiven dar.

DIE BAUART GOLWÉ

Die zahlreichen Beispiele der sogenannten »Modified«-Bauarten zeigen, daß wesentliche Bestandteile des jeweiligen Konstruktionsprinzips Grundlage und Ausgangspunkt für den betreffenden, abgewandelten Neubautyp darstellten. Die eigentliche Modifikation der Grundbauart lag daher mehr in der Anpassung untergeordneter Bauelemente an die geforderten Betriebsverhältnisse.

Etwas anders liegen die Dinge bei jenen Maschinengattungen, deren Konstruktionsbasis nicht eine einzelne, bereits bekannte Gelenkbauart ist, sondern die Kombinationen verschiedener Bauarten beinhaltet. In diesen Fällen läßt sich meistens keine eindeutige Ableitung der Konstruktion von einer der in den Neubau einbezogenen Grundbauarten festlegen. Früher zog man es daher vor, diesen Lokomotivgattungen neue Bezeichnungen zu geben, um eine klare Unterscheidung von scheinbar ähnlichen Maschinentypen zu machen. Ein interessantes Beispiel einer solchen Gelenklokomotivbauart ist die nachstehend beschriebene »Golwé«.

Ende der 20er Jahre wurde der Bedarf an leistungsfähigen Lokomotiven für den Betrieb auf den gebirgigen und sehr kurvenreichen Strecken der Chemin de fer de la Côte d'Ivoire, einer meterspurigen Eisenbahn in französisch Westafrika, infolge der steigenden Zuggewichte dringend. Die besonderen Verhältnisse der Streckenführung erforderten nicht nur eine Lokomotive mit einer ausreichenden Zughakenkraft, die Maschine mußte auch über sehr gute Laufeigenschaften verfügen und sich dem Gleisverlauf gut anpassen können.

Unter Berücksichtigung der geforderten Bedingungen gelang der belgischen Lokomotivfabrik Société Haine-Saint-Pierre, wesentliche Bauelemente der Typen Mallet und Garratt zu einer gelungenen Konstruktion zu vereinen. Urheber dieses Gedankens waren der damalige Betriebsdirektor G. Goldschmidt und der Chefingenieur A. Weber, die durch Vereinigung der Anfangsbuchstaben ihrer Namen der neuen Lokomotive die Bezeichnung »Golwé« gaben.

Die Golwé-Lokomotive besaß ebenfalls wie ihre großen Vorgängerinnen der Bauarten Fairlie, Garratt und Meyer die Unterteilung in drei Hauptgruppen. Der Mittelteil bestand wieder aus einem den Kessel, den Führerstand und den Brennstoffbunker tragenden Hauptrahmen. Besonderer Wert wurde auf einen möglichst kurzen Gesamtachsstand der Maschine gelegt. Die beiden Dampfdrehgestelle wurden daher so dicht wie möglich an den Stehkessel herangerückt. Durch Anordnung der Zylinder vor den in Fahrtrichtung gesehen ersten Kuppelachsen war es ferner möglich, die Länge der Dampfleitungen auf ein Minimum zu reduzieren. Eine sinnreiche Aufhängung und Verlagerung der beweglichen Dampfleitungen gestattete die Umgehung jener Schwierigkeiten, die bei den übrigen bekannten Gelenkbauarten immer wieder Anlaß zur Klage bezüglich der Dichtheit der dampfführenden Leitungen gab.

Das vordere Triebgestell war in der Art wie bei den Mallet-Lokomotiven unter dem Langkessel angeordnet. Das hintere Triebgestell trug den Wassertank, der den auf der Verlängerung des Kesselrahmens an der Führerhausrückwand vorgesehenen Brennstoffbunker U-förmig umfaßte. Die beiden Drehpunkte lagen jeweils zwischen den zwei äußeren Kuppelradsätzen eines jeden Drehgestells, wodurch sich eine günstige Verteilung des Gesamtgewichts auf die einzelnen Lauf- und Kuppelachsen ergab. Um das infolge abnehmender Vorräte veränderliche Reibungsgewicht mit der Zylinderleistung ins richtige Verhältnis zu setzen und ein fortlaufendes Durchrutschen der Treib- und Kuppelräder zu vermeiden, sorgte ein automatisch vom Wasserstandsanzeiger im Tank gesteuertes Ventil für die richtige Füllung der beiden Zylinder des rückwärtigen Dampfdrehgestells.

Trotz der beispielsweise gegenüber der Garratt-Bauart sehr nahe beieinander liegenden Triebgestelle war eine ungehinderte Ausbildung der Feuerbüchse und des Aschkastens sowohl in der Länge als auch in der Tiefe möglich. Welch großen Gewinn an Fahrzeuglänge die Golwé-Lokomotive gegenüber Gelenklokomotiven gleicher Leistung brachte, zeigt ein Vergleich mit einer entsprechenden Garratt-Lokomotive. Die durch die gedrungene Kompaktbauweise der Golwé eingesparte Baulänge betrug fast 3,3 m.

Im Jahre 1928 lieferte die Firma Société Haine-Saint-Pierre im Auftrag des französischen Kolonialministeriums vier (1'C)(C 1')-Golwé-Gelenklokomotiven (Abb. 154) an die Chemin de fer de la Côte d'Ivoire (Elfenbeinküste).

Die beiden Fahrwerksgruppen der Maschinen besaßen Treib- und Kuppelräder mit 1100 mm Durchmesser, die Laufräder der Bissel-Lenkgestelle hatten 710 mm Durchmesser. Die vier Zylinder für einfache Dampfdehnung erhielten 400 mm Kolbendurchmesser und 560 mm Hublänge. Bei 1,40 m Durchmesser und 4,276 m Länge enthielt der Kessel 277 Heizrohre mit einer Gesamtheizfläche von 163,6 m². Der Kesseldruck betrug 12 bar. Die Feuerbüchse war für die Beschickung mit Holz eingerichtet und hatte eine Heizfläche von 13,6 m² und eine Rostfläche von 2,75 m². Mit einem Reibungsgewicht von 72 t entsprechend 12 t Achs-

Abb. 154 (1′C)(C 1′)n4-Golwé Tenderlokomotive der Chemin de fer de la Côte d'Ivoire, Baujahr 1928. (Foto: LA VIE DU RAIL)

last pro Kuppelachse entwickelten die Lokomotiven eine Zugkraft von 140 000 N (0,75 p).

Ähnlich wie bei vielen englisch beeinflußten Bahnen wurde für die Lokomotiven als Bremseinrichtung eine vereinigte Saugluft- und Dampfbremse vorgesehen, d. h. die Lokomotiven selbst erhielten Dampfbremsen, die sowohl gleichzeitig mit der Saugluftbremse des Wagenzuges über einen gemeinsamen Brems-Ejektor, als auch unabhängig von der Saugluftbremse allein betätigt werden konnten. Zusätzlich war das hintere Dampfdrehgestell aber noch mit einer Handbremse ausgerüstet.

Anläßlich verschiedener Versuchsfahrten auf der 342 km langen Strecke von Abidschan nach Bouake, die durch eine sehr hügelige Landschaft führte und Steigungen von 25 ‰ sowie Kurven bis herunter auf 79 m Radien aufwies, wurden bei 260 t Anhängelast durchschnittlich Geschwindigkeiten von 10 km/h ohne Schwierigkeiten gehalten.

Die Golwé-Lokomotiven bewährten sich in den kommenden Jahren so gut bei der Chemin de fer de la Côte d'Ivoire, daß man im Kolonialministerium in Paris beschloß, für ein ähnliches Aufgabengebiet im Kongo wieder auf diese Gelenkbauart zurückzugreifen.

Im Juni 1934 gab das Kolonialministerium bei Corpet-Louvet eine Golwé-Maschine für den Einsatz bei der Chemin de fer Congo-Océan in Auftrag.

Diese neue Lokomotive war wesentlich größer und leistungsfähiger als ihre Schwestermaschinen der Cl, sie erhielt daher die Bezeichnung »Super Golwé« (Abb. 155). Für eine Spurweite von 1067 mm (Kapspur) gebaut, besaß die Super Golwé ein Fahrwerk der Achsanordnung (1′C)(C 2′) mit Treib- und Kuppelrädern von 1200 mm Durchmesser und Laufrädern von 710 mm Durchmesser. Der feste Radstand betrug pro Triebgestell 2740 mm, der Gesamtradstand 16 300 mm. Das zweiachsige Schleppdrehgestell des hinteren Triebgestells wurde erforderlich, da bei 16 m³ Wasser und 5 t Kohle das Dienstgewicht der Lokomotive um 27 t höher als das der normalen Golwé-Maschinen lag, wodurch die Belastung des hinteren Dampfdrehgestells und damit die Achslast stiegen. An Reibungsgewicht konnten 90 t, verteilt auf sechs Kuppelachsen, ausgenutzt werden. Die Zugkraft wurde mit 175 000 N (0,75 p) bemessen, das entspricht nahezu der Zugkraft einer Eh2-Güterzugtenderlokomotive Reihe 82 der DB. Der Kessel zeigte die herkömmliche Bauart, war aber erstmals bei dieser Ausführung mit einem Überhitzer ausgerüstet. Die Heizflächenwerte betrugen für den Überhitzer 37,5 m², für den Kessel 153,7 m². Die Rohrlängen waren mit 4700 mm um 400 mm länger als bei den Maschinen der Cl. Ebenso erhöhte man bei der Super Golwé den Dampfdruck von 12 auf 15 bar.

Die Super Golwé wurde als Serie 90.100 am 4. September 1935 bei der Chemin de fer Congo-Océan in Dienst gestellt. Heute dürfte die Maschine allerdings längst von der Strecke verschwunden und durch eine Diesellokomotive ersetzt sein.

Abb. 155 (1′C)(C 2′)h4-Super Golwé Tenderlokomotive der Chemin de fer Congo-Océan, Baujahr 1935. (Foto: Sammlung Ostendorf)

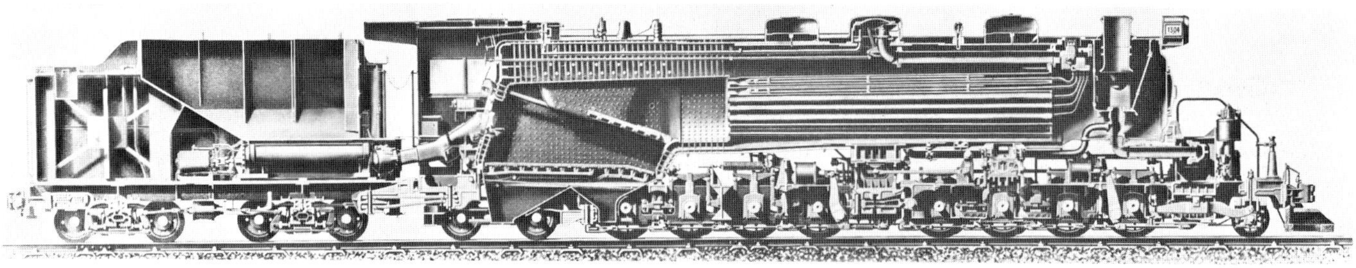

DIE BAUART MALLET

Abb. 156 Schnittdarstellung einer (1′D)(D 2′)h4-Mallet Lokomotive der Brasilianischen Zentralbahn.
(Foto: Werkaufnahme Rheinstahl Transporttechnik)

Das folgende Kapitel ist der – gemessen an den Dimensionen und technischen Vollkommenheiten – wohl höchstentwickelten Gelenkbauart unter den Dampflokomotiven gewidmet, die speziell im schweren Güterzugdienst Eingang fand. Die Patente für diese interessante Konstruktion wurden dem Erfinder und berühmten schweizer Ingenieur Anatole Mallet in den frühen 80er Jahren erteilt. Mallet war in erster Linie ein Verfechter des Verbundsystems und man sagt ihm nach, daß er die neue Gelenkbauart nur deshalb entwickelte, um seine Ideen bezüglich der doppelten Dampfdehnung schneller verwirklichen zu können. Der Erfolg des Verbundsystems in Verbindung mit der Mallet-Bauart blieb tatsächlich viele Jahre lang unübertroffen. Das System der Mallet-Lokomotive zeigt die Schnittdarstellung in Abb. 156. Bei dieser Gelenkbauart handelt es sich um eine halbgelenkige Lokomotive, bei der Kessel und Führerhaus auf dem zurückliegenden Hauptrahmen fest verlagert sind, während das vordere Dampfdrehgestell an das hintere Triebwerk in der Art eines Bisselgestells angelenkt ist. Die überhängende vordere Hälfte des Langkessels stützt sich über ein sattelförmiges Gleitstück auf das gelenkige, einstellbare Triebwerk ab. Da bei Befahren von Gleisbögen das Triebgestell auswandert und sich entsprechend dem Gleisverlauf einpendelt, nimmt der Kessel eine tangentiale Lage zur Gleiskrümmung ein, wobei eine Veränderung der Schwerpunktlage in Bezug auf die Schienen eintritt. Eine Rückstellvorrichtung am Kessel unterstützt das Zurückschwenken des Triebgestells beim Verlassen des Gleisbogens und bei der Einfahrt in die Gerade. Trotz dieser Rückstellvorrichtung neigt das vorlaufende Triebgestell aber stark zum Schlingern, da seine zu bewegenden Massen gering gegenüber den wechselnden Zylinderkräften sind.
Die Mallet-Lokomotive ist entsprechend ihrem Aufbau eine Maschine für vornehmlich eine Hauptfahrtrichtung, wie beispielsweise die Schlepptenderlokomotiven der Normalausführung. Die Zylinder liegen daher in Fahrtrichtung vorn, wobei die Hochdruckzylinder auf dem rückwärtigen Hauptrahmen, die Niederdruckzylinder auf dem vorderen beweglichen Triebgestell verlagert sind. Diese Anordnung vermeidet flexible Hochdruckleitungen und Hochdruckgelenke, deren Ausführung in den ersten Jahren nach Einführung der Bauart Mallet noch gewisse Probleme darstellte.
Die Mallet-Lokomotive stellt die einzige Gelenkbauart in zweiteiliger Ausführung dar, alle anderen Gelenkbauarten weisen mindestens drei Hauptteile in der Grundkonstruktion auf.
Im Laufe der Jahre wurden von den verschiedensten Lokomotivfabriken auf dem europäischen Kontinent große und leistungsfähige Mallet-Lokomotiven für nahezu alle Spurweiten gebaut, ihre größte Verbreitung und damit auch die intensivste Weiterentwicklung erfuhr diese Bauart aber in den Vereinigten Staaten. Die Überbrückung großer Entfernungen zwischen bedeutenden Handelszentren und der stetig anwachsende Verkehr begünstigten den vermehrten Einsatz dieser Gelenkbauart. Inzwischen sind fast 70 Jahre vergangen, seit im Jahre 1904 erstmals eine Mallet-Lokomotive in den USA in Dienst gestellt wurde. Es handelte sich hierbei um eine C′C-gekuppelte Naßdampf-Verbundmaschine, die von der American Locomotive Company für die Baltimore & Ohio Railroad gebaut worden war. In besonderer Weise haben sich die beiden bedeutendsten Lokomotivfabriken, die American Locomotive Company und die Baldwin Locomotive Works der Entwicklung dieser Lokomotivkonstruktion angenommen, und man kann ihnen bestätigen, daß die gigantischen Ausmaße der Maschinen Zeugnis ablegen

von einer Technik, welche die äußersten Grenzen dieses Systems auszunutzen verstand. Die wachsenden Proportionen dieser Lokomotivbauart haben natürlich auch eine Menge neue Probleme aufgeworfen, die unter anderem auch die Unterbringung der immensen Dampferzeuger sowie die Erhöhung der Achszahlen in den einzelnen Triebwerksgruppen betrafen. Die Lösungen der hierdurch entstandenen technischen Aufgaben werden in den nachfolgenden Beschreibungen der einzelnen Mallet-Lokomotiven noch näher erläutert.

Die Trägheit der Mallet-Maschinen, die nach dem Naßdampf-Verbundsystem arbeiteten, sowie deren unangenehme Neigung des vorderen Triebgestells zum Schleudern und die hierdurch erforderlichen höheren Unterhaltungskosten beeinflußten nachdrücklich die Untersuchungen, überhitzten Dampf anzuwenden, mit dem Erfolg, daß Ende der 20er Jahre bereits eine beträchtliche Zahl der großen Mallet-Lokomotiven in den USA als Heißdampfmaschinen ausgeführt waren. Diese Maßnahme erhöhte wesentlich die Wirtschaftlichkeit und Leistungsfähigkeit der Maschinen. Ferner ermöglichte sie eine nicht zu unterschätzende Vereinfachung vieler Konstruktionsteile.

Entgegen der großen Verbreitung der Mallet-Lokomotiven in Nord- und Südamerika blieb ihr Einsatz in Europa auf doch recht kleine Stückzahlen beschränkt. Auch in Deutschland konnte die neue Gelenkbauart nicht die Beliebtheit anderer Lokomotivtypen der Normalbauart erlangen. Die wenigen bei verschiedenen Bahnverwaltungen eingesetzten Gattungen erlebten meistens nur eine kurze Blütezeit so um die Jahrhundertwende und wurden dann schließlich durch den Einsatz der einfacheren, mehrachsigen Einrahmenmaschinen nahezu gänzlich verdrängt.

Die ersten zwei Mallet-Lokomotiven in Deutschland beschaffte die Badische Staatsbahn im Jahre 1893 von der Elsässischen Maschinenbau-Gesellschaft Grafenstaden. Diese als Gattung VIIIc in Dienst gestellten Maschinen (Abb. 157) sollten als Güterzuglokomotiven auf der Schwarzwaldbahn eingesetzt werden, da man ernsthafte Bedenken hatte, auf der sehr krümmungsreichen Strecke steifachsige D-gekuppelte Maschinen zu verwenden.

In der Leistung waren die B′Bn4v-Lokomotiven den seinerzeit bekannten badischen und preußischen D-Güterzuglokomotiven unterlegen, da sich auch hier der grundsätzliche Mangel einer Maschine mit doppeltem Triebwerk in Naßdampf-Verbundausführung unangenehm bemerkbar machte. Wie schon eingangs angedeutet, neigten die Mallet-Lokomotiven sehr zum Schleudern. Die unangenehmen Folgen waren ein fortlaufender Abriß des zu übertragenden Drehmomentes, da das Reibungsgewicht nicht dauernd in voller Höhe für die Zugkraft ausgenutzt werden konnte. Trotz dieser bekannten Nachteile beschaffte die Badische Staatsbahn bis 1902 noch weitere 30 Mallet-Lokomotiven gleicher Ausführung, jedoch mit schräger Stehkesselrückwand und einem höheren Kesseldruck von 13 bar. Es war diesen Maschinen aber keine lange Lebensdauer beschieden, denn der unruhige Lauf der kurzachsigen Triebgestelle, die Schleuderneigung und die hohen Unterhaltungskosten trugen dazu bei, daß sämtliche Lokomotiven bereits 1925 ausgemustert waren.

Ein ähnliches Schicksal war auch den 27 bis zum Jahre 1899 von der Preußischen Staatsbahn bestellten Mallet-Lokomotiven der Gattung G 9 beschieden. Sie entsprachen in ihren Abmessungen nahezu den badischen Maschinen, waren aber im Gewicht um fast 3 t leichter. Ihre hauptsächlichen Einsatzgebiete waren die Mosel- und Eiffelstrecken sowie die schlesischen Gebirgs-

Abb. 157 B′B n4v-Mallet Güterzuglokomotive Gattung VIIIc der Badischen Staatsbahn, Baujahr 1893. (Foto: Sammlung Dr. Scheingraber)

Abb. 158 B′B n4v-Mallet Güterzuglokomotive Gattung IV der Sächsischen Staatsbahn, Baujahr 1898. (Foto: Werkaufnahme Hartmann)

strecken. Auch bei der preußischen Mallet-Bauart führten dieselben Mängel wie bei den badischen Maschinen zu einer frühzeitigen Außerdienststellung der Mallet-Lokomotiven.

In Sachsen bestand Anfang der 90er Jahre ein dringender Bedarf an einer leistungsfähigen Maschine für die Strecken des Erzgebirges mit ihren starken Steigungen und sehr engen Krümmungen. Die Maschine mußte also neben einer ausreichenden Zugkraft auch noch gute Bogenlaufeigenschaften besitzen. Die zunächst von der Sächsischen Staatsbahn 1891 für diesen Zweck beschafften zwei B′B′n4v-Tenderlokomotiven der Bauart Meyer konnten wegen der beiden beweglichen Triebgestelle nicht befriedigen. Da man aber auf eine gute und einwandfreie Befahrung der kleinen Gleisradien nicht verzichten konnte, wählte man als nächstes die Bauart Mallet. Auch bei ihr bevorzugte man wieder die Achsfolge B′B in der Vierzylinder-Verbundausführung. Die als Gattung IV im Jahre 1898 in Dienst gestellte Lokomotive (Abb. 158) war zwar eine bezüglich der Leistung recht befriedigende Maschine, leider hafteten ihr aber dieselben unangenehmen Mängel an wie ihren Schwestermaschinen in Preußen und in Baden. Trotzdem beschaffte die Sächsische Staatsbahn bis 1903 noch 30 Mallet-Lokomotiven, da eine ausreichende Bogenläufigkeit der damaligen D- und 1 D-Maschinen für den genannten Bedarfsfall angezweifelt wurde.

In Bayern hoffte man durch den Einsatz von Mallet-Lokomotiven im Schiebedienst auf den nordbayrischen Steilrampen eine geringere Spurkranz- und Schienenabnutzung in den Krümmungen erzielen zu können. Ähnliche Versuche führte übrigens etwa zur gleichen Zeit auch die Pfalzbahn durch. Man beschaffte im Jahre 1896 von Maffei eine B′B n4v-Bauart, die später die Gattungsbezeichnung BBI erhielt. Wie schon bei den vorbeschriebenen Mallet-Maschinen der genannten Bahnverwaltungen gingen die auf die Gelenkbauart gesetzten Hoffnungen nicht in Erfüllung. Inzwischen zeigte es sich, daß die im Jahre 1894 beschafften 1 D-Lokomotiven den Ansprüchen bezüglich der Leistung und guter Laufeigenschaften in engen Gleisbögen bei weitem genügten, ein Grund mehr, von der weiteren Verwendung der Mallet-Bauart mit Schlepptender und nur vier angetriebenen Kuppelachsen Abstand zu nehmen.

Bei den bisher erwähnten deutschen Mallet-Lokomotiven handelte es sich ausschließlich um Schlepptenderlokomotiven. Im Jahre 1899 nahm erstmals die Bayrische Staatsbahn für ihre Lokalbahnen versuchsweise B′B n4v-Tenderlokomotiven der Gattung BBII in Betrieb. Entsprechend ihrem Verwendungszweck waren es sehr leichte Maschinen mit 10,6 t Achslast Auch bei diesem Typ mehrten sich bald die Klagen über den unruhigen Lauf und die hohen Unterhaltungskosten, trotzdem wurden bis zum Jahre 1904 insgesamt 31 Lokomotiven dieser Bauart beschafft.

Die letzte und wirklich bedeutende Mallet-Lokomotive in Deutschland stellte die 1913 von der Bayrischen Staatsbahn in Dienst gestellte D′D h4v-Maschine der Gattung Gt 2 x 4/4, später Baureihe 96° der DR dar (Abb. 159). Um 1910 war die Beförderung schwerer Güterzüge auf den drei bayrischen Steilstrecken Laufach–Heigenbrücken, Probstzella–Rothenkirchen und Neuenmarkt–Wirsberg–Marktschorgast mit 20 und 25 ‰ Steigung immer kritischer geworden. Die Züge mußten in leichte Gruppen zerlegt werden, wobei

Abb. 159 D′D h4v-Mallet Tenderlokomotive Gattung Gt 2 x 4/4 der Bayrischen Staatsbahn (DR-Baureihe 96°) in der Ursprungsausführung vor dem Umbau im Jahre 1923. (Foto: Werkaufnahme Maffei)

mittelschwere Güterzüge nicht ohne Vorspann gefahren werden konnten. Dieser untragbare Zustand veranlaßte die Bayrische Staatsbahn, von Maffei eine D'D-Mallet-Tenderlokomotive in Heißdampf-Verbundausführung bauen zu lassen, die besonders für den Betrieb auf Steilrampen geeignet war. Die Hochdruckzylinder waren am feststehenden Hauptrahmen angeordnet und trieben das rückwärtige Triebwerk an. Die wuchtigen Niederdruckzylinder lagen vor der Rauchkammer an der Stirnseite des vorderen Triebdrehgestells, das maximal 250 mm nach beiden Seiten ausschlagen konnte. Alle Zylinder besaßen im übrigen Kolbenschieber.

Die geringe Achslast von 15,5 t bei den ersten 15 Lokomotiven gestattete auch ihre Verwendung während des Ersten Weltkriegs auf den Strecken mit schwachem Oberbau, wie er zum Beispiel in den besetzten Gebieten der Westfront zu finden war. So leisteten einige dieser Mallets unter anderem wertvolle Dienste auf der Steilrampe zwischen Lüttich und Ans. Aber auch in Preußen mußten sie auf der Strecke Brügge–Lüdenscheid aushelfen, da die gleichwertige preußische 1'E 1'-Tenderlokomotive der Gattung T 20 wegen ihres zu hohen Achsdrucks nicht verwendet werden konnte.

Die in den Jahren 1913 bis 1914 gebauten 25 Maschinen erfüllten entgegen den früher beschriebenen deutschen Mallet-Lokomotiven die in sie gesetzten Erwartungen in vollem Umfang. Spätere Vergleiche mit der 1922 zum Einsatz gelangten 1'E 1'h2-Tenderlokomotive T 20 (DR Baureihe 95) zeigten aber, daß die T 20 bei gleicher Leistung wegen des einfacheren Aufbaus unkomplizierter und damit auch billiger in der Beschaffung und in der Unterhaltung war. Der Nachteil der Mallet-Maschinen lag in dem Umstand, daß das Niederdrucktriebwerk eine zu geringe Leistung abgab, weil für die großen Füllungen auf der Steilstrecke die zu kleinen Hochdruckzylinder nicht genug Dampf durchließen.

Bei einem im Jahre 1923 durchgeführten Umbau wurde der Durchmesser der Hochdruckzylinder von 520 mm auf 600 mm vergrößert, wodurch das Zylinderraumverhältnis von 1:2,28 auf den ungewöhnlichen Wert von 1:1,78 reduziert wurde. Ferner wurde das Blasrohr tiefer gelegt und ebenso wie der Schornstein im Querschnitt erweitert. Desgleichen wurde die Kesselrohrteilung und die Überhitzerfläche vergrößert. Im Zuge der Umbauarbeiten wurden außerdem noch ein Speisewasservorwärmer in einer Rauchkammernische vor dem Schornstein eingebaut und eine Riggenbach-Gegendruckbremse vorgesehen.

Der Umbau wurde ein voller Erfolg. Vor allem stieg die Leistung beträchtlich durch das geänderte Zylinderraumverhältnis in Bezug auf große Zylinderfüllungen. Leider verhinderten die hohen Umbaukosten, diese Änderungen an allen Maschinen durchzuführen. Die Gt 2 x 4/4 darf für sich in Anspruch nehmen, zur Zeit ihrer Indienststellung die stärkste Tenderlokomotive Europas gewesen zu sein.

Mehr noch als auf den Vollbahnstrecken fanden die einzelnen Gelenkbauarten auf den Schmalspurbahnen Verwendung. So findet man auch die Bauart Mallet schon in den frühesten Jahren ihrer Entwicklung auf den verschiedensten schmalspurigen Bahnen vieler Länder.

Die Württembergische Staatsbahn setzte Anfang der 90er Jahre auf ihren Strecken mit 1000 mm Spurweite und 40 m Bogenhalbmesser Lokomotiven mit Hagans-Triebwerken ein, bei denen die Treibachse spurkranzlos ausgeführt war. Weitere Maschinen dieser Bauart folgten auch für 750 mm Spurweite. Insgesamt waren bis 1899 zehn Lokomotiven im Einsatz. Charakteristisch für jene Jahre war der Umstand, daß die Schmalspurbahnen bei den geforderten höheren Zughakenleistungen und der damit verbundenen Forderung nach vier angetriebenen Achsen der Gelenklokomotive immer noch den Vorzug gegenüber der Steifrahmenmaschine gaben, obwohl nachweislich D-gekuppelte Lokomotiven bei ihrem noch relativ kurzen Achsstand der gewünschten Bogenläufigkeit durchaus entsprochen hätten.

Da die vielteilige Hagans-Bauart auf die Dauer sich doch sehr störanfällig und damit aufwendig in der Unterhaltung zeigte, glaubte man in Württemberg nicht nur aus wirtschaftlichen, sondern auch aus technischen Gründen, die Bauart Mallet einführen zu müssen. Die ersten Schmalspur-Mallets lieferte Borsig im Jahre 1895 an die Mülheim-Badenweiler Eisenbahn im Schwarzwald. Von nun an setzte eine allmähliche, aber unaufhörliche, Verbreitung der B'B-Mallet-Lokomotiven auf den Schmalspurbahnen ein. Daß dieser Trend nicht auf Württemberg beschränkt blieb, zeigen viele Beispiele aus jener Zeit. In den Jahren 1897/98 bezog die Harzquer- und Brockenbahn B'B-Mallet-Lokomo-

Abb. 160 B'B n4v-Mallet Schmalspurtenderlokomotive (1000 mm Spurweite), 1901 von Jung für die Nordhausen-Wernigerode Eisenbahn gebaut.
(Foto: Werkaufnahme Jung)

tiven, deren rückwärtiges Triebwerk mit Außenrahmen versehen war. die gleiche Maschine lieferte die Lokomotivfabrik Arn. Jung im Jahre 1901 noch einmal an die Norhausen-Wernigerode Eisenbahn-Gesellschaft (Abb. 160).
Aber auch der Lokomotivexport umfaßte in zunehmendem Maße Mallet-Lokomotiven, besonders für die kleineren Spurweiten, wobei die Achsfolge B'B vorherrschte. Selbst in den damaligen deutschen Kolonien glaubte man wegen des vorhandenen einfachen Oberbaus und den oft sehr krümmungsreichen Strekken nicht auf die Bauart Mallet verzichten zu können. So lieferte zum Beispiel die Firma Jung im Jahre 1900 eine B'B-Naßdampf-Verbundlokomotive für 1000 mm Spurweite an die Usambara-Eisenbahn in der ehemaligen Kolonie Deutsch-Ostafrika. Diese kleine Maschine hatte eine Gesamtlänge von 7740 mm, einen Gesamtradstand von 3950 mm und einen Kesseldruck von 12 bar. Bei einem Wasservorrat von 3200 l und 2500 kg Kohlen betrug das Dienstgewicht der Maschine 28 t.
Eine weitere erwähnenswerte Exportmaschine für 1000 mm Spurweite ist die in Abb. 161 gezeigte B'B-Mallet-Schlepptenderlokomotive der Chemin de fer de Madagascar. Die Besonderheit der Lokomotive liegt darin, daß sie zunächst einmal als Tenderlokomotive projektiert war. Wegen der vorgesehenen Holzfeuerung der Maschine ergaben sich aber Schwierigkeiten in der Unterbringung eines genügenden Holz- und Wasservorrats auf der Lokomotive selbst. Also beließ man die beidseitigen Wassertanks längs des Kessels auf der Maschine und gab der Lokomotive zusätzlich einen zweiachsigen Tender bei. Diese Notlösung zeigt einen der seltenen Fälle, daß eine Schlepptender-Mallet Wasserkästen auf der Maschine mitführt. Diese Mallet-Lokomotiven wurden sowohl von Schwartzkopff als auch von Baldwin geliefert.
In Europa hat sich die Bauart Mallet nur auf dem Balkan bis in die jüngste Zeit halten können. Der Ursprung der bereits sehr früh in Ungarn eingeführten Gelenkbauart lag in den besonders hohen Anforderungen, die der Güterzugdienst auf der Karstbahn an die Lokomotiven stellte. Die seinerzeit auf den kurvenreichen Strecken dieser Bahn eingesetzten D-gekuppelten Maschinen der Gattung IVc verursachten erhebliche Beschädigungen am Oberbau, gleichzeitig war ein großer Spurkranzverschleiß in Verbindung mit einem schlechten Laufwiderstand der Maschinen zu beklagen. Es mag in diesem Fall ein gewisser Widerspruch zu früheren Erkenntnissen entstehen, wo eine Abkehr von der Gelenklokomotive zugunsten der D-Steifrahmenlokomotiven angebracht erschien. Man darf aber nicht vergessen, daß immer die besonderen Umstände und Probleme der Streckenführung, der Spurweite, der Betriebserfordernisse sowie die Maschinenleistung für die Beurteilung der jeweils günstigsten Fahrwerksausbildung maßgebend sind. Diesen Erkenntnissen

Abb. 161 B'B n4v-Mallet Schmalspurlokomotive (1000 mm Spurweite) mit seitlichen Wasserkästen auf der Lokomotive.
(Foto: Werkaufnahme Baldwin Locomotive Works)

Abb. 162 B'B n4v-Mallet Güterzuglokomotive Gattung IVd (später Reihe 422) der MÁV, 1898 von der Maschinenfabrik der kgl. Ungarischen Staatsbahnen gebaut.
(Foto: Közlekedesi Muzeum Budapest)

konnte sich auch die Ungarische Staatsbahn nicht verschließen, daher entschied sie im Jahre 1898, von der Maschinenfabrik der Kgl. Ungarischen Staatseisenbahnen in Budapest einen Entwurf für eine B'B n4v-Mallet-Lokomotive ausarbeiten zu lassen. In Größe und Leistung entsprach sie etwa den bereits beschriebenen deutschen B'B-Mallet-Bauarten. Die nach Ablieferung der ersten Maschinen erzielten Versuchsergebnisse bestätigten einen vollen Erfolg dieser Lokomotiven. Bis zum Jahre 1902 wurden daher insgesamt 30 Lokomotiven beschafft, die als Gattung IVd in den Bestand der Ungarischen Staatsbahn eingereiht wurden (Abb. 162).

Die Verstärkung des Oberbaus auf der Karstbahn gab Anlaß, im Jahre 1905 eine Maschine größerer Leistung anzuschaffen. Die gewünschte Geschwindigkeit von 60 km/h und das höhere Maschinengewicht bedingten eine zusätzliche Laufachse, um bei zwei gekuppelten Achsen dem vorlaufenden Triebgestell die erforderliche Laufruhe zu gewähren. Der leistungsfähigere Kessel mit einem Dampfdruck von 16 bar, die größeren Treibräder (1440 mm) und die Abbremsung aller gekuppelten Räder (die IVd besaß noch keine Bremseinrichtung für die Treibräder) gestatteten, diese (1'B)B n4v-Mallet-Lokomotive der Gattung IVe auch im Schnellzugdienst einzusetzen. Von 1905 bis 1908 stellte die Ungarische Staatsbahn 15 Maschinen dieser Bauart in Dienst, die im Jahre 1918 alle an Jugoslawien abgetreten wurden.

Die guten Erfahrungen mit den bisher eingesetzten Mallet-Maschinen waren der Grund für den Bau einer noch größeren und schwereren Bauart, die speziell für die Zugförderung in den Karpaten gedacht war. Leider konnte die Leistung dieser C'C n4v-Bauart gegenüber der (1'B)B-Maschine nicht erhöht werden, da die zulässige Achslast von 12 t nicht überschritten werden durfte. Die zu durchfahrenden Gleisbögen bedingten die Wahl kleinerer Treibräder und kurzer Achsabstände. Der Kessel war übrigens mit dem der Gattung IVe nahezu identisch. Auch diese als Reihe VIm bezeichnete Lokomotivgattung bewährte sich recht gut und wurde daher bis 1914 bereits in einer Stückzahl von 58 Maschinen angeschafft.

Die Lokomotiven der Reihe VIm wurden später mit Erfolg auch vor den Erzzügen auf der Kaschau-Oderberger Eisenbahn eingesetzt, wo sie auf den vorhandenen Rampen mit 15 bis 16 ‰ Steigung 1000 t-Züge in Doppelbespannung beförderten. Bis 1915 stellte die Kaschau-Oderberger Eisenbahn 24 C'C-Mallets in Dienst. Gegen Ende des Ersten Weltkrieges erfolgte dann noch einmal eine Nachlieferung von weiteren 13 Maschinen, die aber infolge Kupfermangels Brotankessel erhielten.

Als letzte und gleichzeitig mächtigste Mallet-Lokomotive beschaffte die Ungarische Staatsbahn im Jahre 1914 zwei Exemplare einer (1'C)C-Bauart (Abb. 163), die in der Ausführung als h4v-Maschinen für die Beförderung von 600 t-Güterzügen auf der Karstbahn

Abb. 163 (1'C)C h4v-Mallet Güterzuglokomotive der ehemaligen MÁV-Reihe 601, im Bild als JŽ-Reihe 32, Baujahr 1914.
(Foto: Mr. ph. Luft)

vorgesehen waren, deren zulässige Achslast auf 16 t erhöht worden war. Der nach dem System Brotan ausgeführte Kessel war seinerzeit der größte seiner Art in Europa. Mit 1440 mm Durchmesser besaß diese Baureihe dieselben Treibradabmessungen wie die (1'B)B-Lokomotiven der Reihe IVe. Die unterschiedliche Belastung der beiden Triebwerke führte ähnlich wie bei der bayrischen D'D-Mallet-Lokomotive zur Änderung des Zylinderraumverhältnisses, allerdings vergrößerte man hier den Durchmesser der Niederdruckzylinder von 800 auf 850 mm und nicht wie bei der bayrischen Mallet die Hochdruckzylinderdurchmesser. Auf 25‰ Steigung konnten diese mächtigen Lokomotiven noch 350 t schwere Züge mit einer Geschwindigkeit von 40 km/h befördern. Auch bei dieser als Gattung 601 eingereihten Lokomotivreihe blieb der erwartete Erfolg nicht aus, so daß bis 1921 60 Maschinen in Dienst gestellt wurden.
Es mag bezeichnend für die geographischen und politischen Verhältnisse der Balkanstaaten sein, daß ähnlich wie die Menschen auch die Lokomotiven in diesem Flecken Erde ein bewegtes Schicksal hinter sich haben. Obwohl Ungarn den Anstoß zur Einführung der Mallet-Lokomotiven gab, verlor es nach dem Ersten und dem Zweiten Weltkrieg nach und nach fast alle Mallet-Maschinen infolge Abtretung jener Gebiete, in denen diese Baureihen beheimatet waren. Heute besitzt Ungarn praktisch keine Steilstrecken mehr. Die einzelnen ungarischen Mallet-Typen gingen in den Besitz der Jugoslawischen, Rumänischen und anderer Staatsbahnen über, die ihrerseits noch bis vor wenigen Jahren den verbliebenen Rest der Maschinen in ihrem Bestand führten.
Ehe wir in der Entwicklung der Mallet-Lokomotiven fortfahren, wollen wir noch einmal einen Blick zurückwerfen in jene Zeit, als die Geschichte dieser so bedeutenden Lokomotivkonstruktion ihren Anfang nahm. Man schrieb das Jahr 1887, als die belgische Firma Ateliers Métallurgiques Turbize nach Plänen von Mallet die erste Lokomotive dieser neuen Gelenkbauart, eine B'B n4v-Tenderlokomotive für 600 mm Spurweite fertigstellte. Der Grund für diese zunächst als Versuchsausführung gebaute erste Mallet-Lokomotive war eine Anfrage, welche die französische Firma Ateliers Decauville erhalten hatte. Der Kunde wünschte eine Lokomotive für 600 mm Spurweite, 3 t Achslast und eine ausreichende Leistung, um Lasten über eine Strecke mit 80‰ (!) Steigung und Kurven mit 20 m Halbmesser befördern zu können. Da das Hauptproblem die Lösung einer guten Bogenläufigkeit der Maschine in den sehr engen Gleisbögen war, zog man Mallet zu Rate, dessen Pläne für eine neuartige Gelenklokomotive inzwischen hinreichend bekannt waren. Mallet, der in diesem Auftrag die große Chance sah, seine Ideen verwirklichen zu können, arbeitete die Entwürfe für die projektierte Lokomotive aus und ließ zunächst bei der oben erwähnten belgischen Firma eine Testmaschine bauen. Anschließend wurde sie auf dem Werksgelände der Ateliers Decauville ausgiebigen Versuchsfahrten unterworfen. Die Ergebnisse waren so überraschend gut, daß beide Firmen entschieden, diese neue Bauart in ihr Fertigungsprogramm aufzunehmen. In der ersten Zeit waren es vor allem Kunden in Frankreich, die diese neue Gelenkbauart für entsprechende Aufgabenbereiche einsetzten, so die französischen Militärbahnen und verschiedene Dampf-Tramwagen-Gesellschaften. In der Zwischenzeit hatten sich aber die Erfolgsmeldungen über die Mallet-Lokomotiven auch in den Nachbarstaaten herumgesprochen, so daß ihre Entwicklung und Verbreitung sich allmählich in der bereits beschriebenen Art auf dem europäischen Kontinent und später durch den Export auch in der übrigen Welt vollzog.
Anders als in Europa, dafür aber umso stürmischer, ist die Entwicklung der Mallet-Lokomotive in Amerika verlaufen. Es muß dabei aber berücksichtigt werden, daß der Einführung dieser Gelenkbauart in den USA und in Südamerika andere Gesichtspunkte zugrunde lagen, als auf dem europäischen Kontinent. Maßgebend war die Tatsache, daß sehr große Entfernungen zu überbrücken waren, wobei es nahelag, die Zughakenleistung möglichst groß auszulegen, um ein Maximum an Frachtgewicht innerhalb eines Zugverbandes transportieren zu können. Diese Forderung verlangte aber nach leistungsfähigen Lokomotiven, deren erforderliches großes Reibungsgewicht aber nicht mehr auf die maximal in einem Steifrahmen unterzubringende Achszahl verteilt werden konnte, ohne die normale Bogenläufigkeit einer solchen Konstruktion zu beeinträchtigen. Es blieb also nur die Möglichkeit, eine Gelenklokomotive zu wählen, unter denen die Bauart Mallet die günstigsten Voraussetzungen mitzubringen schien.
Die im Jahre 1904 mit dem Bau der C'C-gekuppelten

Abb. 164 Erste von Baldwin im Jahre 1906 gebaute Mallet Lokomotive mit Laufachsen, sie wurde an die Great Northern Railway geliefert. (Foto: GN)

n4v-Schlepptenderlokomotive für die Baltimore & Ohio Railroad eingeleitete Verbreitung der Mallet-Lokomotive fand schon bald durch den Einsatz weiterer Maschinen der neuen Bauart intensive Unterstützung. Die Baldwin Locomotive Works folgten bereits zwei Jahre später im Jahre 1906 mit ihrer ersten Mallet-Lokomotive mit Laufachsen, einer (1′C)C 1′n4v-Maschine für die Great Northern Railway. Es wird behauptet, daß mit diesem Maschinentyp erstmals eine wirkliche Anpassung der Gelenklokomotive an die Bedürfnisse der amerikanischen Eisenbahnen erzielt worden sei. Daher sei es nicht verwunderlich, daß Mallet-Maschinen dieser Achsanordnung in weit größerer Zahl gebaut worden sind, als irgendeine andere Gelenkbauart. Die Abb. 164 zeigt die erste Baldwin-Mallet im Einsatz bei der GN. Aus demselben Jahr stammt auch eine der wenigen Mallet-Lokomotiven der sogenannten »Camel«-Bauart, bei der die für die Feuerung von Anthrazitgrieß benötigte große Feuerbüchse die Verlegung des Führerstandes auf den Langkessel erforderlich machte und nur ein kleines Schutzhaus für den Heizer an der Feuerbüchsrückwand verblieb. Diese D′D n4v-Lokomotiven wurden seinerzeit von der American Locomotive Company gebaut und an die Erie Railroad geliefert. In dem Kapitel über die »Camel«-Lokomotiven sind diese Maschinen nochmals im Zusammenhang mit einer Abbildung erwähnt.

Die erfolgreiche Verwendung führender Laufachsen bei Mallet-Lokomotiven war der Anlaß, diesen Maschinentyp auch für größere Geschwindigkeiten zu bauen, wie sie beispielsweise im schweren Personenzugverkehr erforderlich waren. Obwohl die nicht sehr günstigen Laufeigenschaften der Mallets normalerweise eine Geschwindigkeitserhöhung nicht zuließen, glaubte man, diese durch das sich günstig auf die Führung des vorderen Triebgestells auswirkende hohe Maschinengewicht rechtfertigen zu können. Ein Beispiel dieser Überlegungen stellen die 1909 von Baldwin für die Atchison, Topeka & Santa Fe Railway gebauten zwei (2′B)C 1′n4v-Lokomotiven (Abb. 165) dar. Mit 1854,2 mm Durchmesser besaßen diese Lokomotiven die größten Treibräder, die je bei Gelenklokomotiven Anwendung fanden. Ursprünglich ausgerüstet mit einer Jacobs-Shupert Abteil-Feuerbüchse und anderen Besonderheiten, wurden die beiden Maschinen später umgebaut. Leider gibt es keine Unterlagen über ihre Bewährung im Betrieb. Die Tatsache, daß sie nicht nachgebaut wurden und Einzelgänger blieben, läßt darauf schließen, daß ihnen nicht der erhoffte Erfolg beschieden war.

Auch das nächste Beispiel zeigt den Versuch einer schnellfahrenden Mallet-Lokomotive, allerdings für die Verwendung im Schnellgüterverkehr. Diese moderne, in zwei Exemplaren von den Baldwin Locomotive Works im Jahre 1931 gebaute, Lokomotivgattung (Abb. 166) war von der Baltimore & Ohio Railroad in Auftrag gegeben worden. Das Triebwerk mit der Achsfolge (1′C)C 1′ besaß Kuppelräder mit 1778 mm Durchmesser – ein selbst für Schnellfahrgüterzuglokomotiven außergewöhnlich großer Raddurchmesser. Der Kesseldruck dieser als Heißdampfmaschinen mit einfacher Dampfdehnung ausgebildeten Lokomotiven be-

Abb. 165 (2′B)C 1′h4v-Mallet Personenzuglokomotive der Atchison, Topeka & Santa Fe Railway mit den bei Mallets ungewöhnlich großen Kuppelraddurchmessern von 1854,2 mm, Baujahr 1909. (Foto: Werkaufnahme Baldwin Locomotive Works)

Abb. 166 (1′C)C 1′h4-Mallet Schnellgüterzuglokomotive Klasse KK-1 der Baltimore & Ohio Railroad mit 1778 mm hohen Kuppelrädern, 1931 von Baldwin gebaut.
(Foto: Werkaufnahme Baldwin Locomotive Works)

trug rund 17 bar. Besonderer Wert wurde auf eine beträchtliche Verkürzung des Kesselüberhanges gegenüber dem rückwärtigen Triebwerksrahmen gelegt. Die durchschnittliche Fahrgeschwindigkeit auf der Strecke wurde für die beiden Maschinen mit 97 km/h angegeben.

Im Jahre 1933 zwischen Jersey City und Chicago durchgeführte Testfahrten ergaben auf dieser 1580 km langen Strecke Durchschnittsgeschwindigkeiten von 45 km/h mit 3000 t Zughakenlast. Die größte Zughakenleistung von 2574 kW wurde bei einer Geschwindigkeit von etwa 68 km/h erreicht.

Als mit den wachsenden Anforderungen an die Güterzuglokomotiven auch die Dimensionen der Maschinen immense Ausmaße anzunehmen begannen, mußte eine zunehmende Achszahl pro Triebgestell wegen des erforderlichen Reibungsgewichts in Kauf genommen werden. Wie an anderer Stelle bereits erwähnt, richtet sich die Zahl der angetriebenen Achsen nicht allein nach der geforderten Leistung der Maschinen, sondern auch nach der Belastbarkeit des Oberbaus. Das erklärt auch die Tatsache, daß die modernen Mallet-Lokomotiven bei wesentlich höherem Eigengewicht eine geringere Zahl Kuppelachsen aufwiesen, da im Laufe der Jahrzehnte die zulässige Achslast infolge des verstärkten Oberbaus heraufgesetzt werden konnte. Natürlich waren der Zahl der unterzubringenden Kuppelachsen bezüglich der hierdurch bedingten gewaltigen Baulängen Grenzen gesetzt.

Im Jahre 1918 baute die American Locomotive Company für die Virginian Railroad zehn (1′E)E 1′-Heißdampf-Verbund-Mallet-Lokomotiven, die in dieser Größenordnung bereits das Maximum der Zahl angetriebener Räder innerhalb eines Gelenktriebwerks konventioneller Bauart darstellten. Mehr als fünf gekuppelte Achsen pro Triebwerkseinheit sind auch bei späteren Mallet-Lokomotiven nicht ausgeführt worden.

Die Lokomotiven kamen vorwiegend im Schiebedienst zum Einsatz. Auf den Strecken mit nur leichten Steigungen beförderten zwei dieser Mallet-Riesen im Verein mit einer weiteren (1′D)D 1′-Maschine Kohlenzüge von 15 000 t (!) Gesamtgewicht. Im Bereich der 20 ‰ Steilstrecke zwischen Elmore Yard und Clark's Gap wurden noch Zuggewichte von 6700 t mit rund 13 km/h gezogen.

Von den relativ wenigen Langläufen dieser Lokomotiven sei einer besonders hervorgehoben, bei dem eine der (1′E)E 1′-Mallets einen Leerzug mit 201 Wagen und 5100 t Gesamtgewicht bei einer Zuglänge von etwa 2,8 km über eine Entfernung von 190 km in 7½ Stunden transportierte. Ein anderer Rekord wurde ebenfalls von einer dieser Lokomotiven aufgestellt, und zwar beförderte die Maschine einen 17 000 t-Zug auf einer 2 ‰ geneigten Strecke talwärts.

Sieht man einmal von dem Tender ab, so übertraf nahezu alles an dieser Lokomotive an Größe, was man bis dahin im Lokomotivbau gewohnt war. Die Niederdruckzylinder hatten beispielsweise einen Durchmesser von 1219,2 mm, das ist der größte Kolbendurchmesser, der je bei einer Dampflokomotive verwendet worden ist. Die Hochdruckzylinder besaßen 762 mm Kolbendurchmesser. Ebenso gehörte die Gesamtheizfläche mit 792,25 m^2 zu den außergewöhnlichen Abmessungen dieses Lokomotivtyps. An weiteren Daten seien die Überhitzerheizfläche mit 196,95 m^2 und der Kesseldruck mit rund 15 bar genannt. Die Treib- und Kuppelräder waren mit 1422,4 mm Durchmesser ausgeführt. Die Gesamtlänge der Lokomotive betrug 32 512,0 mm bei einem Dienstgewicht von insgesamt 415 034,85 kg für Lok und Tender. Die Maschinen entwickelten eine Zugkraft von 667 684,5 N (0,75 p), die beim Anfahren auf 723 782,5 N gesteigert werden konnte.

Obwohl die ursprüngliche Stammstrecke der (1′E)E 1′-Mallets, die Steilrampe bei Clark's Gap, bereits im Jahre 1926 elektrifiziert wurde, war diesen Maschinen wegen ihrer zufriedenstellenden Betriebsergebnisse ein langes Dasein beschieden. Die ersten acht Loko-

Abb. 167 (1'D)D2'h4-Mallet Schnellgüterzuglokomotive Klasse AC-9, 1939 von Lima für die Southern Pacific Lines gebaut. (Foto: SP)

motiven wurden 1948 aus dem Verkehr gezogen, die restlichen beiden Maschinen folgten im Jahre 1949. Die letzte Lokomotive dieser Gattung soll angeblich jedoch erst 1958 verschrottet worden sein. Mit ihr verschwand die einzige Mallet-Bauart, die als Neubaulok mit 10 gekuppelten Achsen in zwei Triebgestellen konstruiert und ausgeführt worden war. Ähnliche Lokomotiven gleicher Achsanordnung sind ausschließlich durch Umbauten entstanden.

Die letzte und endgültige Phase in der Entwicklung der amerikanischen Mallet-Lokomotiven begann Mitte der 30er Jahre und endete mit der Aufgabe des Dampflokomotivbaus im Jahre 1949. In diesen Jahren führte der Trend systematisch zur Schnellfahr-Güterzuglokomotive mit einfacher Dampfdehnung und erhöhtem Dampfdruck.

Ein typisches Beispiel dieser Entwicklung sind die zwölf (1'D)D 2'-Mallet-Lokomotiven der Klasse AC-9 (Abb. 167), die Lima 1939 für die Southern Pacific baute. Deutlich erkennbar ist auch ein Wandel im Äußeren der Maschinen, der die Bemühungen erkennen läßt, die von der Vielgliederigkeit der Mallet-Lokomotiven ausgehende Unruhe zu mildern.

Die AC-9er gehörten mit 494,7 t Dienstgewicht zu den größten und schwersten Dampflokomotiven der Southern Pacific. Die Zugkraft der Maschinen lag bei 564 kN (0,75 p). Ursprünglich waren die AC-9er als kohlegefeuerte Lokomotiven ausgeführt worden, im Jahre 1953 wurden sie auf reine Ölfeuerung umgestellt. Leider war ihnen nach diesem Umbau keine lange Dienstzeit mehr beschieden. Auch sie wurden schon bald ein Opfer der fortschreitenden Verdieselung der SP-Strecken.

Mit einer weiteren interessanten und vielleicht der bedeutendsten Mallet-Bauart dieser Entwicklungsperiode soll dieses Kapitel abgeschlossen werden.

Die Union Pacific Railroad stellte im Jahre 1941 eine neue (2'D)D 2'-Mallet-Lokomotive der Serie 4000 (Abb. 168) in Dienst, von der bis zum Jahre 1944 insgesamt 25 Einheiten gebaut wurden. Diese als *»Big Boy«* berühmt gewordene Gattung ist bis heute sowohl in den Abmessungen als auch im Gewicht unübertroffen geblieben – sie war die »Größte«. Die Gesamtlänge der Lokomotive mit Tender betrug über die Kupplungen gemessen 40,5 m, das Dienstgewicht lag bei 548 t und am Zughaken entwickelte die Maschine eine Kraft von 614 kN.

Das Grundkonzept zu diesem Lokomotivtyp erarbeiteten die Ingenieure der Forschungs- und Betriebsabteilung der Union Pacific Railroad. Die Aufgabenstellung lag in der Entwicklung einer Dampflokomotive außerordentlich hoher Zugkraft und großer Geschwindigkeit für den schweren Güterzugdienst ohne Vorspann auf der 11,4 ‰-Steilrampe zwischen Ogden, Utah und Green River, Wyoming im Gebiet der Wasatch Mountains.

Die von den UP-Ingenieuren auf Grund von Testfahrten mit vorhandenen schweren (2'C)C 2'-Mallet-Lokomotiven der Serie 3000 gewonnenen Erfahrungen und Ergebnisse sowie die theoretischen Untersuchungen wurden schließlich der American Locomotive Company zur weiteren Bearbeitung übergeben. In Zusammenarbeit mit der Union Pacific Railroad baute Alco zunächst eine Serie von 20 Maschinen – die Nummern 4000 bis 4019 – denen im Jahre 1944 nochmals weitere fünf Lokomotiven mit den Nummern 4020 bis 4024 folgten. Abgesehen von nur wenigen grundsätzlichen Änderungen lag der wesentliche Unterschied

Abb. 168 (2′D)D2′h4-Mallet Lokomotive Serie 4000 der Union Pacific Railroad, unter dem Namen »Big Boy« als schwerste Dampflokomotive der Welt bekannt geworden, erstes Baujahr 1941. (Foto: UP)

zwischen beiden Lieferungen in dem um rund 5 t höheren Gewicht der letzten Ausführung gegenüber den Maschinen der Ursprungsausführung.
Abgesehen von den ungewöhnlichen Dimensionen entsprachen die Maschinen der normalen Mallet-Bauart mit einfacher Dampfdehnung. Es gab demnach auch keine außergewöhnlichen Konstruktionsneuerungen, die besonders erwähnenswert wären. Lediglich die Ausbildung des Tenders fiel gegenüber den bekannten Ausführungen aus dem Rahmen.
Der Tender entsprach im Aufbau einer Art selbsttragender Konstruktion, bei welcher der gesamte Hauptfahrgestellrahmen als Boden des Wasserkastens in den Tenderaufbau einbezogen war. Er besaß eine Länge über die Kupplungen von 13,87 m bei einem Fassungsvermögen von 94,6 m³ Wasser und 25,4 t Kohle. Das Tendergewicht von 197,3 t verteilte sich auf sieben Achsen, von denen die vorderen beiden in einem Drehgestell vereint waren. Alle übrigen im Hauptrahmen verlagerten Achsen hatten Seitenspiel, die 3. bis einschließlich 6. Achse 31,75 mm und die 7. Achse 19,05 mm nach jeder Seite. Der Hauptrahmen selbst war in der bewährten und in den USA seit langem bei Lokrahmen praktizierten Stahlgußausführung gefertigt.
Obwohl die Lokomotiven der Serie 4000 mit 31 t Achslast für den uneingeschränkten Betrieb auf allen Strecken der Union Pacific gedacht waren, konnten sie infolge ihrer großen Länge tatsächlich nur dort eingesetzt werden, wo in den Zielbahnhöfen mindestens 41-m-Drehscheiben vorhanden waren.
Die *»Big Boys«* entwickelten eine Leistung von rund 5148 kW und eine maximale Geschwindigkeit von 129 km/h. Ihr Haupteinsatzgebiet waren einmal der schwere Güterzugdienst zwischen Cheyenne und Sherman mit einer durchschnittlichen Steigung von 12 ‰ bei 15 ‰ maximaler Steigung in zwei Abschnitten auf dieser 50 km langen Strecke, zum anderen die 283 km lange Strecke von Ogden nach Green River. Auf der Bergfahrt nach Sherman entwickelten die Maschinen regulär etwas über 2207 kW bei ungefähr 15 km/h Geschwindigkeit. Die enormen Anstrengungen, denen die Lokomotiven auf den Bergstrecken unterworfen waren, spiegeln sich in den Verbrauchszahlen der auf solchen Fahrten benötigten Vorräten wieder. So wurden auf dem 50 km langen Abschnitt zwischen Cheyenne und Sherman von einer Maschine ca. 25 t Kohlen und etwa 113 m³ Wasser verkonsumiert.
Inzwischen sind auch diese Giganten des Schienenstrangs längst den Weg allen alten Eisens gegangen, abgelöst von modernen Diesellokomotiven, die heute in Traktionsgruppen von mehreren zusammengekuppelten Triebeinheiten den Dienst auf den ursprüng-

Abb. 169 (1′E)E 1′h4-Modified Mallet Lokomotive, 1911 unter Verwendung von zwei älteren 1′E 1′h2-Güterzuglokomotiven der AT & SF von Baldwin gebaut.
(Foto: Werkaufnahme Baldwin Locomotive Works)

lichen Stammstrecken der *»Big Boys«* übernommen haben.
Die Entwicklung und der Bau von Mallet-Lokomotiven hat Mitte der 50er Jahre mit der Ablieferung von zwei (1′D)D 2′-Lokomotiven seitens der Kolomna Lokomotivfabrik an die Russische Staatsbahn endgültig ihren Abschluß gefunden.

MODIFIED MALLETS

Wie die meisten großen Lokomotivbauarten blieb auch die Gruppe der Mallet-Lokomotiven nicht von Splitter- und Sonderkonstruktionen verschont.
Eine der experimentierfreudigsten amerikanischen Eisenbahngesellschaften war, wie wir bereits früher gesehen haben, die Atchison, Topeka & Santa Fe Railway. Wurde zu Anfang des Kapitels über die Mallet-Lokomotiven von den Riesen dieser Lokgattung in den USA gesprochen, so kann die AT & SF von sich behaupten, eine der ersten (1′E)E 1′-Mallet-Lokomotiven im Jahre 1911 in Dienst gestellt zu haben.
Unter den frühen Naßdampf-Verbundmaschinen stellte diese Lokomotive (Abb. 169) eine der größten Mallet-Bauarten dar, sie wurde seinerzeit nur noch von den im Jahre 1918 für die Virginian Railroad von der American Locomotive Company gebauten (1′E)E 1′-Mallet-Lokomotiven übertroffen.
Der Ursprung dieses Lokmonstrums waren zwei 1′E 1′-Vauclain-Verbundmaschinen, die unter Verwendung der beiden Fahrgestelle und Kessel zu einer normalen Verbund-Mallet-Lokomotive mit 10 Kuppelachsen umgebaut worden waren. Auffällig war der aus zwei Einzelkesseln bestehende und etwa in Höhe des Gelenkpunktes zwischen den beiden Triebgestellen zusammengeflanschte Langkessel. Beide Kesselteile besaßen separate Wasserkammern, die im Bereich der Trennstelle durch Rohrböden abgeschlossen waren. Diese Ausführung gestattete zwar den Rauchgasen ungehinderten Übergang von einem zum anderen Kesselteil, da die Flanschausführung keine Unterbrechung der Rauchgasabführung darstellte, die Verbindung zwischen den beiden Wasser- bzw. Dampfräumen mußte jedoch von außen durch besondere Verbindungsrohre hergestellt werden. Neben der Jacobs-Shupert Abteil-Feuerbüchse ist auch bei dieser Lokomotive eine schon bei der früher erwähnten (2′B)C 1′-Maschine beobachtete Eigenheit der AT & SF festzustellen, in beiden Fällen waren die Tender mit normalen dreiachsigen Schnellzugwagen-Drehgestellen der Schwanenhals-Bauart ausgerüstet.
Im Betrieb konnte sich die Maschine nicht recht bewähren. Gerade bei einer Lokomotive dieser Größenordnung mußte man die bittere Erfahrung machen, daß ein derartiger Umbau letztlich nicht die erwarteten Erfolge bringen konnte wie eine Neubaumaschine, da in allen Teilen Rücksicht auf die vorhandenen Bauelemente genommen werden mußte, die aber in ihrer Dimensionierung auf gänzlich andere Forderungen und Betriebsbedingungen abgestimmt waren.
Von 1910 bis 1911 lieferte Baldwin an die AT & SF vierzig Verbund-Mallet-Lokomotiven mit geteilten Langkesseln von 17 m Länge. Beide Hälften eines solchen Gelenkkessels waren fest auf dem jeweiligen Triebgestell montiert und im Knickpunkt durch einen nachgiebigen Faltenring miteinander verbunden.
Natürlich konnte ein derartiger Gelenkkessel nicht in allen wasserberührten Räumen mit dem vollen Betriebsdruck betrieben werden. Vielmehr war die aus vier Schüssen bestehende hintere Kesselhälfte einschließlich Feuerbüchse der mit 14 bar Dampfdruck belastete Hochdruckteil des Dampferzeugers, der den

Abb. 170 (1′C)C 1′h4v-Modified Mallet Lokomotive mit Gelenkkessel, 1910 von Baldwin für die AT & SF gebaut. (Foto: Werkaufnahme Baldwin Locomotive Works)

sogenannten Hochdrucküberhitzer enthielt. Die vordere Kesselhälfte mit nachgeschalteter Niederdrucküberhitzerkammer enthielt ebenfalls ein komplettes Rauch- und Heizrohrsystem, das aber im wesentlichen nur der Speisewasservorwärmung diente.

Die in Abb. 170 gezeigte (1′C)C 1′-Gelenkkessel-Mallet-Lokomotive der AT & SF dient nur als Beispiel einer ganzen Reihe ähnlicher Bauarten, die Baldwin für verschiedene amerikanische Eisenbahnen, wie beispielsweise die Great Northern Railway, die Southern Railroad, die Virginian Railroad und die Duluth, Missabe and Northern Railway, geliefert hat. Die Vielteiligkeit der Kessel sowie die unbefriedigende Wirkungsweise dieser Dampferzeugereinheiten führten trotz der relativ hohen Stückzahl der gebauten Gelenkkessel-Mallets nicht zu einer befriedigenden Dauerlösung.

Ebenfalls im Jahre 1911 stellten die South African Railways eine von der American Locomotive Company gebaute Probelokomotive der Bauart Mallet in Dienst, bei der die beiden Triebgestelle Kuppelräder mit unterschiedlichen Durchmessern besaßen (Abb. 171).

Entsprechend der damaligen Bauweise war diese (1′C)C 1′-Lokomotive als Verbundmaschine ausgeführt. Das vordere Triebgestell enthielt den Niederdruckteil und Räder mit 1295,4 mm Durchmesser, das hintere den Hochdruckteil und 1168,4 mm große Kuppelräder. Das Verbundsystem hatte bereits zu verschiedenen unterschiedlichen Sonderkonstruktionen geführt, so z. B. gleiche Kolbendurchmesser bei doppeltem Hub, oder Hintereinanderschalten beider Zylinder in Tandemausführung. Bei der SAR-Maschine hat man die bekannte Formel für die Bestimmung der Zugkraft $p \times \frac{d^2 xs}{D} \times \frac{z}{2}$ unter Berücksichtigung der getrennten Triebwerke so ausgelegt, daß bei einem noch günstigen Zylinderraum-Verhältnis die Treibräder des Hochdrucktriebwerks im Durchmesser verkleinert werden konnten, wodurch man eine bessere Zugkraftbemessung für diesen wie auch den Niederdruck-Triebwerksteil zu erreichen glaubte, da ja bekanntlich bei den Verbundmaschinen die größte Zugkraft durch den Inhalt der Hochdruckzylinder begrenzt wurde. In diesem Fall bedeutete das demnach, daß bei einem angenommenen konstanten Dampfdruck der Hochdruck-Zylinderraum sich im Verhältnis der möglichen Durchmesserverkleinerung der Treibräder vergrößern ließ. In letzter Konsequenz bedeutete diese Maßnahme ferner, daß die erzielbare Höchstfüllung und damit die größtmögliche Zugkraft erzielt wurde, je kleiner das Verhältnis zwischen den Zylinderräumen der Nieder- und Hochdruckmaschinen wurde. Derart kleine Raumverhältnisse wurden besonders dort erwünscht, wo Lokomotiven eine möglichst große Reibungszugkraft aufbringen sollten, wie z. B. jene Maschinen, die im Schubdienst auf Steigungen eingesetzt wurden, Natürlich ließ sich ein solcher Versuch nur bei einer Lokomotive mit getrennten Triebwerksgruppen ausführen,

Abb. 171 (1′C)C 1′n4v-Modified Mallet Lokomotive mit unterschiedlich großen Kuppelraddurchmessern beider Triebgestelle, 1911 von Alco als Klasse MG an die South African Railways geliefert. (Foto: SAR)

Abb. 172 2′C(C 1′)h4-Modified Mallet Personenzuglokomotive Klasse MM-2 der Southern Pacific Lines mit vornliegendem Führerstand, hier bereits im umgebauten Zustand, ursprünglich als 1′C(C 1′)h4v-Maschine von Baldwin im Jahre 1911 geliefert. (Foto: SP)

da mit den unterschiedlichen Raddurchmessern auch unterschiedliche Kolbengeschwindigkeiten erforderlich waren.

Die von der SAR als Klasse MG in Betrieb genommene Lokomotive blieb ein Einzelexemplar, das – soweit bekannt – auch bei anderen Bahngesellschaften keine Nachahmung fand.

Die Mallet-Lokomotive war, wie früher bereits erwähnt, ein schlechter Rückwärtsläufer, bedingt durch den in diesem Fall vorlaufenden starren Hauptrahmen. Umso erstaunlicher erscheint die Tatsache, daß beispielsweise die Southern Pacific Railroad über 35 Jahre lang Mallet-Lokomotiven beschaffte, die bewußt für die Hauptfahrtrichtung mit dem Hauptrahmen voran ausgebildet waren. Auffallendes Merkmal dieser Mallets war das an der Stirnseite der Maschinen angeordnete Führerhaus. Wegen der großen Zahl von Tunnel und Lawinenschutzbauten auf den Strecken über die Sierra Nevada war hier besonderer Wert auf eine gute Streckensicht gelegt worden.

Diese Maschinen, deren ersten als 1′D(D 1′)-Lokomotiven bereits 1909 gebaut worden sind, überdauerten nahezu die gesamte Entwicklung der Mallet-Lokomotiven in den USA.

Zu den Veteranen dieser Bauart gehört unter anderem die in Abb. 172 gezeigte Lokomotive. Um die Jahrhundertwende mußten die schweren Personenzüge über die langen Steigungen der Sierra in Doppelbespannung gefahren werden. Die Southern Pacific Railroad entschloß sich daher zum Kauf einer entsprechenden Mallet-Bauart, die geeignet war, ohne Vorspann diese Züge zu befördern. Im Jahre 1911 lieferte Baldwin 12 Maschinen mit der Achsfolge 1′C(C 1′) in Verbundausführung und mit Ölfeuerung. Übrigens wurden alle bis 1944 gebauten Mallets mit vornliegenden Feuerbüchsen und Führerhäusern wegen der besseren Brennstoffzufuhr mit Ölfeuerung ausgerüstet.

Die Lokomotiven, die ursprünglich als Klasse MM-2 im SP-Bestand eingereiht worden waren, wurden später auf einfache Dampfdehnung umgebaut. Ferner wurden zum Zweck eines besseren Laufverhaltens die vordere Bissel-Laufachse durch ein zweiachsiges Drehgestell ersetzt. Während des Zweiten Weltkrieges wurden die mit neuen Kesseln ausgerüsteten Maschinen

Abb. 173 (1′C)C n8v-Modified Mallet Tenderlokomotive Klasse E der New Zealand Railways mit Vauclain-Verbundtriebwerken, 1905 in den bahneigenen Werkstätten gebaut. (Foto: New Zealand Railways Publicity Photograph)

als Klasse AM-2 vornehmlich im Güterzugdienst eingesetzt.

Die modernste und gleichzeitig letzte Serie dieser Mallet-Sonderbauart waren die im Jahre 1944 von Baldwin gebauten 298 t schweren 2′D(D 1′)-Lokomotiven der Klasse AC-12. Besondere Verwendung fanden die »Cab-ahead«-Mallets vor schweren Kühlzügen. Drei dieser modernen Maschinen der Bauart 2′D(D 1′) zogen bis zu 100 Kühlwagen mit einem Zuggewicht von rund 4300 t über die 26-‰-Steigung der Sierra-Linien.

Eine weitere Kuriosität unter den Mallet-Lokomotiven war eine Achtzylinder-Verbund-Tenderlokomotive der New Zealand Government Railways, die im Jahre 1905 in den ehemaligen Petone-Werkstätten der NZGR entstanden ist. Die Maschine (Abb. 173) war für den schweren Adhäsionsbetrieb auf Steilrampen projektiert worden und sollte unter anderem die auf der Rimutaka-Linie eingesetzten B 1-Tenderlokomotiven der Bauart Fell ersetzen. Diese im Südzipfel der Nordinsel Neuseelands gelegene Steilstrecke führte auf dem Abschnitt Wellington–Wairarapa über eine Rampe mit einer Steigung von 66,6 ‰.

Die Konstruktion und der Bau dieser Lokomotive war auf erfolgreich verlaufene Versuche zurückzuführen, die mit zwei 2′C 2′-Tenderlokomotiven normaler Bauart auf der genannten Strecke durchgeführt worden waren. Der damalige neuseeländische Minister of Railways, Sir Joseph Ward, entschied daraufhin, daß keine weiteren Lokomotiven der Bauart Fell mehr eingeführt würden, sondern stattdessen Verbund-Tenderlokomotiven in Gelenkbauweise für diesen Zweck zu beschaffen sind.

Der Prototyp der neuen Gelenkbauart war eine (1′C)C-Mallet-Tenderlokomotive, deren Merkmal die an den beiden äußeren Enden der Triebgestelle angeordneten Verbund-Zylinder des Systems Vauclain waren. Als Kessel war ein solcher der Bauart Vanderbilt gewählt worden. Die Lokomotive erhielt die Bezeichnung Klasse »E« und die Bahnnummer 66.

Abgesehen von der etwas höheren Zugkraft gegenüber den Fell-Lokomotiven begann ihre Karriere mit mehreren Mißgeschicken. Die Kurbelzapfen der Treibräder brachen unter den Belastungen der Zylinderschubkräfte, der Kessel machte nur ungenügend Dampf und die rückwärtigen Zylinder entwickelten zusammen mit der Strahlungswärme der Feuerbüchse soviel Hitze, daß besonders bei Tunnelfahrten der Aufenthalt im Führerhaus nahezu unerträglich war.

Nach einem Jahr Einsatz auf der Rimutaka-Rampe wurde die Maschine in den untergeordneten Güterzugdienst und später nur noch für bedarfsweise Rangierfahrten abgestellt. Im Jahre 1917 wurde sie schließlich kassiert und verschrottet.

Als letzte Vertreterin der Modified Mallets sei hier noch eine Ausführung der Canadian Pacific Railway genannt, die im übrigen die einzige Gelenklokomotive der Bauart Mallet in Kanada war.

In den Jahren 1909 bis 1911 baute die Canadian Pacific Railway in den bahneigenen Angus Shops insgesamt sechs Maschinen, die wegen unterschiedlicher Zylinderdurchmesser und Ausführungsformen der Dampfmaschinengruppen in drei verschiedene Klassen unterteilt waren.

Die 1909 gebaute erste Probelokomotive war eine Verbundmaschine mit 590,55 mm Kolbendurchmesser auf der Hochdruckseite. Sie erhielt die Bezeichnung R-1-a und die Bahnnummer 1950 (Abb. 174). Die vier nächsten Maschinen waren ebenfalls in Verbundbauart, aber mit 584,20 mm Kolbendurchmesser der Hochdruckzylinder ausgeführt. Sie wurden 1911 unter den Bahnnummern 1951–54 als Klasse R-1-b in Dienst gestellt. Die letzte Lokomotive verließ ebenfalls 1911 die Angus Shops, war aber im Gegensatz zu ihren Schwestermaschinen eine Heißdampfausführung mit 508,00 mm Kolbendurchmesser.

Außergewöhnlich waren bei allen sechs Lokomotiven zwei Merkmale. Obgleich nach den herkömmlichen Grundsätzen der Mallet-Bauart konstruiert, besaßen

Abb. 174 C′C h4v-Modified Mallet Lokomotive mit in Maschinenmitte angeordneten Zylindern, 1909 von der Canadian Pacific Railway in den bahneigenen Werkstätten gebaut. (Foto: CP)

die Maschinen in Fahrzeugmitte angeordnete Zylinder, wie sie normalerweise nur bei den Lokomotiven der Bauart Meyer üblich waren. Diese Anordnung hatte den großen Vorteil, daß man sehr kurze Rohrverbindungen zwischen den Hoch- und Niederdruckzylindern erhielt.
Die zweite Besonderheit war der geteilte Langkessel, etwa in der Aufteilung wie bei den beschriebenen Mallet-Lokomotiven der AT & SF. Der Verdampferteil reichte von der Feuerbüchse bis ungefähr in den Bereich der beiden Zylindergruppen. Die vordere Hälfte beinhaltete die Rauchkammer und den dahinterliegenden Speisewasservorwärmer, der wieder in der Art eines normalen Röhrenkessels ausgebildet war. Die Verbindung zwischen Vorwärmer und Verdampferteil stellte eine etwa 1,60 m lange Überhitzerkammer her. Der Überhitzer war mit 69 in Doppelringen vertikal angeordneten Elementen ausgerüstet, die quer zur Einbaulage von den Rauchgasen bestrichen wurden.
Die Lokomotiven wurden hauptsächlich im Vorspann- und Schubdienst auf der von Calgary nach Vancouver über die Rocky Mountains führende Hauptstrecke eingesetzt. Diese Gebirgslinie besaß Steigungen von 22 ‰ sowie zwei Spiraltunnel von 887 m und 980 m Länge bei 175 m Halbmesser. Bereits in den ersten Betriebsmonaten zeigte sich schon ein wesentlich höherer Kostenaufwand für die Unterhaltung dieser Maschinen gegenüber konventionellen Lokomotiven gleicher Leistung. Im Jahre 1917 wurden alle sechs Mallets in normale 1'E-Güterzuglokomotiven umgebaut.
Ein bezüglich der Zylinderanordnung sehr ähnliches Fahrzeug war die von der Schweizerischen Lokomotivfabrik Winterthur gebaute und 1913 von der Bernina-Bahn in Betrieb genommene selbstfahrende Schneeschleuder. Auch bei ihr waren die Zylinder der beiden Fahrwerke in der Art der Meyer-Bauart zur Fahrzeugmitte hin verlegt worden. Der Grund lag hier aber in der Schaffung eines genügend großen Raumes für das Schleuderrad. Es soll auf die Nennung weitere Einzelheiten an dieser Stelle verzichtet werden, da eine ausführliche Beschreibung des Fahrzeuges im Kapitel über die dampfgetriebenen Schneeräumfahrzeuge enthalten ist.

GELENKIGE GETRIEBELOKOMOTIVEN

Ein ebenso wichtiges wie interessantes Anwendungsgebiet der Gelenkbauweise, vornehmlich als Drehgestellausführung wie z. B. die Shay-, Climax- und Heisler-Lokomotiven fanden in großen Stückzahlen in den waldreichen Gebieten Nordamerikas Verwendung. Auch die oft recht schwierigen und abnormalen Betriebsverhältnisse in der Industrie haben zu außergewöhnlichen Konstruktionsarten der Gelenklokomotive geführt.
Eine relativ kleine Gruppe stellen schließlich noch die Versuchsbauarten und Sonderlinge der Gelenkbauweise dar, die aber infolge ihrer geringen Stückzahl und wegen ihrer Außenseiterstellung keine allzu große Bedeutung erlangten.
Es ist oft recht schwierig, Lokomotivtypen nach ihren Bauarten und konstruktiven Eigenheiten in scharf umrissene Ausführungsformen einzugliedern. So wie im vorliegenden Fall beinhalten viele Maschinen mehrere Konstruktionsprinzipien in einer gemeinsamen Bauart. Es ist nun eigentlich jedem selbst überlassen, eine derartige Lokomotive bezüglich der einen oder anderen baulichen Sonderheit dieser oder jener Bauart zuzuordnen. Um nun zu einer vernünftigen und befriedigenden Einigung hinsichtlich der Zugehörigkeit solcher Maschinen zu gelangen, wurde hier die Klassifizierung der Fahrzeuge nach der Priorität der maßgebenden konstruktiven Sonderheit der jeweiligen Lokomotivbauart getroffen.
Aus den genannten Gründen ist daher z. B. eine Einordnung der Getriebelokomotiven mit Drehgestellen in die Gruppe der Gelenklokomotiven nicht ohne weiteres möglich, wollte man nicht im Hinblick auf die Gesamtgliederung der beschriebenen Fahrzeuge sich zwangsläufig wiederholen.
Alle Lokomotiven, die ebenso in die Kategorie der Gelenklokomotiven wie in eine andere eingeordnet werden müßten, sind sofern nicht innerhalb der Gruppe der Gelenkbauarten beschrieben, in einem anderen, ihrem Hauptmerkmal entsprechenden Kapitel erwähnt. Diese Regelung ist im übrigen bei vielen anderen beschriebenen Lokomotivbauarten ebenfalls angewendet worden und dürfte dem Leser bezüglich der Zuordnung und Auffindung einer bestimmten Gattung keine großen Schwierigkeiten bereiten.

Teilgelenkige Lokomotiven

Die teilgelenkigen Lokomotiven gehören einer Bauform an, der eine ganze Reihe interessanter Lokomotivkonstruktionen zugeordnet werden müssen, die hauptsächlich vor und um die Jahrhundertwende entstanden.
Die Besonderheit aller dieser Bauarten lag in der Unterteilung des Fahrwerks in verschiedene Triebwerksgruppen unter Berücksichtigung des gemeinsamen Antriebes durch nur eine Dampfmaschineneinheit.
Es wurde bereits gesagt, daß dem Lokomotivbau vor Einführung der seitenverschiebbaren Kuppelachse Beschränkungen hinsichtlich der ausnutzbaren Kuppelachszahl in einem starren Rahmen auferlegt waren. Da aber eine Trennung des Triebwerks in Bezug auf die dampfführenden Teile wegen der Problematik der beweglichen Leitungen und Dichtungen zur damaligen Zeit kaum durchführbar erschien, beschränkte man sich lediglich auf eine Teilung des mechanischen Teils des Fahrgestells.
Die Art der Drehmomentenübertragung vom Hauptrahmen zum beweglichen Teil des Fahrgestells erfolgte je nach Bauart über Ketten, Zahnradvorgelege und Treibstangenparallelogramme.
Die nachfolgend beschriebenen Bauarten teilgelenkiger Lokomotiven stellen nur eine Auswahl der bedeutendsten und bekanntesten Konstruktionen dar. Einige ebenfalls zu dieser Lokomotivgruppe gehörende, in dem vorliegenden Kapitel jedoch nicht erwähnte Systeme, wie z. B. jene von Klose, Klien-Lindner und Luttermöller, sind in der Gruppe der mehrachsigen Steifrahmenlokomotiven zu finden.

DIE »BAVARIA«

Bereits zu Beginn des Kapitels über die Gelenklokomotiven wurden die vier Lokomotiven des Semmering-Wettbewerbs aus dem Jahre 1851 erwähnt, unter ihnen die von Maffei in München gebaute »Bavaria«.
Die Bavaria war die typische Vertreterin der teilgelenkigen Lokomotive mit Kettentrieb. Entgegen der in Abb. 175 gezeigten zeitgenössischen Darstellung der Bavaria war die dritte Achse als Treibachse ausgebildet. Die beiden vorderen im Radstand sehr kurz gehaltenen Achsen waren ebenfalls durch Kuppelstangen miteinander verbunden, wurden aber von der Treibachse über eine innenliegende auf die zweite Achse wirkende Kette angetrieben.
Der Tender war als Teil des gesamten Antriebsmechanismus mit drei gekuppelten Achsen ausgerüstet, deren erste wieder über eine Kette mit der vierten Achse der Lokomotive verbunden war. Es ergab sich so die Achsfolge BB C′. Da eine getrennte Einstellbarkeit der Achsen gegenüber den auf ihnen verlagerten Kettenrädern nicht vorhanden war, mußte ein erhöhter Verschleiß dieser Teile in Kauf genommen werden, da trotz nur geringer Ausweichung der Kettenräder bei Bogenfahrten der Lokomotive ein korrektes Einlaufen der Kette auf die Zähne der Kettenräder nicht gewährleistet werden konnte.
Erwähnenswert ist ferner noch der außergewöhnlich große Zylinderhub von 760 mm, der bei den kleinen Kuppelraddurchmessern von nur rund 1070 mm zu einer heute nicht mehr zulässigen tiefen Triebwerkslage führte.

Abb. 175 Zeitgenössische Darstellung der Semmering-Lokomotive »BAVARIA« aus dem Jahre 1851 mit Kettentrieb zwischen Treib-, Kuppel- und Tenderachsen. Entgegen der Abbildung wirkte bei der Originalmaschine die Treibstange auf die dritte Achse. (Foto: Sammlung Ostendorf)

Abb. 176 C2′n2-Tenderlokomotive Bauart Engerth der PLM, 1859 von der Compagnie Du Dauphiné gebaut. (Foto: Sammlung Ostendorf)

Die Bavaria wurde anläßlich des genannten Wettbewerbs mit dem ersten Preis und einer Prämie von 20000 Dukaten ausgezeichnet. Maßgebend für die Beurteilung der Maschinen waren seinerzeit nur die während der Veranstaltung erzielten Ergebnisse, nicht aber ihre Eignung und Bewährung im harten Dauereinsatz des praktischen Betriebes. Wahrscheinlich hätte sich dann eine völlig andere Reihenfolge der Wettbewerbsmaschinen in Bezug auf ihre tatsächliche Verwendungsfähigkeit auf einer Gebirgsbahn wie der Semmeringstrecke ergeben.
Wie weiter vor schon kurz erläutert, machte gerade das Kettengetriebe die angeblich beste Vertreterin aller Semmeringmaschinen zur störanfälligsten und damit zur unbrauchbarsten Konstruktion. Die laufenden Reparaturen an den Ketten und Kettenrädern brachten auch bei den nach Abschluß des Wettbewerbs noch durchgeführten Testfahrten keine zufriedenstellendere Ergebnisse. Die Bavaria wurde schließlich im April 1852 endgültig aus dem Verkehr gezogen.

DIE BAUARTEN ENGERTH UND MODIFIED ENGERTH

Es ist nichts Neues, daß das Pech des einen durchaus der Nutzen eines anderen werden kann. Die mit den vier Lokomotiven des Semmering-Wettbewerbs aufgezeigten Möglichkeiten neuer Antriebssysteme veranlaßten den österreichischen Professor Wilhelm Engerth, eigene Studien durchzuführen und einen Entwurf einer Art teilgelenkigen Stütztenderlokomotive auszuarbeiten.
Diese später als sogenannte Engerth-Lokomotive bekannt gewordene Bauart ist in ihrer Grundkonzeption eine Fortentwicklung der »Bavaria«. Die erste Lokomotive dieser Art, eine CB′-Tendermaschine der damaligen Südbahn, besaß drei mit sehr engem Achsstand im Hauptrahmen verlagerte Kuppelachsen, deren dritte gleichzeitig als Treibachse ausgebildet war.
Der sehr lange Kessel wurde anteilmäßig von einem nachlaufenden zweiachsigen Drehgestell, auf dem gleichzeitig die Vorräte untergebracht waren, mit getragen, wobei die Feuerbüchse zwischen die beiden Achsen des Drehgestells ragte. Da das Drehgestell wie bei der Bavaria zum Antrieb ebenfalls herangezogen wurde, waren die Räder der Tenderachsen durch Kuppelstangen verbunden.
Das Interessanteste an der ganzen Konstruktion war jedoch die Art der Antriebsübertragung vom Haupttriebgestell zum Tenderdrehgestell. Engerth legte den Drehpunkt des Tenderdrehgestells soweit nach vorn in die Nähe der dritten Achse, daß der Ausschlag der ersten Tenderachse bei Bogenfahrten infolge des sehr kurzen Abstandes zwischen den Rädern so minimal war, daß ein Zahnradvorgelege als kraftschlüssige Verbindung zwischen dritter und vierter Achse eingesetzt werden konnte. Die moderne Version dieses Prinzips ist der spätere Luttermöller-Antrieb geworden, der dann auch zum gewünschten Erfolg führte. Nun, Engerth erkannte damals noch nicht die Schwierigkeiten, die ein solcher Zahnradantrieb mit sich brachte. Er beschränkte sich aber zunächst einmal auf die Ausführung seiner Idee bei nur einer Lokomotive, um die Betriebssicherheit dieses Systems zu erproben.
Bis etwa 1863 wurden rund 100 verschiedene Engerth-Lokomotiven gebaut, wovon den überwiegenden Teil ausländische Lokomotivfabriken lieferten.
Die Grundidee Engerths, das vordere und hintere

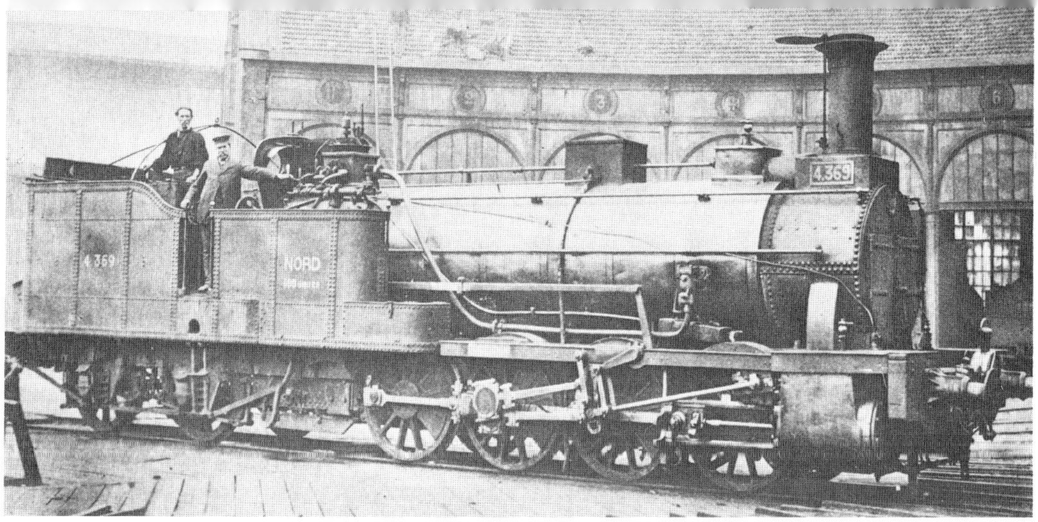

Abb. 177 D2′n2-Tenderlokomotive Bauart Modified Engerth der französischen Nordbahn, 1857 von Schneider-Creusot gebaut.
(Foto: Sammlung Ostendorf)

Triebgestell durch ein Zahnradvorgelege zu verbinden, erwies sich jedoch auf die Dauer als nicht geeignet für die Bedürfnisse des rauhen Bahnbetriebes. Es zeigte sich andererseits aber auch, daß die verbliebene Adhäsionskraft der im Hauptrahmen befindlichen Kuppelachsen den damaligen Anforderungen an Leistung und Reibungsgewicht noch völlig genügten. Die Lokomotiven erhielten daher die Achsfolgen C 2′ und C 3′ (Abb. 176). Andere Maschinen, die speziell für den Reisezugdienst vorgesehen waren, führten die Achsfolge B 2′ und B 3′.
Obwohl von der Ursprungsidee Engerths praktisch nicht mehr viel übrig geblieben war, gestattete diese Bauart eine freizügige Ausbildung der Feuerbüchse mit einer sehr großen Rostfläche. Ferner machte ihre gute Kurvenläufigkeit sie zu einer beliebten Maschine auf schwierigen Streckenführungen, was vor allem ihre Verbreitung in den Alpenländern förderte.
Die Erkenntnis, daß eine Beteiligung der Tenderachsen am Gesamtantrieb nicht realisierbar war, führte zu der Überlegung, in umgekehrter Weise das Tendergewicht anteilmäßig in das nutzbare Reibungsgewicht der Lokomotive einzubeziehen. Natürlich haben solche Konstruktionen ebenso wenig mehr etwas mit dem eigentlichen Problem eines gelenkigen Triebwerks zu tun, wie die oben genannten Engerth-Lokomotiven, die aus der Ursprungsbauart entstanden waren. Da sie aber nun einmal eine Weiterentwicklung des Engerth-Prinzips darstellen, sollen sie hier kurz erwähnt werden.
Bemerkenswert sind unter den letztgenannten Ausführungen die Modified Engerths von Creusot. Bei ihnen waren die Wasserkästen und damit der überhängende Teil des Tenders sehr weit nach vorn bis in den Bereich der letzten Kuppelachse gezogen. Die Abbildungen 177 und 178 zeigen zwei derartige Lokomotiven der französischen und belgischen Nordbahn. Obwohl diese Maschinen den Mangel späterer Engerth-Lokomotiven bezüglich eines etwas zu geringen Reibungsgewichtes ausglichen, muß ihr Erfolg nicht gerade überwältigend gewesen sein. Man sprach davon, daß bei diesen Lokomotiven die Heilung schlimmer als die Krankheit gewesen sei. Besonders unangenehm machte sich die zu hohe Belastung der letzten Kuppelachse bemerkbar, die in Verbindung mit der den Creusot-Engerths nachgesagten Steifigkeit im Bogenlauf häufig zu Entgleisungen führte.
Eine wesentlich günstigere Bauart war dagegen die Stütztenderlokomotive von Behne und Kool, bei der sich das hintere Ende des Maschinenrahmens in Höhe des Führerhauses auf die erste Tenderachse abstützte (Abb. 179).
Eine letzte Spielart der Modified Engerth ist im Grunde genommen bereits eine normale Tenderlokomotive. Es ist zwar nicht ganz einzusehen, warum dieser Typ, bei dem der bisher beweglich mit dem Hauptrahmen

Abb. 178 C3′n2-Tenderlokomotive Bauart Modified Engerth der NORD BELGE, 1856 von Cockerill an die Bahngesellschaft geliefert.
(Foto: SNCB)

Abb. 179 B3′n2-Stütztenderlokomotive Bauart Behne-Kool, 1872 von der Hanomag für die Halberstadt-Blankenburger Eisenbahn geliefert. (Foto: Repro Werkaufnahme Hanomag)

verbundene Tender fest auf dem verlängerten Fahrgestellrahmen aufgesetzt war, in der Literatur wiederholt zu den Modified Engerths gezählt wurde. Wahrscheinlich lag der Grund darin, daß ähnlich wie bei den ursprünglichen Engerth-Maschinen sämtliche Vorräte im eigentlichen Tenderteil mitgeführt und zur Erhöhung des Reibungsgewichtes herangezogen wurden. Zur Abstützung dieser Maschinengruppe diente meistens ein normales Drehgestell mit Seitenspiel in der Drehzapfenaufhängung. Eine solche Modified Engerth beschaffte beispielsweise die dänische Jütland-Fünen Eisenbahn in den Jahren 1882/83 in einer Stückzahl von 12 Maschinen von Hohenzollern und Esslingen. Es waren leichte B2′-Tenderlokomotiven, von denen die in Abb. 180 gezeigte Maschine Nr. 125 erhalten blieb und für eine spätere Aufstellung im Eisenbahnmuseum restauriert wurde.

Abb. 180 B2′n2-Tenderlokomotive Bauart Modified Engerth der Jütland-Fünen Eisenbahn, Baujahr 1882. (Foto: Jernbanemuseet, København)

DIE BAUART FINK

In Anlehnung an das übliche Übertragungssystem der Kolbenschubkräfte bei Dampflokomotiven zeigt die überwiegende Zahl aller Entwürfe teilgelenkiger Triebwerke Lösungen mit Hebelmechanismen mehr oder weniger komplizierter Kinematik.

Eine der ganz frühen Ausführungen war das System Fink. Bei dieser Konstruktion besaß die Lokomotive einen meist dreiachsigen, mit dem Kessel starr verbundenen, Haupttriebwerksrahmen und einen nachlaufenden, mit dem vorderen kurzgekuppelten, zweiachsigen Gelenkrahmen. Der weit überhängende Stehkessel ragte mit dem Rost zwischen die beiden Achsen des Gelenkrahmens und stützte sich über eine auf Rollen verlagerte Brücke auf der rückwärtigen Triebwerksgruppe ab. Der Gelenkrahmen dieses rückwärtigen Antriebssatzes trug neben der Führerstandsplattform auch die Brennstoffvorräte, so daß er eine Art Pseudo-Tender darstellte.

Die Übertragung der Bewegungskräfte von den Rädern des vorderen starren Fahrwerks auf die des Gelenkgestells ermöglichte eine Kurbelwelle, die in zwei Ebenen beweglich vor der Feuerkiste oberhalb der ersten Achse des Gelenkgestells angeordnet war. Ihre Lage wurde fixiert von je einer auf beiden Triebwerksseiten in den Drehpunkten der dritten Kuppelachse und der Gelenkwelle verlagerten Stützstrebe und einer zwischen den Kurbelzapfen der Kurbelwelle und der ersten Achse des Gelenkgestells eingebauten Kuppelstange.

Das Grundprinzip der Einstellbarkeit aller im Drehpunkt der beiden Fahrwerke tätigen Triebwerksteile beruhte darauf, daß die Kurbelwelle stets ihre parallele Lage zu den Achsen des vorderen Haupttriebwerks beibehielt, aber ihre Höhenlage je nach Stärke der Gleiskrümmung veränderte. Ferner veranlaßte die

Schrägstellung der direkt unter der Kurbelwelle liegenden ersten Achse ein Ausweichen der senkrechten Kuppelstangen zu gleichen Teilen nach beiden Richtungen. Bei Fahrt in der Geraden und senkrecht stehenden Kuppelstangen hatte die Kurbelwelle ihre höchste Lage. Je kleiner der zu durchfahrende Gleisbogen war, umso größer wurde die Abweichung dieser Kuppelstangen aus ihrer Normallage und eine umso niedrigere Stellung nahm die Kurbelwelle ein. Die weitere Antriebsübertragung von der vierten auf die fünfte Achse erfolgte auf herkömmliche Weise wieder über waagerechte Kuppelstangen zwischen den Rädern dieser beiden Achsen.

Ein der Bauart Fink sehr ähnliches System war das von Kirchweger. Auch bei dieser Lösung wurde eine Kurbelwelle verwendet, die in besonderen Lagern geführt, sich in vertikaler Richtung bewegen konnte. Die Verwendung schräg angeordneter Kuppelstangen zwischen Kurbelwelle und zweiter Achse des Gelenkgestells führten infolge unterschiedlicher Abwinkelung der Kuppelstangen zu einander zu einer Schrägstellung der Kurbelwelle senkrecht zu den Achsen beider Fahrwerkseinheiten. Die Problematik eines derartigen Triebwerks ließ einen störungsfreien Betrieb solcher Lokomotiven recht zweifelhaft erscheinen, man gab daher der Bauart Fink den Vorzug.

So genial die Idee des Fink'schen Prinzips zu sein schien, enthielt sie doch einen nicht ganz unwesentlichen Fehler. Der Ablauf der gesamten Kinematik war nur auf eine Ebene bezogen und nicht, wie es geometrisch richtig gewesen wäre, unter Berücksichtigung des Auswanderns einzelner Gelenkpunkte als Folge der Schrägstellung des nachlaufenden Triebwerkteils. Diese Unterlassung führte bei den später ausgeführten Lokomotiven zu Zerrungen in einzelnen Übertragungselementen.

Abb. 181 CB'n2-Lokomotive Bauart Fink der Österreichischen Staats-Eisenbahngesellschaft aus dem Jahre 1864. (Foto: Sammlung Griebl/Zell)

Die Österreichische Staats-Eisenbahngesellschaft (StEG) beschaffte insgesamt drei Lokomotiven der Bauart Fink, von denen als erste im Jahre 1862 die *»Steierdorf«*, Bahn-Nr. 500 in Dienst gestellt wurde. Bis 1864 folgten dann noch die beiden Maschinen gleichen Typs, die *»Krahsova«*, Bahn-Nr. 501 und die *»Gerliste«*, Bahn-Nr. 502 (Abb. 181). Die beiden letzten Maschinen unterschieden sich von der *»Steierdorf«* lediglich durch die seitlich außerhalb des Rahmens verlegten Stützstreben der Kurbelwelle. Eine Besonderheit aller drei Lokomotiven war der separate Wasserwagen mit Zugführerabteil. Es bestand nämlich die Befürchtung, daß das Gelenktriebgestell zu hoch belastet worden wäre, hätte man die Wasservorräte auch noch auf der Maschine untergebracht.

Im Einsatz zeigte sich das Triebwerk doch als sehr störanfällig und den Forderungen des rauhen Bahnbetriebes nicht gewachsen. Der Erfolg blieb deshalb auch dieser recht vielversprechenden Konstruktion versagt.

DIE BAUART WEIDKNECHT

Viele Wege führen nach Rom. Dieses Sprichwort dürfte gerade für das Kapitel der stangengetriebenen teilgelenkigen Lokomotiven zutreffen. Es ist erstaunlich, welche Vielfalt von Lösungsmöglichkeiten dieses Gebiet dem Einfaltsreichtum der Konstrukteure seinerzeit bot. Es wäre müßig, alle je zu Papier gebrachten Vorschläge hier zu erörtern. Die Beschreibungen sollen sich daher nur auf die tatsächlich ausgeführten und interessantesten Systeme beschränken, zumal viele Erfindungen zu dem vorliegenden Thema sich oft nur in Ausführungsformen, nicht aber im Prinzip, von anderen Bauarten unterschieden.

Eine nicht nur sehr ausgefallene, sondern auch recht komplizierte Methode der Kraftübertragung war die von Weidknecht. Da es nahezu kaum Aufzeichnungen über diese Antriebsart gibt, kann anhand der nur spärlich vorhandenen Literaturangaben lediglich angenommen werden, daß die beiden etwa in Maschinenmitte oberhalb der Räder liegenden Zylinder nicht direkt auf eine der Kuppelachsen wirkten, sondern zunächst eine über dem Maschinenrahmen angeordnete Kurbelwelle antrieben, die ihrerseits die Antriebsenergie auf zwei weitere im Triebwerksrahmen beweglich verlagerte Kurbelwellen über mittig an diese Wellen angreifende Kuppeleisen übertrugen. Die weitere Kraftübertragung auf die einzelnen Antriebsachsen erfolgte durch die das äußere Triebwerk bildenden Treib- und Kuppelstangen. Eine zufriedenstellende Übertragung der Kräfte auf die infolge ihrer Einstellbarkeit bei Kurvenfahrten schräg in der Horizontalen liegende Kurbelwelle des Lenkgestells war durch die bereits erwähnten, in Maschinenmitte angeordneten, Kuppeleisen gewährleistet. Hier war die erforderliche Abstandskorrektur zwischen den Achsen am kleinsten.

Angeblich sollen einige Lokomotiven des Systems Weidknecht auf Industriebahnen mit 600 mm Spurweite in Frankreich eingesetzt worden sein. In einem anderen Fall wurde diese Bauart als B'B-Tenderlokomotive etwa um 1895 nach Griechenland an die Chemins de fer de Thessalie geliefert (Abb. 182). Die wenigen bekannt gewordenen Einzelheiten über diese Konstruktion haben nicht nur dazu beigetragen, daß diese Bauart fast unbekannt geblieben ist, sie geben auch Anlaß zu der Annahme, daß bis auf wenige Exemplare die Weidknecht-Konstruktion kaum Anwendung fand, zumal es bereits zu diesem Zeitpunkt vielleicht nicht gerade weniger aufwendige, dafür aber betriebssichere und erprobte Triebwerks-Gelenkbauarten gab.

DIE BAUARTEN HAGANS UND KÖCHY

Die Hagans-Gelenklokomotive stellte eine Zwischenlösung zwischen einer Art allachsgetriebener Gliederbauart und der reinen Gelenkbauart dar. Der Unterschied lag darin, daß bei der Gelenklokomotive jede Fahrwerksgruppe ihre eigenen Dampfmaschineneinheiten besaß, im Gegensatz zur genannten Gliederbauart, bei der die im Hauptrahmen verlagerten Achsen ebenso wie die im Lenkgestell von einer gemeinsamen Dampfmaschine angetrieben wurden.

Abb. 182 B'B n2-Schmalspurtenderlokomotive (1000 mm Spurweite) Bauart Weidknecht der Chemins de fer de Thessalie, Baujahr etwa 1895. (Foto: Repro Sammlung Overbosch)

Grundidee dieser neuen Gelenklokomotive war die Auflösung des Triebwerks in zwei Gruppen, wobei die vordere Triebwerksgruppe mit den Zylindern im Hauptrahmen untergebracht war, während die restlichen Kuppelachsen in einem nachlaufenden Triebdrehgestell zusammengefaßt waren. Der Antrieb der Achsen sowohl im Hauptrahmen als auch im Drehgestell erfolgte in herkömmlicherweise über Treib- und Kuppelstangen. Die Kraftübertragung und damit auch die Hubbewegungen des Kolbens wurden durch senkrecht aufgehängte Schwinghebel in Verbindung mit je einer kräftigen Schubstange auf jeder Triebwerksseite ermöglicht. Der vordere Schwinghebel war einmal am festen Hauptrahmen, zum anderen zwischen Treibstangen und Kreuzkopf so verlagert, daß die zwischen beiden Drehpunkten verlagerte Schubstange die entsprechenden Bewegungen auf den hinteren Schwinghebel weiterleiten konnte. Dieser hintere Schwinghebel war mit einem weiteren senkrechten im Rahmen der Lokomotive drehbar gelagerten Hebel so verbunden, daß je nach Einstellung des Triebdrehgestells infolge Veränderung des Abstandes zwischen den beweglichen und starren Achsen der obere Lagerpunkt des Schwinghebels sich vor- oder rückwärts bewegte, d. h. eine Lage einnahm, bei der trotz Wandern des Drehgestells die Schubstangenlänge unverändert blieb.

Das im Jahre 1891 dem Erfinder Christian Hagans erteilte Patent fand schon sehr bald Anwendung im In- und Ausland. Auch die Preußische Staatsbahn machte bei zwei verschiedenen Lokomotivgattungen Gebrauch von dieser Gelenkbauart.

Der dringende Bedarf einer fünffach gekuppelten Tenderlokomotive für die Gebirgsbahnen Thüringens veranlaßte die Eisenbahndirektion Erfurt, Untersuchungen über eine geeignete Lokomotivkonstruktion anzustellen. Die Maschine mußte in der Lage sein, auf den vorgesehenen Strecken mit Steigungen bis 33 ‰ und Gleisbögen mit 200 m Radius Zuglasten von rund 200 t mit 15 km/h bzw. 110 t-Züge noch mit 30 km/h zu befördern.

Als günstigste Lösung bot sich schließlich die Gelenkbauart System Hagans an. Der Entwurf wurde im Jahre 1895 von der ED Erfurt ausgearbeitet. Die Firma Henschel erhielt den Auftrag zum Bau dieses neuen Lokomotivtyps. Die Wahl des Hagans-Triebwerks beruhte auf den Zweifeln an der guten Bogenläufigkeit einer Steifrahmenmaschine. Von den fünf Kuppelachsen wurden daher die beiden letzten zu einem hintenliegenden Triebdrehgestell vereint, wobei der Antrieb in der bereits zuvor beschriebenen Weise über ein Schwinghebeltriebwerk erfolgte.

Die als Gattung T 15 (Abb. 183) in Dienst gestellte neue Baureihe zählte seinerzeit zu den leistungsfähigsten Maschinen der Preußischen Staatsbahn. Obwohl die Unterhaltungskosten des vielteiligen Triebwerks aufwendiger als bei den Normalbauarten waren und die starken Zuckbewegungen der Maschine zu ständigen Klagen des Bedienungspersonals führten, befriedigten ihre Leistung, ihre Kurvenläufigkeit und der geringe Bogenwiderstand auf den krümmungsreichen Strecken. Diese positiven Ergebnisse dürften jedoch nicht allein ausschlaggebend für die Beschaffung von 92

Abb. 183 E n2-Hagans Tenderlokomotive Gattung T 15 der Preußischen Staatsbahn, 1896 von Henschel gebaut. (Foto: Archiv Bellingrodt)

Lokomotiven der Gattung T 15 mit Hagans-Triebwerk gewesen sein, der Grund war auch hier wieder die Tatsache, daß noch keine andere geeignete Lösungen für fünffach gekuppelte Fahrwerke zur Verfügung standen.

Eine weitere Hagans-Bauart wurde Ende der 90er Jahre von der Preußischen Staatsbahn für verschiedene bogenreiche Nebenbahnlinien in Thüringen und an der Mosel in Dienst gestellt. Es handelte sich bei dem neuen Typ um eine D-gekuppelte Tenderlokomotive mit der Gattungsbezeichnung T 13. Auch beim Bau dieser Lokomotive standen wieder die Bedenken Pate, die man damals dem Lauf mehrfach gekuppelter Treibachsen in engen Gleisbögen entgegenbrachte. Bei der T 13 wurden ebenfalls die letzten beiden Kuppelachsen zu einem Triebdrehgestell zusammengefaßt. Der übrige Triebwerksaufbau war mit dem der T 15 nahezu identisch. Bis zum Jahre 1903 wurden insgesamt 29 Maschinen der Gattung T 13 gebaut.

Eine der preußischen T 13 sehr ähnliche Hagans-Bauart beschaffte die Badische Staatsbahn im Jahre 1900 in einer Stückzahl von zwei Maschinen. Die wohl nur zu Versuchszwecken gekauften Lokomotiven der Gattung VIIId unterschieden sich von ihren preußischen Schwestermaschinen hauptsächlich in der außenliegenden Heusinger-Steuerung und dem Wasserkastenrahmen. Der Gesamtachsabstand und der des Maschinendrehgestells waren kleiner als bei der preußischen Bauart, die Kessel waren dagegen bei beiden Ausführungen nahezu gleich.

Aus der Vielzahl der gebauten Hagans-Lokomotiven seien hier abschließend zwei Konstruktionen ihrer interessanten Ausführung wegen noch besonders erwähnt.

Im Jahre 1900 lieferte die Lokomotivfabrik Krauss & Co. in Linz zwei Gelenktenderlokomotiven (Abb. 184) an die ehemalige Bosnisch-Herzegowinischen Landesbahnen. Neben der Forderung eines zwanglosen Laufes durch Gleisbögen mit nur 35 m Radius wurde auch eine große Zugkraft verlangt, die eine Anordnung von vier gekuppelten Achsen notwendig machte. Das Problem wurde in der Weise gelöst, daß das Triebwerk entgegen den bisherigen Ausführungen in zwei zweiachsige Drehgestelle mit Innenrahmen aufgeteilt wurde. Der vielteilige, in der Wirkung gleiche Antriebsmechanismus wie bei den oben beschriebenen Bauarten führte aber wegen der extrem engen Gleisbögen zu sehr gro-

Abb. 184 D n2-Hagans Tenderlokomotive mit zwei Gelenktriebgestellen Gattung IV4 der Bosnisch-Herzegowinischen Landesbahnen, Baujahr 1900.
(Foto: Sammlung Griebl/Werkaufnahme)

ßen Verwinkelungen der Schwing- und Ausgleichshebel. Hierdurch blieben starke Verkantungen, Verschleiß und schließlich Brüche im Triebwerksgestänge nicht aus. Die Folge war, daß beide Maschinen schon bald wieder außer Dienst gestellt wurden.

Die größte Lokomotive mit Hagans-Gelenktriebwerk, die noch im Erfurter Werk der Firma Hartmann gebaut worden ist, war eine fünffach gekuppelte Tenderlokomotive mit vorderer Laufachse, die im Jahre 1900 für die Tasmanian Government Railways geliefert wurde. Diese für 610 mm Spurweite ausgelegte Maschine entwickelte bei einem Dienstgewicht von 42 t eine Zugkraft von 87 766 N. Der engste zu durchfahrende Gleisbogen hatte einen Halbmesser von rund 30 m. Ferner mußten auf einer Steigung von 40‰ auf der Bergfahrt Züge mit 95 t Gesamtgewicht befördert werden, bei der Talfahrt das doppelte Zuggewicht. Leider ist über die Betriebsergebnisse der Maschine nichts mehr in Erfahrung zu bringen. Es ist jedoch bekannt, daß diese erste in Deutschland für Australien gebaute Lokomotive ein Einzelexemplar blieb und unter der Klassenbezeichnung »J« im Bestand der TGR geführt wurde.

Eine andere, der Bauart Hagans sehr ähnliche Konstruktion stellte die Preußische Staatsbahn im Jahre 1902 versuchsweise mit einer En2-Tenderlokomotive der Gattung T 15 in Dienst (Abb. 185). Die von Henschel nach Entwürfen von Professor Köchy gebaute Versuchslokomotive besaß ebenfalls ein nachlaufendes zweiachsiges Triebdrehgestell mit gekuppelten Treibrädern. Die Wirklängen der beiden das vordere und hintere Triebgestell verbindenden Kuppelstangen wurden bei dieser Lokomotive mit Hilfe einer über der Treibachse liegenden Blindwelle und Schwinghebeln verändert, deren Lage durch die Einstellung des Triebdrehgestells beeinflußt wurde.

Die Köchy-Lokomotive hat unter der Betriebsnummer 8001 der Eisenbahndirektion Köln mehrere Jahre beim BW Stolberg Hbf in Dienst gestanden, doch verursachten laufende Reparaturen an dem komplizierten Triebwerk hohe Unterhaltungskosten und lange Stillstandszeiten.

Als im Jahre 1900 die ersten E-gekuppelten Lokomotiven mit seitenverschiebbaren Achsen eingeführt wurden, war das Schicksal der Hagans- und Köchy-Bauarten besiegelt. Die Köchy-T 15 wurde im Jahre 1922 auf Grund einer fällig gewesenen umfangreichen Instandsetzung aus dem Verkehr gezogen und schließlich verschrottet.

Abb. 185 E n2-Tenderlokomotive Bauart Köchy Gattung T 15 der Preußischen Staatsbahn, 1902 von Henschel gebaut.
(Foto: Repro Werkaufnahme Henschel)

Industrielokomotiven

Unter den Privatbahnen stellte die Industrie in ihrer Gesamtheit von je her den größten Unternehmensbereich aller nichtstaatlichen Eisenbahnen dar. Mit der Anfang des 19. Jahrhunderts einsetzenden Industrialisierung nahm auch das Transportproblem an Bedeutung zu. Gleicherweise bot die etwa in denselben Zeitraum fallende Entwicklung der Dampfbahnen hier eine geradezu ideale Lösung. War es doch sogar die Industrie, die der ersten Dampflokomotive aus der Wiege geholfen hat. Trevithicks Maschine bewies als Prototyp bereits ihre Verwendbarkeit auf einer englischen Grubenbahn. Auch Blenkinsop schuf seine Zahnradlokomotive für die Middleton-Kohlengruben. Stephenson's »Puffing Billy« und »Locomotion« dienten ebenfalls dem Kohlentransport auf verschiedenen Schachtanlagen. Überhaupt stellten seinerzeit auf Grund der Industriestruktur der Bergbau und die eisenerzeugenden Unternehmen zunächst die einzigen Abnehmer für Dampflokomotiven und Eisenbahnmaterial dar. An eine Personenbeförderung dachte noch niemand.

Während der über 170jährigen Geschichte der Industrielokomotive entstanden viele ungewöhnliche Lokomotivkonstruktionen, die den besonderen Betriebsbedingungen der jeweiligen Einsatzpunkte in den Werksanlagen Rechnung trugen. Aber nicht allein die Industrie im herkömmlichen Sinn bediente sich der Eisenbahn als zweckmäßiges Transportmittel, in vielen überseeischen Ländern ohne Schwerindustrie und Energieerzeugung mit Schwerpunkten auf dem Agrarsektor und der Holzverarbeitung war sie ebenso unentbehrlich geworden wie in den Revieren der großen Industrienationen.

WALDBAHN-LOKOMOTIVEN

Die Eigenart der Arbeitsweise in den großen Waldgebieten Nordamerikas, Kanadas, Australiens und Neuseelands prägte eine ganz spezielle Bauart der Dampflokomotive, deren besondere Eigenschaft in der Anpassungsfähigkeit an den primitiven Oberbau lag. Diese Waldbahnen bestanden meistens nur aus roh zugeschnittenen Baumstämmen, auf welche die Schienen einfach aufgenagelt waren. Der Vorteil derartiger Gleise lag in den geringen Kosten der Erstellung und der Demontage einer Strecke. Von Nachteil war andererseits der zuweilen recht nachgiebige Unterbau, der neben der erwähnten Anpassungsfähigkeit an die oft in Schlangenlinien und uneben verlegten Schienen auch ein geringes Eigengewicht der Triebfahrzeuge erforderte.

Mehrere für Waldbahnen konstruierte Lokomotiven werden noch im Kapitel »Getriebe-Lokomotiven« beschrieben. Ihre bekanntesten Vertreterinnen waren die Bauarten Shay, Climax und Heisler, die ausschließlich von amerikanischen Lokomotivfabriken gebaut worden sind. Neben diesen schon als Luxusausführungen anzusehenden Maschinen gab es aber auch eine Vielzahl von Eigenfabrikaten und in Kleinserien von zum Teil unbekannten Firmen hergestellte Lokomotiven einfachster Konstruktion.

Manche Sägewerksgesellschaft besaß nebenbei noch eine Schlosserei oder einen Reparaturbetrieb, wo normalerweise die Holzbearbeitungs- und Fällerwerkzeuge instandgesetzt wurden. In solchen Werkstätten entstanden auch die sogenannten »home made logging engines«. Eine dieser Eigenbau-Waldbahnlokomotiven zeigt die Abbildung 186. Es ist ein sehr frühes, um die Jahrhundertwende entstandenes Exemplar einer australischen oder neuseeländischen Maschine. Bemerkenswert sind die sechs Achsen der Lokomotive, von denen die vorderen beiden in einem Drehgestell vereint der Aufnahme des Gewichtsüberhanges des Maschinenrahmens dienten. Die hinteren vier Achsen bildeten ein Satteldrehgestell, das vor allem durch das Gewicht des Kessels belastet wurde. Die Zweizylinder-Dampfmaschine lag horizontal über dem vorderen Laufdrehgestell. Die Dampfversorgung erfolgte in sehr freizügiger Weise durch eine »schwebende Rohrleitung«. Da die Lokomotive keine angetriebenen Achsen besaß, war eine Seilwinde mit Zahnradvorgelege vorgesehen, mit deren Hilfe sich die Maschine an einem

Abb. 186 Sechsachsige Waldbahnlokomotive »logging engine« auf Holzschienen, die sich mittels ihrer Dampfwinde an einem im Gleis liegenden Seil entlang bewegte. Aufnahme etwa um die Jahrhundertwende.
(Foto: Sammlung Ostendorf)

im Gleis liegenden Seil entlangzog. Der Wasservorrat wurde wie bei den »saddle tanks« in einem den Kessel umschließenden sattelförmigen Behälter mitgeführt. Das Brennholz war in einem mit der Lokomotive gekuppelten zweiachsigen tenderähnlichen Wagen untergebracht. Diese Lokomotiven stellten wahrhaftig nicht die Idealvorstellung des Begriffs »Schönheit der Technik« dar, sie waren rein auf Zweckmäßigkeit, Robustheit, geringste Wartung und leichte Reparatur zugeschnitten.

Eine nicht ganz so unfertig wirkende Maschine besaß die O. K. Logging Company in Marshland, Oregon. Die Abb. 187 zeigt die Lokomotive im Betrieb etwa um 1908. Eine Besonderheit der Waldbahnen war, daß in vielen Fällen die schweren Baumstämme nicht erst auf Wagen geladen und auf dem Schienenweg befördert wurden. Im Gegenteil, man nutzte den Oberbau als Rutsche und schleifte einfach die durch Ketten untereinander verbundenen Stämme im Konvoi hinter der Lokomotive her. Auch bei dieser Lokomotive erfolgte die Fortbewegung durch ein im Gleis liegendes Seil, an dem sich die Maschine mittels eines eingebauten Windenantriebes entlangbewegte. Der Aufbau der Lokomotive ähnelte einem vierachsigen Flachwagen, den man mit einem voluminösen Stehkessel, einer Zweizylinder-Dampfmaschine, der Winde mit Vorgelege, einem Vorratsbehälter für Wasser und einem Dach als Regenschutz ausgerüstet hatte. Und im Grunde genommen war es ja auch nicht viel mehr als ein mit einfachsten Mitteln gebautes, sich selbst fortbewegendes Schienenfahrzeug, das den rauhen Betriebsanforderungen zu genügen schien, denn diese Lokomotiven waren doch in sehr großer Stückzahl in den weiten amerikanischen Waldgebieten des Westens zu finden.

Den Übergang zwischen den mehr oder weniger selbstgebauten Maschinen und den ausgesprochenen Serienlokomotiven der Lokomotivfabriken bildete eine weitverbreitete Gruppe von Getriebelokomotiven einfachster Ausführung, die aber schon die markanten Merkmale der normalen Dampflokomotive aufwiesen. Diese von kleinen Firmen hergestellten Maschinen besaßen in der Regel zwei zweiachsige Drehgestelle, deren Achsen über Kardanwellen und offene Kegelradstufen angetrieben wurden. Im Laufe der Zeit wurden sogar verschiedene Größen dieser Lokomotiven entwickelt, die je nach Leistung in bestimmte Typengruppen eingestuft waren. In der Abb. 188 ist eine neuseeländische Johnson-Schmalspur-Getriebelokomotive Typ A der West Coast Bush Tramway zu sehen, die ein typisches Beispiel für diese Übergangsbauart ist.

Als durch den dauernden Wechsel der Einschlagstellen die Transportwege immer länger und auch das Produktionsvolumen größer wurden, reichten die kleinen in ihrem Aktionsbereich und in der Leistung beschränkten Maschinen nicht mehr aus. Es folgte die Zeit der Shay-, Climax- und Heisler-Bauarten, die viele Jahrzehnte lang besonders in den USA den Inbegriff der Waldbahnlokomotive darstellten. Alle diese Lokomotiv-Bauarten sind im Kapitel »Getriebelokomotiven« näher erläutert.

Abb. 187 Vierachsige Seilwinden-Waldbahnlokomotive der O. K. Logging Co., etwa um 1908.
(Foto: Oregon Historical Society)

Abb. 188 B′B′n2-Johnson Schmalspurgetriebelokomotive Typ A der neuseeländischen West Coast Bush Tramway. (Foto: Brouwer)

NORMALAUSFÜHRUNGEN

Die unendlich große Zahl der normalen Industrielokomotiven verschiedenster Spurweiten beinhaltete so ziemlich alle gängigen Achsfolgen von der kleinen B-Feldbahn- und Baulokomotive bis zur schweren 1′E 1′-Heißdampftenderlokomotive. Selbst verschiedene Schlepptenderlokomotiven fanden auf Industriebahnen Eingang, allerdings handelte es sich hierbei in den überwiegenden Fällen um aufgekaufte ehemalige Länderbahnlokomotiven.

Als Industrielokomotive hat sich seit je her die einfache, überwiegend als Naßdampfmaschine ausgeführte Tenderlokomotive bewährt. Sie stellte das ideale Betriebsmittel für die oft weitverzweigten Gleisanlagen und die an den einzelnen Betriebspunkten erforderlichen kurzwegigen Rangiervorgänge dar. Ihre Wendigkeit, einfache Bedienung, anspruchslose Wartung und robuste Bauart machten sie zu beliebten Maschinen beim Personal. Noch bis vor wenigen Jahren konnte man in manchem großen Industriebetrieb beobachten, mit wieviel Liebe und Sorgfalt die Lokomotiven von den Mannschaften gepflegt und gewartet wurden. Selbst die Messingschilder mit der Loknummer und den Bahnkennzeichen wurden auf Hochglanz poliert, eine Pflege, die heute oft kaum noch einer modernen Diesellokomotive zukommt.

Doch wenden wir uns zunächst den kleinen Spurweiten zu, deren bekannteste Ausführung die Feldbahn war. Zu den gebräuchlichsten Bauarten dieser 600 mm Bahn gehörten die B-gekuppelten Naßdampf-Tenderlokomotiven. Schon sehr früh findet man sie um die Jahrhundertwende im Baugewerbe als emsige Helferin beim Transport von Schüttgütern, Steinen und sonstigem Baumaterial. Im Ersten Weltkrieg finden wir diese kleinen Maschinen in weit weniger erfreulicher Umgebung auf den Zubringer-Feldbahnen zwischen den Vollbahnlinien und der Front wieder. Ob in Flandern, Rußland oder Galizien, überall standen sie ihren Mann, sorgten für Nachschub, transportierten Munition und eilten mit manchem Verwundetentransport ins rettende Hinterland. Im Dritten Reich waren sie wiederum im Großeinsatz auf den Baustellen der ersten Reichsautobahnen anzutreffen. Und dann kam ihre wohl traurigste Zeit, als sie nach 1945 auf vielen Trümmerbahnen helfen mußten, die Überreste Großdeutscher Herrlichkeit abzutragen.

Aber auch ihre etwas größeren Schwestern der 900 mm und 1000 mm Spurweite blieben während des letzten Krieges nicht vor zweckentfremdenden Einsätzen bewahrt. Als in den letzten Kriegsjahren durch die pausenlosen Bombenangriffe nahezu das gesamte Oberleitungsnetz der Straßenbahnen in den Großstädten zerstört war, fand man die rettende Lösung im Einsatz von Leihlokomotiven verschiedener Industriebauarten. Die Abb. 189 zeigt einen solchen dampflokbespannten Straßenbahnzug auf dem Bahnhofsvorplatz in Essen während des Kriegsjahres 1944.

Aber kehren wir wieder zurück zu den eigentlichen Aufgabenbereichen der Industrielokomotiven und ihrem angestammten Verwendungszweck. Es wäre müßig, jeden Industriezweig bezüglich der verwendeten Werkslokomotiven normaler Bauart hier zu erwäh-

Abb. 189 Industrielokomotive während des Kriegsjahres 1944 im Einsatz bei der Essener Straßenbahn infolge Stromausfalls und zerstörter Oberleitungen. (Foto: EVAG)

Abb. 190 Krupp C n2-Industrietenderlokomotive Typ Hannibal, erstes Baujahr 1955.
(Foto: Werkaufnahme Krupp)

Abb. 192 1′C 1′h2-Tenderlokomotive der Kriegsmarine-Werft Wilhelmshaven, 1940 von Jung gebaut.
(Foto: Werkaufnahme Jung)

nen. Stellvertretend für alle diese vielen tausende von Maschinen seien daher nur drei Typen genannt, die Mitte der 50er Jahre von der Firma Krupp auf Grund des großen Nachholbedarfs an Triebfahrzeugen in größer Stückzahl für die verschiedensten Schachtanlagen der großen Bergwerksgesellschaften im Ruhrgebiet gebaut worden sind und im Laufe der Zeit wegen ihrer äußerst robusten Bauart auch auf vielen anderen Werksbahnen Eingang fanden.

Die beiden ersten Typen stellten C n2-Lokomotiven dar, die im Aufbau und in den Hauptabmessungen nahezu gleich waren, jedoch in der Bauhöhe, in der Länge und im Gewicht geringe Unterschiede aufwiesen.

Die Bauart Hannibal (Abb. 190) war von beiden Ausführungen der wegen Profileinschränkung niedriger bauende Typ mit einem etwas höheren Dienstgewicht infolge größerer Vorräte.

Die Bauart Knapsack dagegen war die bullige und etwas kürzere Maschine mit den kleineren Vorratsbehältern, dafür aber mit einer geringfügig größeren Zugkraft als die Hannibal-Bauart.

Das Kraftei aller drei Versionen war zweifellos die D h2-Tenderlokomotive der Bauart Bergbau (Abb. 191),

Abb. 191 Krupp D h2-Industrietenderlokomotive Typ Bergbau, erstes Baujahr 1955.
(Foto: Werkaufnahme Krupp)

eine moderne, mit Überhitzer ausgerüstete Maschine, die eine Zugkraft von 223 000 N erzeugte.

Der Verfasser hat diese drei Typen als Beispiele für die Normalausführung der Industrielokomotive ausgewählt, da sie ihm ein Stück Erinnerung an seine eigene Tätigkeit im Dampflokbau bei Krupp sind. Natürlich haben alle anderen Lokomotivfabriken zu jeder Zeit ebenfalls Maschinen für Werksbahnen gebaut, wobei unter den Normalbauarten von der Konstruktion her keine Besonderheiten erwähnenswert sind. Allerdings ist sicher manchem Leser früher eine andere Eigenart der Industrielokomotiven aufgefallen, nämlich die besondere Formgebung der Führerhäuser, Vorratskästen und Aufbauten einzelner Maschinen, die kennzeichnend für das jeweilige Herstellerwerk waren.

Typische Vertreter solcher Maschinen mit einer besonderen Linie waren in Deutschland beispielsweise die Industrielokomotiven der Firma Jung, die eine auffällige Vereinheitlichung ihrer Führerhäuser mit den charakteristischen schrägen Fensterseitenwänden etwa in der Art wie bei den Einheitstenderlokomotiven aufwiesen und die als weitere Besonderheit eingelassene Griffstangen seitlich der Türöffnung besaßen.

Besonders formschöne Exemplare waren unter anderem die drei 1940 an die Kriegsmarine-Werft Wilhelmshaven gelieferten 1′C 1′h2-Tenderlokomotiven (Abb. 192), die im gesamten Aussehen eine starke Anlehnung an die erwähnten Einheitstendermaschinen der ehemaligen DR zeigten. Nach dem Krieg sollen zwei Maschinen bei der Vorortbahn Wilhelmshaven Dienst getan haben. Die dritte wurde in eine 1′D-Tenderlokomotive umgebaut und kam in dieser Ausführung zur Hoesch-AG Westfalenhütte Dortmund, wo sie 1972 noch im Einsatz gewesen ist. Noch eine weitere Maschine wurde ins Ruhrgebiet verschlagen und soll auf einer Schachtanlage der Essener Steinkohlenberg-

werke im Rangierdienst verwendet worden sein. Sie wurde vom Verfasser zuletzt im Jahre 1971 in ziemlich abgewrakten Zustand auf der inzwischen stillgelegten Zeche Ludwig in Essen gesehen.
Noch ein weiteres kleines Beispiel typischer Lokomotivformen, die sich nicht allein auf das Herstellerwerk, sondern auch auf das Land beziehen, ist die C n2-Tenderlokomotive Betr.-Nr. 23 der Dillinger Hüttenwerke AG (Abb. 193), die 1941 von Škoda gebaut worden war. Mit ihrer bauchigen Rauchkammertür und dem charakteristischen Handrad am Rauchkammertürverschluß weist sie sich auch dem weniger versierten Lokomotivfreund als eine Maschine tschechischer Herkunft aus.
Es waren oft nur gewisse kleine Merkmale, die Rückschlüsse auf das Herstellungsland zuließen, seien es die glatten äußeren Formen der englischen Lokomotiven, die Kobelrauchfänge und flachen zweiteiligen Rauchkammertüren der österreichischen Lokomotiven oder der typisch wulstige Rauchkammeransatz der ehemals preußischen Maschinen. Diese nahezu für alle Lokomotivgattungen auch außerhalb des Industriebereichs gültigen Wahrzeichen besaßen in den ganz frühen Jahren weit vor der Jahrhundertwende natürlich noch nicht jene Ausgeprägtheit, wie sie mehr oder weniger erst nach 1900 festzustellen war. Die Abb. 194 zeigt eines jener seltenen Exemplare damaliger Industrielokomotiven mit der etwas ungewöhnlichen Achsfolge 1B in einer Kombination zwischen preußisch-sächsischer und angelsächsischer Lokomotivbauweise, wobei letztere sich maßgeblich auf den bei deutschen Industrielokomotiven kaum anzutreffenden Satteltank bezieht.
Die Liste der normalen Industrielokomotiven könnte noch um viele hundert Beispiele erweitert werden, es würde aber im Grunde genommen nur eine Wiederholung und Aufzählung bereits bekannter Fakten sein.

Abb. 193 C n2-Tenderlokomotive tschechischer Herkunft, 1941 von Škoda für die Doggererz A.G. Blumberg gebaut. (Foto: Dillinger Hüttenwerke A.G.)

Abb. 194 1B n2-Tenderlokomotive der Dillinger Hüttenwerke etwa um die Jahrhundertwende gebaut. (Foto: Dillinger Hüttenwerke A.G.)

Das weitere Interesse soll daher im nachfolgenden Kapitel den verschiedenen Sonderbauarten der Industrielokomotive gewidmet sein.

ABNORMALE BAUARTEN DER NORMAL-AUSFÜHRUNG

Bezeichnend für die meisten Ausführungen B-gekuppelter Industrietenderlokomotiven ist ihre kurze und gedrungene Bauart. Schon von der Achsfolge her war man bestrebt, große stirnseitige Überhänge zu vermeiden, um den nur bei zwei Achsen schon recht unruhigen Lauf nicht noch weiter zu verschlechtern. In England tat man noch ein Weiteres und ersetzte bei vielen kleinen Rangierlokomotiven den üblichen Langkessel durch einen vertikalen Röhrenkessel. Manche dieser kurzen Maschinchen besaßen noch nicht einmal ein Führerhaus oder einen entsprechenden Witterungsschutz. Eine ganze Reihe dieser Vertikalkessel-Lokomotiven fanden auf den Schachtanlagen des englischen Steinkohlenreviers Verwendung.
Eine weitere typisch englische Kuriosität waren die Tenderlokomotiven von Aveling & Porter, denen wir bereits bei den Trambahnlokomotiven begegnet sind. Der Kessel entsprach den damaligen Ausführungen für Lokomobile. Auch das große seitliche Schwungrad und der Kettenantrieb waren auffällige Attribute des Lokomobilbaus. Wie die Abb. 195 zeigt, war das Führerhaus aber so schmal gehalten, daß gerade ein Mann darin Platz hatte, der außer der Lokomotivführung auch noch die Rostbeschickung zu tätigen hatte, also ein ausgesprochener Einmannbetrieb. Derartige Maschinen standen unter anderem bis vor wenigen Jahren noch bei den Gaswerken in Croydon im Einsatz.

Abb. 195 B-Zweizylinder-Verbund-Industrietenderlokomotive von Aveling & Porter im Jahre 1900 für die Croydon Gas Works gebaut. (Foto: Real Photographs Co.)

Wieder eine andere Bauart zeigt eine von Linke-Hofmann gebaute B-Schmalspurtenderlokomotive für 600 mm Spurweite (Abb. 196). Manchmal zwangen Profileinschränkungen und starke Verschmutzung der Gleise zu besonderen Maßnahmen hinsichtlich der Anordnung einzelner Baugruppen. Bei der Linke-Hofmann-Lokomotive waren die Zylinder nach oben neben die Rauchkammer verlegt worden und trieben über einen Schwinghebel die vordere Achse an. Diese Zylinderanordnung und die Art der Kraftübertragung waren nicht neu. Die SLM hat sie verschiedentlich bei Zahnrad- und Trambahnlokomotiven angewendet, allerdings fand man sie bei ausgesprochenen Industrielokomotiven seltener.

Recht kuriose Triebfahrzeuge standen lange Zeit bei einer der größten Brauereien Irlands – der Brewery of Messrs. Arthur Guinness, Son & Co., Dublin – in Dienst. Außer den Anschlußgleisen mit 1600 mm Spurweite unterhielt die Guinness Brauerei ein ausgedehntes 558,8 mm Schmalspurnetz. Im Jahre 1875 lieferte Sharp, Stewart & Co., Manchester als erste Dampflokomotive mit der Betr.-Nr. 1 für diese etwas außergewöhnliche 1′–10″ Bahn eine B-Tendermaschine mit 2 t Dienstgewicht. Wegen der sehr niedrigen Bauhöhe der Lokomotive und den kleinen Kuppelrädern bewegten sich die Steuerteile so dicht über dem Erdboden, daß sie dauernd im Schmutz arbeiteten und nur schwer funktionsfähig gehalten werden konnten.

Als schwerere Maschinen beschafft wurden, zog man die Lokomotive Nr. 1 zwar aus dem normalen Dienst, verwendete sie aber noch bis 1913 für sogenannte Besucherzüge. Es folgten zwei Einzylinderlokomotiven (Nr. 2 und Nr. 3) von T. Lewin & Co., Poole, die ähnlich den bereits erwähnten Aveling & Porter-Maschinen in der Art der damaligen Dampfwalzen mit einem großen Schwungrad ausgerüstet waren.

Die nächsten beiden Maschinen lieferte 1878 wieder Sharp, Stewart & Co. als Nr. 4 und Nr. 5. Es waren normale B-Tenderlokomotiven mit außenliegenden Zylindern. Das Besondere dieser Lokomotiven war die für englische Verhältnisse äußerst selten angewandte äußere Stephenson-Steuerung.

Gänzlich aus dem Rahmen fielen aber die von 1882 bis 1921 nach Entwürfen des damaligen Chefingenieurs der Guinness Railways Samuel Geoghegan von den Firmen Avonside Engine Co. und William Spence gebauten B-Schmalspurtenderlokomotiven (Abb. 197). Vor allem lag Geoghegan daran, alle Steuerteile aus dem Schmutzbereich der Räder zu entfernen und eine möglichst große Leistung bei der gedrungenen Bauart der Maschine zu erzielen. Der rauhe Betrieb und der nicht gerade ausgezeichnete Gleiszustand mit den sehr engen Kurvenradien erforderten außerdem eine robuste Konstruktion. Die Geoghegan-Lokomotive erfüllte alle diese Forderungen zur vollsten Zufriedenheit. Eine Kuriosität dieser Bauart waren die auf den Kessel verlegten Zylinder, die über eine Kurbelwelle und senkrechte Treibstangen die zweite Achse antrieben. Die Zughakenkraft erlaubte, auf horizontaler Strecke Züge von 75 t Gewicht zu ziehen. Insgesamt beschaffte die Guinness Brauerei 19 Lokomotiven dieser Bauart. Außer der Nr. 6, die 1936 ausgemustert werden mußte, überstanden alle anderen den II. Weltkrieg. Die letzte Maschine wurde im Jahre 1957 aus dem Verkehr gezogen.

Auf der Breitspurverbindungsbahn zwischen der St. James's Gate Brewery und Kingsbridge Good Station waren viele Jahre lang Reibungshilfstriebgestelle für die Zustellung von Güterwagen der Irischen Eisenbahn (CIE) im Einsatz. Es waren zweiachsige Flachwagen mit einstufigen Stirnradvorgelegen und Reibrädern auf

Abb. 196 B n2-Schmalspurtenderlokomotive mit Hebeltriebwerk, erste von Linke-Hofmann gelieferte Industrie-Schmalspurtenderlokomotive. (Foto: Sammlung Ostendorf/Werkaufnahme)

Abb. 197 B n2-Schmalspurtenderlokomotive des Typs Geoghegan mit über dem Kessel liegenden Zylindern, erstmals 1882 von der Avonside Engine Co. gebaut.
(Foto: Guiness Son & Co.

der Antriebswelle. Mit Hilfe einer hydraulischen Hebevorrichtung konnten die zuletzt beschriebenen B-Schmalspurlokomotiven auf diese Hilfstriebgestelle aufgesetzt werden, wobei die enger stehenden Lokomotivräder sich auf den Reibradpaaren abstützten. Die Positionierung der Maschine erfolgte über die Stirnflächen des Fahrgestellrahmens. Durch diese einfache Konstruktion ersparte man sich die Kosten für die Anschaffung von mindestens zwei Tenderlokomotiven für 1600 mm Spurweite. Die Leistung dieser Lokomotiv-Reibungstriebgestellkombination reichte aus, 13 Breitspurwagen zu befördern.

Die Verwendung schmalspuriger Lokomotiven für größere Spurweiten wurde vor der Jahrhundertwende bereits von dem Schweizer Laferrère vorgeschlagen. Sein System unterschied sich aber vom reibradgetriebenen Hilfstriebgestell dadurch, daß die Räder dieses Triebgestells über besondere Treibstangen und eine zusätzliche Kurbelwelle angetrieben wurden. Die Bauart Laferrère ist im Kapitel »Sonderlinge und Experimente« eingehend beschrieben.

Ein Einsatzgebiet mit extrem harten Anforderungen an die Betriebsmittel stellte der Abraumbetrieb in den deutschen Braunkohlenrevieren dar. Neben dem schlechten Gleis- und Oberbauzustand infolge der erforderlichen Nachrückbarkeit der Gleise unterlagen die Fahrzeuge einer sehr engen Profilbegrenzung, da sie die Lade- und Absetzbagger unterfahren mußten. Hier bewährten sich schon bald spezielle Abraumlokomotiven, deren Merkmale eine gedrungene Bauart mit schlankem Kessel, kleine Treibräder und ein auffallend kurzer Radstand waren. Mit Steigerung der Braunkohlenförderung Mitte der 30er Jahre reichte aber die Leistung der bisherigen zweiachsigen Lokomotiven nicht mehr aus.

Die damalige Phönix A.G. für Braunkohlenverwertung in Thüringen beschaffte 1939 auf Grund eines Vorschlages der Firma Henschel drei 331 kW-Gelenktenderlokomotiven für 900 mm Spurweite (Abb. 198) mit zweiachsigen Triebgestellen, auf die sich in den beiden Drehpunkten der Oberrahmen mit Kessel, Führerhaus und Vorratsbehältern abstützte. Die vorgeschriebene Profilbegrenzung bedingte eine sehr niedrige Bauhöhe der Maschine, wodurch ein Abkröpfen der Längsträger des Oberrahmens vor und hinter dem Führerhaus erforderlich wurde, um Platz für die Unterbringung der Triebgestelle zu schaffen. Für die Seitenstabilität des Oberrahmens sorgten je zwei Federtöpfe im Bereich der Triebgestellaufhängung. Hierdurch konnte sich jedes Gestell nach allen Seiten freizügig bewegen und den Gleisunebenheiten anpassen. Die Dampfzuführung zu den Zylindern bedingte gelenkige Rohrleitungen mit Kugelgelenken und Metallpackungen, wie sie mit Erfolg bereits vielfach von Henschel bei anderen Gelenkbauarten ausgeführt worden waren. Die Lokomotiven standen rund um die Uhr im Einsatz, wobei jede Maschine täglich etwa 180 km zurücklegte und Züge mit durchschnittlich 500 t Gewicht beförderte.

Andere Probleme des Abraumbetriebes lagen darin, daß Lade- und Entladestellen sich oft auf verschie-

Abb. 198 B′B′h4-Tagebau-Gelenklokomotive für 900 mm Spurweite, 1939 von Henschel an die Grube Phönix in Thüringen geliefert.
(Foto: Werkaufnahme Rheinstahl Transporttechnik)

denen Sohlen befanden, deren Höhenunterschied durch Steilrampen mit beschränkter Entwicklungslänge überwunden werden mußten. Bei der im Braunkohlentagebau üblichen Grenzsteigung von 40‰ für Reibungsbetrieb war daher in vielen Fällen die Ausbildung dieser Steilrampen als Zahnradstrecken nicht zu vermeiden. Für einen derartigen Betriebspunkt beschafften beispielsweise die Braunkohlenwerke Leonhard A.G. Zipsendorf kombinierte Zahnrad-Reibungslokomotiven für 900 mm Spurweite, die als Vierzylinder-Heißdampf-Verbundmaschinen mit einem Zahnrad für das System Riggenbach ausgeführt waren.
Einen besonderen Einfluß auf die Entwicklung der Industrielokomotive übten unter anderem auch die überseeischen Plantagenbahnen aus. Als Ersatz für die Zugtiere während der Zuckerrohrernte wurden nach 1920 in zunehmendem Maße leichte Schmalspurlokomotiven auf diesen Bahnen eingeführt. Die ursprünglich vorgesehenen B- und C-gekuppelten Tenderlokomotiven konnten aber nicht recht befriedigen, da die Gleise auf den Feldern der Haziendas meistens aus ortsveränderlichen Teilstücken von 5 m Länge bestanden und Mindestkurven von 15 m Radius besaßen. Die engen Kurven und der schlechte Zustand der Strecken bedingten daher die Verwendung von Drehgestell-Lokomotiven mit sehr niedrigem Achsdruck. Die Firma Schwartzkopff entwickelte 1927 eine interessante Plantagen-Lokomotive (Abb. 199) für 700 und 914 mm Spurweite. Diese extrem leichte Bauart mit nur 2,6 t Achslast besaß zwei zweiachsige Drehgestelle mit je einer im Rahmen liegenden schnellaufenden Zweizylinder-Dampfmaschine, die eine zwischen den beiden Achsen angeordnete Kurbelwelle antrieb. Die weitere Kraftübertragung auf die Treibachsen besorgten Rollenketten, die versetzt zueinander zwischen den Rädern angeordnet waren. Die äußere Steuerung wurde ebenfalls von der Kurbelwelle abgenommen. Der äußerst kleine Drehgestell-Achsabstand von nur 1,20 m erlaubte ein einwandfreies Durchfahren der 15 m Gleisradien. Der einfache, aber sehr robuste Hauptrahmen trug den Kessel, das Führerhaus und die über dem hinteren Triebgestell liegenden Vorratsbehälter. Geheizt wurden die Maschinen mit Zuckerrohrabfällen. Die ausgezeichneten Laufeigenschaften und vor allem ihre Anpassungsfähigkeit an die Unebenheiten des leichten Oberbaues trugen dazu bei, daß von dieser Bauart eine große Zahl Lokomotiven nach Java und Peru geliefert wurden.
Zum Abschluß sei noch eine Lokomotive erwähnt, die vielleicht nicht unbedingt zu den abnormalen Bauarten zu zählen ist, aber wegen des für eine 1'D 1'-Schmalspurmaschine extrem langen Kuppelachsstandes, der fast einer F-gekuppelten Lokomotive derselben Basis gleichzusetzen ist, eine Art Sonderkonstruktion darstellt.
Die Unterbringung eines sehr leistungsfähigen Kessels samt Satteltank und darauf sitzenden Dampf- und Sanddomen ergab eine derart große Bauhöhe, daß die Feuerkiste mit dem Rost tiefer gelegt werden mußte. Diese Einbauverhältnisse und der zusätzliche große Gewichtsüberhang durch den sehr langen Kessel machten eine weite Rückverlegung der letzten Kuppelachse erforderlich. Die Kurvengängigkeit der Maschine wurde aber trotz des langen Achsstandes dadurch gewährleistet, daß nur die Räder der 1. und 4. Kuppelachse Spurkränze besaßen, während die Räder der mittleren beiden Achsen spurkranzlos waren. Die Lokomotive wurde 1893 von den Baldwin Locomotive Works fertiggestellt und an die Compañia Anónima Del Gran Ferrocarril De Trujillo ausgeliefert.

FEUERLOSE LOKOMOTIVEN

Die feuerlose Lokomotive erzeugt im Gegensatz zur normalen Dampflokomotive den Dampf nicht selbst, sondern nutzt die Fähigkeit des Wassers, große Energiemengen unter hohem Druck zu speichern. Hochgespannter Dampf wird einer ortsfesten Anlage ent-

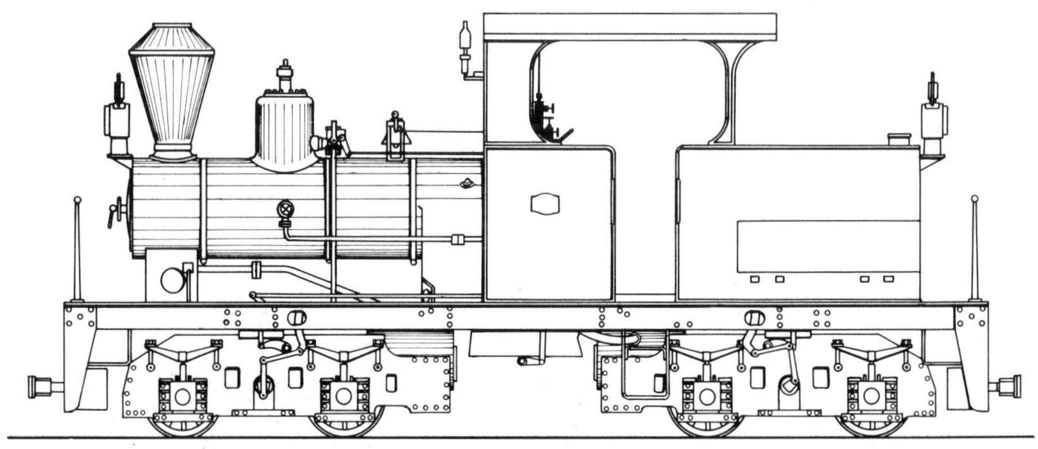

Abb. 199 B'B'n4-Plantagenlokomotive für 700 und 914 mm Spurweite, 1927 von Schwartzkopff entwickelt. (Zeichnung: Sammlung Ostendorf)

nommen und in den Zylindern verarbeitet, wobei die Dampfspannung entsprechend dem Verbrauch allmählich sinkt. Der Kessel ist im Betriebszustand etwa zu ⅔ mit Wasser gefüllt. Während der Dampfübernahme an der Ladestelle ist eine Erneuerung oder Auffüllung des Wassers nicht nötig, da im Gegenteil Kondensationsrückstände den Wasservorrat vergrößern. Diese überschüssige Menge muß von Zeit zu Zeit abgelassen werden.

Der durch die frei werdende Dampfmenge nutzbare Energievorrat ist maßgebend für die Einsatzmöglichkeiten der feuerlosen Lokomotive. Hierbei bestimmt der Mindestkesseldruck die Größe der Schlepplast in Abhängigkeit vom zurückgelegten Fahrweg. Bei aufgeladenem Kessel betragen die üblichen Dampfspannungen 12–14 bar, sie liegen damit niedriger als bei den gefeuerten Lokomotiven. Als geringster Kesseldruck sind noch 1,5 bar ausreichend, um im Leerlauf die Maschine zur Aufladestation zu fahren. Je nach Einsatz- und Belastungshäufigkeit reicht eine Dampffüllung durchschnittlich für etwa 8 Stunden Betriebszeit.

Die Bedienung feuerloser Lokomotiven ist recht einfach, da sie sich nur noch auf die Dampfverteilung und -steuerung beschränkt. Dampfmaschine und Steuerung zeigen keinen Unterschied gegenüber der üblichen Dampflokomotive. Lediglich in der Fahrwerksausführung hat sich bis auf wenige Ausnahmen die Anordnung der Zylinder unter dem Führerhaus als konstruktiv günstigere Lösung durchgesetzt.

Obwohl die feuerlose Lokomotive nur einen begrenzten Aktionsradius besitzt, gehörte sie schon sehr früh zu den meist verbreiteten Industriebauarten. Neben

Abb. 200 Frühe Dampfspeicherlokomotive des verbesserten Systems Lamm-Francq.
(Zeichnung: Sammlung Ostendorf)

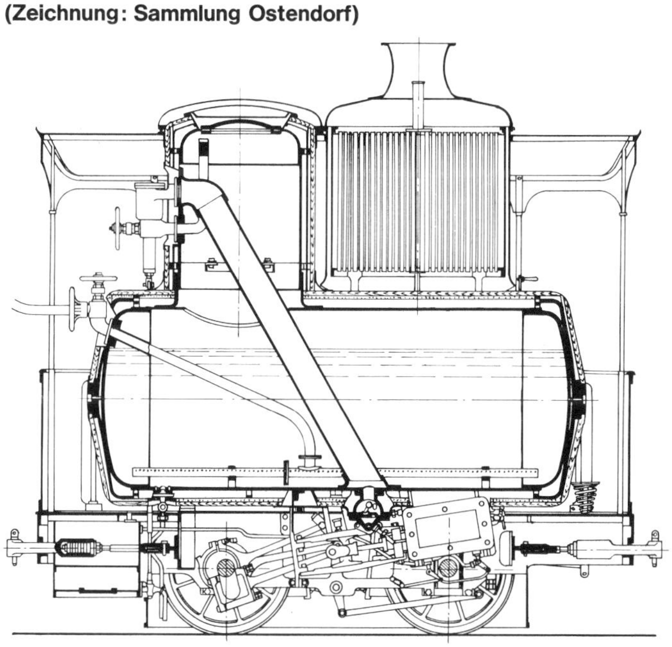

den Vorteilen ihrer nahezu uneingeschränkten Verwendbarkeit in Industriebetrieben mit erhöhter Feuer- und Explosionsgefahr wurde diese Lokomotivbauart wegen der geringen Unterhaltungskosten und ihrer hohen Wirtschaftlichkeit auch gern dort eingesetzt, wo ortsfeste Kesselanlagen wie beispielsweise auf den Schachtanlagen der Steinkohlenbergwerke oder in den großen Kraftwerksanlagen bereits vorhanden waren.

Die Entwicklung der feuerlosen Lokomotive reicht etwa bis ins Jahr 1871 zurück. Damals machte Dr. Emil Lamm in New Orleans Versuche mit einem mit Ammoniakgas betriebenen Trambahnwagen, der dem Prinzip nach als Vorläufer des späteren Honigmannschen Verfahrens betrachtet werden kann. Die unangenehme Geruchsbelästigung und die starke Korrosionswirkung des Ammoniaks auf die Eisenkonstruktion veranlaßten schon bald die Einstellung des Betriebes von Wagen mit Ammoniakgas.

Schon ein Jahr später setzte Lamm auf der Trambahn New Orleans–Carrolton die erste Heißwasser-Dampfspeicherlokomotive in Betrieb, bei der die vertikal angeordneten Zylinder über eine Kurbelwelle eine der beiden Achsen antrieben. Die Dampfspannung betrug bei dieser Maschine bereits 13 bar. Eine weitere Dampfspeicherlokomotive ließ sich der Belgier Léon Francq im Jahre 1875 patentieren. Im selben Jahr entwickelte L. J. Todd seinen Heißwasser-Dampfwagen, der im Gegensatz zu den Konstruktionen von Lamm und Francq erstmals Lokomotive und Personenwagen in der Art eines Straßenbahnwagens in einem Fahrzeug vereinte. Die beschränkten Einbauverhältnisse führten aber wieder zur Trennung beider Fahrzeugteile. Die Systeme Lamm und Francq erfuhren im Laufe der Jahre zahlreiche Verbesserungen, die schließlich zur Konstruktion der in Abb. 200 gezeigten Dampfspeicherlokomotive führten.

Eine Aufzeichnung der geschichtlichen Entwicklung der feuerlosen Lokomotive wäre unvollständig, würde man auf die Erwähnung jener berüchtigten Heiwasserlokomotive verzichten, die versuchsweise auf der Metropolitan Railway gelaufen ist. Mit Aufnahme des Fahrbetriebes beklagten sich die Reisenden zu Recht über die starke Rauchbelästigung vor allem bei längeren Tunnelfahrten im Stadtgebiet von London. Seitens der Bahngesellschaft glaubte man daher, in einer Heißwasserlokomotive mit Abdampfkondensation eine

Abb. 201 1A1-Heißwasserlokomotive mit Abdampfkondensation, wie sie als B-gekuppelte Maschine auf der Metropolitan Railway versuchsweise gelaufen ist.
(Zeichnung: Sammlung Ostendorf)

Abb. 202 B-Dampfspeicherlokomotive mit innenliegender Steuerung, Baujahr 1914.
(Foto: Schambach)

brauchbare Lösung finden zu können. Da keine autentischen Zeichnungen der B-gekuppelten Originalmaschine mehr existieren, soll die in Abb. 201 dargestellte einfach gekuppelte Ausführung ein ungefähres Bild der Ursprungslokomotive wiedergeben. Es steht aber fest, daß die Lokomotive für Breitspur gebaut war und einen zylindrischen Kessel sowie Kaltwasserbehälter zum Niederschlagen des Abdampfes besaß. In der Hoffnung, die Zugkraft noch erhöhen zu können, erzeugte man mit Hilfe einer Luftpumpe ein Teilvakuum hinter den Kolben.

Die Konstrukteure schienen aber wohl nicht so recht der Energiespeicherfähigkeit des heißen Wassers vertraut zu haben, denn vorsichtshalber sahen sie eine feuerbüchsähnliche Verbrennungskammer vor, in der glühende Briketts den Verdampfungsprozeß unterstützen sollten. Abgesehen von dieser konstruktiven Unüberlegtheit beging man noch den großen Fehler, das Eigengewicht der Maschine viel zu hoch anzusetzen. Außer einigen Probefahrten ohne Last konnten keine weiteren Tests unternommen werden. Alles in allem war die Lokomotive ein großer Mißerfolg.

Eine sehr brauchbare Konstruktion war dagegen die 1'C1'-Dampfspeicherlokomotive des Systems Francq & Mesnard, die speziell für den Einsatz auf den Untergrundstrecken der Pariser Ceinture gebaut worden war. Auch diese Maschine besaß neben dem mit 15 bar Druck betriebenen Dampfkessel eine Kondenseinrichtung für den Zylinderabdampf. Der Mindestkesseldruck wurde für diese Lokomotive mit 4,5 bar angegeben. Das Gesamtbetriebsgewicht von 53 t verteilte sich auf fünf Achsen, von denen 36 t als Reibungsgewicht auf die drei Kuppelachsen entfielen. Die äußerst leistungsfähige Bauart war in der Lage, Züge mit 140 t Eigengewicht mit 15 bis 25 km/h Geschwindigkeit zu befördern.

Das physikalisch und technisch einfache System der feuerlosen Lokomotive hat sich bis auf wenige konstruktive Abweichungen während seiner langen Entwicklungsgeschichte kaum geändert. In Deutschland griff als erste Lokomotivfabrik die *Hanomag* diese Idee auf. Ihr folgten dann in rascher Folge auch die anderen einschlägigen Firmen der Branche.

Die Lokomotiven wurden für die verschiedensten Spurweiten gebaut, wobei wegen des geringen Eigengewichtes der Maschinen die Achsfolgen B und C bevorzugt zur Anwendung kamen. Bei den älteren Maschinen, wie sie z. B. die Abb. 202 zeigt, wurde die Steuerung noch innen von der zweiten Achse abgenommen. Seltener waren dagegen schon feuerlose Lokomotiven mit vier oder gar fünf gekuppelten Achsen. Derartige Maschinen entwickelten immerhin die beachtliche Zughakenleistung von 368 kW.

Ausgesprochenen Seltenheitswert dürften aber feuerlose Lokomotiven der Gelenkbauart haben. Sie wurden in erster Linie zum Zweck der Zugkrafterhöhung entwickelt. Ein größerer Aktionsradius konnte nicht erzielt werden, da beide Speicher sich im Verbrauch wie zwei unabhängig voneinander arbeitende Lokomotiven verhielten. Die Firma Henschel lieferte im Jahre 1916 eine B'B'-Vierzylinder-Lokomotive (Abb. 203) an das Stahlwerk Thyssen, Hagendingen. Die

Abb. 203 B'B'-Dampfspeicherlokomotive des Stahlwerks Thyssen Hagedingen, 1916 von Henschel gebaut.
(Foto: Werkaufnahme Rheinstahl Transporttechnik)

Abb. 204 C-Dampfspeicher-Mitteldrucklokomotive (25 bar) mit Ventilsteuerung, 1914 von Esslingen gebaut. (Foto: Schambach)

Abb. 205 D1-Hochdruck-Dampfspeicherlokomotive (120 bar) Bauart Gilli der Wiener Gaswerke, 1934 von der Wiener Lokomotivfabrik gebaut. (Foto: Werkaufnahme Simmering-Graz-Pauker)

normalspurige Maschine war für ein Reibungsgewicht von 42,8 t und eine größte Zugkraft von 66 500 N konstruiert worden.

Ähnlich wie bei der gefeuerten Dampflokomotive führten auch bei der Dampfspeicherlokomotive die Bestrebungen zu höheren Dampfspannungen, um eine noch größere Wirtschaftlichkeit zu erzielen. Eine Zwischenbauart stellten dabei die feuerlosen Lokomotiven mit 25 bar Kesseldruck dar. Eine interessante Maschine dieser Gruppe ist in Abb. 204 dargestellt. Sie zeigt eine Ausführung mit Ventilsteuerung.

Die eigentliche Hochdruck-Dampfspeicher-Lokomotive fand erst durch das von Dr. Ing. Gilli entwickelte Verfahren praktische Anwendung. Und zwar wurde hier die physikalische Eigenschaft des Wassers genutzt, bei einem höheren Fülldruck auch eine entsprechend höhere Flüssigkeitswärme anzunehmen, ohne den Aggregatzustand zu ändern.

Der einem ortsfesten Dampferzeuger entnommene Dampf gelangte durch ein mit Düsen versehenes Rohr in den Kessel und wurde dort niedergeschlagen. Während der Dampfentnahme wurde der Dampf durch ein Druckminderventil von 120 bar auf 15 bar gedrosselt und in einer Rohrschlange durch das heißere Speisewasser kräftig überhitzt. Die Hochdruck-Dampfspeicher-Lokomotive besaß bei etwa 100 bar Ausgangsdruck das doppelte Speichervermögen einer feuerlosen Niederdruck-Lokomotive gleichen Gewichts. Der Fahrbereich erhöhte sich infolge des niedrigeren spezifischen Dampfverbrauches auf etwa das Dreifache. Weitere Vorteile der Dampfüberhitzung lagen im hohen konstanten Eintrittsdruck im Zylinder und wegen des größeren Arbeitsvermögens im größeren Zeitabstand zwischen zwei Füllungen.

Im Jahre 1934 baute die Wiener Lokomotivfabrik erstmals eine 120 bar Gilli-Hochdruck-Dampfspeicher-Lokomotive (Abb. 205) für die Wiener Gaswerke. Als Grundlage für den Aufbau der Maschine diente das fünfachsige Fahrwerk der österreichischen Güterzuglokomotive Serie 80, auf das der Kessel und das Führerhaus aufgebaut wurden. Fälschlicherweise wird in der Literatur immer wieder von einer E-gekuppelten Lokomotive gesprochen. In Wirklichkeit ist die Gilli-Lokomotive der Wiener Gaswerke eine D 1-Maschine, da die erste Achse hinter den Zylindern nicht mit der nachfolgenden Achse gekuppelt ist, d. h., man entfernte die ursprünglich vorhandenen Kuppelstangen. Mit 82 t Dienstgewicht und 151 800 N Zugkraft beförderte sie 1500 t Kohlenzüge über eine 17 ‰ Rampe vom Bahnhof Leopoldau zum Gaswerk. Besonders auffällig war das sehr hochgelegte Führerhaus, das im Rangierbetrieb eine gute Sicht auch über den Zug hinweg zuließ. Die Gilli-Lokomotive der Wiener Gaswerke dürfte, was ihre Größe und ihr Gewicht betrifft, kaum noch von einer anderen feuerlosen Lokomotive übertroffen worden sein.

In Erkenntnis der großen Wirtschaftlichkeit der Hochdruck-Dampfspeicher-Lokomotive nahm sich die Firma Henschel der Weiterentwicklung des Gilli-Verfahrens an. Die Abb. 206 zeigt eine im Jahre 1952 für die Farbwerke Höchst gelieferte Gilli-Maschine mit 60 t Dienst-

Abb. 206 C-Hochdruck-Dampfspeicherlokomotive, 1952 von Henschel für die Farbwerke Höchst gebaut. (Foto: Werkaufnahme Rheinstahl Transporttechnik)

gewicht und 125 bar Kesseldruck. Auch heute stehen noch zahlreiche Hochdruck-Dampfspeicher-Lokomotiven im schweren Rangierdienst dank ihrer ausgesprochen anspruchslosen und robusten Konstruktion, ihrer einfachen Handhabung und der geringen Aufwendungen für Betrieb und Unterhaltung.

KRANLOKOMOTIVEN

In vielen großen Industrieunternehmen standen früher neben den üblichen Werkslokomotiven auch Dampfkräne im Einsatz, da es oft nicht möglich war, Be- und Entladepunkte immer an ein- und dieselbe Stelle und damit unter eine stationäre Krananlage zu verlegen. Die Einführung der Kranlokomotive erwies sich schon bald als äußerst vorteilhaft, da sie erstens in der Anschaffung und Unterhaltung billiger war als eine Vielzahl örtlich festliegender Krananlagen, zweitens alle Eigenschaften der normalen Rangierlokomotive besaß.
Kranlokomotiven wurden überwiegend auf den Fabrikhöfen und Lagerplätzen von Maschinenfabriken und Kesselschmieden sowie in Schiffswerften, Docks und in den Ausbesserungswerken vieler Bahngesellschaften zum Umschlag und Transport außerhalb der Werkshallen lagernden Materials verwendet.
Es ist sehr schwierig, den Ursprung dieser Lokomotivbauart aufzuspüren, es dürfte aber mit ziemlicher Sicherheit feststehen, daß sie bereits vor 1860 eingeführt worden ist. Eine der frühesten Kranlokomotiven war im Jahre 1865 von der London and Western Railway in deren Werkstätten in Crewe durch Umbau einer kleinen B-gekuppelten Tenderlokomotive erstellt worden. Leider existieren von dieser Maschine keine Unterlagen mehr.
Bezüglich ihrer Bauart schienen viele Kranlokomotiven normale Standard-Rangierlokomotiven mit Kranzusatzeinrichtung zu sein, tatsächlich gab es aber eine Vielzahl von Variationen. Eine grobe Unterteilung der Kranlokomotiven nach ihrem Verwendungszweck erfolgte durch die Aufteilung in zwei Baugruppen. Bei der ersten Gruppe war der Kran ungefähr in der Mitte der Lokomotive über dem Kessel angeordnet. Die zweite Gruppe zeigt jene Ausführung, bei welcher der Kran hinter dem Führerhaus auf einer angeflanschten Rahmenverlängerung verlagert war. Entscheidend für die Wahl der jeweiligen Konstruktion waren neben den Betriebsanforderungen auch die örtlichen Verhältnisse. Bei dem ersten Typ konnte beispielsweise der Ausleger einen kompletten Kreis beschreiben, so daß die Ladung entweder um die Vorder- oder um die Rückfront von einer Seite auf die andere geschwenkt werden konnte – ein besonderer Vorteil bei Tätigkeiten in engen Räumlichkeiten.
Die Kräne ganz früher Bauarten wurden noch mit einer Zweizylinder-Dampfmaschine ohne Umsteuerung betrieben, wobei das Ablassen der Ladung durch eine handbetätigte Bremse erfolgte. Nicht weniger primitiv war auch das Schwenken des Auslegers in die Arbeitsstellung. Ein Seil wurde in den Kranhaken eingehängt, an dem ein Mann den Ausleger samt Ladung in die gewünschte Position drehte. Später wurden alle Kranbewegungen mechanisiert, was allerdings zur Folge hatte, daß die Kranlokomotive bezüglich der Bedienung sehr vielteilig wurde, da drei voneinander unabhängige Reversier-Dampfmaschinen zum Heben und Senken, zum Drehen und zum Fahren notwendig waren. Ab ca. 1925 setzten sich dann vermehrt Kranlokomotiven durch, bei denen das Hub- und Schwenkwerk nur noch von einer Maschine betrieben wurden. Zu den Pionieren dieser Lokomotivgattung gehörte zweifellos jene kleine B-Kranlokomotive (Abb. 207), die 1875 von Neilson & Co. gebaut worden war. Sie stellte eine ausgefallene Bauart dar, bei der der Kran auf dem Schornsteinaufsatz verlagert war. Als Antriebsmaschine für den Hebemechanismus diente eine nicht umsteuerbare Zweizylinder-Dampfmaschine, die an der Rückseite des Auslegers angebaut war und gemeinsam mit diesem alle Drehbewegungen mitmachte. Eine zweite Dampfmaschine lag auf der linken Maschinenseite neben der Rauchkammer und trieb über ein Zahnradvorgelege Schnecke und Schnecken-

Abb. 207 B n2-Kranlokomotive mit auf dem Schornsteinaufsatz verlagertem Kran, 1875 von Neilson & Co. gebaut. (Foto: Manchester Museum of Science & Technology)

rad des Drehkranzes an. Da die Lasten nur vor und neben der Lokomotive bewegt werden konnten, hat man auf besondere Gegengewichte am Ausleger verzichtet. Die Hubkraft des Krans betrug bei rund 3 m Auslegerlänge 15 kN. Abweichend von den allgemeinen Ausführungen der damaligen Rangierlokomotiven besaß die Maschine innenliegendes Triebwerk.
Doch kehren wir zurück zu den beiden zuvor erwähnten Hauptbaugruppen, deren verbreiteste jene mit auf dem Kessel verlagertem Kran war. Der Grund für diese bevorzugte Ausführung lag in der höheren Belastbarkeit des Hebezeuges infolge günstigeren Standvermögens der Lokomotive durch die fast mittig auf das Fahrwerk einwirkenden Lagerkräfte. Eine außergewöhnlich leistungsfähige Maschine dieses Typs war eine von Andrew Barclay, Sons & Co., Ltd., Kilmarnock gebaute Dn2-Kranlokomotive (Abb. 208), die imstande war, bei 4,9 m Auslegerlänge 8 t zu heben. Auch hier sorgten wieder zwei getrennt arbeitende Dampfmaschinengruppen für sämtliche Dreh- und Hubbewegungen. Der Kranleistung entsprechend war auch die Lokomotive wohl proportioniert. Die Zylinderabmessungen betrugen für den Kolben 431,8 mm Durchmesser und für den Hub 558,5 mm. Der Radstand war 3657,6 mm und das Dienstgewicht 66 t.
Die Kranlokomotiven fanden auf dem Kontinent nicht eine solch große Verbreitung wie gerade in Großbritannien. Eine typische Kranlokomotive deutschen Ursprungs zeigt die Abb. 209. Die von der Lokomotivfabrik Jung im Jahre 1910 an die Vereinigten Hüttenwerke Burbach-Eich-Düdelingen (heute ARBED S.A., Dudelange/Luxembourg) gelieferte B1-Drehkranmaschine mit 5 t maximaler Tragfähigkeit entsprach der ausgesprochenen Industriebauart ohne Profileinschränkung in der Höhe. Der Kran ruhte auf einem genieteten den Kessel umfassenden Blechrahmen, der sich direkt auf den Fahrwerksrahmen abstützte. Der nicht höhenverstellbare Ausleger lief auf Kugellagern und konnte um 360° schwenken.
Als Ergänzung zur Ausführung mit mittig auf dem Kessel angeordnetem Kran gab es noch eine weitere Bauart mit höhenverstellbarem Ausleger. Bei diesen Kränen war die Auslegerlänge gewöhnlich größer als bei den Lokomotiven mit starrem Ausleger. Der Vorteil lag sowohl im größeren Schwenkradius als auch im größeren Hubbereich.
Das Prinzip der Arbeitsweise und Funktion war völlig

Abb. 208 D n2-Kranlokomotive mit auf dem Kessel angeordnetem Kran Bauart Andrew Barclay, Sons & Co. (Foto: Werkaufnahme Barclay)

abweichend von den bisher bekannten Ausführungen. Der Ausleger schwenkte beim Heben und Senken um einen durch zwei Stützhebel gebildeten schwebenden Drehpunkt, der in geringer Entfernung vom kurzen Ende des Auslegers lag. Der Ausleger wurde zu den zu bewegenden Lasten abgesenkt und anschließend auf die erforderliche Höhe angehoben. Anstatt einer besonderen Dampfmaschine diente für die Hubbewegungen ein einzelner senkrecht im Mittelpunkt des Drehschemels angeordneter Zylinder, dessen Kolben direkt mit dem kurzen Ende des Auslegers verbunden war und der als doppeltwirkender Zylinder arbeitete. Die Steuerung der Hubbewegungen erfolgte durch Variieren des Drucks auf der Kolbenunterseite, während die Kolbenoberseite immer mit dem vollen Kes-

Abb. 209 B1 n2-Kranlokomotive der Vereinigten Hüttenwerke Burbach-Eich-Düdelingen, 1910 von Jung geliefert. (Foto: Werkaufnahme Jung)

Abb. 210 B n2-Kranlokomotive mit höhenverstellbarem Ausleger, 1925 von Robert Stephenson & Hawthorns, Ltd. an die New South Wales Government Railways geliefert.
(Foto: Werkaufnahme R. Stephenson & Hawthorns)

seldruck beaufschlagt wurde. Bei dieser Konstruktion wurden weder Zahnradvorgelege noch Seile oder Ketten für den Hebemechanismus benötigt. Als Schwenkantrieb diente wie üblich eine Zweizylinder-Dampfmaschine, die horizontal vor dem Drehkranz angeordnet war. Im Ruhezustand stützte sich der Ausleger auf einem Kragen am Schornstein ab. Dieser Typ entstand in den frühesten Tagen der Kranlokomotive. Ein Beispiel dieser Bauart ist die in Abb. 210 dargestellte B-Kranlokomotive, die Robert Stephenson & Hawthorns, Ltd., Newcastle-on-Tyne 1925 für die New South Wales Government Railways baute.

Zur Gruppe der Kranlokomotiven mit hinter dem Führerhaus verlagerten Kran gehörte unter anderem die 1891 von Beyer, Peacock & Co., Manchester für die Ferrocarril Buenos Ayres Y Rosario gebaute B1-Maschine (Abb. 211). Der Kran stand auf einem erhöhten gußeisernen Sockel über der Schleppachse, die in einem an den Hauptrahmen angeflanschten Hilfsrahmen verlagert war. Das Außergewöhnliche dieser Kranausführung lag in der Antriebsmaschine, die hier erstmals für die Doppelfunktion Heben und Schwenken ausgelegt war. Die Zweizylinder-Dampfmaschine ohne Umsteuerung trieb ein Reibradgetriebe an, bei dem die Welle des zweiten Rades in einem exzentrischen Zapfenlager geführt war und durch einen Handhebel in Eingriff mit dem Treibrad gebracht wurde. Wurde der Handhebel losgelassen, so war die kraftschlüssige Verbindung aufgehoben, und die Last konnte mit Hilfe einer Handbremse abgesenkt werden.

Über die äußeren Nockenscheiben an der Kurbelwelle der Hebemechanik übertrugen Kuppelstangen die Drehbewegung auf eine Zwischenwelle in der Höhe des Auslegerdrehpunktes, von wo die Bewegungen über eine Getriebestufe auf das Schneckenrad des Drehkranzes übertragen wurden. Eine Schaltkupplung diente zur Umsteuerung und zum Auskuppeln des Schwenktriebes. Während des Schwenkvorganges wurde die Last mittels einer Sperrvorrichtung im Hubgetriebe festgesetzt. Die Lastgrenze des Krans lag bei 3 t und 3,5 m Schwenkradius.

Drei Kranlokomotiven sehr ungewöhnlicher Bauart (Abb. 212) standen lange Zeit bei der Great Western Railway Company im Einsatz, die sich in einer Reihe wesentlicher Merkmale von den bisher bekannten Konstruktionen unterschieden. Auffallend war zunächst, daß der Kran auf dem erheblich verlängerten und durch ein zweiachsiges Drehgestell unterstützten Hauptrahmen der Lokomotive freistehend angeordnet war. Ferner konnte der Ausleger in der Höhe verstellt werden. Ein weiteres Merkmal dieser außergewöhnlichen Bauart war die mit dem Kran sich drehende Bedienungsplattform. Im Betriebszustand wurden durch Feststellschrauben die Achslager gegenüber dem Drehgestellrahmen festgesetzt, um so der Loko-

Abb. 211 B1 n2-Kranlokomotive mit nur einer Dampfmaschine für Heben und Schwenken, 1891 von Beyer, Peacock & Co. für die Ferrocarril Buenos Ayres y Rosario gebaut.
(Foto: Manchester Museum of Science & Technology)

**Abb. 212 C2′h2-Kranlokomotive der Great Western Railway mit freistehendem Kran und schwenkbarer Bedienungsplattform.
(Foto: British Railways Board)**

motive die nötige Standfestigkeit zu geben. Die normale Tragfähigkeit des Krans betrug 3 t bei 5,5 m Schwenkradius bzw. 4,5 t bei 3,7 m Schwenkradius. Um aber noch größere Lasten heben zu können, waren zusätzlich Stützausleger vorgesehen, die jeweils paarweise vor und hinter dem Drehgestell seitlich am Maschinenrahmen montiert waren. Bei ausgefahrenen Stützauslegern konnten 9 bzw. 6 t bei 3,7 bzw. 5,5 m Schwenkradius gehoben werden. Alles in allem gehörten diese Maschinen zu den modernsten und leistungsfähigsten Kranlokomotiven, die je gebaut worden sind. Ihr Einsatz erfolgte meistens in Verbindung mit Hilfszügen.

Zur Kategorie der Kranlokomotiven mit höhenverstellbarem Ausleger gehörten natürlich in erster Linie auch die sogenannten selbstfahrenden Dampfdrehkräne, bei denen das Schwergewicht der Konstruktion im Gegensatz zu den bisherigen Ausführungen auf der Kranausbildung lag. Von den vielen bekannten Typen zeigt die Abb. 213 einen von R. & H. Hawthorn, Leslie & Co., Ltd. im Jahre 1912 für die Consett Iron Co. gebauten Dampfdrehkran mit direkt angetriebenem Fahrwerk. Charakteristisch für diese Dampfkräne war der aus Platzgründen verwendete vertikale Röhrenkessel.

Zum Abschluß dieses Kapitels sei noch ein Beispiel für eine Kranlokomotive mit hydraulischem Antrieb genannt. Im Jahre 1902 lieferte Beyer, Peacock & Co., Ltd. zwei derartige C-gekuppelte Satteltank-Kranlokomotiven an die Queensland Government Railways. Vom Aufbau her zählten sie zur Gruppe der Maschinen mit außermittig verlagertem Kran. Der Ausleger drehte sich auf einem hinter der Feuerkiste zwischen den Rahmenwangen eingesetzten Lagerbock, der mit einem Kugellagerdrehkranz ausgerüstet war. Die Hydraulikeinrichtung zum Heben und Senken der Last befand sich im senkrechten Teil des Lagerbockes. Zwei auf beiden Seiten der Krankonstruktion angeordnete Hubzylinder dienten der Schwenkbewegung des Auslegers. Eine zweistufige Dampfpumpe versorgte die Hydraulikeinrichtungen mit der erforderlichen Ölmenge. Sobald die Pumpe zu arbeiten begann, wirkten automatisch besondere Hydraulikzylinder auf die Achslager, so daß die gesamte Betriebslast während des Kranbetriebes unmittelbar auf die Achsen übertragen werden konnte. Sowohl der Hubals auch der Schwenkmechanismus konnten von einem Steuerhebel einzeln oder gemeinsam betätigt werden. Die Tragfähigkeit der Maschine betrug ca. 3 t bei 3 m Auslegerlänge.

Zusammenfassend darf gesagt werden, daß die Kranlokomotive als ausgesprochene Speziallokomotive der Industrie und mancher Bahngesellschaften – sei es als Dampflokomotive oder auch als Dampfspeichermaschine – eine Vielzahl von Bauarten beinhaltete, wodurch sie ohne Zweifel zu den außergewöhnlichen Sonderkonstruktionen der Industrielokomotiven zählte.

**Abb. 213 B n2-selbstfahrender Dampfdrehkran, 1912 von R. & W. Hawthorn, Leslie & Co. für die Consett Iron Co. gebaut.
(Foto: Werkaufnahme R. & W. Hawthorn, Leslie & Co.)**

Getriebelokomotiven

Die Getriebelokomotive stellt die nachweislich älteste Bauart der Dampflokomotive dar. Man war noch weit davon entfernt, die Bewegungsenergie der Kolben direkt über Treibstangen auf die Räder zu übertragen, als Trevithick im Jahre 1803 die erste Lokomotive der Welt konstruierte und baute. Zwar erkannte und nützte Trevithick die Vorteile des Kurbeltriebes, lineare Bewegungsvorgänge in rotierende umzusetzen, die Anordnung des Zylinders zwang ihn jedoch, ein Zahnradvorgelege für die Übertragung der Drehmomente vorzusehen. Auch spätere Konstruktionen wie die »Puffing Billy« von Hedley oder die »Mylord« von Stephenson zeigen im Prinzip der Kraftübertragung noch eine gewisse Anlehnung an Trevithicks Maschine. Der Zahnradantrieb fand selbst noch Jahre nach der Einführung des Stangenantriebes bei der »Rocket« Anwendung bei vielen Lokomotiven mit stehenden Kesseln und vertikal angeordneten Zylindern.

Die Getriebelokomotiven gehören im Gegensatz zu den Kolbenlokomotiven zu den Maschinen mit mittelbarem Antrieb, das heißt, eine schnellaufende Antriebsmaschine arbeitet über ein zwischengeschaltetes Untersetzungsgetriebe auf die Achsen. Der Vorteil dieser Bauart liegt in der guten Anpassungsfähigkeit der Antriebsmaschine an den jeweils herrschenden Betriebszustand, das bedeutet, Leistung und Zugkraft können in den unteren Geschwindigkeitsbereichen durch Zwischenschalten einer Untersetzungsstufe erhöht werden. Diese Erkenntnis ermöglicht unter anderem eine kleinere und leichtere Kesselausführung gegenüber den Lokomotiven mit unmittelbarem Antrieb, bei denen der Kessel für eine bestimmte indizierte Leistung ausgelegt sein muß, wenn eine geforderte Zugkraft in Abhängigkeit von einer vorgegebenen Geschwindigkeit erzielt werden soll. Da es sich bei den Lokomotiven der vorliegenden Sonderbauart um Maschinen handelt, die hauptsächlich in niedrigen Geschwindigkeitsbereichen arbeiten, kann entweder die wirksame Leistung mit Hilfe eines starren Vorgeleges erhöht werden, oder aber bei gleicher Kesselleistung die Kesselabmessungen verringert werden. Im letzten Fall bedeutet dieses ein geringeres Eigengewicht der Lokomotiven gegenüber der Regelbauart. Nachteilig wirkt sich die kompliziertere Bauart auf die Beschaffungs- und Unterhaltungskosten aus.

Die Gruppe der Getriebelokomotiven umfaßt eine Vielzahl unterschiedlichster Bauarten, deren gemeinsame Charakteristik der Betrieb in den niedrigen Geschwindigkeitsbereichen ist. Dieses Merkmal verweist die Getriebelokomotive allgemein in ein spezielles Arbeitsgebiet auf Privat- oder Nebenbahnen, sie ist kaum als Vollbahnlokomotive auf Hauptstrecken angetroffen worden.

DIE ZAHNRADLOKOMOTIVE

Die Dampflokomotive mit all ihren Sonderbauarten wird seit dem von Trevithick erbrachten Nachweis über die Reibungsverhältnisse zwischen Rad und Schiene für den reinen Adhäsionsbetrieb gebaut. Allerdings sind dem Betrieb auf den sogenannten Reibungsbahnen Grenzen gesetzt, soweit die übliche Grenzsteigung einer Strecke das Verhältnis 1:10 überschreitet. In diesem Fall ist eine kraftschlüssige Verbindung zwischen Triebfahrzeug und Schiene unumgänglich, da die Reibung zwischen Rad und Schiene nicht mehr zur Übertragung der Antriebskräfte ausreicht, die Treibräder würden durchrutschen. Die Lösung dieses Problems liegt bereits in der Überlegung der ersten Entwicklungsjahre der Eisenbahn. In Unkenntnis der von Trevithick nachgewiesenen Reibungsverhältnisse zwischen Rad und Schiene baute Blenkinsop 1811 eine Lokomotive, bei der ein Zahnrad in eine neben den Schienen montierte Zahnstange eingriff (siehe Seite 10, Abb. 3). Blenkinsop glaubte noch, daß die Reibung der Treibräder auf den Schienen nicht ausreichen würde, einen Zug in Bewegung zu setzen, sondern zu diesem Zweck ein Zahnrad in einer mit der Schiene verbundenen Zahnstange eingreifen müsse. Er hatte damit bereits fast 60 Jahre vor Inbetriebnahme der ersten Zahnradbahn die Zahnradlokomotive erfunden. Obwohl Blenkinsops Erfindung für die Entwicklung der

Vollbahnen in der Ebene keine Bedeutung hatte, stellte sie tatsächlich die Lösung für die schienengebundene Bergbahn dar. Das Patent auf diese Erfindung wurde allerdings nahezu gleichzeitig dem Schweizer Nikolaus Riggenbach und dem Amerikaner Sylvester Marsh zugesprochen.

Die auf den Steilstrecken unumgänglich niedrigen Geschwindigkeiten kommen dem Betrieb auf einer Zahnradbahn sehr entgegen. Größere Geschwindigkeiten spielen auf den Bergbahnen schon der Bedeutung der Bahnen wegen eine untergeordnete Rolle. Die reinen Bergbahnen haben weniger eine wirtschaftliche als eine touristische Bedeutung. Anders bei den gemischten Zahnrad- und Adhäsionsstrecken, auf denen eine höhere Durchschnittsgeschwindigkeit durch den meist größeren Anteil der Reibungsstrecke erzielt wird.

Die Entwicklung der Zahnradbahn erfuhr durch die Ideen Riggenbachs einen ungeahnten Auftrieb in Europa. In Amerika hatte zwar Cathcart im Jahre 1847 eine Zahnradbahn zwischen Madison und Indianapolis gebaut, der geringe Erfolg dieses Unternehmens ließ jedoch den Gedanken des Zahnradantriebes bald wieder in Vergessenheit geraten. Riggenbach erkannte, daß die Überwindung starker Steigungen ihre einfachste und günstigste Lösung darin fand, eine Zahnstange mitten ins Gleis zu legen, in die ein von der Lokomotive angetriebenes Zahnrad eingreift. Noch bevor Riggenbach sein System in Europa erproben konnte, hatte man in Amerika sein Verfahren aufgegriffen. So baute Marsh 1869 eine Zahnradbahn mit zwischen den Schienen liegender Zahnstange auf den Mount Washington. Erst nach dem Bau der Rigibahn im Jahre 1871 fand der Zahnradantrieb der Bauart Riggenbach auch über die Grenzen der Schweiz hinaus größere Verbreitung.

Die Konstruktion der Zahnradlokomotiven unterliegt anderen Gesetzen als die der normalen Reibungslokomotiven. Bisher wurde das Gewicht der Lokomotive als Funktion der geforderten Zugkraft betrachtet, wobei natürlich das zunehmende Eigengewicht der Maschine einen Teil der Zugkraft wieder aufzehrt. Beim reinen Zahnradbetrieb besteht die Abhängigkeit der Zugkraft vom Lokomotivgewicht nur insoweit, als ein bestimmtes Eigengewicht vorhanden sein muß, um ein Aufsteigen des Treibzahnrades aus der Zahnstange zu verhindern. Bezogen auf das Zuggewicht kann demnach der Anteil des Lokomotivgewichtes klein gehalten werden.

Die einfachste Bauart der Zahnradlokomotive besteht aus einem einzelnen, zwischen zwei Laufrädern verlagertem Zahnrad, das über ein Untersetzungsgetriebe von einer Blindwelle angetrieben wird. Charakteristisch ist die als Bandbremse ausgebildete Bremseinrichtung, die entweder auf die als Bremstrommeln hergerichteten Schwungscheiben der Blindwelle oder auf besondere auf der Zahnradwelle montierte Bremsscheiben wirkt. Die meistens sehr einfachen Naßdampfmaschinen hatten eine der mittleren Neigung der Strecke vorgegebene Schräglage des Kessels, die bei Berg- bzw. Talfahrt eine nahezu horizontale Lage des Kessels ermöglichte. Derartige Lokomotiven wurden mit einem, höchstens aber zwei Wagen hauptsächlich auf Zahnradstrecken eingesetzt, die in erster Linie touristische Bedeutung haben. Die Lokomotive war grundsätzlich auf dem talseitigen Ende des Zuges zu finden. Einmal stützte sich das Gesamtgewicht der Wagen auf die Lokomotive ab, wodurch hochbeanspruchte Kupplungselemente entfielen, zum anderen stellte die beschriebene Anordnung eine größere Sicherheit für die Fahrgäste dar, da der Bruch eines Zahnrades oder das Versagen der Bremsen seltener ist, als das Reißen einer Kupplung.

Der Zahnradbetrieb entbehrt leider nicht gewisser Schwächen, die unter Umständen in ihren Auswirkungen verheerend sein können. Eine Gefahr liegt in der Belastbarkeit des einzelnen Zahnes aufgrund seiner konstruktiven Ausbildung und der Beschaffenheit des verwendeten Materials. Überschreitungen der zulässigen Zahnbeanspruchungen oder fehlerhaftes Material können zum Zahnbruch im Rad oder in der Zahnstange führen. Diesen Umstand versuchte man durch verschiedene Konstruktionen abzuhelfen. Ein naheliegender Gedanke besteht im Hintereinanderschalten von zwei Zahnrädern, die von ebenfalls zwei miteinander gekuppelten Blindwellen angetrieben werden. Bei gleichmäßiger Verteilung der zu übertragenden Kräfte kann die Zahnbelastung reduziert werden, bzw. bei Ausnutzung der zulässigen Beanspruchungen die Zugkraft verdoppelt werden. Ein Beispiel dieser Bauart zeigt die in Abb. 214 dargestellte Lokomotive der Drachenfelsbahn, die sich leider durch das schwere Unglück im Jahre 1958 einen schlechten Abgang verschaffte.

Eine vielversprechende Lösung dieses Problems stellte der Vorschlag von Roman Abt dar, der anstatt zwei

Abb. 214 Zahnradlokomotive der Drachenfelsbahn aus dem Jahre 1926 für reinen Zahnradantrieb mit zwei Zahnrädern. (Foto: Werkaufnahme Esslingen)

Zahnräder hintereinanderzuschalten, diese nebeneinander auf ein und dieselbe Welle verlegte, wobei die beiden Zahnkränze zusätzlich um eine Zahnteilung versetzt sind, dasselbe gilt natürlich auch für die doppelt ausgeführte Zahnstange. Bei dieser Anordnung ist das Ausbrechen eines Zahnes nicht von solch folgenschwerer Bedeutung, da ein Rad gewissermaßen immer das andere stützt und sichert. Diesem Vorteil gesellt sich die Annehmlichkeit eines ruhigeren und gleichmäßigeren Laufes des Triebwerks hinzu. Die Abbildung 215 zeigt einen typischen Vertreter dieser Bauart und zwar mit zwei Triebzahnrädern des Systems Abt. Diese 1891 für die Brienz-Rothorn-Bahn in vier Exemplaren gebaute Zahnradlokomotive mit Bisselachse und außenliegenden Rahmen weist eine kleine Sonderheit auf, die darin liegt, daß die beiden Zylinder neben dem Kessel etwa zwischen den beiden Treibachsen liegen und über einen Balancier die beiden gekuppelten Achsen antreiben. Im übrigen stellt diese Lokomotive eine Abart der reinen Zahnradlokomotive dar, da durch den gemeinsamen Antrieb von Lauf- und Zahnrädern ein gemischter Zahn- und Reibungsbetrieb möglich ist. Bei einer späteren Lieferung der gleichen Bauart für die Brienz-Rothorn-Bahn wurde die Lokomotive als Heißdampfmaschine ausgeführt. Die Übertragung der Kolbenschubkräfte erfolgte hierbei durch zwei Blindwellen mit dazwischengeschalteter Getriebestufe über Treib- und Kuppelstangen auf die Räder.

Bei den Betrachtungen über die Lokomotiven für den reinen Zahnradbetrieb soll an dieser Stelle eine wenig bekannte Zahnradlokomotive erwähnt werden, die wegen ihrer für diesen Maschinentyp ungewöhnlichen Fahrgestellkonstruktion eine gewisse Kuriosität darstellt. Im Auftrag der Petropolisbahn (EFPGP) in Brasilien bauten die Baldwin Locomotive Works 1888 eine Zweizylinder-Naßdampfmaschine mit doppelrädrigem Zahnradtriebwerk System Riggenbach (Abb. 216), bei dem der Antrieb der Zahnräder über eine Getriebestufe erfolgte, die ihrerseits durch eine von der Treibstange betätigte Blindwelle angetrieben wurde. Die über ein Kuppelgestänge mit der Blindwelle verbundenen beiden Bremstrommeln dienten lediglich zum Abbremsen des Triebwerks, d. h. sie liefen während des Betriebs leer mit. Das Fahrwerk besaß vier Laufachsen, von denen die beiden vorderen in einem Drehgestell und die beiden hinteren seitenbeweglich im Hauptrahmen verlagert waren. Diese etwas eigenwillig anmutende Anordnung der Laufachsen war aber eine zwingende Notwendigkeit bezogen auf die große Baulänge des Zahnradtriebwerks und dem sich daraus ergebenden großen Achsabstand zwischen den beiden innenliegenden Laufachsen.

Eine weitere Schwäche und damit eine Gefahr des Zahnradantriebes besteht darin, daß das Zahnrad bzw. die Zahnstange infolge ungleichmäßiger Abnützung der Zähne und unterschiedlicher Wärmedehnung Teilungsfehler aufweisen, was zum Aufstelzen oder Hochklettern des Zahnrades in den Zähnen der Zahnstange führen kann. Dieses Problem führte neben den beiden bereits bekannten Systemen zur Einführung eines dritten, dem von Strubs. Er verwendete

Abb. 215 Zahnradlokomotive der Brienz-Rothorn Bahn für reinen Zahnradantrieb mit zwei Zahnrädern und Bisselachse, Baujahr 1891. (Foto: Werkaufnahme SLM)

Abb. 216 Zahnradlokomotive für reinen Zahnradantrieb mit Doppelrad, einstellbaren Endachsen und Drehgestell der Petropolisbahn in Brasilien, 1888 von Baldwin gebaut. (Foto: Werkaufnahme Baldwin Locmotive Works)

Abb. 217 C-Tenderlokomotive für gemischten Reibungs- und Zahnradbetrieb, 1913 von Jung an die Zahnradbahn St. Andreasberg im Harz geliefert.
(Foto: Werkaufnahme Jung)

beim Bau der Jungfrau-Bahn im Jahre 1896 eine verzahnte Schiene, unter deren Kopf beidseitig eingeschwenkte Gleitstücke einer Vorrichtung der Lokomotive griffen, die ein Hochklettern der Lokomotive innerhalb der Zahnstange verhindern sollten.
Von weiteren Lösungsvorschlägen soll hier nur noch das Prinzip von Locher genannt werden. Er führte im Jahre 1885 bei der Pilatus-Bahn eine Zahnstange mit zwei seitlichen, horizontal liegenden Zahnreihen ein. Die auf dieser mit stellenweise 480 ‰ Steigung steilsten Zahnradstrecke der Welt eingesetzten Dampftriebwagen besaßen auf dem talseitig gelegenen Führerhauskomplex einen querliegenden Dampfkessel. Unter dem Führerhaus lag die Dampfmaschine und die beiden waagerecht angeordneten Zahnräder, die seitlich von außen in die Zahnstange eingriffen und diese zwischen sich hindurch führten. Ein weiteres Zahnradpaar vor der bergseitigen Laufachse diente dem Abbremsen des Triebwagens. Die mit 32 Sitzplätzen ausgerüsteten Wagen wogen leer 11 t und erreichten eine Fahrgeschwindigkeit von 4,3 km/h. Die etwas komplizierte und ungewohnte Art dieses Zahnradantriebes fand in Deutschland keine Verbreitung.
Die bisherigen Betrachtungen bezogen sich ausschließlich auf Bergbahnen mit reinem Zahnradbetrieb. Mit zunehmender Nutzung der Zahnradlokomotive ergab sich die Überlegung, Strecken mit unterschiedlichen Steigungen je nach den Streckenverhältnissen sowohl im Reibungs- als auch im Zahnradbetrieb zu befahren. Es wurde also ein Lokomotivtyp entwickelt, der für diesen sogenannten gemischten Betrieb zusätzlich zum Zahnradantrieb noch ein normales Reibungstriebwerk erhielt. Diese Bauart unterscheidet bezüglich der Zugkraft zwei grundsätzlich verschiedene Geschwindigkeitsbereiche, unabhängig davon, welche Antriebsenergie verwendet wird. Im oberen Geschwindigkeitsbereich wird die Zugkraft durch die verfügbare Antriebsleistung begrenzt, im unteren durch die Möglichkeit der Kraftübertragung auf die Schiene. Ursprünglich hatten beide Triebwerke annähernd gleiche Zugkräfte. Im Laufe der Entwicklung wurde die Reibungszugkraft durch Vergrößerung der Achszahl und Erhöhung der Achslast derart angehoben, daß die Zahnradzugkraft wegen der konstruktiven Bindungen an die Zahnform, der Bruchfestigkeit und der Beschränkung der Zähnezahl dem nicht mehr folgen konnte. Das Verhältnis der Zugkraft mußte sich daher zugunsten des Reibungsantriebes verschieben. Die Folge war, daß auf vielen ursprünglichen Zahnradstrecken die schweren Lokomotiven der Normalbauart den gemischten Reibungs-Zahnrad-Betrieb endgültig durch den reinen Reibungsbetrieb ersetzten, hierdurch wurde auch die Geschwindigkeitsbegrenzung auf der Zahnstangenstrecke aufgehoben.
Die Lokomotiven für den gemischten Betrieb erhielten zwei getrennte Antriebe, wobei man die Zylinder für den Zahnradbetrieb nach innen, die für den Reibungsbetrieb nach außen legte. Die schlechte Zugänglichkeit des Innentriebwerkes und das bereits schon raumfüllende Zahnradvorgelege zwischen den beiden Rahmenwangen führte später zur Verlegung der gesamten Zylindergruppen nach außen. Jede Maschinengruppe besaß ihre eigene Steuerung. Ein Beispiel dieser Bauart zeigt die in Abbildung 217 dargestellte Vierzylinder-Verbund-Zahnradlokomotive für gemischten Betrieb, die 1913 von der Firma Jung an die Zahnradbahn St. Andreasberg im Harz geliefert worden war.
Die auf den thüringischen Zahnradstrecken der Preußischen Staatsbahn eingesetzten Lokomotiven der Gattung T 26 waren schon vor dem Ersten Weltkrieg zu schwach geworden und bedurften dringend eines entsprechenden Ersatzes. Ein von Borsig ausgearbeiteter Entwurf einer 1'D 1'-Maschine konnte durch den Krieg erst 1921 fertiggestellt werden. Da für die Zahnstange des Systems Abt zwei Zahnräder erforderlich waren, erhielt die Maschine zwei durch Kuppelstangen verbundene Antriebswellen. Diese nur in einem Exemplar gebaute Lokomotive beförderte etwa 150 t auf 60 ‰ Steigung, damit war sie die stärkste Zahnradlokomotive der Preußischen Staatsbahn.
Aber auch im Ausland blieb die Entwicklung nicht in den Kinderschuhen stecken. Auch hier zwangen

Abb. 218 D1′-Tenderlokomotive für gemischten Reibungs- und Zahnradbetrieb der South Indian Railway, 1925 von der SLM gebaut.
(Foto: Werkaufnahme SLM)

höhere Zugbelastungen zur Schaffung stärkerer und leistungsfähigerer Maschinen. Das Bild 218 zeigt eine für die South Indian Railway gebaute Zahnrad- und Reibungslokomotive für 1000 mm Spurweite als Gegensatz zur vorerwähnten normalspurigen preußischen 1′D 1′-Maschine der Reihe T 28. Aber damit nicht genug, große Zugkräfte erfordern leistungsfähige Lokomotiven, und leistungsfähige Lokomotiven benötigen einen Kessel entsprechender Dimensionen. Kommt zu diesen Überlegungen noch der Umstand einer kleinen Spurweite und die Forderung guter Bogenläufigkeit bei kleinen Radien, dann entstehen Lokomotiven, wie sie in den Abbildungen 219 und 220 gezeigt sind. Diese beiden kombinierten Zahnrad- und Reibungslokomotiven haben eine Fahrwerksanordnung in der Art der Mallet-Lokomotiven. Das vordere gelenkige Fahrgestell hat keine angetriebenen Reibungsräder, sondern besitzt nur Laufachsen, in ihm ist das Zahnradtriebwerk untergebracht. Im festen Rahmenteil dagegen befinden sich ausschließlich die gesondert angetriebenen Reibungsräder. Obwohl die beiden Bauarten der Fahrwerksanordnung nach Mallet-Lokomotiven sind, trifft dieses für die Dampfschaltung jedoch nicht zu.
Ein anderes interessantes Beispiel der Mallet-Zahnradlokomotive stellen die beiden im Jahre 1906 von der Floridsdorfer Lokomotivfabrik für die Bosnisch-Herzegowinischen Landesbahnen als Probemaschinen gebauten $(2b_z)C\text{-}2(4v)$-Reibungs- und Zahnrad-Verbundlokomotiven der Bauart Abt-Mallet, Reihe IIIc 5, dar. Der Entwurf dieser Maschinen beruhte auf dem Wunsch, stärkere Maschinen als es die $C2\,b_z$-n4-Lokomotiven der BHL waren zu entwickeln. Das Zahnradtriebwerk einschließlich der Niederdruckmaschine wurde im vorderen Triebdrehgestell untergebracht, das Triebwerk für den Reibungsbetrieb im Hauptrahmen. Die Leistungsaufteilung erfolgte in der Weise, daß auf Reibungsstrecken das hintere dreifach gekuppelte Triebwerk mit der Hochdruckmaschine als Zwillingslokomotive arbeitete, während das Zahnradtriebwerk stillstand. Auf der Zahnstangenstrecke arbeiteten beide Maschinen im Vierzylinder-Verbundsystem, indem die Hochdruckzylinder den Niederdruckzylindern vorgeschaltet wurden. Die Tatsache, daß die beiden unter den Bahnnummern 751 und 752 registrierten Mallets keinen weiteren Nachbau erfuhren, läßt darauf schließen, daß diese schweren kombinierten Zahnrad-Reibungslokomotiven wohl leider keine besonders günstigen Betriebsergebnisse aufzuweisen hatten.
Es ist eine irrige Meinung anzunehmen, der Begriff der Superlativen auf Schienen sei ein Privileg der normalen Vollbahnlokomotiven, auch der Zahnradbetrieb hatte außergewöhnliche Konstruktionen aufzuweisen. Im Jahre 1911 stellte in Österreich die kkStB Zahnradlokomotiven des Systems Abt, Reihe 269 (DR 97^3, ÖBB 197), mit sechs gekuppelten Achsen auf der Erzbergstrecke Eisenerz–Vordernberg der Alpine-Montangesellschaft in Dienst (Abb. 221). Der Grund für den

Abb. 219 Kombinierte Zahnrad-Reibungs-Gelenklokomotive der Transandine Railway, Baujahr 1909.
(Foto: Werkaufnahme Esslingen)

Abb. 220 Kombinierte Zahnrad-Reibungs-Gelenklokomotive der Arica-La-Paz Bahn, Baujahr 1913. (Foto: Werkaufnahme Esslingen)

Bau solch einer großen Maschine war die bereits im Jahre 1910 beschlossene Steigerung der Erzförderung um 30 %. Die hierdurch aufgetretene Frachtsteigerung hätte aber mit dem vorhandenen Maschinenangebot nicht bewältigt werden können. Da andererseits ein zweigleisiger Ausbau der Zahnradstrecke aus Gründen der Geländeformation nicht möglich war, blieb nur noch der Ausweg, durch eine entsprechend kräftige neue Maschinenkonstruktion sowohl größere Lasten zu befördern als auch schneller zu fahren. Bauausführung und Konstruktion der Lokomotive basierten auf den Erfahrungen mit der 1'F-Lokomotive der Reihe 100 der kkStB, die den Nachweis für die Kurvengängigkeit einer Einrahmenmaschine mit sechs gekuppelten Achsen lieferte. Auf Grund des leistungsfähigen Kessels und des höheren Reibungsgewichtes konnten die Zuggewichte um 50 % erhöht werden. Eine weitere Leistungssteigerung ließ die Beschaffenheit der Strecke nicht zu. Bei den im Januar 1912 absolvierten Probefahrten wurden u. a. auf der Reibungsstrecke Geschwindigkeiten bis 47 km/h erreicht, eine erstaunliche Leistung im Hinblick auf die hier vorhandenen Neigungs- und Streckenverhältnisse.

Doch bereits 1938 erwogen die ÖBB den Bau einer neuen, noch stärkeren Zahnradlokomotive. Die beabsichtigte Verstärkung der Zahnstange und des Oberbaus ermöglichten eine höhere Zughakenleistung und damit einen leistungsfähigeren Kessel. Andererseits mußten aber auch die erforderlichen Vorräte und Zusatzeinrichtungen auf einer solchen Maschine untergebracht werden. Der ursprüngliche Entwurf sah eine F 1'-Lokomotive vor, später wählte man dann die Achsfolge 1'F 1' für das Reibungstriebwerk, wobei hier weniger die Laufeigenschaften als das unterzubringende Gewicht für die Achsanordnung maßgebend waren. Die Abmessungen des Zahnradtriebwerks bedingten unter anderem, daß die dritte gekuppelte Achse des Reibungstriebwerks zwischen den beiden Zahnrädern angeordnet werden mußte. Erwähnenswert ist ferner die Tatsache, daß für die Konstruktion dieser Bauart die Normen der damaligen Deutschen Reichsbahn zugrundegelegt worden waren, und viele Bauelemente mit denen der Baureihe 50 übereinstimmten. Eigenartigerweise wurden zwar die außenliegenden Zylinder des Reibungstriebwerks aus Stahlguß hergestellt, die Innenzylinder des Zahntriebwerks jedoch geschweißt. Diese Maßnahme hat sich aber durchaus bewährt. Ferner erhielten die beiden unter der Reihenbezeichnung DR 97^4 (ÖBB 297) im Jahre 1941 abgelieferten Lokomotiven Überhitzer und Riggenbach-Gegendruckbremse. Das Reibungsgewicht betrug 97,9 t, die Zugkraft je Treibzahnrad 100 kN. Leider konnte die volle Leistung auf der Zahnradstrecke nicht ausgenutzt werden, da diese nicht in vollem Umfang auf die erhöhte Belastung umgebaut wurde. Die Maschinen wurden daher hauptsächlich auf dem Streckenabschnitt Leoben–Vordernberg vor schweren Güterzügen eingesetzt. Obwohl die Lokomotiven bezüglich ihrer Leistung nie voll ausgelastet werden konnten und daher größtenteils unwirtschaftlich arbeiteten, gebührt ihnen der unbestrittene Ruf, bis heute die stärkste Zahnradlokbauart der Welt zu sein.

Abb. 221 F-Zahnradlokomotive für gemischten Reibungs- und Zahnradbetrieb Reihe 269 der kkStB, 1911 von der Wiener Lokomotivfabrik gebaut, war sie zu ihrer Zeit die stärkste Zahnradlokomotive der Welt. (Foto: Werkaufnahme Simmering-Graz-Pauker)

Abb. 222 E-Tenderlokomotive für gemischten Reibungs- und Zahnradbetrieb der Padang Bahn auf Sumatra, 1963 als letzte in Deutschland gebaute Dampflokomotivbauart von der Maschinenfabrik Esslingen geliefert.
(Foto: Werkaufnahme Esslingen)

Doch auch die Zahnradlokomotiven der kleinen Spurweiten konnten sich sehen lassen. Im Jahre 1955 entwickelte und baute die Maschinenfabrik Esslingen eine F1'b_zh4-Zahnradlokomotive für die Ferrocarril Nacional General Belgrano in Argentinien, die auf einer Steigung von 60 ‰ noch Schlepplasten von 400 t mit 12 km/h befördern konnte. Zu den Besonderheiten dieser Maschine gehört die Bauart des Zahnradtriebwerks, es ist eine Kombination der Systeme Abt und Riggenbach. Von Abt stammt die Bauart und die Anzahl der Zahnräder sowie die einfache Dampfdehnung (auf die Verbundwirkung wurde im Hinblick auf die unterschiedlichen Zugkräfte der beiden Triebwerke und aus Platzgründen verzichtet), von Riggenbach wurde die Lagerung der Zahnräder, das Vorgelege und die Anordnung der Dampfmaschine übernommen. Mit Rücksicht auf eine günstige Lage der Zahnräder zur Gleisachse bei der Befahrung von Kurven erhielten die Endkuppelachsen beidseitig 20 mm Seitenspiel, die mittleren beiden Achsen um 15 mm geschwächte Spurkränze und die Laufachse 75 mm Seitenausschlag. Weitere konstruktive Merkmale sind der Barrenrahmen und die Ölfeuerung. Mit 12,25 m Länge und einem Gesamtgewicht von fast 110 t stellt diese Lokomotive zweifellos eine für Meterspur beachtliche Konstruktion dar.

Das Problem einer nicht zu großen Ausweichung der Zahnräder aus der Gleismitte beim Befahren enger Radien konnte vor der Jahrhundertwende nur mit recht komplizierten Konstruktionen gelöst werden. Eines der seinerzeit bekannten Systeme war das von Klose, bei dem die Längenänderungen der Kuppelgestänge innerhalb des Gleisbogens durch ein aufwendiges Ausgleichsgestänge aufgenommen wurden (die Bauart Klose ist unter der Gruppe »Mehrachsige Steifrahmenlokomotiven« eingehend erläutert). Abgesehen davon, daß die Zahnradlokomotive schon eine recht komplizierte Maschine darstellte, um wieviel aufwendiger mußte da erst einmal eine derartige Lokomotive mit zusätzlichem Klose-Triebwerk sein. Nun, die Appenzeller Straßenbahn stand vor dem Problem, drei Zahnradlokomotiven zu beschaffen, die aber auch noch einen Mindestradius von 30 m durchfahren konnten. Die SLM Winterthur übernahm den Auftrag und lieferte 1888/1889 die drei Maschinen. Der große Achsabstand von insgesamt 6 m erforderte nicht nur die Ausbildung des Triebwerks nach dem System Klose, es mußte vielmehr auch die rückwärtige Laufachse mit Kohlen- und Wasserkasten zu einem Stütztender zusammengefaßt werden. Der feste Achsstand dieser B1'a_zn4v-Zahnradlokomotive wurde damit gleich null. In Abbildung 96 ist diese interessante Maschine im Originalzustand dargestellt.

Das Kapitel über die Zahnradlokomotiven soll mit der letzten und jüngsten Zahnradlokomotive und gleichzeitig letzten in der Bundesrepublik gebauten Dampflokomotive beschlossen werden.

Im Jahre 1963 erhielt die Maschinenfabrik Esslingen einen Auftrag über vier Zahnrad-Dampflokomotiven für den schweren Kohlentransport auf der kapspurigen Padang-Bahn auf Sumatra. Die Neukonstruktion basierte auf einer bewährten Bauart, die bereits im Jahre 1920 geliefert worden war. Bei den Neubaulokomotiven (Abb. 222) handelte es sich um Vierzylinder-Verbundzahnradlokomotiven für den gemischten Reibungs- und Zahnstangenbetrieb. Auf der Reibungsstrecke werden die Achsen durch ein Zwillingstriebwerk angetrieben. Auf der Zahnstangenstrecke wird das Zahnradtriebwerk mit Hilfe eines Wechselschiebers hinzugeschaltet, wobei beide Triebwerke zusammen im Verbundsystem arbeiten. Die Lokomotiven haben für beide Triebwerke nur einen Regler. Zur Normalausrüstung mit Überhitzer der Bauart Schmidt kam als wesentliche Neuerung statt des bisher üblichen Schornsteins ein

Giesl-Flachejektor. Das Zahnradtriebwerk war mit einem Treibzahnrad für das System Riggenbach ausgerüstet. Die drei voneinander unabhängigen Bremssysteme wirkten als Bandbremse auf die Bremstrommeln des Zahnradtriebwerks, als Klotzbremse auf die Treibräder und als Gegendruckbremse in der Dampfmaschine.

Die Tatsache, daß zu einer Zeit, da Elektro- und Diesellokomotive bereits ihre Vorherrschaft schon angetreten haben, die Dampflokomotive als Neubau noch einmal in Erscheinung tritt, scheint zunächst absurd. Doch die Forderung nach Beibehaltung des Dampfbetriebes wird in anderen Ländern und Kontinenten mit Argumenten belegt, die in unseren Breitengraden kaum die Chance hätten, akzeptiert zu werden. Die Padang-Bahn war seit jeher auf den Dampfbetrieb eingestellt und lebt schließlich auch von der Kohle. Die indonesische Regierung sieht es deshalb durchaus gerechtfertigt, den Dampfbetrieb solange aufrecht zu erhalten, wie Brennstoff und Arbeitskräfte billig sind. Man darf also hoffen, daß diese und die einer Nachlieferung angehörenden Lokomotiven als letzte Dampflokomotiv-Neubauten der Bundesrepublik noch viele Jahre im Betrieb bleiben werden.

LOKOMOTIVEN MIT KETTENTRIEB

Es gab nur wenige Getriebelokomotivbauarten, die wie die Zahnradlokomotive und einige vereinzelte Sondertypen ihren Weg auf die Hauptbahnen fanden. Haupteinsatzgebiet der einfachen und unkomplizierten Getriebelokomotive wurde mehr und mehr der Rangierdienst auf Werksbahnen. Die geringen Anforderungen, die an diese Maschinen bezüglich des Aufbaues und des Aussehens gestellt wurden, spiegeln sich in den meistens sehr einfachen und unproblematischen Konstruktionen wieder. So griff man unter anderem auch auf die bewährte Laschenkette als kraftschlüssiges und nahezu wartungsfreies Antriebsmittel zurück. Der Vorteil lag nicht zuletzt in den weit niedrigeren Kosten gegenüber den Zahnradgetrieben. Ursprünglich versuchte man, die Kleinlokomotive im allgemeinen der Bauform der großen Streckenlokomotiven nachzubilden. Neue Wege sind auf diesem Gebiet von verschiedenen englischen Firmen wie Sentinel, Clayton, Kerr-Stuart u. a. beschritten worden. Sie haben dabei die übliche Bauart sowohl des Kessels als auch des Antriebes und des Laufwerkes verlassen.

Abb. 223 B n2-Industrie-Getriebelokomotive mit Schwungrad und Kettentrieb Bauart McLaren, erstes Baujahr 1923. (Foto: Sammlung Ostendorf)

DIE BAUART MACLAREN

Eine sehr ungewöhnliche Lokomotive unter den durch Ketten angetriebenen Maschinen stellt die Bauart MacLaren dar, die speziell für den Rangierdienst entwickelt wurde.

Im Jahre 1923 von der Firma J. & H. MacLaren Ltd. in Leeds gebaut, zeigte diese Lokomotive einige bemerkenswerte Konstruktionsmerkmale, die von den gewohnten Bauformen der herkömmlichen Lokomotiven abwichen. Besonderer Wert wurde auf eine gute Zugänglichkeit aller beweglichen Maschinenteile gelegt, was dazu führte, daß entgegen allen Gepflogenheiten die beiden Zylinder auf den Kessel verlegt wurden, eine Anordnung, die früher vielfach bei Dampfwalzen zu finden war (Abb. 223). Als Untergestell fand ein ganz einfacher Profilrahmen mit zwei Achsen in Art eines Waggonchassis Verwendung.

Die beiden im Verbundsystem arbeitenden Zylinder trieben über eine Nockenwelle mit angeflanschter Schwungscheibe und eine nachgeschaltete Getriebestufe ein Kettenritzel an. Eine Laschenkette führte von diesem Ritzel hinunter zu den auf den Achsen fest montierten Kettenrädern, über welche die Weiterleitung der Kettenzugkraft erfolgte.

Auf den ersten Blick mag es scheinen, daß durch die unterschiedliche Federung der beiden Achsen infolge von Gleisunebenheiten und Schwingungen die Vor-

spannung der Kette einem zu starken Wechsel unterliegt und es dadurch zu Störungen in der Kraftübertragung kommen kann. Der Versicherung der Herstellerfirma zufolge hätten Versuche aber gezeigt, daß derartige Befürchtungen unbegründet seien. Der Durchhang der Kette wird, wie in dem Bild zu sehen ist, von einem nachstellbaren Stützrad aufgefangen.
Die Lokomotive wurde mit einer oder mehreren Geschwindigkeitsstufen je nach Ausführung des Getriebes geliefert. Eine Besonderheit des Antriebes lag in der Möglichkeit, das Getriebe und damit das Laufwerk auszukuppeln, so daß die Maschine auch zum Betrieb stationärer Anlagen verwendet werden konnte. Ein großer Wassertank im Rahmengestell, eine Speisepumpe und ein Injektor vervollständigten die Ausrüstung der Lokomotive.

DIE BAUART SENTINEL

Im Frühjahr 1925 setzte die London, Midland and Scottish Railway für den Dienst auf ihren Nebenstrecken eine kleine, aber recht bemerkenswerte Lokomotive ein (Abb. 224). Ihr charakteristisches Merkmal war eine hochtourig laufende zweizylindrige Dampfmaschine, die über die Kurbelwelle und zwei Ketten die Räder antrieb.
Der gesamte Aufbau der Lokomotive zeigte eine gewisse Anlehnung an den Waggonbau. Rahmen und Fahrgestell basieren auch bei dieser Bauart wieder auf den bewährten, einfachen und robusten Konstruktionen des Wagenbaues. Lediglich die Verlagerung der beiden Treibachsen weist eine Besonderheit in Form schräg zwischen den Achslagern und dem Hauptrahmen angeordneter Achshalter auf. Durch diese Vorrichtung wurden die Kettenzugkräfte aufgenommen, und es erübrigten sich besondere Achslagerführungen.
Der Dampferzeuger bestand wie schon bei einer ganzen Reihe von Sentinel-Dampftriebwagen aus einem kleinen stehenden zylindrischen Kessel. Die ebenfalls zylindrische Feuerbüchse konnte nach Lösen der Flanschverbindung nach unten herausgezogen werden. Die Wasserrohre der Feuerbüchse waren geneigt angeordnet, so daß die Luft im Wasser gut aufsteigen konnte. Über den Wasserrohren lag schließlich noch der aus einer Rohrschlange zu vier Einzelelementen bestehende Überhitzer. Die Feuerbeschickung erfolgte von oben durch einen Schacht.

Abb. 224 B h2-Kettengetriebelokomotive Bauart Sentinel der London Midland & Scottish Railway, Baujahr 1925. (Foto: British Railways, L. M. Region)

Wie schon eingangs erwähnt, diente als Antrieb eine kleine zweizylindrige senkrecht stehende Dampfmaschine mit Ventilsteuerung für 400 min^{-1}, die über zwei auf den Enden der Kurbelwelle sitzende Kettenräder sowie über die Laschenketten die beiden Achsen antrieb. Bei der konventionellen Dampflokomotive ist die Drehmomentenübertragung auf die Treibräder bei jeder Drehzahl starken Schwankungen unterworfen. Besonders empfindlich tritt dieser Umstand in Erscheinung, wenn eine Maschine einen Zug aus dem Stand anzieht, wobei eine Treibstange gerade den Totpunkt erreicht. Die günstigeren Hebelarmverhältnisse bei Überwindung des Totpunktes lassen dann bei voll geöffnetem Regler die Räder durchdrehen. Bei der hochtourigen Maschine mit nachgeschaltetem Getriebeteil werden die Drehmomentunterschiede auf ein Minimum reduziert, während die Trägheit der Räder sich günstig auf die Schleuderneigung auswirkt.
Es soll ferner erwähnt sein, daß alle Teile der Dampfmaschine und des Kessels mit den einzelnen Bauarten der Sentinel-Dampftriebwagen austauschbar waren. Allerdings hat diese zunächst lobenswerte Konzeption die Sentinel Wagon Works nicht davon abgehalten, später auch Maschinen mit anderen Kesselsystemen auszurüsten, ohne das eigentliche Antriebsprinzip jedoch zu verlassen.
Von der Standardausführung wurden insgesamt drei verschiedene Typen mit 10, 15 und 20 Tonnen Gesamtgewicht sowie Höchstgeschwindigkeiten von 40, 25 beziehungsweise 18 Meilen/h (64, 40 bzw. 29 km/h) geliefert.
In Deutschland wurde diese Bauart bekannt durch eine 1929 von der Hanomag unter der Fabr.-Nr. 10 666 für die Kleinbahn Lüneburg–Soltau gebaute Sentinel-Lokomotive. Das Äußere der Lokomotive zeigte eine starke Anlehnung an die englische Bauform der Stan-

dardtypen. Eine Stirnseite der Maschine erhielt wie bei einer Tenderlokomotive einen Vorbau für die Aufnahme von Speisewasser und Kohlen, die andere Stirnfront war flach heruntergezogen, besaß aber außer den beiden Stirnfenstern noch eine Tür mit Übergangsplattform und Bühnengeländer. Der in dem Raum zwischen glatter Stirnwand und Aufstiegsleiter stehende zylindrische Kessel war für einen Dampfdruck von 19 bar, eine Rostfläche von 0,5 m^2 und eine Heizfläche von 8,5 m^2 ausgelegt. Die ebenfalls senkrecht stehende zweizylindrige Dampfmaschine für 500 min^{-1} arbeitete bei dieser Maschine über ein Zahnradvorgelege auf eine Blindwelle, die mit den beiden Antriebsachsen wieder durch Ketten verbunden war. Es waren zwei verschiedene Zahnradübersetzungen vorgesehen, die je nach Bedarf bei Stillstand eingeschaltet werden konnten, um die Lokomotive den Betriebserfordernissen wie z. B. Streckendienst oder Verschiebedienst möglichst gut anpassen zu können.
Im Jahre 1930 kam die Hanomag-Sentinel vorübergehend zur Kleinbahn Farge-Wulsdorf (später Niederweserbahn GmbH). Nach einem kurzen Gastspiel bei dieser Gesellschaft kehrte sie 1931 wieder zu ihrer Stammbahn der Kleinbahn Lüneburg–Soltau zurück. Später war die Maschine bei der Kleinbahn Neuhaus-Brahlstorf in Dienst, wo sie 1940 ausgemustert wurde.

DIE BAUART KERR-STUART

Die Kerr-Stuart-Kleinlokomotiven gehörten zu den sogenannten Bau- oder Werklokomotiven und wurden als zwei- bzw. dreiachsige Maschinen für Spurweiten zwischen 600 und 1067 mm gebaut. Eine einfache Lokomotive mit zwei Achsen (Abb. 225) hatte ein Eigengewicht von ca. 11 t und entwickelte eine Zugkraft von 28 kN.
Die Lokomotiven besaßen eine senkrecht stehende zweizylindrige Dampfmaschine mit 152 mm Zylinderdurchmesser und 203 mm Kolbenhub. Die in einem Gehäuse staubdicht abgeschlossene Kurbelwelle, deren Kurbeln um 90° versetzt waren, besaß zwei Exzenter, welche die Kolbenschieber bewegten. Die Steuerung entsprach der Bauart Hackworth. Die gesamte Dampfmaschine war in ein Blechgehäuse eingeschlossen, wodurch vor allem die Wärmeverluste eingeschränkt wurden.

Abb. 225 B h2-Schmalspur-Kettengetriebelokomotive Bauart Kerr-Stuart, Baujahr 1928.
(Foto: Werkaufnahme Kerr-Stuart)

Der Kessel mußte auch bei dieser Lokomotivbauart von der üblichen Konstruktion abweichen. Er sollte vor allem eine große Heizfläche haben, ohne allzugroße Abmessungen aufzuweisen. Man entschied sich schließlich für die Bauart Perkins. Der Dampferzeuger bestand aus einer Anzahl von Kopfstücken, von denen je zwei gegenüberliegende durch querlaufende Rohre verbunden waren. Schlammsammler am Boden vereinigten diese Teile zu einem Kessel. Am Kopf waren die Teile durch Rohre mit dem Dampfsammelraum verbunden. Dieser Kessel hatte keine ebenen Flächen und bedurfte daher keiner Versteifungen. Ein Überhitzer sorgte dafür, daß die Zylinder trockenen Dampf mit einer Dampfspannung von 21 bar erhielten.
Der Antrieb der Räder erfolgte in einer gemischten Übertragungsart. Eine Blindwelle trieb die vordere Achse der Lokomotive an. Ketten auf beiden Außenseiten der Räder sorgten für die Weiterleitung der Drehmomente auf die zweite Achse. Damit die Ketten die richtige Vorspannung erhielten, waren zwischen den Rädern einstellbare Verbindungsstangen angeordnet.
Besondere Beachtung wurde auch der Bremseinrichtung geschenkt. Neben der normalen handbetätigten Spindelbremse konnte bei der Kerr-Stuart-Lokomotive die Dampfmaschine besonders vorteilhaft zum Bremsen ausgenutzt werden. Durch Absperren des Dampfeintritts in die Zylinder wurde der Luft der Zutritt in die Zylinderräume freigegeben, wobei gleichzeitig der Dampfaustritt geschlossen wurde, so daß der Kolben als Verdichter arbeitete und die Lokomotive schnell zum Stillstand kam. Die Bremswirkung konnte ferner durch Einstellen der Ventile geregelt

werden. Eine Umsteuerung der Maschine war also nicht erforderlich.
In ihrer Eigenschaft als reine Industrielokomotive hat sich die Kerr-Stuart-Lokomotive durchaus bewährt, allerdings hat ihr System keinen Eingang bei den normalspurigen Vollbahnlokomotiven gefunden. Eine gewisse Parallele stellt eine frühe Vorgängerin der Kerr-Stuart-Bauart dar, die sogenannte Engerth-Lokomotive, bei der ebenfalls zusätzliche Achsen durch Ketten von den primär getriebenen Achsen angetrieben wurden. Eine nähere Beschreibung ist in dem der Engerth-Lokomotive besonders gewidmeten Kapitel wiedergegeben.

DIE BAUART DAVIDSON

Vereinzelte, wenig bekannte Getriebelokomotivbauarten verdanken ihre Entstehung dem Wagemut einiger kleiner Unternehmen und Betriebe, die in Ländern ohne heimische Lokomotivfabriken aus der Not eine Tugend machten und, dem steigenden Bedarf an geeigneten Lokomotiven folgend, sich an dem Bau derartiger Maschinen versuchten. Ein typisches Beispiel hierfür finden wir in der neuseeländischen Lokomotivgeschichte.
Hier müssen wir weit zurückgreifen, und zwar in das Jahr 1865, als ein gewisser Mr. George Davidson in Hokitika eine Werkstatt eröffnete. Die Firma übernahm alle Arten von Maschinenbauarbeiten, spezialisierte sich aber nach und nach auf den Bedarf des Bergbaues und der holzverarbeitenden Industrie. Nach dem Tod von Mr. George Davidson im Jahre 1897 ging die Firma in den Besitz der Söhne George und Duncan Davidson über. Bald erwarb George Davidson jun. ein Patent auf eine Dampfwinde, von der einige Exemplare für Sägewerke an der Westküste gebaut wurden.
Etwa um 1907 wagten sich die Davidsons schließlich auch an die Herstellung von Lokomotiven. Ihre erste Maschine war eine Getriebelokomotive mit Antrieb der Räder über Laschenketten. Diese für ein Sägewerk in der Nähe von Hokitika bestimmte Lokomotive bewährte sich so gut, daß die Firma Davidson sich entschloß, weitere ähnliche Maschinen zu fertigen.
Nun darf man sich bei diesen Schöpfungen keine Lokomotiven herkömmlicher Art vorstellen, vielmehr ähnelten sie Maschinen, bei deren Endmontage die Arbeiter in den Streik getreten zu sein schienen. Es waren im Hinblick auf reine Zweckmäßigkeit roh zusammengebaute, unfertig wirkende Maschinen, denen in jeder Hinsicht Formgebung und harmonischer Aufbau fehlten.
Von den wahrscheinlich vier verschiedenen Typen, welche die G. & D. Davidson, Ltd. baute, schien die häufigste und verbreiteste Ausführung jene mit neben dem Rahmen leicht geneigt angeordneten Zylindern zu sein (Abb. 226). Diese trieben über eine Blindwelle und eine Getriebestufe Kettenräder an, die durch Laschenketten mit jeweils einer Achse eines jeden Drehgestells verbunden waren. Ebenso waren auch die übrigen Achsen untereinander durch Ketten verbunden. Je nach Erfordernis und Bauart waren entweder nur die Drehgestelle der Lokomotive angetrieben, oder es war zusätzlich das hintere Drehgestell der Lokomotive mit dem vorderen des Tenders verbunden, so daß insgesamt sechs Achsen als Treibachsen zur Verfügung standen. Leider geben die noch vorhandenen Unterlagen keine Auskunft über das Verhalten des ganzen Antriebsmechanismus bei eingeschlagenen Drehgestellen in den Kurven.
Der verbleibende Rest der Lokomotive war mehr als primitiv. Das Führerhaus bestand aus einem schwach gewölbten Blech, das auf sechs Rohren befestigt war. Die Gestaltung des Tenders schien dem Kunden überlassen zu sein. Die ersten Maschinen besaßen keine Tender, spätere Abbildungen bestätigen aber die Annahme, daß viele der Davidson-Lokomotiven im Laufe ihrer Betriebszeit von ihren Besitzern zusätzlich mit

Abb. 226 Neuseeländische Kettengetriebelokomotiven der Bauart Davidson etwa um 1907 aufgenommen. (Foto: Sammlung Ostendorf)

tenderähnlichen Fahrzeugen ausgerüstet worden sind. Interessanterweise fertigte Davidson die Kessel für die Lokomotiven nicht selbst. In nahezu allen Fällen verwendete man gebrauchte, aber noch betriebsfähige Kessel, die von den New Zealand Railways aufgekauft wurden.
Ein gewisses Problem stellte immer der Transport einer fertigen Lokomotive dar. Die Werkstätten lagen etwas abseits vom Bahnhof, und einen eigenen Gleisanschluß besaß die Firma Davidson nicht. Also nahm man einige kurze, leicht zu transportierende Stücke Gleis, stellte die Lokomotive darauf und ließ sie langsam mit eigener Kraft bis zum Ende dieses provisorischen Gleises fahren. Die hinteren Gleisstücke wurden dann abgebaut und vorn wieder angeschlossen, so daß die Maschine langsam aber sicher zum Bahnhof gelangte, von wo sie dann über die Strecke der NZR sicher zum Kunden befördert wurde.

DIE AMERIKANISCHEN GETRIEBELOKOMOTIVEN

Die Entwicklung eines speziellen Maschinentyps innerhalb einer großen Baugruppe, wie sie die Getriebelokomotive allgemein darstellt, entspringt ursächlich ganz bestimmten Betriebsbedingungen, Einsatzgebieten und Industriezweigen. Nordamerika mit seinem großen Holzreichtum und seiner sich ständig vergrößernden holzverarbeitenden Industrie bildete den Ausgangspunkt für eine interessante Entwicklung der Getriebelokomotive unter besonderer Berücksichtigung der Verhältnisse auf Waldbahnen.
Wie sehr eine Speziallokomotive hier am Platze war, zeigten die Tatsachen, daß nur in wenigen Fällen Normalbauarten zum Einsatz kamen. Dort, wo diese Maschinen nicht verwendet werden konnten, griffen die Holzfällerbetriebe zur Selbsthilfe und bauten sich Aggregate, die ihren Erfordernissen entsprachen. So findet man vor allem in hügeligen Gegenden Seilbahnen, die mit Dampfwinden betrieben wurden. Bei anderen Waldbahnen wurde eine Dampfwinde auf einen vierachsigen Drehgestellwagen montiert, der in der Lage war, sich selbst und die anhängenden Wagen an einem Seil entlangzuziehen.
Eine besonders ausgefallene Konstruktion stellt der »Dampfwagen« der Brüder Blackman aus dem Jahre 1875 dar. Diese sehr eigentümliche Maschine bestand aus einem Flachwagen mit vertikal stehendem Kessel. Anstatt der üblichen Drehgestelle waren vier drehbar gelagerte Einzelgestelle vorgesehen, die je zwei hintereinanderliegende Räder mit Doppelspurkränzen besaßen. Die Lokomotive hatte demnach keine durchgehende Achsen. Der Grund mag darin liegen, daß diese Konstruktion für eine Spurweite bis zu 2,74 m verwendet werden sollte. Der Antrieb der Maschine erfolgte über je eine zweizylindrige Dampfmaschine und ein Stirnradgetriebe auf jedes der beiden vorderen Einzelgestelle, die zu diesem Zweck mit Rädern größeren Durchmessers gegenüber jenen der beiden hinteren Gestelle ausgerüstet waren. Immerhin bauten die Brüder Blackman 30 Lokomotiven nach dem ihnen 1882 erteilten Patent, ehe diese Monstren durch neue Konstruktionen verdrängt wurden.
Eine andere Bauart soll hier auch noch kurz erwähnt werden, da sie gewissermaßen den Einfallsreichtum der Menschen jener Pionierzeit ausdrückt – die *Gypsy*-Lokomotive. Sie ist praktisch ein Ableger der seinerzeit bekannten John Dolbeer's Dampfwinden. Diese kleine handliche Maschine erhielt 1883 ein Fahrgestell mit zwei durch Kuppelstangen verbundene Achsen. Die beiden seitlich des Kessels auf dem Rahmen liegenden Zylinder trieben über ein Stirnradgetriebe wahlweise das Fahrwerk oder die vor dem Kessel angeordnete Winde an. Natürlich lag die Leistung dieser zweiachsigen Lokomotive wesentlich unter jener der nachfolgend beschriebenen Drehgestell-Getriebelokomotiven.

DIE BAUART SHAY

Die Geschichte dieser Lokomotivtype begann in den frühen siebziger Jahren des vorigen Jahrhunderts auf der oberen Halbinsel von Michigan in der Nähe der kleinen Stadt Haring. Die Holzfällerei gehörte in dieser Gegend zu den wenigen Hauptindustriezweigen jener Zeit und bildete die Existenzgrundlage einer ganzen Reihe privater Unternehmen.
Die Bäume wurden meistens während der Wintermonate geschlagen, da auf dem glatten Schnee ein besserer Transport der mit Pferden oder Maultieren bespannten Stämme zu den Sägewerken möglich war. Doch es gab auch Jahre, in denen der erhoffte Schnee ausblieb oder so spärlich fiel, daß den Holzfällern kaum

eine Möglichkeit blieb, die geschlagenen Bäume durch das unwegsame und oft morastige Gelände zu Tal zu bringen.
Ephraim Shay, ein aus Ohio zugewanderter ehemaliger praktischer Arzt hatte sich mit seiner Familie in der Nähe von Haring niedergelassen und betrieb dort ein kleines Sägewerk. Als nun wieder ein für die klimatischen Verhältnisse in Michigan sehr milder Winter mit nur geringem Schneefall herrschte, kam Shay der Gedanke, eine spezielle Lokomotive für Waldbahnen zu entwickeln, mit deren Hilfe man unabhängig von dem Holztransport zu bestimmten Jahreszeiten wurde.
Sowohl die Dampfmaschine als auch Schienen waren bereits in Verwendung. Auch leichte Dampflokomotiven herkömmlicher Bauart waren schon vereinzelt zum Einsatz gekommen. Sie konnten sich aber auf den meist nur auf zugehauenen Stämmen verlegten Schienensträngen nicht bewähren, da sie sich nur innerhalb gewisser Grenzen dem unebenen Gleisverlauf anpassen konnten und deshalb oft zu Entgleisungen neigten. Die mit den ständig wandernden Einschlagstellen sich laufend ändernde Streckenführung gestattete keine Rücksichtnahme auf ein makellos verlegtes Gleis, vielmehr mußte sich das Gleis den Geländeverhältnissen anpassen. Shay sah die Lösung des Problems in einer Maschine, die ohne Schwierigkeiten dem vorhandenen Gleisverlauf folgte, im Aufbau unkompliziert und einfach zu bedienen war.
Der Versuch mit einer kleinen konventionellen Dampflokomotive schien zunächst Erfolg versprechend, aber bereits nach kurzer Zeit stellte Shay starke Beschädigungen an den aus Ahornholz gefertigten Schienen fest. Noch während er sich um die Abstellung dieses Übels bemühte, machte er die Entdeckung, daß die beladenen Wagen das Gleis kaum oder gar nicht beschädigten, obwohl sie an Gewicht die Lokomotive um ein Vielfaches übertrafen. Es konnte folglich nur an dem zu hohen Achsdruck und einer zu großen geführten Länge der Lokomotive liegen. Shay erkannte, daß eine Reduzierung des Achsdruckes durch Vermehrung der Achsen erreicht werden konnte, ferner die Kurvengängigkeit und Anpassungsfähigkeit an das Gleis die Ausführung des Fahrgestells in der Form von zwei Drehgestellen bedurfte.
Während der Wintermonate 1873/74 verwirklichte Shay zusammen mit seinem Mechaniker seine Idee. Das Ergebnis war eine noch ziemlich unreife Konstruktion. In den nächsten sechs Jahren baute Shay seine Lokomotive immer wieder um, bis sie endlich seinen Vorstellungen und den Erfordernissen des Betriebes entsprach. Seine Freunde und Nachbarn betrachteten seine Experimente zunächst als eine Art Spielerei eines schrulligen Eigenbrödlers. Erst als Shay anfing, sich finanziell zu erholen, weil er jetzt unabhängig von der Witterung zu jeder Jahreszeit Holz transportieren konnte, erkannten die Spötter den tatsächlichen Wert seiner Erfindung.
Einer seiner Nachbarn, Mr. Milton J. Bond, bat Shay, ihm ebenfalls eine derartige Lokomotive zu bauen. Shay lehnte aber ab mit dem Hinweis, daß er weder Zeit noch die Möglichkeit für den Bau von Lokomotiven habe. Vielmehr möge Bond sich mit seiner Bitte an die Lima Machine Works wenden, die ihn bereits beim Bau seiner eigenen Lokomotive unterstützt hätten. Mr. Bond folgte diesem Rat, und Lima nahm den Auftrag an. Bereits Mitte des Jahres 1880 erfolgte die Auslieferung der fertigen Maschine. Es war die erste Lokomotive der typischen Shay Bauart. Diese und noch weitere in der Folgezeit gebauten Lokomotiven hatten ein etwas eigenartiges Aussehen (Abb. 227). In der Mitte eines einem vierachsigen Drehgestell-Flachwagen ähnelndem Fahrzeug war ein senkrecht stehender Kessel montiert. An der rechten Seite des Kessels befanden sich die beiden nebeneinander ebenfalls senkrecht angeordneten Zylinder, deren Pleulstangen wie beim Verbrennungsmotor auf eine Kurbelwelle arbeiteten. Die auf der Zylinderseite liegenden vier Räder der beiden Drehgestelle besaßen ein auf den äußeren Radkörper aufgesetztes Kegelrad, in das jeweils ein auf der durchgehenden und in den Achslagergehäu-

Abb. 227 B′B′n2-Shay Getriebelokomotive aus der Frühzeit dieser Lokomotivbauart, deutlich erkennbar sind die senkrecht einseitig neben dem Kessel angeordneten Zylinder sowie die Gelenkwellen und Kegelradstufen an den Drehgestellrädern. (Foto: Sammlung Ostendorf)

sen der Drehgestelle ebenfalls verlagerten Hauptwelle sitzendes Kegelritzel eingriff. Die Verbindung zwischen den beiden Ritzelwellen und der Kurbelwelle stellten Gelenkwellen her. Die beiden freien Enden der Lokomotive vor und hinter dem Kessel dienten der Aufnahme von Wasser- und Brennstoffbehältern. Als Schutz gegen die Witterung erhielten die Fahrzeuge ein einfaches, auf wenigen Pfosten stehendes Holzdach, eine seitliche Verkleidung in der Art eines Führerhauses war nicht vorgesehen. Erstaunlich ist, mit welcher Unbefangenheit die Kegelradstufen der beiden Fahrgestelle konstruiert worden waren. War es schon etwas ungewöhnlich, eine Getriebestufe direkt ohne Ausgleich auf die Achse bzw. auf das Rad wirken zu lassen, so sträuben sich einem Getriebebauer die Haare, wenn er eine völlig offen liegende und allen äußeren Einflüssen ausgesetzte Getriebestufe sieht. Was heute bei den modernen Getrieben eine Ölumlaufschmierung mit Ölkühler innerhalb eines geschlossenen Getriebegehäuses bewirkt, dazu benötigte man bei den Shay-Lokomotiven nur eine ordentliche Portion Schmierfett, und man sollte es nicht glauben, es bewährte sich ausgezeichnet.
Als Shay 1881 das Patent auf seine Lokomotive erteilt wurde, überließ er die Rechte zur Herstellung seiner Maschine den Lima Works zum Gegenwert von $10 000. Diese Firma stellte ursprünglich Landmaschinen, Dampfkessel und Maschinen der Holzverarbeitung her, mit dem Aufkauf der Shay-Patente sollte der Grundstein zu einer der bedeutendsten Lokomotivfabriken in den USA gelegt sein.
Bereits 1883 lieferten die Lima Locomotive Works, wie sie sich von nun an nannten, sieben verschiedene Bauarten der Shay-Lokomotive, wobei vor allem bei den schweren Ausführungen etwa ab 8 Tonnen die Maschinen mit einem Langkessel ausgerüstet wurden. Durch die auf der rechten Seite neben dem Stehkessel angeordneten Zylinder mußte einer ausgeglichenen Gewichtsverteilung besonders Rechnung getragen werden. Die Kesselmitte wurde daher soweit aus der Fahrzeugmitte zur linken Seite hin verschoben, daß der Schwerpunkt der Lokomotive im betriebsbereiten Zustand wieder genau zur Gleismitte lag. Dieser außermittig liegende Kessel war neben den seitlich senkrecht stehenden Zylindern ein besonderes Merkmal der Shay-Lokomotive.
Etwa in die Zeit der konstruktiven Umstellung und Verbesserung der Shay-Maschinen fiel ein aufsehenerregendes Ereignis. Im August des Jahres 1882 berichtete die »Cadillac Weekly News« von einer Shay-Lokomotive der Cumber Lumber Company, die einen Rekord aufgestellt habe, indem sie trotz eines Reibungsgewichtes von nur 10 Tonnen einen Zug von 47 beladenen Wagen befördert habe. Eine noch größere Überraschung stellte jedoch die Tatsache dar, daß diese Getriebelokomotive nicht von den Lima Works, sondern von der Michigan Iron Works in Cadillac unter Leitung ihres fähigen Konstrukteurs James Henderson gebaut worden war. Die Lokomotive entbehrte jeder Ähnlichkeit mit den Maschinen der Lima Works, stellte aber augenscheinlich eine neue Konzeption des unermüdlichen Ephraim Shay dar.
Die neue Bauart unterschied sich von den bisherigen Shay-Lokomotiven darin, daß die unterhalb des Maschinenrahmens flach liegenden Zylinder über eine Kurbelwelle und Gelenkachsen die nächstliegende Achse eines jeden Drehgestells über eine Kegelradstufe antrieben. Die zweite Achse war wie bei einem konventionellen Triebwerk durch eine Kuppelstange mit der eigentlichen Treibachse verbunden.
Diese sogenannten »Henderson Shay's« (Abb. 228), von denen, soweit bekannt ist, nur sechs Exemplare gebaut worden sein sollen, hatten nur eine geringe Lebensdauer. Übrigens gibt es eine Geschichte, nach der die Lima Locomotive Works Henderson einen leitenden Posten in ihrer Firma angeboten hätten,

Abb. 228 B'B'n2-Henderson-Shay Lokomotive mit horizontal unter dem Maschinenrahmen liegenden Zylindern, 1883 von den Michigan Iron Works gebaut.
(Foto: Sammlung Ostendorf)

wenn er die Fertigung seiner eigenen Lokomotive einstellen würde. Henderson soll das Angebot angenommen haben.

Die Shay-Lokomotive erfuhr nun in ziemlich kurzen Zeitabständen wesentliche Verbesserungen, die schließlich zu den markanten Merkmalen dieser Getriebebauart führten. Der bereits verwendete horizontal liegende Kessel wurde von dem leistungsfähigeren Lokomotivkessel der Standardbauart abgelöst. Im Jahre 1884 erhielt eine Maschine erstmals ein drittes Triebdrehgestell (Abb. 229). Im Grunde genommen handelte es sich hierbei um eine Shay-Lokomotive bisheriger Ausführung mit einem zusätzlichen Tender, wobei der Tender lediglich besagtes Triebdrehgestell anstatt normaler Laufachsen erhielt, so daß infolge des höheren Reibungsgewichtes die Zugkraft größer wurde. Diese Anordnung hatte den großen Nachteil, daß der Heizer einen langen Weg vom Tender zur Feuerbüchse zurückzulegen hatte, wenn er den Rost beschicken mußte. Kein Wunder also, daß diese Konstruktion keine große Beliebtheit errang und die Serie bereits 1887 auslief.

In der Zwischenzeit von 1883 bis 1885 wurden die ersten Versuche mit Dreizylinder-Lokomotiven gemacht. Die ersten Zweizylinder-Maschinen galten wegen des fehlenden Massenausgleiches als regelrechte Schüttelkästen, erst bei späteren Lieferungen erhielten die Kurbelwellen grundsätzlich Gegengewichte. Die Verwendung des dritten Zylinders ermöglichte eine gleichmäßigere und schwingungsgedämpftere Drehmomentenübertragung auch bei fehlenden Gegengewichten an den Kurbelwellen. Lediglich bei den sehr schweren Dreizylinder-Maschinen mit drei Triebgestellen war der Masse der Triebwerksmaschinerie wegen ein Gegengewichtsausgleich von vornherein vorgesehen.

Die zunehmenden Anforderungen an die Leistung der Shay-Lokomotiven bedingten die Ausnutzung eines größeren Reibungsgewichtes, wie es bereits bei den Zweizylinder-Maschinen praktiziert worden war. Mit der um 1900 als 150-Tonnen-Lokomotive neu aufgelegten Bauart entstand eine Maschine mit vier Triebgestellen, von denen zwei zur Aufnahme des als Wassertank ausgebildeten Tenders dienten. Die Brennstoffvorräte waren jetzt direkt hinter dem Führerhaus in einem besonderen Bunker untergebracht. Lokomotiven dieser Bauart waren z. B. auch bei größeren Bahnverwaltungen wie der Chesapeake & Ohio Railroad und der Western Maryland (Abb. 230) als Schiebelokomotiven auf Steilrampen im Einsatz.

Die annähernd größten Maschinen um die Jahrhundertwende stellten die 1900–1903 gebauten Lokomotiven der Canadian Pacific Railway dar. Sie waren ursprünglich für den schweren Güterzugdienst auf der Hauptstrecke am Big Hill vorgesehen. Nach wenigen Betriebsjahren zeigte sich aber, daß die zwar 50 % höhere Zughakenleistung der Shays gegenüber den früheren 1'C-Lokomotiven der Klasse D-10 in einem sehr ungünstigen Verhältnis zu der geringen Geschwindigkeit von nur 24 km/h stand. Da sie also für den Streckendienst zu langsam waren, wurden die drei Shays nach und nach in den Süden von Britisch Kolumbien überführt, wo sie auf den Zechenbahnen rund um Grand Forks und Eholt Dienst taten, bis sie kurz vor Beginn des Ersten Weltkrieges ausgemustert wurden.

Wie anhand der eben erwähnten kanadischen Shay-Lokomotiven festzustellen ist, beschränkte sich die Fertigung dieser Getriebelokomotiven nicht allein auf den Inlandbedarf. Die Lima Locomotive Works lieferten ihre Shay-Maschinen in nahezu alle Kontinente.

Im Grunde genommen gab es verschiedene Standardbauarten der Shay-Lokomotive, die hinsichtlich der Grundkonstruktion in Hauptklassen wie z. B. A, B, C, D eingeteilt waren und bezüglich des Gewichtes ein besonderes Codewort erhielten, das als Anfangsbuchstaben immer den Buchstaben der entsprechenden Klasse erhielt. Natürlich konnten auch besondere Wün-

**Abb. 229 B'B'B'n2-Shay Lokomotive mit Tender und drittem Triebgestell, erstes Baujahr 1884.
(Foto: Sammlung Ostendorf)**

Abb. 230 B′B′B′B′n3-Shay Lokomotive der Western Maryland Railway, Baujahr 1910, seinerzeit größter Typ dieser Bauart. (Foto: Sammlung Ostendorf)

sche der Kunden berücksichtigt werden, wobei dann ein Aufpreis auf die Grundkonstruktion erhoben wurde. Derartige Extras bezogen sich beispielsweise auf Druckluftbremseinrichtungen, Vorwärmer, Überhitzer, elektrische Beleuchtung usw.. Die moderneren Maschinen erhielten später geschlossene Führerhäuser und Drehgestell-Stahlgußrahmen.

Höhepunkt der Fertigung war das Jahr 1907 mit einem Jahresausstoß von 217 Lokomotiven. Nach dem Ersten Weltkrieg brachte das Jahr 1920 mit 96 Maschinen noch einmal einen Anstieg der Produktion, doch dann ging es fast stetig bergab. Im Jahre 1945 fertigten die Lima Locomotive Works schließlich die letzte und gleichzeitig auch größte Maschine im Auftrag der Western Maryland Railway Company. Diese 147 Tonnen schwere Lokomotive (Abb. 231) war als Ersatz älterer Shay-Lokomotiven auf einer Anschlußbahn vorgesehen, welche die Verbindung zwischen den Kohlengruben West Virginias und Marylands und dem Netz der Western Maryland Railway herstellte. Die Streckenführung verlangte u. a. von der Maschine die Bewältigung einer 70‰ Steigung im reinen Reibungsbetrieb mit 156 Tonnen Zughakenlast und 16 km/h Geschwindigkeit, wobei sogar kurze Streckenabschnitte mit 100‰ Steigung zu überwinden waren. Ferner mußten Kurven mit sehr kleinen Radien durchfahren werden können, für die mehrachsige Einrahmenlokomotiven nicht mehr verwendbar waren. In der Ebene sollten 5560 Tonnen ebenfalls mit einer Geschwindigkeit von 16 km/h befördert werden können.

Die Lokomotive war mit den modernsten Einrichtungen der Lokomotivtechnik ausgerüstet. Der leistungsstarke Kessel besaß selbstverständlich einen Überhitzer sowie zwei Speisewasserpumpen. Die Dampfzuführung zu den drei Zylindern erfolgte ebenso wie das Ableiten des expandierten Dampfes über zwei getrennte, auf der rechten Seite des Kessels liegende Rohre. Das geräumige Führerhaus war ähnlich wie bei den Tenderlokomotiven in geschlossener Bauweise mit rückseitigem Kohlenbunker ausgeführt worden. Alle Armaturen konnten von den erhöht angeordneten Arbeitsplattformen vom Lokomotivführer und dem Heizer gut bedient und beobachtet werden. Alle drei Triebgestelle erhielten Stahlgußrahmen mit besonders ausge-

Abb. 231 Letzte und größte von Lima im Jahre 1945 für die Western Maryland Railway gebaute B′B′B′h3-Shay Lokomotive Nr. 6. Das Bild zeigt hier einmal die linke Maschinenseite mit dem typischen geschwungenen Hauptrahmen. (Foto: Sammlung Ostendorf)

bildeten Achslagergehäusen auf der Triebwerksseite für die Aufnahme von Ritzelwelle und Achszapfen. Der Wassertank befand sich auf dem dritten Triebgestell. Eine gelenkige Verbindungskonstruktion zwischen Lokomotivrahmen und Wassertank sorgte für die erforderliche Stabilität des Tanks auf dem Drehgestell. Die Bremseinrichtung bestand aus einer Westinghouse Druckluftbremse. Als Höchstgeschwindigkeit wurden 35 km/h bei einer Ritzelwellendrehzahl von 377 min^{-1} erreicht. Trotz dieser sehr geringen Geschwindigkeit war die WM-Lokomotive die einzige Shay, die auch regelmäßig vor schweren Güterzügen auf Hauptstrecken eingesetzt wurde.
Diese letzte von den Lima Locomotive Works gebaute Shay-Lokomotive wurde allgemein als die in jeder Hinsicht vollkommendste und modernste Maschine ihrer Art bezeichnet. Der Anschaffungswert dieser Maschine betrug fast $ 90 000 gegenüber $ 20 000 für die erste Shay-Lokomotive der Western Maryland Railway im Jahre 1906.
Bereits nach nur acht Dienstjahren fiel auch diese letzte in den USA noch offiziell in Betrieb gewesene Shay dem unaufhaltsamen Traktionswandel zum Opfer. Zum Glück blieb dieses Exemplar der Nachwelt erhalten. Am 9. September 1953 wurde sie dem Baltimore and Ohio Railroad's Transportation Museum in Mt. Clare als erste Originallokomotive zum Geschenk gemacht.

DIE BAUART CLIMAX

Die Hochkonjunktur in der nordamerikanischen Holzindustrie um die Jahrhundertwende und die durch Einführung der Shay-Lokomotive ständig wachsende Nachfrage nach solch leistungsfähigen und robusten Maschinen eröffnete plötzlich der Lokomotivindustrie ein völlig neues Absatzgebiet. Eigenartigerweise zeigten die damaligen großen Lokomotivfirmen aber kein allzu großes Interesse an derartigen Sonderbauarten. Die Gründe lagen einmal darin, daß diese Werke durch Bahnaufträge nahezu ausgelastet waren, zum anderen derartige Konstruktionen zu sehr auf einen bestimmten Verwendungszweck zugeschnitten sein mußten und daher keine große Verbreitung über ihren angestammten Anwendungsbereich hinaus versprachen. Die Folge war, daß sich im Laufe der Zeit zunehmend Firmen aus der allgemeinen Maschinenbaubranche dem Lokomotivbau und im besonderen dem Getriebelokomotivbau widmeten.
Ein Nachbau der Shay-Lokomotive war natürlich nicht möglich, da die Konstruktion durch Patente aus dem Jahre 1881 gesichert war und die alleinigen Herstellungsrechte bei den Lima Locomotive Works lagen. Es mußte also eine neue Bauart entwickelt werden, die der Shay in Einfachheit, Leistung und Robustheit mindestens ebenbürtig war. Die Lösung fand dann auch ein gewisser George Gilbert. Zu Beginn des Jahres 1888 wandte er sich mit seiner Idee an Rush S. Battles, den Präsidenten der Climax Manufacturing Company in Corry, Pennsylvania. Diese Firma galt bis dahin vor allem als Hersteller von ortsfesten Dampfmaschinen und Ölbohrgeräten. Da aber der Konkurrenzkampf auf diesen beiden Sektoren sehr hart war und Battles durchaus Interesse an einem neuen Gewinn versprechenden Geschäft hatte, nahm er das Angebot Gilberts an.
Die erste Climax-Getriebelokomotive verließ bereits im März 1888 (!) das Werk. Wie bei der ersten Shay-Lokomotive handelte es sich auch bei ihr zunächst einmal um eine noch recht unfertige Konstruktion. Wieder findet der auf einem flachen Wagen montierte senkrecht stehende Kessel Anwendung, allerdings wurden die Räder nicht wie bei den Shay-Lokomotiven durch seitlich angeordnete Zylinder angetrieben, vielmehr waren bei der Climax beide Zylinder senkrecht vor dem Kessel in die Wagenmitte verlegt worden. Die weitere Übertragung der Antriebsleistung erfolgte über ein unter dem Wagenboden montiertes Vorgelege und Gelenkwellen auf die Antriebswellen der Drehgestelle, die ihrerseits über eine Kegelradstufe jede Achse antrieben. Der Vorteil dieses Antriebes lag in der Möglichkeit, bei großen Steigungen und schweren Zügen die Drehzahl und damit die Untersetzung über das Vorgelege ändern zu können. Die Vorräte wurden in einem zylindrischen Wasserbehälter und in einem Verschlag für das Heizholz an jeweils einem Ende der Lokomotive untergebracht. Die Lokomotiven dieser Bauart erhielten später die Bezeichnung Klasse A (Abb. 232).
Eine Abart der beschriebenen Konstruktion stellt eine kleinere, zweiachsige Getriebelokomotive mit senkrecht stehendem Kessel dar, die etwa Mitte bis Ende der neunziger Jahre gebaut wurde. Im Aufbau und in der Wirkungsweise unterschied sie sich nicht von ihren

Abb. 232 Frühe B'B'n2-Getriebelokomotive der Bauart Climax Typ A. Die abgebildete Maschine war die erste in Michigan eingeführte Climax-Getriebelokomotive. (Foto: Stoner)

großen Schwestern der Klasse A, lediglich in der Leistung lag sie wesentlich niedriger. Diese Bauart wurde in zwei Versionen hergestellt, einmal für den Betrieb auf normalem, herkömmlichem Oberbau mit Eisenschienen und zum anderen für den Betrieb auf Holzschienen, in diesem Fall besaßen alle Räder doppelseitige Spurkränze und geriffelte Laufflächen.

Die Climax-Lokomotiven hatten sich schon in den ersten Betriebsjahren so gut im rauhen Betrieb der Waldbahnen eingeführt, daß als nächste Verbesserung der waagerecht liegende Kessel bei der Klasse A eingeführt wurde, ohne jedoch die unkomplizierte und robuste Bauweise der Grundkonstruktion zu verlassen (Abb. 233). Die Maschinen nahmen nun durch diese Änderung auch äußerlich schon mehr die Gestalt einer Lokomotive an, wenn auch die spartanische Bauweise den Eindruck des Halbfertigen und Unvollständigen nicht verwischen konnte. Auch diese Bauform der Klasse A wurde wieder in den beiden Versionen für normalen Oberbau und für Holzschienen gefertigt. Zu der letztgenannten Oberbauform muß gesagt werden, daß es seinerzeit vielen kleineren Holzfällerbetrieben nicht möglich war, die hohen Kosten für ein gut ausgebautes und verzweigtes Schienennetz herkömmlicher Art aufzubringen. Es war daher naheliegend, das in Fülle zur Verfügung stehende Holz selbst in Form von dünnen, gerade gewachsenen Baumstämmen als Schienen zu verwenden. Es wurden in diesem Fall nur die Äste entfernt, um einen annähernd glatten Stamm zu erhalten. Derartige Strecken unterlagen einerseits einem starken Verschleiß und hatten eine kurze Lebensdauer, die Reparaturen benötigten aber andererseits nur einen Bruchteil des Aufwandes und der Kosten jener Arbeiten, die an einem Gleis mit normalem Oberbau entstanden. Man konnte sich daher öftere Ausbesserungen erlauben und hatte noch den Vorteil, bei wanderndem Einschlag die alten Holzschienen liegen lassen zu können.

Auch Climax mußte die normalen Geburtswehen einer neuen Lokomotivkonstruktion durchstehen, bis man endlich die Grundkonzeption gefunden hatte, die richtungweisend für diese Bauart werden sollte und ihr gleichzeitig ein ganz besonderes Gepräge verlieh. So entschloß sich Climax im Jahre 1891, zusätzlich zu dem bereits vorhandenen horizontalen Kessel auch die beiden Zylinder wieder an den ihnen angestammten

Abb. 233 B'B'n2-Climax Lokomotive Klasse A mit Langkessel aus dem Jahre 1898. (Foto: Stoner)

Abb. 234 B'B'n2-Climax Lokomotive Klasse B mit schrägliegenden Außenzylindern, Baujahr 1903. (Foto: Oregon Historical Society)

Platz beiderseits des Rahmens zu verlegen. Allerdings mußten die Zylinder einmal mit Rücksicht auf die beibehaltenen Drehgestelle und deren Ausschlag, zum anderen wegen der unter dem Kessel vor dem Aschkasten liegenden Kurbelwelle schräg gelegt werden. Das bei den Maschinen der Klasse A verwendete Getriebe mit Vorgelege kam nicht mehr zur Anwendung. Ein der Kurbelwelle nachgeschaltetes Kegelradgetriebe wirkte vielmehr direkt über Gelenkwellen und die mit Kegelrädern versehenen Antriebswellen der Drehgestelle auf jede der vier Achsen. Als weiteres Novum erhielten die Maschinen jetzt ein reguläres Führerhaus mit dahinter liegendem Wassertank und Kasten für Brennholz in der Art der Tenderlokomotiven. Diese neue, als Klasse B bezeichnete Bauart (Abb. 234) sollte das markante Bild der Climax-Getriebelokomotive prägen.
Als Abart baute Climax in den Jahren von 1891 bis 1893 versuchsweise auch einige Lokomotiven der Klasse B mit horizontal liegenden Zylindern und Schaltgetriebe für zwei verschiedene Geschwindigkeiten.
Inzwischen reichte die Skala der gebauten Lokomotiven vom 10-Tonnen-Maschinchen bis zum 100-Tonnen-Dampfroß. Wie schon bei der Shay-Bauart wurde eine Erhöhung des Reibungsgewichtes bei gleichzeitiger Vergrößerung der Achszahl angestrebt. Im Jahre 1897 verließ die erste Climax-Getriebelokomotive mit drei Triebdrehgestellen das Werk, sie war für eine Schmalspurbahn bestimmt. Es dauerte aber noch bis zum Jahre 1903, daß dieser neue Typ als Klasse C serienmäßig gebaut wurde.
Eine konstruktive Überarbeitung erfuhr auch die Klasse B. Wenn auch keine elementaren Veränderungen vorgenommen wurden, so paßte man doch einzelne Bauelemente neueren Fertigungsmethoden an. Das äußere Gesamtbild der Klasse B gewann vor allem durch die geschlossene Linienführung von Führerhaus und Tender, die aus Stahlblech gefertigt, nun eine ununterbrochene Einheit darstellten.
Die Beliebtheit der wendigen und robusten Climax-Maschinen bezog sich nicht allein auf ihren erfolgreichen Einsatz bei den Holzfällerbetrieben, auch bei einigen schmalspurigen Bahngesellschaften mit steigungs- und kurvenreichen Streckenführungen fand sie ein dankbares Arbeitsgebiet. Mit meist nur zwei, höchstens drei Personenwagen zuckelten sie oft nur einmal am Tag über ihre Strecke, um die wenigen Reisenden, etwas Frachtgut und evtl. noch die Post zu den kleinen, abgelegenen Orten zu bringen. So wie der romantisch anmutende Zug mit der kleinen Climax der Klasse B in Abb. 235 der Williamsport & North Branch Railroad stellten diese Kleinbahnen oft die einzige Verbindung zwischen entlegenen Siedlungen und den nächst größeren Verkehrs- und Handelsknotenpunkten dar.
Im Jahre 1923 stellte Climax eine neue, verbesserte Ausführung der Klasse C vor. Sie besaß alle Raffinessen einer modernen Lokomotivbauart wie Überhitzer, Stahlguß-Drehgestellrahmen, genieteten Hauptrahmen in Brückenbauweise, leistungsfähigere Kesselspeisepumpe und eine moderne Druckluftbremseinrichtung. Eine dieser neuen Maschinen stellt die in Abb. 236 ge-

Abb. 235 B′B′n2-Schmalspur-Climax Lokomotive Klasse B mit Personenzug auf der Williamsport & North Branch Railroad. (Foto: Casler)

zeigte Climax-Getriebelokomotive der Timberland Development Co., Ltd. in Britisch Kolumbien dar, die gleichzeitig auch die größte und stärkste Maschine war, die von Climax je gebaut worden ist. Erst im Jahre 1957 soll sie, nachdem sie viermal den Besitzer gewechselt hatte, verschrottet worden sein.
Leider hatte die Firma Climax Manufacturing Company keine sehr rührige Verkaufs- und Werbeabteilung, wodurch auch begründet ist, daß von den letzten neuen Bauarten nur wenige Maschinen verkauft wurden. Wenn auch die Climax-Getriebelokomotiven zahlenmäßig den Shay-Maschinen unterlegen waren, so stellte sie eine gleichwertige und ebenso brauchbare Lokomotive wie die Shay-Bauart oder ähnliche Ausführungen dar. Es ist natürlich Unsinn, daß die Shay-Lokomotiven beliebter als andere Konstruktionen gewesen sein sollen. Der Grund, daß derartige Vorstellungen überhaupt erörtert wurden, lag in Behauptungen der einzelnen Hersteller, die im Konkurrenzkampf um die Gunst der Kunden alle nur denkbaren Nachteile der Konkurrenzfabrikate zum Nutzen der eigenen Produkte auszuschlachten trachteten. Der rückläufige Auftragseingang und die verminderte Nachfrage nach neuen Getriebelokomotiven infolge steigenden Handels mit gebrauchten Maschinen besiegelten schon sehr früh das Schicksal der Climax Manufacturing Company. Im Dezember 1928 verließ die letzte von insgesamt 1100 Getriebelokomotiven, von denen auch eine ganze Reihe nach Mittel- und Südamerika sowie nach Australien exportiert worden waren, das Werk in Corry.

DIE BAUART HEISLER

Als letzte und zahlenmäßig kleinste Gruppe der typisch amerikanischen Drehgestell-Getriebelokomotiven gilt die Bauart Heisler. Ihr geht eine Entwicklung voraus, die im Jahre 1890 ihren Anfang nahm, als ein neuer Konkurrent für Lima und Climax in den Wettbewerb trat.
Die Geschichte begann mit dem Aufkauf der Dunkirk Iron Company, N. Y. im Jahre 1888 durch die Brooks Locomotive Company. Entsprechend der beabsichtigten Fertigung von Kessel, Maschinen und verschiedener anderer Ausrüstungsteile wurde die ehemalige Dunkirk Iron Company in Dunkirk Engineering Works umbenannt. Gegen Ende 1889 oder Anfang 1890 erschien George Gilbert, der Erfinder der Climax-Bauart, bei Edward Nichols, dem Präsidenten der Dunkirk Co. mit dem Angebot für zwei verschiedene Getriebelokomotivbauarten, deren Patente Gilbert in eigenem Besitz hatte. Nichols nahm das Angebot an. Gilbert, der sich auf Grund von Meinungsverschiedenheiten mit

Abb. 236 Modernste und größte Ausführung war die B′B′B′h2-Climax Bauart der Klasse C, wie sie unter anderem 1927 für die Timberland Development Company geliefert worden ist. (Foto: Casler)

Abb. 237 Eine der wenigen B'B'n2-Getriebelokomotiven Bauart Dunkirk/Gilbert mit V-förmig hinter der Feuerbüchse angeordneten Zylindern, Baujahr 1891.
(Foto: Vollrath)

Battles von Climax getrennt hatte, besaß noch das Patent für die Maschine mit vertikalem Kessel und senkrecht stehenden Zylindern sowie das Patent für eine andere Konstruktion, die von Climax noch nicht gefertigt worden war. Diese letzte Ausführung zeigte einen horizontal liegenden Kessel mit zwei V-förmig unterhalb des Kessels hinter der Feuerkiste angeordneten Zylindern, welche auf die mittig unter dem Rahmen verlagerte Kurbelwelle wirkten. Die Ausführung hatte sehr viel Ähnlichkeit mit der Climax-Bauart, unterschied sich allerdings in der Art der Zylinderaufhängung. Man baute schließlich den neuen Lokomotivtyp (Abb. 237) und sowohl Gilbert als auch die Dunkirk Works sahen zunächst einen gewissen Erfolg, gemessen am Auftragseingang. Aber schon 1892–1893 ließ das Geschäft infolge zunehmender Konkurrenz durch Climax stark nach. Die letzte Lokomotive wurde Mitte 1894 von Dunkirk gebaut. Soweit bekannt ist, haben insgesamt nur 50 Maschinen das Werk verlassen. Soviel zur Vorgeschichte der sogenannten Heisler-Maschinen.

Charles Heisler war ein junger Ingenieur-Student, der 1890 bei den Brooks Locomotive Works angestellt war. Entweder auf eigene Initiative hin oder vielleicht auch im Auftrag seiner Firma, genaue Angaben hierüber fehlen, entwickelte Heisler eine neue Getriebelokomotivtype, die von Dunkirk, dem Tochterwerk der Firma Brooks, gebaut wurde. Seine kleine Maschine hatte viel Ähnlichkeit mit der letzten Schöpfung Gilberts. Einziger wesentlicher Unterschied war die neue Lage der Zylinder in V-Form vor der Feuerkiste.

Der Antrieb erfolgte von der Kurbelwelle über die beiden Gelenkwellen auf die jeweils äußere Achse der beiden Drehgestelle. Die zweite, innenliegende Achse jedes Drehgestells war mit der eigentlichen Treibachse durch Kuppelstangen verbunden. Eine ähnliche Art der Fahrgestellausbildung war bereits schon bei der erwähnten Henderson-Shay festzustellen, nur hat Heisler die Zahnräder von der Radfelge getrennt und frei auf der Achse verlagert.

Mitte des Jahres 1891 wurde die erste Heisler-Lokomotive fertiggestellt. Kurz darauf verließ Heisler die Brooks Works, da seitens der Firma kein besonderes Interesse an dem Bau von weiteren Getriebelokomotivtypen bestand, zumal von den Dunkirk Works bereits die Maschinen von Gilbert gebaut wurden. Nachdem sich Heisler zunächst auch bei den Baldwin Locomotive Works erfolglos bemüht hatte, fand er schließlich in der Stearns Manufacturing Company in Erie, Pa. die geeignete Firma, die seinen Ideen positiv gegenüberstand und bereit war, seine Lokomotive auch zu bauen. Schon im August 1894 verließ die erste für eine Waldbahn in Mexico bestimmte Maschine das Werk. Der Erfolg sollte Heisler nun auch in der nächsten Zukunft nicht verlassen. Einige Jahre später konnte er bereits sämtliche Geschäftsanteile des Werkes auf-

Abb. 238 B'B'n2-52 t-Heisler Lokomotive Baujahr 1914, charakteristisch der im Bereich der Zylinder gegabelte Maschinenrahmen.
(Foto: Casler)

kaufen, das daraufhin in Heisler Locomotive Works umbenannt wurde.
Die V-förmige Anordnung der Zylinder besaß den Vorteil, den Kessel gegenüber der Shay-Bauart wieder in die Fahrzeugmitte zu rücken. Ferner entfiel das bei Climax erforderliche Hauptgetriebe im Bereich der Kurbelwelle. Einen großen Fortschritt stellte das in einem Getriebekasten im Ölbad laufende und staubdicht abgekappselte Kegelradgetriebe in den Drehgestellen dar. Hierdurch konnten die bei den beiden Konkurrenzfabrikaten unvermeidlichen Störungen an den freiliegenden Getriebestufen abgestellt werden. Die leichten Bauarten mit etwa 36 Tonnen Dienstgewicht besaßen einen durchgehenden I-Profilrahmen, der im Bereich der Zylinder durch ein einfaches Sprengwerk unterstützt war.
Als Hauptwerbeargument führte Heisler die günstigere Gewichtsverteilung seiner Maschinen gegenüber der Shay-Bauart ins Feld, ferner vermeide die V-förmige Anordnung der Zylinder die zusätzliche und ungünstige Beanspruchung des Oberbaues, wie sie durch die senkrechte Zylinderlage der Shay-Lokomotiven erfolge. Mit dieser Behauptung war tatsächlich das Hauptübel der Shay-Bauart charakterisiert. Die Lima Locomotive Works wiesen als Gegenargument auf den geringen Verschleiß von Kolben und Zylinder infolge der senkrechten Arbeitslage hin. Jede Firma tat also ihr Bestes, um im Wettlauf um die Gunst des Kunden ihren Konkurrenten eins auszuwischen.
Auch die Heisler Locomotive Works entwickelten im Hinblick auf höhere Leistungen einige unterschiedliche Typen, allerdings blieb das Gesamtangebot auf drei Grundtypen beschränkt. In Abb. 238 ist eine 52 Tonnen schwere Lokomotive dargestellt, die eine Eigentümlichkeit in der Ausbildung des Rahmens aufweist. Der vordere im Bereich der Rauchkammer liegende Teil ist noch als eine Einheit ausgeführt, vor den Zylindern teilt sich jedoch der Rahmen in eine obere und eine untere Hälfte, zwischen denen die beiden Zylinder Platz finden. Diese Art des geteilten Rahmens stellt ein charakteristisches Merkmal der Heisler-Lokomotiven in den beiden schweren Baugruppen dar.
Wie bei den vorbeschriebenen Shay- und Climax-Lokomotiven finden wir auch bei Heisler sehr früh die Bauart mit drei Triebdrehgestellen. Im Jahre 1900 lieferten die Heisler Locomotive Works ihre erste Maschine dieses großen Typs an die McCloud River Railroad. Spätere Lieferungen zeigten nur geringe Abweichungen gegenüber der Ursprungsausführung. Verbesserungen wie Überhitzer, Ölfeuerung etc. kennzeichnen lediglich den Fortschritt in der Fertigung. Äußerlich erhielten die Lokomotiven durch das bei den Heisler-Maschinen ebenfalls vorgesehene allseitig geschlossene Führerhaus eine gefälligere Linienführung (Abb. 239).
Als kleinste Gruppe der drei großen Getriebelokomotivbauarten war auch der Export der Heisler-Lokomotiven relativ gering. Hauptexportländer, soweit man davon überhaupt sprechen kann, waren Neuseeland und Australien. In Neuseeland standen teilweise bis zu vier Heisler-Maschinen im Dienste eines einzigen Sägewerkunternehmens. Ihre robuste und einfache Bauart, ihre Wendigkeit und nicht zuletzt die von diesen kleinen Maschinen entwickelte Leistung wurden sehr geschätzt. Kein Wunder, daß ihnen kaum eine Schonung oder Pflege zuteil wurde, und ihr Aussehen oft mehr einem fahrbaren Wrack als einer Lokomotive glich.
Von den Heisler-Getriebelokomotiven wurden schätzungsweise nur 850 Stück gebaut, damit konnte die Heisler nicht die dominierende Stellung der Shay und Climax erreichen oder gar erschüttern. Als Lima die letzte Shay im Jahre 1945 auslieferte, verließ auch die letzte Heisler das Werk in Erie. Heute ist keine der Maschinen mehr im regulären Einsatz. Einige wenige Exemplare, die vor der Verschrottung bewahrt wurden, blieben der Nachwelt als wohlgepflegtes Lokomotivdenkmal erhalten, oder versehen heute ihren Dienst zur Freude vieler Dampflokfreunde noch auf Touristen- und Museumsbahnen.

Abb. 239 B′B′B′h2-Heisler Lokomotive, größte Ausführung dieses Maschinentyps. (Foto: Casler)

DIE BALDWIN-BAUARTEN

Der steigende Bedarf an Getriebelokomotiven in den Jahren um die Jahrhundertwende gestaltete sich, wie es schien, zu einer soliden Grundlage eines neuen Industriezweiges zu entwickeln. Lima stand praktisch am Rande ihrer Fertigungskapazität, Climax erfreute sich eines wachsenden Auftragseinganges und Heisler hatte auf Grund der guten Einführung und Bewährung seiner Maschinen gerade sein neuestes Modell, eine Lokomotive mit drei Triebdrehgestellen herausgebracht. Diese drei Firmen beherrschten praktisch unangefochten von den großen Lokomotivwerken den gesamten Markt für Getriebelokomotiven. Charles Heisler hatte sich bereits 1892 bemüht, das Patent auf seine Maschine bei den Baldwin Locomotive Works, einer der größten und ältesten Lokomotivfabriken der USA, an den Mann zu bringen. Bei Baldwin zeigte man sich jedoch zunächst desinteressiert. Erst 1911 fühlte man sich durch die Erfolge der Shay-, Climax- und Heisler-Bauarten genötigt, als renomierte Lokomotivfabrik ebenfalls eine eigene Entwicklung auf diesem Gebiet zu betreiben. Das Resultat der Bemühungen muß als Reinfall gewertet werden. Die Ursache lag vor allem in dem zu spät einsetzenden Bemühen, eine eigene Getriebelokomotivbauart auf den Markt zu bringen, die den bereits bewährten Konkurrenzfabrikaten mindestens ebenbürtig war. Als besondere Schwierigkeit erwies sich die Umgehung bereits bestehender Patente, die den Konstrukteuren sehr wenig Spielraum für die Verwirklichung eigener Ideen ließen. Die Folge war, daß die entstandenen Prototypen keine Neuerungen im Sinne eines technischen Fortschrittes darstellten, vielmehr zeigten sie die typischen Merkmale schon bestehender und bekannter Bauelemente, wie sie beispielsweise bei Climax lange vorhanden waren. Es ist demnach kein Wunder, daß nur fünf Lokomotiven in der Zeit von 1912 bis 1915 gebaut wurden.
Zunächst galt es, mit einer Probelokomotive, die Baldwin 1912 auf eigene Rechnung baute, Erfahrungen zu sammeln (Abb. 240). Äußerlich glich sie im Aufbau und in der Wirkungsweise der Bauart Climax, wobei man sich jedoch bemühte, sämtliche durch Patente geschützte Konstruktionsteile und Systeme zu umgehen. Anstatt der gebräuchlichen innenliegenden Stephenson-Steuerung besaß diese Maschine eine außen angeordnete Hackaworth-Steuerung. Die Antriebsleistung wurde von der Kurbelwelle und dem nachgeschalteten kleinen Getriebe über die beiden Gelenkwellen auf die Drehgestellgetriebe und somit auf alle Achsen übertragen. Sämtliche Getriebestufen lagen staubgeschützt in besonderen Getriebegehäusen. Die Drehgestellabfederung erfolgte nicht in der üblichen Art durch zylindrische Schraubenfedern, sondern durch Schwanenhälse mit eingelegten Blattfederpaketen.
Es muß Baldwin bestätigt werden, daß Form und Aussehen der Maschine wohltuend aufeinander abgestimmt waren. Die Lokomotive wurde nach ihrer Fertigstellung im werkseigenen Bahnnetz eingesetzt, wo sie einmal nutzbringend im Rangierdienst verwendet wurde, zum anderen ihr Betriebsverhalten aus nächster Nähe ständig beobachtet werden konnte. Während ihrer etwa einjährigen Dienstzeit wurden wiederholt Änderungen und Versuche durchgeführt, bis sie dann schließlich an ein Tochterunternehmen abgegeben wurde, wo sie auch weiterhin untergeordnete Dienste im Rangierverkehr versah.
Die beiden im Jahre 1913 gebauten Getriebelokomotiven stellten bereits eine Weiterentwicklung des vorerwähnten Prototypes aus dem Jahre 1912 dar. Bei einem angegebenen Dienstgewicht von ca. 70 Tonnen besaßen die beiden im Aussehen fast identischen Lokomotiven drei Triebdrehgestelle. Die erste Maschine wurde an die Marysville & Northern Railway, einer Kleinbahn im Bundesstaat Washington, ausgeliefert (Abb. 241). Mit ihr sollte eine gewisse Werbung für die neue Getriebelokomotivbauart in ihrem näheren Einsatzgebiet betrieben werden. Die zweite Lokomotive war von der Croft Lumber Company, einer Waldbahn in Westvirginia, in Auftrag gegeben worden. Bemerkenswerteste Neuerung an diesen Maschinen

Abb. 240 B'B'n2-Getriebelokomotive, im Jahre 1912 als Prototyp von Baldwin gebaut.
(Foto: Werkaufnahme Baldwin Locomotive Works)

Abb. 241 B′B′B′n2-Getriebelokomotive, 1913 von Baldwin an die Marisville & Northern Railway geliefert. (Foto: Werkaufnahme Baldwin Locomotive Works)

war die Anwendung der seinerzeit in den USA noch kaum verbreiteten Walschaert- bzw. Heusinger-Steuerung. Über das Schicksal der beiden Maschinen geben die vorhandenen Unterlagen keinen Aufschluß. Die Tatsache, daß keine weiteren Exemplare mehr von Baldwin gebaut wurden, läßt darauf schließen, daß auch dieser Getriebelokomotivtype kein Erfolg beschieden war.

Im darauffolgenden Jahr hatte Baldwin noch einmal die Gelegenheit, auf Grund eines Auftrages eine weitere Bauart, in diesem Falle für 1000 mm Spurweite, zu entwickeln. Bei der zu fertigenden Maschine handelte es sich um eine kleinere Ausführung der bereits 1912 gebauten ersten Versuchsausführung. Diese mit zwei Triebdrehgestellen und wieder mit Hackaworth-Steuerung ausgerüstete Lokomotive wurde im April 1914 an die Leopoldina Railway in Brasilien ausgeliefert.

Die letzte von Baldwin als reine Versuchsmaschine projektierte Ausführung zeigte zwar wieder eine Lokomotive mit drei Triebdrehgestellen, aber mit gänzlich neuer Antriebstechnik. Eine abnormale Lage zeigt hierbei die Anordnung der Dampfmaschine. Alle drei Zylinder lagen nebeneinander unter dem Kessel quer zur Längsachse der Lokomotive zwischen den Längsträgern des Maschinenrahmens. Die auf der rechten Seite verlagerte Kurbelwelle leitete die Drehmomente über je ein Kegelradgetriebe an die auf der jeweils linken Drehgestellseite liegende und direkt mit den Antriebsachsen verbundene Stirnradgetriebestufe (Abb. 242). Es kann nicht geleugnet werden, daß bei dieser Konstruktion gewisse Anleihen bei dem System Shay gemacht wurden, ohne jedoch dessen vorteilhafte und glücklichere Lösung zu erreichen. Im Gegenteil, Zugänglichkeit und Wartungsmöglichkeiten des gesamten Antriebssystems waren durch die gewählte Bauweise nahezu völlig verbaut.

Baldwin erkannte schon bald, daß der rechte Zeitpunkt verpaßt war, den Anschluß auf dem Gebiet des Getriebelokomotivbaues zu finden. Es war ein zu harter und ungleicher Wettbewerb, den man mit nicht erprobten Produkten gegen eine gut eingeführte Konkurrenz zu führen hatte. Der Gedanke starb schließlich eines ganz natürlichen Todes mit der letzten Versuchsmaschine aus dem Jahre 1915.

DIE ENGLISCHEN GETRIEBELOKOMOTIVEN

DIE BAUART CLAYTON

Auch im Mutterland der Dampflokomotive zeigte die Lokomotivindustrie reges Interesse an der Herstellung leichter und robuster Getriebelokomotiven für Rangierdienste, die speziell für große Industriebetriebe mit einem weitverzweigten Streckennetz gedacht waren. Eine der englischen Konstruktionen wurde bereits in dem Kapitel über die Lokomotiven mit Kettenantrieb

Abb. 242 B′B′B′n3-Versuchsbauart mit liegend angeordneten Zylindern, im Jahre 1915 von Baldwin ausgeführt. (Foto: Werkaufnahme Baldwin Locomotive Works)

vorgestellt, die Bauart Sentinel. Eine äußerlich nahezu gleiche Bauart stellte im Jahre 1927 die Firma Clayton Wagons Ltd. vor. Ihre Lokomotive unterschied sich von der Bauart Sentinel hauptsächlich in der Art des Antriebes. Die Maschine ist eigentlich in Anlehnung an die Clayton-Dampftriebwagen entstanden, deren besondere Merkmale das ausgezeichnete Verhältnis der Zughakenleistung zum Eigengewicht einerseits und der geringe Kohlenverbrauch andererseits waren. Diese beiden Eigenschaften sind entsprechend den gesammelten Erfahrungen das Ergebnis einer gelungenen Konstruktion, nämlich die Verwendung einer schnellaufenden, über ein Getriebe mit einer Achse gekuppelten Dampfmaschine sowie eines Hochdruckkessels.

Die Lokomotive besaß einen innenliegenden Rahmen und zwei Achsen, deren eine direkt angetrieben wurde, während die zweite über Kuppelstangen mit der Treibachse verbunden war. Der Kessel entsprach wieder der vertikalen Bauart mit einem umlaufenden Wassermantel und quer durch die Feuerbüchse leicht geneigten Wasserrohren. Die Rostbeschickung wurde von oben durch ein in der Mitte des Kessels hängendes Rohr durchgeführt. Die Speisewasserzufuhr erfolgte entweder durch eine direktwirkende Pumpe im Führerhaus oder durch einen Injektor. Eine Vorwärmung des Speisewassers war mit Hilfe des von den Zylindern abgegebenen expandierten Dampfes möglich.

Abb. 243 B h4-Getriebelokomotive Bauart Clayton der New Zealand Railways für leichte Personenzüge, Baujahr 1929. (Foto: Brouwer)

Die zweizylindrige Dampfmaschine bildete zusammen mit dem angeflanschten Gehäuse des einstufigen Stirnradgetriebes und der in diese Baugruppe einbezogenen Treibachse eine komplette Einheit. Die Zylinder lagen horizontal zwischen den beiden Achsen und besaßen eine gemeinsame flexible Dampfleitung zum Kessel, wodurch die infolge der Achsfederung unterschiedlichen Bewegungen zwischen Rahmen und Triebwerk ausgeglichen wurden.

Der Lokomotivaufbau glich im übrigen der Standardausführung der bereits früher beschriebenen Sentinel-Bauart. Auch hier war der Kessel wieder in das geräumige Führerhaus einbezogen, vor dem in einem besonderen Vorbau die Vorräte untergebracht waren.

Der gute Ruf, den die Clayton-Maschinen sich bald erwarben, veranlaßten unter anderem die New Zealand Railways im Jahre 1929 eine Heißdampf-Getriebelokomotive besonderer Bauart in Auftrag zu geben. Der Grund für die Anschaffung dieses Einzelexemplares lag in dem Bestreben, Untersuchungen über die Wirtschaftlichkeit und Flexibilität leichter Personenzüge in der Art der Triebwagenzüge auf Nebenbahnen anzustellen.

Die als Klasse D in Dienst gestellte Clayton-Lokomotive (Abb. 243) war eine etwas seltsam aussehende Maschine mit einem vollständig geschlossenen Führerhaus, ähnlich einer Straßenbahnlokomotive. Sie besaß einen kleinen, waagerecht liegenden Kessel, dessen Mitte mit ca. 2,6 m Höhe über S. O. eine extrem hohe Lage einnahm. Abgesehen von der hohen Kessellage wirkt die allein aus der Führerhausstirnwand herausragende Rauchkammer etwas unharmonisch und verloren auf das Gesamtbild der Maschine. Der Kesseldruck von 21 bar stellte übrigens den höchsten Dampfdruck dar, der je bei einer Dampflokomotive in Neuseeland verwendet wurde.

Der überhitzte Dampf wurde vier vertikal stehenden Zylindern zugeführt, die über ein Zwischengetriebe auf eine zwischen beiden Achsen liegende Blindwelle wirkten. Der weitere Antrieb der beiden Treibachsen erfolgte durch Kuppelstangen. Entgegen den ursprünglichen Clayton-Getriebelokomotiven finden wir hier wieder eine senkrechte Anordnung der Zylinder sowie erstmals die Ausführung als Vierzylinder-Lokomotive, ferner erhielt die Maschine einen Außenrahmen. Das gesamte Aussehen der Maschine entsprach der Art der Tenderlokomotiven.

Die Klasse D wurde auf der Vorortlinie von Wellington nach Lower Hutt eingehend getestet. Die Ergebnisse waren jedoch so ungünstig, daß man den Gedanken des im Triebwagenplan verkehrenden dampfgetriebenen leichten Personenzuges schnell wieder aufgab. Im Jahre 1931 wechselte daher die Klasse D zu den bahneigenen Werkstätten in Otahuhu über, wo sie nur im Rangierdienst eingesetzt wurde. Diese Abart der Clayton-Bauart stellte eine der seltenen Ausnahmen dar, daß eine Getriebelokomotive speziell für den Streckendienst konstruiert wurde. Sie sollte sich jedoch ihres Daseins nicht lange erfreuen, denn bereits im Laufe des Jahres 1936 wurde sie aus dem Verkehr gezogen und verschrottet. Lediglich der Kessel überdauerte noch einige Jahre, da er als Vorheizanlage für Personenwagen verwendet wurde.

DIE BAUART AVONSIDE

Die letzte bedeutende englische Getriebelokomotivbauart ist das Produkt eines Auftrages, den die Lokomotivfabrik Avonside Engine Company im Jahre 1931 für eine bolivianische Zuckerplantage ausführte. Die Auftragsspezifikation forderte die Befahrung eines kleinsten Krümmungshalbmessers von 12,2 m bei einer Spurweite von 600 mm. Ferner waren jegliche Art beweglicher Dampfleitungen zu vermeiden.
Auf Grund dieser erschwerenden Bedingungen entwickelten die Ingenieure der Firma Avonside Engine Co. in Anlehnung an die in Amerika bereits erprobte Bauart Heisler ein neues Antriebsprinzip, das den gestellten Forderungen weitgehend gerecht wurde. Man baute vorsorglich gleich zwei Lokomotiven unterschiedlicher Größe und Leistung. Die kleinere Maschine war als Zweizylinder-Naßdampftyp (Abb. 244), die größere als Vierzylinder-Heißdampftyp ausgebildet worden. Ähnlich wie bei der erwähnten amerikanischen Bauart waren bei beiden Lokomotiven die Dampfmaschinen mit V-förmig zur Kurbelwelle stehenden Zylindern ausgerüstet. Diese Bauform gestattete bei der vorhandenen niedrigen Kessellage noch eine Unterbringung der Dampfmaschine im Rahmen vor der Feuerbüchse.
Wie bei vielen Getriebelokomotiven üblich, gehörte die Dampfmaschine mit einer Drehzahl von 600–800 min^{-1} zu den ausgesprochenen Schnelläufern bzw.

Abb. 244 B′B′n2-Schmalspur-Getriebelokomotive der Bauart Avonside, 1931 an die Reynold Bros. Sezela geliefert. (Foto: Werkaufnahme Avonside)

zu den sogenannten Dampfmotoren, wie sie auch in der Literatur genannt werden. Die Steuerung wurde von einer zwischen den Zylindern angeordneten Steuerwelle abgenommen, von der über eine veränderbare Kulisse die Schieberstellungen eingestellt werden konnten.
Die weitere Drehmomentenübertragung erfolgte von der Kurbelwelle über Gelenkwellen und gekapselte Achsgetriebe auf die äußeren Achsen der beiden Drehgestelle. Die beiden Achsen jedes Drehgestelles waren untereinander durch außen an den Rädern angelenkte Kuppelstangen verbunden.
Die Zahl dieser sehr gefällig aussehenden Getriebelokomotivtypen blieb wegen der geringen Nachfrage sehr gering. Insgesamt baute die Firma Avonside eine Vierzylinder-Heißdampflokomotive und drei Zweizylinder-Naßdampfmaschinen, alle im Jahre 1931. Die Vierzylinderlokomotive wurde übrigens an den ursprünglichen Auftraggeber, die bolivianische Zuckerplantage Natal Sugar Estates verkauft. Nach der Übernahme der Avonside Engine Co. durch die Lokomotivfabrik Hunslet Engine Company, Ltd. in Leeds wurden 1939 noch einmal eine Zweizylinder- und zwei Vierzylinder-Getriebelokomotiven der Bauart Avonside gebaut, die ebenfalls wie ihre Vorgängerinnen an große Zuckerplantagen verkauft worden sind.

DIE NEUSEELÄNDISCHEN GETRIEBE-LOKOMOTIVEN DER BAUART PRICE

Die Entwicklung der Getriebelokomotiven in Neuseeland hatte ihren Ursprung, ähnlich wie in Nordamerika, in der Holzindustrie und zum Teil auch im Bergbau. Das Fehlen eigener Lokomotivfabriken veranlaßte die

Sägewerk- und Minengesellschaften, ihren Bedarf an Lokomotiven vornehmlich in England und in den USA zu decken. Hauptlieferanten für Getriebelokomotiven waren in jenen Jahren die beiden Firmen Climax und Heisler. Aber auch die heimischen Betriebe der eisenverarbeitenden Industrie sahen ein einträgliches Geschäft in der Herstellung einfacher und unkomplizierter Lokomotiven, da einmal der Import mit der steigenden Nachfrage nicht Schritt halten, zum anderen die im eigenen Lande gefertigten Maschinen wesentlich preisgünstiger verkauft werden konnten. Diese Rechnung sollte schon bald aufgehen.
Nach anfänglichen, zaghaften Versuchen einiger kleiner neuseeländischer Betriebe wie beispielsweise G. & D. Davidson Ltd., über deren Maschinen bereits in einem vorangegangenen Kapitel berichtet wurde, erwuchs den amerikanischen Lokomotivfabriken in der Firma A. & G. Price Ltd. in Thames ein ernst zu nehmender Konkurrent. Wie die Beschreibungen der einzelnen Lokomotivtypen noch zeigen werden, schien dieses Werk ein sehr rühriges und experimentierfreudiges Unternehmen gewesen zu sein. Vielleicht liegt darin der Grund, daß die Firma auch heute noch zu den bedeutendsten Unternehmen des Landes gehört.
Im Jahre 1912 verließ die erste von A. & G. Price gebaute Lokomotive das Werk. Sie besaß noch keine Typenbezeichnung wie die späteren Konstruktionen, sie wurde einfach nach der Zahl der Räder »Price 16-Wheeler« (Abb. 245) genannt. Die Bauart lehnte sich in etwa an die frühe amerikanische Climax-Ausführung Klasse A an, jedoch mit dem Unterschied, daß die Price-Maschine vier zweiachsige Drehgestelle besaß, die Climax-Lokomotive aber nur zwei.

Abb. 245 B′B′B′B′n2-Getriebelokomotive Bauart Price – der Radzahl wegen auch »Price 16-wheeler« genannt – aus dem Jahre 1912, sie war die erste von Price gebaute Lokomotive. (Foto: Sammlung Ostendorf)

Die Achslast der Lokomotive betrug infolge der hohen Achszahl nur 2,3 Tonnen, so daß sie auch auf Holzschienen ohne Schwierigkeiten eingesetzt werden konnte. Das recht luftige Führerhaus, das ungefähr das mittlere Drittel der gesamten Maschinenrahmenlänge in Anspruch nahm, beherbergte im rückwärtigen Teil die senkrecht stehende Zweizylinder-Dampfmaschine. Die Drehmomentenübertragung auf die Räder erfolgte über ein zweistufiges Schaltgetriebe für zwei verschiedene Geschwindigkeiten und die Hauptabtriebswelle, von der jede einzelne Achse durch kurze Gelenkwellen mit Kegelradstufen angetrieben wurde. Vor dem Führerhaus lag der Kessel mit einer Mittenhöhe über S. O. von 1879,6 mm, hinter dem Führerhaus folgten Wasserbehälter und Brennstoffbunker. Der kleinste befahrbare Radius betrug rund 20 m.
Die erste »16-Wheeler«-Maschine wurde im September 1912 an das Sägewerk Ellis & Burnand geliefert, wo sie unter dem Namen Martha noch bis in die fünfziger Jahre in Dienst stand. Insgesamt baute A. & G. Price nur vier »16-Wheeler«. Allerdings sind die Price »16-Wheeler« nicht die einzigen Maschinen dieser Art gewesen, die in Neuseeland gebaut worden sind. Bereits im Jahre 1910 baute J. Johnson & Sons, eine nicht so bedeutende Firma wie Price, eine Lokomotive derselben Achsanordnung.
Es verließen nun in den kommenden Jahren die verschiedensten Bauarten das Werk in Thames. Im Jahre 1920 baute Price beispielsweise eine ganz einfache, fast primitiv zu nennende Maschine. Bei ihr finden wir wieder den durchgehenden Maschinenrahmen, auf dem die Zweizylinder-Dampfmaschine senkrecht verlagert war. Die Räder der beiden zweiachsigen Drehgestelle wurden über ein zweistufiges Zahnradvorgelege und Gelenkwellen angetrieben. Diese Maschinentype gehörte später zum Standardprogramm der Price-Werke und erhielt daher die Bezeichnung Klasse C.
Eine Abwandlung der Klasse C stellt die im Jahre 1924

Abb. 246 B′B′n2-Price Getriebelokomotive Klasse Cb mit seitlichen Wasserkästen, 1924 für die Tunnel Timber Company in Neuseeland gebaut.
(Foto: Sammlung Ostendorf)

für die Tunnel Timber Company Ltd., Tapuwae gebaute Maschine mit der neuen Bezeichnung Cb dar (Abb. 246). Im Aufbau nahezu unverändert weist die Type Cb eine Reihe technischer Verbesserungen auf. Die Maschine hatte zwei zusätzliche Wassertanks an den Längsseiten des Kessels erhalten, die Drehgestelle waren überarbeitet worden und der Maschinenraum gegenüber den Fahrgestellen günstiger abgefedert. Wichtigste Neuerung war die Abbremsung aller Räder über einseitig angeordnete Bremsklötze. Die Dampfmaschine war dieselbe wie bei der Klasse C. Das für zwei Geschwindigkeiten ausgeführte Schaltgetriebe hatte die Untersetzungsverhältnisse 54:19 und 48:25. Die durchgehende Gelenkwelle wirkte auf alle Achsen über jeweils eine Kegelradstufe im Verhältnis 2:1. Von den vier bis 1927 gebauten Maschinen dieses Types ist mit Sicherheit heute noch ein Exemplar auf der Südinsel Neuseelands im Einsatz.

Im Jahre 1922 baute Price abermals eine neue Getriebelokomotivbauart für den Einsatz auf einer Waldbahn. Auch diese Lokomotive war eine Abart der bereits bekannten Bauart C, wobei diese Maschine die kleinere der beiden Typen darstellte. Im Aufbau und in der Antriebstechnik waren keine grundsätzlichen Änderungen zu verzeichnen. Die erste Maschine dieser Gattung wurde an die Matawai Co-op Sawmilling Company geliefert und erhielt die Klassenbezeichnung D.

War zu Anfang dieses Kapitels die Rede von der Experimentierfreudigkeit der Firma Price, so muß man einschränkend auch auf die vielfältigen Sonderwünsche der Kunden hinweisen, die den Ursprung mancher Lokomotivbauart darstellten. Ähnlich dürfte auch die Entwicklung der Type Ca (Abb. 247) verlaufen sein. Erstmals stellte Price hier eine Maschine mit einer neuen Drehgestellkonstruktion und einer anders gearteten Kraftübertragung vor. Die Dampfmaschinengruppe mit Getriebevorgelege und Gelenkwelle als Hauptantriebswelle entsprachen der bisherigen Ausführung. Der Antrieb der einzelnen Drehgestellachsen erfolgte jedoch dadurch, daß die jeweils außenliegende Achse eines jeden Drehgestells über eine Kegelradstufe in Verbindung mit einer schrägliegenden Gelenkwelle von der Hauptantriebswelle betrieben wurde. Die zweite Achse war über Kuppelstangen mit der vorderen Achse verbunden. Die mit Innenrahmen ausgeführten Drehgestelle waren ferner mit einseitig von innen auf die Räder wirkende Klotzbremsen versehen. Die erste Maschine der Type Ca wurde im Jahre 1925 fertiggestellt.

Im Jahre 1926 folgte eine neue Überraschung dieser neuseeländischen Lokomotivfabrik. Die Marlborough Timber Company in Port Craig hatte für ihre Waldbahn eine Lokomotive besonderer Konstruktion in Auftrag gegeben. Die Maschine war ein ganz neuer Typ und stellte eine Getriebelokomotiv-Version der Bauart Meyer dar, mit zwei einzelnen Dampftriebwerken. Bemerkenswert war die Art der Drehgestellkonstruktion. Bei der normalen Meyer-Bauart wirken die Zylinder direkt auf eine der Kuppelachsen, wobei die übrigen

Abb. 247 B′B′n2-Price Getriebelokomotive mit gekuppelten Drehgestellrädern Klasse Ca aus dem Jahre 1925.
(Foto: Sammlung Ostendorf)

Abb. 248 B'B'n2-Price Getriebelokomotive Klasse E, erstes Baujahr 1928, unverkennbar sind hier die Einflüsse der Climax Bauart. (Foto: Sammlung Ostendorf)

Räder untereinander durch Kuppelstangen verbunden sind. Price beschritt einen etwas kuriosen Weg, indem die Zylinder eine zwischen den beiden Drehgestellachsen verlagerte Blindwelle antrieben, die ihrerseits über eine Stirnradgetriebestufe mit den beiden Treibachsen verbunden war. Es ist nur dieser eine Fall bekannt, daß Price bei einer Getriebelokomotivtype bewegliche Dampftriebgestelle mit flexiblen Dampfleitungen vorsah. Als Klassifizierung dieser Sonderbauart wählte die Herstellerfirma die Bezeichnung Ar. Als die Marlborough Timber Company in den frühen dreißiger Jahren bankrott machte, blieb die »Ar« bis zum Beginn des Zweiten Weltkrieges abgestellt. Unter den Ausrüstungsgegenständen, die 1942 unter den Hammer kamen, befand sich auch die »Ar«. Sie wurde von einem Sägewerksbetrieb in Mamaku aufgekauft, wo sie mit einigen Unterbrechungen bis 1957 im Einsatz war.

Bei der Vielfalt der von der Firma A. & G. Price gefertigten Maschinentypen wird es einen nicht verwundern, wenn auch bereits bekannte und bewährte Konstruktionen des Auslandes in irgendwelchen Bauarten ihren Niederschlag fanden. Ein derartiges Beispiel stellt die 1928 aufgelegte Typenreihe E dar. Sie entsprach im Aufbau und in der Triebwerkskonstruktion nahezu unverändert den amerikanischen Getriebelokomotiven der Bauart Climax. Die beiden schräg liegenden Zylinder trieben über eine Blindwelle und ein Zwischengetriebe die längs unter dem Rahmen laufende Hauptantriebswelle an, von der wie bei dem Typ Ca Gelenkwellen zu den außenliegenden Achsen der beiden Drehgestelle führten. Die zweite Achse jedes Drehgestells wurde über Kuppelstangen von der vorderen Achse angetrieben.

Die letzte Maschine des Typs E wurde 1937 für die Taupo Totara Timber Company gebaut (Abb. 248). Als im Jahre 1945 die TTT Co. ihre Strecken abbaute, kaufte das neuseeländische Arbeitsministerium diese Maschine zusammen mit anderen Lokomotiven auf, um sie im Materialtransport für den Deichbau am Waikato River einzusetzen. Später wurde sie dann auf einem Abstellgleis im Rangierbahnhof Putaruru gesehen. Ende 1958 schließlich erfolgte der Abbruch der Lokomotive.

Die Firma A. & G. Price beendete im Jahre 1947 nach genau 35jähriger Tätigkeit im Lokomotivbau ihre Getriebelokomotiv-Produktion mit einer letzten Neukonstruktion, einer der Bauart Heisler nachempfundenen Maschine, die unter der Bezeichnung V in das Klassifizierungsschema eingereiht wurde. Charakteristisch für diesen Typ waren die beiden V-förmig unter dem Kessel angeordneten Zylinder, die über eine Kurbelwelle und nachgeschaltete Gelenkwellen ebenfalls die äußere Achse jedes Drehgestells antrieben. Die Verbindung zu den Nachbarrädern stellten wieder Kuppelstangen her. Die nur in einem Exemplar gebaute Reihe V stand unter anderem auch längere Zeit bei den New Zealand Railways in Dienst, bis sie Anfang der sechziger Jahre aus dem Betrieb gezogen und verschrottet wurde.

Die Lokomotiverzeugnisse der Firma A. & G. Price blieben ausschließlich auf Sonderbauarten, und zwar speziell auf Getriebelokomotiven, beschränkt. Leider hat diese Firma nicht die Möglichkeit gehabt, auch größere Maschinen der Normalbauart zu bauen. Ihre Fähigkeiten blieben auf die erwähnten Lokomotivtypen beschränkt, und innerhalb dieser Kategorie hat sie dem Lokomotivfreund wahrlich eine Vielzahl von interessanten Lokomotivbauarten beschert.

Lokomotiven mit Hilfsantrieben

Die Treib- und Kuppelräder einer Lokomotive wirken in Verbindung mit der Schiene wie ein Reibungsgetriebe. Bei dieser in älterer Literatur auch Friktionsantrieb genannten Fortbewegungsmethode wird die Zugkraft in Abhängigkeit von dem zur Verfügung stehenden Reibungsgewicht durch die zwischen Rad und Schiene wirkende Haftreibung erzeugt. Die volle Nutzung des am Radumfang anstehenden Drehmomentes geschieht im Augenblick des Anfahrens unter Last, da zu diesem Zeitpunkt der größte Zugwiderstand der Zugkraft entgegensteht. Diese Zugkraft an der Reibungsgrenze wird nur im Bereich geringer Geschwindigkeiten bei voller Ausnutzung des Reibungsgewichtes, also nur kurzzeitig, abverlangt. Bei Erreichen der Reibungsgeschwindigkeit bleibt allein die Leistung noch bestimmend für den weiteren Verlauf der Zugkraftkurve. Die Überlegungen waren daher richtig, eine Zugkrafterhöhung durch eine vorübergehende Steigerung des Reibungsgewichtes zu erzielen, wofür sich am besten eine abschaltbare Triebachse eignete. In anderen Fällen, wo die Lokomotive die maximale Zugkraft nahezu dauernd abgeben mußte, wie beispielsweise im Schubdienst auf Steilrampen, war man darauf bedacht, das erforderliche Reibungsgewicht durch Aufteilung des Gesamtgewichtes von Lokomotive und Tender auf zusätzliche Kuppelräder zu erhöhen. Maßgebend für die Ausbildung der Hilfstriebwerke blieben schließlich die jeweiligen Erfordernisse des Betriebes, die sowohl Probleme der Zuggewichte und der zu befahrenden Steigungen als auch Forderungen an die Anfahrbeschleunigung betrafen.

HILFSTRIEBACHSEN

Die den Personenverkehr betreffenden Anforderungen an die Lokomotiven lagen um die Jahrhundertwende, als auf den Flachlandstrecken für leichte Schnellzüge die Reibung einer einzelnen Treibachse noch ausreichte, hauptsächlich im Anfahren. Helmholtz – seinerzeit leitender Ingenieur bei Krauss in München – schlug daher vor, einen Teil des nicht genutzten Dienstgewichtes der Lokomotive zeitweise in das Reibungsgewicht miteinzubeziehen. Die Idee wurde im Jahre 1896 erstmals bei einer Schnellzuglokomotive für die Bayrische Staatsbahn verwirklicht. Die von Krauss gebaute Maschine (Abb. 249) mit der Grundachsanordnung 2′A 1 erhielt zur Erhöhung der Reibungszugkraft eine zwischen Drehgestell und Treibachse angeordnete abschaltbare Hilfstriebachse, die durch eine eigene Hilfsdampfmaschine angetrieben wurde. Beim Anfahren wurde die Hilfsachse durch einen dampfbetätigten Zylinder mit einer Kraft von 140 kN gegen die Schienen gedrückt. Hierdurch erhöhte sich das Gesamtreibungsgewicht um 13,3 t. Die Dampfzufuhr für die Hilfsmaschine stand in direkter Abhängigkeit von der Lage der Hilfsachse. Sobald nach Ablauf des Beschleunigungsvorganges die Leistung des Haupttriebwerkes ausreichte, wurde die Hilfsachse mittels Federkraft gegen den nun nicht mehr beaufschlagten Zylinder von den Schienen abgehoben.

Im Vergleich zur Gattung BXI erzielte man bei der AAI-Maschine einerseits einen wesentlich niedrigeren

Abb. 249 2′aA1-Schnellzuglokomotive Gattung AA1 der Bayrischen Staatsbahn mit Hilfstriebachse, 1896 von Krauss gebaut. (Foto: Repro Werkaufnahme Krauss)

Kohlenverbrauch, mußte aber andererseits den größten Teil der Ersparnisse in die aufwendigere Unterhaltung der Lokomotive investieren. Nach einem Betriebsunfall wurde die Maschine im Jahre 1907 in eine normale 2'Bh2-Lokomotive mit Zylindern von 490 mm Durchmesser und 610 mm Hub umgebaut. In diesem Zustand hat sie noch bis zum Jahre 1933 Dienst getan. Noch einmal wiederholte Krauss in München die Konstruktion mit Hilfsachse im Jahre 1900 bei einer für die Pfälzische Eisenbahn bestimmten B-gekuppelten Schnellzuglokomotive. Für die immer schwerer werdenden Züge zeigten sich besonders beim Anfahren die 2'B 1-Maschinen als zu schwach, sofern nicht die Züge durch Schublokomotiven angedrückt wurden. Da dringende Abhilfe Not tat, baute Krauss eine 2'aB1-Versuchsmaschine mit Innenzylindern, bei der die Hilfstriebachse zwar zwischen den beiden Achsen des Drehgestells, aber dennoch fest im Hauptrahmen verlagert war. Der Achsabstand des Drehgestells erreichte hierdurch das ungewöhnliche Maß von 2380 mm. Die Hilfsmaschine besaß eine Joy-Steuerung, die Hauptmaschine dagegen eine Heusinger-Steuerung, jedoch ohne Hubscheibe oder Gegenkurbel. Die Abnahme der Schwingenbewegung erfolgte in ähnlicher Weise wie bei einer Joy-Steuerung. Im Gegensatz zur Hauptmaschine waren die mit Flachschiebern ausgeführten Zylinder des Hilfstriebwerks außen vor der ersten Drehgestellachse am Hauptrahmen montiert. Die zum Andrücken der Hilfstriebachse auf die Schienen erforderliche Vorrichtung entsprach der bereits bei der AAI-Maschine beschriebenen Ausführung.
Als besondere Neuheit verfügte die Lokomotive über einen Ausgleich der hin- und hergehenden Massen nach dem Prinzip von Yarrow. In einem neben dem Aschkasten angeordneten Gehäuse liefen durch Gegenkurbeln von der letzten Kuppelachse bzw. über Stangen von der vorderen Kuppelachse angetriebene Gewichte hin und her. Diese Einrichtung bewährte sich aber nicht, da zwar das Zucken der Maschine beseitigt, dafür jedoch Kräfte anderer Größenordnung auftraten.
Die Pfälzische Eisenbahn stellte die Lokomotive als Reihe P 3^{II} in Dienst. Obwohl ihr Laufverhalten und die Betriebsergebnisse recht gut waren, machte dem Personal die ungewohnte Behandlung des komplizierten Triebwerkes viel Mühe. Nicht zuletzt die hohen Unterhaltungskosten begründeten den schon 1902 durchgeführten Umbau der Maschine in eine 2'B 1 n2v-Lokomotive. Das Hilfstriebwerk und die Gewichte der Massenausgleichsvorrichtung wurden entfernt und die Kuppelradsätze durch neue mit größeren Gegengewichten ersetzt. Die Lokomotive ist anschließend als einzige deutsche Zweizylinderverbundmaschine der Achsfolge 2'B 1 noch bis 1925 im Einsatz gewesen.

BOOSTER-ANTRIEBE

Der Booster (zu deutsch »Verstärker«) war eine Hilfsmaschine für den Antrieb von Lokomotivlauf- und Tenderachsen. Im Jahre 1919 von der New York Central Railway eingeführt, gehörte diese Art der Hilfsmaschinenausführungen zu den typisch amerikanischen Lokomotiveinrichtungen. Der Booster diente ebenso wie die vorerwähnten Hilfstriebachsen zur Erhöhung der Anfahrbeschleunigung und der Zugkraft. Von Nachteil war seine unwirtschaftliche Arbeitsweise. Je nach Ausführung schaltete der Booster bei Überschreitung der Reibungsgeschwindigkeit etwa zwischen 25 und 55 km/h selbsttätig ab. Die Erfahrung hat gezeigt, daß ein Booster ungefähr nur während 1/10 der Betriebszeit der Hauptmaschine arbeitete.
Der Booster selbst war kein organisch zum Grundsystem einer Dampflokomotive gehörendes Bauelement, es handelte sich vielmehr um eine eigenständige Baugruppe, die lediglich vom Kessel mitgespeist wurde. Der Aufbau dieser Hilfsmaschineneinheit war ziemlich einfach. Die horizontal liegende Zweizylinder-Dampfmaschine arbeitete über eine Getriebestufe auf die als Hohlwelle das Laufrad umschließende Abtriebswelle. Da im Leerlauf die Dampfmaschine ausgekuppelt war, erfolgte vor Inbetriebnahme des Boosters zunächst die automatische Hinzuschaltung der Dampfmaschine über das Schaltgetriebe, ehe die Dampfzufuhr freigegeben wurde. Für jeden Zylinder wurde die äußere Steuerung getrennt von der ersten Getriebewelle abgenommen. Die gesamte Maschinerie war als komplette Einheit völlig gekapselt ausgeführt. Das Hauptproblem des Boosterantriebes lag in den beweglichen Dampfleitungen, die immer wieder wegen der auftretenden Undichtigkeiten zu Beanstandungen führten.
Der Booster trieb immer nur eine Achse direkt an, während weitere Laufachsen, wie beispielsweise bei den später erwähnten Tenderdrehgestellen mit Hilfs-

Abb. 250 1′D 1′h2-Güterzuglokomotive Nr. 2393 der London & North Eastern Railway, 1925 versuchsweise mit Booster-Schleppachse ausgerüstet. (Foto: Real Photographs Co.)

antrieben, durch Kuppelstangen miteinander verbunden waren. Die oft recht langen, großflächigen Feuerbüchsen der amerikanischen Maschinen bedingten wegen des großen Überhanges durchweg zweiachsige Schleppdrehgestelle, die außer einem auffällig langen Achsstand in vielen Fällen auch noch unterschiedliche Raddurchmesser besaßen. Angetrieben wurde vom Booster jeweils die hintere Achse mit dem größeren Raddurchmesser.

Ein Beispiel für eine einzelne Booster-Schleppachse zeigt die 1′D 1′-Güterzuglokomotive No. 2393 der LNER (Abb. 250), die im Jahre 1925 versuchsweise mit einer Hilfstriebachse ausgerüstet worden ist. Die 2393 war praktisch eine Weiterentwicklung der Dreizylinder-1′D-Güterzuglokomotiven der LNER, allerdings fanden Kessel, Zylinder und Triebwerksteile der 1922 gebauten LNER-Pacific-Maschinen Verwendung. Abgesehen von der 1925 in Dienst gestellten (1′D)(D 1′)-Garrattbauart war die 2393 die leistungsfähigste Maschine Großbritanniens. Sie wurde hauptsächlich wie ihre 1′D-Vorgängerinnen vor schweren Kohlenzügen zwischen Peterborough und London eingesetzt.

Als im Jahre 1931 die Zuggewichte auf der Strecke Edinburgh–York ständig zunahmen, war die Leistungsgrenze der auf diesem Abschnitt eingesetzten 2′B 1′-Schnellzuglokomotiven Klasse C 7 der ehemaligen LNER nahezu erschöpft. Besondere Schwierigkeiten gab es vor allem beim Anfahren auf der langen Cockburnspath-Steigung bei vorangegangener Halt-Stellung der Signale. Als Konsequenz aus dieser Misere entschloß man sich, versuchsweise zwei Lokomotiven – die No. 727 und 2171 – umzubauen und mit einem Hilfsantrieb auszurüsten. Zu diesem Zweck erhielten die Lokomotiven ein Jakobs-Drehgestell, auf das sich sowohl ein Teil des Lokomotivgewichtes als auch der Tender abstützte. Der Booster wurde in dem Raum zwischen den beiden Außenrahmen des Drehgestells angeordnet. Die Wahl dieser Antriebsausführung war eine Folge des für eine einzelne Schleppachse zu geringen Reibungsgewichtes. Folgerichtig erhöhte man nun nicht das Maschinengewicht, sondern bezog einen Teil des Tendergewichtes in das Reibungsgewicht mit ein. Von Nachteil war bei dieser Konstruktion das stets schwankende Reibungsgewicht infolge abnehmender Vorräte. Beide Lokomotiven erhielten außerdem leistungsfähigere Kessel mit größerer Rost- und Heizfläche, um dem erhöhten Dampfverbrauch genügen zu können. Nach ihrer Fertigstellung erhielten die Maschinen (Abb. 35) die neue Klassenbezeichnung C 9.

Obwohl die Versuchsfahrten zeigten, daß jede der beiden Lokomotiven imstande war, einen 760 t-Zug auf der Steigung mühelos aus dem Stand anzufahren, blieb der Nachteil einer starken Geschwindigkeitsreduzierung bei der Bergfahrt gegenüber der planmäßigen Durchschnittsgeschwindigkeit bei der Talfahrt. Der Grund lag in der für diesen Fall ungünstigen Arbeitsweise des Boosters, der erst bei Erreichen einer Mindestgeschwindigkeit von etwa 40 km/h hinzugeschaltet werden konnte. Diese Geschwindigkeit lag aber so niedrig, daß die erst zu diesem Zeitpunkt einsetzende Unterstützung des Boosters zu spät kam, um den Zeitverlust noch aufholen zu können. Ein weiteres Übel war der große Anteil nicht abgefederten Gewichtes des Booster-Drehgestells, was schlechte Laufeigenschaften des Triebgestells zur Folge hatte. Nach dem späteren Ausbau des Hilfsantriebes konnte eine erhebliche Verbesserung des Fahrverhaltens beider Lokomotiven festgestellt werden. Auch bezüglich der Unterhaltungs- und Wartungsarbeiten wurden manche Klagen geführt, da die Trennung von Maschine und Tender wegen des Jakobs-Drehgestells immer eines Hilfsdrehgestells für den Tender bedurfte. Die beiden Lokomotiven konnten sich leider keiner allzu langen Dienstzeit erfreuen, die 2171 wurde bereits im April 1942 und die 727 im Januar 1943 ausgemustert. Etwas schwieriger schien das Problem des Hilfsantriebes bei Lokomotiven ohne Schleppachsen zu lösen sein, da die Booster-Achse nicht im Fahrwerk der Lokomotive untergebracht werden konnte. In diesem Fall bot sich als einzige Möglichkeit nur der Tender durch Austausch eines normalen Drehgestells gegen ein Triebgestell an. Die Firma Bethlehem Steel Co. spezialisierte sich auf diese Antriebsart und entwickelte Tender-Triebgestelle in der Wirkungsweise der Booster-Antriebe, bei denen zwei und drei durch Kuppelstangen miteinander verbundene Achsen zu einer Hilfsantriebseinheit zusammengefaßt waren. Eine besondere Eigenart der Bethlehem-Antriebe war die Kompaktbauweise der Dampfmaschine mit fertig montierten Achsen und Achslagern, so daß die gesamte Einheit in den eigentlichen Drehgestellrahmen nur eingehängt werden brauchte. Die Bethlehem-Triebgestelle wurden maßgeblich von der Delaware & Hudson Railway bei einer Reihe Lokomotivbaureihen eingeführt, die hauptsächlich als Rangier- oder Güterzuglokomotiven Verwendung fanden.

Die Verbreitung der verschiedenen Arten von Booster beschränkte sich fast ausschließlich auf den amerikanischen Kontinent. In Europa wagte sich als erste Lokomotivfabrik Mitte der 30er Jahre Škoda in Pilsen an die Entwicklung und den Bau eines Boosters. Entsprechend den amerikanischen Vorbildern wurde auch hier die Anordnung der Hilfsmaschine im Rahmen eines Drehgestells mit Antrieb einer Achse über eine Stirnradstufe vorgesehen, eine weitere Achse erhielt ihren Antrieb über außenliegende Kuppelstangen. Die Kraftübertragung auf die Hauptantriebsachse wurde durch eine kombinierte Reibungs- und Klauenkupplung ermöglicht. Beide Kupplungen waren beiderseits des auf der Antriebsachse verlagerten Zahnrades angeordnet. Bei Hinzuschalten des Hilfsantriebes brachte die Reibungskupplung zuerst die Dampfmaschine auf die Drehzahl der Treibachse, anschließend stellte die Klauenkupplung die endgültige Verbindung her.

Die positive Eigenschaft der Škoda-Ausführung lag in den geringen unabgefederten Massen, wodurch sich diese Bauart auch vor allem für schnellfahrende Lokomotiven und bei leichtem Oberbau vorteilhaft einsetzen ließ. Der Škoda-Hilfsantrieb ist seinerzeit bei einigen 1′C 1′-Schlepptenderlokomotiven für die Chinesischen Staatsbahnen ausgeführt worden, bei denen das hintere Tenderdrehgestell anstelle der Normalausführung ein zweiachsiges Triebgestell war.

LOKOMOTIVEN MIT TRIEBTENDERN

Die Einbeziehung des Tendergewichtes in das Reibungsgewicht und die Ausrüstung des Tenders mit angetriebenen Achsen geht erstaunlicherweise schon bis in die Frühgeschichte der Eisenbahn zurück. Bereits 1843/45 liefen in Frankreich Lokomotiven mit B-gekuppelten Triebtendern, die nach einem Patent der Gebrüder Verpilleux mit einer eigenen Dampfmaschine ausgerüstet waren und über eine bewegliche Leitung mit Frischdampf aus dem Kessel betrieben wurden. Ähnliche Maschinen mit Dampftriebtendern der Systeme Sturrock und Urban liefen später bei verschiedenen europäischen Bahnen. Die einzelnen Bauarten unterschieden sich nur unwesentlich voneinander. Gemeinsam hatten alle den mit einem kompletten Triebwerk ausgeführten Tender, der praktisch jeder Lokomotive zugeordnet werden konnte.

Im Jahre 1867 lieferten die Ateliers de Louvain in Belgien zwei C n2-Güterzuglokomotiven, die mit C n2-Triebtendern der Bauart Urban gekuppelt waren, an die Chemins de fer du Grand Central Belge. Das Triebwerk der Tender entsprach bis auf den kürzeren Achsabstand dem der Lokomotiven. Die innenliegenden Zylinder wurden auch hier über eine bewegliche Dampfleitung direkt vom Kessel gespeist und trieben die mittlere Kuppelachse an. Der Abdampf gelangte durch einen separaten auf dem Tender montierten Schornstein unter Abgabe eines Teils seiner Restwärme an das Speisewasser ins Freie. Die Lokomotiven kamen auf einer 18 ‰ Steilrampe in der Nähe von Charleroi zum Einsatz. Später wurden sie schließlich wegen laufender Schwierigkeiten mit der beweglichen Dampfleitung in normale C-gekuppelte Lokomotiven mit herkömmlichen Tendern umgebaut.

In den USA sah sich die Southern Railway vor die Aufgabe gestellt, auf der 113 km langen Strecke Ashville (North Carolina)–Hayne (South Carolina) Lokomotiven größerer Leistung einzusetzen, um auf den vorhande-

Abb. 251 1'D 1'h2-Gütcrzuglokomotive der Southern Railway mit Hilfstriebtender. Diese Art Triebtender entstand durch Verwendung des Fahr- und Triebgestells ausgemusterter Dampflokomotiven der Gesellschaft.
(Foto: Sammlung Vollrath)

nen Steigungen ohne Vorspann die Züge befördern zu können. Aus diesem Grund stellte die SR im Jahre 1916 eine Anzahl speziell für den genannten Zweck ausgeführte Lokomotiven in Dienst, die keine ausgesprochenen Neubauten darstellten, sondern durch den Umbau vorhandener 1'D 1'- und 1'E 1'-Schlepptenderlokomotiven entstanden und mit zusätzlichen Triebtendern ausgerüstet worden waren. Die Umbauarbeiten wurden in den bahneigenen Werkstätten in Spencer durchgeführt. Für die Tender verwendete man die Fahrgestelle älterer, bereits zur Ausmusterung freigegebener 1'C 1'- und 1'D-Lokomotiven, auf denen die Wasserkästen und Kohlenbunker montiert wurden (Abb. 251). Weitere Änderungen bezogen sich auf die Kupplung zwischen Lokomotive und Triebtender, die infolge der durch den Triebtender erzeugten zusätzlichen Kräfte neu entwickelt werden mußte. Ferner erhielten die Maschinen ausgemauerte Feuerkisten und einen Speisewasservorwärmer auf dem Tender, der vom Abdampf der Tenderdampfmaschine gespeist wurde. Bei einem Dampfdruckabfall von nur 1 bar betrug die Zugkrafterhöhung auf 10‰ Steigung rund 45 000 N.

Das geringere und stets schwankende Reibungsgewicht der Tender reichte nicht aus, die seitens der ursprünglichen Lokomotiven zur Verfügung stehende Zylinderleistung auszunutzen. Man reduzierte daher die Kolbenfläche durch Ausbüchsen der Zylinder und Einbau kleinerer Kolben. Die Lokomotiven erfuhren übrigens auch eine geringfügige Verkleinerung der Kolbendurchmesser unter Beibehaltung des Hubes. Die Zuleitung des Frischdampfes mußte auch hier zwangsläufig mittels beweglicher Leitungen durchgeführt werden. Ähnlich wie die später eingeführten Booster stellten auch diese Triebtender eine von der Lokomotive konstruktiv und triebtechnisch unabhängige Baugruppe dar. Der effektive Leistungsgewinn dieser Triebtenderlokomotiven belief sich auf etwa 27 bis 30 % gegenüber den ursprünglichen Werten bei einem nur unwesentlichen Mehrverbrauch an Kohle. Der Nachteil der meisten Lokomotiven mit Triebtendern lag in der zu geringen zur Verfügung stehenden Dampfmenge für vier Zylinder. Da der überwiegende Teil der Maschinen dieser Fahrzeuggruppe durch Umbauten entstanden war, mußte um die Kosten in erträglichen Grenzen zu halten, der vorhandene Dampferzeuger übernommen bzw. mit geringem Aufwand annähernd auf die erforderliche Betriebsleistung getrimmt werden. Die Ausrüstung der vorhandenen Lokomotiven mit leistungsfähigeren Kesseln hätte auch konstruktive Schwierigkeiten bezüglich der erhöhten Belastung des Fahrwerkes und evtl. eine Überschreitung der zulässigen Achslast bedeutet. Diesen bekannten negativen Merkmalen der Triebtenderlokomotiven glaubte man mit dem von Poultney entwickelten System erfolgreich begegnen zu können.

Poultneys Patent lag der Gedanke zugrunde, einen möglichst geringen Dampfverbrauch bei normaler Kesselleistung dadurch zu erzielen, daß durch Beschränkung des Füllungsgrades bei 50 % Schieberhub der größte Dampfdurchlaß erfolgte. In Verbindung mit größeren Zylindern und einer entsprechend angepaßten Dimensionierung der Gesamtkonstruktion an die geforderte maximale Zugkraft bei 50 % Füllungsgrad ergab sich ein Dampfüberschuß zwischen dem hierfür erforderlichen Dampfverbrauch und dem bei 80 bis 90 % Füllung. Berücksichtigte man das infolge der größeren Zylinder zusätzliche Dampfvolumen, so blieb noch eine genügende Dampfreserve für die Tenderzylinder übrig.

Die Schieberbuchse besaß außer den üblichen Kanalöffnungen einen schmalen Dampfeinströmschlitz, der beim Anfahren noch soviel Dampf in den Zylinderraum

Abb. 252 1′D 1′+D h4-Schmalspurlokomotive mit Hilfstriebtender, 1928 von der Yorkshire Engine Co. für die Ravenglass and Eskdale Railway gebaut.
(Foto: Sheffield City Libraries)

durchließ, als wenn die maximale Füllung nicht 50 %, sondern 90 % betragen würde. Je schneller sich anschließend der Schieber bewegte, um so weniger Zeit blieb dem Dampf zum Durchtritt durch den Schlitz. Dieses später vor allem im amerikanischen Lokomotivbau bei Großlokomotiven angewandte gleichartige Grundprinzip wurde unter der Bezeichnung des »limited cut-off« bekannt. Es war unter dem Gesichtspunkt entwickelt worden, unwirtschaftliches Fahren bei hohen Geschwindigkeiten mit einem hohen Füllungsgrad bei den ausgesprochen knapp bemessenen Zylindern zu unterbinden.

Die englische Firma Yorkshire Engine Co. erwarb die Rechte auf das Poultney-Patent und rüstete erstmals 1928 eine Lokomotive nach diesem Verfahren aus. Die Wahl fiel auf eine 1′D 1′-Schmalspurlokomotive für 381 mm Spurweite der Ravenglass and Eskdale Railway. Da seinerzeit das Problem der Zugkrafterhöhung für die Maschinen dieser Bahn vordringlich wurde, entschloß man sich zu einem Umbau der genannten Lokomotive und versah sie mit einem zusätzlichen Triebtender. Leider liegen keine Ergebnisse und Berichte über den Einsatz dieser Lokomotive (Abb. 252) im Betriebsdienst vor.

Als Mitte der 20er Jahre in Deutschland die Entwicklung der Dampfturbinen-Lokomotive mit dem Bau der T 18 1001 (Krupp) und der T 18 1002 (Maffei) ihren ersten Höhepunkt erreichte, projektierte die Firma Henschel in Zusammenarbeit mit der Deutschen Reichsbahn einen Abdampfturbinen-Triebtender für normale Kolbenlokomotiven.

Dem Vorhaben lag die Idee zugrunde, unter Ausnutzung des vorhandenen Lokomotivbestandes an den Brennstoffkosten weitgehende Einsparungen zu erzielen. Durch das Nachschalten einer mit Vakuum arbeitenden Abdampfturbine ließ sich das adiabatische Wärmegefälle gegenüber der Kolbenmaschine um etwa 50 % vergrößern. Das bedeutete einerseits, daß annähernd dieselben Kohleneinsparungen erreicht werden konnten wie bei der reinen Dampfturbinen-Lokomotive, andererseits aber bei ungefähr gleichbleibendem Brennstoffverbrauch eine Erhöhung der Zugkraft möglich war. Da letztere zu jener Zeit noch nicht eine so maßgebende Rolle spielte, galten die Überlegungen in erster Linie der Verminderung der Brennstoffkosten.

Für die Probeausführung, die 1927 zur Ablieferung kam, wurde eine 2′C h2-Personenlokomotive der Baureihe 38^{10} (P 8) entsprechend hergerichtet und mit dem 1′B 2′-Triebtender gekuppelt (Abb. 253). Die an der Lokomotive durchzuführenden Änderungen bezogen sich auf den Einbau eines Feuerungsventilators und der für die Dampfzuführung zur Turbine erforderlichen Leitungen und Ölabscheider. Gegenüber diesem geringen Aufwand mußte der Tender völlig neu entwickelt werden. Außer der Antriebsgruppe mit Haupt- und Rückwärtsturbine sowie dem Getriebe war auf dem Tender auch der durch drei Ventilatoren künstlich belüftete Rieselkondensator untergebracht. Die Turbine arbeitete synchron mit der Kolbenmaschine, d. h. sobald die Zylinder den Abdampf freigaben, wurde die Turbine beaufschlagt und gab das der verarbeiteten Dampfmenge entsprechende Drehmoment an die beiden Kuppelachsen ab.

Die ganze Triebeinheit lief unter der Bezeichnung T 38 3255 zunächst Last- und Probefahrten, ehe sie dann nach und nach im regulären Dienstplan eingesetzt wurde. Die durch die leer mitlaufende Rückwärtsturbine beobachtete Leistungseinbuße konnte durch Entfernen des Turbinenrades beseitigt werden. Eigenartigerweise schien man bei der Projektierung des Abdampfturbinen-Triebtenders übersehen zu haben,

daß die Kolbenmaschine die Funktion der Rückwärtsturbine übernehmen konnte und diese daher von Anfang an überflüssig war.
Nach recht guten Ergebnissen in den ersten Betriebsjahren nahmen die Schäden speziell am Kondensator schließlich laufend zu, so daß nur eine kostspielige Reparatur und Überholung der gesamten Anlage den ursprünglichen Zustand wiederhergestellt hätte. Der Triebtender wurde deshalb 1937 ausgemustert und die Lokomotive wieder in ihre Originalform zurückgeändert und mit einem Normaltender ausgerüstet. Im Gegensatz zu den bisher betrachteten Triebtenderbauarten gehörte der Henschel-Turbinentriebtender zu den seltenen Konstruktionen, bei denen die Wärmeenergie des Lokomotivabdampfes in einem weiteren thermischen Prozeß zum Antrieb der Tenderachsen verwertet wurde.
Eine ebenfalls auf dem Prinzip des Turbinenantriebes basierende und unter dem Gesichtspunkt der Brennstoffeinsparung projektierte Lokomotive mit Triebtender baute die englische Lokomotivfabrik Armstrong, Whitworth & Co. bereits im Jahre 1922 als reines Versuchsfahrzeug. Beide Maschinenhälften dieser 1'C+C 1'-Maschine wurden durch elektrische Fahrmotore angetrieben, die ihre Energie von dem auf der Lokomotive angeordneten, mit einer Dampfturbine gekuppelten Generator erhielten. Außer den Vorräten enthielt der Triebtender noch die Kondensationsanlage. Die Maschine blieb ein Einzelexemplar ohne nennenswerte technische Bedeutung. Sie ist im Kapitel Dampfturbinen-Lokomotiven näher erläutert.

Abb. 253 2'C h2-Personenzuglokomotive T 38 3255 der DR mit 1'B 2'-Henschel-Abdampfturbinen-Triebtender aus dem Jahre 1927.
(Foto: Werkaufnahme Rheinstahl Transporttechnik)

TRIPLEX-LOKOMOTIVEN

Im Jahre 1912 wurde George R. Henderson – seinerzeit beratender Ingenieur bei den Baldwin Locomotive Works – das Patent Nr. 1 013 771 zuerkannt für eine Erfindung, die im Lokomotivbau großes Aufsehen erregen sollte.
Es handelte sich bei seiner Idee um eine modifizierte Mallet-Lokomotive mit drei gelenkigen Triebgestellen, bei der das Tendergewicht als angelenkte Baugruppe in das Reibungsgewicht miteinbezogen war. Die erste Lokomotive nach dem Hendersonschen Patent erwarb im Jahre 1914 die Erie Railroad für den schweren Schubdienst auf den Gebirgsstrecken des Gulf Summit in der Nähe von Susquehanna in Pennsylvania. Die offiziell als Triplex bezeichnete Bauart bekam vom Betriebspersonal bald den Spitznamen »Tausendfüßler« wegen der insgesamt 14 Achsen der Lokomotive, von denen allein 12 Stück Kuppel- und Treibachsen waren. Diese (1'D)D+D1'h6v-Triplex-Lokomotive (Abb. 254), von der bis 1916 drei Exemplare an die Erie Railroad geliefert wurden, entwickelte 726 kN Zugkraft. Damit übertraf sie an Leistung alle bisher gebauten Maschinen. Von den 387 t Dienstgewicht entfielen nahezu 90 % auf das Reibungsgewicht. Auch in dieser Hinsicht hielt die Triplex den absoluten Weltrekord.
Die Lokomotive besaß sechs Zylinder gleicher Abmessungen und Ausführung. Die beiden als Hochdruckmaschinen arbeitenden Zylinder der mittleren, starren Triebwerksgruppe erhielten überhitzten Frischdampf direkt vom Kessel. Die vordere und hintere Maschinengruppe wurden dagegen mit dem Abdampf des Hochdruckteils betrieben, und zwar führte der rechte Hochdruckzylinder den Abdampf der vornliegenden Niederdruckmaschine zu, der linke Hochdruckzylinder versorgte die hintere Niederdruckmaschine. Der ver-

Abb. 254 (1′D)D+D1′h6v-Triplex Malletlokomotive, 1916 von Baldwin an die Erie Railroad geliefert.
(Foto: Werkaufnahme Baldwin Locomotive Works)

brauchte Dampf der vorderen Zylindergruppe wurde in üblicher Weise durch ein Blasrohr und den Schornstein an die Atmosphäre abgegeben. Der Abdampf der Tendergruppe durchlief zunächst noch einen Speisewasservorwärmer, ehe er durch ein Auspuffrohr an der Tenderrückwand entweichen konnte.
Der konisch ausgeführte Kessel enthielt Schmidt-Überhitzerelemente und eine ausgemauerte Feuerkiste. Der hohe Brennstoffverbrauch machte ferner den Einbau einer mechanischen Rostbeschickung erforderlich.
Anläßlich der mit der ersten Triplex-Lokomotive durchgeführten Probefahrten wurde zwecks Ermittlung der effektiven Zughakenleistung ein Zug von 250 vierachsigen Güterwagen mit einer Länge von 2,57 km und 16 300 t Gewicht noch mit 22 km/h auf 1‰ Steigung befördert. So imposant diese Werte auch erscheinen mögen, im Grunde genommen erwies sich die Triplex-Bauart im Betrieb als Fehlkonstruktion. Die Kesselleistung entsprach in keiner Weise der für sechs Zylinder bei Lastfahrt auftretenden hohen Dampfentnahme. Hinzu kam noch die verringerte Saugzugleistung infolge Ableiten des Abdampfes der Tendermaschine in den Speisewasservorwärmer. Das Maschinenpersonal prägte in jenen Tagen den Ausspruch: Im Sommer ist der kühlste Platz hinter der Feuerkiste der Triplex.
Noch ehe die erste Lokomotive richtig erprobt war, hatte Baldwin bereits die beiden anderen in Auftrag gegebenen Maschinen gleicher Bauart fertiggestellt und an die Erie Railroad ausgeliefert. Auch diese beiden Triplex-Lokomotiven wurden im Schiebedienst eingesetzt, konnten aber ebensowenig wie ihre Schwestermaschine die an sie gestellten Forderungen erfüllen. In den Jahren 1929 bis 1933 fielen schließlich alle drei Maschinen der Ausmusterung zum Opfer.
Noch ein zweites Mal konnte Baldwin die Triplex-Bauart in Auftrag nehmen. Im Jahre 1916 wurde eine (1′D)D+D2′-Triplex-Lokomotive an die Virginian Railroad geliefert, die im Aufbau sich sehr an die bereits für die Erie gebauten Maschinen anlehnte. Obwohl der Kessel bezüglich der Dimensionierung überarbeitet worden war, und die Zylinder nur noch mit einfacher Dampfdehnung arbeiteten, konnte keine wesentliche Verbesserung der Betriebseigenschaften erzielt werden. Die Lokomotive wurde als Klasse X-A ebenfalls im Schiebedienst auf der 22,5 km langen Steigung zwischen Elmore und Clark's Gap eingesetzt. Aber bereits nach vier Jahren wenig befriedigender Tätigkeit entschloß man sich zum Umbau der Maschine in eine (1′D)D-Malletlokomotive. In diesem Zustand blieb sie noch bis zum Jahre 1936 in Dienst.
Unter der Vielzahl der Lokomotiven mit Hilfsantrieben konnten, wie die Geschichte dieser Fahrzeuggruppe beweist, lediglich die Booster-Antriebe eine auf die Dauer zufriedenstellende Betriebsreife erlangen. Allerdings deutet ihre nahezu ausschließliche Verbreitung in Nordamerika darauf hin, daß für derartige Hilfsantriebe bei den Bahnen der übrigen Kontinente keine unbedingte Notwendigkeit bestand, zumal die Zuggewichte im allgemeinen niedriger und für ihre Beförderung in der Leistung ausreichende Normalbauarten vorhanden waren. Alle übrigen Ausführungen, vornehmlich jene mit Triebtendern, blieben nur bedingt befriedigende Lösungen, da sie in den meisten Fällen durch Lokomotivumbauten entstanden sind, bei denen der ursprüngliche, für den zusätzlichen Betrieb von Hilfsantrieben aber unzureichende Kessel beibehalten wurde.

Sonderlinge und Experimente

Nachfolgend soll ein Überblick über Sonderkonstruktionen der Dampflokomotive gegeben werden, deren Vielzahl wohl kaum innerhalb des beschränkten Umfangs eines einzelnen Kapitels ausreichend beschrieben werden könnte. Es wurden daher nur jene Typen herausgegriffen, die wegen ihrer Abnormität und technischen Einmaligkeit von besonderem Interesse sein dürften.

Das weite Gebiet der Technik beeindruckt den Laien wie auch den Fachmann immer wieder durch eine nahezu selbstverständliche Perfektion, die kaum noch Wünsche an das System und die Konstruktion offen zu lassen scheint. Derartige Eindrücke beziehen sich in unserer Zeit maßgeblich auf die modernen Techniken der Raumfahrt und der elektronischen Steuerungen. Was heute nur noch reine Verfahrensfragen sind, waren früher Probleme der konstruktiven Ausführung. Der Lokomotivbau zeigt recht deutlich diesen Wandel. Es ist in naher Zukunft gar nicht mehr die Frage, ob eine Elektrolokomotive als Zwei- oder Vierfrequenz-Maschine ausgeführt werden soll, oder ob eine Diesellokomotive zur Leistungssteigerung mit einem Gasturbinen-Booster auszurüsten ist, entscheidend sind vielmehr bereits heute die Fragen der zukünftigen Fortbewegungsart der schienengebundenen Fahrzeuge, sei es als Luft- und Magnetkissenfahrzeuge, oder sei es als programmgesteuerte führerlose Triebeinheiten. Wie simpel und hausbacken nehmen sich dagegen die Sorgen und Probleme der alten Lokomotivbauer aus, wenn man sich rückblickend nochmals mit ihren Ideen und Konstruktionen befaßt. Doch wir wollen nicht vergessen, daß gemessen am heutigen Stand der Technik oft die nötigen Kenntnisse und Erfahrungen fehlten. Man spürt deutlich in ihren Arbeiten das Tasten und Suchen nach Lösungen, die in manchmal uns umständlich anmutenden Ausführungsformen und auf Umwegen eine oft noch nicht einmal befriedigende Erfüllung fanden. Andererseits wurden aber durch die Arbeiten jener Männer Voraussetzungen geschaffen, dem Lokomotivbau viele seinerzeit noch völlig fremde Techniken zugänglich zu machen. So manche dieser ihrer Zeit weit vorauseilenden Ideen führten erst viele Jahre und Jahrzehnte später zum Erfolg, aber noch viel mehr Ideen, Vorschläge und Patente kamen über das Versuchsstadium nie hinaus und verschwanden schließlich sang- und klanglos, vergessen und oft unverstanden von ihrer Zeit.

FRÜHE DAMPFLOKOMOTIVEN MIT FÜHRUNGSROLLEN UND KURBELWELLENANTRIEB

Fangen wir wieder mit den ersten Jahrzehnten des Lokomotivbaus an, als noch vieles unerforscht war und der eine oder andere Entwurf einer gewissen Ängstlichkeit vor dem Neuen und Unbekannten entsproß.

Mit Einführung der Eisenbahn mußte auch gleichzeitig das Problem der Radführung auf den Schienen gelöst werden. Schon um 1767 wurden in den englischen Bergwerken die Grubenbahnen mit gußeisernen Spurgleisen ausgerüstet, deren Schienen ein flaches U-förmiges Profil hatten, in denen die Räder der Wagen geführt wurden. Im Jahre 1775 fanden die Gußeisenschienen auch in Deutschland Eingang. Laufende Verbesserungen der Form führten schließlich dazu, daß bereits mit Inbetriebnahme der ersten Dampfeisenbahn die Schiene als Kopfschiene für spurkranzbereifte Räder vorhanden war.

Doch einigen Zweiflern unter den damaligen Lokomotiv- und Wagenbauern muß die Führung der Fahrzeuge durch nur wenige Zentimeter hohe Spurkränze zu vage erschienen sein. Besonders befürchtete man ein Klettern der Räder in den Gleisbögen. Da aber die Räder nun einmal auf den Schienköpfen laufen mußten ohne herunterzufallen, führte ein findiger Kopf horizontal unter der Lokomotive und den Wagen im Bereich der Lauf- und Treibräder angeordnete Rollen ein, welche die Fahrzeuge entlang einer zusätzlich in Gleismitte liegenden Leitschiene führten. Obwohl die Funktion einer derartigen Fahrzeugführung gänzlich außer Frage steht, dürfte aber das Befahren von Weichen und

Kreuzungen nicht ganz problemlos gewesen sein. Sieht man einmal davon ab, daß eine solche Lösung im Hinblick auf schon vorhandene bessere Ausführungsarten seinerzeit keine große technische Bedeutung hatte und deshalb auch über das eine oder andere Versuchsfahrzeug nicht hinauskam, so gewann erst in neuester Zeit diese Art der Fahrzeugführung bei den modernen Einschienenbahnen wieder zunehmend an Bedeutung.
Ein besonderes Kapitel nimmt, wie noch aus den folgenden Beschreibungen zu ersehen ist, die Art der Energieerzeugung und der Kraftübertragung im Lokomotivbau ein. Da anfangs als Antriebsaggregat nur die Dampfmaschine bekannt war, beschränkte sich die Entwicklung auf diesem Sektor zunächst nur auf die verschiedensten Ausführungen von Übertragungsmöglichkeiten der Kolbenkräfte auf die Räder.
Eine interessante Triebwerksbauart fand in den Jahren 1848 bis 1855 vornehmlich in England bei einer ganzen Reihe Lokomotiven Anwendung. Es war in jener Zeit üblich, die Maschinen mit einer, höchstens aber zwei Treibachsen sowie innenliegenden Zylindern auszurüsten. Diese Bauart hatte aber einen großen Nachteil. Durch die weit auseinandergezogenen Achsabstände mußten sowohl die Feuerkiste als auch die Zylinder zwischen zwei Achsen untergebracht werden. Die ungünstige Lage der Zylinder zur ersten Achse machte die Ausbildung einer vornliegenden Treibachse unmöglich. Auf der anderen Seite verhinderte die Feuerkiste die direkte Kraftübertragung auf die zweite Achse. Als einzige Möglichkeit blieb also nur eine zusätzlich zwischen den Achsen verlagerte Kurbelwelle, mit deren Hilfe die Kolbenkraft nach außen auf die Treibräder übertragen werden konnte.
Eine Anzahl kleiner Tenderlokomotiven wurden mit dieser Triebwerksbauart unter anderem in den Jahren 1850/51 von E. B. Wilson & Co., Leeds gefertigt. Im Jahre 1862 erfolgte noch einmal versuchsweise ein Einsatz dieses Kurbelwellentriebes bei fünf 2A-Crampton-Maschinen der London, Chatham and Dover Railway, die sich aber nicht sonderlich bewährt haben sollen.
Eine Ausnahme unter allen diesen Lokomotiven mit Kurbelwellenantrieb waren die vier 1855 von R. & W. Hawthorn für die Glasgow & South Western Railway gebauten zweiachsigen Maschinen, die zur Abwechslung die Zylinder außen in Höhe der Rauchkammer angeordnet hatten. Hier dürfte der Grund für die Beibehaltung der Kurbelwelle die Scheu vor allzu langen Treibstangen gewesen sein.
Ebenfalls in die Reihe der genannten Lokomotiven gehört die schon im Kapitel »Aus den Anfängen der Dampflokomotive« auf Seite 15 beschriebene B1-Lokomotive »Albion« (Abb. 8) der South Yorkshire Railway. Sie blieb aber wegen der Eigenart der Zylinderkonstruktion und der schräg in der Art eines Parallelogramms arbeitenden Treibstangen eine Versuchsbauart, die in der »Albion« ihre einzige Ausführung fand.

DIE HARRISON-LOKOMOTIVEN

Es mag vielleicht den einen oder anderen Leser in Erstaunen setzen, daß auch die nächsten beiden Lokomotivtypen in England entwickelt wurden. Man möge aber nicht vergessen, daß England das Mutterland der Dampflokomotive ist und nirgendwo sonst soviele verschiedene Bauarten, Typen und Sonderkonstruktionen entwickelt worden sind wie gerade in England.
Im Jahre 1838 baute R. & W. Hawthorn, Newcastle zwei seltsame Lokomotiven für die Great Western Railway, deren Gesamtaufbau eine Unterteilung der Maschinen in je ein Kessel- und Triebfahrzeug vorsah. Das Konzept für die Konstruktion war von dem späteren Chefingenieur der North Eastern Railway T. E. Harrison entwickelt worden.
Die erste dieser beiden Breitspurlokomotiven, die »Thunderer« (Abb. 255), besaß einen vorlaufenden, mit zwei Kuppelachsen ausgerüsteten Maschinenwagen, dem das dreiachsige Kesselfahrzeug und der Tender folgten.
Die auf dem vorderen Fahrzeug untergebrachten Zylinder wurden über eine flexible Rohrleitung vom Kesselfahrzeug mit Dampf beschickt. Der Abdampf wurde auf dieselbe Weise in die Rauchkammer zurückgeleitet. Die Kolben arbeiteten auf eine über der ersten Treibachse liegende Kurbelwelle, auf der ein großes Zahnrad aufgezogen war. Dieses Rad kämmte mit dem auf der Treibachse sitzenden Ritzel im Verhältnis 2,7:1. Bei einem vorhandenen Treibraddurchmesser von 1828,8 mm entsprach die gewählte Getriebeuntersetzung einem Raddurchmesser von fast 5 m. Abgesehen von dem ungünstigen reziproken Verhältnis der Drehmomentenübertragung reichte auch das Reibungsgewicht des Maschinenfahrzeuges kaum für die Bewe-

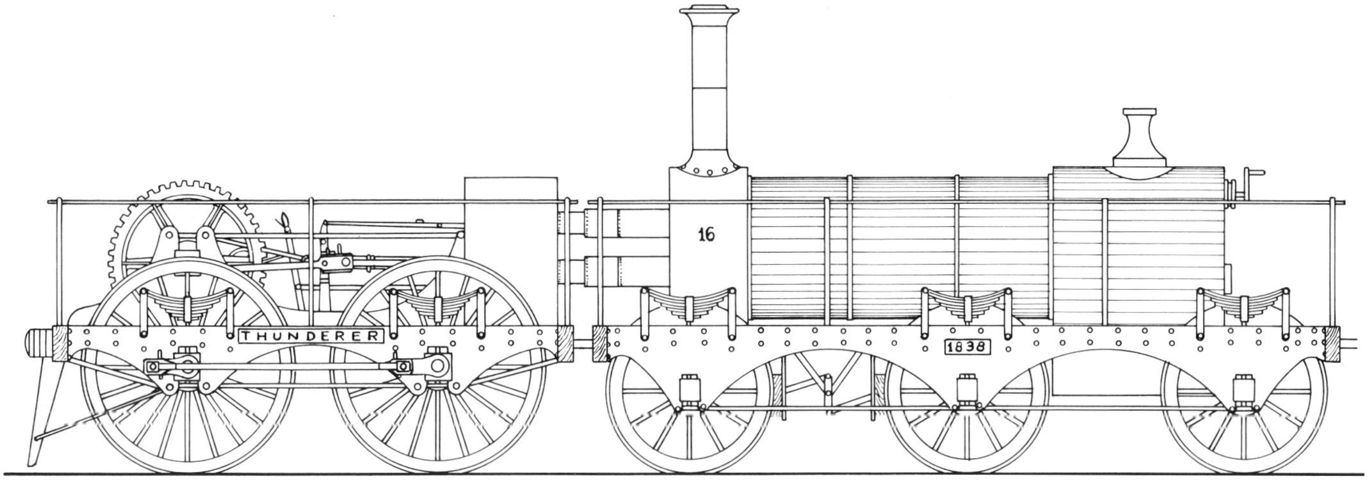

Abb. 255 Breitspur-Gelenklokomotive »THUNDERER« Bauart Harrison, 1838 von der Great Western Railway in Dienst gestellt. (Zeichnung: Sammlung Ostendorf)

gung größerer Zuggewichte aus. Die mit leichten Zügen erreichte Geschwindigkeit lag bei 97 km/h.
Nicht minder problematisch war die Konstruktion der zweiten Lokomotive, der »Hurricane«. Im Gegensatz zur »Thunderer« erhielt sie eine direktangetriebene einzelne Treibachse mit 3048,0 mm Durchmesser, die sie befähigen sollte, eine Geschwindigkeit von 135 km/h zu erreichen. Bis auf die Achsanordnung und die Triebwerksauslegung des Maschinenfahrzeugs waren beide Lokomotiven identisch.
Nun, obwohl weder die eine noch die andere der beiden Monstren den Betriebsanforderungen genügte, standen sie Pate für eine Lokomotivbauart, die wir später noch als Ljungström-Turbinenlokomotive kennenlernen werden, bei der diese ungewöhnliche Maschinen- bzw. Fahrzeugaufteilung noch einmal praktiziert wurde.

LOKOMOTIVEN MIT REIBRADANTRIEB DER SYSTEME HOLMAN, FONTAINE UND GRUND

Es gibt Fälle in der Geschichte des Lokomotivbaues, die nicht nur ausgesprochene Kuriositäten darstellen, sondern die auch zeigen, daß die Besessenheit von einer Idee zu geradezu absurden Lösungen führen kann. Einen dieser Fälle stellt die sogenannte »Holman-Lokomotive«, oder besser gesagt, das »Holman-Laufgestell« dar.
Das Prinzip der Konstruktion war wie folgt. Ein Laufgestell bestand aus drei Achsen, deren relativ kleinen Räder auf den Schienen liefen. Darüber angeordnet waren zwei weitere Achsen mit Rädern größeren Durchmessers, die als Reibräder mit jeweils zwei der genannten kleineren Laufräder in Eingriff standen. Eingebettet in den durch die Laufkränze dieser beiden letzten Räder gebildeten Zwischenraum ruhte ganz oben auf diesem Räder-Turmbau endlich ein Treib- bzw. Kuppelradpaar der Lokomotive. Eine B-gekuppelte Lokomotive besaß also, wie in Abb. 256 gezeigt, zwei derartige Holman-Laufgestelle. Als besondere Sicherheit wurde das vordere Laufgestell im Bereich der ersten Achse durch eine Kette mit dem Lokomotivrahmen verbunden.
Der Sinn dieser eigenartigen Konstruktion lag darin, durch Hintereinanderschaltung zweier Reibradstufen ein so großes Übersetzungsverhältnis zu schaffen, daß bei gleichbleibender Kolbengeschwindigkeit die Fahrgeschwindigkeit der Lokomotive wesentlich gegenüber der normalen Geschwindigkeit bei dem vorhandenen Treibraddurchmesser gesteigert werden konnte.
Soweit bekannt ist, kamen lediglich zwei Lokomotiven mit Holman-Laufgestellen versuchsweise zum Einsatz. Die South Jersey Railroad kaufte 1894 diese Maschi-

Abb. 256 2′B n2-Schnellzuglokomotive der South Jersey Railroad mit Holman-Reibräder-Laufgestellen. (Foto: Werkaufnahme Baldwin Locomotive Works)

nen, um sie im Schnellzugverkehr zwischen Philadelphia und Cape May zu erproben. Die Eigenart der Holman-Konstruktion führte schon bald zu vielen kritischen Betrachtungen hinsichtlich der Sicherheit derartiger Maschinen. Abgesehen vom Sinn oder Unsinn des Holman-Prinzips war es ein sehr riskantes Unternehmen, einen Personenzug von einer Lokomotive mit hoher Geschwindigkeit ziehen zu lassen, deren Treib- und Kuppelräder zwei Stockwerke hoch auf einer Rollenkonstruktion ruhten. Es drängte sich bei Betrachtung einer solchen Lokomotive die Frage auf, was geschehen würde, falls bei dem vorhandenen kleinen Laufraddurchmesser Achsen eines Laufgestells entgleisen sollten. Offensichtlich würde der durch die Entgleisung auftretende große Widerstand dazu geführt haben, daß die Treibräder von den oberen Radpaaren herab auf den Oberbau gestürzt wären. Jeder, der Erfahrungen mit Eisenbahnunfällen hat, weiß, daß ein am Zugkopf abreißendes Drehgestell Ursache für das Abtrennen weiterer Drehgestelle der dahinterliegenden Wagen ist und somit zu größerem Schaden führt, als dieses bei normalen Entgleisungen nachlaufender Wagen der Fall ist.

Bei diesen Betrachtungen fragt man sich, was die leitenden Männer der South Jersey Railroad bewogen haben mag, ihre Reisenden solchen Gefahren auszusetzen. Sofern es bei dem Holman-Prinzip um die Möglichkeit ging, höhere Geschwindigkeiten zu erreichen, kann festgestellt werden, daß mit einer Holman-Maschine nie jene Rekordgeschwindigkeiten erzielt wurden, die von Lokomotiven normaler Bauart gefahren worden sind. Damit war auch gleichzeitig der Nachweis erbracht, daß geforderte hohe Geschwindigkeiten im Rahmen einer möglichst großen Sicherheit durch Verwendung entsprechend großer Treibraddurchmesser und einer ebenso entsprechend richtig dimensionierten Maschineneinheit erreicht werden konnten, eine Tatsache, die letztlich die Idee Holmans zum Scheitern verurteilte.

Es sei hier noch vermerkt, daß eine Lokomotive kurze Zeit bei der SOO-Line mit Holman-Laufgestellen anläßlich einer Ausstellung in Minneapolis lief. Allerdings wurde diese Maschine nicht auf einer Hauptstrecke im Streckendienst vorgeführt, vielmehr beschränkte man sich auf ein eine halbe Meile langes Gleis im Rangierbahnhof, um lediglich die Funktion der Holman-Laufgestelle zu demonstrieren. Zwischenzeitlich soll die Maschine noch versuchsweise bei der Northern Pacific Railroad gelaufen sein, wo unter anderem bei einer Testfahrt eine Geschwindigkeit von 97 km/h mit vier Wagen Zughakenlast erreicht worden sein soll. Das ganze System befriedigte jedoch nicht, so daß die Lokomotive aus dem Verkehr gezogen und die Holman-Laufgestelle später in Verbindung mit weiteren Laufgestellen für eine zweite Lokomotive an die bereits erwähnte South Jersey Railroad verkauft wurden. Die Versuchsfahrten bei der South Jersey Railroad zeigten außerdem, daß es Schwierigkeiten bei der Unterfahrung von Brücken gab, da die Holman-Lokomotive das normale Profil des Regellichtraumes nach oben weit überschritt. Diese und die bereits genannten Nachteile des Holman-Systems führten auch bei der South Jersey Railroad schon bald wieder zur Rückkehr zur herkömmlichen Lokomotivbauweise.

Die Holman-Bauart war im Grunde genommen eine ganz normale Lokomotive, die erst durch eine Zusatzeinrichtung »zweckentfremdet« wurde. Man kann sie daher streng genommen nicht unbedingt zu den Maschinen mit unmittelbarem Reibradantrieb zählen. Ein typisches Beispiel für den Antrieb von Lokomotivtreibrädern über eine Reibradstufe war dagegen die sogenannte »Fontaine«-Lokomotive.

Diese kuriose Maschine (Abb. 257) wurde im Jahre 1881 von den Grant Locomotive Works in Paterson, New Jersey nach den Plänen von Eugene Fontaine gebaut. Im wesentlichen handelte es sich auch bei dieser Ausführung um die Schaffung einer Lokomotive für große Geschwindigkeiten. Um nun keine extrem hohen Treibräder zu erhalten, sah Fontaine eine Unterteilung des Antriebes durch Verwendung von Reibrädern vor, d. h. er übersetzte die Maschinendrehzahl ins Schnelle. Zu diesem Zweck wurde über dem Kessel in Höhe der Treibachse eine Welle verlagert, an deren Enden je ein Speichenrad mit Kurbelzapfen aufgezogen war. Angetrieben wurde dieses Radpaar direkt über Treibstangen von den sehr schräg nach oben geneigten Zylindern. Die Übertragung der Drehbewegung auf die Lokomotivräder erfolgte in der Weise, daß diese 1829 mm großen Räder durch Blattfedern auf ein Gegenradpaar mit 1422 mm Durchmesser gepreßt wurden, das außen auf der gleichen Achse wie die eigentlichen Lokomotivräder verlagert war. Das genaue Übersetzungsverhältnis dieser Reibradstufe betrug 1:1,286. Durch eine Nachstellvorrichtung konnte die Vorspann-

Abb. 257 2'A 1 n2-Fontaine-Lokomotive mit Reibradantrieb, 1881 von den Grant Locomotive Works gebaut.
(Foto: Sammlung Vollrath)

kraft der Federn in gewissen Grenzen beeinflußt werden.

Gewiß ist der Gedanke des Reibradantriebes auch damals schon nicht mehr neu gewesen, dennoch ist es schwierig zu verstehen, warum man ausgerechnet diese zwar unkomplizierte aber dennoch von so vielen wichtigen Faktoren wie beispielsweise einem einigermaßen konstanten Reibwert abhängige Antriebsart wählte.

Es gibt keine definitiven Angaben über die Betriebsergebnisse der Fontaine-Lokomotive. Man weiß lediglich, daß sie eine Zeit lang bei der Canada Southern Railway im Einsatz gewesen ist. Die Tatsache, daß die Maschine 1884 in eine konventionelle Lokomotive umgebaut worden ist, dürfte den Rückschluß zulassen, daß sie von einer befriedigenden Arbeitsweise weit entfernt gewesen ist.

Abb. 258 C n2-Reibradlokomotive »FASOLT« Bauart Grund, 1876 von Vulcan in Stettin an die Reichseisenbahn Elsaß-Lothringen geliefert.
(Foto: Sammlung Kästner)

Als letzte und gleichzeitig älteste Vertreterin des hier behandelten Konstruktionssystems sei noch eine Cn2-Tenderlokomotive der Bauart Grund (Abb. 258) genannt. Sie wurde 1876 von Vulcan in Stettin für die Reichseisenbahn in Elsaß-Lothringen gebaut.

Im Gegensatz zur Fontaine- und zur Holman-Lokomotive wurde an diese kleine Tendermaschine die Forderung nach einer extrem niedrigen Geschwindigkeit von nur 10 km/h gestellt. Die Schwierigkeit lag darin, daß eine Mindestmaschinendrehzahl erhalten bleiben mußte, die aber, bezogen auf den ausführbaren Treibraddurchmesser, noch zu hoch war. Man fand auch hier die Lösung wieder in einem Reibradgetriebe, das die Maschinendrehzahl auf die erforderliche Drehzahl der Lokomotivräder untersetzte. Ähnlich der Bauart Fontaine wurden senkrecht über den drei Lokomotivradsätzen Kurbelwellen mit aufgeschrumpften Reibrollen verlagert, die direkt auf die Laufflächen der Radbandagen wirkten. Die Kurbelwellen waren untereinander durch Kuppelstangen verbunden und wurden in herkömmlicher Weise über Treibstangen von den beiden außenliegenden Zylindern angetrieben.

Der für die Übertragung des Drehmomentes erforderliche Anpreßdruck zwischen Reibrolle und Rad wurde durch eine Kombination von Trag- und Spannfedersätzen erreicht. Die Spannfedern waren bezüglich der Vorspannkraft einstellbar, so daß die zwischen Reibrolle und Rad auftretende Belastung grundsätzlich größer war als das Reibungsgewicht zwischen Rad und Schiene. Zur Minderung des hohen Eigenwider-

standes des Triebwerks bei einem evtl. erforderlichen Abschleppen der Maschine konnten die Reibrollen über kräftige, zwischen den Kurbelwellen- und Radsatzlagern befindliche Spindeln soweit angehoben werden, daß sie außer Eingriff kamen. Die Abfederung wurde hierdurch nicht beeinträchtigt. Das zweistufige Triebwerk erforderte eine hohe Einbaulage von Kessel, Wasserkästen und Führerhaus, wodurch die ganze Lokomotive etwas hochbeinig und stagsig wirkte.
Auch bei dieser Maschine führte das Problem eines genügend großen und gleichbleibenden Reibungsschlusses zu einer unbefriedigenden Betriebsweise der Lokomotive infolge Schleuderneigung zwischen Rad und Schiene sowie an den Reibrollen. Bei einem späteren Umbau der Lokomotive wurden die beiden äußeren Kurbelwellen entfernt und die mittlere nach Entfernen der Reibrollen mit der darunterliegenden Fahrzeugachse über senkrechte Kuppelstangen verbunden. Die beiden außenliegenden Radsätze wurden durch normale horizontale Kuppelstangen an die Treibachse angelenkt. Die Maschine lief ursprünglich unter dem Namen »Fasolt« als Typ D 7, Nr. 451. Im Jahre 1906 wurde sie noch in T 2 mit der Nr. 2044 umgezeichnet. Von diesem Zeitpunkt an verlieren sich die Spuren dieser interessanten und ungewöhnlichen Lokomotive.

DIE DAMPF-ELEKTRISCHEN LOKOMOTIVEN VON HEILMANN

Die Dampflokomotive wurde von den Verfechtern dieser Traktionsart maßgeblich wegen der für ihren Betrieb eigenen und selbständigen Energieerzeugung sowie ihrer guten Anpassungsfähigkeit bei unterschiedlicher Belastung hervorgehoben. Das galt vornehmlich zu einer Zeit, als die Elektrizität in zunehmendem Maße als Antriebsenergie für Triebfahrzeuge auch bei der Eisenbahn Eingang zu finden begann.
In jener Zeit wurden viele Versuche unternommen, die bewährten Eigenschaften der Dampflokomotive mit den Vorteilen des Elektromotors zu vereinen. Von den seinerzeitigen Versuchen zeigten lediglich die Probemaschinen Jean Jaques Heilmanns, eines aus Mülhausen im Elsaß stammenden Ingenieurs, eine brauchbare Lösung.
Die Fusion zweier verschiedener Antriebssysteme gelang Heilmann bei seinen dampf-elektrischen Lokomotiven, deren erste im Jahre 1892 im Auftrage der französischen Westbahn in die Fertigung ging. Es war eine Do'Do'-Maschine mit Namen »La Fusée«. Nicht nur die Achsfolge, auch der Aufbau und das Aussehen dieser Lokomotive waren ungewöhnlich. In Fahrtrichtung vorn lag der Führerstand, gefolgt von Erregerdynamo, Hauptgenerator und Dampfmaschine, alles überdacht von dem langgestreckten Führerhaus. Die hintere Hälfte des Lokrahmens nahm der Lentz-Kessel ein, dessen Merkmal die Wellrohrfeuerbüchse mit den daran anschließenden Heizrohren war. Beidseitig des Kessels lagen, ähnlich wie bei den Tenderlokomotiven, die Vorratsbehälter für Wasser und Kohle.
Die Energieumformung und damit der Antrieb der Räder geschah auf folgende Weise. Die vom Kessel mit Frischdampf von 12,6 bar gespeiste und quer zur Fahrzeugmitte liegende Zweizylinder-Verbunddampfmaschine trieb über eine gemeinsame Kurbelwelle einen direkt mit ihr gekuppelten 1000 A/400 V Hauptgenerator an, dessen Erregerdynamo von einer zusätzlichen 18 kW-Hilfsdampfmaschine betrieben wurde. Die Stromerzeugung war ausgelegt für die Versorgung der acht 44 kW-Fahrmotoren, die jeweils auf einer Achse eines Radsatzes montiert waren. Die elektrische Ausrüstung wurde übrigens von dem damals noch recht jungen Unternehmen BBC geliefert. Ausgerüstet war die »La Fusée« ferner mit einer Westinghouse-Druckluftbremseinrichtung, die scheinbar aus konstruktiven Gründen nicht wie üblich auf Bremsklötze wirkte, sondern auf spezielle Bremstrommeln.
Nach ihrer Fertigstellung wurden mit der »La Fusée« im Jahre 1894 von der Compagnie des Chemins de fer l'Ouest auf der Strecke St. Germain/Ouest–St. Germain Grande Ceinture zahlreiche Versuche unternommen. Es folgten im Jahre 1894 einige mit den Fahrgestellen bei äußerer Stromzuführung durchgeführte Tests bezüglich Fragen der Geschwindigkeitsregulierung der Motoren mit Gleichstrom niedriger Spannung, die einer Weiterentwicklung des gemischten Antriebssystems dienen sollten.
Bereits im Jahre 1896 wurde mit dem Bau zweier neuer Heilmann-Lokomotiven größerer Leistung begonnen. Sie waren der Lokomotivfabrik Cail & Co. in Denain in Auftrag gegeben worden. Unter den Betriebsnummern 8001 und 8002 sollten sie im Schnellzugdienst auf den Strecken Paris–Trouville bzw. Paris–Rouen eingesetzt werden.

Abb. 259 Dampf-elektrische Do'Do'-Lokomotive Nr. 8001 (verstärkte 2. Ausführung) aus dem Jahre 1896. (Foto: LA VIE DU RAIL)

Äußerlich zeigten die beiden neuen Maschinen (Abb. 259) weder im Aufbau noch in der Anordnung und Unterbringung der einzelnen Baugruppen noch in der Achsanordnung grundsätzliche Unterschiede gegenüber der »La Fusée«. Die Neuerungen lagen vielmehr in der Überarbeitung der mechanischen und elektrischen Ausrüstung. Äußerlich fielen die kräftigen, geschwungenen Längsträger auf und die große Länge der Lokomotive von 18465 mm über die Puffer gemessen. Der Kessel war für 14,1 bar ausgelegt und besaß eine Belpaire-Feuerbüchse. Die Dampferzeugung betrug 13500 kg/h. Gespeist wurde hiermit eine von Williams Robinson Ltd. in Manchester gelieferte 12-doppelzylindrige Dampfmaschine mit vertikalen Zylindern und Präzisionssteuerung. Diese 736 kW-Maschine besaß eine Holzverkleidung zur Wärmeisolierung und ein vollständig geschlossenes Kurbelwellengehäuse. Zwei direkt mit der Dampfmaschine gekuppelte Generatoren erzeugten ca. 450 Volt Spannung für die acht Fahrmotoren. Der 15 kW-Erregerdynamo wurde von einer 37 kW-Hilfsdampfmaschine angetrieben. Jeder der federnd gegenüber den Achsen aufgehängten Fahrmotoren leistete bei 400 min^{-1} 92 kW, das entsprach einer Gesamtleistung der Lokomotive von 736 kW.

Die elektrische Ausrüstung wurde auch für diese Lokomotiven wieder von BBC geliefert. Das fast über die Hälfte der Maschinenlänge hinausragende Führerhaus überdachte alle wichtigen Steuer- und Antriebselemente mit Ausnahme des Kessels. Die Formgebung des Führerhauses ähnelte sehr den seinerzeit im Schiffsbau üblichen Ausführungen der Schiffssteven. In gewisser Weise wurden hier die ersten Grundzüge später üblicher Stromlinienverkleidungen verwirklicht. Jede der beiden Lokomotiven konnte für Langstreckenfahrten ohne Zwischenaufenthalte mit einem vierachsigen Tender gekuppelt werden, der das Aussehen eines Packwagens hatte. Außer einem Kohlenbunker, in dem die Kohlen in Körben mitgeführt wurden, enthielt der Tender zwei große seitliche Wasserbehälter, zwischen denen ein Mittelgang durch den Wagen führte. In dem Wagen war ferner noch ein Westinghouse-Bremsaggregat untergebracht.

Einer dieser Tender war in gleicher Weise wie die Lokomotive mit einem auf eine Achse wirkenden Fahrmotor ausgerüstet, der durch eine Kabelverbindung zwischen beiden Fahrzeugen von der Lokomotive gesteuert wurde. Das auf diese Art zusätzlich nutzbare Reibungsgewicht der Tendertriebachse des bei vollen Vorräten rund 70 t schweren Wagens diente der Erhöhung der Zugkraft bei schweren Zügen – also eine Art elektrischer Booster.

Die Lokomotiven erreichten in der Ebene eine Höchstgeschwindigkeit von 120 km/h, in hügeligem Gelände wurden 250 t-Züge noch mit 100 km/h befördert. Außerhalb der sehr zahlreichen Versuchsfahrten wurden die Maschinen vorübergehend auch im turnusmäßigen Personen- und Schnellzugdienst auf der Strecke Paris–Trouville eingesetzt. Trotz zufriedenstellender Leistungen und der allseits gelobten guten Fahr- und Laufeigenschaften der Lokomotiven stellten sich bald eine ganze Reihe technischer und bedienungsabhängiger Mängel heraus. Nachteilig wirkte sich das große Gewicht auf den damals noch recht schwachen Oberbau aus. Auch die Vielfalt der Bedienungselemente war beim Personal nicht beliebt. Hinzu kam der komplizierte Antriebsmechanismus mit all seinen bisher nicht bekannten Problemen. Im Gegensatz zu

den hohen Anschaffungskosten dieser aufwendigen Lokomotiven stand eine geringe Wirtschaftlichkeit wegen des sehr schlechten Wirkungsgrades.
Die positiven Seiten der Heilmann-Lokomotiven lagen in den durch das Antriebssystem gekennzeichneten Betriebsbedingungen für Kessel und Dampfmaschine, die nahezu denen stationärer Anlagen entsprachen. Die Auswirkungen waren ein geringerer Kohlenverbrauch durch die nur gering schwankende und daher fast gleichbleibende Dampfentnahme für die mit ständig gleicher Drehzahl laufende Dampfmaschine. Eine weitere verblüffende Eigenschaft war der außerordentlich ruhige Lauf der Lokomotiven infolge des fast völligen Ausgleichs der hin- und hergehenden Massen. Die Laufeigenschaften dürften etwa mit jenen der späteren Elektrolokomotiven mit Einzelachsantrieb gleichzusetzen sein.
Außer den genannten Lokomotiven wurden keine weiteren dieses Systems gebaut. Die Bauart Heilmann mag vielleicht später noch einmal bei der einen oder anderen Ausführung der Dampfturbinen-Lokomotiven Pate gestanden haben. Die Entwicklung hat aber gelehrt, daß alle Systeme, die weitere Energieumwandlung des Dampfes zwischen Erzeuger und Verbraucher beinhalten, auf Grund ihrer Kompliziertheit und der erforderlichen vielen zusätzlichen Hilfsmaschineneinheiten sich für den rauhen Eisenbahnbetrieb als ungeeignet oder nur bedingt brauchbar erwiesen.

DIE RAUB'S CENTRAL POWER LOKOMOTIVE

Zu den experimentierfreudigsten Lokomotivfabriken der USA gehörten vor der Jahrhundertwende ohne Zweifel die Grant Locomotive Works in Paterson, New Jersey. Nach der Fontaine-Reibungslokomotive aus dem Jahre 1881 lieferte diese Firma 1886 eine weitere kuriose Konstruktion.
Es war eine D-gekuppelte Tenderlokomotive in der Ausführung nach dem im Jahre 1881 patentierten System von Raub. Abgesehen von der Fahrwerksausführung glich die Maschine einer Art »Modified Fairlie« (Abb. 260).
Diese ungewöhnliche Lokomotive besaß zwei kleine, unabhängig voneinander arbeitende Kessel an jedem Maschinenende, deren Rauchkammern durch je ein Abdampfrohr mit einem in Führerhausmitte angeordneten Schornstein verbunden waren. Beide Kessel konnten sowohl rechts wie links von der Seite her beschickt und bedient werden. Die Dampfzufuhr wurde über einen gemeinsamen von beiden Führerstandsseiten zu bedienenden Regler gesteuert.
Der Antrieb der Maschine erfolgte über vertikal verlagerte Zylinder, die auf eine zwischen zweiter und dritter Kuppelachse liegende Kurbelwelle arbeiteten. Der symmetrische Aufbau der Lokomotive und die hiermit zusammenhängende zentrale Anordnung der Antriebsmaschinerie werden wohl maßgebend für die Bezeichnung »Central Power Locomotive« gewesen sein. Diese ausschließlich für den Rangierdienst vorgesehene Maschine dürfte ähnlich wie die Fontaine-Lokomotive ein Einzelexemplar geblieben sein.

DAS SYSTEM LAFERRÈRE

Kuriositäten haben oft die Eigenart, durchaus realen Grundlagen zu entspringen. So mag es denn auch nicht verwundern, daß es vor der Jahrhundertwende Leute gab, denen es offensichtlich ein dringendes Bedürfnis war, eine Lösung zu finden, Lokomotiven für verschiedene Spurweiten verwendbar zu machen.
Nun, der Glückliche, dem endlich der zündende Einfall kam, war der Genfer Ingenieur Laferrère. Seine Idee demonstrierte er an dem Beispiel einer C-Tenderlokomotive für 1000 mm Spurweite. Um diese Lokomotive

Abb. 260 Raub's Central Power Lokomotive mit zwei voneinander unabhängigen Kesseln, 1886 von den Grant Locomotive Works als Versuchsausführung gebaut. (Foto: Sammlung Vollrath)

Abb. 261 Verwendung einer Schmalspurlokomotive für Normalspur mit Hilfe eines Fahrgestells des Systems Laferrère. (Foto: LA VIE DU RAIL)

auch für den Betrieb auf Normalspur nutzbar zu machen, setzte er die gesamte Maschine auf ein ebenfalls C-gekuppeltes Untergestell mit 1435 mm Spurweite, wobei aber die Kuppelachsen der Lokomotive frei schwebten, d. h. keine Berührung mit den darunter befindlichen Rädern hatten. Wie die Abbildung 261 zeigt, wurden an den Radsätzen der Maschine die Kuppelstangen entfernt, stattdessen erhielt die Treibachse eine zweite Treibstange, die mit einer auf dem Untergestell verlagerten Kurbelwelle verbunden war. Von hier aus führte eine weitere Treibstange schräg nach unten zur Treibachse des Untergestells. Abgebremst wurden jeweils die Räder der Lokomotivtreibachse und die der ersten Achse des Untergestells. Die beiden vorderen Achsen der Lokomotive standen infolge der abgebauten Kuppelstangen nicht mehr mit der Treibachse in Verbindung, so daß sie auch nicht zur abzubremsenden umlaufenden Masse des Triebwerkes gehörten. Es darf angenommen werden, daß bei dieser Konstruktion die Schwierigkeiten der Profileinhaltung noch eine untergeordnete Rolle spielten.
Auf die soeben geschilderte Art und Weise war es also gelungen, eine Lokomotive kleinerer Spurweite ohne allzu große Schwierigkeiten auch für eine größere zu verwenden. Leider gab es aber zu jener Zeit nur ganz wenige Unternehmen, denen es vorteilhaft und rationell erschien, für die in ihrem Streckennetz vorhandenen Linien unterschiedlicher Spurweiten ein und dieselben Maschinen zu verwenden. Das geringe Interesse an dieser Konstruktion ließ daher das System Laferrère bald wieder in Vergessenheit geraten.

THERMO-DAMPFLOKOMOTIVEN

Unter den mannigfaltigen Experimenten mit Antriebssystemen aller nur erdenklicher Bauarten sind diejenigen, die der optimalen Ausnutzung thermischer Vorgänge dienen, in nur relativ kleiner Zahl vertreten. Mit Einführung des Verbrennungsmotors wurde das Problem der wirtschaftlichen Nutzung der freiwerdenden Wärme akut, die beispielsweise beim Dieselmotor allein durch Ableiten an das Kühlmedium einen Verlust von etwa 35 % beinhaltet.
Ein beachtenswerter Versuch wurde mit einer 1'C 1'-Tenderlokomotive (Abb. 262) durchgeführt, die im Jahre 1927 als kombinierte Diesel-Dampfmaschine nach dem System Still von der Firma Kitson in Leeds gebaut worden war.
Wesentliches Merkmal dieses Verfahrens war, daß nicht nur die Wärme der Verbrennungsgase der Kesselfeuerung, sondern auch die Wärme des Zylinderkühlwassers zur Erzeugung von Dampf herangezogen

Abb. 262 1'C 1'-Thermolokomotive Bauart Still, 1927 als kombinierte Diesel-Dampflokomotive von Kitson & Co. gebaut. (Foto: Real Photographs Co.)

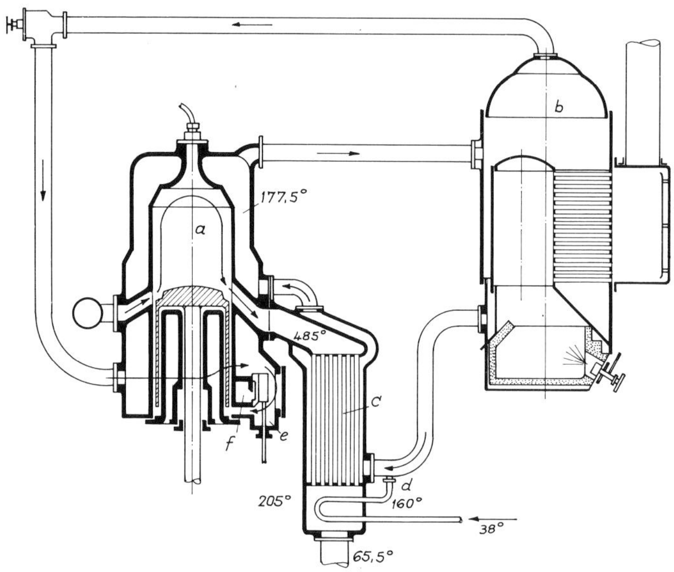

Abb. 263 Schema des Prozeßablaufes bei der Bauart Still. (Zeichnung: Sammlung Ostendorf)

wurde, der ebenfalls im Verbrennungszylinder, jedoch auf der anderen Seite des Kolbens wirksam wurde.
Die Wirkungsweise dieses vereinigten Öl-Dampfmotors soll kurz anhand des in Abb. 263 dargestellten Schemas erläutert werden. Das mit 38° C aus einem Kondensatsammler kommende Speisewasser wurde von den Abgasen der Verbrennungsmaschine auf 160° C vorgewärmt, bevor es bei »d« in den Kreislauf eintrat. In dem nachfolgenden Abgas-Dampferzeuger »c« nahm das Speisewasser schon soviel Wärme auf, daß es dann im Kühlmantel des Verbrennungszylinders »a« bei annähernd gleichbleibender Temperatur bereits teilweise verdampfte. Da der Kühlmantel in direkter Verbindung mit dem Feuerrohrkessel »b« stand, unterstützte die überschüssige Wärme aus dem Verbrennungsprozeß die Verdampfung des Wassers im Kessel. Der so gewonnene Dampf gelangte über ein Absperrventil in einen Dampfmantel am unteren Zylinderende, wo ein Schieber die Öffnung »e« für den Einlaß unter den Kolben und »f« für den Auslaß zum Kondensator steuerte.
Nachdem das Verfahren mit Erfolg schon mehrfach bei stationären Kraftmaschinenanlagen angewendet worden war, lag der Gedanke nahe, die Vorteile dieses Systems auch auf die Dampflokomotive zu übertragen. Die von der englischen Firma Kitson entwickelte Lokomotive besaß acht doppeltwirkende Zylinder, die in zwei Gruppen zu je vier Zylinder nebeneinander beiderseits einer gemeinsamen Kurbelwelle zwischen Kessel und Fahrgestellrahmen verlagert waren. Jeder Zylinder arbeitete auf der einen der Kurbelwelle abgewandten Kolbenseite als Viertakt-Dieselmaschine mit Druckeinspritzung des Brennstoffes und auf der gegenüberliegenden Kolbenseite als Dampfmaschine. Das Viertaktverfahren wurde gewählt, um genügend große Zylinderdurchmesser für eine ausreichende Anfahrzugkraft zu erhalten, da das Anfahren grundsätzlich mit Dampf erfolgte. Entgegen einer rechnerischen indizierten Anfahrzugkraft von 124 000 N wurde der offizielle Wert mit 115 000 N genannt, das bedeutet, daß rund 9000 N bzw. 7 % der Zugkraft für das Durchdrehen des Verbrennungsmotoranteils verloren gingen. Erst bei etwa 8–12 km/h Fahrgeschwindigkeit wurde der volle Leistungsanteil der Dieselzylinder wirksam, so daß die Dampfzufuhr allmählich gedrosselt werden konnte.
Der Kessel war von einfacher Bauart für Ölfeuerung. Während des normalen Betriebes wurde der Hauptölbrenner abgestellt, da die Strahlungswärme der Verbrennungszylinder für die Verdampfung ausreichte. Lediglich beim Anfahren und bei erhöhtem Leistungsbedarf erfolgte eine zusätzliche Wärmezufuhr durch die Ölfeuerung.
Die Kraftübertragung auf die Kuppelräder erforderte wegen der schnellaufenden Dieselmaschine ein mit einem Untersetzungsverhältnis von etwa 1:2 ausgelegtes zweistufiges Vorgelege, das zwischen 1. und 2. Kuppelachse angeordnet war.
Die Konstruktion der Lokomotive bezog sich auf ihren Einsatz im normalen Streckendienst, wobei sie eine Anfahrzugkraft von rund 110 kN und bei etwa 72 km/h noch eine Zughakenkraft von ca. 30 kN aufbringen sollte.
Die im März 1928 begonnenen Versuchsfahrten mit 100 t-Zügen bewiesen zunächst einmal durch die guten Ergebnisse die Richtigkeit des Diesel-Dampf-Verbundsystems. Auch im späteren Einsatz vor planmäßigen Güterzügen auf der Strecke York-Hull wurde ihre Funktionsfähigkeit unter Beweis gestellt. Allerdings konnte sich auch diese Antriebsart auf die Dauer nicht durchsetzen. Die bei zwei verschiedenen in Abhängigkeit voneinander arbeitenden Systemen erforderliche Abstimmung und Gleichschaltung der Wirkungsweise

sowie der komplizierte Aufbau der Anlage führten auch hier schließlich zum Abbruch weiterer Versuche.
Unabhängig von der Entwicklung in England arbeitete man auch in Rußland während der 30er Jahre an dem Problem der Thermo-Dampflokomotive. Die Ausgangsbasis war hier jedoch eine andere. Während bei der Kitson-Still-Lokomotive die Dampfseite nur beim Anfahren in Tätigkeit trat, sollte bei den Überlegungen der russischen Ingenieure die Dampfmaschine dauernd in Betrieb bleiben, wobei ab einer bestimmten Geschwindigkeit die Dieselmaschine zugeschaltet wurde. Wegen des größeren Leistungsbedarfs im höheren Geschwindigkeitsbereich übernahm dann der Dieselantrieb auch den überwiegenden Teil des Leistungsaufkommens. Die erwarteten Vorteile lagen in einem geringeren Verbrauch an Wasser und Brennstoff und in einem wesentlich günstigeren Gesamtwirkungsgrad gegenüber der herkömmlichen Kolbenmaschine.
Das Prinzip der russischen Thermo-Lokomotive sah ein Maschinenaggregat mit zwei gegenläufigen Kolben vor, die auf zusätzlich angeordnete Kurbelwellen mit um 180° versetzten Kurbelzapfen wirkten. Die weitere Kraftübertragung auf die Treibräder erfolgte über Treib- und Kuppelstangen. Der Zylinderraum war in drei Kammern aufgeteilt, in deren beiden äußeren die Kolben geführt wurden. Da in den unteren Geschwindigkeitsbereichen ausschließlich mit Dampf gefahren werden sollte, erhielten auch alle drei Kammern Frischdampf. Erst bei höheren Geschwindigkeiten, etwa ab 30 km/h, wurde die Dampfzufuhr zur mittleren Zylinderkammer unterbrochen, wodurch diese die Arbeitsweise eines Zweitakt-Dieselmotors übernahm, während die beiden äußeren Kammern weiterhin als Dampfmaschinen arbeiteten.
Dieses nach seinem Erfinder, dem russischen Eisenbahningenieur Maisel, benannte Verfahren wurde erstmals bei einer im Jahre 1939 von der Woroschilov-Lokomotivfabrik gebauten 1'D 1'-Maschine mit 2206 kW Nennleistung erprobt. Die Testfahrten ergaben zunächst tatsächlich zufriedenstellende Ergebnisse bezüglich der geforderten Leistung und des erwarteten niedrigeren Brennstoffverbrauchs.
Ebenfalls im Jahre 1939 erhielten die Kolomna-Werke den Auftrag zum Bau einer 1'E 1'-Güterzug-Thermolokomotive. Von der geforderten Leistung von ca. 2574 kW sollten etwa 1103 kW von der Dampfmaschine aufgebracht werden. Für die Speisung des mit Kerzenzündung ausgerüsteten Motors war ein besonderer Steinkohlen-Gasgenerator auf dem Tender untergebracht. Jedoch mußten bei dieser Lokomotive des niedrigen mittleren Druckes wegen auf beiden Maschinenseiten zwei übereinanderliegende Zylinder mit insgesamt vier Kolben vorgesehen werden. Die Bewegungsenergie wurde über eine aufwendige Hebelmechanik auf die vor und hinter den Endtreibachsen liegenden beiden Kurbelwellen übertragen. Eine Besonderheit dieser Lokomotive war das stirnseitige Führerhaus. Die Maschine wurde Ende 1939 fertiggestellt und bis zum Kriegsbeginn zahlreichen Probefahrten unterzogen.
Eine dritte Thermo-Lokomotive mit der Achsfolge 1'E 1' wurde noch 1948 in Dienst gestellt. Die Zylinderanordnung dieser Maschine entsprach im wesentlichen jener der 1'D 1'-Lokomotive der Woroschilov-Werke.
Wie die Ergebnisse der Testfahrten aller drei Lokomotiven später bewiesen, konnten mit dem Prinzip von Maisel die erhofften Vorzüge eines höheren Wirkungsgrades und wesentlicher Brennstoffeinsparungen auf die Dauer nicht erreicht werden. Auch hier fand eine interessante Entwicklung durch das vermehrte Aufkommen der Dieseltraktion in den frühen Nachkriegsjahren ihr Ende.

DAMPFMOTOR-LOKOMOTIVEN

Der Dampfmotor unterscheidet sich seiner Funktion nach kaum vom Aufbau und der Wirkungsweise einer normalen Dampfmaschine. Seine besonderen Kennzeichen sind die geringeren Abmessungen, die meist wesentlich höheren Kolbengeschwindigkeiten, der günstigere Massenausgleich und die Möglichkeit einer besseren Verarbeitung eines größeren Wärmegefälles bis zum Teil weit in den Naßdampfbereich.
Seinen Einsatz als Antriebsaggregat bei Dampflokomotiven verdankte er maßgeblich den späteren Bemühungen der Lokomotivbauer, die Fahrgeschwindigkeit der Dampflokomotiven erheblich heraufzusetzen. In Anbetracht des bis 175 km/h und mehr erforderlichen besonders guten Ausgleichs der umlaufenden und hin- und hergehenden Massen bevorzugte man den schnelllaufenden Dampfmotor für Einzelachsantrieb, bei dem zu den oben bereits erwähnten Vorteilen des Antriebes das Fehlen der in verschiedenen Ebenen umlaufenden

Abb. 264 1'C 1'n8-Dampfmotor-Lokomotive Nr. 2299 der Midland Railway, 1908 in den bahneigenen Derby Werkstätten gebaut.
(Foto: British Railways, L. M. Region)

Massen der Zapfen, Kuppel- und Treibstangen und Radkurbeln einen ruhigen Lauf der Maschine begünstigten. Dieser Tatsache kommt umso größere Bedeutung zu, wenn man sich vergegenwärtigt, daß die Massenkräfte im Quadrat der Geschwindigkeit zunehmen und damit erhebliche Probleme in der Ausbildung der herkömmlichen Triebwerke mitsichbringen würden. Die Kraftübertragung konnte sowohl über ein Zwischengetriebe als auch direkt auf die Achsen erfolgen, im letzten Fall entsprach die Motordrehzahl gleich der Treibachsdrehzahl. Beide Übertragungsarten sind ausgeführt worden.

Wie bei fast allen Antriebssystemen der Eisenbahntriebfahrzeuge lag auch hier der Ursprung der Verwendung von Dampfmotoren als Antriebsaggregat von Lokomotiven in den positiven Erfahrungen mit stationären Anlagen. Die älteren Versuchsmaschinen erheben keinen Anspruch darauf, als Schnellfahrlokomotiven zu gelten, vielmehr sollten sie erst einmal den Nachweis der Verwendbarkeit des schnellaufenden Dampfmotors als Lokomotivantrieb im Hinblick auf die von ihm in Zukunft erwartete Betriebstauglichkeit erbringen.

Eine der frühen Versuchsausführungen war die im Jahre 1908 in den Derby-Werken der Midland Railway als Nr. 2299 gebaute 1'C 1'-Achtzylinder-Lokomotive der Bauart Paget (Abb. 264). Sir Cecil Paget, seinerzeit General Superintendent der Midland Railway, war der geistige Vater dieser außergewöhnlichen Konstruktion. Die Lokomotive besaß acht Dampfmotoren mit 457,2 mm Kolbendurchmesser und 304,8 mm Hub, die in zwei Gruppen zu je vier Motoren zwischen 1. und 2. sowie 2. und 3. Kuppelachse untergebracht waren. Etwas eigenartig war die Aufteilung der Antriebsenergie auf die einzelnen Achsen. Die mittlere Kuppelachse war als Kropfachse ausgebildet und erhielt vier innenliegende Kurbelzapfen, auf die je zwei Dampfmotoren der vorderen und der hinteren Gruppe wirkten. Der erste und dritte ebenfalls mit gekröpften Achsen ausgerüstete Radsatz wurden von den restlichen zwei Dampfmotoren jeder Antriebsgruppe angetrieben. Da die vier Zylinder jeder Dampfmotorgruppe in einem gemeinsamen Stahlgußblock zusammengefaßt waren, ergab sich eine Einbaubreite für die Aggregate, welche die Verwendung eines Außenrahmens für den Fahrwerksteil erforderlich machte. Alle drei Achsen waren, obwohl einzeln angetrieben, zusätzlich noch durch Kuppelstangen untereinander verbunden. Hierdurch sollte u. a. auch die ungleiche Leistungsübertragung auf die einzelnen Treibachsen ausgeglichen werden.

Jede der Zylindergruppen hatte ihren eigenen Dampfverteilerkasten, der in Längsrichtung der Maschine oberhalb der jeweiligen Gruppe angeordnet war. Der Dampfverteiler enthielt eine Bronzebüchse mit zwei Eintrittsöffnungen von jeweils ¼ des Kreisumfanges. Eine Öffnung diente der Dampfzuführung der rechten, die andere jener der linken Zylinder. Da je zwei Zylinder immer gegenläufig arbeiteten, beaufschlagte der zwischen den beiden Kolben eintretende Frischdampf diese gleichmäßig und bewegte sie in entgegengesetzte Richtungen. Die Steuerung der Dampfverteilung erfolgte über einen gußeisernen Ventilring, der in Abhängigkeit von der Geschwindigkeit der Lokomotive mit unterschiedlicher Drehzahl umlief. Während dieser rotierenden Bewegung gab die Dampfeintrittsöffnung im Ventilring immer abwechselnd die beiden Öffnungen des Dampfverteilerkastens frei, so daß in der richtigen Reihenfolge einmal die rechten und dann die linken Zylinder mit Frischdampf beaufschlagt wurden. Der Abdampf gelangte ähnlich wie beim Gleichstromsystem infolge Freigabe von Schlitzen in der Zylinderwand durch den Kolben des Dampfmotors in ein

Dampfsammelrohr und wurde dann durch das Blasrohr in der Rauchkammer ins Freie ausgestoßen. Jeder der zu einer Antriebsgruppe gehörenden Ventilringe war auf einer Welle verlagert, deren Bewegung von den beiden äußeren Kuppelachsen über ein Zwischengetriebe abgenommen wurde.
Auch der mit 12,7 bar Dampfdruck betriebene Kessel zeigte einige Besonderheiten. Abgesehen von den für englische Verhältnisse ungewöhnlich großen Kesselabmessungen mit einer entsprechend großen Gesamtheizfläche wies die Feuerbüchse einen extrem breiten Rost auf. Ebenso ungewöhnlich war das Fehlen des seitlichen und rückwärtigen Wassermantels im Bereich der Feuerkiste, stattdessen war eine wärmeisolierende Ausmauerung vorhanden. Ferner mußten für die Beschickung der großen Rostfläche zwei Feuertüren vorgesehen werden.
Es konnten mit dieser außergewöhnlichen Versuchslokomotive leider nur wenige Testfahrten unternommen werden, da wegen des unterschiedlichen Dehnungsverhaltens des Ventilringes gegenüber der Verteilerbüchse größere Undichtigkeitsverluste auftraten, die sowohl eine Verminderung der Maschinenleistung als auch Störungen in der Dampfverteilung verursachten. Andererseits soll die Lokomotive, wenn sie einmal in Gang gesetzt war und keine Störungen auftraten, ohne Mühe 132 km/h mit einem normalen Schnellzug erreicht haben, und das bei nur 1625,6 mm großen Treibrädern.
Doch offensichtlich schwand schon sehr rasch bei den Verantwortlichen der Midland Railway das Interesse an dieser Probemaschine. Lange Zeit stand sie in den Derby-Werken abgestellt, unter Planen gegen allzu neugierige Blicke von Besuchern versteckt. Im Jahre 1919 wurde sie schließlich abgebrochen.
Lange Jahre hindurch wurden die Versuchsergebnisse der Maschine geheim gehalten, noch nicht einmal irgendwelche Zeichnungen, Beschreibungen oder sonstige Einzelheiten gelangten an die Öffentlichkeit. Es wurde wegen dieser etwas unverständlichen Maßnahmen seinerzeit sogar die Existenz dieser Lokomotive angezweifelt. Sie wurde zu einer Art Legende in der englischen Lokomotivgeschichte.
Fast 20 Jahre später, im Jahre 1927, stellte die Schweizerische Lokomotiv- und Maschinenfabrik ihre Hochdruck-Lokomotive Bauart Winterthur für 60 bar Dampfdruck fertig. Man hatte nach mehrjährigen theoretischen und praktischen Untersuchungen erkannt, daß eine wesentliche Erhöhung des Dampfdruckes erhebliche Brennstoffersparnisse erwarten ließ, da durch die Erhöhung des Druck- und Wärmegefälles nach oben die spezifische Erhöhung des Wärmeaufwandes zur Erzeugung von 1 kg Dampf mit steigendem Druck wesentlich abnimmt. Es wurden bei dieser Neukonstruktion sowohl hinsichtlich des Dampferzeugers als auch der Dampfmaschine neue Wege beschritten, die eine betriebssichere Arbeitsweise der Lokomotive unter diesen Voraussetzungen garantieren sollten.
Die Lokomotive (Abb. 79) ist im einzelnen ausführlich im Kapitel »Hochdrucklokomotiven« behandelt. Sie soll an dieser Stelle lediglich wegen ihrer Ausführung als Dampfmotor-Lokomotive kurz erwähnt werden.
Obwohl die Versuchslokomotive durchaus nicht als Schnellfahrmaschine projektiert war, wählte man als Antriebsmaschine einen schnellaufenden Dampfmotor mit Ventilsteuerung. Der Vorteil lag hier in den besonders bei hohen Drücken kleinen Abmessungen der Maschineneinheiten. Die Wahl von drei Zylindern bedeutete außerdem eine Verringerung des Ungleichförmigkeitsgrades, und schließlich nutzte man zu Recht den Vorteil der ausgeglichenen hin- und hergehenden Massen. Außerdem kam die höhere Drehzahl des Dampfmotors den Raddurchmessern und Achsständen zugute, die in den Abmessungen entsprechend kleiner gehalten werden konnten. Das als 1′C 1′ ausgeführte Fahrwerk wurde von dem über dem Rahmen zwischen vorderer Lauf- und erster Kuppelachse liegenden Dampfmotor, einem Vorgelege mit Blindwelle und den die Räder verbindenden Kuppelstangen angetrieben.
Über weitere technische Besonderheiten und Versuchsergebnisse wird in dem vorgenannten Kapitel ausführlich berichtet, es soll daher auf die Nennung weiterer Einzelheiten hier verzichtet werden, um Wiederholungen zu vermeiden. Die Erfahrungen, die seitens der SLM mit diese Probelokomotive und einer sieben Jahre zuvor fertiggestellten Turbinenlokomotive gewonnen worden sind, kamen einer weiteren im Jahre 1943 von der SLM gebauten 2′Co 2′-Hochdruck-Dampfmotor-Lokomotive zugute, über die noch im folgenden berichtet wird.
Man schrieb das Jahr 1934, als die englische Firma Sentinel Waggon Works Ltd. drei sehr interessante 12-Zylinder-Dampfmotor-Lokomotiven für 1000 mm

Abb. 265 (A′Bo)(Bo A′)-einzelachsgetriebene Drehgestell-Lokomotive der Ferrocarriles Nacionales, Baujahr 1934. (Foto: Sammlung Ostendorf)

Spurweite an die Ferrocarriles Nacionales auslieferte. Es wurden an die Konstruktion der Lokomotiven besondere Anforderungen gestellt, da die Maschinen auf den vorgesehenen Strecken im schweren Güterzugdienst lange Steigungen und scharfe Gleisbögen durchfahren sollten.

Auf Grund dieser Funktionsbedingungen entschloß man sich zur Ausführung der Maschinen als einzelachsgetriebene Drehgestell-Lokomotiven in der Achsfolge (A′Bo)(Bo A′). Der verhältnismäßig einfache Aufbau der Konstruktion zeigte einen über die gesamte Fahrzeuglänge reichenden Maschinenrahmen, auf dem der Kessel, das Führerhaus, Speisepumpe, Westinghouse-Bremseinrichtung, Wasserbehälter, Kohlenbunker und alle zur Bedienung der Lokomotive wichtigen Einrichtungen untergebracht waren (Abb. 265) Die Drehgestelle besaßen außenliegende Rahmen, in denen die beiden inneren Achsen festverlagert waren, während die erste Achse eines jeden Triebgestells als Bisselachse ausgebildet war. Diese Maßnahme ermöglichte den Lokomotiven, noch Gleisbögen von 80 m Radius zu befahren.

Als Antrieb dienten sechs Zweizylinder-Verbund-Dampfmotoren der Bauart Sentinel. Die Dampfzu- und Abführung erfolgte für jedes Motoraggregat getrennt über bewegliche Leitungen. Die Dimensionierung der Zylinder sah für die Hochdruckseite 107,95 mm und für die Niederdruckseite 184,15 mm Kolbendurchmesser bei jeweils 152,40 mm Hub vor. Der Dampfverteiler war als Kolbenschieber ausgebildet und wurde von einer Stephenson-Steuerung angetrieben. Die Drehmomentenübertragung erfolgte über eine zwischen Zylinder und Treibachse eingeschaltete Getriebestufe mit einer Untersetzung von 2,74:1. Die Kolben trieben zunächst eine in gleicher Ebene verlagerte Kurbelwelle an, deren Mittelteil zwecks Ausbildung des Zahnritzels entsprechend kräftig ausgeschmiedet war. Dieses Ritzel stand im Eingriff mit dem auf der Treibachse aufgeschrumpften Zahnrad. Der gesamte Zylinderblock und die Steuerorgane waren in einem gemeinsamen geschlossenen Gehäuse untergebracht, das seinerseits in Zylinderrollenlagern auf der Treibachse drehbar gelagert und über Drehmomentenstützen an der Kopfseite des Zylinderblocks gegenüber dem Fahrgestellrahmen bzw. der Deichsel des Bisselgestells abgefangen wurde. Wegen der getrennten Dampfleitungen für die einzelnen Antriebsaggregate konnte im Falle eines defekten Dampfmotors dieser durch Sperren der Dampfzufuhr abgeschaltet werden und leer mitlaufen, während die übrigen Motore normal weiterarbeiteten.

Außergewöhnlich war auch die Konstruktion des Dampferzeugers. Es wurde ein Wasserrohrkessel der weniger bekannten Bauart Woolnough für 38,67 bar Dampfdruck vorgesehen, dessen Aufbau im wesentlichen aus einem im Scheitel der Konstruktion längs zur Lokomotivmitte liegenden Dampf- und zwei seitlich darunterliegenden großen Wasserrohren bestand, die durch je zwei Reihen Wasserrohre kleineren Durchmessers miteinander verbunden waren. Die gesamte Anordnung dieses Röhrensystems war so ausgebildet, daß der hierdurch entstandene Hohlraum mit etwa dreieckigem Querschnitt als Feuerraum und Rauchkammer genutzt werden konnte. Beide Räume waren

durch eine gemauerte Scheidewand voneinander getrennt.
Das an der Rauchkammerseite zugeführte und bereits vorgewärmte Speisewasser wurde in den Wasserrohrbündeln durch die vorbeistreichenden Rauchgase erhitzt und sammelte sich als Naßdampf in dem im Kesselscheitel angeordneten 686 mm weiten Dampfrohr. Von hieraus gelangte der Dampf in die beidseitig zwischen den Wasserrohren liegenden Überhitzerelemente, nahm eine Temperatur von etwa 400° C an und wurde anschließend über die beweglichen Dampfleitungen den Zylindern zugeführt. Die Wasservorräte waren in zwei Tanks untergebracht, von denen der vor dem Kessel liegende Behälter ein Fassungsvermögen von 4361,7 l und der hinter dem Führerhaus unter dem Kohlenbunker liegende 1090,4 l Inhalt hatte. Die Kapazität des Kohlenbunkers betrug 3 t.
Vor ihrer Ablieferung wurden die Lokomotiven in Belgien eingehenden Testfahrten auf Strecken mit 1000 mm Spurweite unterzogen. Zu den Bedingungen zählte auch die Beförderung von 200 t-Zügen auf 20 ‰ Steigungen. Die Versuche zeigten, daß die für ca. 80 kN Zugkraft entwickelten Lokomotiven 114 t-Züge anstandslos über 31,5 ‰ schleppten. Besonders gelobt wurden die sehr guten Laufeigenschaften der Maschinen und ihre Anpassungsfähigkeit an die Streckenverhältnisse. Diese Eigenschaft konnte der Verwendbarkeit der Lokomotiven nur dienlich sein, da angeblich die Gleisanlagen der Kolumbischen Nationalbahnen seinerzeit nicht gerade zu den besten der Welt gehörten. Alles in allem dürften die drei Lokomotiven den an sie gestellten Forderungen genügt haben, ein Umstand, der besonders im Hinblick auf die vielen neuen Elemente dieser Konstruktion umso überraschender war.
Die reichen Erfahrungen in der Entwicklung und Konstruktion schnellaufender Dampfmaschinen für den Antrieb von Lokomotiven und Triebwagen machten das ohnehin schon renomierte Unternehmen der Sentinel Waggon Works Ltd. gerade auf diesem Spezialgebiet weit über die Grenzen Englands hinaus bekannt. Bereits 1937 stellte diese Firma wieder die kompletten Dampfmotoreinheiten für vier 1 Bo 1-Schlepptenderlokomotiven her, deren mechanischer Teil, Kessel und Tender die North British Locomotive Company Ltd. fertigte. Die von beiden Firmen in einer Arbeitsgemeinschaft gebauten normalspurigen Lokomotiven waren für die Ägyptische Staatsbahn zum Einsatz im leichten Personenzugdienst bestimmt.
Äußerlich unterschieden sich die vier Maschinen von solchen der Regelbauart mit Außenrahmen nur durch die fehlenden Kuppelstangen zwischen den beiden Treibachsen. Der Kessel entsprach in allen Einzelheiten denjenigen der ein Jahr zuvor von der NBL an die Ägyptische Staatsbahn gelieferten 2'B-Schlepptenderlokomotiven mit Caprotti-Ventilsteuerung. Interessanterweise waren je zwei Lokomotiven für Kohle- und Ölfeuerung ausgerüstet. Die Abbildung 266 zeigt eine der ölgefeuerten Dampfmotor-Lokomotiven.
Die einzige Abnormität dieser ansonsten konventionellen Bauart war die Antriebsmechanik. Zwischen vorderer Laufachse und 1. Treibachse sowie 1. und 2. Treibachse lagen je ein Zweizylinder-Dampfmotor mit 279,4 mm Kolbendurchmesser und 304,8 mm Kolbenhub in Ausführung für einfache Expansion. Ähnlich wie bei den Lokomotiven für die Kolumbischen Nationalbahnen erfolgte auch hier wieder die Drehmomentenübertragung auf die Treibräder durch ein Stirnradgetriebe, das als geschlossene Gehäuseeinheit direkt auf der Achse verlagert war. Diese dem Tatzlagermotor sehr verwandte Antriebsverlagerung hatte den großen Vorteil, einer günstigen und raumsparenden Unterbringung der Aggregate, erhöhte aber andererseits den Anteil der nicht abgefederten toten Last der Lokomotive. Das Gegenlager dieser Kompaktantriebe war eine Gummifeder-Abstützung zwischen Zylinder und Maschinenrahmen. Eine interessante Lösung wurde für die Steuerung der Dampfbeschickung ange-

Abb. 266 1 Bo 1-Dampfmotor-Lokomotive mit Ölfeuerung der Ägyptischen Staatsbahn.
(Foto: Manchester Museum of Science & Technology)

wandt. Die etwas nach innen versetzt unter den Zylindern liegenden Kolbenschieber erhielten ihre Steuerbewegungen von einer senkrecht in einer unteren Gleitführung verstellbar verlagerten und in einer oberen umlaufenden Kurbel aufgehängten Schwinge, an derem unteren Drittel die Schieberstange gelenkig aufgehängt war. Der Schwingenantrieb erfolgte durch eine in der Untersetzung entsprechend dimensionierten Zahnradstufe zwischen Hauptgetriebe und Kurbelwelle. Die Füllungsänderung wurde durch Veränderung der Lage der unteren Gleitführung erreicht.
Für die Damfzu- und -abführung waren flexible Rohrleitungen mit kugeligen Gelenken vorgesehen. Während die Gelenke der Abdampfleitungen mit federbelasteten Lagerschalen ausgerüstet waren, erfolgte die Dichthaltung der Gelenke der Frischdampfleitungen durch den die Gelenkteile belastenden Dampfdruck. Auch bei diesen vier Lokomotiven lag kein Grund vor, Dampfmotoren wegen der Forderung nach hohen Fahrgeschwindigkeiten anzuwenden. Vielmehr erkannte man die Vorteile dieser Antriebsart in dem geringeren Dampfverbrauch, dem reduzierten Brennstoffaufwand, dem schonenderem Verhalten der Maschinen gegenüber dem Oberbau infolge der ausgeglichenen Massen und letztlich der aus der Summe dieser positiven Fakten resultierenden geringeren Gesamtkosten für Betrieb und Unterhaltung. Die Lokomotiven sollen sich bestens bewährt haben.
Die seitens verschiedener amerikanischer Eisenbahngesellschaften durchgeführten positiven Versuche, konventionelle Dampflokomotiven mit hohen Geschwindigkeiten zu fahren sowie die in der Antriebsübertragung und Kinematik wesentlich problemlosere Diesellokomotive begünstigten nicht gerade das Bestreben, auch in den USA dem Dampfmotorenantrieb Eingang im Lokomotivbau zu verschaffen. Als einzige Gesellschaft beabsichtigte die Baltimore & Ohio Railroad den Einsatz einer Dampfmotor-Lokomotive für den schweren Schnellzugdienst. Ihre Erwägungen basierten auf einem Entwurf, der von der Bahnverwaltung unter Zugrundelegung von Vorschlägen und Untersuchungen Beslers im Jahre 1937 ausgearbeitet worden war.
Das Projekt zeigte eine gewaltige Hochleistungslokomotive mit vier Dampfmotoreinheiten zu je vier Zylinder. Die mit ca. 3729 kW veranschlagte Zughakenleistung sollte ausreichen, vierzehn Standard-Pullman-Wagen mit 160 km/h auf gerader Strecke in der Ebene zu befördern. Jede der vier Treibachsen besaß ihren eigenen Antrieb durch einen Besler-Dampfmotor. Die Eigenart dieses Motortyps bestand in der Art der Zylinderanordnung und Motoraufhängung. Die V-förmig nach unten gerichteten Zylinder arbeiteten auf eine gemeinsame senkrecht über der jeweiligen Treibachse liegende Kurbelwelle, die ihrerseits durch eine Getriebestufe mit der Achse in Eingriff stand. Die Art der vorgesehenen Aufhängung aller Antriebsaggregate ermöglichte eine größere Seitenverschiebbarkeit der Achsen als bei vierfachgekuppelten Lokomotiven mit Stangenantrieb. Füllungsstellungen sowie Vorwärts- und Rückwärtsauslage der Steuerung wurden über eine elektro-pneumatische Verstelleinrichtung betätigt. Als Dampferzeuger war ein Emerson-Wasserrohrkessel vorgesehen. Diese Kesselbauart war selbst in den USA eine wenig gebräuchliche Konstruktion und beschränkte sich hinsichtlich ihrer Verwendung nahezu ausschließlich auf die Baltimore & Ohio Railroad. Erwähnenswert ist noch die projektierte Ausführung des Außenrahmens in Stahlguß. Das gesamte Vorhaben dieser Schnellfahr-Dampfmotor-Lokomotive wurde nicht mehr realisiert, da mit der zunehmenden Verdieselung keine nachweislichen Vorteile gegenüber der neuen Traktionsart den Bau einer solchen Lokomotive gerechtfertigt hätten.
In Deutschland begann man sich für die Anwendung des Dampfmotorantriebes im Lokomotivbau erst recht spät, und zwar Anfang der 40er Jahre zu interessieren, leider zu einer Zeit, die derartigen technischen Unternehmungen damals keine günstige Ausgangsbasis bot. In dem Bestreben, den 1934 von der DR mit dem Bau der ersten Stromlinienlokomotive der Baureihe 05 eingeschlagenen neuen Weg der Schnellfahrlokomotiven auch bezüglich der neuesten Erkenntnisse moderner Antriebstechniken sowohl hinsichtlich ihres dynamischen Verhaltens gegenüber Maschine und Schiene als auch ihrer Wirtschaftlichkeit attraktiver zu gestalten, entwickelte und baute die Firma Henschel 1941 als erste deutsche Dampfmotor-Lokomotive die Stromlinien-Schnellfahrlokomotive der Baureihe 19^{10} der DR mit Einzelachsantrieb (Abb. 267).
Als größter Nachteil aller herkömmlichen Dampflokomotivbauarten hat sich der beschränkte Drehzahlbereich für die Treibräder erwiesen, dessen obere Grenze etwa bei 400 min^{-1} lag. In Anbetracht der bei so hohen

Abb. 267 1′Do 1′-Stromlinien-Schnellfahrlokomotive 19 1001 der DR mit Einzelachsantrieb, 1941 von Henschel gebaut. (Foto: Werkaufnahme Rheinstahl Transporttechnik)

Drehzahlen erforderlichen äußerst sorgfältig ausgeglichenen Massen, war zwangsläufig das Bestreben der Lokomotivkonstrukteure, die Drehzahl der Maschine möglichst niedrig zu halten. Wesentlich günstiger sahen die Verhältnisse beim Einzelachsantrieb aus, vor allem wenn noch ein Direktantrieb in der von Henschel gewählten Art über V-förmige Zweizylinder-Dampfmotore mit in sich ausgeglichenen Massenkräften gewählt wurde.
Die geforderte Leistung und Unterbringung der Dampfmotore begründeten die bei der damaligen DR für eine Schnellzuglokomotive etwas ungewöhnliche Achsfolge 1′Do 1′ der Baureihe 19^{10}. Der Kessel entsprach im wesentlichen der bewährten Bauart der Baureihe 44, wobei der Dampfdruck mit 20 bar festgesetzt wurde. Im Gegensatz zu den der Regelbauart entsprechenden Aufbauten war das Triebwerk völlig abweichend ausgebildet.
Die Form der neuen Antriebsmaschine war in etwa der eines Verbrennungsmotors angeglichen. Je zwei Zylinder wurden um 90° versetzt in V-Form einseitig außerhalb der Radebene angeordnet und trieben über eine aus Treibzapfen und Gelenkbolzen bestehende Gelenkkupplung die Lokomotivachse an. Zum Zweck einer besseren Gewichtsverteilung ordnete man abwechselnd einen über den anderen Dampfmotor auf der rechten bzw. auf der linken Seite an. In der Reihenfolge der einzelnen Radsätze lagen daher die Motoren der 1. und 3. Achse links, die der 2. und 4. Achse rechts vom Fahrzeugrahmen. Die Dampfmotoren gehörten zum abgefederten Teil der Lokomotive. Durch ihren Direktantrieb ohne Zwischengetriebe ergaben sich für die Dampfmotoren und die Treibachsen gleiche Drehzahlen. Entsprechend der zugelassenen Höchstgeschwindigkeit von 175 km/h und den bemerkenswert kleinen Treibrädern von nur 1250 mm Durchmesser konnte demnach die maximale Drehzahl 743,4 min^{-1} betragen. Das Triebwerk und die mit Kolbenschiebern ausgerüstete äußere Steuerung waren durch das Kurbelgehäuse öldicht abgekapselt.
Die Lokomotive war völlig verkleidet, lediglich im Bereich des Triebwerks waren die seitlichen Schürzen bis auf etwa dreiviertel der Treibraddurchmesser hochgezogen. Zur Mitführung genügender Vorräte wurde die Maschine mit dem 2′3 T 38-Tender gekuppelt. Sah man einmal von der Sonderausführung des Triebwerks ab, so ließ sich eine gewisse Ähnlichkeit im Aussehen mit den damaligen Stromlinienlokomotiven der Baureihe 03^{10} erkennen.
Schon die ersten Probefahrten mit der 19 1001 zeigten, daß eine baldige Verwendung der Maschine im normalen Schnellzugdienst ausgeschlossen war. Neben einer mangelhaften Dampferzeugung des Kessels und einer zu geringen Zughakenleistung stellten sich in erster Linie Schwierigkeiten beim Anfahren wegen schlecht dichtender Kolbenringe ein. Ein weiteres Problem war der außerordentlich hohe Dampfverbrauch, der den Aktionsradius der Maschine trotz des 38 m^3 Wasservorrats im Tender stark beschränkte. Andere merkwürdige Erscheinungen waren Erhöhung der Zughakenleistung trotz unveränderter Steuerungslage sowie Heißdampftemperaturen von teilweise über 400° C. Eine Reihe der genannten Mängel und andere, jedoch weniger das Prinzip infragestellende Unzulänglichkeiten konnten durch Umbauten und Änderungen beseitigt werden. Leider erreichte die 19 1001 aber nie die volle Funktionsreife. Die angespannte Kriegslage ließ keine groß angelegten Versuche mehr zu. Außer

einigen wenigen Versuchsfahrten mit kaum befriedigenden Ergebnissen blieb dieser interessanten Konstruktion eine Weiterentwicklung bis zur Betriebsreife versagt.
Nach Kriegsende wurde die im Raum Hamburg verbliebene 19 1001 von der amerikanischen Besatzungsmacht beschlagnahmt und zusammen mit einigen anderen Maschinen der damaligen DR zu Studienzwecken in die USA überführt. Da aber zu diesem Zeitpunkt der Dampflokomotivbau in Amerika bereits rückläufige Tendenz zeigte, erlosch auch bald das Interesse an weiteren Studien und Entwicklungen von Dampfmotor-Lokomotiven. Die einzige im Betrieb gewesene deutsche Dampfmotor-Lokomotive wurde mit der 19 1001 im Jahre 1952 in den USA verschrottet.
Eine parallel zum Bau der 19 1001 durchgeführte Entwicklung einer Stromlinien-Tenderlokomotive mit Einzelachsantrieb durch schnellaufende Dampfmotoren hätte fast dazu geführt, daß die 19 1001 noch eine Schwestermaschine bekommen hätte.
Im Jahre 1936 führte die Lübeck-Büchener Eisenbahn den Personenschnellverkehr auf der Strecke Hamburg–Lübeck–Travemünde ein, dessen äußeres Attribut die bekannten Zwillings-Doppelstockwagen und die stromlinienverkleideten 1'B 1'-Tenderlokomotiven der späteren DR-Baureihe 60 waren. Der Erfolg mit dieser für die damalige Zeit attraktiven Schnellverbindung dürfte die LBE bewogen haben, den Bestand der drei speziell für diesen Einsatz vorhandenen Stromlinien-Tenderlokomotiven um eine weitere, stärkere Schnellfahrlokomotive zu ergänzen, die imstande war, drei Zwillings-Doppelstockeinheiten mit 120 km/h zu befördern.
Es entsprach durchaus der Aufgeschlossenheit der LBE gegenüber modernen Techniken im Schienenfahrzeugbau, daß man als Antriebsart den Einzelachsantrieb mit schnellaufenden Dampfmotoren wählte. Das in Zusammenarbeit mit Henschel entwickelte Projekt sah eine 1'Co 2'h6-Schnellzugtenderlokomotive mit Stromlinienverkleidung vor. Henschel sollte die drei Dampfmotoren liefern, die wie bei der 19 1001 ebenfalls als Zweizylinder-V-Motoren vorgesehen waren. Die beabsichtigte Anordnung der Dampfmotoren zeigte eine Aufteilung von zwei Motoren für die erste und dritte Treibachse auf der linken Maschinenseite und einen Motor für die zweite Treibachse auf der rechten Seite.
Die Fertigung der Lokomotive war nicht als Neubau, sondern als Umbau der zur Hauptuntersuchung seinerzeit abgestellten 1Ch2-Güterzuglokomotive Nr. 71 der ehemals preußischen Gattung G 6 vorgesehen. Nach dem von Henschel Ende 1937 fertiggestellten Entwurf wurden die erforderlichen Änderungen und Neufertigungen in der Hauptwerkstatt der LBE in Lübeck durchgeführt. Der Kessel wurde nahezu unverändert von der G 6-Lok übernommen. Der Rahmen wurde zur Aufnahme des rückwärtigen Drehgestells verlängert und erhielt im Bereich der vorgesehenen Dampfmotoren zusätzliche Verlagerungsschilde zur Aufnahme der Motoraufhängung. Zum Zweck einer möglichst guten Fahrzeugführung waren die erste Treibachse und die vordere Laufachse als Krauss-Helmholtz-Gestell und die zweite und dritte Treibachse mit je 30 mm Seitenspiel nach jeder Seite projektiert worden. In dieser Ausführung war der feste Achsstand der Maschine gleich Null. Das zweiachsige Drehgestell besaß einen vollständig geschweißten Außenrahmen mit beidseitiger Abstützung durch je zwei in Rahmenmitte verlagerte Schraubenfedern. Ebenfalls zu den Neuanfertigungen gehörte die gesamte Stromlinienverkleidung, in die das Führerhaus mit Kohlenbunker und Wasserkästen einbezogen waren.
Mit der Übernahme der LBE durch die Deutsche Reichsbahn im Jahre 1938 zeichnete fortan die DR für das Projekt verantwortlich. Umbau und Komplettierung der 77 1001, wie die Maschine von nun an offiziell hieß, gingen aber nur sehr zögernd voran. Die Fertigstellung von Führerhaus, Kohlenbunker und rückwärtiger Verkleidung stellte gemeinsam mit dem bereits verlängerten Rahmen, dem vormontierten Kessel und dem fertigmontierten zweiachsigen Drehgestell den letzten Bauzustand der Lokomotive dar. Abgesehen davon, daß in den 40er Jahren wichtigere Arbeiten Vorrang hatten, konnte Henschel aus kriegsbedingten Gründen seinen Lieferverpflichtungen hinsichtlich der Dampfmotore nicht nachkommen. Somit kam die Fertigstellung der 77 1001 gänzlich zum Erliegen. Nach 1945 war weder an einen Einsatz einer derartigen Maschine zu denken, noch hatte man die finanziellen Mittel, solche in den ersten Nachkriegsjahren sinnlos erscheinende Versuche weiter fördern zu können. Die Folge war der Abbruch und die Verschrottung der im RAW Lübeck verbliebenen Reste der Lokomotive.
Im benachbarten Frankreich verlief zunächst die Ent-

Abb. 268 2′Co 2′-Schnellfahr-Hochdrucklokomotive 232.P.1 der französischen Nordbahn (später SNCF) ohne Verkleidung mit Blick auf die Dampfmotorenanordnung, Baujahr 1943. (Foto: SNCF)

wicklung der Dampfmotor-Lokomotive in etwas anderer Weise als beispielsweise in Deutschland. Bereits die vorangegangene Besprechung der Hochdruck-Dampfmotor-Lokomotive der Bauart Winterthur zeigte, daß die Basis dieser Projekte maßgeblich im Bestreben einer möglichst großen Leistungssteigerung der Lokomotiven in Verbindung mit der Nutzung hochgespannten Dampfes lag.

Die Französische Nordbahn, die sich seinerzeit lebhaft für die Versuche mit der SLM-Hochdrucklokomotive Bauart Winterthur interessierte, beschloß die Anschaffung einer 2′Co 2′-Hochdrucklokomotive mit Einzelachsantrieb (Abb. 268), mit deren Bau eine aus den Firmen Société Alsacienne de Constructions Mécaniques, Five Lille und Schneider Creusot gebildete Arbeitsgemeinschaft betraut wurde. Sämtliche Konstruktionsunterlagen sowie Hochdruckkessel und Dampfmotoren wurden von der SLM beigestellt.

Da diese Lokomotive ebenfalls in dem Kapitel »Hochdrucklokomotiven« schon eingehend besprochen wurde, sei hier nur der antriebstechnische Teil erläutert. Die seitens der Französischen Nordbahn im Pflichtenheft vorgeschriebene indizierte Dauerleistung von 2427 kW hätte in einem einzigen 6-Zylinder-Dampfmotor in der Art wie bei der Winterthur-Maschine erzeugt werden können. Entsprechende Untersuchungen bewiesen jedoch, daß in Anbetracht der gewünschten hohen Fahrgeschwindigkeit von max. 140 km/h und der zu übertragenden großen Leistungen ernsthafte Schwierigkeiten bei der Durchbildung des Zwischengetriebes, der Blindwelle und der Stangen aufgetreten wären. Zahndrücke und Zapfenkräfte hätten dann Werte erreicht, die auch hinsichtlich der Schmierung nicht mehr einwandfrei zu beherrschen gewesen wären. Man entschied sich darum für eine Aufteilung der gesamten Antriebsleistung auf sechs doppeltwirkende Dreizylinder-Dampfmotoren mit Ventilsteuerung zu je 441 kW, die jeweils paarweise auf die drei Treibachsen wirkten.

Jeder der beiden zu einem Antriebssatz gehörenden Dampfmotoren war rechts und links vom Maschinenrahmen liegend angeordnet und arbeitete über eine Federstabkupplung auf das im geschweißten Getriebekasten verlagerte Doppelritzel. Die Ritzelkränze waren für sich gefedert, wodurch die Kräfte gleichmäßig aufgeteilt wurden. Die weitere Drehmomentenübertragung erfolgte auf zwei lose nebeneinander auf einer stillstehenden Achse sich drehende Räder, welche die Kräfte an die beiden verschraubten Hälften des die Antriebsachse umschließenden Hohlwellenzahnrades weiterleiteten. Die Untersetzung dieses Zwischengetriebes betrug 1:1,975. Die Ausbildung der mit dem genannten Hohlwellenzahnrad ausgerüsteten Treibachsen entsprach dem bei Elektrolokomotiven vielfach angewendeten SLM-Universalantrieb.

Die Lokomotive wurde nach ihrer Fertigstellung in Grafenstaden im Jahre 1943 und nach Abstellung zunächst noch aufgetretener Mängel ersten eingehenden Tests unterworfen, die bereits recht beachtliche Ergebnisse erbrachten. Die Kriegsereignisse machten dann aber weitere Erprobungen der Lokomotive unmöglich. Erst im Jahre 1947 nahm die SNCF als Nachfolgerin der Französischen Nordbahn die Versuche mit der 232.P.1, wie die offizielle Gattungsbezeichnung der 2′Co 2′h18-Hochdrucklokomotive lautete, wieder auf. Es wurden sowohl Streckenmeßfahrten als auch Standversuche auf dem Prüfstand der SNCF in Vitry durchgeführt. Doch auch in diesem Fall mußte trotz guter Ergebnisse und wertvoller Erkenntnisse festgestellt werden, daß durch die Stillstandszeit in der Entwicklung während der Kriegsjahre der Anschluß verpaßt war, da auch in Europa in der Dampfloktraktion die

ersten rückläufigen Tendenzen sichtbar wurden, wodurch die Chancen für eine Lokomotive wie die 232.P.1 auf ein Minimum zusammenschrumpften.
Die recht kurzlebige Entwicklung der Dampfmotor-Lokomotive in Frankreich endete mit der von Dabeg-Batignolles im Jahre 1946 gelieferten 2'B 1 h12-Tenderlokomotive 221.TQ.1. Diese nahezu unbekannt gebliebene Konstruktion wies einen zwischen Drehgestell und Rauchkammer V-förmig im Hauptrahmen untergebrachten Zwölfzylinder-Gleichstrom-Dampfmotor auf. Von der Motorkurbelwelle führte eine in Lokmitte horizontal liegende Antriebswelle zu den beiden auf die Treibachsen wirkenden Hohlwellen-Schneckengetrieben, die ihrerseits fest im Rahmen montiert waren. Die Drehmomentenübertragung auf die ohne Seitenspiel verlagerten Antriebsachsen erfolgte über besondere in den Getriebekästen untergebrachte Kupplungen, die den Ausgleich zwischen den Radsätzen und den zum abgefederten Teil der Lokomotive gehörenden Schneckengetrieben herstellten.
Rein äußerlich wirkte die mit Außenrahmen ausgeführte Lokomotive wie eine Maschine der Achsfolge 2'C. Schuld daran waren die gleichen Durchmesser der Treib- und hinteren Laufräder sowie das Fehlen der Kuppelstangen. Die im übrigen mit einem Belpaire-Kessel ausgerüstete Lokomotive machte im Gegensatz zu anderen Dampfmotor-Lokomotiven einen normalen, fast konventionellen Eindruck. Leider kam auch diese Konstruktion viel zu spät, als daß sie noch wesentlichen Einfluß auf den damals bereits einsetzenden Strukturwandel der Traktionsmittel gehabt haben könnte. Hierin mag auch der Grund liegen, daß die Dabeg-Dampfmotor-Lokomotive praktisch unbeachtet und damit auch in der Literatur unerwähnt geblieben ist.

Fast genau 40 Jahre nach Fertigstellung der Paget-Dampfmotor-Lokomotive im Jahre 1908 durch die damalige Midland Railway erfuhr diese Bauart noch einmal eine Wiederbelebung durch eine neue Versuchsbaureihe, der sogenannten Leader-Class.
Die erste von ursprünglich fünf geplanten Lokomotiven dieses neuen Typs, die Maschine mit der Nr. 36001, verließ Anfang 1949 die Southern Railway Bahnwerkstätten in Brighton. Für die recht eigenwillige Konstruktion zeichnete der damalige Chief Mechanical Engineer der Southern Railway, Mr. O. V. Bulleid, verantwortlich. Die Leader-Maschine (Abb. 269) sah in der Tat recht merkwürdig aus, allerdings war entgegen manchen Darstellungen weniger das System der neuen Lokomotivform als vielmehr die Art der Anordnung bereits schon bekannter Bauelemente außergewöhnlich.
Die Lokomotive läßt sich etwa als eine C'C'h6-Tendermaschine mit Kettenantrieb, zwei Führerständen und kastenförmigem Aufbau charakterisieren. Der Heizer stand ungefähr in der Mitte der Lokomotive und mußte den Rost des außermittig liegenden Kessels von der Seite beschicken. Bereits hierin lag eine wesentliche Ursache des späteren Mißerfolges dieser Maschine. Bei der erwähnten Kessellage hätte sich eine Ölfeuerung wesentlich besser bewährt.
Die beiden dreiachsigen Triebdrehgestelle besaßen je eine zwischen den Rahmenwangen liegende Drillingsmaschine, welche die mittlere Achse direkt antrieb. Die weitere Kraftübertragung auf die übrigen Achsen erfolgte über beidseitig versetzt angeordnete und jeweils auf einen Radstern einer Achse wirkende Ketten. Die Problematik derartiger Kettenantriebe liegt in der Nachspannbarkeit und der hierdurch erreichbaren gleichmäßigen Drehmomentenübertragung besonders beim Anfahren. In Abhängigkeit von der unterschiedlichen Kettenbelastung zwischen den einzelnen Achsen lassen sich stark schwankende Verschleißerscheinungen der Kettentriebe untereinander nicht vermeiden.

Abb. 269 C'C'h6-Dampfmotor-Lokomotive der Leader-Klasse Bauart Bulleid mit Kettenantrieb, 1949 von der Southern Railway in Dienst gestellt.
(Foto: British Railways, Southern Region)

Insgesamt wurden drei Lokomotiven, die Nummern 36001–3, in die Fertigung gegeben, von denen aber lediglich die 36001 überhaupt zur Erprobung kam. Schon nach wenigen unbefriedigend verlaufenen Versuchsfahrten erwies sich die Leader-Bauart als eine Fehlkonstruktion. Im Jahre 1951 entschied man, alle weiteren Versuche abzubrechen und die 36001 sowie die im Bau befindlichen Schwestermaschinen abzubrechen und zu verschrotten.

Doch noch schien die Leader-Klasse nicht der Vergangenheit anzugehören. Im Jahre 1957 entstand in aller Stille eine neue Bulleid-Lokomotive für die Irische Eisenbahn (CIE). Diese C'C'h4-Lokomotive mit der Bezeichnung CC1 war für Torffeuerung vorgesehen, konnte aber im Bedarfsfall auf Ölfeuerung umgebaut werden.

Entgegen der Ausführung der Southern Railway waren bei dieser Lokomotive statt der Führerstände an den Frontseiten Vorratsbehälter für Torf und Wasser vorgesehen, so daß der in Maschinenmitte liegende Kessel je nach Fahrtrichtung von jedem der beiden zwischen Kessel und Vorratsbehälter liegenden Führerständen beschickt werden konnte.

Eigenartigerweise ist die Existenz dieser Lokomotive der Öffentlichkeit nahezu unbekannt geblieben, da weder über die Konstruktion und über die Versuchsergebnisse, noch über den späteren Verbleib der Maschine bisher etwas veröffentlicht wurde.

Abschließend muß festgestellt werden, daß zwar die technischen Probleme des Massenausgleichs der Triebwerke bei nahezu allen Konstruktionen gelöst wurden, andererseits aber die Vielteiligkeit derartiger Maschinen in Verbindung mit neuen Bauelementen und Systemen nicht zum gewünschten Erfolg führten. Eine gezielte Weiterentwicklung der Dampfmotor-Lokomotive unter Berücksichtigung der im Ausland bereits mit Getriebe- und Drehgestell-Lokomotiven gemachten Erfahrungen hätte auch bei dieser Bauart zur erforderlichen Betriebsreife führen können. Der Zweite Weltkrieg machte aber auch hier eine Entwicklung zunichte, deren Fortführung nach Kriegsende durch den Einsatz wirtschaftlicherer Triebfahrzeugarten bereits überflüssig geworden war.

KONDENSLOKOMOTIVEN

Die Anwendung des Kondensationsbetriebes bei Dampflokomotiven unterscheidet in der Wirkungsweise zwei Ausführungsformen, die Rückgewinnung des Speisewassers und die Vergrößerung des Druck- und Wärmegefälles im Sinne einer spürbaren Dampf- und Brennstoffersparnis. Letztere führte zur Einführung der Dampfturbinen-Lokomotive, deren zielstrebige Entwicklung eigenartigerweise viel früher erfolgte, als die der von der Antriebstechnik her viel einfacheren Kondensations-Lokomotive.

Die Speisewasserrückgewinnung, um die es hier maßgeblich geht, bot neben den Vorteilen eines nahezu reinen und kesselschonenden Kondensats, der besseren Energieverwertung, der geringeren Wasserverluste und der wirtschaftlicheren Brennstoffnutzung auch noch gewisse betriebliche Vorteile. So konnten beispielsweise schon vor der Jahrhundertwende die Betriebsverhältnisse in den im Stadtgebiet Londons vorhandenen langen Tunnels der Metropolitan & District Railways entscheidend verbessert werden. Das große Problem bestand seinerzeit in dem Umstand, daß der gesamte Verkehr, also auch der in den Untergrundstreckenabschnitten, mit Dampflokomotiven betrieben werden mußte. Um nun den Betrieb in den Tunnelröhren für das Personal einigermaßen erträglich zu gestalten, stellten die Metropolitan & District Railways in den Jahren zwischen 1864 und 1885 66 Stück 2'B-Tenderlokomotiven (Abb. 270) in Dienst, deren Besonderheit darin lag, daß der Abdampf der Zylinder über ein Umschaltventil in die seitlich neben dem Langkessel angeordneten Wasserkästen geleitet und dort niedergeschlagen werden konnte, sobald die Untergrundstrecken befahren wurden. Mit der Elektrifizie-

Abb. 270 2'B n2-Tenderlokomotive der Metropolitan & District Railways mit Abdampfkondensation, Baujahr 1880.
(Foto: Manchester Museum of Science & Technology)

rung der Strecken in den Jahren 1903–1905 wurde der größte Teil der Maschinen ausgemustert. Der Rest wanderte in die Industrie ab, lediglich zwei Lokomotiven blieben noch bis 1932 bei der MR als Reserve erhalten. erhalten.

Die Frage der Speisewasserrückgewinnung aus dem Abdampf mit Hilfe der Rückkondensation fand erstmals bei der Sudan Military Railway eine praktische Lösung. Im Jahre 1897 lieferte die Hunslet Engine Company vier 1'C 1'-Schlepptenderlokomotiven an die S. M. R., die mit einem separaten Kondenswagen zwischen Lokomotive und Tender ausgerüstet waren. Diese Fahrzeugaufteilung hatte den Vorteil, daß je nach den vorhandenen klimatischen Verhältnissen auf den einzelnen Strecken der Kondenswagen beigestellt oder auch wieder entfernt werden konnte. Die Trennung des Tenders von der Lokomotive durch den Kondenswagen bedingte aber, daß ein Teil des Brennmaterials – ca. 5 t – in langen, seitlichen Vorratsbehältern auf der Maschine mitgeführt werden mußte. Der kleine Achsschenkeldurchmesser von nur 114,3 mm der Schleppachse und der Umstand, daß die Belastung dieses Gestells höher als die der Kuppelachsen war, führten laufend zum Heißlaufen und Fressen der Achslagerschalen. Der Kondenswagen hatte einen Achsstand von 1981,2 mm und ein Gewicht von 17,4 t. Es waren 2745 Kühlrohre mit 19,05 mm Außendurchmesser und einer Gesamtkühlfläche von 357,4 m^2 installiert. Die angesaugte Kühlluft wurde durch den Kondensator gedrückt und gelangte anschließend durch einen Luftkanal in den rückwärtigen Teil des Aschkastens, wodurch die erforderliche Luftzirkulation für die Feuerung hergestellt wurde.

In einem anderen Fall wurde eine Art Teilkondensation angewendet. Die Southern Railway rüstete 1930 ihre Lokomotive A 816 mit einer Einrichtung zur Erhaltung der latenten Wärme des Abdampfes aus. Bei diesem Verfahren wurde der gesamte Abdampf durch einen besonderen Kühler geleitet, in dem aber keine vollständige Kondensation stattfand, vielmehr behielt der Dampf noch den größten Teil seiner Wärmeenergie und kehrte in teilgesättigtem Zustand in den Kessel zurück. Verluste wurden durch das im Kühler vorgewärmte Rohwasser ergänzt. Im Grunde genommen handelte es sich hier um ein technisch verbessertes Verfahren der vorgenannten MR-Lokomotiven. Während man bei der ersten Version nur eine Möglichkeit suchte, den Dampf nicht durch den Schornstein schicken zu müssen, galten im zweiten Fall die Bemühungen bereits der Erhaltung vorhandener Energie. Die Versuche zeigten jedoch bald, daß dieser Weg keine rentable Betriebsweise versprach. Außerdem zeigten sich Schwierigkeiten in der geringen Saugzugleistung des Lüfters. Man hat daher in Erkenntnis dieser Tatsachen diese Entwicklung rasch wieder verlassen.

Von den verschiedenen Kondensationsverfahren hatte eigentlich nur das der Speisewasserrückgewinnung eine wirtschaftliche Bedeutung. Die Firma Henschel nahm sich Anfang der 30er Jahre der intensiven Entwicklung entsprechender Einrichtungen an und erarbeitete sich in den folgenden Jahrzehnten auf diesem Gebiet eine unangefochtene Monopolstellung.

Das Verfahren der als Henschel-Patent-Kondenslokomotiven bekannt gewordenen Maschinen besteht darin, daß der Zylinder-Abdampf nicht durch den Schornstein ins Freie entweicht, sondern durch Luftkühlung zu Wasser niedergeschlagen und wieder als Kesselspeisewasser verwendet wird. Die durch Undichtigkeit innerhalb des Kreislaufes entstehenden Wasserverluste betragen zwischen 5 und 10 % jener Wassermenge, die von Auspuffkolbenlokomotiven vergleichbarer Leistung ungenutzt an die Atmosphäre abgegeben wird. Aus dieser Tatsache resultiert die Überlegenheit der Kondenslokomotive gegenüber der normalen Auspufflokomotive. Hinzu kommen ferner alle Vorteile der Unterhaltung und Schonung des Kessels infolge Speisung mit fast reinem Kondensat. Während die Unterdruck-Kondensation lediglich bei Turbinenlokomotiven zum Zweck einer Vergrößerung der Druck- und Wärmegefälle Anwendung fand, arbeitete man beim reinen Wasserrückgewinnungsverfahren mit atmosphärischem Gegendruck.

Im Jahre 1931 lieferte Henschel den ersten Kondenstender als Prototyp an die Argentinische Staatsbahn. Als Lokomotive war eine 1'D 1'h2-Lokomotive für 1000 mm Spurweite einer früheren Henschel-Lieferung gewählt worden, um gleichzeitig den Nachweis zu erbringen, daß auch vorhandene Maschinen in Kondenslokomotiven umgebaut werden konnten.

Die Lokomotive bewährte sich so gut, daß die Argentinische Staatsbahn 1937 sechs von insgesamt dreißig in Auftrag gegebenen 2'D 1'h2-Schlepptenderlokomotiven mit Kondenseinrichtung ausrüsten ließ. Charakteristisch für die Kondensbauart war nicht nur der

durch seine Lüfter und Seitenjalousien auffällige Tender, sondern auch das seitlich am Kessel bis zum Tender geführte Abdampfrohr großen Querschnitts und nicht zuletzt das in der Rauchkammer zusätzlich eingebaute Saugzuggebläse. Den ausgiebigen und detailierten Betriebsergebnissen zufolge wurden mit den argentinischen Kondensmaschinen rund 94 % des Speisewassers zurückgewonnen. Die Lokomotiven führten hauptsächlich Güterzüge, wobei Entfernungen von 1000 km Länge ohne Wasseraufnahme zurückgelegt wurden.
Auch die Sowjetischen Eisenbahnen sahen im Kondensationsverfahren eine Lösung des Problems, große Entfernungen durch wasserarme Gegenden ohne Wasseraufnahme überbrücken zu können. Im Jahre 1933 wurde Henschel mit dem Umbau einer Eh2-Güterzuglokomotive der Reihe E^G beauftragt. Die Ausführung der Kondensationsanlage war so bemessen, daß der gesamte Dampf auch noch bei 50° C Außenlufttemperatur niedergeschlagen wurde. Die mit einem vierachsigen Kondenstender ausgerüstete Lokomotive erhielt die Bezeichnung E^G 5224-K und wurde vornehmlich in Turkestan eingesetzt, wo sie Distanzen von 800 km Länge ohne Ergänzung des Wasservorrates zurücklegte.
In den folgenden Jahren wurden auch 1′E h2-Güterzuglokomotiven der Reihen SO-17, SO-19 und E^M auf Kondensation umgerüstet. Die Abb. 271 zeigt eine Kondenslokomotive der Reihe SO-19 während des Zweiten Weltkrieges.
Nicht minder großen Problemen standen während der Kriegsjahre die deutschen Truppen in den Trockengebieten Rußlands und des Balkans gegenüber. Von 1943 an rüstete daher die damalige Deutsche Reichsbahn die für den Einsatz in den genannten Gebieten bestimmten Lokomotiven der Baureihe 52 mit Kondenstendern aus. Bei diesen Maschinen entstanden nur an jenen Baugruppen konstruktive Änderungen, die am Kondensationsbetrieb beteiligt waren, z. B. Abdampfturbine, Heißwasserspeisepumpe usw.. Der völlig neugestaltete Tender enthielt eine Abdampfturbine für den Antrieb der drei Lüfterräder, seitliche Kühlelemente, Kondensatbehälter, Rohwasserbehälter und Kohlenbunker.
Die erste Serie – 52 1850 bis 52 1986 – erhielt einen fünfachsigen Kondenstender mit 16 m^3 Wasser und 9 t Kohle. Bei einem Gesamtradstand von 23 185 mm konnten die Maschinen aber kaum noch gewendet werden. Dieser Nachteil sowie die Tatsache, daß eine geringere Kondensleistung ausreichend war, führten zur Ausrüstung aller weiteren Maschinen ab Lok 52 1987 mit einem kürzeren vierachsigen 13,5 m^3-Kondenstender (Abb. 272), wodurch zusätzlich auch die Herstellungskosten spürbar gemindert werden konnten. Von den insgesamt 240 bestellten Kondenslokomotiven der Baureihe 52 wurden 177 geliefert, die letzten 10 Stück sowie eine Reihe Kondenstender sogar erst noch nach Kriegsende.
Die Entwicklung der Kondenslokomotiven für den innerdeutschen Bedarf endete mit den beiden versuchsweise von der Deutschen Reichsbahn nach dem Krieg gebauten Kohlenstaublokomotiven der Bauart Wendler und LOWA, deren erste – die 17 1119 – im Jahre 1949 durch den Umbau einer S 10^1 entstand. Die zweite Lokomotive – die H 45 024 – war eine umgebaute Maschine der Reihe 45, die einen Zwangsumlaufkessel Bauart La Mont besaß. Beide Lokomotiven blieben aber Einzelexemplare und hatten keinen Einfluß auf die weitere Verbreitung der Kondensbauart im Nachkriegsdeutschland.
Recht günstig sah dagegen das Exportgeschäft aus. In den Jahren 1950/51 erprobten die South African Railways das Henschel-Kondenssystem an einer umgebauten 1′E 1′-Lokomotive der Klasse 20. Das Ergebnis der zahlreichen Testfahrten mit dieser Kondenslokomotive war äußerst zufriedenstellend. Es wurden

Abb. 271 1′E h2-Güterzuglokomotive Reihe SO-19 der Sowjetischen Eisenbahnen (SZD) mit Kondenstender, aufgenommen während des II. Weltkrieges. (Foto: Griebl)

Abb. 272 1'E h2-Güterzuglokomotive Reihe 52 der DR mit vierachsigem Kondenstender. (Foto: Roberts / Sammlung Schneeberger)

eine Wasserersparnis von rund 90 % und eine Brennstoffeinsparung von etwa 10 % gegenüber gleichartigen Auspuffmaschinen erzielt. Der hohe Wert der Wasserrückgewinnung war für die SAR von besonderem Interesse angesichts der vielfach durch sehr wasserarmes Gelände führenden Strecken. Eine dieser Linien war der 550 km lange Abschnitt Touws River–De Aar der Hauptstrecke Kapstadt–Johannesburg.

Speziell für die letztgenannte Strecke bestellten die SAR Ende 1951 90 Stück 2'D 2'h2-Kondenslokomotiven der Klasse 25 (Abb. 273), deren Auslieferung in den Jahren 1953/54 erfolgte. Die Auftragsaufteilung sah vor, daß die erste Lokomotive und 60 Kondenstender von Henschel und 89 Lokomotiven und 30 Kondenstender von der North British Locomotive Company geliefert wurden. Mit 2206 kW Leistung, 236 t Dienstgewicht und fast 33 m Länge gehört die Klasse 25 zu den mächtigsten Maschinen, die je für 1067 mm Spurweite gebaut worden sind.

Im Jahre 1953 lieferte Henschel noch einmal eine 2'D 1'-Kondenslokomotive der Klasse 19 D an die Rhodesia Railways. Diese ebenfalls für Kapspur gebaute Maschine war ein Einzelstück und diente vor allem der Erprobung des Kondenssystems unter den dortigen Betriebsverhältnissen. Es ist aber anzunehmen, daß die Erfordernisse einer Kondensbauart für die RR nicht so bedeutend gewesen sind. Es folgten keine weiteren Bestellungen auf Lokomotiven dieser Bauart. Die 19 D mit Kondenseinrichtung wurde später nach einem Unfall in eine normale Maschine der Klasse 19 umgebaut und erhielt einen 6-achsigen Tender mit zylindrischem Wasserkasten.

Die Anwendung der Kondenslokomotive in größeren Stückzahlen blieb eigentlich nur auf die Sowjetischen Eisenbahnen, die ehemalige Deutsche Reichsbahn und nach dem Zweiten Weltkrieg auf die Südafrikanischen Eisenbahnen beschränkt. Die hohen Anschaffungskosten und die vermehrte Wartung der Kondenslokomotive hat manche Bahnverwaltung von der Beschaffung dieses Fahrzeugtyps abgehalten. Mit der zunehmenden Verdieselung traten die Probleme der Wasserbewirtschaftung in den Hintergrund.

DAMPFTURBINEN-LOKOMOTIVEN

Die Einführung der Dampfturbine im Lokomotivbau fiel noch in eine Zeit, da die stationären Dampfturbinenanlagen gerade ihr Entwicklungsstadium und die damit verbundenen unvermeidlichen Kinderkrankheiten überwunden hatten. Obwohl die Dampfturbine bereits seit 1884 bekannt war, erlangte sie erst um die Jahrhundertwende die Funktionsreife, die es erlaubte, dieses neue Antriebssystem in großem Umfang in der Industrie einzusetzen.

Abb. 273 2'D 2'h2-Kondenslokomotive Klasse 25 der South African Railways, 1953/54 in Dienst gestellt. (Foto: Werkaufnahme Rheinstahl Transporttechnik)

Abb. 274 Dampfturbinen-Lokomotive mit elektrischer Kraftübertragung und Kondenseinrichtung Bauart Reid-Ramsay, Baujahr 1910,
(Foto: Repro Werkaufnahme North British Locomotive Works)

Eisenbahntechnisch gesehen war die Dampfturbinen-Lokomotive eine Sonderbauart der Getriebelokomotive. Der Vorteil der Dampfturbine gegenüber der Kolbenmaschine lag in ihrer Wirtschaftlichkeit durch den geringeren spezifischen Dampfverbrauch und die daraus resultierenden verminderten Brennstoffkosten. Ihre gedrungene Bauart und das Fehlen der durch die Kolbenmaschine verursachten störenden hin- und hergehenden Bewegungen machten die Dampfturbine in Verbindung mit der günstigen thermischen Energieumwandlung zu einem scheinbar idealen Antrieb für Dampflokomotiven.

Doch die Dampfturbine hat auch ihre negativen Seiten. Sie ist empfindlich gegen größere Drehzahlschwankungen, da sich die Beschaufelung nur für eine bestimmte Drehzahl günstig auslegen läßt und große Abweichungen den Wirkungsgrad beträchtlich vermindern können. Ein nicht minder schwieriges Problem ist die Tatsache, daß sie beim Anfahren keine großen Drehmomente wie die Kolbenmaschine erzeugen kann. Es mußten seinerzeit je nach Ausführung der einzelnen Maschinen besondere Hilfseinrichtungen etwa in der Art einer speziellen Anfahr- und Rückwärtsturbine vorgesehen werden.

Wie die nachfolgenden Beschreibungen noch zeigen werden, wurde die konstruktive Durchbildung der einzelnen Lokomotiven maßgeblich von zwei Faktoren beeinflußt: der Wahl der Kraftübertragungsmethode und der Größe des auszunutzenden Druck- und Wärmegefälles. Letzterer bestimmte vor allem die Ausführung der Maschinen als Turbinenlokomotiven mit Rückkondensation oder aber als reine Auspuffturbinen-Lokomotiven.

Die erste Dampfturbinen-Lokomotive entstand im Jahre 1908 in Italien durch den Umbau einer kleinen C-Rangier-Tenderlokomotive. Diese nach den Plänen des italienischen Ingenieurs Professor Guiseppe Belluzzo ausgeführte Maschine erhielt zwei von vier hintereinandergeschalteten Turbinen über ein Zahnradvorgelege direkt angetriebene Achsen. Da es sich hier nur um eine sehr einfache Versuchsausführung handelte, wurde der Abdampf der Turbinen ins Blasrohr geleitet und nicht wie bei späteren Maschinen rückkondensiert. Die Lokomotive hat etwa 12 Jahre in Dienst gestanden und bewiesen, daß der Turbinenantrieb bei Dampflokomotiven unter gewissen Voraussetzungen durchaus anwendbar war.

Ungefähr zur selben Zeit untersuchte auch die Lokomotivindustrie in England den Einsatz von Turbinen bei Dampflokomotiven. Die North British Locomotive Company baute 1910 eine Dampfturbinen-Tenderlokomotive mit elektrischer Kraftübertragung und Kondenseinrichtung (Abb. 274). Die nach ihren Konstrukteuren Reid und Ramsay benannte Maschine besaß zwei Triebdrehgestelle mit der Achsfolge 2'Bo, deren Triebachsen durch vier von einem mit der Turbine gekuppelten Generator gespeiste Reihenschlußmotoren angetrieben wurden. Der Abdampf der Turbine wurde bei dieser Lokomotive erstmals in einem Kondensator niedergeschlagen und gemeinsam mit dem umlaufenden Kondenswasser dem Kessel wieder zugeführt. Es war hier noch keine konsequente Trennung des Kühl- und Speisewasserkreislaufes vorhanden. Übrigens mußte stets mit dem Kühler voraus gefahren werden, um die für den Kondensationsprozeß erforderliche Kühlluftmenge zu garantieren.

Die durch den Ersten Weltkrieg unterbrochenen Versuche konnten erst 1922 mit einer von Armstrong, Whitworth & Co. gebauten 1'C+C 1'-Turbo-Elektrolokomotive (Abb. 275) fortgesetzt werden. Das Bemerkenswerte an dieser neuen Konstruktion war die Aufteilung der Lokomotive in zwei dem Fahr- und Triebwerk nach symmetrische Fahrzeuge. Der Grund für diese Aufgliederung lag in dem großen Gesamtgewicht und in dem für die einzelnen Baugruppen erforderlichen Raumbedarf. Der Kessel sowie Haupt-

Abb. 275 1′C+C 1′-Turbo-Elektrolokomotive, im Jahre 1922 von Armstrong, Whitworth & Co. gebaut.
(Foto: Sammlung Ostendorf)

und Hilfsturbine mit den zugehörigen Dreh- und Gleichstromgeneratoren waren auf der vorderen, der Oberflächenkondensator und die Vorräte auf der hinteren Lokhälfte untergebracht. Gemessen an den Schwierigkeiten, bewegliche Dampf- und Vakuumleitungen im Dauerbetrieb einwandfrei dichtzuhalten, war hier die denkbar ungünstigste Maschinenaufteilung gewählt worden. Hierin lag auch der Grund, daß die Lokomotive von Anfang an unbefriedigend arbeitete.
Je zwei zwischen äußerer und mittlerer Treibachse eines jeden Fahrzeugteiles liegende Fahrmotoren trieben über Zahnradvorgelege gemeinsam eine zwischen ihnen angeordnete Blindwelle an, von wo die weitere Kraftübertragung auf die Räder durch Kuppelstangen erfolgte. Der aus einem ringförmigen Rohrbündel gebildete Trommelkondensator drehte sich langsam in einer etwa bis zur Hälfte mit Wasser gefüllten Kammer, wobei der obere aus dem Wasser ragende Teil von einem kräftigen Kühlluftstrom bestrichen wurde. Die Kühlluft strömte durch einen am Tenderende vor den Kondensator gelegten Leitkragen in den Lüfter, hierbei wurde ihre Strömungsrichtung um 180° umgelenkt. Der Speisewasser- und Kühlwasserkreislauf wurden voneinander getrennt, so daß dem Kessel nahezu reines Kondensat zugeführt werden konnte.
Mit der im Jahre 1924 von der North British Locomotive Company fertiggestellten dritten englischen Dampfturbinen-Lokomotive wurde in Verbindung mit der angewandten Rückkondensation wieder die im Aufbau einfachere mechanische Kraftübertragung vorgesehen. Die als Reid-MacLeod-Bauart bekannt gewordene Maschine zeigte im äußeren Aufbau noch eine starke Anlehnung an die frühere Reid-Ramsay-Turbolokomotive. Besonders auffallend zeigte sich dieses Merkmal bei den Triebgestellen, die bis auf die Art der Drehmomentenübertragung fast unverändert übernommen worden waren. Das hintere Triebgestell enthielt eine Hochdruckturbine, von welcher der Abdampf über zwei Verbindungsrohre der im vorderen Triebgestell verlagerten Niederdruckturbine zugeführt wurde. Beide Aggregate waren durch Teilung jeder Turbine in zwei über dieselbe Welle angetriebene Einheiten für Vor- und Rückwärtsfahrt ausgebildet. Leider wirkte sich aber während des Fahrbetriebes der Leerlauf der jeweils nicht in Aktion befindlichen Turbineneinheit in einem unnötigen, zusätzlichen Energieverbrauch aus, der natürlich den Gesamtwirkungsgrad der Anlage erheblich beeinträchtigte. Der Dampf wurde bei der Reid-MacLeod-Lokomotive in einem Rieselkondensator niedergeschlagen, dessen Röhrensystem von Kühlwasser umspült und zusätzlich durch den Fahrtwind mit Unterstützung eines Lüfters bestrichen wurde.
Bisher konnten die erwähnten Dampfturbinen-Lokomotiven noch als recht unfertige Versuchsbauarten betrachtet werden, deren Vielteiligkeit gepaart mit der komplizierten Antriebstechnik und der Unkenntnis des thermischen und dynamischen Verhaltens der Dampfturbine im Lokomotivbetrieb zu vielen unerwarteten Rückschlägen führte. Erst mit der im Jahre 1920 von der SLM in Zusammenarbeit mit Escher-Wyss gebauten Dampfturbinen-Lokomotive schien sich eine erfolgversprechende Entwicklung anzubahnen.
Das als Zoelly-System bekannt gewordene Verfahren basierte auf der Anordnung der Turbine und des Kondensators auf dem Kesselfahrzeug sowie des Kühlers und der Vorräte auf dem mitgeführten Tender. Die erste Turbinenlokomotive der Bauart Zoelly entstand durch den Umbau einer B 3/4-Schlepptenderlokomotive der SBB. Unter der Voraussetzung, das Triebfahrzeug beizubehalten, wurde die Turbine mit dem zugehörigen zweistufigen Stirnradgetriebe vor die Rauchkammer verlegt. Das erhöhte Gewicht und der große vordere Überhang erforderten aber in der gewählten Anordnung

Abb. 276 Umbau einer B 3/4-SBB Dampflokomotive in die erste Turbinenlokomotive der Bauart Zoelly im Jahre 1920. Vor der Rauchkammer die offenliegende Turbinengruppe. (Foto: Werkaufnahme Escher Wyss)

statt der vorhandenen Bissel-Achse ein zweiachsiges Drehgestell, zwischen dessen Achsen die Blindwelle des Getriebes Platz fand. Auch bei dieser Erstausführung der Zoelly-Lokomotive waren zunächst die sechsstufige Hauptturbine und die zweistufige Rückwärtsturbine auf derselben Welle und im selben Gehäuse verlagert, so daß die Rückwärtsturbine ständig im Vakuum lief, wodurch die Reibungsverluste gering gehalten wurden. Andererseits führten aber die Ventilationsverluste zu einem erheblichen Leistungsabfall, worauf bereits bei der Reid-MacLeod-Lokomotive hingewiesen wurde. Die Abbildung 276 zeigt in anschaulicher Weise den Aufbau des Antriebssatzes bei der noch im Umbau befindlichen Lokomotive. Zur Abführung der im Kondensator freiwerdenden Verdampfungswärme entwickelte Zoelly einen fahrtwindbelüfteten Verdunstungskühler, der auf dem Tender untergebracht war. Anläßlich einiger nach und nach durchgeführter Änderungen wurde unter anderem der ursprünglich unter dem Kessel liegende und schlecht zugängliche Kondensator durch zwei seitlich auf den Umlaufblechen angeordnete Einzelkondensatoren ersetzt und ein zusätzlicher Lüfter auf dem Tender zur Erhöhung der Kühlleistung des Rückkühlers installiert. Ferner erhielt die Lokomotive später anstatt der Unterwindfeuerung eine Saugwindfeuerung, deren Ventilator unmittelbar an der Rauchkammerstirnwand verlagert war. In der Abbildung 277 ist die Zoelly-Turbolokomotive im letzten Bauzustand dargestellt.

Als man sich 1924 entschloß, alle weiteren Versuche mit der Dampfturbinen-Lokomotive einzustellen, da die nahezu gänzliche Elektrifizierung der schweizerischen Strecken einen Einsatz derartiger Maschinen ausschloß, war das Interesse der SBB an der Dampfturbinen-Lokomotive erloschen. Die Entwicklung der Zoelly-Maschine fand jedoch ihre Fortsetzung in den in Deutschland etwa zur gleichen Zeit wie in der Schweiz einsetzenden Projektarbeiten für eine Dampfturbinen-Lokomotive.

Die seinerzeit von der Firma Fried. Krupp in Zusammenarbeit mit der damaligen Deutschen Reichsbahn erstellten Grundlagen und Konstruktionsunterlagen konnten aber wegen der noch anhaltenden Auswirkungen des I. Weltkrieges erst im Jahre 1924 realisiert werden.

Entsprechend ihrer Verwendung für den Schnellzugdienst entwarf Krupp eine 2′C 1′-Dampfturbinen-

Abb. 277 Die schweizerische Zoelly-Turbinenlokomotive im Zustand nach dem letzten Umbau. (Foto: Werkaufnahme Escher Wyss)

Abb. 278 Krupp-Zoelly Turbinenlokomotive T 18 1001 der DR im Ursprungszustand bei Werksablieferung. (Foto: Repro Werkaufnahme Krupp)

Schlepptenderlokomotive (Abb. 278), bei der weitgehend die Erfahrungen mit der schweizerischen Zoelly-Lokomotive berücksichtigt wurden. Das Prinzip glich im wesentlichen der bereits ausgeführten SLM-Konstruktion, es soll daher hier nicht nochmals erläutert werden. Allerdings erfuhr speziell der Rieselkühler eine gründliche Überarbeitung, um ihn den gesteigerten Anforderungen anzupassen. Die in vier Etagen übereinander aufgebauten Kühlzellen versorgte ein etwa in der Mitte der Kühlanlage stehender Ventilator mit Frischluft, die durch Lüfteröffnungen in den Tenderlängswänden angesaugt wurde. Auch die Krupp-Zoelly-Maschine erfuhr eine ganze Reihe von Änderungen, deren bedeutendste die Trennung der Anfahr- und Rückwärtsturbine von der Hauptturbine war. Die bis zu ihrer Bombardierung und Außerdienststellung im Jahre 1940 durchgeführten Versuchsfahrten ergaben bei Einsatz im praktischen Dienstplan die niedrigsten absoluten Verbrauchsziffern, die je mit Dampflokomotiven erreicht wurden.

Die Entwicklung der Turbinenlokomotive in Deutschland wurde mit einer weiteren 2'C 1'-Bauart mit Rückkondensation fortgesetzt, die im Jahre 1924 von der Deutschen Reichsbahn der Firma J. A. Maffei in Auftrag gegeben worden war. Auch diese Maschine zeigte wieder die typischen Merkmale des Zoelly-Systems, wobei nur geringfügige konstruktive Abweichungen wie beipsielsweise die Kühlerbauart eine maßgebende Unterscheidung gegenüber der Krupp-Lokomotive darstellten. Obwohl die wesentlichsten Erfahrungen mit der Bauart Zoelly-Krupp auch bei dieser Maschine anläßlich späterer Umbauten berücksichtigt wurden, erzielte man nicht dieselben günstigen Verbrauchsziffern wie bei der Krupp-Lokomotive.

Beide Dampfturbinen-Lokomotiven wurden von der Deutschen Reichsbahn unter den Bezeichnungen T 18 1001 und T 18 1002 übernommen, überstanden jedoch nicht die Kriegsjahre und wurden noch während des II. Weltkrieges aus dem Verkehr gezogen und verschrottet. Dasselbe Schicksal erlitt auch eine bei Krupp noch im Bau befindliche 1'D 2'-Turbinenlokomotive, die aber nie fertiggestellt worden ist. Eine noch recht interessante Entwicklung eines Abdampfturbinen-Triebtenders durch die Firma Henschel ist in dem Kapitel über Lokomotiven mit Hilfstriebwerken näher erläutert.

In Italien, wo eigentlich die Wiege der ersten Dampfturbinen-Lokomotive stand, verhielt man sich zunächst sehr passiv gegenüber einer Eigenentwicklung auf diesem Gebiet. Es war darum wieder der persönlichen Initiative Professor Belluzzos zu verdanken, daß die Firma Breda 1931 eine 1'D 1'-Turbinenlokomotive mit Kondensationsbetrieb fertigstellte, die in den Abmessungen etwa der FS-Baureihe 746 entsprach. Die Maschine war insofern eine einmalige Seltenheit, da sie als einzige aller je gebauten Dampfturbinen-Lokomotiven konventioneller Bauart mit Schlepptender alle Bauelemente einschließlich Kondensator und Rückkühler auf dem Triebfahrzeug vereinte. Entgegen den bisherigen Turbinenlokomotiven mit mechanischer Kraftübertragung erhielt die Antriebsgruppe ihren Platz zwischen 2. und 3. Kuppelachse, wodurch der Raum vor der Rauchkammer für den Kühlwasser-Rückkühler frei wurde. Den Kondensator legte man in den freien Raum zwischen Rauchkammer und 1. Kuppelachse. Die Dampfturbine war in zwei Gruppen mit Hoch- und Mitteldruckstufen einerseits und zwei Niederdruckstufen andererseits aufgeteilt worden und trieb über ein Zwischengetriebe und eine gemeinsame Blindwelle die durch Kuppelstangen miteinander verbundenen Kuppelachsen an.

Diese wie auch eine später noch durch Umbau einer 1'C 1'-Dampflokomotive der FS-Baureihe 685 entstandene Auspuff-Turbinenlokomotive kamen leider nicht einmal über die Funktionsprüfungen hinaus und ver-

Abb. 279 Ljungström-Turbinenlokomotive Klasse Å der Schwedischen Staatsbahn, Baujahr 1927. (Foto: Sammlung Ostendorf)

schwanden nach nur sehr wenigen Probefahrten wieder von der Bildfläche.
Unter den mit Rückkondensation arbeitenden Turbinenlokomotiven bildet die vom Konzept der Fahrzeug- und Baugruppenaufteilung wohl interessanteste Ausführung die Bauart Ljungström. Man begegnet hier einer Lokomotive, die ohne jede Anlehnung an den herkömmlichen Dampflokomotivbau nur nach den Gesichtspunkten reiner Zweckmäßigkeit gebaut worden ist. Ljungström trennte vor allem den Dampferzeuger von der übrigen Antriebsmaschinerie und setzte ihn auf ein eigenes nicht angetriebenes Fahrgestell. Der mit dem Kondensator vereinigte Rückkühler geschlossener Bauart und die Turbinengruppe wurden auf den zweiten, dem eigentlichen Triebfahrzeug untergebracht. Die Anordnung beider Lokomotivhälften war so gewählt worden, daß das Triebfahrzeug den Kesselwagen bei normaler Fahrt vor sich herschob. Die erste bereits 1921 in Dienst gestellte Ljungström-Versuchsmaschine wurde ebenfalls einer Reihe von Umbauten und Änderungen unterzogen, ehe sie jene Betriebsreife erhielt, mit der ihr bei Vergleichsfahrten mit den 2′C 1′-Schnellzuglokomotiven der Klasse F eine etwa 35 %ige Kohlenersparnis gegenüber der Kolbenmaschine bescheinigt werden konnte.
Die guten Testergebnisse führten schon 1925 zum Bau einer weiteren Ljungström-Turbinenlokomotive für 1000 mm Spurweite, die an die Argentinische Staatsbahn geliefert wurde. Beyer, Peacock hatte inzwischen die Lizenz auf die Ljungström-Bauart erworben und baute 1926 eine Turbinenlokomotive dieses Systems für die London Midland & Scottish Railway. Als letzte folgte 1927 auch die Schwedische Staatsbahn mit einer ölgefeuerten Ljungström-Dampfturbinen-Lokomotive (Abb. 279), die als Klasse Å in den Fahrzeugbestand der SJ aufgenommen wurde.
Die unbestreitbar günstigen Verbrauchsziffern und die wirtschaftlichere thermische Energieumsetzung konnten aber wie bei fast allen anderen bisher betrachteten Kondensbauarten nicht über die im Laufe der Zeit auftretenden erhöhten Wartungs- und Unterhaltungskosten hinwegtäuschen, die damit die Rentabilität der Turbinenlokomotive schlechthin in Frage stellten. Man verließ daher im Laufe der weiteren Entwicklung den Kondensationsbetrieb und wandte sich mehr und mehr dem Bau von Auspuff-Turbinenlokomotiven zu, die gegen den atmosphärischen Druck arbeiteten, also reine Gegendruck-Dampfturbinen besaßen.
Die beiden bekanntesten Bauarten dieses Systems waren die drei 1′D-Lokomotiven der schwedischen Privatbahn TGOJ (Abb. 280) und die 2′C 1′-Schnellzuglokomotive der LMSR, die als Schwesterbauart aus der »Princess Royal«-Klasse entstand. Die Auspuff-Dampfturbinen-Lokomotiven bedürfen keiner eingehender Erläuterungen, da sie sich von den normalen Kolbenlokomotiven lediglich durch die andersgeartete Antriebsmaschine und die abweichende Dampfregelung unterscheiden. Die gegenüber dem Kondensationsbereich noch verbliebenen Vorteile der Auspuff-Turbinenlokomotive bezogen sich hauptsächlich

Abb. 280 Die drei 1′D-Auspuff-Turbinenlokomotiven der TGOJ, erstes Baujahr 1935. (Foto: Sammlung Ostendorf)

auf einen günstigeren Wirkungsgrad der Antriebsmaschine infolge des geringeren Laufwiderstandes, verbunden mit einem verminderten Brennstoffverbrauch und auf eine größere Zugkraft im Verhältnis zum Reibungsgewicht. Namentlich die drei TGOJ-Lokomotiven bewährten sich ausgezeichnet, sie gehörten noch in den 50er Jahren zum festen Fahrzeugbestand dieser Gesellschaft.

Eine noch recht bemerkenswerte, aber leider weniger erfolgreiche Auspuff-Turbinenlokomotive lieferte Schneider & Co., Creusot, 1941 als Reihe 232.Q.1 an die SNCF. Diese stromlinienverkleidete Maschine besaß einzelangetriebene Achsen, von denen jede mit einer eigenen sechsstufigen Haupt- und einer zweistufigen Rückwärtsturbine ausgerüstet war, die beide auf einer gemeinsamen Welle saßen und über ein Zwischengetriebe und eine Art Federtopfantrieb direkt auf die Räder wirkten. Obwohl sie als letzte in Europa gebaute Dampfturbinen-Lokomotive die modernste Maschine ihrer Kategorie darstellen sollte, hatte man viele Fehler früherer Konstruktionen wieder übernommen. Die 232.Q.1 wurde bereits 1944, allerdings wegen schwerer Beschädigungen durch Kriegseinwirkungen, ausgemustert.

Außerhalb Europas befaßte man sich nur noch in den USA mit dem Bau von Dampfturbinen-Lokomotiven. Die beiden einzigen amerikanischen Turbinenlokomotiven mit Kondenseinrichtung stellte die Union Pacific Railroad 1937 versuchsweise in Dienst. Die von General Electric gebauten Einheiten waren mit einem ölgefeuerten Hochdruckkessel mit Zwangsumlauf ausgerüstet, der bei 444° C und 105,4 bar Kesseldruck die mit dem Hauptgenerator gekuppelte Hochdruckturbine mit Dampf versorgte. Die Ausführung der sechs Gleichstrom-Fahrmotoren sah eine bewegliche Aufhängung über eine die Antriebsachse umschließende Hohlwelle des Getriebes und über elastische Drehmomentenstützen vor. Es handelte sich hier um reine Einzelachsantriebe. Entgegen den bisher üblichen wassergekühlten Kondensatoren verwendete General Electric eine luftgekühlte Kondensatoranlage, in welcher der Abdampf direkt in einem von Dachlüftern gekühlten Röhrensystem niedergeschlagen wurde und als Kondensat in einen Heißwassersammler gelangte. Das Aussehen der beiden Turbinenlokomotiven ähnelte sehr der für die amerikanischen Diesellokomotiven so charakteristischen Form. Die Union Pacific hat beide Maschinen seinerzeit erprobt, aber nicht übernommen, da sie den gestellten Anforderungen nicht genügt haben.

Etwas günstiger sahen die Verhältnisse bei der 1944 von Baldwin für die Pennsylvania Railroad gefertigten 3′D 3′-Auspuff-Turbinenlokomotive (Abb. 281) aus. Ihre Besonderheit war, daß sie als einzige Turbinenlokomotive der USA mechanische Kraftübertragung besaß. Wir begegnen in dieser Maschine wieder den gewohnten Bauelementen der Kolbendampflokomotive, lediglich die zwischen 2. und 3. Kuppelachse angeordnete Turbinenanlage kennzeichnet sie als Sonderbauart. Mit 5075 kW Leistung übertraf sie auch bezüglich der Zugkraft alle damaligen Dampflokomotiven vergleichbarer Bauarten. Sie wurde nach 13 Jahren wegen mancher im Laufe der Zeit aufgetretenen Mängel, die zu beheben zu kostspielig war, aus dem Verkehr gezogen und verschrottet.

Den Gipfel des Ungewöhnlichen stellten zweifellos die drei 1947 von der Chesapeake & Ohio Railway in Dienst gestellten Dampfturbinen-Lokomotiven dar. Jedes dieser Monstren (Abb. 282) war mit drei Triebgestellen und insgesamt acht Fahrmotoren zu je 456 kW Leistung ausgerüstet. Trotz des ungewöhnlichen Ausse-

Abb. 281 3′D 3′-Auspuff-Turbinenlokomotive Nr. 6200 Klasse S 2 der Pennsylvania Railroad, Baujahr 1944. (Foto: PRR)

Abb. 282 Auspuff-Turbinenlokomotive mit elektrischer Kraftübertragung der Chesapeake and Ohio Railroad, 1947 von Baldwin gebaut. (Foto: Werkaufnahme Baldwin Locomotive Works)

hens besaßen die Maschinen normale Lokomotivkessel mit Stoker, die jedoch umgekehrt, d. h. mit der Feuerbüchse zum Führerhaus, angeordnet waren. Der Kohlenbunker lag ganz vorn im ersten Drittel der Maschine. Die gesamte Kraftmaschinenanlage nahm schließlich den hinter dem Kessel verbliebenen Raum am Ende der Lokomotive ein. Die Maschinen konnten sich aber wegen eines unerwartet hohen Kohlenverbrauchs und der nicht minder hohen Unterhaltungskosten nicht durchsetzen. Von großem Nachteil erwies sich auch die komplizierte Bedienung der Maschinen, die ein besonders geschultes Personal erforderten. Im Jahre 1951 wurden die Versuche schließlich abgebrochen und die Maschinen ausgemustert.

Ein letztes Experiment unternahm im Jahre 1954 die Norfolk & Western Railway mit einer (Co'Co')(Co'Co')-Auspuff-Turbinenlokomotive mit elektrischer Kraftübertragung. Die Tatsache, daß das System und die Gruppierung der einzelnen Baugruppen im wesentlichen den zuvor besprochenen C & O-Turbinenlokomotiven entsprach, mag seine Ursache darin haben, daß beide Versuchsausführungen von ein und demselben Hersteller, nämlich Baldwin, konstruiert und gefertigt worden waren. Allerdings nahm man Rücksicht auf die Verwendung möglichst vieler Normalteile der Norfolk & Western-Dampflokomotiven. Die Turbinenlokomotive war mit einem besonderen Wassertender, auf dem unter anderem auch eine Wasserenthärtungsanlage installiert war, gekuppelt. Die große Länge von über 49 m machte es erforderlich, beim Wenden der Maschine auf den Drehscheiben zuvor den Tender abzukuppeln und anschließend mit der Rückseite wieder anzukuppeln. Der Tender besaß aus diesem Grund an beiden Stirnseiten die gleichen Schlauchleitungen und Anschlüsse. Vergleichsfahrten mit verschiedenen Mallet-Lokomotiven der N & W ergaben eine Zugkraftüberlegenheit der Turbinenmaschine nur im unteren Geschwindigkeitsbereich bis 20 km/h. Den etwas günstigeren Verbrauchsziffern verdankte es schließlich die Turbinenlokomotive, daß sie in den normalen Güterzugdienst übernommen wurde. Doch dieser Erfolg war leider nicht von Dauer. Schon nach etwa vier Jahren mußte die Maschine aus dem Betrieb genommen werden, da die Störungen an der Maschinenanlage ein nicht mehr zu vertretendes Ausmaß angenommen hatten.

Mit dem Ausscheiden der N & W-Versuchsmaschine am 31. Dezember 1957 endete auch unwiderruflich die Entwicklung der Dampfturbinen-Lokomotive, einer Bauart, deren Schicksal maßgeblich durch die Versäumnisse während zweier Weltkriege und die nicht zuletzt schon sehr früh einsetzende Verbreitung der Diesellokomotive geprägt wurde.

DAMPFLOKOMOTIVEN MIT ELEKTRISCHER KESSELBEHEIZUNG

Das vorangegangene Kapitel über die Dampfturbinen-Lokomotiven macht deutlich, wie sehr man sich zu jeder Zeit um die verschiedensten Verfahren der günstigsten Energieumwandlung bemühte. Derartige Überlegungen dienten natürlich in erster Linie der Wirtschaftlichkeit der Dampflokomotive. Aber es gab auch Zeiten, in denen gerade Länder mit einseitig ausgerichteter Energiegewinnung und -erzeugung gezwungen waren, weniger ihr Augenmerk auf die so viel gepriesene Wirtschaftlichkeit als auf die Nutzung der

allein zur Verfügung stehenden Energieart zu richten, ohne einen Teil des Triebfahrzeugparkes aus dem Verkehr ziehen zu müssen.
Während des Zweiten Weltkrieges sah sich die Schweiz auf Grund ihrer nahezu völligen Isolierung im Herzen Europas und den damit verbundenen Schwierigkeiten in der Kohlenversorgung vor die Alternative gestellt, entweder Dampflokomotiven kalt zu stellen, oder – so absurd die Idee auch erscheinen mag – zu versuchen, die elektrische Energie auch für die Dampflokomotive nutzbar zu machen. Die Firma Brown, Boverie & Cie. in Baden legte der SBB seinerzeit einen Entwurf vor, nach dem die Kesselbeheizung auf elektrischem Wege aus dem Fahrleitungsnetz erfolgen sollte. Nach reiflicher Überlegung entschloß sich die SBB 1943, ihre beiden C-Tenderlokomotiven 8521 und 8522 der Reihe E 3/3 versuchsweise mit den entsprechenden Einrichtungen ausrüsten zu lassen.
Charakteristisches Attribut der beiden »Oberleitungs«-Lokomotiven war natürlich der auf dem Führerhausdach aufgesetzte Stromabnehmer (Abb. 283), über den der Fahrstrom von 15 000 V und 16⅔ Hz der Fahrleitung entnommen und einem Transformator zugeführt wurde, der die Fahrleitungsspannung auf 20 V reduzierte. Die Heizelemente der Elektroverdampfer wurden mit 2 × 12 000 A und 480 kW Leistung betrieben, entsprechend einer Kesselleistung von rund 600 kg Dampf pro Stunde bei 12 bar Dampfspannung.
Die Betriebsbedingungen sahen vor, daß die beiden Lokomotiven auch auf nicht elektrifizierten Streckenabschnitten eingesetzt werden mußten. In diesem Fall wurden die Maschinen wie feuerlose Dampfspeicherlokomotiven betrieben. Allerdings sorgte ein kleines Feuer unter dem Kessel, daß man im Notfall immer noch unter den Fahrdraht kam und wieder »aufheizen« konnte.
Die Lokomotiven versahen entsprechend ihrer Bauart hauptsächlich Rangierdienste in den Bahnhöfen St. Gallen und Zollikofen, wo sie sich als »Oberleitungs«-Lokomotiven bestens bewährt haben sollen. Nach dem Krieg wurden sie jedoch wieder auf normale Kohlenfeuerung umgestellt, nachdem die Normalisierung der Kohlenversorgung den weiteren Betrieb der beiden Maschinen mit elektrischer Energie überflüssig machte. Außer den genannten Lokomotiven sind keine weiteren mehr auf elektrische Kesselheizung umgebaut worden. Die Bemessung derartiger Anlagen speziell für größere Maschineneinheiten dürfte hier gemeinsam mit den wesentlich höheren Umbaukosten bei geringerer Wirtschaftlichkeit in keinem Verhältnis mehr zu entsprechenden Neubauten von Elektrolokomotiven gleicher Leistung gestanden haben.

Abb. 283 C n2-Tenderlokomotive Reihe E 3/3 der SBB während des II. Weltkrieges auf elektrische Kesselheizung durch die Oberleitung umgebaut.
(Foto: SBB)

NATRON-LOKOMOTIVEN

Bei den als Natron- oder auch Soda-Lokomotiven bekannt gewordenen Konstruktionen handelte es sich keineswegs um einen technischen Ulk, vielmehr wurde hier ein völlig neues Verfahren der Dampferzeugung durch chemische Reaktionen angewandt. Als der Erfinder, ein Herr Honigmann, in den frühen 80er Jahren die ersten Versuche in seiner Ammoniak-Sodafabrik in Grevenberg bei Aachen durchführte, schien sich eine kleine Revolution in der Technik der Dampferzeugung und der Art ihrer Anwendung anzubahnen.
Die Honigmann'sche Erfindung nutzte die Eigenart der Natronlauge, bei einer gewissen Konzentration und dem dadurch bestimmten Siedepunkt Wasserdampf unter starker Wärmeentwicklung aufzunehmen. Folglich war also die Natronlauge in der Lage, den Abdampf

der Maschine zu kondensieren und die hierbei frei werdende Wärme wieder der erneuten Verdampfung von Wasser zuzuführen. Dieser Prozeß konnte solange durchgeführt werden, bis schließlich bei einer bestimmten Verdünnung der Lauge ihr Siedepunkt erreicht war und keine weitere Aufnahme von Abdampf mehr erfolgte. Eine Verlängerung der Prozeßdauer ließ sich durch entsprechende Verminderung der Dampfspannung und der Laugentemperatur erreichen.

Die Dampferzeugungsanlage bestand im Prinzip aus einem Dampf- bzw. Warmwasserkessel, aus dem der Frischdampf für die Zylinder entnommen wurde. In oder um den Wasserkessel war der Natronkessel angeordnet, der Lauge bestimmter Konzentration enthielt. Mit Beginn des Prozesses wurde der Abdampf der Zylinder in den Natronkessel geleitet, wodurch die Lauge infolge chemischer Umsetzung eine so hohe Reaktionstemperatur erreichte, daß das Wasser im Wasserkessel verdampfte und zwar solange, wie die Natronlauge bei einer bestimmten Temperatur dampfaufnahmefähig war. Es handelte sich also bei dem Verfahren um eine feuerlose Dampferzeugung, bei der die Feuerkiste und die Heizrohre durch den Natronkessel ersetzt wurden.

Nach ersten erfolgreichen Versuchen mit einer stationären Anlage folgten weitere Erprobungen des Honigmann-Verfahrens mit einer alten, von Schwartzkopff gebauten, Stadtbahn-Lokomotive, die den Erfordernissen entsprechend umgebaut wurde. Der ursprüngliche Kessel wurde durch einen liegenden Natronkessel ersetzt, in dessen Innenraum der eigentliche Wasserkessel angeordnet war. Der Frischdampf wurde in üblicher Weise dem Dom über dem Wasserkessel entnommen, während der Abdampf der Zylinder seitlich in den Natronkessel gelangte. Die Versuche mit dieser Maschine wurden auf einem nur 80 m langen Gleisstück durchgeführt. Das häufige Anfahren, Abbremsen und Umsteuern schlug sich aber in einem Dampfverbrauch nieder, der wesentlich höher war, als beim Durchfahren eines normalen längeren Streckenabschnittes. Man faßte daher den Entschluß, ein Angebot der Aachen-Jülicher Industriebahn anzunehmen und die Versuche über längere Zeit auf deren Streckennetz fortzuführen.

Zu den besonderen Einrichtungen für den Betrieb von Natronlokomotiven gehörte auch die Eindampfstation, die aus zwei befeuerten Abdampfpfannen bestand, in denen stufenweise das Eindampfen der Lauge stattfand. Das Laden bzw. Betriebsbereitmachen der Lokomotive beinhaltete zwei Vorgänge, einmal das Absaugen der verbrauchten Lauge aus dem Natronkessel der Lokomotive und zum anderen das Einlassen der frischen Lauge in die Maschine vom höher gelegenen Abdampfkessel durch den direkten Flüssigkeitsdruck.

Die Probefahrten auf der Aachen-Jülicher Industriebahn wurden mit der Natronlokomotive vornehmlich vor planmäßigen Personenzügen zwischen Würselen und Stolberg durchgeführt, wobei befriedigende Resultate erreicht wurden. Natürlich konnte wegen der kleinen Zylinderabmessungen und dem nur auf 6 bar beschränkten Dampfdruck der auf dieser Bahn bestehende bedeutende Güterverkehr und damit auch der Rangierdienst auf den einzelnen Stationen nicht bedient werden, da Zugkraft und auch Aktionsradius nicht ausreichend waren.

In Amerika griff die bekannte Lokomotivfabrik Baldwin die Idee Honigmanns auf und baute 1886 für die Minneapolis, Lyndale & Minnetonka Ry. Co. eine B1-Probemaschine mit »Soda«-Motor. Sie dürfte wahrscheinlich die einzige Natron-Lokomotive sein, von der noch ein Foto existiert (Abb. 284). Leider ist über den Verbleib dieser wie auch der deutschen Natron-Lokomotiven nichts mehr in Erfahrung zu bringen. Das Verfahren wird voraussichtlich an der geringen erziel-

Abb. 284 B1-Soda- bzw. Natron-Lokomotive in Anlehnung an das Honigmannsche Verfahren 1886 von Baldwin als Versuchsausführung für die Minneapolis, Lyndale & Minnetonka Railroad gebaut.
(Foto: Werkaufnahme Baldwin Locomotive Works)

Abb. 285 Lokomotive und Gleisanlage der Einschienenbahn der Listowel-Ballybunion Railway in Irland. (Foto: National Library of Ireland)

baren Leistung, dem zeitlich bemessenen Aktionsradius und dem doch noch recht aufwendigen Aufbereitungsprozeß der Natronlauge gescheitert sein, ganz abgesehen von den durch die chemischen Reaktionen aufgetretenen Probleme der Werkstoffwahl für den Kessel.

EINSCHIENEN-LOKOMOTIVEN

Das Prinzip der Einschienenbahn fand eigentlich nur in zwei Versionen praktische Bedeutung. Im ersten Fall sah man die Anwendung hängender Fahrzeugeinheiten vor, bei denen der Fahrzeugschwerpunkt die denkbar günstigste Lage einnahm. Dieses Prinzip wurde bei der Wuppertaler Schwebebahn verwirklicht und hat sich bis heute ausgezeichnet bewährt. Die als rein städtisches Verkehrsmittel zu betrachtende Bahn wurde von Anfang an elektrisch betrieben. Der andere Fall war die zu ebener Erde verlegte Gleisanlage, bei der im Gegensatz zum vorerwähnten Prinzip außer der eigentlichen Fahrschiene zwei zusätzlich seitlich verlagerte Führungsschienen erforderlich waren, da die sattelförmig auf der etwa 1 m über den Schwellen auf Stützen verlagerten Fahrschiene laufenden Fahrzeuge infolge ihrer ungünstigeren Schwerpunktslage sich zur Seite hin abstützen mußten.
Erfinder dieser letzten Version der Einschienenbahn war der Franzose Lartigue. Bezüglich der Vorteile dieser Art Eisenbahn gingen die Ansichten seinerzeit weit auseinander. Zweifellos lagen gewisse Vorzüge in der Verwendung als transportable und schnell zu verlegende Feld- und Militärbahn. Ferner bot der erhöhte Oberbau einen gewissen Schutz gegen Überschwemmungen und ähnliche Natureinflüsse. Aber diese wenigen positiven Merkmale hatten zuwenig Bedeutung, als daß sie eine weite Verbreitung der Lartigue-Einschienenbahn zur Folge gehabt hätten. Es wurden einige Versuchsstrecken in Europa, Nordafrika und sogar in Südamerika gebaut, die bekannteste von ihnen dürfte jedoch die 1887 in Irland in Betrieb genommene 16 km lange Bahn zwischen den beiden Küstenstädten Listowel und Ballybunion gewesen sein.
Bemerkenswert ist die Tatsache, daß auf den Lartigue-Bahnen fast ausschließlich Dampflokomotiven eingesetzt waren. Die für die Listowel-Ballybunion Bahn von der Firma Hunslet gebauten Lokomotiven (Abb. 285) besaßen des Gewichtsausgleichs wegen zwei nebeneinanderliegende Dampfkessel, die aber untereinander in Verbindung standen. Zwischen den Kesseln lag eine Zweizylinder-Dampfmaschine, die drei gekuppelte Räder antrieb.
Der Tender zeigte ebenfalls die Halbierung in zwei gleiche Fahrzeugteile mit je einem Kohlen- und Wasserbehälter. Zusätzlich enthielt der Tender eine kleine Zweizylinder-Hilfsdampfmaschine, die bei Bedarf hinzugeschaltet werden konnte und über die Tenderräder die Zugkraft der Lokomotive unterstützte. Der mitgeführte Kohlenvorrat reichte jeweils für eine Fahrt über die gesamte Strecke. Eine besondere Schöpfvorrichtung ermöglichte außerdem, Wasser auch während der Fahrt aufzunehmen.
Die Listowel-Ballybunion Bahn stellte im Jahre 1924 nach 37jähriger Dienstzeit ihren Betrieb ein, da die stark rückläufige Tendenz des Verkehrsaufkommens eine weitere Unterhaltung der Bahn unmöglich machte.

Schnellfahrlokomotiven

In der Frühzeit der Dampflokomotive war die Frage höherer Geschwindigkeiten noch von untergeordneter Bedeutung, da sowohl im Güter- wie auch im Personenverkehr auf den noch recht kurzen Strecken relativ langsam gefahren wurde. Mit Ausdehnung des Streckennetzes, größerer Belastbarkeit des Oberbaues und besserer Ausbildung der Fahrwerke wuchs zwangsläufig auch das Verlangen nach größeren Fahrgeschwindigkeiten insbesondere für die Personenzüge. Als 1846 die ersten hochräderigen Maschinen der Bauart Crampton in Dienst gestellt wurden, schien das Geschwindigkeitsproblem entsprechend den damaligen Erfordernissen eine befriedigende Lösung gefunden zu haben. Aber man hatte sich mit der höheren Geschwindigkeit eine geringere Zughakenleistung erkauft, die hauptsächlich auf die einzelne Treibachse mit dem großen Durchmesser zurückzuführen war. Die Bauart Crampton konnte sich deshalb in vielen europäischen Ländern nicht durchsetzen. Viele Bahnverwaltungen legten größeren Wert auf leistungsfähige, mehrachsige Lokomotiven mit großem Beschleunigungsvermögen. Die damals gefahrenen höheren Reisegeschwindigkeiten resultierten oft aus der erheblich reduzierten Zahl der Halte auf den Strecken.
Erst mit Beginn der 90er Jahre wurde das Problem höherer Geschwindigkeiten bei gleichermaßen steigenden Maschinenleistungen wieder akut. Es ist auffallend, daß derartige Bestrebungen nicht nur in Europa, sondern auch in den USA etwa zur gleichen Zeit zu beobachten waren. Es begann nun eine Ära im Dampflokomotivbau, die die Entwicklung von Schnellfahrlokomotiven zweier verschiedener Interessengruppen aufweist. Auf der einen Seite erfolgte die überlegte, den Betriebserfordernissen angepaßte Konstruktion von Schnellfahrlokomotiven, auf der anderen Seite bestimmten oft Konkurrenz- und Prestigegründe kostspielige Fertigungen von Einzellokomotiven und Bauarten sehr geringer Stückzahlen.

REKORD- UND LANGSTRECKEN-SCHNELLFAHRLOKOMOTIVEN

Bleiben wir zunächst bei den Rekordmaschinen, deren Blütezeit ungefähr um die Jahrhundertwende ihren Anfang nahm. Die historischen Lokomotiven aus jenen Tagen unterschieden sich von ihren normalen Schwestermaschinen äußerlich nur durch größere Treib- und Kuppelraddurchmesser. Windschnittige Aufbauten oder gar stromlinienförmige Verkleidungen fanden erst zaghaft Anwendung, da die Kenntnisse über aerodynamische Vorgänge an Schienenfahrzeugen höherer Geschwindigkeiten noch sehr dürftig waren und erst durch die späteren auf wissenschaftlicher Grundlage durchgeführten Windkanalversuche jene Stromlinienform gefunden wurde, die bei geringstem Windwiderstand ein Minimum an Leistungseinbuße ermöglichte. Aus der Vielzahl der zu jener Zeit in Europa und Nordamerika veranstalteten Rekordfahrten sei eine hier besonders genannt, da sie in Verbindung mit einer speziell für diesen Zweck gebauten Lokomotive durchgeführt worden ist. Es war die am 10. Mai 1893 von der New York Central & Hudson River Railroad unternommene Schnellfahrt mit dem »Empire State Express«, der erst 1891 als Schnellverbindung auf der rund 700 km langen Strecke zwischen New York und Buffalo eingesetzt worden war.
Der Grund für diesen Schnellfahrversuch war eine ständige Rivalität zwischen der NYC & HR und der Pennsylvania Railroad. Da nun einmal außergewöhnliche und Aufsehen erregende Erfolge die besten Werbemittel sind, entschloß man sich seitens der NYC & HR, ganz im Geheimen in den bahneigenen Werkstätten von West Albany eine 2'B-Schnellzuglokomotive mit einer Höchstgeschwindigkeit von 160 km/h zu bauen. Die Maschine erhielt Treibräder mit 2184,4 mm Durchmesser. Wegen dieser riesigen Abmessungen mußte man sich aber mit einer Zugkraft von nur 74 000 N begnügen, ein Zugeständnis, das man wohl oder übel an die erwünschte Geschwindigkeit machen mußte, wollte man nicht für eine leistungsfähigere

Abb. 286 2'B n2-Rekordlokomotive Nr. 999 der New York Central & Hudson River Railroad aus dem Jahre 1893. (Foto: NYC)

Maschine das Gesamtgewicht und den damals zulässigen Achsdruck von 19 t wesentlich überschreiten.
Im April 1893 war die Maschine fertiggestellt. Die großen Treibräder in Verbindung mit dem konisch abgesetzten Kessel gaben der Lokomotive ein wuchtiges und dennoch elegantes Aussehen (Abb. 286). Lediglich der im Vergleich zur Maschine etwas unproportioniert wirkende Tender paßte nicht so ganz in das sonst so harmonische Gesamtbild der Lokomotive. Man hat aber bewußt auf eine Neukonstruktion des Tenders verzichtet, da bezüglich der Vorräteunterbringung die Tenderregelbauart mit Wasseraufnahmevorrichtung während der Fahrt genügte.
Die Schnellfahrlokomotive erhielt die Bahn-Nr. 999 und neben den farbigen Verzierungen der Seitenwände und Umlaufkanten die Tenderaufschrift »Empire State Express«. Trotz der fehlenden Erfahrungen im Umgang mit Maschinen hoher Geschwindigkeiten wurde die Rekordfahrt ein voller Erfolg. Mit den angehängten vier Wagen erreichte die Lokomotive eine Geschwindigkeit von 181 km/h, eine Leistung, die einmalig war für die damaligen Verhältnisse. Doch auch bei dieser Maschine erfüllte sich das fast unausweichliche Schicksal solcher Rekordlokomotiven, die als Einzelgängerinnen ihre Aufgabe zwar mit Erfolg lösen, in den späteren normalen Betriebsdienst aber kaum einzuordnen sind. Weitere derartige Unternehmungen anderer Bahngesellschaften haben hinreichend bewiesen, daß reine Prestige-Konstruktionen immer nur Fehlinvestitionen blieben, da sie im Gegensatz zu gezielten Versuchsbauarten kaum zu neuen Erkenntnissen für den Lokomotivbau führten.

Eine ganz andere Entwicklungsrichtung der Schnellfahrlokomotiven führte zu Langstreckenbauarten, deren Besonderheit nicht in dem Bestreben lag, sehr hohe Geschwindigkeiten zu erzielen, sondern mit einer über dem normalen Durchschnitt liegenden Reisegeschwindigkeit lange Strecken ohne Ergänzung der Vorräte zu durchfahren. Diese Maschinen zählten in der Regel zu den normalen Schnellzuglokomotivbauarten, die lediglich, wie schon früher bei manchen deutschen Länderbahnlokomotiven, mit Langlauftendern ausgerüstet wurden.
Die Langstrecken-Schnellfahrlokomotiven dienten der Führung von Fernschnellzügen, bei denen es neben einer ausreichenden Maschinenleistung für die oft recht langen Züge auch auf eine möglichst kurze Gesamtfahrzeit ankam. Hochgezüchtete Schnellfahrlokomotiven wären hierfür falsch am Platz gewesen, da auf so langen Strecken mit Kurven und Steigungen die Zughakenleistung der hochräderigen Maschinen nicht ausgereicht hätte. Man war daher darauf angewiesen, die Streckenaufenthalte auf ein Minimum zu reduzieren. Hierunter fielen natürlich auch die Aufenthalte für Lokwechsel und Fassen neuer Vorräte.
Eine ganz andere Bedeutung kam den Langstrecken-Schnellfahrlokomotiven in jenen Kontinenten zu, deren unterschiedliche Besiedlung und Industrialisierung die Überbrückung sehr großer Entfernungen von einem Ort zum anderen erforderte. Zu einer Zeit, als das Flugzeug noch nicht die dominierende Rolle im Fernverkehr spielte, lag die Hauptlast des Personen- und Güterverkehrs noch auf der Eisenbahn. Die Folge war, daß sich speziell für diese Verhältnisse in einigen Kontinenten Sonderbauarten auch im Schnellzugverkehr durchsetzten. Neben den als Mallet- und Garratt-Maschinen bekannt gewordenen Konstruktionen hat sich

aber auch die normale Regelbauart den schwierigen Betriebsforderungen anpassen können und es zu ganz erstaunlichen Leistungen gebracht.
Eine interessante und nahezu unbekannte Normal-Langstreckenlokomotive war die 1937 in einer Stückzahl von acht Exemplaren von Walkers Ltd., Queensland für die australischen Commonwealth Railways gebaute 2′Ch2-»fast passenger locomotive« Klasse C (Abb. 287). Diese normalspurige und im Aussehen der ehemaligen preußischen P 8 sehr ähnelnde Lokomotive besaß eine auffällige Besonderheit – einen abnormal langen Tender. Ihr Einsatz in den wasserarmen Regionen der von den CGR bedienten Gebieten machte die Unabhängigkeit von zwischenzeitlichen Vorratsaufnahmen unumgänglich. Es wurde ein Langstreckentender entwickelt, der bezüglich seines Fassungsvermögens und seines Gewichtes kaum noch von einer anderen Regelbauart in Verbindung mit einer vergleichbaren Lokomotive gleicher Bauart übertroffen wurde. Der Tender konnte 55,4 m^3 Wasser und 17,8 t Kohle fassen, sein Dienstgewicht betrug 121,9 t. Ein Vergleich mit der größten Tenderbauart der DR/DB, dem 2′3 T 38 mit 38 m^3 Wasserinhalt und 10 t Fassungsvermögen für Kohle bei 81 t Dienstgewicht gibt eine Vorstellung von den enormen Abmessungen dieser australischen Tenderbauart. Die gesamte Maschineneinheit von der der Tender mehr als die Hälfte für sich beanspruchte, hatte eine Länge über die Kupplungen von 24,7 m, damit war sie noch um fast einen halben Meter länger als die Baureihe 01^{10} der DB.

WINDSCHNITTIGE FORMEN UND VERKLEIDUNGEN

Die bereits genannten Bestrebungen zu Beginn der 90er Jahre, die Fahrgeschwindigkeiten der Schnellzuglokomotiven weit über die bis dahin erreichten Werte zu erhöhen, haben auf dem europäischen Festland vornehmlich in Deutschland und in Frankreich zu einer regen Entwicklungstätigkeit geführt.
Zunächst galt es, Erfahrungen über das Fahrverhalten der Lokomotiven zu sammeln, die mit Geschwindigkeiten über 100 bzw. 120 km/h gefahren werden sollten. Man war sich darüber klar, daß einen entscheidenden Einfluß der hohe Luftwiderstand, hervorgerufen durch die unruhige und großflächige Anlage des gesamten Aufbaues und des Triebwerkes, auf die Laufruhe und die der Maschine abverlangten Leistung ausübte. Eine erste Maßnahme in dieser Richtung waren die windschnittigen Ausführungen von Rauchkammerstirnseite, Führerhaus, Dome und Schornstein. Eine der ersten Maschinen mit windschnittigen Formen war die 2′Bn2-Schnellzuglokomotive Reihe IIc der Badischen Staatsbahn. Die preußische Staatsbahn machte dagegen erst einmal Einzelversuche mit Lokomotiven der Gattung S 3, ohne aber bei späteren Bauarten grundsätzlich auf die windschnittige Form überzugehen. Auch in Sachsen glaubte man in dieser Hinsicht nicht zurückstehen zu können. Als die Forderung nach einer dreifach gekuppelten Schnellzuglokomotive unumgänglich wurde, bestellte die Sächsische Staatsbahn bei Hartmann in Chemnitz eine 2′C-Bauart mit dem Gattungszeichen XII H. Die 1906 ausgelieferten Maschinen (Abb. 288) zeigten ebenfalls die schon üblich gewordenen windschnittigen Formen an der Rauchkammer und am Führerhaus. Abgesehen von der bei den damaligen Geschwindigkeiten ziemlich zweifelhaften Wirksamkeit dieser Vorkehrungen hatte das Äußere mancher Lokomotivbauart durch die neuartige Formgebung gewonnen.
Anläßlich der Pariser Weltausstellung im Jahre 1900 erregte eine 2′B 3′n2-Schnellfahrlokomotive des Systems Thuile allgemeines Aufsehen. Die von Schneider & Cie., Creusot gebaute Lokomotive unterschied sich in vielen Konstruktionselementen von den bisher gewohnten Prinzipien des Lokomotivbaues. Als erstes fiel das vor die Rauchkammer verlegte und mit Windschneiden

Abb. 287 2′C h2-Langstrecken-Schnellfahrlokomotive Klasse C der australischen Commonwealth Railways, Baujahr 1937. (Foto: CGR)

Abb. 288 2′C h2-Schnellzuglokomotive Gattung XII H der Sächsischen Staatsbahn mit windschnittigen Aufbauten. (Foto: Werkaufnahme Hartmann)

versehene Führerhaus auf, das dem Lokomotivführer bei einer vorgesehenen Geschwindigkeit von 120 km/h eine gute Streckensicht ermöglichen sollte. Der hintere Führerstand diente dem Heizer als Arbeitsplatz. Ungewohnt waren ferner die Achsfolge 2′B 3′ und der riesige Treibraddurchmesser von 2500 mm. Die sehr knapp bemessene Zugkraft von nur 71000 N kennzeichnete diese Maschine als Sonderbauart für einen ganz speziellen Verwendungszweck, und zwar sollte sie leichte Luxuszüge von 180 bis 200 t Gewicht befördern. Erstmals war bei dieser Lokomotive zur Verständigung zwischen Lokomotivführer und Heizer ein Telefon eingerichtet worden. Es ist nicht überliefert, ob die Thuile-Lokomotive jemals für den vorgesehenen Zweck zum Einsatz kam. Den sehr spärlichen Erwähnungen in der damaligen Fachliteratur zufolge dürften die absolvierten und unbefriedigend verlaufenen Versuchsfahrten auf der Strecke zwischen Chartres und Thouars die einzigen Streckeneinsätze der Maschine überhaupt geblieben sein. Eine Entgleisung der Maschine, bei der Thuile selbst zu Tode kam, dürfte auch das Ende dieses Lokomotivtyps gewesen sein.
Ein ernst zu nehmender Versuch war dagegen die 2′B 2′n3v-Schnellfahrlokomotive der Firma Henschel, die im Jahre 1904 nach den Vorschlägen von Oberingenieur Kuhn in Zusammenarbeit mit dem Geheimen Oberbaurat Wittfeld gebaut worden war. Der Konstruktion waren zwei Ausschreibungen des Vereins Deutscher Maschineningenieure aus den Jahren 1902 und 1903 vorausgegangen, die sich auf Entwürfe einer Schnellfahrlokomotive für die Beförderung eines 180 t schweren Zuges mit 120 km/h und einer maximal erreichbaren Geschwindigkeit von 150 km/h bezogen. Es wurden zwei Exemplare dieser Lokomotive gebaut (Abb. 289), von denen eine auf der Weltausstellung in St. Louis ausgestellt worden war. Auch bei dieser Bauart war ähnlich der vorerwähnten Thuile-Maschine der Führerstand nach vorn verlegt worden, während der Heizer auf seinem gewohnten Platz verblieb. Völlig neu war aber die durchgehende kastenförmige Verkleidung von Lokomotive und Tender, die einmal den Luftwiderstand verringern, zum anderen das gefahrlose seitliche Begehen der Lokomotive zwischen Heizer- und Führerstand gewährleisten sollte. Eine zusätzliche Neuerung war die Begehbarkeit des Tenders vom Zugteil her, so daß auch das Zugpersonal im Bedarfsfall den Führerstand erreichen konnte.
Die Testfahrten zeigten eine wenig befriedigende Leistung beider Maschinen, die ihre Ursachen in den etwas zu klein geratenen Zylindern und in dem mit 89,5 t sehr

Abb. 289 2′B 2′n3v-Schnellfahrlokomotive Bauart Wittfeld-Kuhn mit Vollverkleidung, 1904 von Henschel gebaut. (Foto: Werkaufnahme Rheinstahl Transporttechnik)

hohen Dienstgewicht hatte. Später entfernte man die gesamte Verkleidung einschließlich des vorderen Führerhauses und setzte die beiden Lokomotiven als Gattung S 9 im Bezirk der Eisenbahndirektion Altona ein, wo sie noch bis 1918 in Dienst standen.
Sieht man einmal davon ab, daß die Kuhn-Wittfeld-Maschinen Fehler in ihrer Dimensionierung aufwiesen, waren sie ihrer Zeit hinsichtlich der Berücksichtigung aerodynamischer Vorgänge um fast 20 Jahre voraus.

TEILVERKLEIDETE LOKOMOTIVEN

Es wurde bereits kurz angedeutet, welchen geringen Einfluß seinerzeit die teilweise windschnittige Formgebung einzelner Baugruppen auf das Fahr- und Leistungsverhalten der Maschinen bei Geschwindigkeiten von 100 und 120 km/h hatte. Das Spitzführerhaus, die kegelige Rauchkammertür und andere windschnittig ausgebildete Bauteile wurden daher mehr und mehr Beiwerk zur Verschönerung der Lokomotivformen. Ein typisches Beispiel dieser technischen Verspieltheit war die ehemals schwedische 2′C 1′h4v-Schnellzuglokomotive Reihe F, die Nydqvist & Holm von 1914 bis 1916 an die SJ lieferte. Als durch die fortschreitende Elektrifizierung bei der SJ die Lokomotiven der Reihe F frei wurden, bot man sie zum Verkauf an. Die Dänischen Staatsbahnen übernahmen schließlich in den Jahren 1936/37 elf Maschinen und stellten sie als Gattung E unter den Betriebsnummern 964 bis 974 in Dienst. Das Kuriose dieser beim Personal sehr beliebten und bezüglich ihres Äußeren wohlgelungenen Bauart war, daß sie fast 30 Jahre später von 1942 bis 1950 in einer Stückzahl von 25 Maschinen mit nur geringfügigen Änderungen in derselben Ausführung wie 1914 nachgebaut worden ist, ohne daß sich an den windschnittigen Formen etwas geändert hatte. Damit war diese Windleitform nur noch ein hübsches Attribut wohlgemeinter Formgestaltung geworden, die letztlich in den teilverkleideten Lokomotiven ihre Fortsetzung fand.
In England machte man ebenfalls vorübergehend Versuche mit teilverkleideten Lokomotiven. So erhielt im Jahre 1935 die 2′Ch4-Schnellzuglokomotive Nr. 6014 »King Henry VII« der berühmten King-Klasse der Great Western Railway eine Teilverkleidung mit parabolischer Rauchkammertür, Schürzen im Bereich der Zylinder, schräger Führerhausstirnwand und Leitfahnen am Schornstein und am Ventildom. Der geringe Nutzen einer solchen Teilverkleidung führte aber auch hier bald wieder zum Umbau der Maschine in den ursprünglichen Zustand.
Die Teilverkleidung fand von nun an in zunehmendem Maße Verwendung in der Ausbildung glatter und eleganter Lokomotivaufbauten. Auch außerhalb Europas entdeckte man auf einmal die Formschönheit ruhiger, durch Kesselaufbauten kaum unterbrochener Linienführung.
Die New Zealand Government Railways stellten 1939 zwei Lokomotivbauarten in Dienst, die sowohl von der Leistung als auch vom Aussehen her zu den prächtigsten Konstruktionen für die Kapspur (1067 mm) zu rechnen sind. Die 2′D 2′h2-Maschinen der Klasse Kb lehnten sich im Aufbau stark an die 1932 gebauten Lokomotiven der Klasse K an. Die Unterschiede zwischen beiden Typen lagen in der Ausrüstung der Kb mit einem Booster-Hilfsantrieb im Schleppgestell und einer ACFI Speisewasser-Vorwärmanlage im Bereich der Rauchkammer, die durch eine kastenförmige Verkleidung gänzlich abgedeckt war. Dome und Ventile waren ebenfalls durch eine längs über den Kesselscheitel verlaufende Blechschürze verdeckt. Diese Teilverkleidungen wurden in den Jahren 1948/49 an-

Abb. 290 2′D 1′h2-Schnellzuglokomotive mit Teilverkleidung Klasse J der New Zealand Railways, Baujahr 1939. (Foto: New Zealand Railways Publicity Photograph)

Abb. 291 2′C 2′h2-Schnellzuglokomotive Nr. 3460 der Santa Fe, als Einzelexemplar 1937 von Baldwin für die Führung des »Santa Fe Chief« gebaut.
(Foto: SFE)

läßlich des Ausbaues der bisherigen Speisewasser-Vorwärmanlage entfernt.
Die Lokomotiven der Klasse J (Abb. 290) hatten die Achsfolge 2′D 1′ und waren wegen ihres geringeren Dienstgewichtes speziell auf Strecken mit schwächerem Oberbau eingesetzt worden. Abgesehen von ihrer sehr guten Anpassungsfähigkeit sowohl im schweren Gebirgs-Schnellzugdienst als auch vor Güterzügen und ihrer Beliebtheit beim Personal gehörten die Maschinen der Klasse J zu den formschönsten Lokomotiven, die je für die NZGR gebaut worden sind. Auch diese Maschinen verloren ab 1947 ihre Teilverkleidung und büßten damit viel von ihrem eleganten Aussehen ein.
In den USA war die Teilverkleidung von Schnellzuglokomotiven bekannter Fernzüge mit klangvollen Namen in den Jahren ab 1930 bis kurz vor Ende des II. Weltkrieges schon fast zu einer Selbstverständlichkeit geworden. Manche Bahngesellschaften bauten sogar ältere bewährte Maschinen entsprechend um. Die Louisville and Nashville Railroad Company rüstete beispielsweise im Jahre 1940 einige ihrer 1924 von Alco gebauten Pacific-Lokomotiven in ihren eigenen Bahnwerkstätten mit hochgezogenen Seitenschürzen und einer Kesselverkleidung aus. Die in schwarz mit breiten Silberstreifen und rot abgesetzten Zierleisten ausgeführten Lokomotiven repräsentierten hier wirklich einmal die leider oft viel zu wenig beachtete Schönheit einfacher und glatter Formen im Dampflokomotivbau. Ein Beispiel einer Neubaulokomotive dieser Gattung war die 1937 von Baldwin gebaute 2′C 2′-Schnellzuglokomotive Nr. 3460 der Santa Fe (Abb. 291). Die ölgefeuerte Maschine war als einzige ihrer Klasse extra für die Führung des »Santa Fe Chief« mit einer Teilverkleidung versehen worden. Auch bei dieser Lokomotive geizte man nicht mit einem geschmackvollen Anstrich, der die Maschine in kräftigem Blau mit nichtrostenden Zierbändern und einem kobaldblauen Triebwerk zeigte.
Selbst die Deutsche Bundesbahn wollte bei ihrer letzten Dampflokomotiv-Neuschöpfung – den beiden 1957 von Krupp gebauten 2′C 1′h3-Schnellzuglokomotiven der Baureihe 10 (Abb. 292) – nicht auf die teilweise Verkleidung des Triebwerks und der Zylinder verzichten. Besonderen Wert legte man bei der Konstruktion auf gute Zugänglichkeit des Triebwerks und der Zylinder. Die Pufferbohlenverkleidung, die in erster Linie als Wärmeschutz für die Zylinder gedacht war, mußte seinerzeit in mühevoller Handarbeit mit Hilfe eines besonderen Formgerüstes aus dem Blech getrieben werden, da sich für die beiden Maschinen die Fertigung von Tiefziehformen nicht lohnte. Der Verfasser kann sich aus seiner eigenen Tätigkeit bei der Herstellerfirma noch gut an die Schwierigkeiten erinnern, die sich bei der Fertigung der gewölbten Teilsegmente ergaben. Eine weitere interessante Konstruktion war der Öffnungsmechanismus der Zylinderverkleidung durch Parallelverschiebung des Seitensegmentes, wodurch

Abb. 292 2′C 1′h3-Schnellzuglokomotive Baureihe 10 der DB mit Teilverkleidung, 1957 von Krupp als letzte Neubaugruppe der DB gebaut.
(Foto: Sammlung Ostendorf)

der beanspruchte Seitenraum klein gehalten werden konnte. Zwei weitere reizvolle Attribute waren die der ehemaligen schönen bayrischen S 3/6 nachempfundene kegelige Rauchkammertür und der Schornsteinkranz. Abgerundet wurde das Gesamtbild schließlich durch die kleinen seitlichen Windleitbleche, die eine Abwandlung der normalen Witte-Bauart darstellten.

STROMLINIEN-LOKOMOTIVEN

Lange Zeit glaubte man, eine verbesserte Energienutzung des Brennstoffes und des erzeugten Dampfes durch Vergrößerung des Druck- und Wärmegefälles erreichen zu können. Langjährige Versuche mit Hoch-, Mitteldruck- und Turbinenlokomotiven führten aber zu der Erkenntnis, daß die erreichbaren technischen Möglichkeiten nur bedingt den Anforderungen entsprechen konnten und damit eine absolute Betriebssicherheit nicht gewährleistet war. Die richtige Folgerung war daher, dem Problem des wirtschaftlicheren Dampfbetriebes unter Zugrundelegung herkömmlicher Dampferzeuger zu Leibe zu rücken und prinzipielle Verlustquellen im Maschinenaufbau zu beseitigen. Eine der Hauptursachen für empfindliche Leistungsverluste war der hohe Luftwiderstand der Regellokomotive mit ihrem unruhigen Gesamtaufbau. Man sah einen Weg zur Reduzierung des Gesamtfahrwiderstandes der Lokomotive in einer Anpassung des Fahrzeugaufbaues an aerodynamisch günstigere Formen, wie sie auch bei der Flugkörperkonstruktion und später auch im Automobilbau angewandt wurden.

Die mit Lokomotivmodellen im Windkanal durchgeführten Versuche ergaben, daß die günstigsten Ergebnisse bei vollständiger Verkleidung von Lokomotive und Tender zu erwarten waren.

Die ehemalige Deutsche Reichsbahn ist zweifellos eine der ganz wenigen Eisenbahnen gewesen, die in konsequenter Weise über viele Jahre ein vollständiges Typenprogramm verschiedener Stromlinien-Lokomotiven entwickelte und die Maschinen auch für die vorgesehenen Aufgaben einsetzte.

Die Vorversuche begannen mit dem Umbau der 2′C 1′h2-Schnellzuglokomotive 03 154, die zunächst nur Triebwerks- und Zylinderverkleidung, parabolische Rauchkammertür sowie eine der Luftströmung angepaßte Spitzform der Führerhausstirnwand erhielt. Vergleichsfahrten mit unverkleideten Normal-03-Maschinen ergaben einen erheblichen Leistungsgewinn bei gleichzeitig hoher Brennstoffeinsparung. Spätere Untersuchungen mit stromlinienverkleideten Maschinen der Reihe 03^{10} ergaben einen Leistungsgewinn am Zughaken von rund 26,8 % bei V = 120 km/h und einem mittleren Jahresverbrauch an Kohle, der um 15 % geringer als jener der Lokomotiven der Reihe 03 war.

Die ursprünglich befürchtete zu hohe Erwärmung der Achs- und Stangenlager infolge unzureichender Luftkühlung trat nicht in dem erwarteten Maße auf. Andererseits zeigten sich aber einige Schwierigkeiten durch die erschwerte Zuführung der Verbrennungsluft unter den Rost, die dazu führten, daß beispielsweise bei den Lokomotiven der Reihe 06 und den u. a. den Krupp'schen Lieferungen entstammenden Maschinen der Reihe 03^{10} die Triebwerksverkleidung hinter den Zylindern bis über die Kuppelachsmitte hochgezogen wurde. Diese Ausführung gewährte auch eine einfachere Triebwerkszugänglichkeit gegenüber den mit

Abb. 293 2′C 1′h3-Stromlinienlokomotive Baureihe 01^{10} der DR, erstes Baujahr 1937.
(Foto: Werkaufnahme Borsig)

Rollverschlüssen ausgerüsteten Stromlinienschalen der übrigen verkleideten Lokomotiven, ohne daß eine wesentliche Leistungseinbuße oder ein spürbarer Brennstoffmehrverbrauch zu verzeichnen gewesen wäre.

Nach Abschluß der Versuche mit der 03 154 bestellte die DR bei Borsig zwei 2′C 2′h3-Schnellzuglokomotiven der Reihe 05 mit vollständiger Stromlinienverkleidung, die bis 250 mm über Schienenoberkante (S. O.) herabreichte. Erstmals wurde bei diesen beiden Maschinen ein fünfachsiger Tender eingeführt, der ebenfalls in die Verkleidung miteinbezogen war und an der Rückwand einen Faltenbalg als harmonischen Übergang zum Zugteil erhielt. Als Folge der aerodynamischen Formgebung konnte die Höchstgeschwindigkeit der Maschinen auf 175 km/h heraufgesetzt werden. Den Beweis der Leistungsfähigkeit stromlinienverkleideter Lokomotiven erbrachte die 05 002, als sie am 11. Mai 1936 auf der Strecke Berlin–Hamburg den Schienenweltrekord für Dampflokomotiven mit 200,4 km/h erzielte. Nur zwei Jahre später, im Juli 1938, fuhr in England auf der Strecke London–Edinburgh wieder eine stromlinienverkleidete Lokomotive, die »Mallard« der A 4-»Pacific«-Klasse der LNER, mit 126 m.p.h. = 203 km/h einen neuen Weltrekord.

Die 1934 abgelieferten Lokomotiven erhielten im Jahre 1937 noch eine Schwestermaschine, die 05 003, die jedoch abweichend von ihren Vorgängerinnen Kohlenstaubfeuerung und vornliegenden Führerstand besaß. Auf diese Bauart wurde an anderer Stelle schon näher eingegangen.

Es folgten 1936 zwei von Krupp gebaute 2′D 2′h3-Stromlinien-Lokomotiven, die in Zusammenhang mit der Einführung eines Typenprogramms schwerer Einheitslokomotiven vom Gemeinschaftsbüro der deutschen Lokomotivfabriken entwickelt worden waren.

Ab 1937 kamen die nun in größerer Stückzahl gebauten Stromlinien-Lokomotiven der Baureihen 01^{10} und 03^{10} als reguläre Serienmaschinen zum Einsatz. Die mit 20 t Achslast schwerere 01^{10} (Abb. 293) besaß, ähnlich wie die 05, eine tief heruntergezogene Stromlinienschale, die nur im Bereich des Triebwerks durch Rollverschlüsse unterbrochen war. Eine wenig bekannte Eigenart der Krupp'schen Lieferung waren die am vorderen heruntergezogenen Ende der Zierleisten angebrachten waagerechten Zierfahnen, die man bei der letzten für die DB ebenfalls von Krupp gebauten Reihe 10 wiederfindet. Die gleichzeitig mit der 01^{10} entwickelte leichtere Baureihe 03^{10} (Abb. 294) besaß eine der 01^{10} sehr ähnliche Verkleidung, lediglich im Bereich der Treib- und Kuppelräder waren zum Teil die Seitenschürzen hochgezogen. Anläßlich einer Nachlieferung der Reihe 03 ließ die DR im Jahre 1936 die Loko-

Abb. 294 2′C 1′h3-Stromlinienlokomotive Baureihe 03^{10} der DR, erstes Baujahr 1937.
(Foto: Werkaufnahme Krupp)

motive 03 193 aus meßtechnischen Gründen mit einer der Reihe 05 nachgebildeten Stromlinienverkleidung versehen, um so effektive Vergleichsdaten der 03^{10} zur unverkleideten 03 zu erhalten. Die 03 193 diente später als Reservelokomotive der beiden planmäßig vor den FD-Zügen Berlin–Altona eingesetzten 05er. Im Gegensatz zur 01^{10}, die mit einem fünfachsigen Tender gekuppelt war, erhielt die 03^{10} nur einen vierachsigen Tender mit entsprechend geringeren Vorräten. Diese in ihrem Äußeren sehr gefälligen Maschinen wurden nach dem II. Weltkrieg entkleidet und erhielten neue Kessel. In dieser Ausführung haben sie noch bis vor wenigen Jahren im regelmäßigen Einsatz gestanden.

In England war es vor allem die LNER, die ab 1935 eine Serie von 35 nach Entwürfen von Sir Nigel Gresley gebauten 2′C 1′-Stromlinien-Lokomotiven der A 4-»Pacific«-Klasse in Dienst stellte. Die Maschinen waren vornehmlich für den Einsatz vor dem Coronation-Express auf der Strecke London–Edinburgh bestimmt. Wie schon erwähnt, erzielte während einer Testfahrt auf dieser Non-Stop-Strecke im Jahre 1938 die »Mallard« eine Höchstgeschwindigkeit von 203 km/h, eine Leistung, die für die ausgezeichnete Konstruktion dieses Maschinentyps spricht.

Nachfolgend noch einige Beispiele überseeischer Stromlinien-Lokomotiven. Die Victorian Railways in Australien rüsteten von 1936 bis 1938 vier ihrer aus den Jahren 1928–33 stammenden 2′C 2′h3-Schnellzuglokomotiven der Klasse S in ihren bahneigenen Werkstätten mit einer Stromlinienverkleidung aus (Abb. 295). Alle vier ölgefeuerten Maschinen dienten fast ausschließlich der Führung des Expresszuges »Spirit of Progress«.

Mitte der 30er Jahre machten die Japanese National Railways ebenfalls Versuche mit verkleideten Schnellfahrlokomotiven der beiden Pacific-Klassen C 53 und C 55. Die guten Betriebsergebnisse führten zur weiteren Beschaffung von Stromlinien-Lokomotiven der Klasse C 55, von denen insgesamt 21 Exemplare gebaut wurden.

Die Entwicklung mancher Stromlinienlokomotiven erfolgte ganz im Zuschnitt auf bestimmte Renomierzüge. Ein typisches Beispiel hierfür waren die fünf im Jahre 1935 von Alco an die Milwaukee Road gelieferten 2′B 1′h2-Stromlinien-Lokomotiven der Klasse A (Abb. 296). Die Maschinen sollten ausschließlich als Bespannung der beiden Schnellzuggarnituren »Morning Hiawatha« und »Afternoon Hiawatha« dienen. Ihre Form wurde daher ganz dem Äußeren der Züge angepaßt. Die für eine Dauergeschwindigkeit von 185 km/h konstruierten Lokomotiven sollen bei Testfahrten ohne Schwierigkeiten 200 km/h erreicht haben. Die Maschinen der Klasse A waren die ersten Stromlinien-Lokomotiven der USA.

Rückblickend auf die mit Beginn des II. Weltkrieges in Europa langsam zu Ende gehende Ära der Stromlinien-Lokomotive seien zum Schluß noch einmal einige wenige europäische Bauarten genannt, die Höhepunkt und Niedergang einer so aussichtsreichen Entwicklung wiederspiegeln.

Anfang 1939 stellte die SNCB sechs stromlinienverkleidete 2′B 1′-»Atlantic«-Lokomotiven des Typs 12 für die Beförderung leichter Schnellzüge mit 140 km/h Geschwindigkeit in Dienst. Die Maschinen besaßen eine Stromlinienschale, die in Höhe der Kuppelräder und der Dampfverteilvorrichtung unterbrochen war. Neben der bei allen sechs Lokomotiven vorgesehenen Kylchap-Saugzuganlage mit Doppelblasrohr waren vier Maschinen mit Heusinger-Steuerung und je eine mit Dabeg- (Nr. 1205) bzw. mit Caprotti-Ventilsteuerung (Nr. 1206) ausgerüstet. Nach dem II. Weltkrieg baute

Abb. 295 2′C 2′h3-Stromlinienlokomotive »EDWARD HENTY« der Victorian Railways in Australien. (Foto: VR)

Abb. 298 2′C n4v-Schnellzug-Halbtenderlokomotive Gruppe 670 der FS (ursprünglich Rete Adriatica) mit vornliegendem Führerhaus. (Foto: FS)

Baureihe 61. Sinn dieser Einrichtung war, eine schnelle Städtverbindung für Geschäftsreisende zwischen Berlin und Dresden herzustellen. Für die Entfernung von ungefähr 176 km wurde eine durchschnittliche Fahrzeit von 90 Minuten benötigt.
Die erste 1934 von Henschel gebaute 2′C 2′-Lokomotive 61 001 war als Zweizylinder-Heißdampfmaschine ausgeführt und entsprechend der zugelassenen Höchstgeschwindigkeit von 175 km/h mit einer vollständigen Stromlinienverkleidung versehen worden. Die Führerstandseinrichtung war für die Rückwärtsfahrt tenderseitig ebenfalls soweit vorhanden, als dieses für den Lokomotivführer erforderlich war.
Schon 1936 erhielt Henschel den Auftrag auf eine weitere Maschine der Reihe 61 – die 61 002 (Abb. 299) – bei der ein Dreizylindertriebwerk, größere Vorräte und eine Reihe Änderungen gegenüber der 61 001 Berücksichtigung fanden. Das rückwärtige Drehgestell mußte wegen der höheren Belastung durch das zusätzliche Vorratsgewicht dreiachsig ausgebildet werden. Der Treibraddurchmesser beider Lokomotiven betrug 2300 mm. Mit der erst 1939 abgelieferten 61 002 standen zwei Schnellfahrtenderlokomotiven im Einsatz, die sowohl von der Konstruktion her als auch der verwendeten Scharfenbergkupplung wegen ausschließlich als Bespannung des Henschel-Wegmann-Zuges dienten und damit eine Sonderstellung im Triebfahrzeugbestand der DR einnahmen.
Eine ähnliche Entwicklung lief parallel zur DR bei der Lübeck-Büchener-Eisenbahn. Für ihre doppelstöckigen »Bäderzüge« auf der Strecke Hamburg–Travemünde beschaffte die LBE im Jahre 1936 drei 1′B 1′h2-Schnellfahrtenderlokomotiven für 120 km/h Geschwindigkeit. Abweichend von den Maschinen der DR Reihe 61 waren die drei LBE-Lokomotiven mit einer Fernsteuerung für Wendezugbetrieb ausgerüstet.
Natürlich könnte die Reihe der Schnellfahrtenderlokomotiven noch um viele weitere Typen und Bauarten aus aller Welt ergänzt werden, die vorgenannten Beispiele sollten lediglich eine kleine Auswahl dieses Lokomotivtyps innerhalb der großen Familie der Schnellfahrlokomotiven vermitteln.

Abb. 299 2′C 3′h3-Schnellfahrtenderlokomotive 61 002 der DR, 1939 von Henschel als Schwestermaschine der 61 001 zur Führung des Henschel-Wegmann-Zuges gebaut. (Foto: Werkaufnahme Rheinstahl Transporttechnik)

Dampfbetriebene Schneeräum- und Eisfahrzeuge

Ein bekannter Werbeslogan der DB lautet: »Alle reden vom Wetter – wir nicht!« Eine kühne Behauptung, die noch vor einigen Jahrzehnten nur ein mitleidiges Lächeln hervorgerufen hätte, heute aber bei dem modernen Stand der Fahrstraßensicherungseinrichtungen unter besonderer Berücksichtigung der klimatischen Einflüsse durchaus berechtigt ist. Abgesehen von den recht milden Wintern in unseren Breitengraden sind es vor allem die Alpenländer und Skandinavien, deren Eisenbahnen jedes Jahr wieder vor dem Problem stehen, in den Wintermonaten ihre Strecken von Schnee und Eis frei zu halten. Aber man hat andererseits auch verstanden, aus der Not eine Tugend zu machen und hat spezielle, von der Dampflokomotive abgeleitete Fahrzeuge entwickelt, die unabhängig von einem Gleiskörper sich auf Eis und Schnee bewegen konnten.

Nachfolgend soll ein kurzer Abriß über die Entwicklung von Sonderfahrzeugen gegeben werden, deren Einsatz unmittelbar mit den klimatischen Verhältnissen dieser für den Bahnbetrieb unangenehmsten Jahreszeit verbunden ist.

SCHNEEPFLÜGE

Das älteste und bekannteste Schneeräumgerät ist der Schneepflug. Dieses in Form von zwei schräg zueinander angeordneten Leitblechen mit einer gemeinsamen Schneidlinie ausgeführte Gerät entspricht in der Wirkungsweise dem Landpflug des Bauern. Der Schnee wird von der Mitte durch den auf den Pflug ausgeübten Druck beidseitig auf die schrägen Leitflächen geschoben und außerhalb der Leitflächenkanten abgeworfen. Im allgemeinen nehmen die Schneepflüge das gesamte zulässige Lichtraumprofil in Anspruch oder gehen teilweise sogar etwas darüber hinaus, um den für die Fahrzeuge erforderlichen freien Querschnitt in jedem Fall räumen zu können.

Schneeräumer werden entweder an besonders vorbereiteten Fahrzeugen – meistens umgebaute Güterwagen oder alte Tender – angebaut, die von einem Triebfahrzeug geschoben werden, oder man montiert sie direkt an die vordere Pufferbohle der Lokomotive. Je nach Schneehöhen werden niedrige, die Puffer noch freigebende Räumer eingesetzt, wie beispielsweise bei der in Abb. 300 gezeigten finnischen 1'D-

Abb. 300 1'D h2-Güterzuglokomotive der Finnischen Staatsbahn (VR) mit Pufferbohlen-Schneeräumer. (Foto: VR)

Abb. 301 2′C 1′-Schnellzuglokomotive der Norwegischen Staatsbahn mit schwerem Schneepflug im Streckeneinsatz vor einem D-Zug. (Foto: NSB)

Güterzuglokomotive der Serie 1100, oder man verwendet einen über die Puffer hochgezogenen schweren Schneepflug, wie ihn die 2′C 1′-Schnellzuglokomotive der Norwegischen Staatsbahn in Abb. 301 aufweist.
Für geringe Schneehöhen haben sich auch sogenannte Pflugscharen bewährt, kleine nach innen gewölbte Leitbleche, die schräg anstelle der normalen Räumer vor der vorderen Achse angeordnet werden und lediglich eine Spurrinne im Bereich der Schienen freilegen.
Grundsätzlich haben die Erfahrungen gezeigt, daß an der Lokomotive angebrachte Schneeräumer nur bis etwa ½ m Schneehöhe einwandfrei arbeiten. Größere Verwehungen bis ungefähr 1,5 m Höhe erfordern Schneepflüge, die auf einem eigenen Fahrgestell montiert sind und von einer Lokomotive geschoben werden. Diese sogenannten Klima-Schneepflüge besitzen ausschwenkbare Seitenflügel zwecks Erweiterung des Durchgansprofils auf 4100 mm Räumbreite bei Normalspur. Ferner gestatten verstellbare Schaufelbleche ein Räumen bis dicht über die Schienenoberkante.

SCHNEESCHLEUDERMASCHINEN

Im Jahre 1869 erhielt der in Toronto lebende Dentist J. W. Elliott das Patent für seine Erfindung einer Schneeräumvorrichtung mittels einer sich um eine horizontale Achse drehenden Schaufel. Schon ein Jahr später, am 4. Mai 1870, wurde ihm ein weiteres Patent für eine Verbesserung seiner Maschine erteilt, die sich in erster Linie auf die Schneeräumung von Gleisen bezog.
Die Besonderheit der zweiten Erfindung war ein großes Rad mit vier flachen, hochkant stehenden Leitschaufeln, das um eine parallel zur Gleismitte liegende Welle innerhalb eines Gehäuses rotierte. Das Gehäuse selbst bestand aus einem rechteckigen gebogenen Schild mit einer Mittelbohrung in der Größe des Schaufelrades. Die hinter dem Schild anschließende Trommel besaß etwa im Scheitelpunkt einen Auswurfkanal, durch den der Schnee durch die Zentrifugalkraft zur Seite ausgestoßen wurde. Es ist nicht überliefert, ob je eine Versuchsmaschine mit den Elliott'schen Schaufeln gebaut worden ist.
Später, etwa um 1883, wurde die Elliott'sche Konstruktion weiter verbessert. Man setzte vor das Schaufelrad noch ein Messerrad, das sich entgegengesetzt zum Schaufelrad drehte. Beide Räder wurden von einer schnellaufenden Dampfmaschine und zwei getrennten Kegelradstufen angetrieben. Das gesamte System einschließlich Dampfkessel und Vorratsbehältern war auf einem vierachsigen Fahrzeugrahmen montiert. Die bei den ersten praktischen Versuchen aufgetretenen Mängel führten zur Anwendung verstellbarer Blätter auf der Messerwelle und der Ausrüstung des Auswurfkanals mit einer beweglichen, den Auswurfwinkel verändernden Leitklappe. Ferner wurden vor den vorderen Laufrädern jeder Stirnseite höhenverstellbare Räumer und Eisschneider vorgesehen, um ein Entgleisen der Drehgestelle durch festgefahrenen Schnee oder durch Eis zu verhindern.
Eine schon sehr fortgeschrittene Konstruktion war die in Abb. 302 dargestellte, etwa kurz nach der Jahrhundertwende gebaute Schneeschleudermaschine No. 400 806 der Canadian Pacific Railway. Sämtliche markanten Bauelemente entsprachen bereits den auch jetzt noch gültigen Konstruktionsprinzipien. Es folgten

Abb. 302 Frühe um die Jahrhundertwende gebaute Schneeschleudermaschine der Canadian Pacific Railway. (Foto: CP)

später leistungsfähigere und größere Einheiten mit einer höheren Schluckfähigkeit des Schleuderrades. Die Schneeschleudermaschinen werden beim Räumen von ein oder zwei Lokomotiven vorwärts gedrückt, wobei die Beschaffenheit des Schnees, die Schneehöhe, der Räumquerschnitt, die Maschinenleistung und die Schleuderradfläche maßgebend für die Räumgeschwindigkeit und die Räumleistung sind. Die zu bewältigende Schneehöhe steht in Abhängigkeit vom Durchmesser des Schleuderrades.
Elliotts Erfindung und die in den ersten Betriebsjahren gewonnenen Erfahrungen wurden richtungsweisend für den Bau von Schneeschleudermaschinen in aller Welt. Am Prinzip hat sich bis auf den heutigen Tag kaum etwas geändert, lediglich die Dampfmaschine als Schleuderradantrieb ist inzwischen dem Dieselmotor mit hydraulischer Kraftübertragung gewichen. Nach den erfolgreichen Versuchen im Jahre 1884 interessierte man sich auch in Europa schon bald für das neuartige Schneeräumgerät. In Deutschland war es wieder die Firma Henschel, die sich der Weiterentwicklung und Konstruktion von Schneeschleudermaschinen annahm. Nach dem Bau der ersten Dampfschneeschleuder im Jahre 1892 für die KED Hannover folgte unter anderem 1896 die Lieferung einer vierachsigen Maschine mit Tender und 2960 mm Schleuderraddurchmesser an die Gotthard-Bahngesellschaft (Abb. 303). Das Beispiel dieser Schneeschleudermaschine macht deutlich, daß auch außerhalb Kanadas Konstruktion und Form der Dampfschneeschleuder nahezu unverändert übernommen worden sind.
Eine interessante Ausnahme unter den genannten Bau-

Abb. 303 Dampfschneeschleuder der Gotthard-Bahngesellschaft, 1896 von Henschel gebaut. (Foto: SBB)

Abb. 304 C′C′-selbstfahrende Dampfschneeschleudermaschine der Bernina-Bahn mit abgenommenem Aufbau, 1913 von der SLM gebaut.
(Foto: Werkaufnahme SLM)

arten ist die 1913 von der Schweizerischen Lokomotiv- und Maschinenfabrik Winterthur für die Bernina-Bahn (1000 mm Spurweite) gebaute Dampfschneeschleuder-Lokomotive mit gelenkigem Triebgestell. Obwohl nach Lage der Zylinder die Maschine zur Bauart Meyer zu zählen sein müßte, handelte es sich aber dennoch um eine abgewandelte Mallet-Ausführung. Die Wahl dieser Zylinderanordnung stand, wie die Abb. 304 zeigt, unter anderem in direktem Zusammenhang mit der Lage der Antriebsmaschine für das Schleuderrad. Durch Konzentration der gesamten Zylindereinheiten ergaben sich einmal kurze Dampfleitungen, zum anderen wurde die sowohl von der Konstruktion als auch vom Betrieb her ungünstigere Lage der Zylinder des vorderen Triebwerks direkt hinter dem Schleuderrad vermieden. Die ganze Maschine, mit Ausnahme des Fahrwerks, war durch einen hölzernen Aufbau verkleidet. Der Lokomotivführer und das Begleitpersonal fuhren auf dem zwischen Schleuderrad und Rauchkammer liegenden Führerstand mit, während der Heizer seinen angestammten Platz hinter der Feuerkiste beibehielt.

Die Maschine war in der Lage, Steigungen bis maximal 70‰ und Mindestradien von 40 m zu befahren. Die Fahrgeschwindigkeit bei Räumbetrieb betrug 5 km/h. Die Entscheidung zu Gunsten einer Dampfschneeschleuder-Lokomotive für die elektrifizierten Strecken der Bernina-Bahn fiel nach einer Reihe von Versuchen mit elektrischen Schiebelokomotiven und normalen Schneeschleudermaschinen, die aber zu keinem befriedigenden Ergebnis geführt hatten.

Noch eine weitere Schneeräummaschine soll hier kurz erwähnt werden, die weder zu den Schneepflügen noch zu den Schleudern gerechnet werden kann. Während die beiden genannten Bauarten nur der Räumung, d. h. der örtlichen Verlagerung des Schnees dienten, wurde bei dem in Abb. 305 gezeigten Gerät der Schnee von zwei Förderschnecken erfaßt und in zwei dahinter

Abb. 305 Schneeräumer mit Schneeschmelzvorrichtung der Canadian Pacific Railway zum Räumen der Gleise in Bahnhöfen.
(Foto: CP)

liegende Kratzbänder gedrückt. Diese förderten den Schnee weiter in den Trichter eines mit dem Abdampf der Schublokomotive erhitzten Kessels, wo er verflüssigt und als Schmelzwasser gesammelt wurde. Räum- und Schmelzanlage waren getrennt auf zwei hintereinander gekuppelte vierachsige Fahrzeuge verlagert. Diese Art der Schneeräumung mußte überall dort angewendet werden, wo die örtlichen Verhältnisse eine seitliche Aufschüttung des Schnees nicht zuließen. Deshalb fanden die Schneeraum- und Schmelzgeräte überwiegend im Bereich der Personen- und Güterbahnhöfe Anwendung.

EISLOKOMOTIVEN

Die nachfolgend beschriebene Bauart gehörte seinerzeit zu den seltsamsten Konstruktionen ortsbeweglicher Dampfmaschinen, da sie als nicht schienengebundenes Fahrzeug dennoch unter dem übergeordneten Begriff »Lokomotive« geführt wurde. Es handelte sich hierbei um die sogenannten »Eislokomotiven«, die vor und um die Jahrhundertwende in den weiten Waldgebieten Nordamerikas und Kanadas sowie auf den zugefrorenen Flüssen und Seen Rußlands als Zugmittel verwendet worden waren.

Abb. 306 Eislokomotive »RURIK« für den Wintereinsatz in Rußland von Neilson & Co. geliefert.
(Foto: The Mitchell Library, Glasgow)

Die Maschinen entsprachen im Aufbau und in der Baugruppenaufteilung der normalen Dampflokomotive, allerdings mit dem Unterschied, daß die Treibräder entweder paarweise mit Schneeketten versehen waren und über ein Getriebe angetrieben wurden, oder als Einzelachse und mit Spikes auf den Radbandagen direkt von den Kolben der Zylinder ihre Antriebsenergie erhielten. Die vordere Laufachse zur Führung der Lokomotive war bei den Eislokomotiven durch ein Paar bewegliche Kufen ersetzt worden, mit deren Hilfe die Maschinen gelenkt werden konnten.

Die Phoenix Manufacturing Company in Eau Claire, Kanada, baute um 1890 zweiachsige Eislokomotiven mit Schneeketten, bei denen die Zylinder ähnlich wie bei den Shay-Getriebelokomotiven seitlich neben dem Kessel senkrecht angeordnet waren. Diese Maschinen konnten in der Ebene 15 schwere Lastschlitten beladen mit Baumstämmen und einem Gesamtgewicht von mehreren 100 t schleppen. Sie waren praktisch die Vorläufer der heutigen modernen Raupenschlepper, die als »Schneekatzen« in der Arktis und Antarktis Verwendung finden.

Eine sehr viel ältere Maschine war die 1862 von Neilson & Co., Glasgow gebaute Eislokomotive »Rurik« (Abb. 306), die für den winterlichen Einsatz auf der zugefrorenen Newa zwischen dem damaligen St. Petersburg und Kronstadt bestimmt war. Die Maschine hatte zwei normal angeordnete Zylinder, die zwecks Vermeidung einer sehr langen Treibstange über eine zwischengeschaltete Kurbelwelle die mit Spikes ausgerüsteten Räder der Einzelachse antrieben. Das Gleitkufengestell wurde vom vorn vor der Rauchkammer liegenden Führerstand gelenkt. Der Heizer hatte seinen Platz wie üblich hinter der Feuerkiste. Die Lokomotive besaß einen über dem Kessel liegenden Satteltank und war eigenartigerweise wie eine herkömmliche Dampflokomotive an beiden Stirnseiten mit Puffern ausgerüstet. Die Maschine soll sich im Betrieb so gut bewährt haben, daß man ursprünglich sogar beabsichtigte, weitere derartige Eislokomotiven für den Personen- und Güterverkehr während der Wintermonate auch auf anderen Flüssen und Seen Rußlands einzusetzen.

SCHLUSSBETRACHTUNG

Es wurde anhand zahlreicher Beispiele der Versuch gewagt, ein möglichst vollständiges Bild der Dampflokomotiv-Entwicklung aufzuzeichnen, deren Verlauf nicht immer nur Höhepunkte schöpferischen Erfindergeistes aufwies. Im Gegenteil, viele der erwähnten Konstruktionen versinnbildlichen Irrungen und Wirrungen, tastendes Suchen, ja sogar Fehleinschätzungen technisch-physikalischer Grenzen. Der Autor hatte es sich zur Aufgabe gemacht, das in der Technik so wechselhafte Spiel zwischen Mißerfolg und Perfektion in der langen Geschichte des Dampflokomotivbaus aufzuspüren und die interessantesten Entwicklungsphasen in kurzen Beschreibungen der Fahrzeuge festzuhalten.
Das Interesse an der Dampflokomotive sollte sich nicht allein an jenen hinlänglich bekannten Bauarten und Maschinen erschöpfen, deren Kenntnis heute schon zum Durchschnittsrepertoire jedes einigermaßen beschlagenen Eisenbahnfreundes gehört. Gerade die Erfindungen und Konstruktionen, denen Anerkennung und Erfolg versagt geblieben sind, bildeten oft Bindeglieder zwischen den einzelnen Entwicklungsstadien. Aber sie waren nicht nur Zwischenstationen verschiedenster Forschungsreihen, sondern zugleich Reservoire an Erkenntnissen und Erfahrungen, die letztlich den Dampflokomotivschöpfungen zugute kamen, die man später wegen ihrer ausgefeilten Technik und ihrer hervorragenden Bewährung im Betrieb zu den Glanzleistungen des Lokomotivbaus zählte.
Vieles wird dem einen oder anderen Leser ungewohnt erschienen sein, besonders bei manchen ausländischen Lokomotivkonstruktionen, die auf die Eigenart des betreffenden Landes und den damit zusammenhängenden Betriebserfordernissen der dortigen Eisenbahnen abgestimmt werden mußten. So haben wir zum Beispiel die leistungsfähigen Garratt-Lokomotiven Afrikas kennengelernt, die Mallet-Riesen Nord- und Südamerikas, die einfachen und robusten Getriebelokomotiven in den Waldgebieten Australiens und Neuseelands oder die eigenartigen Fairlie-Maschinen in Asien und in Übersee. Nicht zu vergessen die Sonderbauarten und Experimente, deren wenige Exemplare hauptsächlich der Erforschung neuer Techniken und Systeme dienten. Aber auch die Regellokomotiven mit ihren mannigfaltigen Abnormitäten waren Glieder in der langen Kette von Tests und Untersuchungen, die allein der Vervollkommnung der Dampflokomotive galten.
Wie auch immer eine Bauart, ein Experiment oder ein Versuch von der Fachwelt beurteilt wurde, dahinter standen eine Idee, der Glaube an die Durchführbarkeit des Vorhabens und nicht zuletzt das Bestreben nach größerer Wirtschaftlichkeit der Maschinen. Der Lohn dieser Bemühungen war oft Befriedigung und Erfolg, manchmal aber auch bittere Enttäuschung. Wenn heute vielleicht einige der damaligen ausgefallenen Maschinentypen und Sonderbauarten etwas geringschätzig belächelt werden, dann sollte man bedenken, wieviel technisches Neuland im Lokomotivbau beschritten wurde und wie gering die Erfahrungen in der Anwendung neuer Verfahren waren.
Sie alle – die Normalbauarten, Typen und Experimente – waren Meilensteine, die den langen Weg während der 170jährigen Entwicklung der Dampflokomotive säumten.

Abkürzungen und ihre Erläuterungen

EISENBAHNGESELLSCHAFTEN UND -VERWALTUNGEN

Afrika

CFA	Caminhos de Ferro Angola	Angola
CFL	Caminhos de Ferro Luanda	Luanda
CFCO	Chemin de fer Congo-Océan	Kongo
CI	Chemin de fer de la Côte d'Ivoire	Elfenbeinküste
CM	Chemin de fer de Madagascar	Madagaskar
EAR	East African Railways	Ostafrika
ESR	Egyptian State Railways	Ägypten
KUR	Kenya-Uganda Railways	Kenia und Uganda
RR	Rhodesia Railways	Rhodesien
SNCFA	Société nationale des chemins de fer algériens (ex PLM algériens)	Algerien
SAR	South African Railways	Südafrika
SMR	Sudan Military Railway	Sudan
TR	Tanganyika Railways	Tanganjika (ex Deutsch-Ostafrika)
UE	Usambara Eisenbahn	Deutsch-Ostafrika (heute Tanganjika)

Asien

BR	Burma Railways	Burma
KZD	Eisenbahnen der Volksrepublik China	China
TCDD	Exploitation des chemins de fer de la République Turque	Türkei
JNR	Japanese National Railways	Japan
PB	Padang Bahn	Indonesien (Sumatra)
SIR	South Indian Railways	Indien

Australien und Neuseeland

CGR	Commonwealth Government Railways	Australien
D & PCR	Dunedin & Port Chalmers Railway	Neuseeland
MT	Marlborough Timber Company	Neuseeland
MCS	Matawai Co-op Sawmilling Company	Neuseeland
NFS	New Forest Sawmill, Ngahere	Neuseeland
NSWGR	New South Wales Government Railways	Australien
NZR (NZGR)	New Zealand Government Railways	Neuseeland
OR	Oreti Railway	Neuseeland
QR	Queensland Government Railways	Australien
SAGR	South Australian Government Railways	Australien
S & WR	Southern & Western Railway of Queensland	Australien
TGR	Tasmanian Government Railways	Australien
TTT	Taupo Totara Timber Company	Neuseeland
TT	Tunnel Timber Company	Neuseeland
VR	Victorian Government Railways	Australien
WCBT	West Coast Bush Tramway	Neuseeland
WAGR	Western Australian Government Railways	Australien

Europa

BadStB	Badische Staatsbahn	Deutschland
BayStB	Bayrische Staatsbahn	Deutschland
BGE	Berlin-Görlitzer Eisenbahn	Deutschland
BB	Bernina Bahn	Schweiz
BHL	Bosnisch-Herzegowinische Landesbahnen	Jugoslawien (österr.-ungar. Monarchie)
Guiness	Brewery of Arthur Guiness Son & Co. Ltd., Dublin	Irland
BRB	Brienz-Rothorn Bahn	Schweiz
B & ER	Bristol & Exeter Railway	England
BR	British Railways	England
WD	British War Department	England
BDZ	Bulgarische Staatseisenbahnen	Bulgarien
CR	Caledonian Railway	Schottland
C & GR	Castleisland & Gortatlea Railway	Irland
Ceinture	Ceinture-Pariser Gürtelbahn	Frankreich
ČSD	Československé státni dráhy	Tschechoslowakei
CT	Chemins de fer de Thessalie	Griechenland
CGCB	Chemins de fer du Grand Central Belge	Belgien
CMS	Chemins de fer militaire stratégique	Frankreich
Ouest	Compagnie des chemins de fer l'OUEST	Frankreich
CIE	Coras Iompair Ereann	Irland
DB	Deutsche Bundesbahn	Deutschland (BRD)
DR	Deutsche Reichsbahn	Deutschland
DR (DDR)	Deutsche Reichsbahn	Deutschland (DDR)
D-Hütte	Dillinger Hüttenwerke A.G.	Deutschland
Dogger	Doggererz A.G., Straßburg	Frankr./Deutschl.
DZ	Drachenfels Zahnradbahn	Deutschland
EVAG	Essener Verkehrs-Aktiengesellschaft	Deutschland
Hoechst	Farbwerke Hoechst A.G.	Deutschland
FCA	Ferrocarriles Andaluces	Spanien
FCCA	Ferrocarriles Central de Aragón	Spanien
FCLBA	Ferrocarriles Lorca a Baza y Aguilas	Spanien
FS	Ferrovie dello Stato	Italien
NORD (f)	Französische Nordbahn	Frankreich
EST	Französische Ostbahn	Frankreich
JŽ	Gemeinschaft der jugoslawischen Eisenbahnen	Jugoslawien
G & SWR	Glasgow & South Western Railway	Schottland
GBG	Gotthard Bahngesellschaft	Schweiz
GWR	Great Western Railway	England
HBE	Halberstadt-Blankenburger Eisenbahn	Deutschland
HSM (HIJSM)	Hollandsche Maatschappij IJzeren Spoorweg	Niederlande
JFB	Jütland-Fünen Eisenbahn	Dänemark
kkStB	k.k. Österreichische Staatsbahnen	Österreich
KLS	Kleinbahn Lüneburg-Soltau	Deutschland
KPEV	Königlich Preußische Eisenbahnverwaltung	Deutschland
L & YR	Lancashire & Yorkshire Railway	England
LDE	Leipzig-Dresdner Eisenbahn	Deutschland
LTM	Limburgsche Tramweg Maatschappij	Niederlande
LBR	Listowel-Ballybunion Railway	Irland
L & MR	Liverpool & Manchester Railway	England
LC & DR	London, Chatham & Dover Railway	England
LMS (LMSR)	London, Midland & Scottish Railway	England

LNER	London & North Eastern Railway	England
L & NWR	London & North Western Railway	England
LBE	Lübeck-Büchener Eisenbahn	Deutschland
MÁV	Magyar Államvasutak	Ungarn
MTR	Merthyr-Tidvil Railway	England
MR	Metropolitan Railway	England
NOJ	Nassjo-Oscarshamn Järnvägar	Schweden
NMVB	Nationale Maatschappij van Buurtspoorwegen	Belgien
NME	Niederschlesisch-Märkische Eisenbahn	Deutschland
NB	Niederwaldbahn	Deutschland
NORD (b)	Nord Belge	Belgien
NWE	Nordhausen-Wernigerode Eisenbahn	Deutschland
NSB	Norges Statsbaner	Norwegen
NER	North Eastern Railway	England
NWNGR	North Wales Narrow Gauge Railway	Irland
NS	N.V. Nederlandse Spoorwegen	Niederlande
ÖBB (BBÖ)	Österreichische Bundesbahnen	Österreich
StEG	Österreichische Staats-Eisenbahngesellschaft	Österreich
OldStB	Oldenburgische Staatsbahn	Deutschland
PLM	Paris-Lyon-Méditerranné Bahn	Frankreich
PO	Paris-Orleans Bahn	Frankreich
PfEB	Pfälzische Eisenbahn	Deutschland
Phoenix	Phoenix A.G. für Braunkohlenverwertung, Thüringen	Deutschland
PB	Pilatus Bahn	Schweiz
P & T	Poti & Tiflis Bahn (Transkaukasische Bahn)	Rußland
PrHFB	Preußische Heeresfeldbahnen	Deutschland
PrStB	Preußische Staatsbahn	Deutschland
R & ER	Ravenglass & Eskdale Railway	England
RENFE	Red Nacional de los Ferrocarriles Españoles	Spanien
REL	Reichseisenbahn Elsaß-Lothringen	Deutschland (Frankreich)
RA	Rete Adriatica	Italien
RU	Rjäsan-Uralsk Bahn	Rußland
RLK	Ruhr-Lippe Kleinbahnengesellschaft	Deutschland
RE	Ruppiner Eisenbahn	Deutschland
SäStB	Sächsische Staatsbahn	Deutschland
CFF/SBB/FFS	Schweizerische Bundesbahnen	Schweiz
SEG	Seeland Eisenbahngesellschaft	Dänemark
SMA	Société Métallurgique Ariège	Belgien
SNCB/NMBS	Société nationale des chemins de fer belges	Belgien
SNCF	Société nationale des chemins de fer français	Frankreich
Southern	Southern Railway	England
SYR	South Yorkshire Railway	England
SZD	Sowjetische Eisenbahnen	UdSSR
SS	Staatsspoorwegen	Niederlande
Thyssen	Stahlwerk Thyssen, Hagendingen	Deutschland
S & DR	Stockton & Darlington Railway	England
Süd	Südbahn-Gesellschaft	Österreich
SJ	Svenska Statens Järnvägar	Schweden
TGOJ	Trafikaktiebolaget Grängesberg-Oxelösunds Järnvägar	Schweden
TB	Tramway Barcelona	Spanien
VR	Valtionrautatiet	Finnland
WüStB	Württembergische Staatsbahn	Deutschland
WM	Wylam Mines	England
ZSA	Zahnradbahn St. Andreasberg	Deutschland

Nordamerika

AFRR	American Fork Rail Road	USA
A & C	Amsler & Campbell Loleta, Pennsylvania	USA
AT & SF	Atchison, Topeka & Santa Fe Railway	USA
B & O	Baltimore & Ohio Railroad	USA
B & A	Boston & Albany Railroad	USA
C & AR	Camden & Amboy Rail Road and Transportation Company	USA
CN	Canadian National Railways	Kanada
CP	Canadian Pacific Railway	Kanada
CPR	Central Pacific Railroad	USA
CRR	Chaparra Rail Road Company	USA
C & O	Chesapeake & Ohio Railway	USA
CL	Croft Lumber Company, West Virginia	USA
D & H	Delaware & Hudson Railroad	USA
DBS & L	Dennis Brothers Salt & Lumber Co., Michigan	USA
DSP & PRR	Denver, South Park & Pacific Rail Road	USA
DM & IR	Duluth, Missabe and Iron Railway	USA
DM & NR	Duluth, Missabe and Northern Railway	USA
ERIE	Erie Railroad	USA
GN	Great Northern Railway	USA
H & H	Higbee & Hugh, Morley, Michigan	USA
JM & IRR	Jeffersonville, Madison & Indianapolis Rail Road	USA
KCS	Kansas City Southern Railway	USA
LSI & C	Lake Superior Iron & Chemical Company	USA
LV	Lehigh Valley Railroad	USA
L & N	Louisville & Nashville Railroad	USA
M & NR	Marysville & Northern Railway	USA
McCR	McCloud River Railroad Company	USA
MC	Mexican Central Railway	Mexiko
MR	Mexican Railway	Mexiko
MILW	Milwaukee Road	USA
ML & M	Minneapolis, Lyndale & Minnetonka Railway	USA
NBRR	New Bedford Rail Road	USA
NYC & HR	New York Central & Hudson River Railroad	USA
NYC	New York Central Railroad	USA
N & W	Norfolk & Western Railway	USA
NP	Northern Pacific Railway	USA
OKL	O. K. Logging Company	USA
OL	Olympia Logging Company, Washington	USA
PL	Pacific Lumber Company	USA
PRR	Pennsylvania Railroad	USA
PDC-CQB	Phelps Dodge Corporation	USA
P & R	Philadelphia & Reading Railroad	USA
PR	Pocahontas Railroad, West Virginia	USA
RDG	Reading Company	USA
RI	Reading Iron Company	USA
RRR	Rockcastle River Railway	USA
SCH	Samoa, Calif. Hammond Company	USA
SFE	Sante Fe Lines	USA
SVRR	Sinnemahoning Valley Rail Road	USA
SOO	SOO Line (Minneapolis, St. Paul & Sault Ste. Marie Railroad)	USA
SJRR	South Jersey Railroad	USA
SP	Southern Pacific Lines	USA
SR	Southern Railway	USA
TD	Timberland Development Company	Kanada
TCFC	Tionesta Creek Forest County, Pennsylvania	USA
UP	Union Pacific Railroad	USA
VGN	Virginian Railway	USA
WM	Western Maryland Railway	USA
W & NBRR	Williamsport & North Branch Railroad, Pa.	USA
Y & P	Yeon & Pelton Company	USA

Südamerika

ALP	Arica-la-Paz Bahn	Chile
CAGFT	Compañia Anónima Del Gran Ferrocarril De Trujillo	Argentinien
FCAB	Ferrocarril Antofagasta & Bolivia	Chile
FBAR	Ferrocarril Buenos Ayres y Rosario	Argentinien
FCS	Ferrocarril de Saltiera (Nitrate Railway)	Chile
FNGB	Ferrocarril Nacional General Belgrano	Argentinien
FN	Ferrocarriles Nacionales	Kolumbien
GWBR	Great Western of Brazil Railway	Brasilien
LR	Leopoldina Railway	Brasilien
NSE	Natal Sugar Estates	Bolivien
NEBR	North Eastern of Brazil Railway (Rede Ferroviaria do Nordeste)	Brasilien
EFPGP	Petropolis Zahnradbahn	Brasilien
P & CR	Pimental & Chicklaya Railway	Peru
RBS	Reynold Brothers Sezela	Bolivien
SPR	Saõ Paulo Railway (Estrada de Ferro Santos a Jundiai)	Brasilien
FCTC	Transandine Railway	Chile/ Argentinien
VFRGS	Viacão Ferrea do Rio Grande do Sul	Brasilien

LOKOMOTIVFABRIKEN

Borsig	A. Borsig	Deutschland
Price	A. & G. Price Ltd., Thames	Neuseeland
AEG	Allgemeine Elektricitäts-Gesellschaft, Lokomotivfabrik Hennigsdorf	Deutschland
Barclay	Andrew Barclay Sons & Co. Ltd., Kilmarnock	Schottland
A & W	Armstrong, Whitworth & Co., Newcastle-on-Tyne	England
Jung	Arn. Jung Lokomotivfabrik, Jungenthal	Deutschland
Louvain	Ateliers de Louvain	Belgien
Tubize	Ateliers Métallurgiques, Tubize	Belgien
Aveling	Aveling & Porter, Rochester	England
B & W	Babcock & Wilcox	Spanien
BMA	Berliner Maschinenbau A.G., vorm. L. Schwartzkopff, Berlin	Deutschland
Beyer, Peacock	Beyer, Peacock & Co. Ltd., Manchester	England
Breda	Breda Termomeccanica e Locomotive, Milano	Italien
Brooks	Brooks Locomotive Company	USA
BBC	Brown, Boverie & Cie., Paris	Frankreich
Cail	Cail & Cie., Denain	Frankreich
Cegielski	Cegielski, Posen	Polen
Dauphiné	Cie. de Dauphiné	Frankreich
Fives-Lille	Cie. de Fives-Lille, Paris & Lille	Frankreich
Clayton	Clayton Wagons Ltd.	England
Climax	Climax Manufacturing Company, Corry, Pa.	USA
Euskalduna	Companhia Euskalduna, Bilbao	Spanien
Corpet	Corpet-Louvet	Frankreich
Dabeg	Dabeg Batignolles, Paris	Frankreich
Du Croo	Du Croo & Brauns	Niederlande
Dunkirk	Dunkirk Engineering Works (vorm. Dunkirk Iron Company)	USA
Wilson	E. B. Wilson & Co., Leeds	England
Grafenstaden	Elsässische Maschinenbau-Gesellschaft Grafenstaden	Elsaß
Wyss	Escher Wyss A.G., Zürich	Schweiz
Krupp	Fried. Krupp Maschinenfabriken, Essen	Deutschland
General Electric	General Electric Company, Erie, Pa.	USA
Davidson	George & Duncan Davidson Ltd., Hokitika	Neuseeland
G. & W.	Gillingham & Winans, Baltimore	USA
Grant	Grant Locomotive Works, Paterson, N.J.	USA
Hanomag	Hannoversche-Maschinenbau-Actien-Gesellschaft (vorm. G. Egestorff), Hannover	Deutschland
Heisler	Heisler Locomotive Works, Erie, Pa.	USA
Henschel	Henschel & Sohn, Kassel (heute Rheinstahl-Transporttechnik)	Deutschland
Hohenzollern	Hohenzollern A.G. für Lokomotivbau, Düsseldorf-Grafenberg	Deutschland
Hunslet	Hunslet Engine Works, Leeds	England
H & O	Hunt & Opie's Victoria Ironworks	Australien
Inchicore	Inchicore Works, Dublin	Irland
Maffei	J. A. Maffei Lokomotivfabrik, München	Deutschland
McLaren	J. & H. McLaren Ltd., Leeds	England
Kerr Stuart	Kerr Stuart & Co. Ltd., Stoke-on-Trent	England
Kitson	Kitson & Co., Leeds	England
Kolomna	Kolomna-Werke	UdSSR
Krauss-Maffei	Krauss-Maffei A.G., München	Deutschland
Lima	Lima Locomotive and Machine Company, Lima, Ohio	USA
Linke	Linke-Hofmann-Werk A.G., Breslau	Deutschland
Krauss	Lokomotivfabrik Krauss & Co., Linz und München	Österr./Deutschl.
Schichau	Lokomotivfabrik Schichau, Elbing	Deutschland
Wr. Neustadt	Lokomotivfabrik Wiener Neustadt (vorm. G. Sigl), Wiener Neustadt	Österreich
MÁVAG	Maschinenfabrik der kgl.-ung. Staatsbahn, Budapest	Ungarn
Esslingen	Maschinenfabrik Esslingen, Esslingen	Deutschland
Mason	Mason Machine Works, Taunton, Massachusetts	USA
Miani	Miani-Silvestri	Italien
Michigan	Michigan Iron Works, Cadillac, Mich.	USA
Motala	Motala Verkstad, Motala	Schweden
Neilson	Neilson & Co. (Neilson, Reid & Co.) Locomotive Works, Glasgow	England
NOHAB	Nydqvist & Holm Aktiebolag, Trollhättan	Schweden
O & K	Orenstein & Koppel A.G., Berlin	Deutschland
Phoenix	Phoenix Manufacturing Company, Eau Claire	Kanada
RILW	Rhode Island Locomotive Works, Providence	USA
Hartmann	Rich. Hartmann, Chemnitz	Deutschland
RS & H	Robert Stephenson & Hawthorns Ltd., Newcastle-on-Tyne	England
Hawthorn	R. & W. Hawthorn (später R. & W. Hawthorn, Leslie & Co. Ltd.), Newcastle-on-Tyne	England
Schneider	Schneider et Cie., Creusot	Frankreich

SLM	Schweizerische Lokomotiv- und Maschinenfabrik, Winterthur	Schweiz
Sentinel	Sentinel Waggon Works Ltd.	England
Sharp	Sharp, Stewart & Co. Ltd., Manchester	England
SGP	Simmering-Graz-Pauker, Wien	Österreich
Škoda	Škodawerke, Pilzeň	Tschechoslowakei
Soho	Soho Works of Robinson Thomas & Co.	Australien
SACM	Société Alsacienne de Constructions Mécaniques	Frankreich
SFB	Société Anglo-Franco-Belge de matériel de chemins de fer, Raismes	Frankreich
St. Léonard	Société Anonyme de Saint-Léonard, Liège	Belgien
Haine	Société Anonyme des Forges, Usines et Fonderies de et à Haine-Saint-Pierre	Belgien
Decauville	Société Decauville, Petitbourg	Frankreich
Batignolles	Société de construction des Batignolles, Paris	Frankreich
Lokomo O. Y.	Tampereen Pellava-ja Rauta-Teoll. O.Y., Tampere	Finnland
Alco	The American Locomotive Co., New York Works	USA
Avonside	The Avonside Engine Co. Ltd., Bristol	England
Baldwin	The Baldwin Locomotive Works, Philadelphia	USA
Bethlehem	The Bethlehem Steel Co., Bethlehem, Pa.	USA
NBL	The North British Locomotive Co. Ltd., Glasgow	England
Vulcan (e)	Vulcan Foundry Ltd., Newton-le-Willows	England
Vulcan (d)	Vulcan Maschinenbau und Schiffswerft, Stettin	Deutschland
Walkers	Walkers Ltd., Queensland	Australien
Weidknecht	Weidknecht & Cie., Paris	Frankreich
Westinghouse	Westinghouse Electric Corp., Steam Turbine Div., Lester, Pa.	USA
WLF	Wiener Lokomotivfabrik-Aktiengesellschaft, Wien-Floridsdorf	Österreich
Woroschilov	Woroschilov Lokomotivfabrik	UdSSR
Yorkshire	Yorkshire Engine Co. Ltd., Sheffield	England

SONSTIGE ABKÜRZUNGEN

ASG	Australian Standard Garratt	Australien
ACFI	l'Auxiliaire des Chemins de fer de l'Industrie (Speisewasservorwärmer)	Frankreich
AW (RAW)	Ausbesserungswerk (Reichsbahn-Ausbesserungswerk)	Deutschland
BW	Bahnbetriebswerk	Deutschland
KED	Königliche Eisenbahndirektion	Deutschland
LOWA	Lokomotiv- und Waggonbau	Deutschland (DDR)
LVA	Lokomotiv-Versuchsamt	Deutschland
Stug	Studiengesellschaft für Kohlenstaubfeuerung auf Lokomotiven	Deutschland
US (USRA)	United States Railroad Administration	USA

LITERATURNACHWEIS

Abbott, A. S., The Fairlie Locomotive, 1970
Acland, The Kitson-Still Locomotive, 1930
Ahrons, E. L., The British Steam Railway Locomotive from 1825 to 1925, 1963 (First Edition 1927)
Albrecht, H. P., Camelback Locomotives, 1971
Bruce, A. W., The Steam Locomotive in America, 1952
Carter, E. F., Unusual Locomotives, 1960
Dambly, P., Nos Inoubliables »VAPEUR«, 1968
Durrant, A. E., The Garratt Locomotive, 1969
Gottwaldt, A. B., Deutsche Kriegslokomotiven 1939–1945, 1973
Griebl, H. u. *Wenzel, H.*, Geschichte der deutschen Kriegslokomotiven Reihe 52 und Reihe 42, 1971
Hefti, W., Zahnradbahnen der Welt, 1971
Jakobson, P. W., Die Geschichte der Diesellokomotive in der UdSSR
Koch, M., The Shay Locomotive, 1971
Kramer, A., Logging Railroads of the West, 1961
Leuenberger, A., Rauch, Dampf und Pulverschnee, 1969
Metzeltin, Die Entwicklung der Lokomotive, II. Bd. 1880–1920, 1937
Ostendorf, R., Dampfturbinen-Lokomotiven, 1971
Pierson, K., Kohlenstaublokomotiven, 1967
Schwartzkopff, Katalog 1926, Neuere Bestrebungen im Dampflokomotivbau
Smith Hempstone, O., The First Quarter-Century of Steam Locomotives in North America, 1956
Tabor, T. T., Climax-An Unusual Locomotive
Vilain, L., Les Locomotives articulées du système Mallet dans le monde, Paris, 1969
Wiener, L., Articulated Locomotives, 1970, (First Edition 1930)
AEG-Mitteilungen, Heft 8, 1927, Feuerlose Lokomotiven
Canadian Rail, 1963, Canadian Pacific 8000
Canadian Rail, 1967, Rotary Ploughs
Deutsche Reichsbahn-Gesellschaft, Reichsbahn-Zentralamt für Maschinenbau, Beschreibung der 1C-Mitteldruck-Personenzuglokomotiven, Betriebsgattung P 34.15 der Deutschen Reichsbahn, Berlin 1933
Deutsche Reichsbahn-Gesellschaft, Reichsbahn-Zentralamt für Maschinenbau, Beschreibung der 2C1-h4v-Schnellzuglokomotive, Betriebsgattung S 36.18 der Deutschen Reichsbahn, Berlin 1932
Deutsche Reichsbahn-Gesellschaft, Niederschrift über die 25. Beratung des Ausschusses für Lokomotiven am 14., 15. und 16. November 1934 in Cochem
Die Lokomotive, Heft 11, 1934, Die Hochdrucklokomotive Bauart Schmidt der P.L.M. und ihre Betriebsergebnisse
Die Lokomotive, Heft 8, 1939, Neuartige Dampflokomotiven für den Abraumbetrieb
Die Lokomotive, Heft 6, 1940, Neue Henschel-Kondens-Lokomotiven
Die Lokomotivtechnik, Heft 3, 1953, Umbau von Lokomotiven mit Schlepptender in Tenderlokomotiven
Die Lokomotivtechnik, Heft 12, 1955, Die Henschel-Gilli-Hochdruck-Dampfspeicher-Lokomotive
Eisenbahn, Hefte 1–7, 1951, Die Lokomotiven der ehemaligen Bosnisch-Herzegowinischen Landesbahnen
Eisenbahn, Heft 8, 1951, Die Semmering-Lokomotiv-Probefahrten im Sommer 1851
Eisenbahn, Heft 9, 1951, Semmering-Konkursfahrten
Eisenbahn, Heft 5, 1953, Die Do-Do-dampf-elektrische Lokomotive von Heilmann
Eisenbahn, Heft 9, 1954, Die 2B2- und 2C2-Schnellzuglokomotiven der Französischen Nordbahn
Eisenbahn Technische Rundschau, Heft 8, 1955, Eine Zahnradlokomotive großer Leistung für Meterspur
Eisenbahn Technische Rundschau, Heft 6, 1958, Henschel-Kondenslokomotive Class 25 der Südafrikanischen Bahnen
Eisenbahn Technische Rundschau, Heft 10, 1965, Kapspurige Dampflokomotiven für Reibungs- und Zahnradbetrieb
Engineering, Vol. 31, 1881, The Fontaine Locomotive
Engineering, Nov. 1956, Dez. 1956, Jan. 1957, März 1957, The Experimental Spirit
Glasers Annalen, Heft 4 und 5, 1928, Die AEG-Kohlenstaub-Lokomotive
Glasers Annalen, Heft 7, 1928, Lokomotiven mit Antrieb durch Ölmotor und Dampfmaschine
Glasers Annalen, Heft 12, 1929, Eine Lokomotive mit Kettenantrieb
Glasers Annalen, Heft 7, 1936, Russische 2G2-Güterzug-Lokomotive
Hanomag Nachrichten, Heft 105, 1922, Hanomag-Lokomotive, Fabriknummer 10 000
Hanomag Nachrichten, Heft 106, 1922, Hanomag-Lokomotiven für Bulgarien
Henschel-Hefte, Nr. 3, 1932, Eine Kolben-Lokomotive mit Kondensation
Journal of the Irish Railway Record Society, No. 41, 1966, the Guiness Railways
LOCO PROFILE, Heft 6, The Mallets
LOCO PROFILE, Heft 9, Camels and Camelbacks
LOK MAGAZIN, Heft 11, 1965, Jules Petiet und seine Lokomotiven mit Dampftrockner
LOK MAGAZIN, Heft 11, 1965, Rückblick auf die Entwicklung der Dampfmotorlokomotive
LOK MAGAZIN, Heft 18, 1966, Jean Jaques Heilmann und die dampf-elektrische Lokomotive
LOK MAGAZIN, Heft 56, 1972, Hilfsantriebe für Dampflokomotiven
LOK MAGAZIN, Heft 60, 1973, Russische Thermo-Dampflokomotiven
Organ f. d. Fortschritte d. Eisenbahnwesens, Heft 13, 1934, Lokomotiven höheren Dampfdrucks in den Vereinigten Staaten
Organ f. d. Fortschritte d. Eisenbahnwesens, Heft 13, 1937, Lokomotiv-Hilfsmaschine der Škoda-Werke in Pilsen
Rhodesia Railways Magazine, July, 1962, A »GIANT« OF A PAST DECADE
Schweizerische Bauzeitung, Nrn. 1 u. 2, 1946, Einzelachs-Hochdruck-Lokomotive für die Französische Staatsbahn
Southern Railway (staff magazine), May/June 1942, New S.R. 0-6-0 Freight Engines
The Beyer-Peacock Quarterly Review, Crane Locomotives
The Engineer, Jan. 1924, A Chain-driven Locomotive
The Engineer, April, 1925, A Geared Shunting Locomotive
The Engineer, April, 1927, A New Light Steam Locomotive (Clayton)
The Engineer, April, 1927, Internal Combustion Locomotives
The Engineer, Nov., 1931, Narrow-Gauge Geared Articulated Locomotives
The Journal of the Institution of Locomotive Engineers, Vol. XXIII. No. 111, 1933
The Locomotive, Febr., 1918, Fireless Locomotives
The Locomotive, Oct., 1928, A Curious Compound Locomotive: Holland Railway Co.
The Locomotive, March, 1930, The Golwé Articulated Locomotive Ivory Coast Railway
The Locomotive, Vol. 39, 1933, The Franco Articulated Locomotive
The Locomotive, Febr., 1936, A Roller-Skate Locomotive
The Locomotive, Nov., 1938, Johnstone's Double-Ended Compound 1892
The Railway Engineer, Febr., 1930, Experimental High-Pressure Compound Locomotive L.N.E.R.
The Railway Gazette, Dec., 1929, »Royal Scot« High Pressure Locomotive, L.M.S.R.
The Railway Gazette, Jan., 1930, »Royal Scot« High Pressure Locomotive L.M.S.R.
The Railway Gazette, Dec., 1932, A New Form of Articulated Steam Locomotive
The Railway Gazette, June, 1933, High-Pressure Triple-Expansion Locomotive

The Railway Gazette, June, 1934, New Sentinel Locomotives For South America
The Railway Gazette, Oct., 1937, A Sixteen-Cylinder Locomotive
The Railway Gazette, March, 1938, New Sentinel Locomotives For The Egyptian State Railways
The Railway Gazette, Nov., 1948, The »Leader« Class Locomotives, Southern Region
The Union Pacific Magazine, May, 1926, New »Union Pacific Type« Locomotive
Trains, Dec., 1964, Built for Battle
Trains, August, 1967, Shay
tramleven, Heft 22, 1971, 19. de stoomlokomotieven van het type 23-»Garratt«
U.P. Railroad: Union Pacific 4-8-8-4 Type Simple Articulated Locomotive
Zeitschrift d. Vereins deutscher Ingenieure, Nr. 11, 1883, Die Honigmann'schen Dampfmaschinen mit feuerlosem Natronkessel
Zeitschrift d. Vereins deutscher Ingenieure, Nr. 42, 1925, Hochdrucklokomotive der Delaware- und Hudson-Bahn
Zeitschrift d. Vereins deutscher Ingenieure, Nr. 35, 1927, Amerikanische Hochdrucklokomotive
Zeitschrift d. Vereins deutscher Ingenieure, Nr. 43, 1928, Die Schmidt-Hochdrucklokomotive
Zeitschrift d. Vereins deutscher Ingenieure, Nr. 5, 1929, Hochdrucklokomotive für 60 at
Zeitschrift d. Vereins deutscher Ingenieure, Nr. 40, 1934, Kondensations-Lokomotive
Zeitschrift d. Vereins deutscher Ingenieure, Nr. 6, 1954, Die Hochdruck-Dampfspeicher-Lokomotive

Besonderer Dank gilt den nachstehenden Firmen, Institutionen und Eisenbahnen, die besonderen Anteil an der Vervollständigung einzelner Kapitel hatten.

AEG Fachbereich Bahnen, Berlin
A. & G. Price Ltd., Thames (Neuseeland)
Andrew Barclay, Sons & Co., Ltd., Kilmarnock (England)
Arn. Jung Lokomotivfabrik, Jungenthal
Arthur Guiness Son & Co., Dublin (Irland)
Beyer, Peacock & Co., Ltd., Somerset (England)
California Historical Society, San Francisco, (USA)
Fried. Krupp GmbH, Essen
Hunslet Engine Works, Ltd., Leeds (England)
Irish Railway Record Society, Dublin (Irland)
Järnvägsmuseum, Gävle (Schweden)
Jernebanemuseet, København (Dänemark)
Közlekedési Múzeum, Budapest (Ungarn)
Krauss-Maffei, München
LA VIE DU RAIL, Paris (Frankreich)
Manchester Museum of Sience & Technology (England)
Maschinenfabrik Esslingen, Esslingen
Nederlands Spoorweg Museum, Utrecht (Niederlande)
Oregon Historical Society, Portland (USA)
Rheinstahl Hanomag, Hannover-Linden
Rheinstahl Transporttechnik, Kassel (Henschel)
Science Museum, London (England)
Simmering-Graz-Pauker, Wien (Österreich)
Škoda-Nationalunternehmen, Pilzeň (Tschechoslowakei)
SLM, Schweizerische Lokomotiv- und Maschinenfabrik, Winterthur (Schweiz)
Smithsonian Institution, Washington (USA)
The English Electric Co., Ltd., Newton-Le-Willows (England)
The Mitchell Library, Glasgow (England)
The New Zealand Railway & Locomotive Society (Neuseeland)
The University of Manchester Institute of Science and Technology (England)
The University of Michigan (USA)
Verkehrshaus der Schweiz, Luzern (Schweiz)
Western Maryland Railway Historical Society Inc., Baltimore (USA)

British Railways
Canadian Pacific Railway
Commonwealth Railways, Australia
Deutsche Bundesbahn
Delaware and Hudson Railway Company, USA
Egyptian State Railways
Ferrovie dello Stato Italia
New Zealand Government Railways
Red Nacional De Los Ferricarriles Españoles
Rhodesia Railways
South African Railways
Société nationale des chemins de fer belges
Société nationale des chemins de fer français
Sowjetische Eisenbahnen (Ministerium für Verkehrswesen der UdSSR)

Technische Daten der beschriebenen Lokomotiven

In den nachfolgenden Tabellen sind nur jene Lokomotiven aufgeführt, von denen eine ausreichende Zahl Daten zur Charakterisierung der Bauart zur Verfügung stand.
Bei unterschiedlichen technischen Angaben in verschiedenen Quellen wurden die Daten berücksichtigt, die der Bauart am ehesten entsprachen.

Die Bezeichnung der Radsatzfolge ist an die DIN 30 052 angelehnt. Größen und Maßeinheiten (SI-Einheiten) entsprechen der bei der DB und bei der UIC (Internationaler Eisenbahnverband) üblichen Anwendung der internationalen Maßeinheiten bei eisenbahnspezifischen Begriffen.

Historische Fahrzeuge				Abb. 1	Abb. 2	Abb. 3	Abb. 4	Abb. 5	Abb. 6	Abb. 9	
		Bahngesellschaft		–	Pen-y-darren u. MTR	Middleton Railway	S & DR	L & MR	C & AR	BadStB	
		Land		Frankreich	England	England	England	England	USA	Deutschland	
		Betriebsnummer bzw. Namen		Cugnot Dampfwagen	–	–	–	Rocket	John Bull	Phönix	
		Bauart		–	Trevithick	Blenkinsop	Locomotion	–	–	Crampton	
		Baureihe, Klasse oder Serie		–	–	–	–	–	–	–	
		Radsatzfolge		A' 1	B	$1a_z1$	B	A 1	B[5])	2 A	
		Erstes Baujahr		1770	1803	1812	1825	1829	1831	1863	
		Lieferfirma		Cugnot	Pen-y-darren	Fenton Murray Works	R. Stephenson & Co.	R. Stephenson & Co.	R. Stephenson & Co.	MB A.G. Karlsruhe	
		Spurweite	mm	–	1371,6	1219,2[2]) 1409,7[3])	1422,4	1435	1435	1435	
		Achslast (gekuppelte Radsätze)	t	–	2,5	2,0	4,3	2,5	–	16,0	
Lokomotive	Trieb- und Laufwerk	Anzahl der Zylinder	Stck.	2	1	2	2	2	2	2	
		Zylinderdurchmesser	mm	325	209,6	203,2	241,3	203,2	279,4	405	
		Kolbenhub	mm	378	1371,6	609,6	609,6	431,8	508,0	560	
		Treibraddurchmesser	mm	1300	1371,6	–	1219,2	1435,1	1371,6	2134	
		Laufraddurchmesser	mm	1720	–	–	–	863,6	736,6	1220	
		Fester Radstand	mm	3420	1600,2	2438,4	1587,5	2184,4	1524,0	1650 + 2100	
		Gesamtradstand	mm	3420	1600,2	2438,4	1587,5	2184,4	1524,0	3750	
	Kessel	Kesselüberdruck	bar	3	2,8	3,9	3,5	3,5	2,1	8,0	
		Rostfläche	m²	[4])	[4])	[4])	4,8	0,6	1,0	0,9	
		Feuerbüchsheizfläche fb.	m²	[4])	[4])	[4])	5,6	1,9	3,3	5,6	
		Verdampfungsheizfläche fb.	m²	[4])	[4])	[4])		10,9	19,8	74,2	
		Überhitzerheizfläche außen	m²	–	–	–	–	–	–	–	
	Gewichte	Reibungsgewicht	t	–	5,1	–	8,5	2,5	–	12,0	
		Leergewicht	t	4,0	–	–	6,9	3,0	10,2	24,3	
		Dienstgewicht	t	5,0	5,1	4,1	8,5	4,3	–	28,5	
Vorräte		Wasser	m³	–	–	–	1,1	1,4	–	5,8	
		Kohle	t	–	–	–	0,5	0,3	–	–	
		Heizöl (Holz)	m³	–	–	–	–	–	–	–	
Tender		Raddurchmesser	mm	–	–	–	762,0	–	–	915	
		Gesamtradstand	mm	–	–	–	1447,8	–	–	2750	
	Gew.	Leergewicht	t	–	–	–	1,5	1,6	–	–	
		Dienstgewicht	t	–	–	–	3,1	3,3	–	–	
		Gesamtradstand von Lok und Tender	mm	–	–	–	5283,2	–	–	9330	
		Zugkraft (0,75 p bzw. 0,5 p*)	kN	7,0	4,6	–	7,6	3,7	4,6	22,5	
		Länge über Puffer	mm	7250[1])	–	–	7315,2	–	11277,6	12900	
		Höchstgeschwindigkeit	km/h	4	6,4	5,6	12,9	38,8	–	120	

1) Gesamtlänge des Fahrzeuges
2) Spurweite der Middleton Railway
3) Später auf 1409,7 mm Spurweite umgebaut und auf der Kenton & Coxlodge Colliery eingesetzt
4) Keine Daten, da röhrenloser Kessel
5) Später auf 2 A umgebaut

* bei Verbundlokomotiven

Verbund- und Heißdampfbauarten			Abb. 12	Abb. –	Abb. 13	Abb. 14	Abb. 15	Abb. –	Abb. 17
	Bahngesellschaft		PrStB	PrStB	PrStB	L & NWR	PrStB	PrStB	BayStB
	Land		Deutschland	Deutschland	Deutschland	England	Deutschland	Deutschland	Deutschland
	Betriebsnummer bzw. Namen		84	DR 347101–347134	237	Jeanie Deans	DR 13601–13647	DR 381001–383832, 383951–384051	DR 18401–18424, 18441–18548
	Bauart		Verbund	Verbund	Verbund	Verbund	Verbund	Heißdampf	Heißdampf
	Baureihe, Klasse oder Serie		TO	P 3^2	S 3	Teutonic	S 5^1	P 8	S 3/6
	Radsatzfolge		1 A	1 B	2′B	1 AA	2′B	2′C	2′C1′
	Erstes Baujahr		1880	1884	1892/93	1889	1900	1906	1908
	Lieferfirma		Schichau	Hanomag	Hanomag	Crewe Works	Hanomag	Schwartzkopff	Maffei
	Spurweite	mm	1435	1435	1435	1435	1435	1435	1435
	Achslast (gekuppelte Radsätze)	t	9,7	13,6	15,2	15,7	16,0	17,7	18,5
Lokomotive – Trieb- und Laufwerk	**Anzahl der Zylinder**	Stck.	2	2	2	3	4	2	4
	Zylinderdurchmesser	mm	200[1]) 300[2])	420[1]) 600[2])	460[1]) 680[2])	355,6[1]) 762,0[2])	340[1]) 530[2])	575	425[1]) 650[2])
	Kolbenhub	mm	400	580	600	609,6	640	630	610[1]) 670[2])
	Treibraddurchmesser	mm	1150	1730	1900	2133,0	1900	1750	1870
	Laufraddurchmesser	mm	1150	1150	1000	1257,3	1000	1000	950 1206
	Fester Radstand	mm	4000	2300	2600	2946,4	3000	4580	3980
	Gesamtradstand	mm	4000	5000	7400	5511,8	7450	8350	11190
Lokomotive – Kessel	**Kesselüberdruck**	bar	12	12	12	12,3	14	12	15
	Rostfläche	m²	0,5	1,9	2,3	1,9	2,3	2,6	4,5
	Feuerbüchsheizfläche fb.	m²	2,6	7,2	9,3	14,8	11,4	14,6	14,6
	Verdampfungsheizfläche fb.	m²	20,2	91,5	109,2	115,4	110,6	127,7	203,8
	Überhitzerheizfläche außen	m²	–	–	–	–	–	58,9	50,0
Lokomotive – Gewichte	**Reibungsgewicht**	t	9,7	27,1	30,4	31,5	32,0	51,6	48,0
	Leergewicht	t	14,3	38,7	45,3	43,2	51,9	70,7	78,7
	Dienstgewicht	t	18,2	43,0	50,5	46,2	56,7	78,2	86,4
Vorräte	**Wasser**	m³	1,6	10,5	21,5	–	16,0	31,5	26,2
	Kohle	t	0,4	4,0	5,0	–	5,0	7,0	7,5
	Heizöl (Holz)	m³	–	–	–	–	–	–	–
Tender	**Raddurchmesser**	mm	–	980	1000	–	1000	1000	1006
	Gesamtradstand	mm	–	3300	4600	–	4700	4600	5300
Tender – Gew.	**Leergewicht**	t	–	14,0	23,1	–	22,0	22,4	22,0
	Dienstgewicht	t	–	28,5	49,6	–	42,0	66,0	55,6
	Gesamtradstand von Lok und Tender	mm	–	10860	14515	–	14590	15500	18842
	Zugkraft (0,75 p bzw. 0,5 p*)	kN	9,4	36,2	42,0	153,0	63,6	107,1	121,0
	Länge über Puffer	mm	–	15218	17561	–	17650	18600	21396
	Höchstgeschwindigkeit	km/h	60	90	100	–	100	100	120

1) Hochdruck
2) Niederdruck

* bei Verbundlokomotiven

		Sonderausführungen der Normallokomotive		Abb. 18	Abb. 21	Abb. 23	Abb. 24	Abb. 25	Abb. 26	Abb. 27	Abb. 28 + 29
		Bahngesellschaft		OR	NZR	BayStB	BayStB	BayStB	MÁV	NYC & HR	HSM
		Land		Neuseeland	Neuseeland	Deutschland	Deutschland	Deutschland	Ungarn	USA	Niederlande
		Betriebsnummer bzw. Namen		Lady Barcly	199–204	2064	2085 + 2086	2398 + 2399	–	2421	Simon Stevin
		Bauart		Holz-eisenbahn	Fell	Sonder-mann	Vauclain	Vauclain	Tandem	Tandem	Verbund mit unters. Hüben
		Baureihe, Klasse oder Serie		–	H	EI	EI	S 2/5	Ie (222)	G-4	P^3 (P^2)
		Radsatzfolge		1 A	B 1	1'D	1'D	2'B 1	2'B	1'D	1 B
		Erstes Baujahr		1861	1875	1896	1899	1901	1890	1903	1888
		Lieferfirma		H & O	Avonside	Krauss	Baldwin	Baldwin	MÁVAG	Alco	Borsig
		Spurweite	mm	1600	1067	1435	1435	1435	1435	1435	1435
		Achslast (gekuppelte Radsätze)	t	–	16,5	14,0	13,6	16,0	14,0	22,7	15,3
Lokomotive	Trieb- und Laufwerk	**Anzahl der Zylinder**	Stck.	–	2 x 2[2]	4	4	4	4	4	2
Lokomotive	Trieb- und Laufwerk	**Zylinderdurchmesser**	mm	–	H. 304,8 R. 355,6	370[3] 710[4]	356[3] 610[4]	330[3] 559[4]	320[3] 490[4]	406,4[3] 762,0[4]	456
Lokomotive	Trieb- und Laufwerk	**Kolbenhub**	mm	–	H. 355,6 R. 406,4	560	660	660	650	762,0	400[3] 800[4]
Lokomotive	Trieb- und Laufwerk	**Treibraddurchmesser**	mm	–	812,8	1170	1270	1816	2000	1295,4	2140
Lokomotive	Trieb- und Laufwerk	**Laufraddurchmesser**	mm	–	762,0	1006	911	838 1220	1050	762,0	–
Lokomotive	Trieb- und Laufwerk	**Fester Radstand**	mm	–	2057,4	2800	4089	4191	2400	4572,0	–
Lokomotive	Trieb- und Laufwerk	**Gesamtradstand**	mm	–	4343,4	7000	6604	7822	6300	7188,2	–
Lokomotive	Kessel	**Kesselüberdruck**	bar	–	11,2	13,5	14	14	13	14,8	10,3
Lokomotive	Kessel	**Rostfläche**	m^2	–	1,6	2,4	3,1	2,8	3,0	5,4	2,1
Lokomotive	Kessel	**Feuerbüchsheizfläche fb.**	m^2	–	6,4	10,9	15,5	13,9	12,0	18,5	9,6
Lokomotive	Kessel	**Verdampfungsheizfläche fb.**	m^2	–	67,4	148,9	162,0	171,8	122,9	363,7	104
Lokomotive	Kessel	**Überhitzerheizfläche außen**	m^2	–	–	–	–	–	–	–	–
Lokomotive	Gewichte	**Reibungsgewicht**	t	–	32,6	55,8	54,4	31,7	28,0	90,7	30,5
Lokomotive	Gewichte	**Leergewicht**	t	–	–	58,5	58,0	57,1	50,4	–	41,0
Lokomotive	Gewichte	**Dienstgewicht**	t	–	40,5	65,6	62,6	63,5	54,7	102,1	45,0
Vorräte		**Wasser**	m^3	–	3,8	18,0	18,1	20,8	17,0	26,5	9,0
Vorräte		**Kohle**	t	–	1,0	6,5	6,5	7,0	8,3	12,7	3,6
Vorräte		**Heizöl (Holz)**	m^3	–	–	–	–	–	–	–	–
Tender		**Raddurchmesser**	mm	–	–	1006	915	915	–	838,2	–
Tender		**Gesamtradstand**	mm	–	–	5000	5207	4852	3200	6248,4	–
Tender	Gew.	**Leergewicht**	t	–	–	20,5	19,4	21,0	15,2	24,3	13,1
Tender	Gew.	**Dienstgewicht**	t	–	–	45,0	44,0	48,8	40,5	62,4	25,7
		Gesamtradstand von Lok und Tender	mm	–	–	15425	15695	15823	12660	18161	–
		Zugkraft (0,75 p bzw. 0,5 p*)	kN	–	56,9[1]	162,9	135,4	79,5	50,7	211,4	42,2
		Länge über Puffer	mm	–	7962,9	18210	18501	18726	16642	21247,1	15169
		Höchstgeschwindigkeit	km/h	–	24	50	50	90	90	60	90

1) zusätzlich 49,9 kN für Reibradantrieb
2) 2 Hauptzylinder und 2 Hilfszylinder für Reibradantrieb
3) Hochdruck
4) Niederdruck

* bei Verbundlokomotiven

Abb. 30	Abb. 32	Abb. –	Abb. 33	Abb. 34	Abb. 35	Abb. 36	Abb. 37	Abb. 38	Abb. 39	Abb. –	Abb. 40	Abb. 41
PrStB	SS	OldStB	UP	CR	NER	RDG	Wotton Tramway	SMA	TB	NYC	NMVB	LTM
Deutschland	Niederlande	Deutschland	USA	Schottland	England	USA	England	Belgien	Spanien	USA	Belgien	Niederlande
4841	1752 + 1777	DR 16001–16003	600–607	600	727 + 2171	100	807	–	–	7188	850 + 851	51
Stumpf	Meier-Mattern	Lentz-Ventilsteuerung	Heißdampf	–	Booster	Inspektionslok	Ketten-Getriebelok	Tramlok	Tramlok	Shay-Tramlok	Garratt-Tramlok	Union-Garratt-Tramlok
G 8	800 (PO[1])	S 10	S 7	600	C 9	–	–	–	–	–	23	–
D	2'B	1 C 1	E 1'	D	2'Bb 2'	2'B 1'	B	B'B'	C	B'B'	C'C'	C'C'
1909	Umbau 1929	1916	1936	1901	Umbau 1931	1913	1872	1881	1882	1899	1929	1931
Vulcan	Werkspoor	Hanomag	Baldwin	St. Rolox	NER	RDG	Aveling	SLM	SLM	Lima	St. Léonard	Henschel
1435	1435	1435	1435	1435	1435	1435	1435	900	1435	1435	1000	1435
15	15,5	15,1	33	15,4	20,4	22,2	5,1	5,5	5,4	15,8	10	12,0
2	2	2	2	2	3	2	1	2	3	3	4	4
600	508	580	711,2	533,4	419,1	457,2	196,9	240	180	304,8	360	360
660	660	630	812,8	660,4	660,4	609,6	254,0	350	300	304,8	350	360
1350	2150	1980	1549,4	1371,6	2082,8	1739,3	914,4	900	860	914,4	850	900
–	–	1100	1066,8	–	1092,2	–	–	–	–	–	–	–
4500	–	4250	3352,8	6807,2	2311,4	–	1379,2	1050	–	1422,4	2000	3300
4500	–	10425	9753,6	13576,3	11874,5	–	1379,2	3305	2000	10150,5	10560	14300
12	11	14	18,3	12,3	14,1	14,1	11,2	12	12	14	14	13,5
2,4	2,1	3,0	7,9	2,1	2,8	5,9	–	–	–	2,6	2,1	2,0
12,8	11,5	11,8	38,5	12,8	18,9	118,4	–	38,7	24,5	11,6	7,9	86,7
127,4	73,5	134,1	405,3	183,0	157,7		–			81,8	75,5	
41,2	29,0	41,2	126,3	–	38,7	–	–	–	–	–	20,2	41,8
57,8	31,0	45,4	165,4	61,6	40,7	44,3	10,1	22,1	16,3	63,2	60,0	71,5
51,7	48,5	68,9	–	–	125,5[1])	–	–	–	13,0	–	49,7	56,7
57,8	53,0	73,9	191,4	61,6	137,6[1])	72,9	10,1	22,1	16,3	63,2	60,0	71,5
12,0	13,0	20,0	45,4	16,2	18,7	–	–	2,5	1,8	10,0	4,7	7,0
5,0	4,0	5,0	12,7	4,6	5,6	–	–	0,5	0,3	1,3	2,5	3,0
–	–	–	–	–	–	–	–	–	–	–	–	–
1000	1000	1000	914,4	1219,2	1270,0	–	–	–	–	–	–	–
3300	–	4600	6756,4	3962,4	5067,3	–	–	–	–	–	–	–
16,3	16,0	22,6	50,8	20,9	49,7[2])	–	–	–	–	–	–	–
33,3	33,0	47,6	108,9	41,7	74,0[2])	–	–	–	–	–	–	–
11875	–	16990	20491,5	17576,8	16941,8	–	–	–	–	–	–	–
158,4	61,0	112,4	364,2	14,3	99,8 + 27,0	87,5	6,0	20,1	15,4	124,3	97,1	105,0
16815	16455	20650	26377,9	21437,6	–	–	5219,7	–	–	14198,6	14984	–
50	100	100	65	50	100	100	11,3	15	20	40	–	45

[1]) einschließlich Gewichtsanteil des Tenders
[2]) einschließlich Gewichtsanteil der Lok

Sonderausführungen der Normallokomotive				Abb. –	Abb. 42	Abb. 43	Abb. 44	Abb. 45	Abb. 46	Abb. 48	Abb. 49
		Bahngesellschaft		BGE	C & GR	SNCB	NME	L & YR	ÖBB (BBÖ)	DB	PrHFB
		Land		Deutschland	Irland	Belgien	Deutschland	England	Österreich	Deutschland	Deutschland
		Betriebsnummer bzw. Namen		–	90–93	119	4	10600/617	DT 1.01	781001/2	163 A + B
		Bauart		Omnibus-Tenderlok	Lokomotiv-Triebwagen	Belpaire-Triebwagen	Weißenborn-Triebwagen	Dampftriebwagen	Triebwagen-Tenderlok	Modified Tenderlok	Doppellok
		Baureihe, Klasse oder Serie		–	90	–	–	1	DT 1 (71^5)	78^{10}	–
		Radsatzfolge		B	C 2′	B 1	B 2′	B 2′	1′B 1′	2′C 2′	C + C
		Erstes Baujahr		1879	1875	1884	1879	1906	1935	Umbau 1952	1911
		Lieferfirma		Krauss	Inchicore	SFB	BMA	L & YR	WLF	Krauss-Maffei	Linke
		Spurweite	mm	1435	1600	1435	1435	1435	1435	1435	600
		Achslast (gekuppelte Radsätze)	t	4,3	6,6	9,5	6,3	16,9	13,0	17,0	2,8
Lokomotive	Trieb- und Laufwerk	Anzahl der Zylinder	Stck.	2	2	2	2	2	2	2	2 x 2
		Zylinderdurchmesser	mm	180	254,0	200	160	304,8	290	575	180
		Kolbenhub	mm	300	457,2	350	260	406,4	570	630	240
		Treibraddurchmesser	mm	630	1124,0	960	980	1108,1	1450	1750	586
		Laufraddurchmesser	mm	–	952,5	960	–	–	870	1000	–
		Fester Radstand	mm	1500	3327,4	2210	1600	2438,4	3200	4580	1300
		Gesamtradstand	mm	1500	7289,8	4155	1600	2438,4	7660	14020	5280[2]
	Kessel	Kesselüberdruck	bar	12	9,8	12	12	12,7	16	12	15
		Rostfläche	m^2	0,3	0,9	1,1	0,4	0,9	0,8	2,6	2 x 0,3
		Feuerbüchsheizfläche fb.	m^2	13,0 (zusammen)	4,7	4,1	19,2 (zusammen)	5,0	4,5	14,6	2 x 14,3 (zusammen)
		Verdampfungsheizfläche fb.	m^2		29,5	22,3		42,3	38,0	130,3	
		Überhitzerheizfläche außen	m^2	–	–	–	–	–	21,4	58,9	–
	Gewichte	Reibungsgewicht	t	8,5	19,3	17,4	12,5	33,2	26,0	51,6	2 x 7,7
		Leergewicht	t	6,8	–	24,2	10,8	27,9	34,2	–	–
		Dienstgewicht	t	8,5	26,8	33,1	12,5	33,2	44,8	113,0	2 x 7,7
Vorräte		Wasser	m^3	1,0	1,7	2,0	0,9	2,5	4,7	17,0	5,0[3]
		Kohle	t	0,4	0,5	0,5	0,6	1,0	1,1	5,0	1,8[3]
		Heizöl (Holz)	m^3	–	–	–	–	–	1,2 (Öl)	–	–
Tender		Raddurchmesser	mm	–	–	–	980[1]	1108,1[1]	–	–	450[3]
		Gesamtradstand	mm	–	–	–	1500[1]	2438,4[1]	–	–	3600[3]
	Gew.	Leergewicht	t	–	–	–	8,0[1]	14,7[1]	–	–	4,3[3]
		Dienstgewicht	t	–	–	–	–	15,0[1]	–	–	11,3[3]
		Gesamtradstand von Lok und Tender	mm	–	7289,8	–	11350	16662,4	–	–	–
		Zugkraft (0,75 p bzw. 0,5 p*)	kN	8,3	19,3	13,3	6,1	32,4	39,7	107,1	23,9
		Länge über Puffer	mm	3500	–	9350	15650	21183,6	11200	17237	7200[4]
		Höchstgeschwindigkeit	km/h	40	56	50	45	57	100	100	20

1) Daten für den Wagenkasten
2) beide Lokomotiven zusammen
3) für vierachsigen Zusatztender
4) Länge über Pufferbohlen

* bei Verbundlokomotiven

Abb. 50	Abb. –	Abb. 51	Abb. 52	Abb. –	Abb. –	Abb. –	Abb. 53					
DR	DR	Southern	WAGR	US Army	US Army	–	–					
Deutschland	Deutschland	England	Australien	allg. Verwend. in Europa	allg. Verwend. in Europa	Deutschland	Deutschland					
52001–527792	42001+42002, 42003, 42501–422810	33001–33040	–	–	–	–	–					
Kriegslok	Kriegslok	Kriegslok	Garratt-Kriegslok	US-Kriegslok	US-Kriegslok	Liliput	Liliput					
52	42	Q 1	ASG	–	–	–	–					
1'E	1'E	C	(2'D1')(1'D2')	1'D	C	2'C 1'	2'C 1'					
1942	1943	1942	1943	1942	1942	1928	1937					
Borsig u. a.	Henschel u. a.	Southern	versch. Firm. in Australien	Alco u. a.	Porter u. a.	Krauss	Krupp					
1435	1435	1435	1067	1435	1435	381	381					
15,0	18,0	17,3	10,2	16,0	15,2	–	1,2					
2	2	2	4	2	2	2	2					
600	630	482,6	362,0	482,6	419,1	150	150					
660	660	660,4	609,6	660,4	609,6	200	250					
1400	1400	1640,4	1210,2	1447,8	1371,6	530	600					
850	850	–	762,0	836,0	–	300	300					
3300	3300	5029,2	2743,2	4724,4	3048,0	1250	1340					
9200	9200	5029,2	23469,6	7086,6	3048,0	3515	3615					
16	16	16,2	14,1	15,8	14,8	13	13					
3,9	4,7	2,5	3,3	4,5	1,8	0,4	0,4					
15,9	19,3	15,8	15,1	216,4	7,9	11,0	11,8					
177,6	199,6	136,7	142,6		73,4							
63,7	75,8	19,5	29,3	55,7	–	–	1,0					
75,7	85,8	52,1	81,3	63,6	45,7	–	3,6					
75,9	88,2	–	–	66,8	37,0	–	–					
84,0	96,6	52,1	120,9	73,1	45,7	5,6	7,2					
30	30	16,8	19,1	24,6	4,5	0,8	0,8					
10	10	5,1	6,1	8,2	1,1[1]	0,3	0,3					
–	–	–	–	–	1,1[1]	–	–					
970	970	1092,2	–	836,0	–	300	300					
5900	5900	3962,4	–	5130,8	–	1800	1880					
18,7	18,7	16,9	–	19,8	–	1,5	1,6					
58,7	58,7	38,8	–	52,6	–	2,5	2,6					
19000	19000	12382,5	–	15748,0	–	–	–					
202,0	225,0	120,1	138,1	117,8	80,4	8,3	9,2					
22975	23000	16725,9	26022,3	18598,0	9004,0	7430	7410					
80	80	88,5	–	75	45	30	35					

[1]) wahlweise

Niederdrucklokomotiven			Abb. 54	Abb. –	Abb. 55	Abb. 56	Abb. 57	Abb. 58	Abb. –	Abb. 60
	Bahngesellschaft		NORD	NORD	SNCB	NORD	NORD	PrStB	PrStB	PrStB
	Land		Frankreich	Frankreich	Belgien	Frankreich	Frankreich	Deutschland	Deutschland	Deutschland
	Betriebsnummer bzw. Namen		437–444	601–620	195 + 200	2.741	3.1101–3.1102	341	4851	4871
	Bauart		Petiet	Petiet	Flaman	Du Temple	Halbwasserrohrkessel	Wellrohr	Stroomann	Stroomann
	Baureihe, Klasse oder Serie		–	–	12	–	–	S 2	G 8	G 8^1
	Radsatzfolge		A 3 A	CC	1 B 1	2′B 2′	2′C 2′	2′B	•D	D
	Erstes Baujahr		1862	1863	1888	Umbau 1906/07	–	1892	1911	1914
	Lieferfirma		–	–	St. Léonard	Schneider	NORD	Hohenzollern	O & K	O & K
	Spurweite	mm	1435	1435	1435	1435	1435	1435	1435	1435
	Achslast (gekuppelte Radsätze)	t	11,6	10,1	15,5	17,4	18,0	14,0	14,0	17,0
Lokomotive – Trieb- und Laufwerk	Anzahl der Zylinder	Stck.	4	4	2	4	4	2	2	2
Lokomotive – Trieb- und Laufwerk	Zylinderdurchmesser	mm	360	440	500	340[3]) 560[4])	440[3]) 640[4])	430	600	600
Lokomotive – Trieb- und Laufwerk	Kolbenhub	mm	340	440	600	640	620[3]) 730[4])	600	660	660
Lokomotive – Trieb- und Laufwerk	Treibraddurchmesser	mm	1600	1065	2100	2040	2040	1960	1350	1350
Lokomotive – Trieb- und Laufwerk	Laufraddurchmesser	mm	1065	–	1200	900	1040	980	–	–
Lokomotive – Trieb- und Laufwerk	Fester Radstand	mm	–	–	2200	2150	4300	2600	4500	3130
Lokomotive – Trieb- und Laufwerk	Gesamtradstand	mm	–	6000	6560	9960	12600	6550	4500	4700
Lokomotive – Kessel	Kesselüberdruck	bar	8,5	8,5	10,0	18,0	16,0	14,0	12	14
Lokomotive – Kessel	Rostfläche	m²	2,6	3,3	5,0	3,5	4,3	2,0	2,3	3,0
Lokomotive – Kessel	Feuerbüchsheizfläche fb.	m²	10,2	10,0	11,3	96,1	118,0	104,2	128,3	30,8[2])
Lokomotive – Kessel	Verdampfungsheizfläche fb.	m²	142,8	187,5	177,5	220,5	244,9			102,7
Lokomotive – Kessel	Überhitzerheizfläche außen	m²	13,0[1])	14,3[1])	–	–	62,0	–	–	37,5
Lokomotive – Gewichte	Reibungsgewicht	t	23,1	60,5	30,8	34,7	54,0	28,0	56,0	67,9
Lokomotive – Gewichte	Leergewicht	t	–	44,5	51,6	70,4	103,2	45,5	49,6	60,2
Lokomotive – Gewichte	Dienstgewicht	t	48,9	60,5	58,3	77,2	113,0	51,5	56,0	67,9
Vorräte	Wasser	m³	7,0	8,0	14,0	19,2	–	15,0	16,5	16,5
Vorräte	Kohle	t	2,0	2,0	3,0	6,0	–	5,0	7,0	7,0
Vorräte	Heizöl (Holz)	m³	–	–	–	–	–	–	–	–
Tender	Raddurchmesser	mm	–	–	1100	–	–	980	1000	1000
Tender	Gesamtradstand	mm	–	–	3540	–	–	3350	4400	4400
Tender – Gew.	Leergewicht	t	–	–	16,7	–	–	17,0	21,0	21,0
Tender – Gew.	Dienstgewicht	t	–	–	33,7	–	–	37,0	44,5	44,5
	Gesamtradstand von Lok und Tender	mm	–	–	13360	–	–	12480	12948	13155
	Zugkraft (0,75 p bzw. 0,5 p*)	kN	35,1	102,0	53,6	133,7	204,8	59,4	158,4	184,8
	Länge über Puffer	mm	–	–	17040	–	–	–	17968	18290
	Höchstgeschwindigkeit	km/h	–	–	110	–	–	100	55	55

[1]) Dampftrockner
[2]) Wellrohr-Feuerbüchse
[3]) Hochdruck
[4]) Niederdruck

* bei Verbundlokomotiven

Niederdrucklokomotiven				Abb. 61	Abb. 62	Abb. 63	Abb. 64	Abb. 65	Abb. 67	Abb. –	Abb. –
		Bahngesellschaft		RLK	kkStB	Mannesmann Tube Co.	FS	SNCB	DB	DB	BR
		Land		Deutschland	Österreich	England	Italien	Belgien	Deutschland	Deutschland	England
		Betriebsnummer bzw. Namen		22 u. 23	174.01	Siemens	740.405	–	429000/ 0001	504001– 504031	92020– 92029
		Bauart		Stroomann	Brotan	Brotan	Franco	Franco	Franco	Franco	Franco
		Baureihe, Klasse oder Serie		–	174	–	740	–	42^{90}	50^{40} (054)	9
		Radsatzfolge		1'B 1'	D	B	1'D	C 1' + 1'B1'B1'+1'C	1'E	1'E	1'E
		Erstes Baujahr		1912	1908	1907	1911[2]	1931	1951	1954	1954
		Lieferfirma		O & K	WLF	Beyer, Peacock	Breda u. a.	Tubize	Henschel	Henschel	BR
		Spurweite	mm	1000	1435	1435	1435	1435	1435	1435	1435
		Achslast (gekuppelte Radsätze)	t	–	14,2	–	15,6	17,0	18	15	15,5
Lokomotive	Trieb- und Laufwerk	**Anzahl der Zylinder**	Stck.	2	2	2	2	8	2	2	2
Lokomotive	Trieb- und Laufwerk	**Zylinderdurchmesser**	mm	350	500	355,6	540	435	600	600	508,0
Lokomotive	Trieb- und Laufwerk	**Kolbenhub**	mm	500	570	508,0	700	650	660	660	711,2
Lokomotive	Trieb- und Laufwerk	**Treibraddurchmesser**	mm	1100	1100	939,8	1360	1370	1400	1400	1524,0
Lokomotive	Trieb- und Laufwerk	**Laufraddurchmesser**	mm	700	–	–	840	–	850	850	914,4
Lokomotive	Trieb- und Laufwerk	**Fester Radstand**	mm	–	3900	2286,0	3000	2000 3100	3300	3300	6604,0
Lokomotive	Trieb- und Laufwerk	**Gesamtradstand**	mm	5400	3900	2286,0	7300	27300	9200	9200	9194,8
Lokomotive	Kessel	**Kesselüberdruck**	bar	12	11	12,7	12	15	16	16	17,6
Lokomotive	Kessel	**Rostfläche**	m^2	1,2	2,5	0,9	2,8	6,5	3,9	3,1	3,7
Lokomotive	Kessel	**Feuerbüchsheizfläche fb.**	m^2	75,8	10,4	7,2[1]	12,0	–	16,1	17,3	14,7
Lokomotive	Kessel	**Verdampfungsheizfläche fb.**	m^2		110,3	62,2	89,7 87,4[3]	–	121,2 + 129,0[3]	99,3 + 93,0[3]	118,4 + 94,9[3]
Lokomotive	Kessel	**Überhitzerheizfläche außen**	m^2	–	56,4	–	43,1	–	63,7	48,8	38,2
Lokomotive	Gewichte	**Reibungsgewicht**	t	–	56,7	31,0	62,2	170,0	87,1	78,4	76,1
Lokomotive	Gewichte	**Leergewicht**	t	27,5	52,3	24,3	59,8	189,0	87,6	80,4	78,4
Lokomotive	Gewichte	**Dienstgewicht**	t	35,0	56,7	31,0	72,0	248,0	98,7	90,6	84,9
Vorräte		**Wasser**	m^3	3,6	16,7	3,2	12,0	35,6	30,0	26,0	21,5
Vorräte		**Kohle**	t	1,2	6,8	–	6,0	9,0	10,0	8,0	7,1
Vorräte		**Heizöl (Holz)**	m^3	–	–	–	–	–	–	–	–
Tender		**Raddurchmesser**	mm	–	1034	–	1125	–	970	1000	1003,3
Tender		**Gesamtradstand**	mm	–	3200	–	6250	–	5800	5700	4267,2
Tender	Gew.	**Leergewicht**	t	–	15,7	–	13,9	–	18,7	25,5	23,5
Tender	Gew.	**Dienstgewicht**	t	–	39,2	–	31,9	–	58,7	48,2	52,1
		Gesamtradstand von Lok und Tender	mm	–	11472	–	17145	–	19000	18890	17043,4
		Zugkraft (0,75 p bzw. 0,5 p*)	kN	40,0	106,9	65,1	81,0	350,0	204,0	204,0	179,9
		Länge über Puffer	mm	–	16308	–	19885	31000	22975	22940	20167,6
		Höchstgeschwindigkeit	km/h	65	40	43	60	60	80	80	–

1) Wellrohr-Feuerbüchse
2) Ursprungsbauart
3) Heizflächenwert des Rauchgasvorwärmers

* bei Verbundlokomotiven

Mitteldrucklokomotiven				Abb. 68	Abb. –	Abb. –	Abb. 69	Abb. 70	Abb. 71	Abb. –	Abb. –
		Bahngesellschaft		D & H	D & H	D & H	D & H	LNER	DR	DR	DR
		Land		USA	USA	USA	USA	England	Deutschland	Deutschland	Deutschland
		Betriebsnummer bzw. Namen		1400	1401	1402	1403	10000	04 001 (02 1001)	04 002 (02 1002)	44 011/012
		Bauart		Mitteldruck	Mitteldruck	Mitteldruck	Mitteldruck	Mitteldruck	Mitteldruck	Mitteldruck	Mitteldruck
		Baureihe, Klasse oder Serie		E-7	E-7	E-7	E-7	10000	04	04	44
		Radsatzfolge		1′D	1′D	1′D	2′D	2′C 11′	2′C 1′	2′C 1′	1′E
		Erstes Baujahr		1924	1927	1930	1933	1929	1932	1932	1932/33
		Lieferfirma		Alco	Alco	Alco	Alco	LNER	Krupp	Krupp	Henschel
		Spurweite	mm	1435	1435	1435	1435	1435	1435	1435	1435
		Achslast (gekuppelte Radsätze)	t	33,8	33,5	34,2	35,5	21,3	18,8	18,9	20,0
Lokomotive	Trieb- und Laufwerk	Anzahl der Zylinder	Stck.	2	2	2	4	4	4	4	4
Lokomotive	Trieb- und Laufwerk	Zylinderdurchmesser	mm	596,9[1]) 1041,4[2])	565,2[1]) 977,9[2])	520,7[1]) 901,7[2])	508,0[1]) 698,5[3]) 838,2[2])	304,8[1]) 508,0[2])	350[1]) 520[2])	350[1]) 520[2])	420[1]) 680[2])
Lokomotive	Trieb- und Laufwerk	Kolbenhub	mm	762,0	762,0	812,8	812,8	660,4	660	660	660
Lokomotive	Trieb- und Laufwerk	Treibraddurchmesser	mm	1447,8	1447,8	1600,2	1600,2	2032,0	2000	2000	1400
Lokomotive	Trieb- und Laufwerk	Laufraddurchmesser	mm	914,4	914,4	838,2	838,2	965,2	1000 1250	1000 1250	1000
Lokomotive	Trieb- und Laufwerk	Fester Radstand	mm	5486,4	5486,4	5486,4	5740,4	4419,6	4500	4500	3400
Lokomotive	Trieb- und Laufwerk	Gesamtradstand	mm	8839,2	8839,2	8839,2	10287,0	12192,0	12000	12000	9650
Lokomotive	Kessel	Kesselüberdruck	bar	24,6	28,1	35,2	35,2	31,6	25	25	25
Lokomotive	Kessel	Rostfläche	m^2	6,6	7,6	7,6	7,0	3,2	4,1	4,1	4,7
Lokomotive	Kessel	Feuerbüchsheizfläche fb.	m^2	104,4	106,8	97,4	89,7	85,4	20,0	20,0	18,0
Lokomotive	Kessel	Verdampfungsheizfläche fb.	m^2	192,9	176,9	222,1	221,7	99,1	188,6	206,8	220,4
Lokomotive	Kessel	Überhitzerheizfläche außen	m^2	53,8	65,0	96,3	100,0	197,5	88,0	84,6	113,0
Lokomotive	Gewichte	Reibungsgewicht	t	135,4	133,8	136,1	142,0	63,5	55,8	54,9	100,0
Lokomotive	Gewichte	Leergewicht	t	–	–	–	–	–	97,3	97,0	105,3
Lokomotive	Gewichte	Dienstgewicht	t	157,9	152,6	161,5	173,3	105,3	105,7	106,3	114,5
Vorräte		Wasser	m^3	34,1	45,4	63,0	63,0	22,7	32,0	32,0	32,0
Vorräte		Kohle	t	13,6	14,5	15,9	15,9	9,1	10,0	10,0	10,0
Vorräte		Heizöl (Holz)	m^3	–	–	–	–	–	–	–	–
Tender		Raddurchmesser	mm	838,2 914,4[4])	838,2 914,4[4])	838,2 914,4[4])	838,2 914,4[4])	1270,0	1000	1000	1000
Tender		Gesamtradstand	mm	7213,6	9372,6	11068,1	11169,7	4876,8	5700	5700	5700
Tender	Gew.	Leergewicht	t	41,7	58,5	56,9	56,8	31,6	31,5	31,5	33,2
Tender	Gew.	Dienstgewicht	t	73,5	98,4	102,8	102,7	63,4	73,8	73,8	75,9
		Gesamtradstand von Lok und Tender	mm	20008,9	22847,3	24396,7	25520,7	19586,6	20225	20225	19175
		Zugkraft (0,75 p bzw. 0,5 p*)	kN	389,2 + 81,6[4])	389,2 + 73,5[4])	389,2 + 81,6[4])	415,0 + 81,6[4])	145,2	112,0	112,0	272,0
		Länge über Puffer	mm	23755,4	26714,5	28359,1	29089,4	22958,4	23905	23905	22675
		Höchstgeschwindigkeit	km/h	–	–	–	–	130	130 (140)	130 (140)	80

1) Hochdruck
2) Niederdruck
3) Mitteldruck
4) Booster

* bei Verbundlokomotiven

	Mittel- und Hochdrucklokomotiven		Abb. –	Abb. 72	Abb. –	Abb. 73	Abb. 74	Abb. –	Abb. 75	Abb. 76
	Bahngesellschaft		DR	DR	DR	DR	PLM	LMS	CP	DR
	Land		Deutschland	Deutschland	Deutschland	Deutschland	Frankreich	England	Kanada	Deutschland
	Betriebsnummer bzw. Namen		24 069	24 070	17 236/239	H 17 206	241.B.1	6399	8000	H 02 1001
	Bauart		Mitteldruck	Mitteldruck	Mitteldruck	Hochdruck	Hochdruck	Hochdruck	Hochdruck	Hochdruck
	Baureihe, Klasse oder Serie		24	24	17^2 (S 10^2)	17^2 (S 10^2)	241.B	–	T-4-a	H 02
	Radsatzfolge		1′C	1′C	2′C	2′C	2′D 1′	2′C	1′E 2′	2′C 1′
	Erstes Baujahr		1932	1933	Umbau 1933	Umbau 1925	1930	1929	1931	1928
	Lieferfirma		Borsig	Borsig	RAW Braunschweig	Henschel	Henschel	NBL	CP	BMA
	Spurweite	mm	1435	1435	1435	1435	1435	1435	1435	1435
	Achslast (gekuppelte Radsätze)	t	15,3	15,2	18,5	20,0	18,5	21,4	29,1	20,0
Lokomotive – Trieb- und Laufwerk	**Anzahl der Zylinder**	Stck.	2	2	3	3	4	3	3	3
	Zylinderdurchmesser	mm	400[1]) 600[2])	380[4])	400[1]) 500[2])	290[1]) 500[2])	240[1]) 560[2])	292,1[1]) 457,2[2])	393,7[1]) 609,6[2])	220[1]) 600[2])
	Kolbenhub	mm	660	660	630	630	650[1]) 700[2])	660,4	711,2[1]) 762,0[2])	660
	Treibraddurchmesser	mm	1500	1500	1980	1980	1800	2057,4	1600,2	2000
	Laufraddurchmesser	mm	850	850	1000	1000	1000 1360	1003,3	838,2 920,8 1143,0	850 1250
	Fester Radstand	mm	3600	3600	4700	4700	5850	4673,6	5029,2	4600
	Gesamtradstand	mm	6300	6300	9150	9150	13 000	8382,0	14 490,7	12 400
Lokomotive – Kessel	**Kesselüberdruck**	bar	25	25	25	60[1]) 14[2])	60[1]) 14[2])	63,3[1]) 17,6[2])	59,8[1]) 17,6[2])	120[1]) 14–15[2])
	Rostfläche	m^2	2,1	2,1	2,9	2,5	3,9	–	7,2	2,4
	Feuerbüchsheizfläche fb.	m^2	8,4	8,4	14,9	{ 20,2[1]) 117,6[2]) 137,8[3])	{ 42,7[1]) 155,8[2]) 198,5[3])	–	{ 69,7[1]) 348,0[2]) 417,7[3])	–
	Verdampfungsheizfläche fb.	m^2	104,1	104,1	161,0			–		71,0[3]) 85,0[3])
	Überhitzerheizfläche außen	m^2	36,6	36,6	36,8	40,0[1]) 39,6[2])	47,0[1]) 48,5[2])	–	87,4[1]) 102,4[2])	90,0[1]) 32,0[2])
Lokomotive – Gewichte	**Reibungsgewicht**	t	45,7	45,5	55,5	60,2	73,2	64,1	145,4	60,0
	Leergewicht	t	53,5	52,9	78,1	85,6	106,2	–	–	109,7
	Dienstgewicht	t	58,5	57,9	85,3	92,1	116,0	88,5	224,7	114,0
Vorräte	**Wasser**	m^3	16,0	16,0	31,5	31,5	–	15,9	54,6	32,0
	Kohle	t	6,0	6,0	7,0	7,0	–	5,6	–	10,0
	Heizöl (Holz)	m^3	–	–	–	–	–	–	19,8	–
Tender	**Raddurchmesser**	mm	1000	1000	1000	1000	–	1295,4	920,8	1000
	Gesamtradstand	mm	3800	3800	5600	5600	–	3962,4	8534,4	5700
Tender – Gew.	**Leergewicht**	t	21,3	21,3	26,4	28,1	–	22,9	62,6	31,5
	Dienstgewicht	t	43,3	43,3	64,9	66,6	–	44,4	137,0	73,8
	Gesamtradstand von Lok und Tender	mm	13 270	13 270	17 470	17 470	–	16 084,6	26 816,1	20 315
	Zugkraft (0,75 p bzw. 0,5 p*)	kN	99,0	79,4	149,1	179,0	365,9	150,6	408,2	115,0
	Länge über Puffer	mm	16 995	16 995	21 200	21 200	–	19 586,6	30 260,9	23 935
	Höchstgeschwindigkeit	km/h	90	90	110	110	110	–	–	120

[1]) Hochdruck
[2]) Niederdruck
[3]) Hochdruck- und Luftvorwärmer
[4]) Gleichstromzylinder Bauart Wagner

* bei Verbundlokomotiven

Hochdrucklokomotiven und Lokomotiven mit interessanten Kessel- und Feuerungssystemen				Abb. 77	Abb. 79	Abb. 80	Abb. 84	Abb. 85	Abb. 86	Abb. 87	Abb. 88
		Bahngesellschaft		LBE (DR)	Versuchsausf. Winterthur	SNCF	P & R	ERIE	VR	SNCB	SJ
		Land		Deutschland	Schweiz	Frankreich	USA	USA	Finnland	Belgien	Schweden
		Betriebsnummer bzw. Namen		I-DM (Kd 4994)	–	232.P.1	700	2600–2602	760	196 (1. Lok)	624
		Bauart		Hochdruck	Hochdruck	Hochdruck	Camelback	Camel-Mallet	Holz-feuerung	Torf-feuerung	Torfstaub-feuerung
		Baureihe, Klasse oder Serie		DM (Kd)	–	232.P	L-8-a	–	Hv4	12	Kf
		Radsatzfolge		B	1′C 1′	2′Co 2′	2′C	D′D	2′C	1 B 1	C 1
		Erstes Baujahr		1934	1926/27	1943	1906	1907	1933	1888	Umbau 1917
		Lieferfirma		Henschel	SLM	SACM, Fives-Lille, Schneider u. SLM	Baldwin	Alco	Lokomo	St. Léonard	Motala
		Spurweite	mm	1435	1435	1435	1435	1435	1524	1435	1435
		Achslast (gekuppelte Radsätze)	t	8,5	17,5	21,6	22,9	23,3	11,0	17,3	14,5
Lokomotive	Trieb- und Laufwerk	Anzahl der Zylinder	Stck.	–	3	6 x 3	2	4	2	2	2
		Zylinderdurchmesser	mm	–	215	150	533,4	635,0 1) 990,6 2)	450	500	450
		Kolbenhub	mm	–	350	255	660,4	711,2	610	600	559
		Treibraddurchmesser	mm	850	1520	1550	1739,3	1295,4	1575	2100	1386
		Laufraddurchmesser	mm	–	850	950	–	–	860	1200	730
		Fester Radstand	mm	2500	4050	4100	–	–	3810	2160	3700
		Gesamtradstand	mm	2500	9500	12700	–	11938,0	7122	6560	5500
	Kessel	Kesselüberdruck	bar	120	60	60 1) 20 2)	14,1	15,1	12	12	11
		Rostfläche	m²	–	1,3	3,5	7,9	9,3	1,5	2,9	1,7
		Feuerbüchsheizfläche fb.	m²	–	97,0	29,0 + 15,0 3)	220,6	493,7	8,6	12,9	7,3
		Verdampfungsheizfläche fb.	m²	–		100,0 1) 115,0 2)			87,9	100,5	80,4
		Überhitzerheizfläche außen	m²	–	20,0	42,0	–	–	26,0	–	–
	Gewichte	Reibungsgewicht	t	16,9	48,0	65,0	68,6	186,0	32,7	34,4	42,9
		Leergewicht	t	14,5	62,8	113,0	–	–	–	53,6	41,9
		Dienstgewicht	t	16,9	75,5	126,0	88,9	186,0	48,1	56,6	53,1
Vorräte		Wasser	m³	1,0	6,1	35,0	–	38,6	9,0	14,0	–
		Kohle (Torf bzw. Torf- und Kohlenstaub)	t	–	2,7	9,0	–	–	–	(3,0)	–
		Heizöl (Holz)	m³	0,3	–	–	–	–	(5,0)	–	–
Tender		Raddurchmesser	mm	–	–	–	–	–	960	980	–
		Gesamtradstand	mm	–	–	6550	–	–	2750	3535	–
	Gew.	Leergewicht	t	–	–	30,0	–	–	11,5	16,7	–
		Dienstgewicht	t	–	–	72,0	–	76,1	25,5	33,7	–
		Gesamtradstand von Lok und Tender	mm	–	–	21605	–	21488,4	12204	13665	–
		Zugkraft (0,75 p bzw. 0,5 p*)	kN	28,0	71,8	149,9	129,0	430,0	80,0	64,3	59,0
		Länge über Puffer	mm	6640	13140	25000	–	–	–	17679	10300
		Höchstgeschwindigkeit	km/h	60	75	130	–	–	–	110	60

1) Hochdruck
2) Niederdruck
3) Verbrennungskammer

* bei Verbundlokomotiven

Lokomotiven mit interessanten Kessel- und Feuerungssystemen			Abb. 89	Abb. 90	Abb. 91	Abb. –	Abb. 94			
	Bahngesellschaft		DR	DR	DR	DR (DDR)	DB			
	Land		Deutschland	Deutschland	Deutschland	DDR	Deutschland			
	Betriebsnummer bzw. Namen		56 2906	58 1353	05 003	08 1001	–			
	Bauart		AEG-Kohlenstaubfeuerung	Stug-Kohlenstaubfeuerung	AEG-Steinkohlenstaubfeuer.	Wendler-Kohlenstaubfeuer.	Ölfeuerung			
	Baureihe, Klasse oder Serie		G 8^2	G 12	05	08^{10} (241.A.21)[1]	41 (042)			
	Radsatzfolge		1′D	1′E	2′C 2′	2′D 1′	1′D 1′			
	Erstes Baujahr		1927	Umbau 1928–30	1937	–	Umbau 1958			
	Lieferfirma		AEG	Henschel	Dorsig		Henschel, Esslingen			
	Spurweite	mm	1435	1435	1435	1435	1435			
	Achslast (gekuppelte Radsätze)	t	17,6	16,9	19,0	21,7	19,0			
Lokomotive – Trieb- und Laufwerk	**Anzahl der Zylinder**	Stck.	2	3	3	4	2			
Lokomotive – Trieb- und Laufwerk	**Zylinderdurchmesser**	mm	630	570	450	425[2] 660[3]	520			
Lokomotive – Trieb- und Laufwerk	**Kolbenhub**	mm	660	660	660	720	720			
Lokomotive – Trieb- und Laufwerk	**Treibraddurchmesser**	mm	1400	1400	2300	1950	1600			
Lokomotive – Trieb- und Laufwerk	**Laufraddurchmesser**	mm	1000	1000	1100	920 1080	1000 1250			
Lokomotive – Trieb- und Laufwerk	**Fester Radstand**	mm	4500	4500	5100	6150	3700			
Lokomotive – Trieb- und Laufwerk	**Gesamtradstand**	mm	7000	8500	13 825	13 170	12 050			
Lokomotive – Kessel	**Kesselüberdruck**	bar	14	14	20	16	16			
Lokomotive – Kessel	**Rostfläche**	m^2	–	–	–	–	3,9			
Lokomotive – Kessel	**Feuerbüchsheizfläche fb.**	m^2	12,8	14,2	22,7	–	21,2			
Lokomotive – Kessel	**Verdampfungsheizfläche fb.**	m^2	167,0	195,0	227,9	–	177,5			
Lokomotive – Kessel	**Überhitzerheizfläche außen**	m^2	53,0	68,4	81,9	–	95,8			
Lokomotive – Gewichte	**Reibungsgewicht**	t	70,2	81,7	56,0	82,4	74,3			
Lokomotive – Gewichte	**Leergewicht**	t	75,6	–	115,0	111,6	93,1			
Lokomotive – Gewichte	**Dienstgewicht**	t	83,5	94,3	125,0	121,7	101,3			
Vorräte	**Wasser**	m^3	14,5	15,5	35,0	–	34,0			
Vorräte	**Kohle (Torf bzw. Torf- und Kohlenstaub)**	t	(6,0)	(6,0)	(10,0)	–	–			
Vorräte	**Heizöl (Holz)**	m^3	–	–	–	–	12,0			
Tender	**Raddurchmesser**	mm	1000	1000	1100	1000	1000			
Tender	**Gesamtradstand**	mm	3900	3900	6150	5700	5700			
Tender – Gew.	**Leergewicht**	t	29,2	30,5	43,0	–	–			
Tender – Gew.	**Dienstgewicht**	t	49,7	52,0	88,0	–	–			
	Gesamtradstand von Lok und Tender	mm	13 875	15 395	22 400	21 370	20 175			
	Zugkraft (0,75 p bzw. 0,5 p*)	kN	156,5	240,0	139,5	128,7	146,1			
	Länge über Puffer	mm	16 975	18 495	27 000	24 800	23 905			
	Höchstgeschwindigkeit	km/h	65	65	175	110	90			

[1]) nach dem II. Weltkrieg in der DDR verbliebene SNCF-Lok 241.A.21
[2]) Hochdruck
[3]) Niederdruck

* bei Verbundlokomotiven

		Mehrachsige Steifrahmenlokomotiven		Abb. 95	Abb. –	Abb. –	Abb. 96	Abb. 97	Abb. –	Abb. –	Abb. –
		Bahngesellschaft		WüStB	WüStB	BHL	Appenzeller Tramway	SäStB	PrStB	PrStB	DR
		Land		Deutschland	Deutschland	Jugoslawien	Schweiz	Deutschland	Deutschland	Deutschland	Deutschland
		Betriebsnummer bzw. Namen		–	DR 99171–99173	189 (JŽ)	1–3	1351–1352	DR 99431–99446	DR 99181–99183	87001–87016
		Bauart		Klose	Klose	Klose	Klose	Klien-Lindner	Luttermöller	Luttermöller	Luttermöller
		Baureihe, Klasse oder Serie		G	Ts 4	IIIa4	–	XV HTV	T 39	T 40	87
		Radsatzfolge		E	D	C 1′	B 1′az	CC	E	E	E
		Erstes Baujahr		1892	1891	1885	1888	1916	1919	1923	1926
		Lieferfirma		Esslingen	Esslingen	Krauss	SLM	Hartmann	O & K	O & K	O & K
		Spurweite	mm	1435	1000	760	1000	1435	785	1000	1435
		Achslast (gekuppelte Radsätze)	t	13,7	7,4	6,4	11,0	15,5	8,1	7,5	17,4
Lokomotive	Trieb- und Laufwerk	Anzahl der Zylinder	Stck.	3	2	2	4	4	2	2	2
		Zylinderdurchmesser	mm	480	340	290	360	440[1]) 680[2])	450	400	600
		Kolbenhub	mm	612	500	450	400	630	450	450	550
		Treibraddurchmesser	mm	1230	900	900	815	1400	820	850	1100
		Laufraddurchmesser	mm	–	–	650	560	–	–	–	–
		Fester Radstand	mm	2610	4000	–	3000[3])	7500	2200	2100	3400
		Gesamtradstand	mm	6000	4000	6000	6000	11100	4144	4180	6200
	Kessel	Kesselüberdruck	bar	12	12	12	12	15	13	12	14
		Rostfläche	m²	2,2	1,0	0,9	1,4	2,5	1,4	1,0	2,3
		Feuerbüchsheizfläche fb.	m²	10,4	70,6	3,9	6,0	11,3	4,9	4,4	10,0
		Verdampfungsheizfläche fb.	m²	187,2		54,9	82,0	116,2	44,6	31,6	117,3
		Überhitzerheizfläche außen	m²	–	–	–	–	40,9	21,5	16,0	47,0
	Gewichte	Reibungsgewicht	t	68,5	29,4	19,2	22,0	92,2	40,0	37,3	85,6
		Leergewicht	t	61,7	19,7	19,0	28,3	74,6	31,3	28,5	68,0
		Dienstgewicht	t	68,5	29,4	25,6	35,3	92,2	40,0	37,3	85,6
Vorräte		Wasser	m³	10,0	4,6	2,7	3,0	8,5	4,5	5,0	9,0
		Kohle	t	6,0	2,5	2,0	1,0	2,2	1,8	2,5	3,0
		Heizöl (Holz)	m³	–	–	–	–	–	–	–	–
Tender		Raddurchmesser	mm	1045	–	–	–	–	–	–	–
		Gesamtradstand	mm	3000	–	–	–	–	–	–	–
	Gew.	Leergewicht	t	11,7	–	–	–	–	–	–	–
		Dienstgewicht	t	27,7	–	–	–	–	–	–	–
		Gesamtradstand von Lok und Tender	mm	12425	–	–	–	–	–	–	–
		Zugkraft (0,75 p bzw. 0,5 p*)	kN	154,8	57,8	37,8	57,2	130,0	108,3	76,2	189,0
		Länge über Puffer	mm	17024	–	9234	9320	14660	9304	8929	13300
		Höchstgeschwindigkeit	km/h	45	–	–	30[4]) 18[5])	70	25	30	45

1) Hochdruck
2) Niederdruck
3) Lenkachse
4) Reibung
5) Zahnrad

* bei Verbundlokomotiven

Abb. 98	Abb. 99	Abb. 100	Abb. 101	Abb. –	Abb. 102	Abb. –	Abb. 103	Abb. 104	Abb. 105	Abb. 106	Abb. 107	Abb. 108
DR	DM & IR	kkStB	kkStB	WüStB	BDŽ	BDŽ	SNCF	UP	SZD	PLM	B & O	PRR
Deutschland	USA	Österreich	Österreich	Deutschland	Bulgarien	Bulgarien	Frankreich	USA	Rußland	Frankreich	USA	USA
84003 + 84004	90–93	180.01–180.181	100.01	DR 59001–59044	–	–	160.A.1	9000–9014	Alexander Andrejew	151.A.1	5600	6100
Luttermöller	–	Gölsdorf	–	–	–	–	–	–	–	Nonarticulated	Nonarticulated	Nonarticulated
84	S 6	180	100	K (59°)	T $\frac{6}{6}$ C	46	160.A	9000	AR	151.A	N-1	S-1
1′E 1′	E	E	1 F	1′F	F	1′F 2′	1′F	2′F 1′	2′G 2′	1′BC 1′	2′BB 2′	3′BB 3′
1934	1928	1900	1911	1918	1922	1931	1940	1926	1935	1930	1937	1938
O & K	Baldwin	WLF	WLF	Esslingen	Hanomag	Cegielski	SNCF	Alco	Lugansk	Schneider	B & O	PRR
1435	1435	1435	1435	1435	1435	1435	1435	1435	1524	1435	1435	1435
18,3	32,0	13,1	13,9	16,0	20,0	17,0	20,0	29,0	20,0	18,7	27,0	33,5
2	2	2	4	4	2	2	6	3	2	4	4	4
600	711,2	560[1] 850[2]	450[1] 760[2]	510[1] 750[2]	620[1] 900[2]	700	520[1] 640[2]	685,8	740	480[1] 745[2]	457,2	558,8
660	762,0	632	680	650	700	700	540[1] 650[2]	812,8[1] 787,4[2]	810	650[1] 700[2]	673,1	660,4
1400	1447,8	1258	1450	1350	1340	1340	1400	1701,8	1600	1500	1930,4	2133,6
850	–	–	1034	943	–	850	860	762,0 1143,0	–	860 1260	914,4 1066,8	914,4 1066,8
3300	3098,8	2800	4590	4500	4335	4800	3780	5334,0	–	5550	2006,6	8077,2
11700	6350,0	5600	10100	9900	7225	14500	10780	15951,2	17320	12800	14795,2	19608,8
16	17,2	13	16	15	15	16	18	15,5	17	20	24,6	21,1
3,8	6,8	3,0	5,0	4,2	4,6	4,9	4,4	10,1	12	5,0	7,5	12,3
14,2	31,9	11,7	15,7	15,5	252,5	17,4	23,1	49,1	55,0	23,2	62,9	61,3
210,0	357,2	171,0	208,4	216,5		224,1	250,5	494,6	393,0	220,5	392,0	464,6
85,0	108,7	–	59,7	80,0	–	83,9	72,1[1] 110,6[2]	237,8	172,0	91,6	121,9	193,7
92,5	159,8	65,7	82,2	94,6	100,7	101,7	120,0	166,7	138,9	92,7	108,0	127,7
102,0	–	59,0	88,3	98,2	76,5	111,0	125,5	–	179,8	110,0	–	245,3
127,2	159,8	65,7	95,8	108,0	100,7	149,0	137,6	224,5	206,0	122,4	175,5	275,9
14,0	37,9	16,7	16,0	20,0	12,0	18,0	38,0	68,1	52,3	–	75,7	91,7
3,0	12,7	6,8	6,8	6,0	5,0	10,0	11,0	20,0	24,2	–	20,0	24,0
–	–	–	–	–	–	–	–	–	–	–	–	–
–	838,2	1034	1034	1000	–	–	–	838,2	–	–	914,4	914,4
–	8496,3	3200	3200	4600	–	–	6550	8128,0	9602	–	12496,8	13258,8
–	34,0	15,7	17,0	20,0	–	–	37,0	42,1	58,5	–	67,6	89,4
–	84,6	39,2	39,0	46,0	–	–	86,0	130,2	123,9	–	163,3	204,9
–	20117,8	12662	15936	17180	–	–	–	27901,9	32140	–	30765,8	37725,4
212,0	389,1	118,0	216,7	203,1	158,7	307,2	296,5	438,4	397,0	299,2	294,8	326,1
15550	25419,1	17286	19330	20190	14400	18205	–	31435,7	33724	–	–	42736,1
70	–	50	60	65	45	65	90	97	60	80	145	160

[1]) Hochdruck
[2]) Niederdruck

Mehrachsige Steifrahmenlokomotiven				Abb. –	Abb. –	Abb. –	Abb. 109				
		Bahngesellschaft		PRR	PRR	PRR	PRR				
		Land		USA	USA	USA	USA				
		Betriebsnummer bzw. Namen		6110/11	5500–5549	6130	6131, 6175–6199				
		Bauart		Nonarticulated	Nonarticulated	Nonarticulated	Nonarticulated				
		Baureihe, Klasse oder Serie		T-1	T-1	Q-1	Q-2				
		Radsatzfolge		2′BB 2′	2′BB 2′	2′CB 2′	2′BC 2′				
		Erstes Baujahr		1942	Nachbau 1945	1942	1944				
		Lieferfirma		Baldwin	PRR und Baldwin	PRR	PRR				
		Spurweite	mm	1435	1435	1435	1435				
		Achslast (gekuppelte Radsätze)	t	30,6	31,6	33,4	36,3				
Lokomotive	Trieb- und Laufwerk	Anzahl der Zylinder	Stck.	4	4	4	4				
Lokomotive	Trieb- und Laufwerk	Zylinderdurchmesser	mm	476,3	476,3	495,3 2) 584,2 3)	501,7 2) 603,3 3)				
Lokomotive	Trieb- und Laufwerk	Kolbenhub	mm	660,4	660,4	660,4 2) 711,2 3)	711,2 2) 736,6 3)				
Lokomotive	Trieb- und Laufwerk	Treibraddurchmesser	mm	2032,0	2032,0	1955,8	1752,6				
Lokomotive	Trieb- und Laufwerk	Laufraddurchmesser	mm	914,4 1066,8	914,4 1066,8	914,4 1143,0 1270,0	914,4 1117,6				
Lokomotive	Trieb- und Laufwerk	Fester Radstand	mm	7721,6	7721,6	8178,8	8039,1				
Lokomotive	Trieb- und Laufwerk	Gesamtradstand	mm	15824,2	15824,2	16713,2	16294,1				
Lokomotive	Kessel	Kesselüberdruck	bar	21,1	21,1	21,1	21,1				
Lokomotive	Kessel	Rostfläche	m^2	8,5	8,5	9,1	11,3				
Lokomotive	Kessel	Feuerbüchsheizfläche fb.	m^2	45,5	45,5	53,9	67,4				
Lokomotive	Kessel	Verdampfungsheizfläche fb.	m^2	345,5	345,5	458,7	557,4				
Lokomotive	Kessel	Überhitzerheizfläche außen	m^2	132,8	132,8	212,7	252,7				
Lokomotive	Gewichte	Reibungsgewicht	t	121,7	123,5	160,9	178,3				
Lokomotive	Gewichte	Leergewicht	t	206,7	213,1	244,9	253,2				
Lokomotive	Gewichte	Dienstgewicht	t	225,5	231,7	269,2	280,8				
Vorräte		Wasser	m^3	72,7	72,7	72,5	72,5				
Vorräte		Kohle	t	38,6	38,6	37,5	34,0				
Vorräte		Heizöl (Holz)	m^3	–	–	–	–				
Tender		Raddurchmesser	mm	914,4	914,4	914,4	914,4				
Tender		Gesamtradstand	mm	11887,2	11887,2	11887,2	11887,2				
Tender	Gew.	Leergewicht	t	89,5	89,5	87,1	84,8				
Tender	Gew.	Dienstgewicht	t	200,7	200,7	197,0	191,4				
		Gesamtradstand von Lok und Tender	mm	32613,6	32613,6	32791,4	32804,1				
		Zugkraft (0,75 p bzw. 0,5 p*)	kN	264,4	264,4	371,0	457,2				
		Zugkraft für Booster	kN	61,3 1)	–	51,0	68,0				
		Gesamtzugkraft	kN	325,7 1)	–	422,0	525,2				
		Länge über Puffer	mm	37433,3	37817,4	37433,3	37976,2				
		Höchstgeschwindigkeit	km/h	160	160	105	90				

1) nur Lok 6111 besaß Booster
2) Hochdruck
3) Niederdruck

* bei Verbundlokomotiven

		Gelenklokomotiven		Abb. –	Abb. 110	Abb. 111	Abb. 112	Abb. 113	Abb. –	Abb. –	Abb. 114
		Bahngesellschaft		BHL	SäStB	McCR	MR	D & PCR	NOJ	SäStB	SäStB
		Land		Jugoslawien	Deutschland	USA	Mexiko	Neuseeland	Schweden	Deutschland	Deutschland
		Betriebsnummer bzw. Namen		1 + 2 bis 15 + 16	19	–	–	Josephine	Malilla	18 + 19	DR 99 161–99 163
		Bauart		Doppellok	Doppellok	Doppellok	Double Fairlie	Double Fairlie	Double Fairlie	Double Fairlie	Double Fairlie
		Baureihe, Klasse oder Serie		IIa2	IIK	–	–	E		IIK	IM (DR 99^{16})
		Radsatzfolge		B + B	C + C	C + C	C'C'	B'B'	B'B'	B'B'	B'B'
		Erstes Baujahr		1881	1881	1900	1889	1872	1874	1885	1902
		Lieferfirma		Krauss	Hartmann	Baldwin	NBL	Vulcan	Hawthorn	Hawthorn	Hartmann
		Spurweite	**mm**	760	750	1435	1435	1067	1435	750	1000
		Achslast (gekuppelte Radsätze)	**t**	6,1	5,3	24,5	15,6	6,4	6,9	7,2	10,5
Lokomotive	**Trieb- und Laufwerk**	**Anzahl der Zylinder**	**Stck.**	2 x 2	2 x 2	2 x 4	4	4	4	4	4
		Zylinderdurchmesser	**mm**	240	240	292,1[1]) 482,6[2])	406,4	254,0	254,0	209,6	280[1]) 430[2])
		Kolbenhub	**mm**	300	380	508,0	558,8	457,2	457,2	355,6	380
		Treibraddurchmesser	**mm**	750	760	1016,0	000,6	1143,0	1066,8	812,8	760
		Laufraddurchmesser	**mm**	–	–	–	–	–	–	–	–
		Fester Radstand	**mm**	1700	1800	2971,8	2514,6	1524,0	1524,0	1371,6	1116
		Gesamtradstand	**mm**	6300	–	11 684,0	9880,6	6019,8	5969,0	5689,6	7600
	Kessel	**Kesselüberdruck**	**bar**	12	12	14,1	11,6	9,1	9,1	10	14
		Rostfläche	**m²**	2 x 0,5	2 x 0,7	2 x 2,4	3,1	1,0	0,9	1,2	1,9
		Feuerbüchsheizfläche fb.	**m²**	2 x 29,2	2 x 3,1	2 x 13,7	16,7	6,5	6,3	6,0	7,8
		Verdampfungsheizfläche fb.	**m²**		2 x 26,6	2 x 181,3	142,3	70,8	69,0	51,8	71,3
		Überhitzerheizfläche außen	**m²**	–	–	–	–	–	–	–	–
	Gewichte	**Reibungsgewicht**	**t**	2 x 12,1	–	2 x 73,3	93,5	25,4	27,5	28,9	41,8
		Leergewicht	**t**	2 x 9,6	–	–	–	–	–	22,3	33,1
		Dienstgewicht	**t**	2 x 12,1	2 x 16	2 x 73,3	93,5	25,4	27,5	28,9	41,8
Vorräte		**Wasser**	**m³**	2 x 1,3	–	9,1	13,0	4,4	3,9	2,9	3,2
		Kohle	**t**	2 x 0,75	–	–	3,8	0,9	0,7	1,0	1,4
		Heizöl (Holz)	**m³**	–	–	–	–	–	–	–	–
		Zugkraft (0,75 p bzw. 0,5 p*)	**kN**	41,5	–	164,2	151,0	35,2	37,7	28,8	65,0
		Länge über Puffer	**mm**	9610	–	–	–	–	8991,6	8483,6	–
		Höchstgeschwindigkeit	**km/h**	–	–	52	64	56	60	30	30

[1]) Hochdruck
[2]) Niederdruck

* bei Verbundlokomotiven

Gelenklokomotiven			Abb. –	Abb. –	Abb. 115	Abb. –	Abb. 116	Abb. 117	Abb. 118	Abb. –
	Bahngesellschaft		P & CR	(NSB) S & WR	WAGR	P & T	FCS	NWNGR	NZR	NZR
	Land		Peru	Australien	Australien	Rußland	Chile	Irland	Neuseeland	Neuseeland
	Betriebsnummer bzw. Namen		Pimentel	–	7 + 20	–	33–37	Snowdon Ranger	–	–
	Bauart		Double Fairlie	Double Fairlie	Double Fairlie	Double Fairlie	Double Fairlie	Single Fairlie	Single Fairlie	Single Fairlie
	Baureihe, Klasse oder Serie		–	–	E	–	–	–	R	S
	Radsatzfolge		B′B′	B′B′	(1′B)(B1′)	C′C′	(1′C)(C1′)	C′2′	C′2′	C′2′
	Erstes Baujahr		1873	1874	1879	1874	Umbau 1881	1875	1878	1880
	Lieferfirma		Vulcan	Vulcan	Avonside	Yorkshire	Yorkshire	Vulcan	Avonside	Avonside
	Spurweite	mm	914	1067	1067	1524	1435	600	1067	1067
	Achslast (gekuppelte Radsätze)	t	7,5	8,8	6,5	13,0	13,1	3,2	3,0	7,8
Lokomotive – Trieb- und Laufwerk	Anzahl der Zylinder	Stck.	4	4	4	4	4	2	2	2
	Zylinderdurchmesser	mm	254,0	279,4	254,0	431,8	431,8	215,9	311,2	330,2
	Kolbenhub	mm	457,2	457,2	457,2	558,8	558,8	355,6	406,4	406,4
	Treibraddurchmesser	mm	990,6	990,6	990,6	1143,0	1143,0	762,0	914,4	927,1
	Laufraddurchmesser	mm	–	–	609,6	–	812,8	482,6	914,4	673,1
	Fester Radstand	mm	1524,0	1524,0	1524,0	2590,8	2590,8	1828,8	2057,4	2057,4
	Gesamtradstand	mm	6121,4	6299,2	9321,8	9728,2	13639,8	4559,3	6502,4	7188,2
Lokomotive – Kessel	Kesselüberdruck	bar	9,1	9,8	8,4	11,2	11,2	11,2	9,1	11,2
	Rostfläche	m^2	1,0	1,4	1,2	3,1	3,1	0,5	1,1	1,3
	Feuerbüchsheizfläche fb.	m^2	6,5	7,9	77,7	192,8	192,8	34,0	56,5	6,0
	Verdampfungsheizfläche fb.	m^2	70,5	79,5						55,5
	Überhitzerheizfläche außen	m^2	–	–	–	–	–	–	–	–
Lokomotive – Gewichte	Reibungsgewicht	t	30,0	35,2	–	78,2	78,8	9,7	–	23,5
	Leergewicht	t	22,4	27,0	–	56,4	64,0	–	–	–
	Dienstgewicht	t	30,0	35,2	34,0	78,2	86,4	14,3	30,5	37,8
Vorräte	Wasser	m^3	3,4	3,4	4,5	12,1	12,1	1,6	3,5	5,2
	Kohle	t	0,8	1,0	0,7	2,3	2,3	–	–	2,8
	Heizöl (Holz)	m^3	–	–	–	–	–	–	–	–
	Zugkraft (0,75 p bzw. 0,5 p*)	kN	40,6	53,0	37,5	174,0	174,0	18,3	29,4	43,0
	Länge über Puffer	mm	–	10007,6	11379,2	–	–	–	–	10210,8
	Höchstgeschwindigkeit	km/h	45	45	45	50	50	40	56	56

* bei Verbundlokomotiven

Abb. 123	Abb. 124	Abb. –	Abb. 125	Abb. 126	Abb. 127	Abb. 128	Abb. 129	Abb. 130	Abb. 131	Abb. 132	Abb. 133	Abb. –
BR	SAR	SAR	SAR	MC	CMS	CGCB	SäStB	Georgs-marienhütte	–	SVRR	Ceinture	FCA
Burma	Südafrika	Südafrika	Südafrika	Mexiko	Frankreich	Belgien	Deutschland	Deutschland	England	USA	Frankreich	Spanien
–	2310	2320–2323	1380–1390	–	–	300	DR 98001–98015	–	High Ranger	E. T. Johnson	6121–6168	062-0401/062-0406
Modified Fairlie	Modified Fairlie	Modified Fairlie	Modified Fairlie	Johnstone Fairlie	Péchot	Meyer	Meyer	Meyer	Improved Meyer	Improved Meyer	Du Bousquet	Du Bousquet
–	FC	FD	HF	–	–	–	ITV (DR 98⁰)	–	–	–	–	062
C′C′	(1′C1′)(1′C1′)	(1′C1′)(1′C1′)	(1′D1′)(1′D1′)	(1′C)(C1′)	B′B′	C′C′	B′B′	B′B′	C′C′	C′C′	(C1′)(1′C)	(C1′)(1′C)
1901	1925	1926	1927	1892	1888	1873	1910	1896	1914	1892	1905	1908
Vulcan	NBL	NBL	Henschel	RILW	Cail	–	Hartmann	Jung	Barclay	Baldwin	Batignolles	SACM
1000	1067	1067	1067	1435	600	1435	1435	600	610	1435	1435	1676
10,3	10,7	12,5	13,3	16,1	3,1	12,0	15,1	5,0	3,5	11,3	12,6	13,0
4	4	4	4	8	4	4	4	4	4	8	4	4
355,6	355,6	381,0	457,2	330,2 1) 711,2 2)	180	440	360 1) 570 2)	225 1) 340 2)	190,5	241,3 1) 406,4 2)	400 1) 630 2)	400 1) 630 2)
508,0	584,2	609,6	609,6	609,6	240	600	630	350	304,8	457,2	680	630
990,6	1085,9	1155,7	1100,4		650	1200	1260	700	635,0	1219,2	1455	1350
–	723,9	723,9	723,9	–	–	–	–	–	–	–	850	850
2311,4	2438,4	2590,8	3886,2	–	900	2660	2000	1000	1524,0	2286,0	3070	3470
10858,5	17272,0	17856,2	21285,2	10033,0	3800	8720	7700	5000	5803,9	8229,6	12390	12590
12,7	12,7	12,7	12,7	12,7	12	8	13	12	11,2	12,7	16	16
2 x 1,2	3,2	3,8	4,9	–	0,5	3,3	1,6	1,0	0,7	–	3,0	3,5
2 x 6,4	14,4	17,7	15,2	–	3,6	205,9	6,8	44,4	41,2	–	12,0	14,0
2 x 52,6	114,5	144,5	195,5	–	22,0		92,5			–	175,5	172,0
–	26,0	33,6	53,6	–	–	–	–	–	–	–	–	–
61,5	63,9	74,0	104,4	96,5	12,3	72,0	60,2	20,0	20,8	68,0	75,3	78,0
51,4	76,8	86,2	115,8	–	10,0	–	49,2	16,0	17,3	–	78,0	80,0
61,5	101,3	115,9	152,5	113,8	12,3	72,0	60,2	20,0	20,8	68,0	106,7	94,0
2,3	13,6	17,3	20,9	–	1,7	7,5	5,0	2,0	1,9	–	12,8	2,8
2,5	5,1	5,1	9,1	–	0,6	3,0	1,8	0,9	–	–	5,0	4,0
–	–	–	–	–	–	–	–	–	1,4	–	–	–
123,0	129,1	145,3	207,0	–	21,5	116,2	85,0	34,7	33,3	157,3	241,0	173,9
15900,4	19431,0	20015,2	23641,1	–	5762 3)	12780	11624	6820	–	–	16180	16206
50	72	72	72	–	12	–	50	–	30	–	65	65

1) Hochdruck
2) Niederdruck
3) Länge über die Laufblechstirnkanten gemessen

Gelenklokomotiven				Abb. 134	Abb. 135	Abb. –	Abb. 137	Abb. 138	Abb. 139	Abb. –	Abb. 140
		Bahngesellschaft		FN	FCLBA	LR	Antofagasta & Bolivia	FCTC	TGR	SAR	SAR
		Land		Kolumbien	Spanien	Brasilien	Chile	Chile/ Argentinien	Australien	Südafrika	Südafrika
		Betriebsnummer bzw. Namen		–	180-0401/ 180-0403	–	51	–	1 + 2	4051–4170	2572–2596
		Bauart		Kitson-Meyer	Kitson-Meyer	Modified Kitson-Meyer	Livesey-Kitson	Meyer-Kitson Zahnradlok	Garratt	Garratt	Garratt
		Baureihe, Klasse oder Serie		–	180	–	–	–	K	GMA (GMAM)	GO
		Radsatzfolge		(1′C)(C1′)	(1′D)D	(1′C)(C2′)	(1′C)(1′C)	$(Da_z)(2b_z)$	B′B′	(2′D1′)(1′D2′)	(2′D1′)(1′D2′)
		Erstes Baujahr		1927	1908	1908	1911	1911	1909	1952	1954
		Lieferfirma		Kitson	Kitson	Kitson	Beyer, Peacock	Kitson	Beyer, Peacock	Henschel	Henschel
		Spurweite	mm	914	1676	1000	760	1000	610	1067	1067
		Achslast (gekuppelte Radsätze)	t	15,4	11,5	9,5	13,1	–	9,0	15,6	13,6
Lokomotive	Trieb- und Laufwerk	Anzahl der Zylinder	Stck.	4	4	4	4	4 + 2[4][5][6]	4	4	4
		Zylinderdurchmesser	mm	387,4	374	355,6	457,2	419,1[4] 469,9[5] 330,2[6]	279,4[1] 431,8[2]	520,7	469,9
		Kolbenhub	mm	508,0	609	457,2	508,0	482,6[4][5] 355,6[6]	406,4	660,4	660,4
		Treibraddurchmesser	mm	952,5	1219	882,7	1117,6	914,4	800,1	1371,6	1371,6
		Laufraddurchmesser	mm	660,4	838	660,4	711,2	914,4	–	762,0	762,0
		Fester Radstand	mm	2514,6	3040	2438,0	2743,2	3200,4[5] 2717,8[6]	1219,2	4394,2	4394,2
		Gesamtradstand	mm	13487,4	14990	12851,0	13716,0	9715,5	8153,4	26314,4	26314,4
	Kessel	Kesselüberdruck	bar	13,4	15	12,3	11,2	14,1	13,7	14,1	14,1
		Rostfläche	m^2	3,3	3,2	2,3	3,9	2,8	1,4	5,9	5,3
		Feuerbüchsheizfläche fb.	m^2	15,4	13,0	10,0	14,2	13,0	5,6	19,7	18,6
		Verdampfungsheizfläche fb.	m^2	152,0	163,6	110,0	160,3	176,5	52,8	278,4	225,3
		Überhitzerheizfläche außen	m^2	35,3	–	–	3,7	–	–	59,1	50,7
	Gewichte	Reibungsgewicht	t	92,5	92,0	56,9	75,7	–	34,1	123,8 (124,1)	108,5
		Leergewicht	t	74,2	82,0	56,9	–	–	–	157,8	148,1
		Dienstgewicht	t	95,9	102,6	81,3	96,2	–	34,1	190,1 (194,5)	174,9
Vorräte		Wasser	m^3	11,4	12,7	13,6	–	–	3,8	7,5 (9,5)	7,5
		Kohle	t	3,6	6,0	5,1	6,1 + 4,1[3]	–	1,0	11,8 (14,2)	11,2
		Heizöl (Holz)	m^3	–	–	–	–	–	–	–	–
		Zugkraft (0,75 p bzw. 0,5 p*)	kN	181,4	137,5	120,8	159,6	90,7[4] 154,2[5][6]	65,2	275,3	224,2
		Länge über Puffer	mm	16090,9	18850	14605	–	14503,4	9677,4	28600,4	28600,4
		Höchstgeschwindigkeit	km/h	–	45	–	–	–	–	90	90

1) Hochdruck
2) Niederdruck
3) separater Tender
4) Reibungstriebwerk
5) vorderes Zahnradtriebwerk
6) hinteres Zahnradtriebwerk

* bei Verbundlokomotiven

Abb. 141	Abb. 142	Abb. 143	Abb. 144	Abb. –	Abb. 145	Abb. 146	Abb. –	Abb. –	Abb. 147	Abb. –	Abb. 148	Abb. –
SAR	SNCFA	CFL	EAR	SPR	SPR	TGR	WAGR	WAGR	VR	QR	NSWGR	LNER
Südafrika	Algerien	Luanda	Ostafrika	Brasilien	Brasilien	Australien	Australien	Australien	Australien	Australien	Australien	England
57	1–29	551–56	01–17	155–157	160–165	1 + 2	424–30	466–75	41 + 42	1100–19	6001–47	U-1
Garratt	Garratt	Garratt	Garratt	Garratt	Garratt	Garratt	Garratt	Garratt	Garratt	Garratt	Garratt	Garratt
NGG 12	231–132.BT.	–	59	Q	RI	M	Ms	Msa	G	–	AD 6 O	U
(1′C1′)(1′C1′)	(2′C1′)(1′C2′)	(2′D1′)(1′D2′)	(2′D1′)(1′D2′)	(1′B)(B1′)	(1′C1′)(1′C1′)	(2′B1′)(1′B2′)	(1′C)(C1′)	(1′C)(C1′)	(1′C)(C1′)	(2′D1′)(1′D2′)	(2′D2′)(2′D2′)	(1′D)(D1′)
1927	1936	1953	1955	1915	1927	1912	1912	1930	1926	1951	1952	1925
SFB	SFB	Krupp	Beyer, Peacock	Beyer, Peacock	Beyer, Peacock	Beyer, Peacock	Beyer, Peacock	WAGR	Beyer, Peacock	SFB	Beyer, Peacock	Beyer, Peacock
610	1435	1000	1000	1600	1600	1067	1067	1067	760	1067	1435	1435
3,8	18,0	13,0	21,3	14,2	18,8	12,2	8,3	9,7	9,6	9,8	16,3	18,6
4	4	4	4	4	4	8	4	4	4	4	4	6
215,9	490	469,9	520,7	406,4	508,0	304,8	336,6	336,6	336,6	349,3	489,0	469,9
406,4	660	549,3	711,2	609,6	660,4	508,0	508,0	508,0	457,2	660,4	660,4	660,4
762,0	1800	1100,1	1371,6	1524,0	1676,4	1524,0	990,6	990,6	914,4	1295,4	1397,0	1422,4
533,4	1000 1200	–	838,2	914,4	990,6	723,9 825,5	762,0	762,0	616,0	914,4	914,4	812,8
1752,6	3920	–	4572,0	1828,8	3657,6	1828,8	2286,0	2286,0	2057,4	–	2997,2	5448,3
12192,0	26590	–	28206,7	14579,6	22250,4	18846,8	14325,6	14782,8	13563,6	–	29768,8	24104,6
12,7	20	14,1	15,8	11,2	14,1	11,2	11,2	11,2	12,7	14,1	14,1	12,7
1,0	5,3	4,5	6,7	3,2	4,6	3,1	2,1	2,5	2,1	3,6	5,9	5,2
4,2	20,5	202,5	22,9	13,5	19,0	14,4	9,9	10,8	9,2	16,5	22,1	20,8
35,2	252,5		305,6	129,7	255,4	142,2	90,1	90,1	88,3	136,7	259,4	245,6
9,1	86,8	50,6	69,4	28,2	62,1	30,9	16,7	16,7	16,7	42,1	79,7	60,4
22,9	110,9	103,6	162,1	56,6	112,8	48,8	45,2	60,9	56,2	78,3	130,1	146,3
–	171,0	–	187,6	67,4	–	68,9	55,1	–	–	–	189,5	141,2
36,6	216,0	166,1	255,7	81,8	160,8	96,1	70,9	75,2	70,1	139,2	260,1	180,9
4,5	30,0	32,0	39,1	6,8	14,1	13,6	9,1	9,1	7,6	17,3	42,5	22,7
2,0	11,0	–	–	2,5	5,1	4,1	3,0	4,1	3,6	6,1	14,2	7,1
–	–	6,8	12,3	–	–	–	–	–	–	–	–	–
47,2	264,1	231,3	333,4	107,0	261,7	111,5	110,1	111,1	107,5	139,9	270,2	292,0
13970,0	29458	–	31737,3	17930,0	–	20878,8	16421,1	16910,0	15748,0	27441,5	33121,6	26593,8
48	120	88	64,4	65	90	80	–	–	–	–	–	–

Gelenklokomotiven			Abb. 149	Abb. 150	Abb. –	Abb. 151	Abb. –	Abb. 152	Abb. 153	Abb. –
	Bahngesellschaft		LMS	RENFE	RENFE	SZD	SAR	SAR	NZR	VFRGS
	Land		England	Spanien	Spanien	Rußland	Südafrika	Südafrika	Neuseeland	Brasilien
	Betriebsnummer bzw. Namen		4997–99 4967–96	462-0401/ 462-0406	282-0401/ 282-0406	Я-01	2320–2321	1370–1379	98–100	22047
	Bauart		Garratt	Garratt	Garratt	Garratt	Union Garratt	Union Garratt	Modified Garratt	Henschel Gelenklok
	Baureihe, Klasse oder Serie		–	462	282	Я	GH	U	G	–
	Radsatzfolge		(1'C)(C1')	(2'C1')(1'C2')	(1'D1')(1'D1')	(2'D1')(1'D2')	(2'C1')(1'C2')	(1'C1')(1'C1')	(2'C1')(1'C2')	(2'C1')(1'C2')
	Erstes Baujahr		1927	1931	1931	1932	1928	1927	1928	Umbau 1935
	Lieferfirma		Beyer, Peacock	Euskalduna	B & W	Beyer, Peacock	Maffei	Maffei	Beyer, Peacock	Henschel
	Spurweite	mm	1435	1676	1676	1524	1067	1067	1067	1000
	Achslast (gekuppelte Radsätze)	t	20,6	15,5	13,5	20,0	18,5	18,8	15,1	18,0
Lokomotive – Trieb- und Laufwerk	Anzahl der Zylinder	Stck.	4	4	4	4	4	4	6	4
Lokomotive – Trieb- und Laufwerk	Zylinderdurchmesser	mm	469,9	484	440	569,9	495,3	469,9	419,1	356
Lokomotive – Trieb- und Laufwerk	Kolbenhub	mm	660,4	660	610	711,2	660,4	660,4	609,6	610
Lokomotive – Trieb- und Laufwerk	Treibraddurchmesser	mm	1600,2	1750	1200	1500,2	1524,0	1219,2	1447,8	1143
Lokomotive – Trieb- und Laufwerk	Laufraddurchmesser	mm	1003,3	910 1070	850	914,4	762,0	762,0	774,7 838,2	735
Lokomotive – Trieb- und Laufwerk	Fester Radstand	mm	5029,2	3810	2800	3302,0	3276,6	2743,2	3276,6	2600
Lokomotive – Trieb- und Laufwerk	Gesamtradstand	mm	24079,2	25527	22500	30075,2	23342,6	20396,2	23355,3	18600
Lokomotive – Kessel	Kesselüberdruck	bar	13,4	14	15	15,5	12,7	12,7	14,1	13
Lokomotive – Kessel	Rostfläche	m^2	4,1	4,9	4,2	7,9	5,5	5,5	5,4	4,8
Lokomotive – Kessel	Feuerbüchsheizfläche fb.	m^2	17,0	19,8	15,9	31,8	19,9	16,1	22,8	21,5
Lokomotive – Kessel	Verdampfungsheizfläche fb.	m^2	181,5	273,4	181,0	299,8	225,6	242,7	183,8	151,5
Lokomotive – Kessel	Überhitzerheizfläche außen	m^2	46,5	69,0	68,5	90,1	59,5	56,8	50,4	81,0
Lokomotive – Gewichte	Reibungsgewicht	t	118,3	93,0	108,0	158,5	109,2	111,3	89,1	54,1
Lokomotive – Gewichte	Leergewicht	t	107,8	143,2	121,5	–	138,2	121,0	–	86,3
Lokomotive – Gewichte	Dienstgewicht	t	151,1	184,0	161,5	266,7	187,7	167,5	148,2	103,0
Vorräte	Wasser	m^3	20,4	22,0	22,0	36,8	27,3	24,0	18,2	1,1
Vorräte	Kohle	t	7,1	8,0	9,0	16,0	13,7	14,2	6,1	7,2
Vorräte	Heizöl (Holz)	m^3	–	–	–	–	–	–	–	–
	Zugkraft (0,75 p bzw. 0,5 p*)	kN	182,6	185,4	222,0	356,9	201,8	227,0	234,0	132,0
	Länge über Puffer	mm	26784,3	28548	25360	–	25908,0	22758,4	25698,5	21080
	Höchstgeschwindigkeit	km/h	–	100	–	–	90	72	80	65

* bei Verbundlokomotiven

Abb. 154	Abb. 155											
CI	CFCO											
Elfenbein-küste (Afrika)	Kongo (Afrika)											
–	–											
Golwé	Golwé											
–	90.100											
(1'C)(C1')	(1'C)(C2')											
1928	1935											
Haine	Corpet											
1000	1067											
12,0	15,0											
4	4											
400	415											
560	560											
1100	1200											
710	710											
2540	2740											
13970	16300											
12	15											
2,8	3,5											
13,6	14,4											
163,6	153,7											
–	37,5											
72,0	90,0											
68,4	87,3											
90,0	117,8											
12,5	16,0											
–	5,0											
(8,9)	–											
140,0	175,0											
16530	18860											
50	50											

Gelenklokomotiven				Abb. –	Abb. 157	Abb. –	Abb. 158	Abb. –	Abb. –	Abb. 159	Abb. 160
		Bahngesellschaft		B & O	BadStB	PrStB	SäStB	BayStB	BayStB	BayStB	NWE
		Land		USA	Deutschland	Deutschland	Deutschland	Deutschland	Deutschland	Deutschland	Deutschland
		Betriebsnummer bzw. Namen		2400	DR 556101–556119	1900 (1. Lok)	1251	198 Berg	DR 98701–98731	DR 96001–96025	II
		Bauart		Mallet	Mallet	Mallet	Mallet	Mallet	Mallet	Mallet	Mallet
		Baureihe, Klasse oder Serie		DD-1	VIIIc[1–4]	G 9	IV	BBI	BBII	Gt 2 x 4/4 (DR 96[0])	–
		Radsatzfolge		C′C	B′B	B′B	B′B	B′B	B′B	D′D	B′B
		Erstes Baujahr		1904	1893	1893	1898	1896	1899	1913	1901
		Lieferfirma		Alco	Grafenstaden	Grafenstaden	Hartmann	Maffei	Maffei	Maffei	Jung
		Spurweite	mm	1435	1435	1435	1435	1435	1435	1435	1000
		Achslast (gekuppelte Radsätze)	t	25,3	14,5	15,0	15,2	13,9	10,6	15,4 16,4[3]	9,0
Lokomotive	Trieb- und Laufwerk	Anzahl der Zylinder	Stck.	4	4	4	4	4	4	4	4
		Zylinderdurchmesser	mm	508,0[1] 812,8[2]	390[1] 600[2]	390[1] 600[2]	420[1] 650[2]	415[1] 635[2]	310[1] 490[2]	520[1]/800[2] (600[1][3]/800[2])	285[1] 425[2]
		Kolbenhub	mm	812,8	600	600	600	630	530	640	500
		Treibraddurchmesser	mm	1422,4	1260	1260	1240	1340	1006	1216	1000
		Laufraddurchmesser	mm	–	–	–	–	–	–	–	–
		Fester Radstand	mm	3048,0	1750	1750	1700	1730	1600	4500	1400
		Gesamtradstand	mm	9347,2	5800	5800	5750	5905	5200	12200	4600
	Kessel	Kesselüberdruck	bar	16,5	13	12	12	14	12	15	12
		Rostfläche	m²	6,7	1,9	2,0	2,1	2,1	1,4	4,3	1,2
		Feuerbüchsheizfläche fb.	m²	20,4	10,4	10,1	10,7	9,0	5,4	14,8 (14,7)[3]	64,6
		Verdampfungsheizfläche fb.	m²	499,8	125,2	135,3	130,4	114,0	62,3	214,9 (185,8)[3]	
		Überhitzerheizfläche außen	m²	–	–	–	–	–	–	55,4 (65,4)[3]	–
	Gewichte	Reibungsgewicht	t	151,7	57,8	54,8	60,5	55,6	42,2	123,2 (131,1)[3]	36,0
		Leergewicht	t	–	51,6	49,1	55,0	49,2	33,2	99,4 (105,4)[3]	28,0
		Dienstgewicht	t	151,7	57,8	54,8	60,5	55,6	42,2	123,2 (131,1)[3]	36,0
Vorräte		Wasser	m³	26,5	13,5	12,0	12,0	13,8	4,3	11,0 (12,3)[3]	4,2
		Kohle	t	13,6	4,0	5,0	6,0	5,0	1,5	5,3 (5,0)[3]	1,6
		Heizöl (Holz)	m³	–	–	–	–	–	–	–	–
Tender		Raddurchmesser	mm	838,2	1006	980	985	1006	–	–	–
		Gesamtradstand	mm	6146,8	3500	3300	3000	3800	–	–	–
	Gew.	Leergewicht	t	24,1	15,9	17,0	15,5	15,5	–	–	–
		Dienstgewicht	t	65,0	33,4	33,9	33,5	34,3	–	–	–
		Gesamtradstand von Lok und Tender	mm	19678,7	12300	–	12458	12796	–	–	–
		Zugkraft (0,75 p bzw. 0,5 p*)	kN	324,3	111,4	102,9	122,7	132,7	75,9	252,6	54,2
		Länge über Puffer	mm	24214,1	16760	–	16756	16991	10040	17550 (17700)[3]	9095
		Höchstgeschwindigkeit	km/h	60	45	45	45	65	45	50	40

1) Hochdruck
2) Niederdruck
3) nach Umbau im Jahre 1923

* bei Verbundlokomotiven

Abb. –	Abb. 161	Abb. 162	Abb. –	Abb. –	Abb. 163	Abb. –	Abb. 164	Abb. 165	Abb. 166	Abb. –	Abb. 167	Abb. 168
UE	CM	MÁV	MÁV	MÁV	MÁV	Firma Decauville	GN	AT & SF	B & O	VGN	SP	UP
ehem. Deutsch Ostafrika	Madagaskar	Ungarn	Ungarn	Ungarn	Ungarn	Frankreich	USA	USA	USA	USA	USA	USA
1	39	–	–	–	–	–	1800–1844	1301	7400	800–809	3800–3811	4000–4024
Mallet	Mallet	Mallet	Mallet	Mallet	Mallet	Mallet	Mallet	Mallet	Mallet	Mallet	Mallet	Mallet
–	–	IVd (422)[3]	IVe (401)[3]	VIm (651)[3]	601	–	L 2	1301	KK-1	AE	AC-9	4000
B'B	B'B	B'B	(1'B)B	C'C	(1'C)C	B'B	(1'C)C	(2'B)C1'	(1'C)C1'	(1'E)E1'	(1'D)D2'	(2'D)D2'
1900	–	1898	1905	1909	1914	1887	1906	1909	1931	1918	1939	1941
Jung	BMA	MÁV	MÁV	MÁV	MÁV	Tubize	Baldwin	Baldwin	Baldwin	Alco	Lima	Alco
1000	1000	1435	1435	1435	1435	600	1435	1435	1435	1435	1435	1435
7,0	–	14,2	16,3	12,1	16,0	3,0	18,9	24,3	28,9	29,6	29,6	30,9
4	4	4	4	4	4	4	4	4	4	4	4	4
250[1] 380[2]	380[1] 580[2]	385[1] 580[2]	390[1] 635[2]	400[1] 620[2]	520[1] 850[2]	180[1] 280[2]	508,0[1] 787,4[2]	609,6[1] 965,2[2]	584,2	762,0[1] 1219,2[2]	609,6	603,3
400	560	610	650	610	660	260	762,0	711,2	762,0	812,8	812,8	812,8
020	1100	1220	1440	1220	1440	600	1307,0	1864,2	1778,0	1422,4	1600,2	1727,2
–	–	–	1040	–	950	–	762,0	793,8 1270,0	914,4 1168,4	762,0	762,0 1143,0	914,4 1066,8
1150	–	1750	1850	2700	3400	850	2997,2	1930,4 3860,8	3708,4	3022,6	5156,2	5562,6
3950	–	5800	7710	8000	11900	2800	13284,2	15824,2	17068,8	19583,4	20193,0	22085,3
12	15	13	16	16	15	12	14,1	14,1	17,6	15,1	17,6	21,1
1,0	1,6	2,6	3,6	3,6	5,1	0,5	5,0	4,9	8,5	10,1	13,5	13,9
43,3	9,8	12,3	13,6	13,9	23,0	2,4	19,1	18,8	80,5	40,7	54,7	65,4
	86,5	154,6	222,2	221,3	252,0	20,2	344,5	423,1	527,4	751,6	588,0	547,1
–	–	–	–	–	66,0	–	–	30,0	154,8	196,9	231,9	229,1
28,0	–	56,9	65,3	71,5	96,2	11,6	113,4	121,6	168,7	279,9	236,9	247,2
22,0	–	50,8	68,4	64,5	98,3	9,0	–	–	–	274,5	240,9	–
28,0	–	56,9	75,3	71,5	108,0	11,6	130,6	170,7	210,9	310,3	307,2	345,6
3,2	4,0	12,5	12,5	14,5	23,0	1,4	30,3	45,4	68,1	49,2	83,3	94,6
2,5	–	8,0	7,0	7,0	8,0	0,5	14,5	–	18,1	18,1	–	25,4
–	(1,0)	–	–	–	–	–	–	15,1	–	–	24,2	–
–	810	1040	1040	1040	1040	–	914,4	771,5	869,9	838,2	914,4	1066,8
–	1800	3160	3160	3200	4770	–	6273,8	9448,8	10210,8	7683,5	7137,4	9956,8
–	5,4	13,5	15,5	15,2	22,1	–	29,5	45,4	37,6	37,6	71,0	55,3
–	10,5	34,0	35,0	36,7	53,1	–	73,9	105,9	123,8	104,8	177,4	197,3
–	–	12600	14580	14260	14260	–	21825,0	28733,8	31819,9	29565,6	34046,2	35839,4
42,3	128,0	109,3	145,6	153,8	248,4	17,0	247,3	263,1	408,2	667,7	563,8	614,2
7740	–	17299	17949	18942	22556	5380	25000,0	32080,2	35496,5	32512,0	36149,3	40487,6
40	–	50	60	50	60	–	–	–	97	–	100	129

[1] Hochdruck
[2] Niederdruck
[3] spätere Umzeichnung der Baureihen durch die MÁV

Gelenklokomotiven		Abb. 169	Abb. 170	Abb. 171	Abb. 172	Abb. –	Abb. 173	Abb. 174	Abb. 175
Bahngesellschaft		AT & SF	AT & SF	SAR	SP	SP	NZR	CP	–
Land		USA	USA	Südafrika	USA	USA	Neuseeland	Kanada	Österreich
Betriebsnummer bzw. Namen		3000–3009	3320–3323	1024	4200–4211	4275–4294	66	1950–1955	Bavaria
Bauart		Modified Mallet	Modified Mallet	Modified Mallet	Modified Mallet	Modified Mallet	Modified Mallet	Modified Mallet	Ketten-Getriebelok
Baureihe, Klasse oder Serie		3000	3300	MG	MM-2	AC-12	E	R-1-a R-1-b	–
Radsatzfolge		(1'E)E1'	(1'C)C1'	(1'C)C1'	1'C(C1')	2'D(D1')	(1'C)C	C'C	BBC'
Erstes Baujahr		1911	1910	1911	1911	1943	1905	1909	1851
Lieferfirma		Umbau Baldwin	Baldwin	Alco	Baldwin	Baldwin	NZR	CP	Maffei
Spurweite	mm	1435	1435	1067	1435	1435	1067	1435	1435
Achslast (gekuppelte Radsätze)	t	25,2	24,0	15,4	24,2	30,1	10,7	19,8	9,7
Lokomotive – Trieb- und Laufwerk: Anzahl der Zylinder	Stck.	4	4	4	4	4	8	4	2
Zylinderdurchmesser	mm	700,1[1] 858,9[2]	609,6[1] 965,2[2]	457,2[1] 596,9[2]	635,0[1] 965,2[2]	609,6	241,3[1] 406,4[2]	590,6[1] 863,6[2]	510
Kolbenhub	mm	812,8	711,2	660,4[1] 558,8[2]	711,2	812,8	457,2	660,4	760
Treibraddurchmesser	mm	1422,4	1752,6	1168,4[1] 1295,4[2]	1600,2	1600,2	927,1	1498,6	1070
Laufraddurchmesser	mm	870,0	793,8	723,9	762,0	838,2 914,4	673,1	–	–
Fester Radstand	mm	6883,4	4165,6	2540,0 2794,0	3352,8	5156,2	2438,4	3149,6	2950
Gesamtradstand	mm	25984,2	17195,8	12649,2	16713,3	20497,8	9474,2	10718,8	11000
Lokomotive – Kessel: Kesselüberdruck	bar	10,2	14,1	14,1	14,1	17,6	14,1	14,1	7
Rostfläche	m²	7,6	4,9	4,6	15,7	12,9	2,4	5,5	1,8
Feuerbüchsheizfläche fb.	m²	27,5	18,6	14,9	31,9	47,7	16,1	17,2	158,0
Verdampfungsheizfläche fb.	m²	334,4	313,6	299,4	373,7	556,7	127,0	256,9	
Überhitzerheizfläche außen	m²	210,9	103,0	–	94,9	213,7	–	50,9	–
Lokomotive – Gewichte: Reibungsgewicht	t	251,7	143,8	89,8	145,2	241,2	62,1	118,8	68,3
Leergewicht	t	–	–	–	145,1	241,0	–	–	–
Dienstgewicht	t	279,4	177,8	104,8	180,0	298,4	66,9	118,8	68,3
Vorräte: Wasser	m³	45,4	40,9	18,2	45,4	83,3	5,6	22,3	–
Kohle	t	–	12,2	10,2	–	–	3,3	10,9	–
Heizöl (Holz)	m³	15,1	–	–	16,7	24,2	–	–	–
Tender: Raddurchmesser	mm	870,0	870,0	850,9	838,2	914,4	–	920,8	–
Gesamtradstand	mm	9906,0	6146,8	5461,0	5486,4	7137,4	–	–	–
Tender – Gew.: Leergewicht	t	43,0	23,1	23,4	42,6	71,0	–	27,1	–
Dienstgewicht	t	102,9	76,2	51,7	104,6	177,4	–	60,3	–
Gesamtradstand von Lok und Tender	mm	32918,4	27200,2	20345,4	–	34046,2	–	–	–
Zugkraft (0,75 p bzw. 0,5 p*)	kN	499,0	301,2	205,0	299,0	563,8	110,0	260,8	82,7
Länge über Puffer	mm	48841,0	31011,2	22815,4	–	35966,4	12115,8	18529,9	–
Höchstgeschwindigkeit	km/h	–	–	72	97	97	56	–	–

1) Hochdruck
2) Niederdruck

* bei Verbundlokomotiven

Abb. 176	Abb. –	Abb. 177	Abb. 178	Abb. 179	Abb. 180							
PLM	–	NORD	NORD	HBE	JFB							
Frankreich	Schweiz	Frankreich	Belgien	Deutschland	Dänemark							
–	Spluegen	–	–	Ziegenkopf	103–105, 120–128							
Engerth	Engerth	Modified Engerth	Modified Engerth	Behne-Kool	Modified Engerth							
–	–	–	–	–	P							
C2′	B3′	D2′	C3′	B3′	B2′							
1855	1858	1857	1856	1872	1882							
Dauphiné	–	Schneider	Cockerill	Hanomag	Hohenzollern							
1435	1435	1435	1435	1435	1435							
12,3	11,5	10,7	10,9	–	7,3							
2	2	2	2	2	2							
480	408	500	500	432	300							
640	580	660	660	610	410							
1310	1590	1260	1260	1448	1100							
990	–	1090	1060	–	790							
–	–	–	–	–	1600							
7020	7540	8700	8433	–	5700							
7,5	10	7,5	7	9,3	10							
1,8	1,4	2,0	1,9	1,4	0,7							
151,4	130,2	155,0	9,0	9,3	37,6							
			185,4	92,0								
–	–	–	–	–	–							
37,0	23,0	42,9	43,5	–	14,5							
–	–	51,0	52,0	31,0	19,0							
59,3	51,0	66,9	68,6	34,0	23,7							
6,4	–	8,3	7,4	–	2,5							
3,6	–	3,0	4,6	–	1,5							
–	–	–	–	–	–							
–	–	–	–	–	–							
–	–	–	–	–	–							
–	–	–	–	–	–							
–	–	–	–	–	–							
–	–	–	–	–	–							
63,3	45,5	73,7	68,7	54,8	44,7							
11400	11408	12210	12870	–	8900							
–	–	–	–	–	–							

Gelenklokomotiven				Abb. 181	Abb. 183	Abb. –	Abb. –	Abb. 184	Abb. –	Abb. 185	
		Bahngesellschaft		StEG	PrStB	PrStB	BadStB	BHL	TGR	PrStB	
		Land		Österreich	Deutschland	Deutschland	Deutschland	Jugoslawien	Australien	Deutschland	
		Betriebsnummer bzw. Namen		500–502	–	–	–	401 + 402	–	8001	
		Bauart		Fink	Hagans	Hagans	Hagans	Hagans	Hagans	Köchy	
		Baureihe, Klasse oder Serie		–	T 15	T 13	VIIId	IVa4	J	T 15	
		Radsatzfolge		CB′	E	D	D	B′B′	1′E	E	
		Erstes Baujahr		1864	1896	1898	1900	1900	1900	1902	
		Lieferfirma		Wien-Raab Lok.-Fabrik	Henschel	Henschel	Henschel	Krauss	Hartmann	Henschel	
		Spurweite	mm	1435	1435	1435	1435	760	610	1435	
		Achslast (gekuppelte Radsätze)	t	9,9	15,1	15,0	13,4	6,4	7,8	14,5	
Lokomotive	Trieb- und Laufwerk	Anzahl der Zylinder	Stck.	2	2	2	2	2	2	2	
		Zylinderdurchmesser	mm	460	520	430	420	310[1] 470[2]	400	560	
		Kolbenhub	mm	630	630	630	550	400	400	630	
		Treibraddurchmesser	mm	1000	1250	1250	1120	800	800	1250	
		Laufraddurchmesser	mm	–	–	–	–	–	580	–	
		Fester Radstand	mm	2210	1430 2800	1700 2100	2100	–	1670	1700 2100	
		Gesamtradstand	mm	5870	6860	5720	4950	–	6350	5720	
	Kessel	Kesselüberdruck	bar	7	12	12	12	13	13,7	12	
		Rostfläche	m^2	1,4	2,4	1,7	1,6	0,8	1,5	2,4	
		Feuerbüchsheizfläche fb.	m^2	7,3	8,4	7,7	7,7	3,2	80,0	137,5	
		Verdampfungsheizfläche fb.	m^2	115,7	129,1	91,1	89,1	48,8			
		Überhitzerheizfläche außen	m^2	–	–	–	–	–	–	–	
	Gewichte	Reibungsgewicht	t	47,9	71,1	58,0	53,3	26,5	38,0	72,0	
		Leergewicht	t	–	58,7	46,5	42,5	–	33,0	–	
		Dienstgewicht	t	47,9	71,1	58,0	53,3	26,5	42,0	72,0	
Vorräte		Wasser	m^3	5,0	6,0	5,5	5,0	2,8	5,5	7,0	
		Kohle	t	1,9	2,0	1,5	1,5	1,3	0,7	1,8	
		Heizöl (Holz)	m^3	–	–	–	–	–	–	–	
		Zugkraft (0,75 p bzw. 0,5 p*)	kN	70,0	122,7	83,9	78,0	71,8	87,8	142,2	
		Länge über Puffer	mm	–	11 910	10 770	10 550	–	8840	–	
		Höchstgeschwindigkeit	km/h	–	40	45	45	–	40	30	

[1]) Hochdruck
[2]) Niederdruck

* bei Verbundlokomotiven

Industrielokomotiven				Abb. 190	Abb. –	Abb. 191	Abb. 192	Abb. 193	Abb. 195	Abb. 197	Abb. 198
		Bahngesellschaft		–	–	–	Kriegsm.-werft Wilhelmshav.	Dogger	Croydon Gas Works	Guiness	Phoenix
		Land		Deutschland	Deutschland	Deutschland	Deutschland	Frankreich/ Deutschland	England	Irland	Deutschland
		Betriebsnummer bzw. Namen		–	–	–	12–14	23	Allen Lambert	6–24	10–12
		Bauart		Hannibal	Knapsack	Bergbau	–	Škoda	Getriebelok	Geoghegan	Abraum-Gelenklok
		Baureihe, Klasse oder Serie		–	–	–	–	–	T.G.G.	–	–
		Radsatzfolge		C	C	D	1′C1′	C	B	B	B′B′
		Erstes Baujahr		1955[1]	1955[1]	1955[1]	1940	1941	1900	1882	1939
		Lieferfirma		Krupp	Krupp	Krupp	Jung	Škoda	Avelling	Avonside	Henschel
		Spurweite	mm	1435	1435	1435	1435	1435	1435	558,8	900
		Achslast (gekuppelte Radsätze)	t	16,7	14,3	19,8	16,0	17,0	–	4,0	14,7
Lokomotive	Trieb- und Laufwerk	**Anzahl der Zylinder**	Stck.	2	2	2	2	2	2	2	4
		Zylinderdurchmesser	mm	450	440	630	500	550	225,4[2] 358,8[3]	177,8	330
		Kolbenhub	mm	550	550	600	550	460	355,6	215,9	430
		Treibraddurchmesser	mm	1100	1100	1200	1100	1100	1210,2	550,0	800
		Laufraddurchmesser	mm	–	–	–	850	–	–	–	–
		Fester Radstand	mm	3000	3000	3000	2700	3000	–	914,4	1850
		Gesamtradstand	mm	3000	3000	4500	7250	3000	–	914,4	10 100
	Kessel	**Kesselüberdruck**	bar	13	14	15	14	14	11,2	12,7	14
		Rostfläche	m²	1,6	1,4	2,5	2,3	2,0	–	0,3	2,3
		Feuerbüchsheizfläche fb.	m²	121,3	94,9	128,5	108,0	111,8	–	1,3	10,1
		Verdampfungsheizfläche fb.	m²						–	6,8	90,6
		Überhitzerheizfläche außen	m²	–	–	42,0	34,0	–	–	–	9,5[4]
	Gewichte	**Reibungsgewicht**	t	50,0	43,0	79,0	50,0	50,5	–	7,9	58,8
		Leergewicht	t	–	–	–	54,7	–	–	–	44,8
		Dienstgewicht	t	50,0	43,0	79,0	70,5	50,5	–	7,9	58,8
Vorräte		**Wasser**	m³	5,5	5,0	10,0	8,0	–	–	0,4	6,8
		Kohle	t	2,0	2,0	3,0	3,0	–	–	0,2	2,5
		Heizöl (Holz)	m³	–	–	–	–	–	–	–	–
		Zugkraft (0,75 p bzw. 0,5 p*)	kN	98,6	101,5	223,0	120,0	132,8	31,5	20,7	121,0
		Länge über Puffer	mm	–	–	–	11 175	–	–	3352,8	14 282
		Höchstgeschwindigkeit	km/h	45	45	50	50	45	–	–	25

[1]) überarbeitete Nachkriegsserien
[2]) Hochdruck
[3]) Niederdruck
[4]) Dampftrockner

* bei Verbundlokomotiven

		Industrielokomotiven		Abb. 199	Abb. 203	Abb. 205	Abb. 206				
		Bahngesellschaft		–	Thyssen	Wiener Gaswerke	Hoechst				
		Land		allgem. Übersee	Deutschland	Österreich	Deutschland				
		Betriebsnummer bzw. Namen		–	23	–	–				
		Bauart		Plantagen-lok	Feuerlose Doppellok	Gilli-Hochdr.-Dampfsp.-lok	Gilli-Hochdr.-Dampfsp.-lok				
		Baureihe, Klasse oder Serie		–	–	–	–				
		Radsatzfolge		B′B′	B′B′	D1	C				
		Erstes Baujahr		1927	1916	1934	1952				
		Lieferfirma		BMA	Henschel	WLF	Henschel				
		Spurweite	mm	700	1435	1435	1435				
		Achslast (gekuppelte Radsätze)	t	2,6	10,7	16,4	20,0				
Lokomotive	Trieb- und Laufwerk	Anzahl der Zylinder	Stck.	4	4	2	2				
Lokomotive	Trieb- und Laufwerk	Zylinderdurchmesser	mm	160	500	590	540				
Lokomotive	Trieb- und Laufwerk	Kolbenhub	mm	230	400	630	550				
Lokomotive	Trieb- und Laufwerk	Treibraddurchmesser	mm	600	930	1300	1100				
Lokomotive	Trieb- und Laufwerk	Laufraddurchmesser	mm	–	–	1300	–				
Lokomotive	Trieb- und Laufwerk	Fester Radstand	mm	1200	1500	4200	3100				
Lokomotive	Trieb- und Laufwerk	Gesamtradstand	mm	5200	5000	5600	3100				
Lokomotive	Kessel	Kesselüberdruck	bar	12	15	120	125				
Lokomotive	Kessel	Rostfläche	m^2	0,6	–	–	–				
Lokomotive	Kessel	Feuerbüchsheizfläche fb.	m^2	12,3	–	–	–				
Lokomotive	Kessel	Verdampfungsheizfläche fb.	m^2		(3,0)[2]	–	(1,5)[2]				
Lokomotive	Kessel	Überhitzerheizfläche außen	m^2	–	–	–	–				
Lokomotive	Gewichte	Reibungsgewicht	t	10,3	42,8	65,5	60,0				
Lokomotive	Gewichte	Leergewicht	t	8,5	32,0	–	51,7				
Lokomotive	Gewichte	Dienstgewicht	t	10,3	42,8	81,9	60,0				
Vorräte		Wasser	m^3	1,0	(12,0)[3]	–	(11,8)[3]				
Vorräte		Kohle	t	–	–	–	–				
Vorräte		Heizöl (Holz)	m^3	0,6[1]	–	–	–				
		Zugkraft (0,75 p bzw. 0,5 p*)	kN	11,0	66,5	151,8	143,0				
		Länge über Puffer	mm	7600	9970	11486	9540				
		Höchstgeschwindigkeit	km/h	20	40	–	40				

1) Zuckerrohrabfälle
2) Dampfraum des Kessels
3) Wasserinhalt des Kessels

* bei Verbundlokomotiven

Industrielokomotiven				Abb. 208	Abb. 209	Abb. 210	Abb. 212	Abb. 213			
		Bahngesellschaft		–	Hüttenwerke Burbach	NSWGR	GWR	Consett Iron Co.			
		Land		England	Deutschland	Australien	England	England			
		Betriebsnummer bzw. Namen		Harvey Graham	–	–	Cyclops	–			
		Bauart		Kranlok	Kranlok	Kranlok	Kranlok	Kranlok			
		Baureihe, Klasse oder Serie		13	–	–	–	–			
		Radsatzfolge		D	B1	B	C2'	B			
		Erstes Baujahr		1940	1910	1912	1903	1912			
		Lieferfirma		Barclay	Jung	RS & H	GWR	Hawthorn			
		Spurweite	mm	1435	1435	1435	1435	1435			
		Achslast (gekuppelte Radsätze)	t	16,5	16,0	20,3	–	22,0			
Lokomotive	Trieb- und Laufwerk	Anzahl der Zylinder	Stck.	2	2	2	2	2			
		Zylinderdurchmesser	mm	431,8	350	355,6	406,4	304,8			
		Kolbenhub	mm	558,8	550	508,0	609,6	546,1			
		Treibraddurchmesser	mm	1041,4	1100	1016,0	1257,3	914,4			
		Laufraddurchmesser	mm	–	850	–	812,8	–			
		Fester Radstand	mm	3657,6	1750	1981,2	4165,6	1981,2			
		Gesamtradstand	mm	3657,6	3500	1981,2	7975,6	1981,2			
	Kessel	Kesselüberdruck	bar	14,1	13	13,4	11,6	9,8			
		Rostfläche	m^2	1,4	1,1	0,9	1,0	1,4			
		Feuerbüchsheizfläche fb.	m^2	77,1	56,0	5,0	7,1	7,2			
		Verdampfungsheizfläche fb.	m^2			54,1	84,0	17,4			
		Überhitzerheizfläche außen	m^2	–	–	–	–	–			
	Gewichte	Reibungsgewicht	t	66,0	32,0	40,6	–	43,7			
		Leergewicht	t	57,9	41,0	–	56,7	–			
		Dienstgewicht	t	66,0	47,0	40,6	64,6	43,7			
Vorräte		Wasser	m^3	4,1	2,5	3,0	5,5	1,6			
		Kohle	t	2,0	0,6	5,0	–	2,0			
		Heizöl (Holz)	m^3	–	–	–	–	–			
Kran		Max. Tragfähigkeit	t	8,0	5,0	7,0[1]) 3,5[1])	4,5[1])[2]) 3,0[1])[2])	7,0[1]) 5,0[1])			
		Auslegerlänge	m	4,9	5,0	3,6[1]) 6,7[1])	3,7[1]) 5,5[1])	4,3[1]) 6,1[1])			
		Schwenkradius	m	4,9	5,0	3,6[1]) 6,7[1])	3,7[1]) 5,5[1])	4,3[1]) 6,1[1])			
		Zugkraft (0,75 p bzw. 0,5 p*)	kN	105,0	52,6	63,3	79,0	41,0			
		Länge über Puffer	mm	–	–	–	11928,5	–			
		Höchstgeschwindigkeit	km/h	35	35	30	50	25			

1) Höhenverstellbarer Ausleger
2) 9 t bzw. 6 t bei ausgefahrenen Stützauslegern

* bei Verbundlokomotiven

Getriebelokomotiven				Abb. 214	Abb. 215	Abb. 217	Abb. –	Abb. 218	Abb. 219	Abb. 220	Abb. –
		Bahngesellschaft		DZ	BRB	ZSA	PrStB	SIR	FCTC	ALP	BHL
		Land		Deutschland	Schweiz	Deutschland	Deutschland	Indien	Chile/ Argentinien	Chile	Jugoslawien
		Betriebsnummer bzw. Namen		–	1–4	–	9101 (97401)	X 11 + X 12	–	–	751 + 752
		Bauart		Zahnradlok	Zahnradlok	Zahnradlok	Zahnradlok	Zahnradlok	Zahnradlok	Zahnradlok	Zahnradlok
		Baureihe, Klasse oder Serie		–	–	–	T 28 (97[4])	X	II	–	IIIc5 (JŽ 196)
		Radsatzfolge		$2b_Z1'$	$B1'b_Z$	Ca_Z	$1'D1'b_Z$	$D1'b_Z$	$(3b_Z)'D$	$(2b_Z)'E$	$(2b_Z)C$
		Erstes Baujahr		1926	1891	1912	1921	1925	1909	1913	1906
		Lieferfirma		Esslingen	SLM	Jung	Borsig	SLM	Esslingen	Esslingen	WLF
		Spurweite	**mm**	1000	800	1435	1435	1000	1000	1000	760
		Achslast (gekuppelte Radsätze)	**t**	8,0	–	13,4	15	10,7	12,5	13,1	8,2
Lokomotive	**Trieb- und Laufwerk**	**Anzahl der Zylinder**	**Stck.**	2	2	2 (2)	2 (2)	2 (2)	2 (2)	2 (2)	2 (2)
		Zylinderdurchmesser	**mm**	270	300	390	520	450	394[1] 540[2]	500[1] 480[2]	370[1] 570[2]
		Kolbenhub	**mm**	500	550	450	500	410[1] 430[2]	495[1] 450[2]	500[1] 480[2]	400[1] 360[2]
		Treibraddurchmesser	**mm**	–	653	900	1100	815	914,4	950	800
		Laufraddurchmesser	**mm**	706 520	520	–	800	710	–	–	700
		Fester Radstand	**mm**	2600	1400	–	4970	2180	2952,4	–	vorn 1850 hinten 2300
		Gesamtradstand	**mm**	4000	2971	3400	9370	6030	8386,5	8870	5900
	Kessel	**Kesselüberdruck**	**bar**	13	14	14	14	14	15	15	13
		Rostfläche	**m²**	1,2	0,7	1,3	2,9	1,8	3,3	3,2	2,0
		Feuerbüchsheizfläche fb.	**m²**	5,0	36,5	66,0	10,2	81,4	183,5	189,0	7,3
		Verdampfungsheizfläche fb.	**m²**	40,0			110,0				86,4
		Überhitzerheizfläche außen	**m²**	15,0	–	–	39,8	22,6	–	–	22,2
	Gewichte	**Reibungsgewicht**	**t**	–	–	39,0	60,0	40,5	49,8	65,6	24,5
		Leergewicht	**t**	20,2	13,0	33,0	67,4	39,0	67,5	75,5	–
		Dienstgewicht	**t**	25,4	17,0	39,0	83,8	50,0	87,5	92,0	39,5
Vorräte		**Wasser**	**m³**	4,0	1,2	–	7,0	4,6	–	–	3,6
		Kohle	**t**	1,0	0,8	–	3,0	3,1	–	–	3,2
		Heizöl (Holz)	**m³**	–	–	–	–	–	–	–	–
		Zugkraft (0,75 p bzw. 0,5 p*)	**kN**	50,8[2]	79,6[1][2]	79,9[1][2]	129,1[1] 123,2[2]	135,0[1][2]	90,7[1] 213,2[2]	148,0[1] 138,2[2]	100,0[1] 100,0[2]
		Länge über Puffer	**mm**	7250	5526	–	12700	103,8	13957,3	–	14000
		Höchstgeschwindigkeit	**km/h**	–	10	–	55[1] 20[2]	–	–	–	40[1] 20[2]

[1] Reibung
[2] Zahnrad

* bei Verbundlokomotiven

Abb. 221	Abb. –	Abb. –	Abb. 222	Abb. 223	Abb. 224	Abb. 225	Abb. 226	Abb. –	Abb. 230	Abb. 231	Abb. 234	Abb. 235
kkStB	DR (ÖBB)	FNGB	PB	–	LMS	Fort William	–	KCS	WM	WM	Y & P	W & NBRR
Österreich	Österreich	Argentinien	Indonesien	England	England	Schottland	Neuseeland	USA	USA	USA	USA	USA
269.01–03 (97301–303)	97401–402 (369.01–02)	100/101	E 10.51– E 10.54	MacLaren	7160–7163	–	–	901	5	6	5	–
Zahnradlok	Zahnradlok	Zahnradlok	Zahnradlok	Ketten-Getriebelok	Ketten-Getriebelok	Ketten-Getriebelok	Ketten-Getriebelok	Shay	Shay	Shay	Climax	Climax
269 (DR 97^3)	97^4 (ÖBB 369)	100	E 10	–	–	–	–	–	–	–	B	B
Fb_z	$1'F1'b_z$	$F1'b_z$	Ea_z	B	B	B	B'B'	B'B'B'	B'B'B'B'	B'B'B'	B'B'	B'B'
1911	1941	1955	1965	1923	1925	1928	1908	1913	1910	1945	1903	1903
WLF	WLF	Esslingen	Esslingen	MacLaren	Sentinel	Kerr-Stuart	Davidson	Lima	Lima	Lima	Climax	Climax
1435	1435	1000	1067	1435	1435	914	1067	1435	1435	1435	1435	–
14,7	16,3	16,7	11,3	–	11,0	5,5	–	20,0	24,8	30,1	10,2	8,0
2 (4)	2 (4)	4	4	2	2	2	2	3	3	3	2	2
$570^{1)}$ $420^{2)}$	$610^{1)}$ $400^{2)}$	$680^{1)}$ $400^{2)}$	450	$158{,}8^{3)}$ $273{,}1^{4)}$	171,5	152,4	228,6	431,8	431,8	431,8	330,2	304,8
$520^{1)}$ $450^{2)}$	$520^{1)}$ $500^{2)}$	$500^{1)}$ $400^{2)}$	520	304,8	228,6	203,2	457,2	457,2	457,2	457,2	355,6	355,6
1030	1050	940	1000	939,8	762,0	600,6	635,0	1168,4	1168,4	1219,2	787,4	762,0
–	750	650	–	–	–	–	–	–	–	–	–	–
2150	4650	3470	2840	2590,8	2133,6	1066,8	812,8	1828,8	1625,6	1727,2	1219,2	1219,2
6800	11450	7900	5000	2590,8	2133,6	1066,8	3327,4	10363,2 $(14274{,}8)^{5)}$	10464,8 $(17780{,}0)^{5)}$	10718,8 $(14935{,}2)^{5)}$	8128,0	9855,2
13	16	14	14	11,2	19,3	21,1	6,6	14,1	14,1	14,1	12,7	11,2
3,3	3,9	3,5	1,9	–	–	–	0,7	4,5	4,5	4,5	–	–
11,5	15,7	21,0	77,4	–	–	11,1	3,2	16,6	21,9	21,0	–	–
184,2	195,1	192,0		–	–		33,4	199,7	202,1	150,8	–	–
–	72,5	86,6	24,1	–	–	0,6	–	–	–	39,9	–	–
88,0	97,9	99,0	56,4	–	21,2	11,0	–	117,9	137,2	147,0	40,8	31,8
71,6	110,0	87,0	45,1	–	18,5	9,5	–	–	109,8	–	–	–
88,0	125,0	110,0	56,4	–	21,2	11,0	–	117,9	137,2	147,0	40,8	31,8
7,0	9,5	10,6	6,0	–	1,4	1,2	–	18,2	30,3	22,7	5,3	4,5
3,2	3,5	–	2,0	–	0,8	0,2	–	–	8,2	8,2	2,0	1,4
–	–	3,7	–	–	–	–	–	8,9	–	–	(3,1)	(2,6)
$305{,}0^{1)}$ $305{,}0^{2)}$	$223{,}0^{1)}$ $178{,}0^{2)}$	$225{,}0^{1)}$ $155{,}0^{2)}$	$89{,}0^{1)}$ $160{,}0^{2)}$	13,5	53,4	27,9	–	283,5	236,8	270,8	–	72,6
12455	14800	12250	10354	–	5892,8	3746,5	5765,8	–	21399,5	19977,1	10210,8	10591,8
$45^{1)}$ $20^{2)}$	$30^{1)}$ $25^{2)}$	$40^{1)}$ $12^{2)}$	$50^{1)}$ $15^{2)}$	25	45	19,3	–	24	24	35	30	30

1) Reibung
2) Zahnrad
3) Hochdruck
4) Niederdruck
5) Gesamtradstand einschließlich Tender

Getriebelokomotiven			Abb. 236	Abb. 238	Abb. 239	Abb. 240	Abb. 241	Abb. 242	Abb. 243	Abb. 244
	Bahngesellschaft		TD	RRR	PDC-CQB	–	M & NR	–	NZR	RBS
	Land		Kanada	USA	USA	USA	USA	USA	Neuseeland	Bolivien
	Betriebsnummer bzw. Namen		7	Jane	–	1	–	–	1	–
	Bauart		Climax	Heisler	Heisler	Baldwin	Baldwin	Baldwin	Clayton	Avonside
	Baureihe, Klasse oder Serie		C	B	C	Versuch	–	Versuch	D	–
	Radsatzfolge		B′B′B′	B′B′	B′B′B′	B′B′	B′B′B′	B′B′B′	B	B′B′
	Erstes Baujahr		1923	1914	1929	1912	1913	1915	1929	1931
	Lieferfirma		Climax	Heisler	Heisler	Baldwin	Baldwin	Baldwin	Clayton	Avonside
	Spurweite	mm	1435	1435	1435	1435	1435	1435	1067	610
	Achslast (gekuppelte Radsätze)	t	15,3	11,8	13,6	6,8	9,1	19,0	13,1	4,7
Lokomotive – Trieb- und Laufwerk	**Anzahl der Zylinder**	Stck.	2	2	2	2	2	3	4	2
	Zylinderdurchmesser	mm	419,1	425,5	463,6	228,6	304,8	457,2	177,8	165,1
	Kolbenhub	mm	457,2	355,6	406,4	355,6	355,6	457,2	254,0	203,2
	Treibraddurchmesser	mm	990,6	1016,0	1016,0	762,0	762,0	1066,8	1066,8	609,6
	Laufraddurchmesser	mm	–	–	–	–	–	–	–	–
	Fester Radstand	mm	1397,0	1676,4	1676,4	1524,0	1524,0	1930,4	2743,2	1066,8
	Gesamtradstand	mm	13487,4	8509,0	13665,2	7162,8	11582,4	16002,0	2743,2	5029,2
Lokomotive – Kessel	**Kesselüberdruck**	bar	14,1	14,1	14,1	12,7	12,7	12,7	21,1	14,1
	Rostfläche	m²	3,0	1,5	–	–	–	–	1,2	0,6
	Feuerbüchsheizfläche fb.	m²	11,4	58,8 (fb. + Verdampfung)	–	–	–	–	29,7 (fb. + Verdampfung)	3,0
	Verdampfungsheizfläche fb.	m²	94,5		–	–	–	–		15,2
	Überhitzerheizfläche außen	m²	–	–	–	–	–	–	6,0	3,7
Lokomotive – Gewichte	**Reibungsgewicht**	t	90,7	52,2	81,6	27,2	54,4	113,4	26,1	17,3
	Leergewicht	t	75,8	–	–	–	–	–	–	14,5
	Dienstgewicht	t	90,7	52,2	81,6	27,2	54,4	113,4	26,1	17,3
Vorräte	**Wasser**	m³	15,1	6,4	15,1	3,0	7,6	22,7	3,2	1,6
	Kohle	t	5,4	2,3	5,0	–	–	–	5,1	0,5
	Heizöl (Holz)	m³	(5,3)	(3,5)	5,1 (6,2)	–	–	–	–	–
	Zugkraft (0,75 p bzw. 0,5 p*)	kN	199,6	90,7	197,8	60,6	120,2	253,1	67,7	38,3
	Länge über Puffer	mm	16713,2	11023,6	17018,0	–	–	–	6794,5	–
	Höchstgeschwindigkeit	km/h	35	35	35	–	–	–	50	–

* bei Verbundlokomotiven

Abb. –	Abb. 245	Abb. 246	Abb. –	Abb. 247	Abb. –	Abb. 248						
NSE	Ellis & Burnand	–	MCS	–	MT	TTT						
Brasilien	Neuseeland	Neuseeland	Neuseeland	Neuseeland	Neuseeland	Neuseeland						
–	16-Wheeler	–	–	–	–	–						
Avonside	Price	Price	Price	Price	Price	Price						
–	16-Wheeler	Cb	D	Ca	Ar	E						
B′B′	(B′B′)(B′B′)	B′B′	B′B′	B′B′	B′B′	B′B′						
1931	1912	1924	1922	1925	1926	1928						
Avonside	Price	Price	Price	Price	Price	Price						
610	1067	1067	1067	1067	1067	1067						
6,6	2,3	3,0	–	–	–	–						
4	2	2	2	2	4	2						
165,1	190,5	177,8	152,4	177,8	196,9	241,3						
203,2	254,0	203,2	177,8	203,2	304,8	304,8						
600,6	508,0	558,8	508,0	558,8	711,2	762,0						
–	–	–	–	–	–	–						
1066,8	762,0	812,8	812,8	990,6	947,9	1143,0						
5791,2	7417,8	5689,6	4775,2	5867,4	6205,7	6324,6						
13,0	9,8	12,7	9,8	11,2	11,2	11,2						
0,9	0,7	0,8	0,6	0,7	1,4	1,0						
3,8	3,6	4,1	1,7	4,1	6,1	4,2						
23,2	14,2	21,6	9,9	21,2	39,7	26,9						
6,5	–	–	–	–	–	–						
25,5	–	12,1	–	–	–	–						
20,7	–	–	–	–	–	–						
25,5	–	12,1	–	–	–	–						
2,3	2,0	2,5	1,6	2,5	4,3	2,5						
0,7	–	–	–	–	–	–						
–	–	1,8	–	1,5	2,9	2,0						
56,1	18,6	16,1	10,0	14,4	28,7	53,5						
–	9842,5	7645,4	5943,6	7645,4	9480,6	7925,8						
–	–	–	–	–	–	–						

Lokomotiven mit Hilfsantrieben				Abb. 249	Abb. –	Abb. 250	Abb. 252	Abb. 253	Abb. 254		
		Bahngesellschaft		BayStB	PfEB	LNER	R & ER	DR	ERIE		
		Land		Deutschland	Deutschland	England	England	Deutschland	USA		
		Betriebsnummer bzw. Namen		1400	263	2393	River Esk	T 383255	5016		
		Bauart		Hilfstriebachse	Hilfstriebachse	Booster	Triebtenderlok	Turbinen-Triebtenderlok	Triplex		
		Baureihe, Klasse oder Serie		AA1	P 3^II	–	Poultney	T 38	–		
		Radsatzfolge		2′ aA1	2′ aB1	1′ Da′	1′ D1′ + D	2′ C + 1′ B2′	(1′ D)D + D1′		
		Erstes Baujahr		1896	1900	1925	1928	1927	1914		
		Lieferfirma		Krauss	Krauss	LNER	Paxman & Co.	Umbau Henschel	Baldwin		
		Spurweite	mm	1435	1435	1435	381	1435	1435		
		Achslast (gekuppelte Radsätze)	t	14,7	14,2	18,7	0,8	17,4	29,0		
Lokomotive	Trieb- und Laufwerk	Anzahl der Zylinder	Stck.	2 (2)	2 (2)	3 (2)	2 (2)	2	6		
Lokomotive	Trieb- und Laufwerk	Zylinderdurchmesser	mm	385[1] 610[2] 2 x 266[3]	440[1] 650[2] 2 x 260[3]	508,0[1] 254,0[3]	149,2	575	914,4		
Lokomotive	Trieb- und Laufwerk	Kolbenhub	mm	610[1][2] 460[3]	660[1][2] 400[3]	660,4[1] 304,8[3]	215,9	630	812,8		
Lokomotive	Trieb- und Laufwerk	Treibraddurchmesser	mm	1860 996[3]	1870 1000[3]	1574,8 1117,6[3]	444,5	1750	1600,2		
Lokomotive	Trieb- und Laufwerk	Laufraddurchmesser	mm	1000	1000	965,2	304,8	1000	850,9 1066,8		
Lokomotive	Trieb- und Laufwerk	Fester Radstand	mm	1490[4]	–	5638,8	1524,0	4580	5029,2		
Lokomotive	Trieb- und Laufwerk	Gesamtradstand	mm	7400	–	11023,6	–	8350	27432,0		
Lokomotive	Kessel	Kesselüberdruck	bar	13	14	12,7	12,7	12	14,8		
Lokomotive	Kessel	Rostfläche	m²	2,3	2,9	3,8	0,4	2,6	8,4		
Lokomotive	Kessel	Feuerbüchsheizfläche fb.	m²	9,5	191,0	20,0	11,8	14,6	43,5		
Lokomotive	Kessel	Verdampfungsheizfläche fb.	m²	107,3		252,2		130,4	596,2		
Lokomotive	Kessel	Überhitzerheizfläche außen	m²	–	–	48,8	1,8	58,9	147,2		
Lokomotive	Gewichte	Reibungsgewicht	t	14,7 + 13,3[3]	28,2 + 13,4[3]	72,6 + 18,5[3]	3,3	51,6 + 34,8[3]	345,5		
Lokomotive	Gewichte	Leergewicht	t	45,5	55,0	–	–	70,7	–		
Lokomotive	Gewichte	Dienstgewicht	t	51,5	60,0	–	7,0	78,2	386,9		
Vorräte		Wasser	m³	14,0	16,0	21,4	1,4	–	37,9		
Vorräte		Kohle	t	5,0	5,0	7,1	0,1	–	14,5		
Vorräte		Heizöl (Holz)	m³	–	–	–	–	–	–		
Tender		Raddurchmesser	mm	–	–	1143,0	444,5	1400 850	–		
Tender		Gesamtradstand	mm	3800	–	3962,4	1524,0	8270	–		
Tender	Gew.	Leergewicht	t	15,3	18,5	29,8	–	–	–		
Tender	Gew.	Dienstgewicht	t	34,3	39,5	58,3	–	84,6	–		
		Gesamtradstand von Lok und Tender	mm	13570	–	18186,4	6233,1	19380	–		
		Zugkraft (0,75 p bzw. 0,5 p*)	kN	79,3 + 31,9[3]	104,4 + 28,4[3]	174,6 + 38,6[3]	36,6	107,1 + 60,0[3]	725,7		
		Länge über Puffer	mm	16570	–	21285,2	7651,8	22917	32308,8		
		Höchstgeschwindigkeit	km/h	90	90	–	–	100	–		

1) Hochdruck
2) Niederdruck
3) Hilfstriebachsen
4) zwischen Treib- und Hilfsachse

* bei Verbundlokomotiven

Sonderlinge und Experimente			Abb. 255	Abb. 257	Abb. 258	Abb. 262	Abb. 264	Abb. 265	Abb. 266	Abb. 267
	Bahngesellschaft		GWR	FECo.	REL	–	Midland	FN	ESR	DR
	Land		England	USA/Kanada	Deutschland	England	England	Kolumbien	Ägypten	Deutschland
	Betriebsnummer bzw. Namen		Thunderer	–	Fasolt	–	2299	8809–8811	276–279	19 1001
	Bauart		Harrison	Fontaine	Grund	Still	Paget	Sentinel	Sentinel	Henschel
	Baureihe, Klasse oder Serie		–	–	D 7	–	–	–	P 1	19^{10}
	Radsatzfolge		B + 3 + 2	2′ A1	C	1′ C1′	1′ C1′	(A′ Bo)(Bo A′)	1Bo1	1′ Do1′
	Erstes Baujahr		1838	1881	1876	1927	1908	1934	1937	1941
	Lieferfirma		Hawthorn	Grant	Vulcan	Kitson	Derby Works	Sentinel	Sentinel u. NBL	Henschel
	Spurweite	mm	2134	1435	1435	1435	1435	1000	1435	1435
	Achslast (gekuppelte Radsätze)	t	5,9	7,3	11,2	17,0	19,0	9,2	16,0	20,0
Lokomotive – Trieb- und Laufwerk	Anzahl der Zylinder	Stck.	2	2	2	8	2 x 4	6 x 2	2 x 2	4 x 2
	Zylinderdurchmesser	mm	406,4	406,4	320	342,9	457,2	108,0[1]) 184,2[2])	279,4	300
	Kolbenhub	mm	508,0	609,6	450	393,7	304,8	152,4	304,8	300
	Treibraddurchmesser	mm	1828,8	1828,8[4]) 1422,4[4])	400[4]) 1000[4])	1524,0	1625,6	889,0	1136,7	1250
	Laufraddurchmesser	mm	1371,6	1066,8	–	914,4	1003,3	–	933,5	1100 1250
	Fester Radstand	mm	–	–	3400	4343,4	5283,2	1600,2	2590,8	3300
	Gesamtradstand	mm	–	6527,8	3400	8610,6	9550,4	10 515,6	7162,8	11 290
Lokomotive – Kessel	Kesselüberdruck	bar	8	13,4	10	12,7	12,7	38,7	14,1	20
	Rostfläche	m^2	1,6	1,3	0,8	–	–	1,5	1,9	4,6
	Feuerbüchsheizfläche fb.	m^2	10,1	9,3	55,0	–	–	31,9	110,6	239,7
	Verdampfungsheizfläche fb.	m^2	47,9	74,9		115,0	–			
	Überhitzerheizfläche außen	m^2	–	–	–	–	–	13,5	26,9	100,0
Lokomotive – Gewichte	Reibungsgewicht	t	11,7	14,5	33,5	51,0	56,6	55,0	32,0	75,8
	Leergewicht	t	–	–	25,1	–	–	–	53,0	99,1
	Dienstgewicht	t	11,7	28,1	33,5	70,0	75,7	55,0	57,6	109,3
Vorräte	Wasser	m^3	–	7,6	4,5	4,5	–	5,5	16,8	38,0
	Kohle	t	–	–	1,6	–	–	3,1	6,1	10,0
	Heizöl (Holz)	m^3	–	–	–	1,8	–	–	4,6[3])	–
Tender	Raddurchmesser	mm	1371,6	–	–	–	–	–	1127,1	1000
	Gesamtradstand	mm	–	–	–	–	–	–	3860,8	6000
Tender – Gew.	Leergewicht	t	–	–	–	–	–	–	15,0	33,0
	Dienstgewicht	t	–	–	–	–	–	–	44,2	81,0
	Gesamtradstand von Lok und Tender	mm	–	–	–	–	–	–	14 043,0	19 385
	Zugkraft (0,75 p bzw. 0,5 p*)	kN	27,5	91,5	86,4	115,0	149,3	79,4	88,6	129,6
	Länge über Puffer	mm	–	–	8140	–	–	13 010,0	17 202,2	23 775
	Höchstgeschwindigkeit	km/h	97	–	10	72	132	40	85	175

[1]) Hochdruck
[2]) Niederdruck
[3]) Zwei Maschinen besaßen Ölhauptfeuerung
[4]) Reibradpaar

* bei Verbundlokomotiven

Sonderlinge und Experimente				Abb. –	Abb. 268	Abb. 269	Abb. 270	Abb. –	Abb. –	Abb. 272	Abb. –
		Bahngesellschaft		LBE (DR)	SNCF	Southern	MR	SZD	FNGB	DR	SAR
		Land		Deutschland	Frankreich	England	England	Rußland	Argentinien	Deutschland	Südafrika
		Betriebsnummer bzw. Namen		77 1001	232.P.1	36001–3	1–66	35 5224-K	–	52 1850–52 2027	2485
		Bauart		Henschel	SLM	Bulleid	Kondenslok	Kondenslok	Kondenslok	Kondenslok	Kondenslok
		Baureihe, Klasse oder Serie		77^{10}	232.P	Leader	A, B	E^G	–	52 kon	20
		Radsatzfolge		1′Co2′	2′Co2′	C′C′	2′B	E	2′D1′	1′E	1′E1′
		Erstes Baujahr		1941[5]	1943	1949	1864	1933	1937/38	1943	1949
		Lieferfirma		Henschel	SACM, Schneider, Fives-Lille, SLM	Brighton Works	Beyer, Peacock	Umbau Henschel	Henschel	Henschel	SAR und Henschel
		Spurweite	mm	1435	1435	1435	1435	1524	1000	1435	1067
		Achslast (gekuppelte Radsätze)	t	17,0	21,7	22,1	17,2	16,9	13,9	16,0	13,2
Lokomotive	Trieb- und Laufwerk	Anzahl der Zylinder	Stck.	3 x 2	6 x 3	2 x 3	2	2	2	2	2
		Zylinderdurchmesser	mm	335	150	311,1	438,2	650	500	600	533,4
		Kolbenhub	mm	375	255	381,0	609,6	700	610	660	609,6
		Treibraddurchmesser	mm	1250	1550	1549,4	1778,0	1320	1270	1400	1219,2
		Laufraddurchmesser	mm	1000	950	–	911,2	–	780 914	850	723,9 863,6
		Fester Radstand	mm	–	4100	4724,4	2692,4	4320	4115	3300	5181,6
		Gesamtradstand	mm	10650	12700	15240,0	6324,6	5780	9880	9200	9963,2
	Kessel	Kesselüberdruck	bar	12	60	19,7	11,2	12	14	16	14,1
		Rostfläche	m²	2,3	3,5	4,1	1,8	4,5	4,1	3,9	3,3
		Feuerbüchsheizfläche fb.	m²	135,4	246,0	238,2	9,4	190,0	223,7	177,6	11,6
		Verdampfungsheizfläche fb.	m²				78,1				143,3
		Überhitzerheizfläche außen	m²	46,5	42,0	–	–	50,9	68,0	63,7	38,6
	Gewichte	Reibungsgewicht	t	51,0	65,0	132,6	34,5	84,1	55,1	76,9	59,2
		Leergewicht	t	73,9	113,0	112,5	37,6	71,1	74,2	78,3	71,3
		Dienstgewicht	t	98,3	126,0	132,6	45,7	84,1	83,9	86,3	80,6
Vorräte		Wasser	m³	15,8	35,0	18,2	5,3[1]	10,0[1]	10,4[1] 1,5[2]	13,5[1][3] 16,0[1][4] 1,8[2]	17,7[1]
		Kohle	t	3,0	9,0	4,1	1,5	10,0	–	9,5	11,7
		Heizöl (Holz)	m³	–	–	–	–	–	10,3	–	–
Tender		Raddurchmesser	mm	–	–	–	–	1010	736	940	863,6
		Gesamtradstand	mm	–	–	–	–	8600	8085	8065[3] 9385[4]	10185,4
	Gew.	Leergewicht	t	–	–	–	–	51,0	44,1	40,0[3] 47,0[4]	50,6
		Dienstgewicht	t	–	–	–	–	71,0	65,5	61,0[3] 74,3[4]	80,0
		Gesamtradstand von Lok und Tender	mm	–	–	–	–	18716	20955	21755[3] 23185[4]	24018,9
		Zugkraft (0,75 p bzw. 0,5 p*)	kN	90,9	149,9	119,5	49,9	201,6	126,0	202,0	150,0
		Länge über Puffer	mm	14500	25000	20421,6	10083,8	–	–	26205[3] 27535[4]	26962,1
		Höchstgeschwindigkeit	km/h	120	130	104	–	50	60	80	90

1) Rohwasser
2) Kondensat
3) vierachsiger Kondenstender 2′2′T 13,5 ko
4) fünfachsiger Kondenstender 3′2′T 16 ko
5) nicht mehr vollendete Versuchsausführung

* bei Verbundlokomotiven

Abb. 273	Abb. –										
SAR	RR										
Südafrika	Rhodesien										
3451–3540	336										
Kondenslok	Kondenslok										
25	19 D										
2′D2′	2′D1′										
1952	1953										
Henschel	Henschel										
1067	1067										
18,7	14,2										
2	2										
609,6	533,4										
711,2	660,4										
1524,0	1371,6										
762,0	723,9 863,6										
4800,6	4394,2										
11582,4	9829,8										
16	14,1										
6,5	3,3										
27,3	171,6										
292,6											
58,5	36,2										
74,8	56,9										
110,6	85,1										
124,6	–										
20,0[1]) 3,0[2])	17,0[1]) 1,7[2])										
19,5	10,1										
–	–										
863,6	863,6										
13970,0	10515,6										
69,0	63,5										
111,0	83,3										
28998,9	23809,3										
205,7	163,7										
32767,6	27149,4										
90	73										

[1]) Rohwasser
[2]) Kondensat

Sonderlinge und Experimente		Abb. 274	Abb. 275	Abb. –	Abb. 276/277	Abb. 278	Abb. –	Abb. –	Abb. –
Bahngesellschaft		–	–	–	SBB	DR	DR	–	FNGB
Land		England	England	England	Schweiz	Deutschland	Deutschland	Schweden	Argentinien
Betriebsnummer bzw. Namen		–	–	23141	1801	T 18 1001	T 18 1002	–	–
Bauart		Reid-Ramsay Turbolok	Ramsay Turbolok	Reid-MacLeod Turbolok	Zoelly Turbolok	Zoelly Turbolok	Zoelly Turbolok	Ljungström Turbolok	Ljungström Turbolok
Baureihe, Klasse oder Serie		–	–	–	–	T 18	T 18	1. Versuchsausführung	–
Radsatzfolge		(2'Bo)(2'Bo)	1'C + C1'	(2'Bo)(Bo2')	2'C	2'C1'	2'C1'	2'3 + C1'	2'3 + D1'
Erstes Baujahr		1910	1922	1924	1920	1924	1926	1921	1925
Lieferfirma		NBL	A & W	NBL	Umbau SLM	Krupp	Maffei	Ljungström Ångturbin	NOHAB
Spurweite	mm	1435	1435	1435	1435	1435	1435	1435	1000
Achslast (gekuppelte Radsätze)	t	–	23,3	–	15,2	20,0	20,0	16,0	12,5
Lokomotive – Trieb- und Laufwerk: Max. Turbinenleistung	kW	588,4	882,6	2 x 367,7	1103,2	2059,4	2022,6	1323,9	1323,9
Drehzahl der Turbine bei V_{max}	$\frac{1}{min}$	3000	3600	8000	6500	8000	8800	9200	10000
Kraftübertragung		elektr.	elektromech.	mech.	mech.	mech.	mech.	mech.	mech.
Treibraddurchmesser	mm	1219,2	1219,2	1219,2	1520	1650	1750	1430	1470
Laufraddurchmesser	mm	914,4	939,8	914,4	840	1000 1250	850 1206	1098	950
Fester Radstand	mm	1600,2	4978,4	1600,2	3700	3700	4000	3050	4800
Gesamtradstand	mm	14610,1	7061,2	16611,6	7800	9900	11150	7050	7100
Lokomotive – Kessel: Kesselüberdruck	bar	12,6	14	12,6	14	15	22	20 (Kesselfahrzeug)	19,7 (Kesselfahrzeug)
Rostfläche	m^2	–	2,6	–	2,3	3,1	3,5	2,6	2,6
Feuerbüchsheizfläche fb.	m^2	–	115,5	–	12,3	12,5	13,0	10,0	12,0
Verdampfungsheizfläche fb.	m^2	–		–	94,1	142,5	146,7	105,0	88,3
Überhitzerheizfläche außen	m^2	–	27,9	–	37,8	66,0	51,0	80,0	57,5
Lokomotive – Gewichte: Reibungsgewicht	t	–	69,4[1] 62,2[2]	–	45,6	60,5	60,0	48,0	50,0
Leergewicht	t	–	64,3	–	60,0	104,2	95,0	–	55,0
Dienstgewicht	t	–	82,1	–	65,0	113,7	104,0	64,0	62,5
Vorräte: Wasser	m^3	–	11,4	–	12,0	19,5	24,3	–	19,5
Kohle	t	–	4,0	–	6,0	6,5	6,0	7,0 (Kesselfahrzeug)	– (Kesselfahrzeug)
Heizöl (Holz)	m^3	–	–	–	–	–	–	–	6,5
Tender: Raddurchmesser	mm	–	1219,2 939,8	–	1030	1000	1006	970	720
Gesamtradstand	mm	–	7061,2	–	6500	7000	7700	7050	7300
Tender – Gew.: Leergewicht	t	–	48,9	–	21,5	40,0	37,0	–	45,0
Dienstgewicht	t	–	74,5	–	39,5	66,0	68,0	62,0	60,0
Gesamtradstand von Lok und Tender	mm	–	18084,8	–	18065	19500	20890	17525	16680
Zugkraft (0,75 p bzw. 0,5 p*)	kN	–	99,8	68,0	–	124,5	110,0	–	150,0
Länge über Puffer	mm	18426,5	21221,7	20428,0	21090	23446	24135	21915	21205
Höchstgeschwindigkeit	km/h	97	97	97	75	110	120	110	65

[1]) Lokomotive
[2]) Triebtender

* bei Verbundlokomotiven

Abb. –	Abb. 279	Abb. 280	Abb. –	Abb. –	Abb. –	Abb. 281	Abb. –	Abb. 283	Abb. 285			
LMS	SJ	TGOJ	LMS	SNCF	UP	PRR	N & W	SBB	LBR			
England	Schweden	Schweden	England	Frankreich	USA	USA	USA	Schweiz	Irland			
–	1474	71–73	6202	232.Q.1	–	6200	2300	8521 + 8522	–			
Ljungström Turbolok	Ljungström Turbolok	Auspuff-Turbolok	Auspuff-Turbolok	Auspuff-Turbolok	Auspuff-Turbolok	Auspuff-Turbolok	Auspuff-Turbolok	Elektr. Kesselbeheizung[1]	Einschienenbahn			
–	Å	M 3 t	–	232.Q	–	S 2	–	E 3/3	–			
2'3 + C2'	2'3 + C2'	1'D	2'C1'	2'Co2'	(2'Co)(Co2')	3'D3'	(Co'Co') (Co'Co')	C	C + B			
1926	1927	1935	1935	1941	1937	1944	1954	1943	1887			
Beyer, Peacock	NOHAB	NOHAB	LMS	Schneider	General Electric	Baldwin	Baldwin	Umbau SBB	Hunslet			
1435	1435	1435	1435	1435	1435	1435	1435	1435	–			
18,5	16,4	18,0	23,7	19,5	26,8	32,8	30,5	14,7	2,0[4]			
1765,2	1765,2	1471,0	1838,7	3 x 735,5	1838,7	5074,9	3309,7	Anz. d. Zyl. 2	Anz. d. Zyl. 2 x 2			
10500	10000	12000	13500	10000	12500	9000	8000	Zyl. ⌀ (mm) 360	Zyl. ⌀ (mm) 177,8[2] 127,0[3]			
mech.	mech.	mech.	mech.	mech.	elektr.	mech.	elektr.	Kolbenhub (mm) 500	Kolbenhub (mm) 304,8[2] 177,8[3]			
1600,2	1530	1350	1981,2	1510	1117,6	1727,2	1066,8	1040	609,6			
990,6	970	890	914,4 1143,0	960	914,4	914,4 1066,8	–	–	–			
4572,0	4000	4950	4648,2	4040	4064,0	5943,6	3962,4	3320	1727,2			
8496,3	8000	7950	11506,2	12720	–	16154,4	29400,5	3320	1727,2			
(Kesselfahrzeug) 21	(Kesselfahrzeug) 20	13	17,6	25	105,4	21,8	42,2	12	10,5			
2,8	3,1	3,0	4,2	4,9	–	10,8	–	1,2	0,5			
13,0	14,5	12,3	20,2	211,0	–	56,4	–	5,6	2,7			
137,5	119,0	136,9	181,3		–	389,7	–	50,9	10,6			
59,5	75,0	100,0	50,2	89,0	–	183,9	–	–	–			
55,0	49,2	72,0	70,0	58,5	160,6	123,2	366,0	43,0	6,1			
–	70,3	76,0	101,8	–	–	243,5	–	34,0	–			
74,0	77,8	83,0	110,8	122,0	248,6	267,9	366,0	43,0	6,1			
8,8	9,2	15,0	18,2	30,0	16,7	73,8	83,3	4,2	0,9			
(Kesselfahrzeug) 6,1	(Kesselfahrzeug) 7,5	5,0	9,0	9,0	–	38,6	18,1	1,7	0,4			
–	–	–	–	–	11,4	–	–	–	–			
990,6	970	1100	1295,4	–	–	914,4	914,4	–	609,6			
8572,5	8700	2400	4572,0	–	–	11887,2	–	–	–			
–	62,8	14,5	28,3	–	–	91,5	81,7	–	–			
70,0	77,5	34,6	55,5	–	–	203,9	165,6	–	4,1			
19202,4	18800	14350	22504,4	–	–	32880,3	44894,5	–	4004,0			
180,0	148,0	180,0	183,0	–	392,0	308,0	794,0	56,1	12,5			
22529,8	22800	17900	22669,5	25200	27686,0	37370	49110,9	8715	–			
120	90	70	145	140	200	160	97	45	32			

[1]) Trafo: 15000 A / 20 V / 16⅔ Hz
Heizstrom: 2 x 12000 A / 20 V
Leistung: 480 kW

[2]) Hauptmaschine
[3]) Hilfsmaschine
[4]) Radlast

Schnellfahrlokomotiven				Abb. 286	Abb. 287	Abb. 288	Abb. 289	Abb. –	Abb. –	Abb. 290	Abb. 291
		Bahngesellschaft		NYC & HR	CGR	SäStB	PrStB	DSB	NZR	NZR	AT & SF
		Land		USA	Australien	Deutschland	Deutschland	Dänemark	Neuseeland	Neuseeland	USA
		Betriebsnummer bzw. Namen		999	–	DR 17601–17606	561 + 562[5])	964–999	965–970	1200–1239	3460
		Bauart		–	–	–	Kuhn-Wittfeld	–	Teilver-kleidung	Teilver-kleidung	Teilver-kleidung
		Baureihe, Klasse oder Serie		N	C	XII H	S 9	E II (F)[1])	Kb	J	3460
		Radsatzfolge		2'B	2'C	2'C	2'B2'	2'C1'	2'D2'	2'D1'	2'C2'
		Erstes Baujahr		1893	1937	1906	1904	1914	1939	1939	1937
		Lieferfirma		NYC & HR	Walkers	Hartmann	Henschel	NOHAB	NZR	NBL	Baldwin
		Spurweite	mm	1435	1435	1435	1435	1435	1067	1067	1435
		Achslast (gekuppelte Radsätze)	t	19,1	21,2	16,3	18,3	18,0	14,0	11,7	32,0
Lokomotive	Trieb- und Laufwerk	Anzahl der Zylinder	Stck.	2	2	4	3	4	2	2	2
Lokomotive	Trieb- und Laufwerk	Zylinderdurchmesser	mm	482,6	584,2	430	524	420[2]) 630[3])	508,0	457,2	596,9
Lokomotive	Trieb- und Laufwerk	Kolbenhub	mm	609,6	660,4	630	630	660	660,4	660,4	749,3
Lokomotive	Trieb- und Laufwerk	Treibraddurchmesser	mm	2184,4	1752,6	1885	2200	1896	1371,6	1371,6	2133,6
Lokomotive	Trieb- und Laufwerk	Laufraddurchmesser	mm	1016,0	990,6	1065	1000	970 1098	774,7 927,1[4])	774,7 838,2	939,8 1270,0
Lokomotive	Trieb- und Laufwerk	Fester Radstand	mm	2590,8	4267,2	4100	2560	3950	4343,4	4343,4	4419,6
Lokomotive	Trieb- und Laufwerk	Gesamtradstand	mm	7289,8	8013,7	8500	11485	11100	10617,2	10096,5	12534,9
Lokomotive	Kessel	Kesselüberdruck	bar	13,4	12,7	12	14	13	14,1	14,1	21,1
Lokomotive	Kessel	Rostfläche	m²	2,9	2,8	2,8	4,4	3,6	4,4	3,6	9,2
Lokomotive	Kessel	Feuerbüchsheizfläche fb.	m²	21,6	17,7	13,0	} 260,0	} 190,0	17,7	13,9	26,0
Lokomotive	Kessel	Verdampfungsheizfläche fb.	m²	157,7	164,0	133,1			166,7	122,6	407,4
Lokomotive	Kessel	Überhitzerheizfläche außen	m²	–	60,4	43,8	–	55,0	45,1	26,3	193,2
Lokomotive	Gewichte	Reibungsgewicht	t	38,1	63,3	49,0	36,6	54,0	54,6	45,2	95,9
Lokomotive	Gewichte	Leergewicht	t	–	80,1	66,3	82,5	–	–	–	–
Lokomotive	Gewichte	Dienstgewicht	t	56,2	88,9	73,3	89,5	88,0	94,8	69,7	190,7
Vorräte		Wasser	m³	13,2	55,4	21,0	20,0	25,0	22,7	18,2	75,7
Vorräte		Kohle	t	6,6	17,8	7,0	7,0	6,5	7,1	6,1	–
Vorräte		Heizöl (Holz)	m³	–	–	–	–	–	–	–	26,9
Tender		Raddurchmesser	mm	1016,0	838,2	–	1000	970	774,7	774,7	1092,2
Tender		Gesamtradstand	mm	4838,7	10033,0	5100	7000	5400	5549,9	4838,7	10490,2
Tender	Gew.	Leergewicht	t	20,6	48,7	21,8	31,5	25,5	24,0	16,7	78,9
Tender	Gew.	Dienstgewicht	t	40,8	121,9	49,8	58,5	57,0	53,8	41,0	179,7
		Gesamtradstand von Lok und Tender	mm	14373,2	21624,9	16795	20785	18200	18859,5	17678,4	27025,6
		Zugkraft (0,75 p bzw. 0,5 p*)	kN	73,8	138,3	111,2	123,8	89,8	139,8 + 27,2[4])	113,2	195,3
		Länge über Puffer	mm	21237,6	24685,6	20381	24820	21265	21232,8	20407,3	31242,0
		Höchstgeschwindigkeit	km/h	160	96,6	100	137	127	88,6	88,6	177

[1]) ehemals SJ-Baureihe F
[2]) Hochdruck
[3]) Niederdruck
[4]) Booster
[5]) Lok Nr. 562 ohne Verkleidung, jedoch mit 2. Führerhaus an der Stirnseite

* bei Verbundlokomotiven

Abb. 292	Abb. –	Abb. 293	Abb. 294	Abb. 295	Abb. 296
DB	DR	DR	DR	VR	MILW
Deutschland	Deutschland	Deutschland	Deutschland	Australien	USA
10001[1]) + 10002[2])	03 154	01 1001, 011052–1105	031001–1022, 031043–1060, 031073–1092	Edward Henty	1–5
Teilverkleidung	Versuch mit Teilstromlinienverkleidung	Stromlinienlok	Stromlinienlok	Stromlinienlok	Stromlinienlok
10	03	01^{10}	03^{10}	S	A
2′C1′	2′C1′	2′C1′	2′C1′	2′C1′	2′B1′
1957	1930	1939	1939	1936	1935
Krupp	Umbau	BMA u. a.	Borsig u. a.	VR	Alco
1435	1435	1435	1435	1435	1435
21,5	18,0	20,0	18,0	23,8	36,1
3	2	3	3	3	2
480	570	500	470	520,7	482,6
720	660	660	660	711,2	711,2
2000	2000	2000	2000	1852,6	2133,6
1000	1000 1250	1000 1250	1000 1250	–	914,4 1295,4
4600	4500	4600	4500	4064,0	2590,8
12500	12000	12400	12000	–	11455,4
18	16	16	16	14,1	21,1
4,0	4,1	4,3	3,9	4,6	6,4
22,0	16,1	16,9	15,9	27,1	27,3
206,5	203,7	246,9	203,4	265,8	165,5
96,0	72,2	86,0	72,2	53,0	204,3
64,5	54,3	59,0	55,2	71,6	64,4
103,0	91,0	101,6	92,8	–	–
114,5	100,3	111,8	101,2	116,3	129,7
40,0	34,0	38,0	34,0	57,2	49,2
9,0[1])	10,0	10,0	10,0	–	–
4,5[1])	–	–	–	9,1	15,1
1000	1000	1000	1000	–	914,4
6550	5700	6000	5700	–	7696,2
30,0	29,9	33,0	29,9	44,8	57,8
84,0	74,2	81,0	74,2	111,1	125,8
22130	20225	20370	20225	23164,8	24041,1
168,0	128,0	148,0	131,0	167,0	139,2
26503	23905	24130	23905	26060,4	27020,8
140	130	140	140	130	200

[1]) 10001 ursprünglich mit Ölzusatzfeuerung, später auf Ölhauptfeuerung umgebaut
[2]) 10002 ab Werk mit Ölhauptfeuerung

Schnellfahrlokomotiven				Abb. 297	Abb. 298	Abb. –	Abb. 299	Abb. –			
		Bahngesellschaft		PrStB	FS	DR	DR	LBE (DR)			
		Land		Deutschland	Italien	Deutschland	Deutschland	Deutschland			
		Betriebsnummer bzw. Namen		1980	6701	61 001	61 002	1–3 (60 001–60 003)			
		Bauart		Schnellfahrtenderlok	Schnellfahrtenderlok	Schnellfahrtenderlok	Schnellfahrtenderlok	Schnellfahrtenderlok			
		Baureihe, Klasse oder Serie		T 16 alt	670	61	61	(60)			
		Radsatzfolge		2' C 2'	2' C	2' C 2'	2' C 3'	1' B 1'			
		Erstes Baujahr		1904	1902	1934	1939	1935/36			
		Lieferfirma		Henschel	Offic. Sociali della R.A.	Henschel	Henschel	Henschel			
		Spurweite	mm	1435	1435	1435	1435	1435			
		Achslast (gekuppelte Radsätze)	t	20,0	14,8	18,0	18,0	18,5			
Lokomotive	Trieb- und Laufwerk	Anzahl der Zylinder	Stck.	4	4	2	3	2			
Lokomotive	Trieb- und Laufwerk	Zylinderdurchmesser	mm	420[1]) 630[2])	370[1]) 580[2])	460	390	400			
Lokomotive	Trieb- und Laufwerk	Kolbenhub	mm	630	650	750	660	660			
Lokomotive	Trieb- und Laufwerk	Treibraddurchmesser	mm	1750	1920	2300	2300	1980			
Lokomotive	Trieb- und Laufwerk	Laufraddurchmesser	mm	1000	1095	1100	1100	1000			
Lokomotive	Trieb- und Laufwerk	Fester Radstand	mm	4000	4100	5100	5100	3000			
Lokomotive	Trieb- und Laufwerk	Gesamtradstand	mm	13 700	8350	14 350	15 025	8750			
Lokomotive	Kessel	Kesselüberdruck	bar	14	14	20	20	16			
Lokomotive	Kessel	Rostfläche	m^2	4,1	3,0	2,8	2,8	1,4			
Lokomotive	Kessel	Feuerbüchsheizfläche fb.	m^2	191,2	11,8	14,2	14,3	5,9			
Lokomotive	Kessel	Verdampfungsheizfläche fb.	m^2		154,8	151,9	150,0	69,4			
Lokomotive	Kessel	Überhitzerheizfläche außen	m^2	44,4	–	69,2	69,2	26,0			
Lokomotive	Gewichte	Reibungsgewicht	t	59,6	44,4	56,7	56,3	36,5			
Lokomotive	Gewichte	Leergewicht	t	–	61,9	100,5	112,9	52,5			
Lokomotive	Gewichte	Dienstgewicht	t	123,0	70,7	129,1	146,3	69,0			
Vorräte		Wasser	m^3	13,0	15,0[3])	17,0	21,0	9,3			
Vorräte		Kohle	t	3,5	4,0	5,0	6,0	3,5			
Vorräte		Heizöl (Holz)	m^3	–	–	–	–	–			
		Zugkraft (0,75 p bzw. 0,5 p*)	kN	100,0	80,0	103,5	98,0	64,0			
		Länge über Puffer	mm	17 700	13 615[4]) 24 135[5])	18 505	18 825	12 380			
		Höchstgeschwindigkeit	km/h	90	110	175	175	120			

[1]) Hochdruck
[2]) Niederdruck
[3]) Wasservorrat des mitgeführten Wasserwagens
[4]) Länge der Lok
[5]) Länge Lok und angekuppelter Wasserwagen

* bei Verbundlokomotiven

Dampfbetriebene Schneeräum- und Eisfahrzeuge				Abb. 303	Abb. 304	Abb. 306					
		Bahngesellschaft		GBG	BB	–					
		Land		Schweiz	Schweiz	Rußland					
		Betriebsnummer bzw. Namen		100	1052	Rurik					
		Bauart		Schnee-schleuder	Schnee-schleuder	Eislok					
		Baureihe, Klasse oder Serie		–	–	–					
		Radsatzfolge		2′2 + 2	C′C	–					
		Erstes Baujahr		1896	1913	1861					
		Lieferfirma		Henschel	SLM	Neilson					
		Spurweite	mm	1435	1000	–					
		Achslast (gekuppelte Radsätze)	t	15,7	7,5	7,3					
Lokomotive	Trieb- und Laufwerk	Anzahl der Zylinder	Stck.	2[1])	2[1]) / 4[2])	2					
		Zylinderdurchmesser	mm	430[1])	300[1])[2])	254,0					
		Kolbenhub	mm	560[1])	450[1]) 350[2])	558,0					
		Treibraddurchmesser	mm	–	760	1621,0					
		Laufraddurchmesser	mm	850	–	–					
		Fester Radstand	mm	1360 + 2880	1700	–					
		Gesamtradstand	mm	6960	5740	–					
	Kessel	Kesselüberdruck	bar	12	12	8					
		Rostfläche	m^2	2,3	1,6	0,8					
		Feuerbüchsheizfläche fb.	m^2	9,8	7,0	34,0					
		Verdampfungsheizfläche fb.	m^2	93,6	86,5						
		Überhitzerheizfläche außen	m^2	–	17,5	–					
	Gewichte	Reibungsgewicht	t	–	45,0	7,3					
		Leergewicht	t	38,3	41,5	–					
		Dienstgewicht	t	62,5	45,0	12,2					
Vorräte		Wasser	m^3	1,5	7,5	–					
		Kohle	t	4,5	2,5	–					
		Heizöl (Holz)	m^3	–	–	–					
Tender		Raddurchmesser	mm	1120	740	–					
		Gesamtradstand	mm	2700	2150	–					
	Gew.	Leergewicht	t	20,3	5,7	–					
		Dienstgewicht	t	26,3	15,7	–					
		Gesamtradstand von Schneeschleuder und Tender	mm	13 140	10 455	–					
		Zugkraft (0,75 p bzw. 0,5 p*)	kN	–	101	14,2					
		Länge über Puffer	mm	17 172	13 665	–					
		Räumgeschwindigkeit	km/h	–	5	–					

[1]) Schleuderradantrieb
[2]) Fahrwerk

* bei Verbundlokomotiven

Begeisternde Bildbände über die Eisenbahn:

Hans Müller
Schiene, Dampf und Kamera
Die letzten Dampflokomotiven in der DDR
268 Seiten, 270 Abb., geb., DM 32,–

Alfred B. Gottwaldt
Reichsbahn-Album
500 Bilder der deutschen Eisenbahn zwischen 1920 und 1940.
428 Seiten, über 500 (teils farbige) Abb., geb., DM 48,–

Kurt Pierson
Lokomotiven aus Berlin
In einer einzigen Stadt bauten 11 Fabriken Lokomotiven
164 Seiten, 132 Abb., geb., DM 32,–

J. M. Mehltretter
Die deutschen Museums- und Denkmallokomotiven
Standorte – Geschichte – Fotos
208 Seiten, 137 Abb., geb., DM 48,–

J. M. Mehltretter
Dampflokomotiven
Die letzten in Deutschland
Ein attraktiver Bildband mit brillanten Fotos.
236 Seiten, 170 Abb., geb., DM 48,–

Alfred B. Gottwaldt
Alte Lokomotiv-Annoncen
Eine Stilgeschichte der industriellen Werbung 1880–1940
160 Seiten, über 275 Abb., geb., DM 28,–

Siegfried Bufe
Karwendelbahn
München – Garmisch-Partenkirchen – Innsbruck
160 Seiten, 229 Abb., geb., DM 36,–

Robert Zintl
Bayerische Nebenbahnen
Ein Stück Eisenbahngeschichte in Wort und Bild
172 Seiten, 86 Abb., geb., DM 36,–

MOTORBUCH-VERLAG
POSTFACH 1370
7000 STUTTGART 1

Motor buch Verlag